電機機械(第二版)

鮑格成　編著

陳宏良、吳欽　校閱

全華圖書股份有限公司

PREFACE 序言

電機機械(electric machinery) 是藉電磁作用轉換電能與機械動能的機器，依據輸入與輸出能量的形式可分為：將機械能轉換為電能的發電機 (generator) 和將電能轉換為機械能的電動機 (motor) 以及輸入輸出都是電能，但是改變了電壓、電流、阻抗的變壓器 (transformer) 三大類。電機機械發展至今將近兩百年，雖然只有發電機、電動機、變壓器三種器械，但是迄今應用非常廣泛，為人類文明生活依重的關鍵零組件；不僅科技發展上不可或缺，也是專業領域的重要基礎核心課程。

本人 1965 年起以電機學徒身分，完成人生第一台馬達線圈繞製開始，到從事電機電子實務工作至今，具有數十年實務歷練及多年學校、補習班、職訓中心教學經驗。有感於學生普遍認為電機機械艱澀難學，因此編輯本書力求文字敘述簡潔扼要，易讀易懂，並搭配超過 440 張圖表、照片輔助說明，跳脫抽象數理演繹，盡量以簡單數學推導公式，幫助讀者學習電機機械的理論知識與實務技能。本書內容由電磁觀念循序漸進地解說各個電機機械的原理、構造、特性及應用，簡介如下：

第一章介紹電機機械概論與電磁理論，包含安培右手定則、右螺旋定則、羅蘭定律、磁滯曲線和電磁感應的法拉第定律、楞次定律、電感、電感抗，以及發電機原理、佛萊銘右手定則、電動機原理、佛萊銘左手定則等。經由第一章的引導，能使讀者具備基本學理基礎來順利研讀後續章節。

第二章介紹靜止電機－變壓器，除了講述原理、等效電路（equivalent circuit）、相量圖外，並介紹了測量鐵芯的開路 (無載) 試驗與測量電路的短路試驗兩項電機基本試驗來量測磁路與電路參數、分析特性；導出標么值 (Per Unit)、百分阻抗等工程數據。其次介紹極性試驗、變壓器的連接法及並聯運用。然後介紹自耦變壓器、比壓器、比流器等特殊變壓器。

第三章介紹應用最多的三相感應電動機，開始進入旋轉電機的領域。感應電動機如同一個二次側會轉動的變壓器，因此接續變壓器之後；內容包含交流旋轉電機最重要的旋轉磁場如何產生，以及同步轉速、轉差率等，說明三相感應電動機的原理、構造及分類。理論方面以等效電路分析感應電動機的功率、轉矩、轉矩速率特性曲線、效率及功率因數；運用方面介紹了感應電動機的起動、轉速控制法及制動。

第四章介紹單相感應電動機原理、種類及應用和功率因數的改善。交流兩相伺服馬達的構造與運轉原理與永久電容式單相感應電動機相同，因此把它編在本章節一併探討。

第五章講述同步發電機原理、種類、構造及特性。介紹不同負載性質時的電樞反應、特性曲線，經由開路試驗與短路試驗所得的結果推算同步阻抗、短路比的穩態特性分析法及有關同步電機參數的測定。也介紹了負載角、自激現象、凸極同步電機的雙電抗分析、同步發電機之並聯運轉、負載分配與追逐現象。

第六章介紹同步電動機及步進馬達，依序介紹同步電動機的原理、構造以及直流激磁電流與交流電樞電流、功率因數及電樞反應的關係等穩態特性分析；說明同步電動機的起動方法、速度控制及如何作為改善功率因數成為同步電容器等。步進馬達是工作於脈衝電壓的同步電動機，因此把它編在本章節一併探討。

第七章介紹最典型的傳統直流發電機，說明直流發電機的原理、構造、分類及特性。依據磁場繞組的不同，討論各種直流機接線方式及等效電路。繞組是電機的核心部分，本章對於繞組及直流機的換向有較深入的解析。

第八章介紹直流電動機，依外激式、分激式、串激式、積複激式、差複激式等，分析其特性與控制方法。

第九章配合時下電動車的發展介紹車用馬達的種類與特性，以及永磁式同步馬達 (PMSM) 的六步方波、弦波控制等。

隨著時代進步，以往被視為特殊的電機裝置，例如步進馬達、伺服馬達、無刷馬達等，現已普遍應用，不再稀有、特殊甚至成為主流；因此把它們編在理論、構造相近的章節內以方便研讀。以期能使讀者了解現今電機機械的應用趨勢，增進電機實務能力。此外每章均附上重點整理及例題、習題，供讀者掌握學習重點與檢驗學習成果。

交流電路最重要而簡便的分析方法是利用相量（phasor）；交流電機機械分析必須掌握交流電路中的電阻和電感特性，以及具備平衡三相交流電路的觀念。讀者若對交流電路之阻抗、相量分析還不甚熟悉的話，可在讀完第一章之後先研讀第七章直流發電機、第八章直流電動機，然後再進入交流電機的第二章變壓器、感應電動機、同步發電機、同步電動機的順序研讀學習。

本書從實際工程觀點來介紹電機機械的原理、構造及其控制與運用，不僅能滿足專科、技術學院、大學學生課堂教學的需要，對於從事電機實務工作的工程人員，也能提供充分的參考資料。

本書經過嚴謹的編撰及校對以力求完善，由衷地感謝全華圖書全體同仁的大力支持，使本書可順利出版，特此致謝。

鮑格成

謹誌於 2020 年 1 月 11 日

編輯大意

「系統編輯」是我們的編輯方針，我們所提供給您的，絕不只是一本書，而是關於這門學問的所有知識，它們由淺入深，循序漸進。

全書共分九個章節，第一章基礎電磁觀念，介紹電機機械相關原理及定則，第二章介紹變壓器構造及原理，第三、四章內容分別為三相與單相感應電動機的動作原理及構造，第五、六章說明同步發電機與電動機的原理、構造及轉速控制，第七、八章內容為直流發電機與電動機的原理、構造、特性及應用，第九章解說電動車馬達的動作原理及特性。理論知識淺顯易懂，藉由簡單數學推導公式，搭配大量圖表輔助說明，增強讀者電機實務能力。此外，本書也對於電機繞組及直流機的換向有更詳細的介紹，並結合時下電動車趨勢，介紹電動車馬達，使您了解電機機械相關應用與發展。適用私立科大、技術學院電機系二、三年級必修「電機機械」課程使用。

同時，為了使您能有系統且循序漸進研習相關方面的叢書，我們以流程圖方式，列出各有關圖書的閱讀順序，以減少您研習此門學問的摸索時間，並能對這門學問有完整的知識。若您在這方面有任何問題，歡迎來函聯繫，我們將竭誠為您服務。

相關叢書介紹

書號：0577803
書名：電機機械(第四版)
編著：胡阿火
16K/456 頁/480 元

書號：05803047
書名：可程式控制器程式設計與實務-FX2N/FX3U(第五版)(附範例光碟)
編著：陳正義
16K/504 頁/580 元

書號：10520
書名：電力系統
編著：卓胡誼
16K/448 頁/650 元

書號：03238077
書名：控制系統設計與模擬－使用MATLAB/SIMULINK(第八版)(附範例光碟)
編著：李宜達
20K/696 頁/600 元

書號：06085037
書名：可程式控制器 PLC(含機電整合實務)(第四版)(附範例光碟)
編著：石文傑.林家名.江宗霖
16K/312 頁/400 元

書號：0614502
書名：電機學(第三版)
編著：范盛祺.張琨璋.盧添源
16K/416 頁/420 元

書號：06466007
書名：可程式控制快速進階篇(含乙級機電整合術科解析)(附範例光碟)
編著：林慴
16K/360 頁/390 元

◎上列書價若有變動，請以最新定價為準。

流程圖

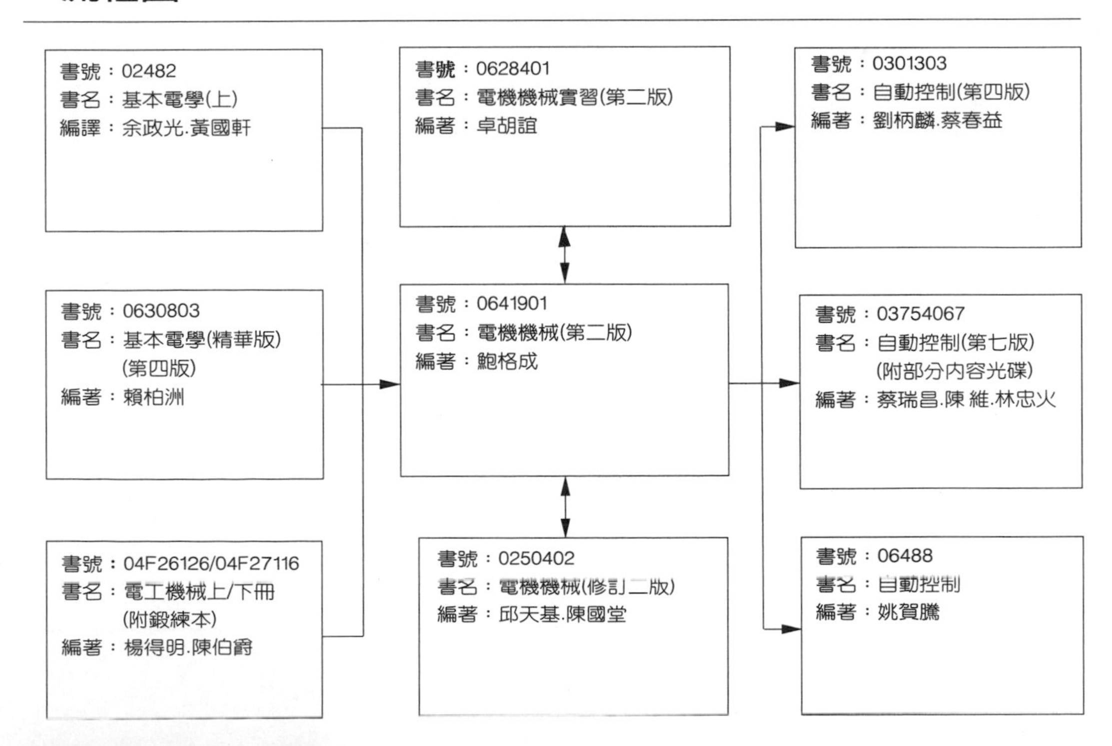

CONTENTS

目錄

Chapter 1 概論

電機機械是利用磁為媒介，轉換電能與機械能的換能機器。發電機利用電磁感應，將機械能轉換成電能；變壓器也是利用電磁感應的原理，改變交流電的電壓、電流及阻抗；電動機利用通電導體在磁場中形成電磁力產生轉矩，將電能轉換成動能。因此，我們研究電機機械必須明瞭基礎電磁理論，介紹如下：

1-1 磁的基本特性與描述

一、磁的基本特性

具有磁性的物體叫做磁體。磁體上磁性特別強的部位稱為磁極，磁極成對出現，分為 N 極與 S 極。N 極和 S 極是成對同時存在的，若將磁鐵橫向分割成兩段，在每一斷口處，都會有相異的磁極生成，每一段都變成一個具有 N 極和 S 極的新磁鐵。因此**電機機械的磁極數必為偶數**。磁極具有**"同性相斥、異性相吸"**的性質；磁體能吸引鐵磁性的物質(如鐵、鋼等)，具有使鐵磁性物體移動的磁力。

二、磁的描述—磁力線

磁力線是為了描述磁的人為輔助線，磁力線的性質如下：

1. 磁力線由 N 極出發，經外部後回到 S 極，再由磁鐵內部回到 N 極。
2. 磁力線為一封閉曲線。
3. 磁力線永不相交。
4. 磁力線具緊縮特性。

藉由磁力線的性質可以說明磁的特性，如圖 1-1 所示。磁力線為一封閉曲線，所以 N 極和 S 極是成對且同時存在。磁力線永不相交使得磁極同性相斥，磁力線的緊縮特性造成磁極異性相吸以及具有吸引鐵磁質物體的能力。

磁力線涵蓋的範圍稱為**磁場** (magnetic field)。磁力線上每一點的切線方向，即為該點的磁場方向，也是指北針 N 極所指的方向，而磁力線的疏密則代表磁場的強弱。把一塊玻璃板或硬紙板水平放置在有磁場的空間上面，撒上鐵粉，輕輕地敲動玻璃板，這些鐵粉屑即沿磁力線方向排列，顯示磁力線的形象。如圖 1-2 所示為條形磁鐵磁力線的鐵屑排列形象，以及人工繪製的磁力線分佈示意圖。

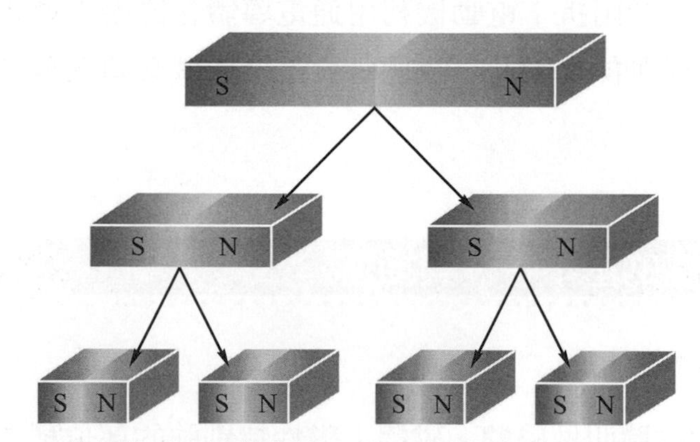

(a) 磁力線為一封閉曲線，所以N極和S極是成對同時存

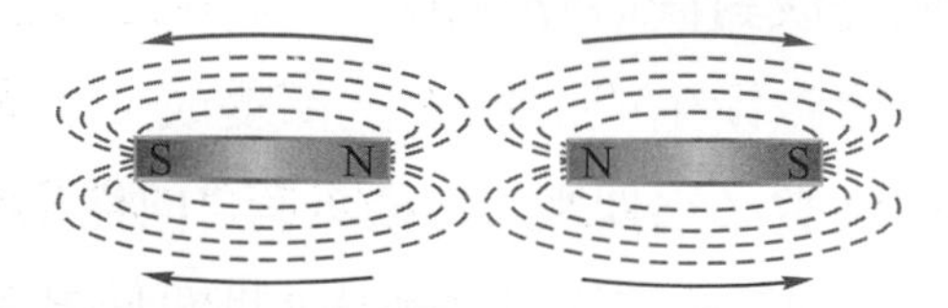

(b) 磁力線永不相交使得同性相斥

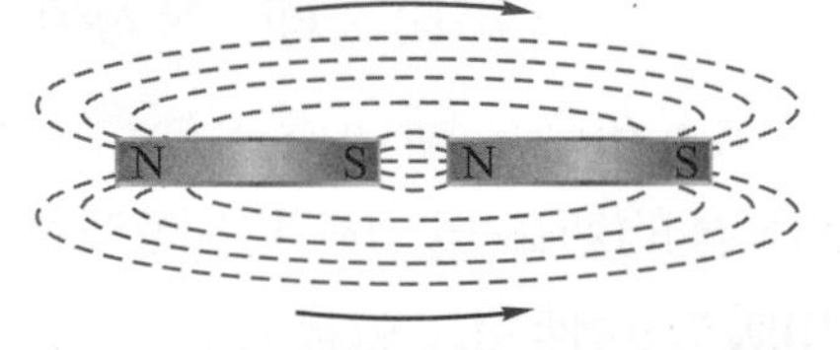

(c) 磁力線具緊縮特性造成異性相吸

▲ 圖 1-1　由磁力線的性質解釋說明磁的特性

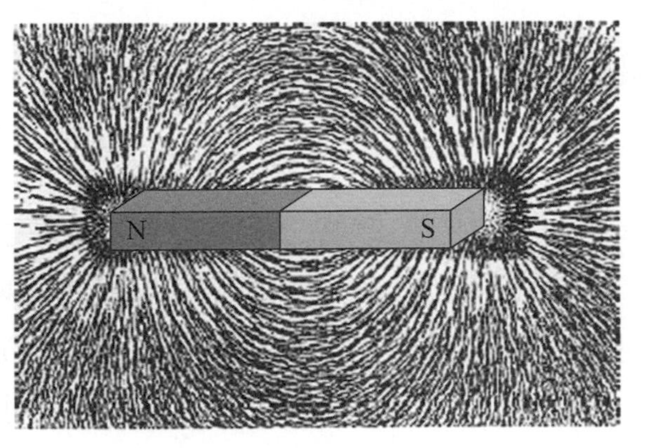

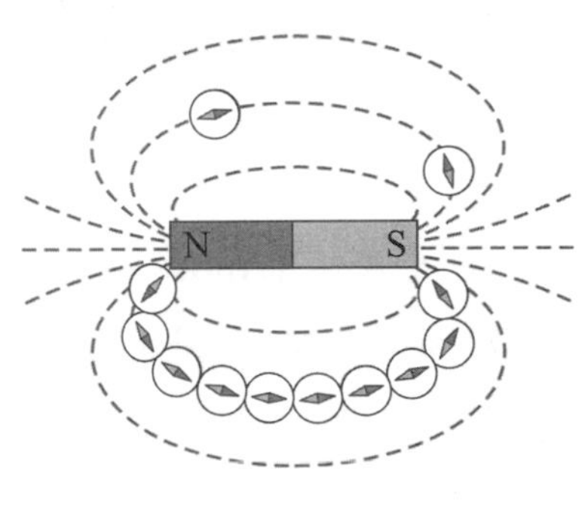

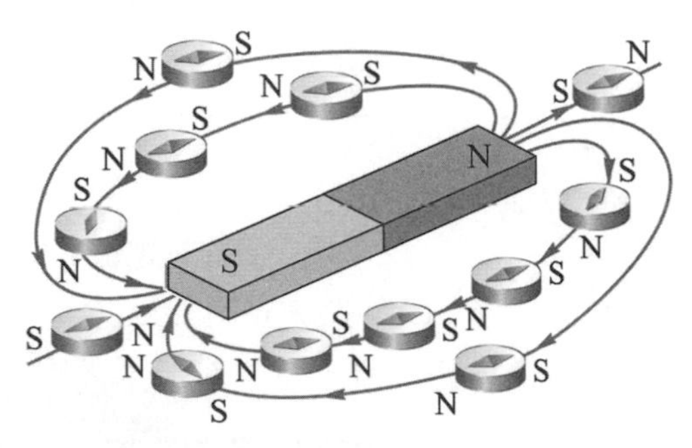

▲ 圖 1-2　條形磁鐵磁力線的鐵屑排列形象和人工繪製的磁力線分佈示意圖

三、磁通、磁通密度的代號與單位

一根磁力線稱為一個馬克士威 (Maxwell)。實用單位為韋伯 (Wb)，**1 韋伯 ＝ 10^8 馬克士威＝ 10^8 線**。所有磁力線數的總和稱為**磁通量**，簡稱**磁通** (magnetic flux)，以 ϕ 表示。

單位面積中，垂直通過的磁力線的數量，稱為磁通密度 (magnetic flux density)，以 B 表示之。即磁通密度為：

$$B = \frac{\phi}{A} \tag{1-1}$$

磁通密度的單位在 CGS 制為高斯 (Gauss)，高斯＝馬克士威／平方公分＝線／cm^2。在 MKS 制為特斯拉 (T, Tesla)＝韋伯／平方公尺 (Wb/m^2)。特斯拉與高斯其關係為：

1 特斯拉＝10000 高斯；1 Tesla ＝ 10^4 Gauss

1 高斯＝0.0001 特斯拉；1 Gauss ＝ 10^{-4} Tesla

1-2 電流的磁效應 (動電生磁)

一、安培右手定則與右螺旋定則

法國人安培 (Andre Marie Ampere, 1775-1836) 提出右螺旋定則及磁是由運動的電所產生的。如圖 1-3 所示，載有電流之導體，其周圍即產生環繞磁場，磁場形狀是以電流為中心的同心圓，包覆整條導體。電流產生之磁場方向，可利用安培右手定則決定之，以右手大拇指代表電流方向，其餘四指彎曲與拇指成垂直的方向，即為磁力線的方向，導體截面中的符號「・」表示電流流出導體，「×」表示電流流進導體。

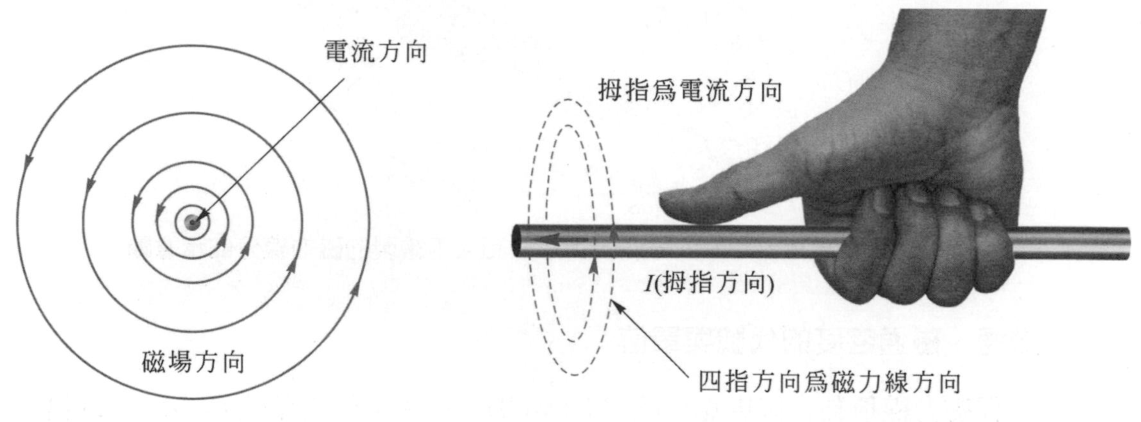

▲ 圖 1-3　電流產生之磁場方向，可利用安培右手定則決定

將導體繞製成線圈 (coil)，可將分散的磁力線集中在一個小範圍內，增加磁通密度。如圖 1-4 所示。線圈所產生的磁場方向與電流之關係可以利用右螺旋定則決定。以彎曲之四指代表線圈的電流方向，拇指所指的方向即為磁力線方向；即拇指側為線圈所產生磁場的 N 極，而小指側為 S 極。在機械拆裝時，具右螺紋的機件向彎曲四指方向旋轉，則該機件會向拇指方向移動。

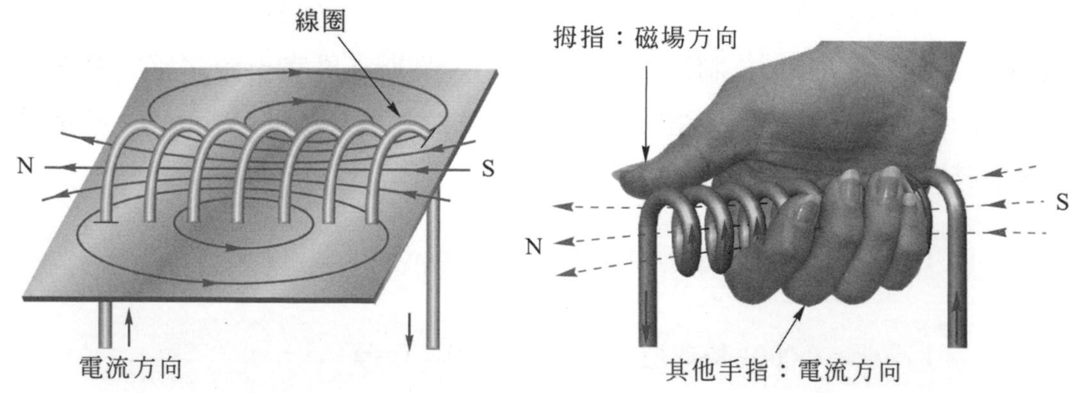

▲ 圖 1-4　線圈磁場分布與利用右螺旋定則決定線圈電流與磁場方向之關係

二、磁路

磁力線通過的路徑，稱為磁路。線圈所建立的磁通 ϕ 與電流 I 以及匝數 N 成正比，而與磁路的磁阻 $\mathcal{R}$ (reluctance) 成反比。以數學式表示如下：

$$\phi = \frac{\mathcal{F}}{\mathcal{R}} = \frac{I \times N}{\mathcal{R}} \tag{1-2}$$

將磁路與電路比對，如圖 1-5 所示。式 (1-2) 稱為羅蘭定律 (Rowland's law)，又稱為磁路的歐姆定律。式 (1-2) 中通過磁路的磁通量 ϕ，類似電路中的電流，可稱為磁流。$I \times N$ 為磁通穿過磁路的磁動勢 $\mathcal{F}$ (magnetomotive force, mmf) 簡稱磁勢，單位為安匝 (ampere-turn, At)，類似電路中的電動勢；磁通量通過磁路的阻力稱為磁阻 $\mathcal{R}$，單位為 (安匝 / 韋伯)，類似電路中的電阻。磁阻與磁路長度 ℓ (公尺) 成正比，導磁係數 μ、磁路的截面積 A (平方公尺) 成反比。以數學式表示如下：

$$\mathcal{R} = \frac{\ell}{\mu A} \quad (\text{安匝 / 韋伯}) \tag{1-3}$$

要獲得較大的磁通量，應選擇磁阻小的磁芯 (core)。目前電工機械最常用的磁芯材料為矽鋼片，因此電工機械的磁芯通稱為鐵芯。

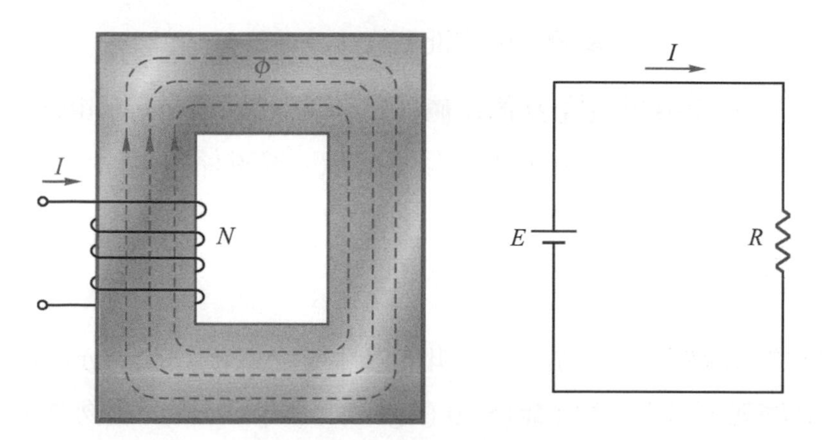

▲ 圖 1-5　磁路與電路比對

磁路中單位長度的磁動勢，稱為磁場強度或磁化力，以 H 表示，其單位為 (安匝 / 公尺)。

$$H = \frac{IN}{\ell} \tag{1-4}$$

三、磁化曲線及導磁係數 μ

把鐵芯放在一個長直螺線管線圈中，逐漸增加線圈的電流予以磁化，直到磁通密度飽和不再增加；然後才逐漸減少電流到 0。接著改變電壓極性，逐漸增加線圈的反向電流，直到磁通密度反向飽和，之後逐漸減少反向電流到 0。再次改變電壓極性，逐漸增加線圈的正向電流，直到磁通密度飽和，完成一次磁化循環。磁化過程中，以磁化力 H 為橫座標，磁通密度 B 為縱座標，記錄磁通密度 B 對應磁化力 H 的變化所得到之關係曲線，稱為**磁化曲線或 *B-H* 曲線**，如圖 1-6 所示。

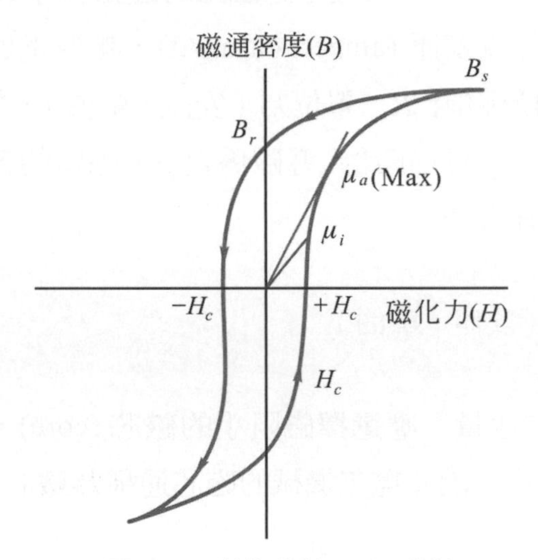

▲ 圖 1-6　磁化曲線 (*B-H* 曲線)

磁通密度 *B* 與磁場強度 *H* 的比值稱爲導磁係數 (permeability)；亦即 *B-H* 曲線之斜率即為該鐵芯之導磁係數，以 μ 表示。導磁係數：

$$\mu = \frac{B}{H} \tag{1-5}$$

導磁係數 μ 略小於 1 的磁介質叫抗磁性或反磁性 (diamagnetic)；惰性氣體及若干金屬如鉍 (Bi)、鋅 (Zn)、銀 (Ag)、鎂 (Mg) 屬於反磁物質，其磁化率與溫度無關。導磁係數 μ 略大於 1 的磁介質叫順磁性 (paramagnetic)；如鹼金屬、稀土族金屬、鐵族元素的鹽類等；順磁物質的磁化率與溫度有密切關係。導磁係數 μ 在 1 左右的順磁性與反磁性介質對磁場的影響很小，一般在應用中忽略它們的影響。導磁係數 μ 遠大於 1 的磁介質稱為鐵磁質 (ferromagnetic)；例如鐵、鈷、鎳等元素，只需很小的磁場就能被磁化並達到飽和，然而在溫度超過一稱為居禮溫度 (Curie Temperature, T_c) 的臨界溫度時，鐵磁性會消失，變成順磁性。磁化了的鐵磁質對磁場的影響很大，能大大增強原來的磁場，在電工、電磁技術中有著廣泛的應用。

各種材料的導磁係數 μ 和真空的導磁係數 μ_0 的比值，稱為相對導磁係數 (relative permeability)，以 μ_r 表示。即相對導磁係數表示式如下：

$$\mu_r = \frac{\mu}{\mu_0} \tag{1-6}$$

式 (1-6) 中，真空的導磁係數 $\mu_0 = 4\pi \times 10^{-7}$ 亨利 / 公尺 (H/m)，1 亨利 (H) = 韋伯 / 安匝 (Wb/At)。

相對導磁係數的量測方法為先使長直螺線管線圈內是真空或空氣，線圈通入固定電流 I，測出此時管內的磁通密度 B_0 的大小；然後管內放入 (充滿) 待測材料，在保持電流 I 不變相同磁化力 H 的情況下，測出此時管內磁介質中磁通密度 B 的大小。二者實驗結果的數值相除，即得相對導磁係數。表 1-1 列出了幾種不同介質的相對導磁率。

▼ 表 1-1　幾種磁介質的相對導磁率

	磁介質種類	相對導磁率
抗磁性 $\mu_\gamma < 1$	氫（氣體）	$1 - 3.98 \times 10^{-5}$
	鉍（293K）	$1 - 16.0 \times 10^{-5}$
	汞（293K）	$1 - 2.90 \times 10^{-5}$
	銅（293K）	$1 - 1.00 \times 10^{-5}$
順磁性 $\mu_\gamma > 1$	氧氣（293K）	$1 + 344.9 \times 10^{-5}$
	液氧（90K）	$1 + 769.9 \times 10^{-5}$
	鋁（293K）	$1 + 1.650 \times 10^{-5}$
	鉑（293K）	$1 + 26.00 \times 10^{-5}$
鐵磁性 $\mu_\gamma \gg 1$	純鐵	5×10^3（最大值）
	矽鋼	7×10^2（最大值）
	坡莫合金	1×10^5（最大值）

四、磁滯與磁滯迴線

鐵芯磁化過程中，當磁化力 H 由零 (0 點) 逐漸增大時，磁通密度也隨之增大；到某個程度後，磁通密度停在 B_s 不再增加的現象，稱為磁飽和 (magnetic saturation)，如圖 1-7 中的 a 點。磁化過程中，磁通密度 B 的變化較磁化力 H 的改變來的慢，這種延遲特性稱為磁滯 (magnetic hysteresis)。當磁化力減弱到零 $H=0$ 時，B 並不回到零，如圖 1-7 中的 b 點，而有剩 (殘、頑) 磁 B_r(residual) 存在。

如圖 1-7 中的 bc 段，改變電流的方向，使磁化力往反方向增加，直到剩磁消失；把殘磁抵消所需施加反向的磁化力，稱為矯頑磁力 H_c (coercive force)，如圖 1-7 中所示，反向的磁化力增加至 $-H_c=0c$ 時，磁通密度才降至 0。磁性材料磁化時，磁化循環所得的磁化曲線稱為磁滯迴線 (hysteresis curve)。

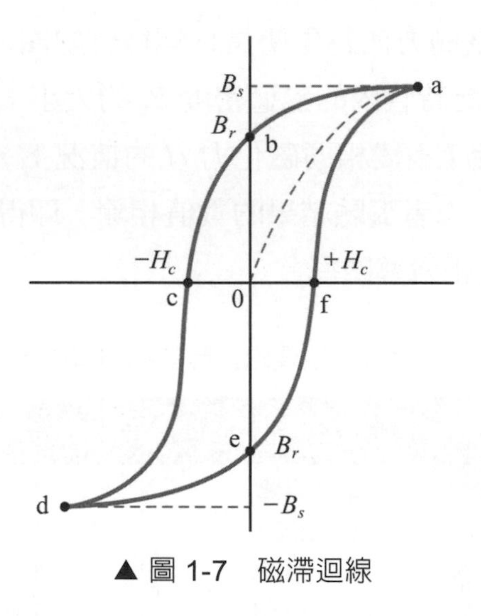

▲ 圖 1-7　磁滯迴線

五、去磁 (消磁)

上述磁滯迴線是外加的電流循一定方向，增大後繼續增大，減小後繼續減小，逐漸改變至磁飽和所形成的最大磁滯迴線。如果在磁化過程的中途改變了磁化力方向，會產生小範圍局部的磁滯迴線，如圖 1-8 所示。鐵磁質欲消磁，使其磁化狀態回到 B-H 圖中的原點，必須將外加磁化力在正負值之間反覆變化，並且逐漸減小，最後直到 0，這樣才能使磁化狀態沿著一次比一次小的磁滯迴線，回到無磁化狀態的 0 點，如圖 1-9 所示。實際做法是將樣品放在交流磁場中，再緩慢抽出，或逐步降低電流至零，即可完全的去磁。

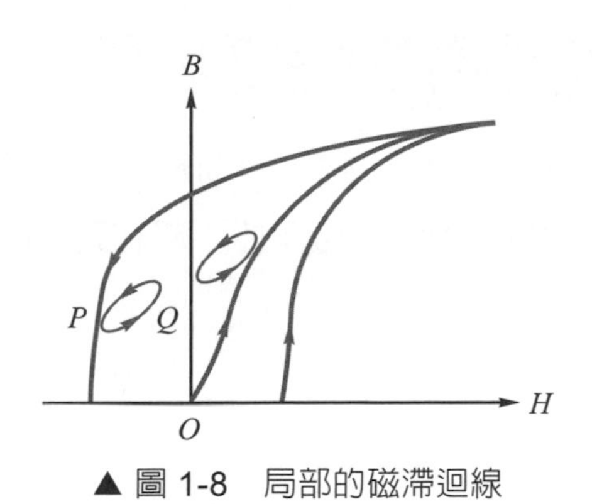

▲ 圖 1-8　局部的磁滯迴線

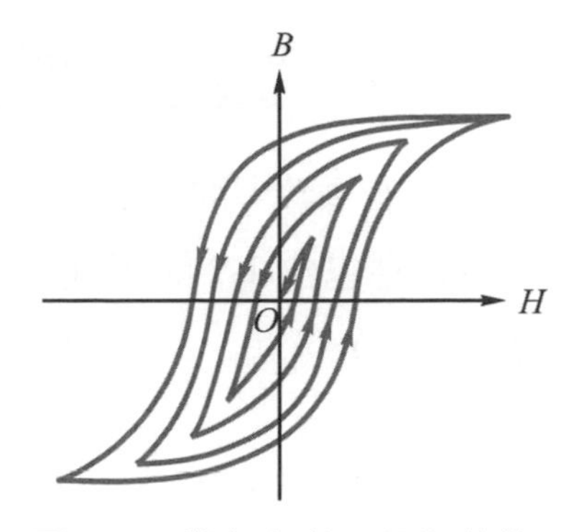

▲ 圖 1-9　徹底去磁過程的磁滯迴線

六、軟磁材料和硬磁材料

鐵磁質按照矯頑力的大小，分為軟磁材料和硬磁材料兩大類。矯頑力很小，剩 (殘、頑) 磁很容易拉回來的為軟磁材料；軟磁材料的磁滯迴線比較瘦，面積較小，如圖 1-10(a) 所示。一般會將矯頑磁力小於 20 Oe (1 Oe = 79.3A · Turns/m) 者稱為軟磁材料；但實用上的軟磁材料其矯頑磁力都在數 Oe 以下，如純鐵、矽鋼、坡莫合金 (含鐵、鎳) 等；在外加交流磁場下，能夠跟隨交變磁場迅速改變磁化方向。軟磁適合使用於電感器、變壓器、交流電機的鐵芯。矯頑力大，剩 (殘、頑) 磁很不容易拉回來的為硬磁材料；硬磁材料的磁滯迴線較胖，面積較大，如圖 1-10(b) 所示。硬磁材料如碳鋼、鎢鋼或鋁鎳鈷合金 (含 Fe、Al、Ni、Co、Cu) 等材料具有較大的矯頑力，一旦磁化後對於外加的較弱磁場有較大的抵抗力，仍保留原有剩磁；硬磁材料適合作為直流機的主磁極、永久磁體、磁帶、磁片或電子電腦的記憶元件。含稀土元素釹、釤、鐠、鏑等製成的超級永磁材料，其磁性高出普通永磁材料 4 ～ 10 倍，應用在永磁式電動機可使其性能大為提升。

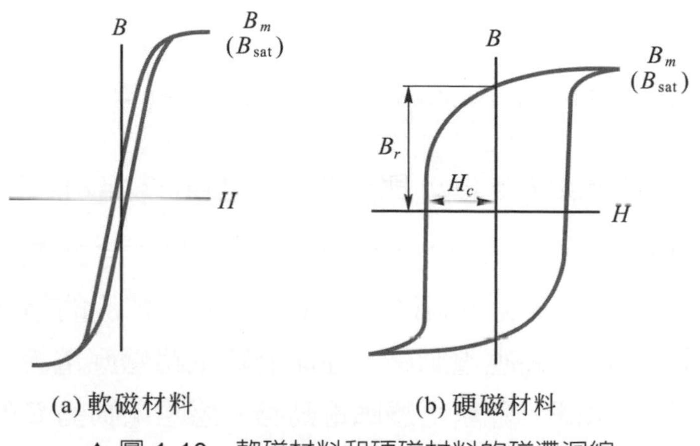

▲ 圖 1-10　軟磁材料和硬磁材料的磁滯迴線

1-3 電磁感應 (Elecyromagnetic induction)

磁與電存在著密切的聯繫，電流能夠激發磁場，磁場變動也會產生感應電壓；電磁感應包含 1-2 節所述電流的磁效應 (動電生磁) 外，還有動磁的電效應 (動磁生電)。

一、電磁感應 (electromagnetic induction)(動磁生電)

當磁力線變動時會產生感應電動勢 (electromotive force，簡稱 EMF)。實用的方法是導線與磁力線互相切割，使磁力線包覆在導線身上，這些磁力線緊縮變動時，在導線上即產生感應電動勢驅動感應電流。感應電流產生的磁力線反對磁場的緊縮減少，感應電動勢的方向亦可利用安培右手定則決定，如圖 1-11 所示。右手四指彎曲與拇指成垂直，彎曲四指的方向為磁力線的方向，磁力線緊縮變動時，右手大拇指為感應電動勢驅動電流的方向。而**每秒一韋伯的磁力線**緊縮**變動**時，即**產生一伏特感應電動勢**，即 **V ＝ Wb/sec**。

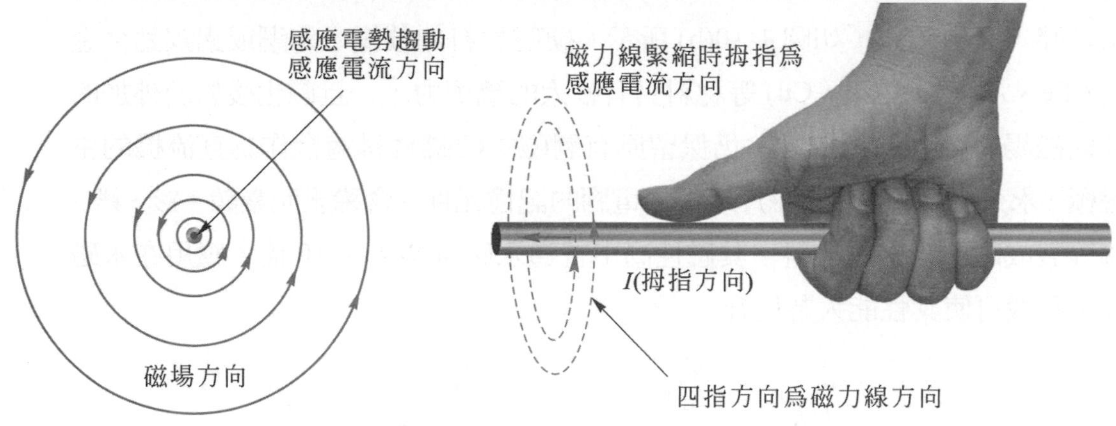

▲ 圖 1-11　磁力線緊縮時產生之感應電動勢 (電流) 方向

二、法拉第定律 (Faraday's law) 與楞次定律 (Lenz's law)

法拉第 (Michael Faraday, 1791-1867) 於 1831 年 9 月 23 日 (後來被定為電機工業的誕生日)，發現一個移動的磁鐵或通了電流的筒狀線圈，可以使附近的線圈中，產生感應電動勢，在閉迴路電路感應電流。當線圈所包圍的磁通變化時，線圈上會產生感應電動勢。感應電動勢 E 的大小和線圈所包圍的磁通變動率 $\frac{\Delta\phi}{\Delta t}$ 以及線圈匝數 N 成正比。即

$$E = -N\frac{\Delta\phi}{\Delta t} \qquad (1\text{-}7)$$

或

$$\mathrm{e} = -\frac{d(N\phi)}{dt} = -\frac{d\Psi}{dt} \qquad (1\text{-}8)$$

式 (1-8) 中 $\Psi = N\phi$ 稱為磁通匝鏈數，簡稱磁鏈。

磁通量的單位為韋伯，時間單位為秒，感應電動勢的單位為伏特。

例 1-1

匝數為 100 匝的線圈，原來通過的磁通量為 5×10^{-2} 韋伯，若在 0.05 秒內使其減少至 2×10^{-2} 韋伯，則此線圈感應電壓為多少？

解 $E = -N\frac{\Delta\phi}{\Delta t} = -100\times\frac{2\times10^{-2}-5\times10^{-2}}{0.05} = 60\text{V}$

類題 1-1

一個匝數為 200 匝的線圈，若在 0.05 秒內，使其通過的磁通量從原來的 2×10^{2} 韋伯，增加至 5×10^{-2} 韋伯，則此線圈感應電壓為多少？

1833 年楞次 (Lenz) 先生提出楞次定律：**感應電動勢的方向恆反對產生它的磁通量變化**。感應電動勢驅動感應電流時，所生成的磁場會反抗線圈內磁通量的變化，式 (1-7) 負號的意義是楞次定律的數學表示。例如：當磁鐵朝線圈迴路接近，線圈內的磁通增加時，線圈感應電流的流向，如圖 1-12(a) 所示；而感應電流所形成的磁場，方向反對磁通量增加，如圖 1-12(b) 所示，感應電流所形成的磁場反對磁通增加。當磁鐵遠離時，環中產生的感應電流，如圖 1-12(c) 所示；由金屬環上感應電流所產生的磁場方向，如圖 1-12(d) 所示，感應電流所形成的磁場彌補磁通量，反對磁通量的減少。

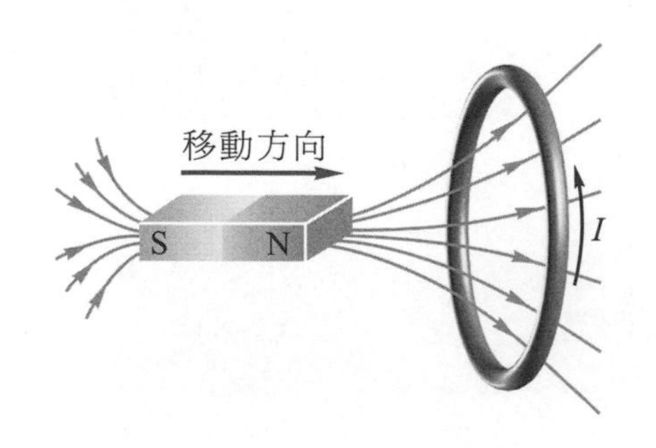

(a) 磁通增加時線圈的感應電流方向

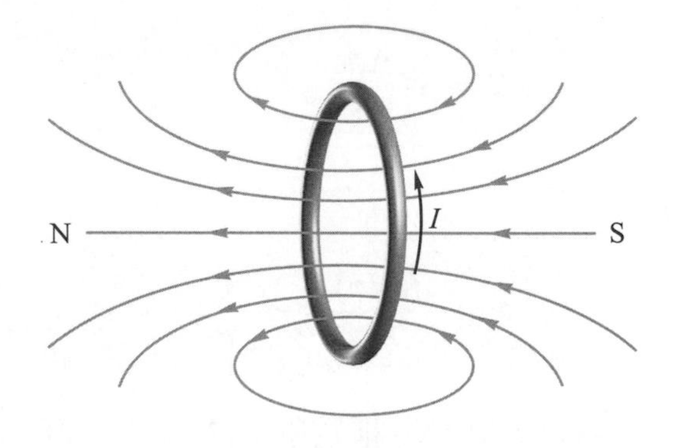

(b) 感應電流所形成的磁場反對磁通量增加

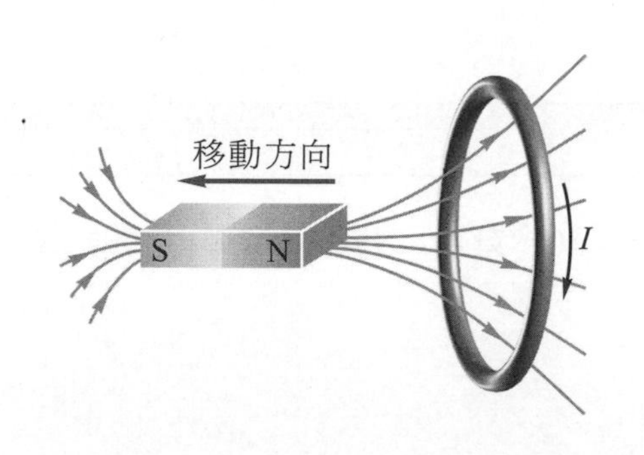

(c) 磁鐵遠離時產生的感應電流方向

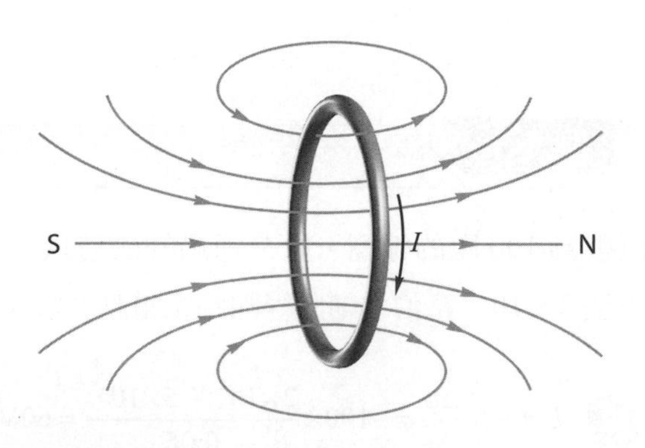

(d) 感應電流所產生的磁場彌補磁通量減少

▲ 圖 1-12　楞次定律說明

楞次定律是能量守恆定律的必然結果。因為感應電流在閉合回路中流動時，將形成電功釋放焦耳熱；根據能量守恆定律，能量不可能無中生有，這部分熱是由從其他形式的能量轉化而來。在上述例子，依據楞次定律，把磁棒插入線圈或從線圈內拔出時，都必須克服斥力或引力而做機械功，這部分機械功轉化成了感應電流所釋放的焦耳熱。線圈開路時雖有感應電勢但無感應電流，並無反對斥力或引力而不需做機械功。同理，發電機在無輸出負載功率時，驅動它的原動機僅須提供機械摩擦損失的機械功；發電機在輸出負載功率增加時，驅動它的原動機之機械負載也隨著增加，必須增加原動機的輸入功率，才能繼續運轉。

三、電感與電感係數

線圈的電流變化時，磁通也會發生變化；只要有磁通變化就會使線圈產生感應電勢，不論這個磁通的變化是來自於相對運動還是電流的變化。線圈由於自身電流的變化而產生感應電動勢的現象，叫自感 (self-inductance)。磁通的變化是來自電流的變化，法拉第定律可寫成：

$$E = -N\frac{\Delta\phi}{\Delta t} = -L\frac{di}{dt} \tag{1-9}$$

式 (1-9) 中係數 L 稱為電感 (inductance)，為單位電流所產生的磁鏈數 ($N\phi$)，也是單位電流變化率所產生反抗電流改變的感應電動勢。即：

$$L = \frac{N\phi}{I} = \frac{-E}{\frac{di}{dt}} \tag{1-10}$$

電磁感應的強弱可由電感 L 來量度。將羅蘭定律 (1-2) 及磁阻公式 (1-3) 代入式 (1-10) 整理可得

$$L = \frac{N\phi}{I} = \frac{N \times N}{\mathcal{R}} = \frac{4\pi\mu A_e}{\ell}N^2 \tag{1-11}$$

式 (1-11) 中 A_e 為有效磁芯面積，ℓ 為磁路長度，N 為線圈匝數。電感 L 的單位在 MKS 單位制中為亨利 (H)，1 亨利 =1 韋伯 /1 安培，亦即 1H = 1Wb/A。由式 (1-11) 可知：**電感量與線圈匝數的平方成正比**。

實際應用上對於已製作好的磁芯，材質、截面積 A_e、磁路長度 ℓ 固定，因此定義電感係數 (Inductance Factor, A_L) 為每平方匝的奈亨數量 (nH/N^2) 表示：

$$A_L = \frac{\mu A_e}{\ell} = \frac{nH}{N^2} \tag{1-12}$$

對於已知電感係數的磁芯，電感 L 可以用電感係數 A_L 計算：

$$L = A_L N^2 \tag{1-13}$$

而欲獲得某一電感值，線圈所須繞線之匝數 N：

$$N = \sqrt{\frac{L}{A_L}} \tag{1-14}$$

四、反電勢與電感抗

由於線圈的電流變化而引起的磁通變化，會在線圈中產生感應電勢反對磁通的變化，也就是感應電勢反抗電流的變化，因此感應電勢又稱為**反電勢**。因為線圈電流變動時會引起感應電動勢反抗電流的變動，所以在電感電路中除了電阻外，還有感應電勢所產生的抗力反抗電流變動；感應電勢所產生的抗力簡稱電感抗，以 X_L 表示。電感抗的大小與電流的轉變速度 (角速度) 成正比。即

$$X_L = \omega L = 2\pi fL \qquad (1\text{-}15)$$

頻率越高電感抗越大。電感抗的單位亦為歐姆，但是與電阻完全不同。電阻阻礙電流的流動而且消耗電能成為熱能。而電感則是純粹反抗電流的變化。當電流增加時電感抵抗電流的增加；當電流減小時電感反抗電流的減小。電感抗並不消耗電能，當電流增加時電感會將能量以磁場的形式暫時儲存起來；等到電流減小時，它又會將磁場的能量釋放出來。

交流電路中由於電流不斷變動，電感抗的作用不可忽略。交流電路中線圈電流並非僅由電阻決定，主要是由電感抗限流。由於電感抗的反抗電流變動，也造成了交流電流落後電壓；在純電感電路中，交流電流落後電壓 90° 電機度。在穩定直流電路中，由於電流的轉變速度為零的情況下，電感抗為零，電感形同短路；但在電路啟動和關閉的一剎那，電流並非即時進入穩定狀態，電感抗仍會影響電路而形成 ON 及 OFF 的暫態現象。

五、渦電流與渦流損

磁通量變化時，在板狀或塊狀導體上所產生的感應電流為環形呈漩渦狀，稱為渦電流 (eddy current)。如圖 1-13(a) 所示，當磁棒 N 極接近金屬板時，導體板上產生一逆時針方向的渦電流。當磁鐵棒平行於導體板方向移動時，磁棒前後方的磁通量變化相反，前方磁通增加而後方磁通減少，產生不同方向的渦電流，如圖 1-13(b) 所示。渦電流會產生焦耳熱。電磁爐就是以高頻的交流電通過爐面下的感應線圈，在爐面上產生變動的磁場，使得放在電磁爐上面的金屬鍋底產生渦電流而生焦耳熱來烹煮食物。但是當電機機械的鐵芯磁場變動時，鐵芯中渦流所產生的熱，不僅降低效率，而且造成電機溫度升高，

使絕緣劣化導致壽命減少甚至燒燬。為了減小渦流，電工機械的鐵芯常用片狀矽鋼片平行磁力線堆疊組成。由於矽鋼片本身的電阻係數較大，且片間絕緣，使渦電流大為減小，而降低了渦流損 (eddy current loss)。

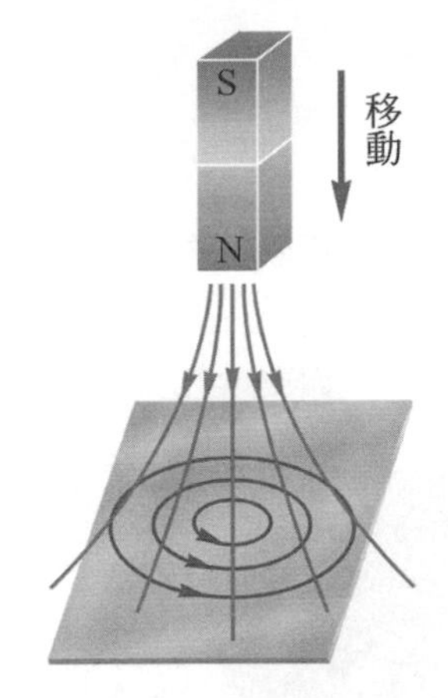

(a) N極接近導體板時，產生逆時針方向的渦電流

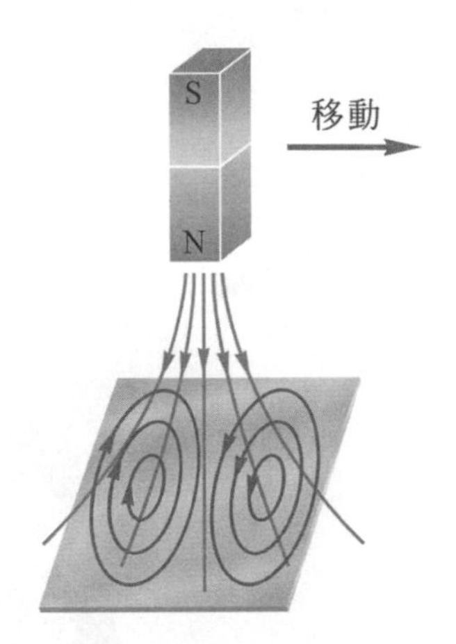

(b) 磁鐵棒平行於導體板方向移動時，磁棒前後方產生反方向的渦電流

▲ 圖 1-13　渦電流

1-4 佛來銘右手定則 (發電機定則)

發電機的發電原理是利用電磁感應將動能轉變為電力，由機械動能帶動發電機的導體與磁場互相切割，使磁力線包在導線身上，當磁力線緊縮變動時，導體產生感應電動勢，推動電流供給負載。如圖 1-14 所示，原動機驅動直流發電機的線圈順時針方向旋轉，在 S 磁極之導體 *A* 向上移動，而在 N 磁極之導體 *B* 向下移動，磁力線與導線切割而包在導線身上；依據安培右手定則可知磁力線緊縮時，在 S 磁極之導體 *A* 感應電勢的方向為射出，而在 N 磁極之導體 *B* 的感應電勢方向為流入。

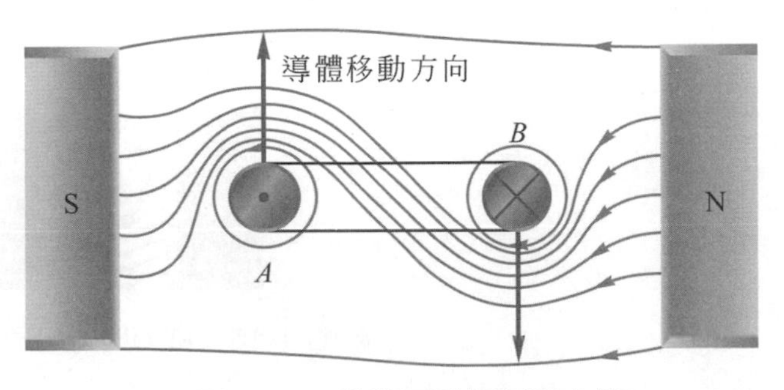

▲ 圖 1-14　導線運動切割磁力線

佛來銘右手定則 (Fleming's right hand rule) 又稱為發電機定則，以右手辨別發電機之導體運動方向、感應電勢方向與磁場方向的關係。如圖 1-15 所示，

將右手之拇指、食指及中指均伸直且相互垂直，拇指所指的方向表示導體的運動方向，食指所指的方向表示磁場的方向，則中指所指的方向即爲感應電勢 (或電流) 的方向。依據佛來銘右手定則即可得知圖 1-14 中導體 A 及導體 B 的感應電勢方向。

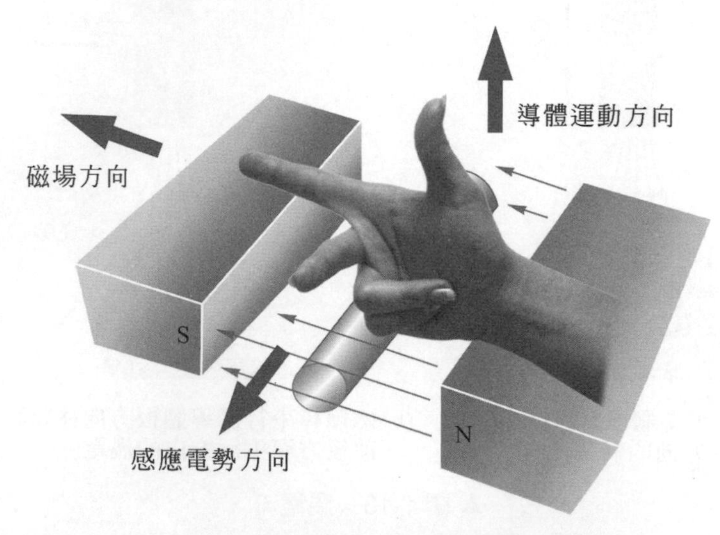

▲ 圖 1-15　佛來銘右手 (發電機) 定則

1-5 佛來銘左手定則 (電動機定則)

導體置於磁場中，當電流通過導體時，根據安培右手定則產生的磁力線使磁場磁力線變形成為如圖 1-16 所示，由於磁力線的緊縮特性，導體受到一個移動的力量，此力量由電流與磁場形成，稱之為電磁力。

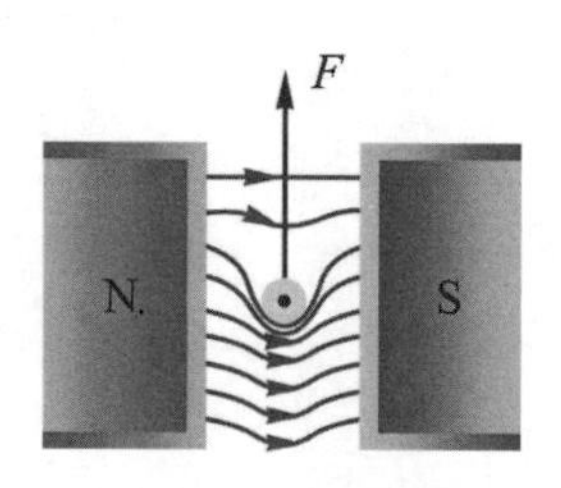

▲ 圖 1-16　電流與磁場形成電磁力

電流、磁場、導體受力方向之關係可以佛來銘左手定則來辨別；如圖 1-17 所示，將左手拇指、食指及中指伸直且互相垂直，食指表示磁場方向，中指表示電流方向，則拇指所指的方向，即為導體所受電磁力的方向，也就是導線移動的方向。佛來銘左手定則又稱為電動機定則，可以用來判斷電動機的轉向。

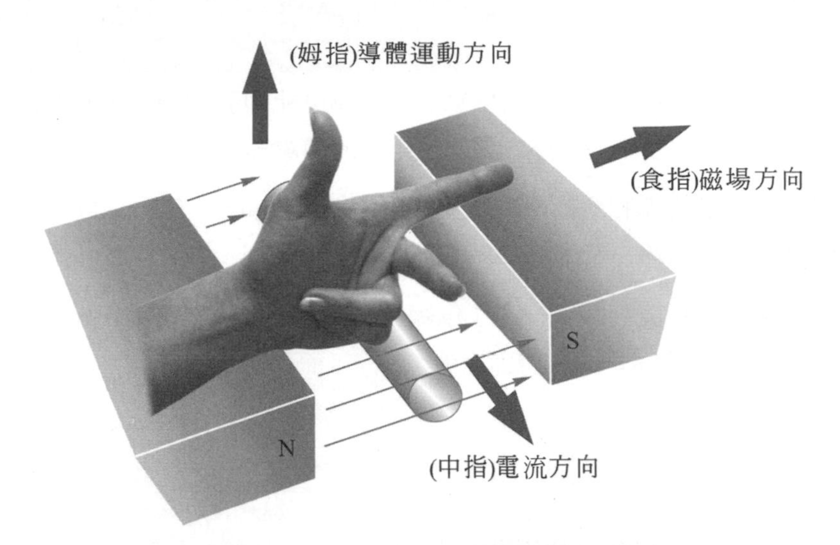

▲ 圖 1-17　佛來銘左手 (電動機) 定則

▼ 表 1-2　基礎電磁理論的相關代號、名稱及單位

代號	ϕ	B	$\mathcal{R}$	H	μ	E	N	L
名稱	磁通	磁通密度	磁阻	磁化力	導磁係數	感應電勢	線圈匝數	電感
單位	韋伯 Wb	特斯拉 T, Tesla 韋伯 / 平方公尺 (Wb/m^2)	安匝 / 韋伯	安匝 / 公尺	亨利 / 公尺 (H/m)	伏特 V	匝	亨利 H

問題與討論

試解釋說明下列名詞

1. 磁場 (magnetic field)
2. 磁通 (magnetic flux)
3. 磁通密度 (magnetic flux density)
4. 導磁係數 (permeability)
5. 磁飽和 (magnetic saturation)

1. 電工機械依據能量轉換分為將機械能轉換為電能的發電機，將電能轉換為機械能的電動機以及轉換電壓、電流及阻抗的變壓器三大類。
2. 所有磁力線數的總和稱為**磁通量**，簡稱**磁通** (magnetic flux)，以 ϕ 表示。實用單位為韋伯 (Wb)，韋伯 = 10^8 馬克士威 = 10^8 線。
3. 單位面積中垂直通過的磁力線總數量，稱為**磁通密度** (magnetic flux density)，以 B 表示之。即磁通密度：

$$B = \frac{\phi}{A}$$

4. 電流產生之磁場方向，可利用安培右手定則決定之；右手大拇指為電流方向，其餘四指彎曲與拇指成垂直的方向，即為磁力線的方向。
5. 載有電流之螺線管，電流與磁場方向之關係利用右螺旋定則決定。以彎曲之四指為電流方向，拇指代表磁力線方向或線圈磁場 N 極所在的方向。
6. 線圈通以電流所建立的磁通與電流、匝數成正比，而與磁路的磁阻成反比。以數學式表示如下：

$$\phi = \frac{\mathcal{F}}{\mathcal{R}} = \frac{I \times N}{\mathcal{R}}$$

式中通過磁路的磁通量 ϕ，$I \times N$ 為使磁通穿過磁路的磁動勢 $\mathcal{F}$，單位為安匝 (ampere-turn，At)，磁阻 $\mathcal{R}$，單位為 (安匝 / 韋伯)。

7. 磁化過程中，以磁化力 H 為橫坐標，磁通密度 B 為縱坐標，記錄鐵芯內的磁通密度 B 對應磁化力 H 的變化所得到之關係曲線，稱為鐵芯之磁化曲線或 B-H 曲線。
8. 磁通密度 B 與磁場強度 H 的比值稱為導磁係數 (permeability)；亦即 B-H 曲線之斜率即為該鐵芯之導磁係數，以 μ 表示。

$$\mu = \frac{B}{H}$$

9. 當磁化力 H 大到某個程度後，儘管磁化力 H 再加大，磁通密度停在 B_{sat} 不再增加的現象，稱為磁飽和 (magnetic saturation)。
10. 磁通密度 B 的變化，較磁化力 H 改變慢的延遲特性稱為磁滯 (magnetic hysteresis)。
11. **電磁感應－動磁生電：**導線與磁力線互相切割使磁力線包在導線身上，磁力線緊縮時在導線上產生感應電動勢。
12. 每秒一韋伯的磁力線緊縮變動時即會產生一伏特感應電動勢，即

    V = Wb/sec。
13. **法拉第定律 (Faraday's law)**

    當線圈內的磁通變化時，線圈上會產生感應電動勢。感應電動勢的大小和線圈所包圍的磁通變化率以及線圈匝數成正比。即

    $$E = -N\frac{\Delta\phi}{\Delta t} = -L\frac{di}{dt}$$

    式中負號的意義：感應電動勢驅動感應電流時，所生成的磁場會反抗線圈內磁通量的變化。
14. 楞次定律 (Lenz's law)：感應電動勢的方向恆反對產生它的磁通變化。
15. 電感 $L = \dfrac{N\phi}{I}$ 。
16. 電感量與線圈匝數平方成正比。
17. 電機鐵芯以矽鋼片平行磁力線堆疊而組成，以降低渦流損。
18. 佛來銘右手定則又稱為發電機定則，右手拇指、食指、中指互相垂直。拇指方向代表導體切割磁力線的運動方式；食指代表磁力線方向；中指方向代表感應電勢電流的方向。
19. 佛來銘左手定則又稱為電動機定則，左手拇指、食指、中指互相垂直。食指代表磁力線方向；中指代表電流方向；拇指方向即為導體受電磁力的方向。

一、選擇題

基礎題

( ) 1. 將電能轉變成機械能的是
(A) 發電機 (B) 變壓器 (C) 電動機 (D) 渦輪機。

( ) 2. 由法拉第定律，通過線圈之磁通量若成線性增加，則線圈兩端電壓
(A) 為定值 (B) 亦成線性增加
(C) 成線性降低 (D) 成非線性變化。

( ) 3. 有一線圈匝數為 500 匝，此線圈感應 5 伏特，則此線圈內磁通每秒變化多少韋伯？ (A)1 (B)0.1 (C)0.01 (D)0.001。

( ) 4. 根據法拉第楞次定律，當一線圈之磁交鏈 ($N\phi$) 發生變化時，該線圈即感應電勢 $E=-N\dfrac{\Delta\phi}{\Delta t}$，式中負號表示
(A) 感應電勢為負值 (B) 感應電勢與外加電壓之力向相反
(C) 感應電勢反抗磁交鏈之變化 (D) 該負號不具任何意義。

( ) 5. 將一導線置於均勻磁場中運動，下列哪個物理量不會影響感應電動勢的大小？
(A) 導線長度 (B) 運動速度 (C) 導線電阻 (D) 磁場強度。

( ) 6. 直流發電機中決定導體感應電流、運動方向及磁場方向之間關係是
(A) 佛來銘左手定則 (B) 佛來銘右手定則
(C) 楞次定律 (D) 羅蘭定律。

( ) 7. 佛來銘左手定則又稱為
(A) 電動機定則 (B) 發電機定則 (C) 右手定則 (D) 螺線管定則。

進階題

( ) 1. 某長導體中載有電流 I 向下流時，如圖 (1) 所示，當 I 隨著時間而增加時，則其左方之封閉迴路的感應電流為
(A) 沿順時鐘方向
(B) 沿逆時鐘方向
(C) 零
(D) 所生感應電動勢與時間成正比。

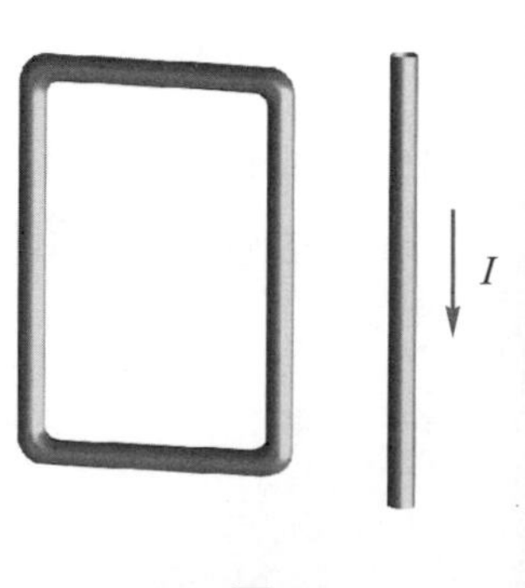

▲ 圖 (1)

(　) 2.　如圖 (2) 所示當線圈 A 以開關 S 接通和切斷電流 I_A 的瞬間，在其下方的另一線圈 B

(A) 會產生感應電流，但兩電流的方向相反

(B) 會產生感應電流，兩電流的方向相同

(C) 電流為零

(D) 電流之方向不定。

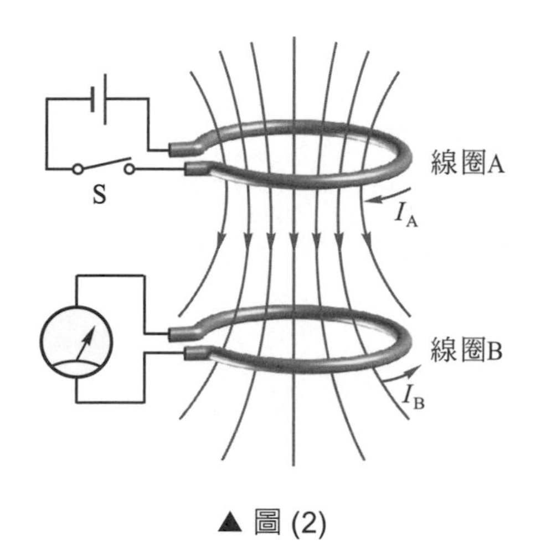

▲ 圖 (2)

(　) 3.　一根導體在磁場中運動，感應 $\frac{1}{2}$ 伏特之電壓，則其每秒切割磁力線

(A)1 根　(B)10^4 根　(C)10^8 根　(D)5×10^7 根。

(　) 4.　甲乙兩根相同的磁鐵棒相距很遠，自空中同一高度同時墜下地面。甲在墜落途中穿過一串封閉的銅線，而乙不穿過任何東西，則何者較早到達地面？

(A) 甲比乙早　(B) 乙比甲早　(C) 兩者同時到達地面　(D) 不一定。

二、問答與計算題

1. 何謂導磁係數，依據導磁係數的大小，磁介質可分為哪幾種？
2. 試述電流的磁效應及磁場方向如何決定？
3. 何謂自感？電感量與線圈匝數的關係為何？
4. 有一線圈 $N = 100$，原來通過的磁通量為 5×10^{-2} 韋伯，若在 0.05 秒內使其減少至 3×10^{-2} 韋伯，則此線圈感應電壓為何？
5. 試解釋說明下列名詞

   (1) 磁滯 (magnetic hysteresis)

   (2) 剩磁 (residual)

   (3) 渦電流 (eddy current)

2-1 變壓器的原理及等效電路

2-1-1 變壓器的原理

變壓器 (transformer) 是利用電磁感應原理運作的電工機械。將交流電源輸入到一個線圈，產生隨時間變化大小與方向的交變磁通，此交變磁通耦合至另一線圈，使它感應生電輸出，達到傳導電能的目的。變壓器基本構造如圖 2-1 所示，在變壓器中，接至電源產生交變磁通的線圈，稱為初級線圈、原級線圈 (primary coil) 或一次側；受磁通切割感應電勢供給負載的線圈，稱為二次線圈、次級線圈 (secondary coil) 或二次側。通常變壓器二次側與一次側線圈的匝數不同，得到輸出與輸入的電壓、電流及阻抗不一樣的效果。

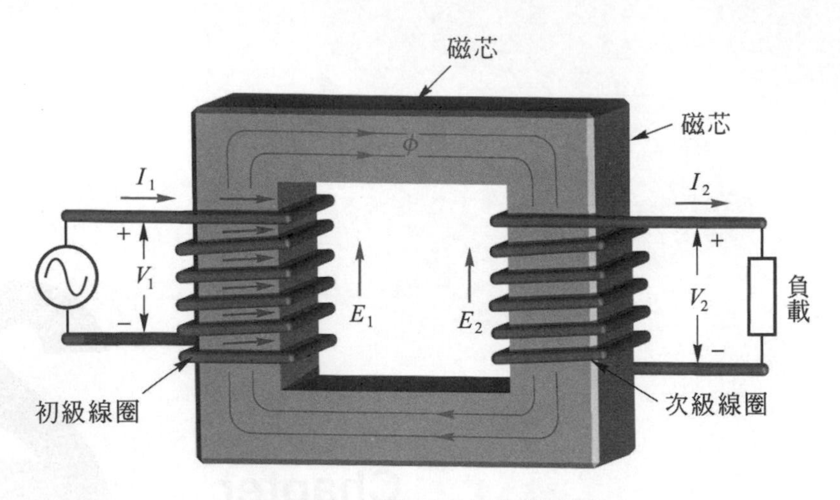

▲ 圖 2-1　變壓器基本構造圖

一、感應電勢的大小

在初級線圈產生的磁通完全切割次級線圈，沒有漏磁發生，也沒有磁滯現象及線圈沒有電阻的理想情況下，正弦波的交流電壓加到初級線圈，產生隨著正弦波形電流作規則性變動的磁通，如圖 2-2 所示；在半週期內，磁通由一方向的最大值 $-\phi_m$ 變動至另一方向的最大值 $+\phi_m$，在另一半週期的時間內則反向變化。根據法拉第定律，當線圈內的磁通量變化時，線圈會感應電勢，感應電勢的平均值 E_{av} 與線圈的匝數 N 及磁通變動量成正比，即感應電勢平均值的計算式如下：

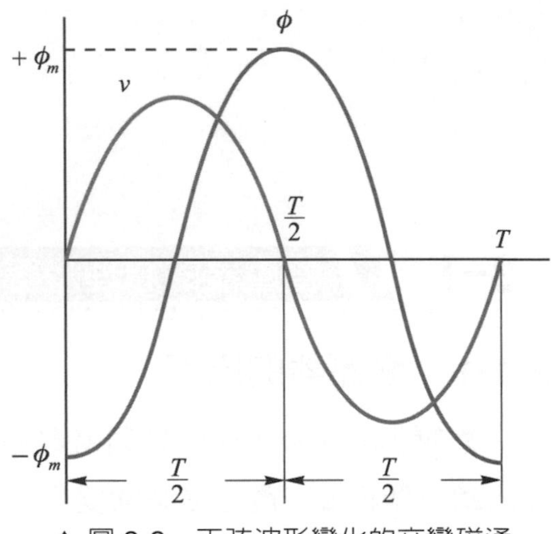

▲ 圖 2-2　正弦波形變化的交變磁通

$$E_{av}=N\frac{\Delta\phi}{\Delta t}=N\frac{\phi_m-(-\phi_m)}{\frac{T}{2}}=N\frac{2\phi_m}{\frac{T}{2}}=4N\frac{1}{T}\phi_m=4Nf\phi_m \quad (2\text{-}1)$$

因為正弦波電壓有效值為平均值的 1.11 倍 (波形因數)，所以感應電勢有效值為

$$E_{ef}=1.11\,E_{av}=4.44\,Nf\phi_m \quad (2\text{-}2)$$

感應電勢的大小與線圈匝數、頻率及磁通最大值三者的乘積成正比。

例 2-1

某 50 Hz 內鐵型變壓器，鐵芯截面積為 50×10^{-4} 平方公尺，最大磁通密度為 0.6 韋伯／平方公尺，若初級線圈為 500 匝，則其初級感應電動勢為多少？

解

$$\begin{aligned}E_{ef} &= 4.44\,Nf\phi_m = 4.44\,NfB_m\times A\\ &= 4.44\times500\times50\times0.6\times50\times10^{-4}\\ &= 333\text{V}\end{aligned}$$

類題 2-1

60 Hz 內鐵型變壓器的鐵芯淨斷面積為 $9\times6\text{cm}^2$，最大磁通密度為 1.3 wb/m^2，初級感應電動勢為 3150 V，次級感應電動勢為 210 V，試求各圈之匝數為何？

二、變壓器的電壓比

在初級線圈感應電勢的大小 E_1 及次級線圈感應電勢的大小 E_2，分別為

$$E_1 = 4.44N_1 f\phi_m \tag{2-3}$$

$$E_2 = 4.44N_2 f\phi_m \tag{2-4}$$

在磁通完全耦合沒有漏磁的理想情況下，可得變壓器一、二次間的感應電勢的比等於匝數比：

$$\frac{E_1}{E_2} = \frac{4.44N_1 f\phi_m}{4.44N_2 f\phi_m} = \frac{N_1}{N_2} \tag{2-5}$$

若在理想情況下線圈沒有電阻及漏電抗，線路的阻抗為零，不致產生阻抗壓降的理想情況下，二次側的感應電勢 E_2 則為輸出電壓 V_2。而一次的感應電勢，應與電源電壓 V_1 大小相等，而方向相反；因為倘若一次感應電勢的大小與電源電壓不同，則必使電源驅動電流，流經一次線圈，而使磁通改變，直至產生的感應電勢與電源電壓相同為止。因此在線圈無阻抗且鐵芯無漏磁的理想情況下，**變壓器一、二次間的電壓比等於感應電勢的比，也等於匝數比：**

$$\frac{V_1}{V_2}=\frac{E_1}{E_2}=\frac{N_1}{N_2} \tag{2-6}$$

式中匝數比 ($\frac{N_1}{N_2}$) 簡稱為匝比，以符號 a 代表。

實際的變壓器線圈有阻抗，而磁路使用的矽鋼片導磁係數並非無限大，磁通並沒有完全耦合而有漏磁；因此一二次線圈的端電壓並不等於感應電勢，然而相差甚微。在一般應用上可寫成：

$$\frac{V_1}{V_2}\approx\frac{E_1}{E_2}\approx\frac{N_1}{N_2}=a \tag{2-7}$$

當變壓器的二次側匝數比一次側匝數少時，輸出電壓比輸入電壓低，稱為降壓變壓器 (step-down transformer)，如圖 2-3 所示；當變壓器的二次側匝數比一次側匝數多時，則輸出電壓比輸入電壓高，這種變壓器稱為升壓變壓器 (step-up transformer)，如圖 2-4 所示。改變匝數比就可以改變輸出電壓的高低；電力輸送時，由於各地區的線路壓降不同，因此配電變壓器在一次繞組，備有若干個電壓分接頭 (tap charger)，如圖 2-5 所示，以便配合一次側的輸入電壓，切換至適當值，以改變匝數比調整二次側電壓，使其合乎需求的額定輸出電壓值。

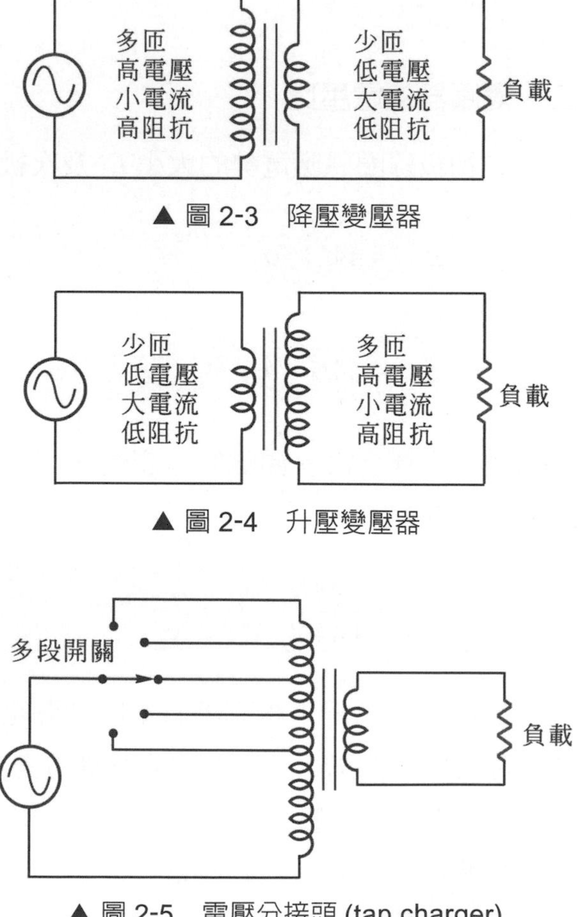

▲ 圖 2-3　降壓變壓器

▲ 圖 2-4　升壓變壓器

▲ 圖 2-5　電壓分接頭 (tap charger)

配電變壓器高壓側分接頭電壓之規格，如表 2-1：

▼ 表 2-1　變壓器之分接頭電壓

單位：V

額定一次電壓	分接頭電壓
3300	3600/3450/3300/3150/3000
6600	7200/6900/6600/6300/6000
11400	12000/11700/11400/11100/10800
22800	24000/23400/22800/22200/21600

例 2-2

一變壓器的額定初級電壓為 3150 V，次級電壓為 105 V，試求：

(1) 若次級匝數為 80 匝，初級線圈的匝數為多少？

(2) 初級線圈加 3300 V 時，次級電壓為多少？

(3) 為使輸出電壓為 100 V 時，初級電壓為多少？

解 (1) $\dfrac{V_1}{V_2}=\dfrac{N_1}{N_2}$

$\therefore N_1=N_2\times\dfrac{V_1}{V_2}=80\times\dfrac{3150}{105}=2400$ 匝

(2) $V_2=V_1\times\dfrac{N_2}{N_1}=3300\times\dfrac{80}{2400}=110\text{ V}$

或將額定電壓比視為匝數比得：

$V_2=3300\times\dfrac{105}{3150}=110\text{ V}$

(3) $V_1=V_2\times\dfrac{N_1}{N_2}=100\times\dfrac{2400}{80}=3000\text{ V}$

例 2-3

額定電壓為 6900-6600-6300-6000-5700/110 的單相變壓器，當接至分接頭 6600 V 位置時，二次側得 105 V。欲得 110 V 之二次側電壓，則一次側應改接至哪一位置？

 將額定電壓比視為匝數比

$$\frac{V_1}{V_2}=\frac{N_1}{N_2}=\frac{V_1}{105}=\frac{6600}{110}\text{，得}=6300$$

$$\frac{6300}{110}=\frac{N_1}{110}\quad \therefore N_1=6300$$

改接至 6300 V 位置，即可使二次側得到 110 V。

三、理想變壓器的端電壓、感應電勢與磁通之關係

符合下列條件的變壓器稱為理想變壓器：

1. 鐵芯導磁係數無限大，磁化電流等於零。
2. 鐵芯無渦流損及磁滯損，鐵損等於零。
3. 繞組的電阻為零，即銅損等於零。
4. 繞組間耦合係數 K=1，無漏磁通，漏電抗等於零。
5. 電壓調整率為零，效率為 100%。

當理想變壓器加上電源電壓 V_1 時，由於初級線圈為純電感電路，電流較電壓滯後 90° 電機度，此激磁電流形成的磁通 ϕ 與電流同相位，而滯後電源電壓 90°，如圖 2-6 所示。在 0 至 $\frac{T}{2}$ 時的磁通變化為正向增加如圖 2-6(b) 所示，根據楞次定律，感應電勢反對磁通的變動，由 $E=-N\frac{\Delta\phi}{\Delta t}$ 產生的感應電勢 $e(t)$ 為負值；在 $\frac{T}{2}$ 至 T 的時候，磁通瞬時值 $\phi(t)$ 往反方向變動，產生瞬時值為正值的感應電勢。感應電勢 E 的相位與電源電壓 V_1 相差 180° 電機度，如圖 2-6 所示；一次側的感應電勢 E_1 與電源電壓 V_1 大小相等而方向相反。理想變壓器的端電壓 V、感應電勢 E 及磁通 ϕ 之相位關係為：**磁通 ϕ 滯後電源電壓 90° 電機度，感應電勢滯後磁通 90° 電機度，感應電勢的相位與電源電壓相差**

180° 電機度。二次電壓 E_2 的大小視匝數比而定，圖 2-6(a) 所示為匝數比為 2：1 降壓變壓器的相量圖，其二次側感應電勢 $e_2(t)$ 為一次感應電勢 $e_1(t)$ 的 $\frac{1}{2}$。

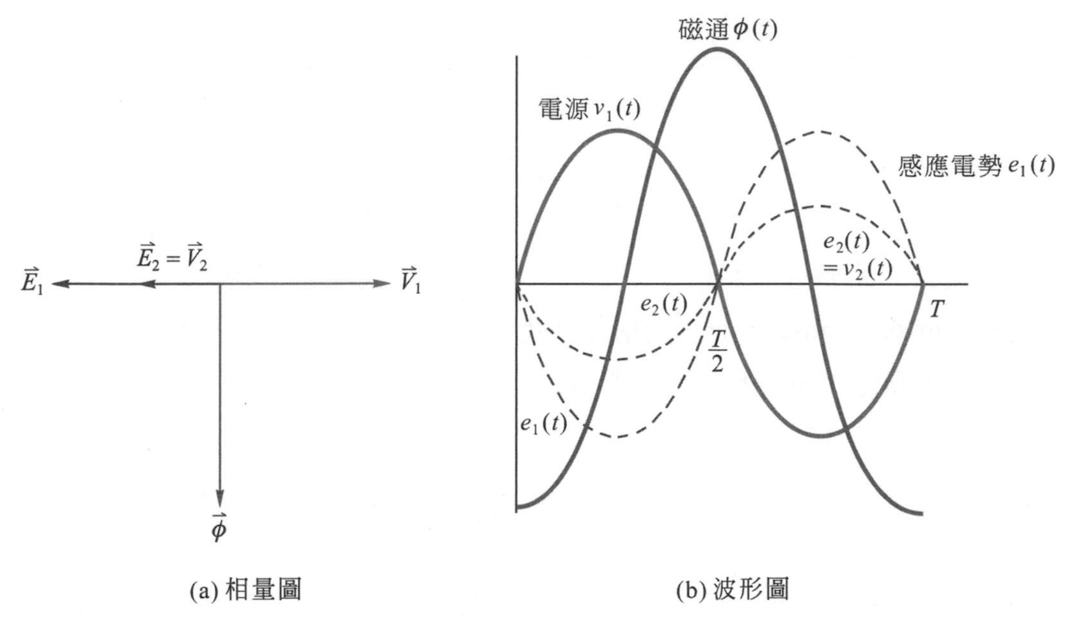

▲ 圖 2-6　理想變壓器的端電壓與感應電勢及磁通之相位關係

四、變壓器之電流比及阻抗比

由楞次定律可知，當理想變壓器的次級接上負載時，負載電流與次級線圈的匝數所形成的安匝磁勢 $I_2 \times N_2$ 作用於原磁路，抵消了部份磁通，使得初級的反電勢隨之減少，一次感應電勢 (反電勢) E_1 與電源端電壓 V_1 間的平衡破壞，因而由電源驅動電流 I_1 流入初級線圈，形成 $I_1 \times N_1$ 的安匝磁勢，直至磁通恢復至使初級感應電勢 E_1 等於電源電壓 V_1 為止。由此可知，當變壓器的電源電壓為定值時，磁通變動量為定值；負載時二次電流所形成的二次安匝磁勢 $I_2 \times N_2$ 在無漏磁的情況下，將由電源流入電流 I_1 形成一次安匝磁勢 $I_1 \times N_1$ 補足，亦即：

$$I_2 \times N_2 = I_1 \times N_1 \qquad (2\text{-}8)$$

整理得

$$\frac{I_2}{I_1} = \frac{N_1}{N_2} \qquad (2\text{-}9)$$

由此可知，理想變壓器的電流比等於匝數的反比。根據能量不滅定律，輸入功率等於輸出功率 $P=V_1I_1=V_2I_2$ 得 $\frac{V_1}{V_2}=\frac{I_1}{I_2}$，與式 (2-6) 合併得理想變壓器的電壓、電流公式為

$$\frac{V_1}{V_2}=\frac{E_1}{E_2}=\frac{N_1}{N_2}=\frac{I_2}{I_1} \tag{2-10}$$

變壓器的電壓比等於電流的反比，變壓器升了電壓即降了電流，欲將電力輸送至遠方時，可以利用變壓器升高電壓，降低輸送之電流以減少線路的壓降、損失、節省導線體積及架設器材。有些變壓器用來轉變電流。例如：比流器 (current transformer，簡稱 CT) 用來轉換電流為適當值，隔離高壓以方便量度及供應電流訊號給保護裝置。

例 2-4

3300/110 V 之單相變壓器，當高壓側額定電流為 30 A 時，低壓側的電流為多少？

解 $\because \frac{I_2}{I_1}=\frac{N_1}{N_2}=\frac{V_1}{V_2}$

$\therefore I_2=30\times\frac{3300}{110}=900\text{ A}$

變壓器不僅改變電壓，亦改變了電流，同時也改變了阻抗。初級阻抗 Z_1 與次級阻抗 Z_2 的關係推導如下：

$$\frac{Z_1}{Z_2}=\frac{\frac{V_1}{I_1}}{\frac{V_2}{I_2}}=\frac{V_1}{V_2}\times\frac{I_2}{I_1}=\frac{N_1}{N_2}\times\frac{N_1}{N_2}=\left(\frac{N_1}{N_2}\right)^2 \tag{2-11}$$

變壓器初級與次級間的阻抗比等於匝數的平方比。有些變壓器利用此關係擔任阻抗轉換的功能，如同水路中粗細水管連接時的變換頭作用一樣。例如使用於音頻放大電路中的輸出變壓器 (output transformer，簡稱 O.P.T)，就是作為阻抗匹配用，使得高阻抗的真空管或半導體放大電路得以最大功率轉移及最小失真推動低阻抗的喇叭。

例 2-5

如圖 2-7 中放大器輸出阻抗為 512 Ω，欲使 8 Ω 阻抗喇叭獲得最大功率，則變壓器匝數比應為多少？

解 $\frac{N_1}{N_2}=\sqrt{\frac{Z_1}{Z_2}}=\sqrt{\frac{512}{8}}=8:1$

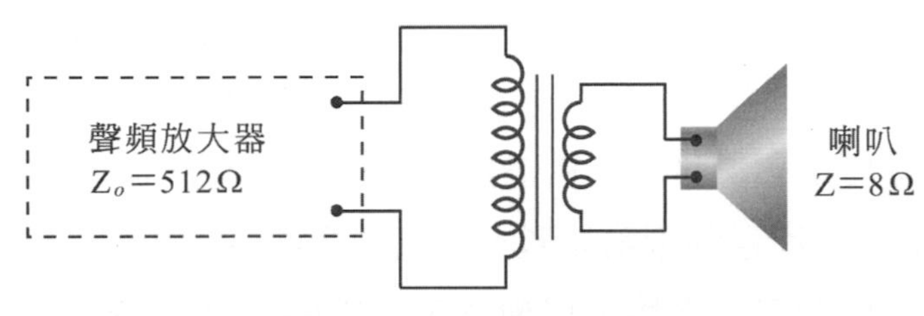

▲ 圖 2-7　放大器輸出變壓器

整理以上所述，理想變壓器的一二次電壓、電流及阻抗關係可得理想變壓器公式：

$$\frac{V_1}{V_2}=\frac{E_1}{E_2}=\frac{N_1}{N_2}=\frac{I_2}{I_1}=\sqrt{\frac{Z_1}{Z_2}} \qquad (2\text{-}12)$$

▼ 表 2-2　變壓器公式的代號、名稱及單位

代號	E_1	E_2	V_1	V_2	N	a	I_1	I_2	Z_1	Z_2
名稱	初級感應電勢	次級感應電勢	一次電源電壓	二次輸出電壓	線圈匝數	匝比 $\frac{N_1}{N_2}$	一次電流	二次電流	初級阻抗	次級阻抗
單位	伏特 V	伏特 V	伏特 V	伏特 V	匝		安培 A	安培 A	歐姆 Ω	歐姆 Ω

理想變壓器必須符合下列條件：

1. 線圈的電阻為 0，沒有電阻 (銅) 損耗。
2. 鐵芯無磁滯、無渦流，沒有鐵損。
3. 鐵芯的導磁係數無限大，激磁電流為 0。
4. 線圈間的耦合係數等於 1，無漏磁，漏電抗為 0。

2-1-2　變壓器的等效電路及相量圖

一、實際變壓器的激磁電流與鐵芯等效電路

實際變壓器所用的鐵芯材料(矽鋼片)其導磁係數並非無限大，而且具有磁滯作用，即使在無載時，一次側仍有無載電流 I_o 流入並有熱損耗。變壓器的無載電流又稱為激磁電流 (exciting current)。激磁電流可由對應之磁滯曲線圖解求出，如圖 2-8 所示，磁通 ϕ' 的激磁電流 i'_ϕ，在圖 2-8(b) 的上升磁滯曲線可以對應橫軸獲得；磁通經過最大值後下降至 ϕ'' 的激磁電流 i''_ϕ，在圖 2-8(b) 的下降磁滯曲線可以對應獲得。由於鐵心的磁滯作用，激磁電流 i_ϕ 並非純正弦波形而為如圖 2-8 所示的歪斜波形，如此才能產生正弦波形的磁通，切割線圈而獲得正弦波形的感應電壓。以傅立葉級數的方法分析歪斜波形的激磁電流，可得一基本波及一組以三次諧波為主的奇次諧波；而基本波可分為兩個分量：一個與電壓同相的鐵損電流 I_e，以及另一個落後電壓 90° 電機度的分相，此分量與所有諧波合稱為磁化電流 I_m (magnetizing current)。

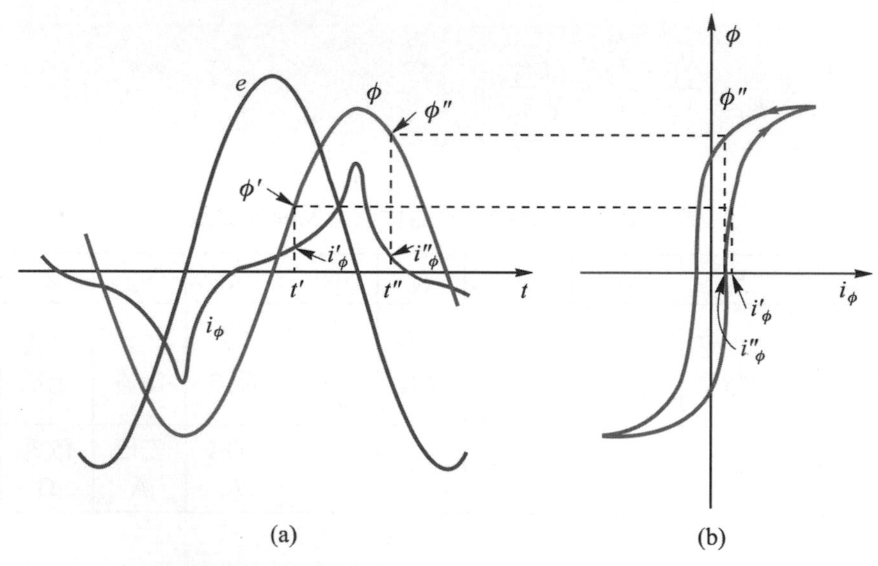

▲ 圖 2-8　變壓器無載時之電壓、磁通及激磁電流

無載(激磁)電流 I_o 可分爲與電壓同相的鐵損電流 I_e；以及滯後電壓 90° 電機度的磁化電流 I_m，如圖 2-9 所示。鐵損電流 I_e 與電壓乘積所得之實際功率，包含磁滯損及渦流損失，合稱為鐵損。鐵損電流產生了熱，磁化電流產生了磁通。變壓器的鐵芯對於電源來說，是一個產生實功(發熱)的電阻和一個產生虛功(磁通)的電感並聯的負載。因此變壓器鐵芯對電路而言，可繪成如圖

2-10 所示的變壓器鐵芯等效電路圖。圖中 G_o 為激磁電導，代表鐵芯的實功部分，流過與外加電壓同相的鐵損電流 I_e，產生鐵損發熱；B_o 稱為激磁電納，流過滯後電壓 90° 的磁化電流 I_m，產生磁通。激磁電導與激磁電納合併稱為激磁導納 $\vec{Y}_o$，即

$$\vec{Y}_o = G_o - jB_o = \frac{1}{\vec{Z}_o} \tag{2-13}$$

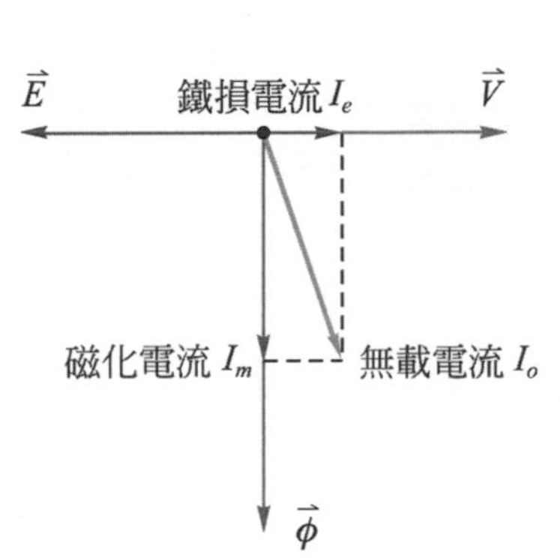

▲ 圖 2-9　變壓器無載電流之相量圖

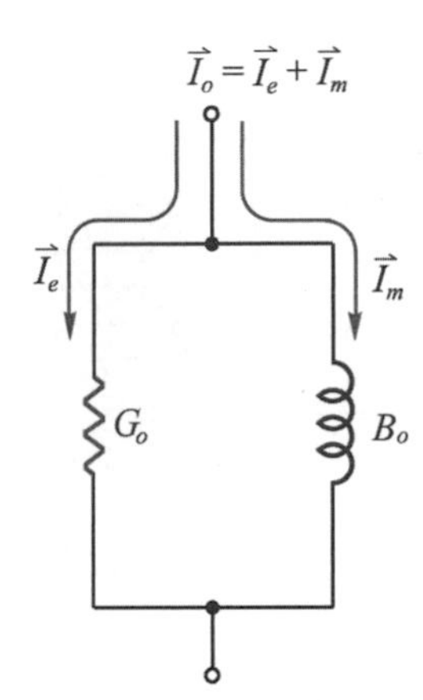

▲ 圖 2-10　變壓器鐵芯的等效電路

▼ 表 2-3　鐵芯等效電路的代號、名稱及單位

代號	I_o	I_e	I_m	G_o	B_o	Y_o
名稱	無載電流	鐵損電流	磁化電流	激磁電導	激磁電納	激磁導納
單位	安培 A	安培 A	安培 A	姆歐 ℧	姆歐 ℧	姆歐 ℧

二、變壓器的漏磁與漏磁電抗

由於鐵芯材料的導磁係數並非無限大，激磁電流所產生之磁通，並不完全與線圈交鏈而有漏磁，如圖 2-11 所示。僅與一次線圈部分交鏈的磁通稱為一次漏磁，在一次側造成之電感抗稱為一次漏磁電抗，簡稱一次漏抗。而負載時二次側產生之磁勢，也並非完全由一次之磁勢所抵銷；僅與二次線圈部分單獨交鏈的磁通稱為二次漏磁，其所造成之電感抗稱為二次漏磁電抗，簡稱二次漏抗。

漏磁會使變壓器的無載電流增加，無載功率因數變差，降低變壓器的功率因數。漏磁使電壓壓降變大、電壓調整率差。磁路之磁阻越小則漏磁越少；為了減少漏磁，鐵芯組立時要緊密，盡量減少氣隙；繞製線圈時可將一、二次線圈分為若干小繞組交互疊置以提高耦合係數。但是漏磁有限制短路電流之作用，因此有些變壓器故意增加漏磁，以達到限制電流的目的，例如電弧焊接及放電燈管所用之變壓器。

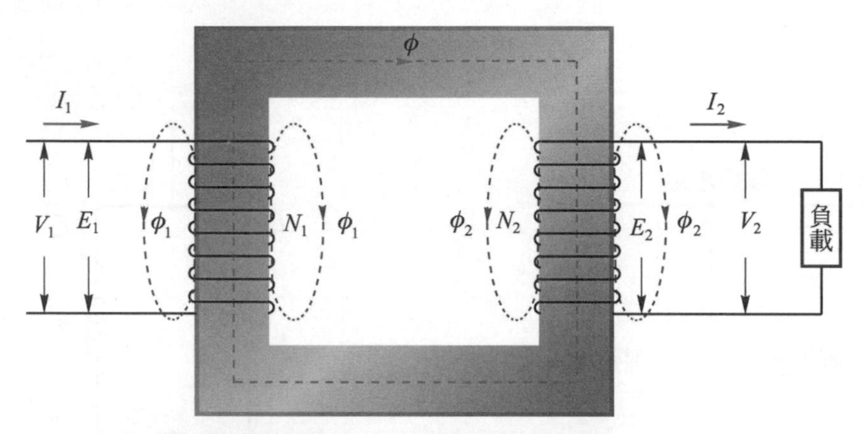

▲ 圖 2-11　變壓器之漏磁通

三、實際變壓器之等效電路

實際變壓器必須考慮線圈電阻、漏磁電抗及鐵芯磁滯、渦流之效應。為了方便分析，我們可以將變壓器內部電阻、電抗及激磁電流提出，而將電壓、電流及阻抗的轉換部分，用理想變壓器代替成為如圖 2-12 所示的等效電路。圖 2-12 中，R_1 代表一次線圈之繞組電阻，X_1 為一次繞組之漏電抗，簡稱一次電抗，R_2 代表二次線圈之電阻，X_2 代表二次之漏電抗，簡稱二次電抗。而 G_o 稱為激磁電導，流過鐵損電流 $\vec{I}_e$，代表激磁電流 $\vec{I}_o$ 之實功部分；B_o 稱為激磁電納，流過磁化電流 $\vec{I}_m$，代表激磁電流 $\vec{I}_o$ 之虛功部分。鐵芯之導納 $\vec{Y}_o = G_o - jB_o = \dfrac{1}{\vec{Z}_o}$，變換比 $a = \dfrac{N_1}{N_2}$。

▼ 表 2-4　變壓器阻抗的代號、名稱及單位

代號	R_1	R_2	R_{e1}	R_{e2}	X_1	X_2	X_{e1}	X_{e2}
名稱	一次線圈電阻	二次線圈電阻	一次側等值電阻	二次側等值電阻	一次線圈漏電抗	二次線圈漏電抗	一次側等值漏電抗	二次側等值漏電抗
單位	歐姆 Ω	歐姆 Ω	歐姆 Ω	歐姆 Ω	歐姆 Ω	歐姆 Ω	歐姆 Ω	歐姆 Ω

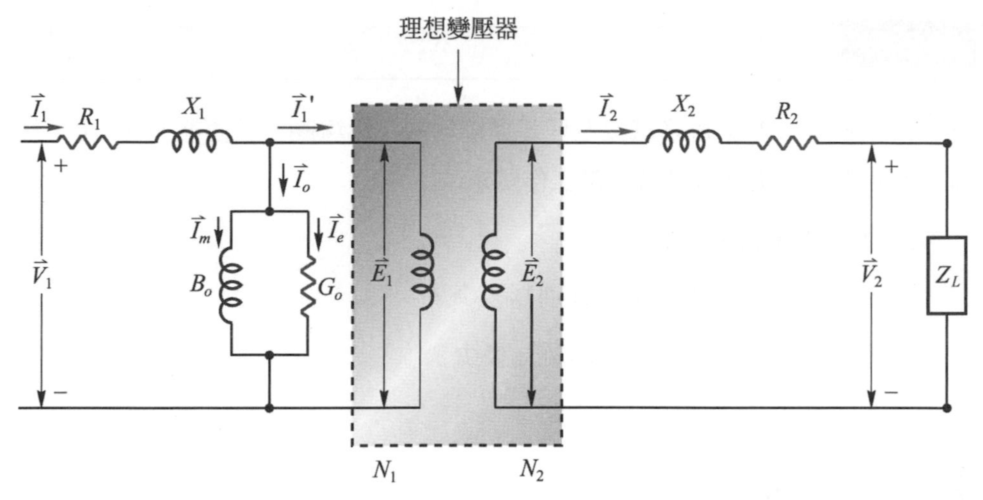

▲ 圖 2-12　實用變壓器的分析圖

由理想變壓器之變比關係，將初、次級之電壓、電流及阻抗換算為另一側(級)的大小，而將一、二次線路合併，除去理想變壓器，成為僅有電路常數的等效電路。例如將二次之電壓乘 a，電流乘$\frac{1}{a}$，阻抗乘 a^2，換算後併入一次側而得變壓器一次側(初級)等效電路，如圖 2-13 所示，換算後的物理量在右上方加“ ′ ”表示，圖中$a=\frac{N_1}{N_2}$。

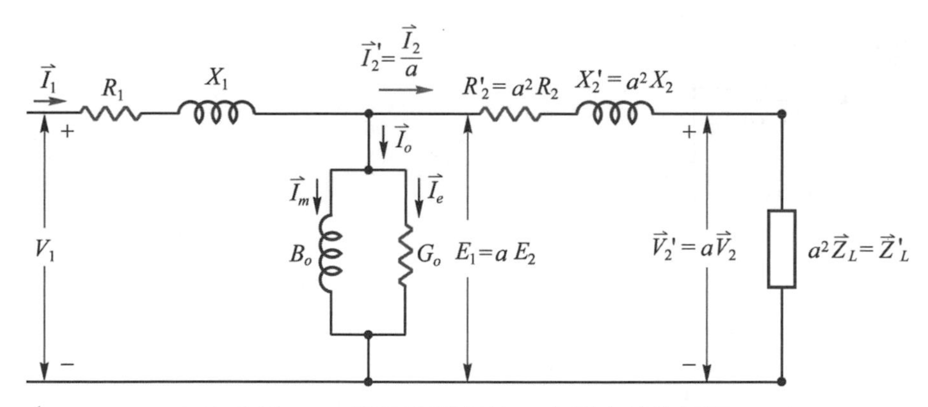

▲ 圖 2-13　將二次側併入一次側之等效電路

例 2-6

有一 12 V、4 Ω、36 W 電烙鐵接至理想變壓器的次級線圈，其匝數有 10 匝，初級線圈有 100 匝，欲使該電烙鐵正常工作試求：

(1) 一次電源電壓應為多少？

(2) 二次額定電流、一次電源電流分別為多少？

(3) 從一次電源兩端看進去的等效阻抗為多少？

(4) 從一次電源兩端看進去的等效電路

(1) $a = 100/10 = 10$

$V_1 = V_2' = aV_2 = 120\ \text{V}$

(2) $I_2 = \dfrac{V}{R} = \dfrac{12}{4} = 3\ \text{A}$

$I_1 = I_2' = (\dfrac{1}{a})I_2 = (\dfrac{1}{a})3 = 0.3\ \text{A}$

(3) $R_1 = \dfrac{V_1}{I_1} = \dfrac{120}{0.3} = 400\ \Omega$

或 $R_1 = R_2' = a^2R_2 = 10^2 \times 4 = 400\ \Omega$

(4)

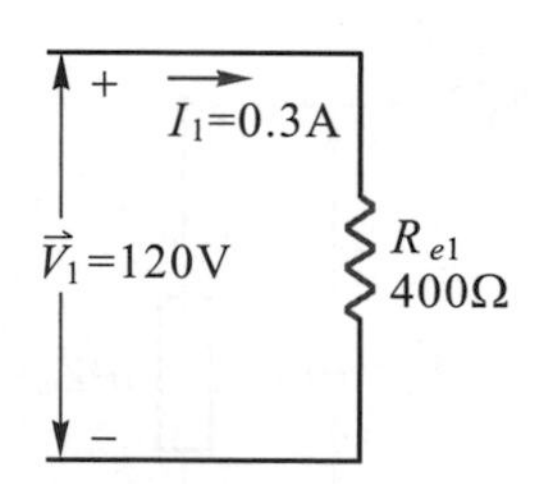

將一次側電壓乘 $\dfrac{1}{a}$，電流乘 a，阻抗乘以 $\dfrac{1}{a^2}$，換算後併入二次側，可得變壓器二次側 (次級) 之等效電路，如圖 2-14 所示。

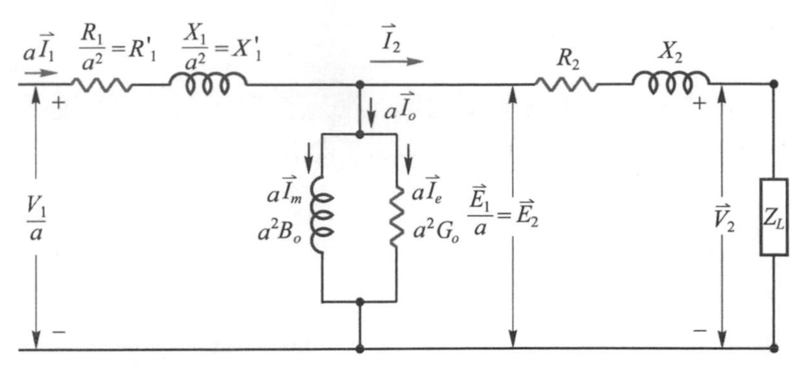

▲ 圖 2-14　將一次側併入二次側之等效電路

若激磁電流很小，與一次之電流比較可以忽略，則可忽略鐵芯部分，簡化變壓器之一次側等效電路，成為電壓源 V_1 與內阻抗 $(R_{e1}+X_{e1})$ 串聯的戴維寧等效電路，其電路圖及電感性負載時之相量圖，如圖 2-15 所示；圖中 R_{e1} 為整個變壓器一次側的等值電阻，其值為：

$$R_{e1}=R_1+\left(\frac{N_1}{N_2}\right)^2\times R_2=R_1+a^2R_2 \tag{2-14}$$

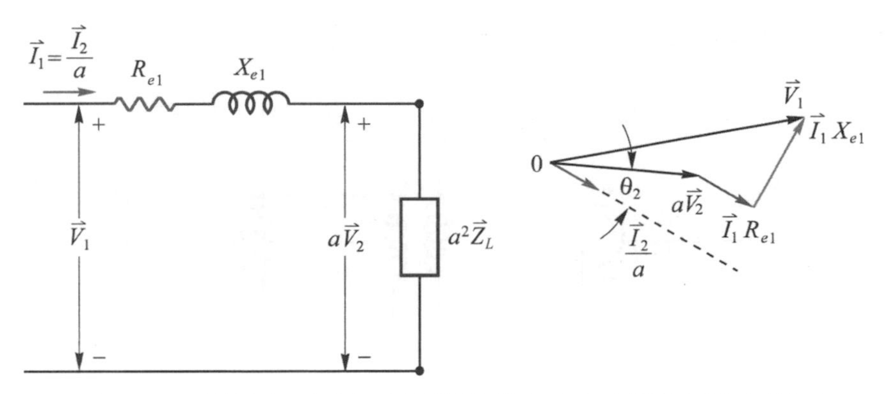

▲ 圖 2-15　變換到一次側，忽略鐵芯並聯支路之等效電路及相量圖

X_{e1} 為一次側的等值電抗，其值為：

$$X_{e1}=X_1+\left(\frac{N_1}{N_2}\right)^2\times X_2=X_1+a^2X_2 \tag{2-15}$$

忽略鐵芯部分簡化變壓器之二次側等效電路，如圖 2-16 所示，圖中的 R_{e2} 為二次側的等值電阻，其值為

$$R_{e2}=\left(\frac{N_2}{N_1}\right)^2\times R_1+R_2=\frac{1}{a^2}\times R_1+R_2 \tag{2-16}$$

X_{e2} 為二次側的等值電抗，其值為

$$X_{e2}=\left(\frac{N_2}{N_1}\right)^2\times X_1+X_2=\frac{1}{a^2}\times X_1+X_2 \qquad (2\text{-}17)$$

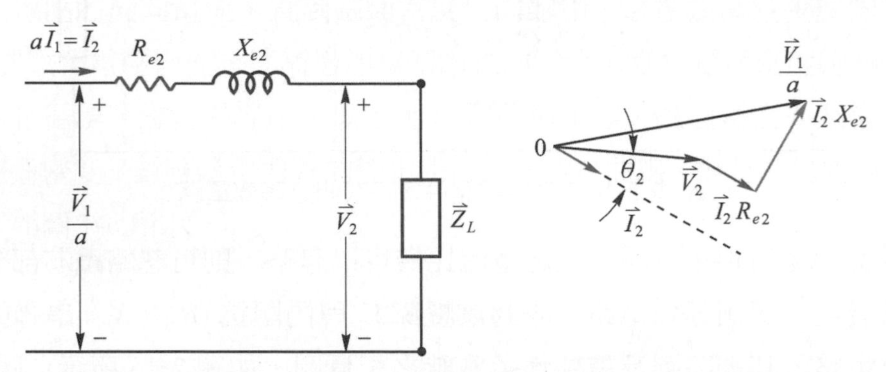

▲ 圖 2-16　變換到二次側，忽略鐵芯並聯支路之等效電路及相量圖

例 2-7

如圖電路中 T_r 為匝數比為 2 之理想變壓器，則電流 I_1、I_2 之值分別為多少？

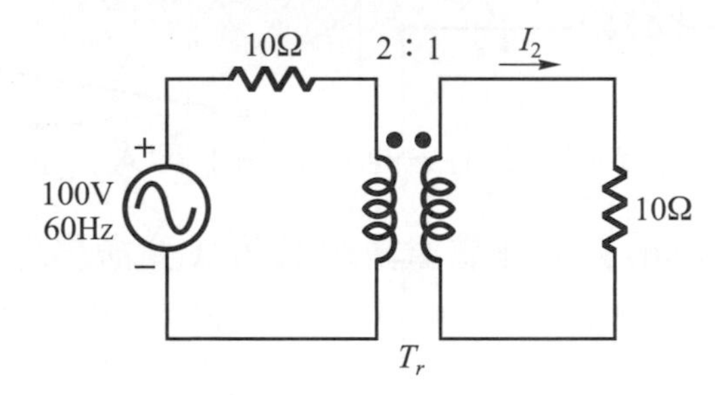

解　先將電路化為一次側等效電路如下：

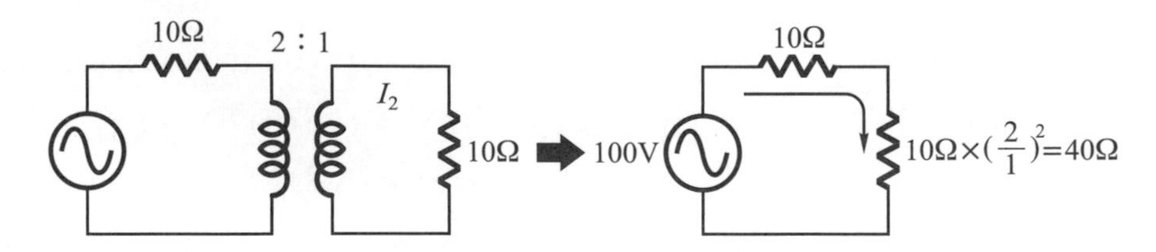

將次級線圈的電阻乘以$\left(\dfrac{N_1}{N_2}\right)^2$轉換合併至初級端，

得一次電流$I_1=\dfrac{V}{R}=\dfrac{100}{10+40}=2\text{A}$

再由$\dfrac{I_2}{I_1}=\dfrac{N_1}{N_2}$得$I_2=I_1\times\dfrac{N_1}{N_2}=2\times2=4\text{A}$

四、實際變壓器相量圖

由相量圖可更瞭解變壓器電壓、電流、阻抗壓降及磁通間之關係，如圖2-17所示為實際變壓器於電感性負載時的相量圖，繪製過程如下：(參考圖2-17)

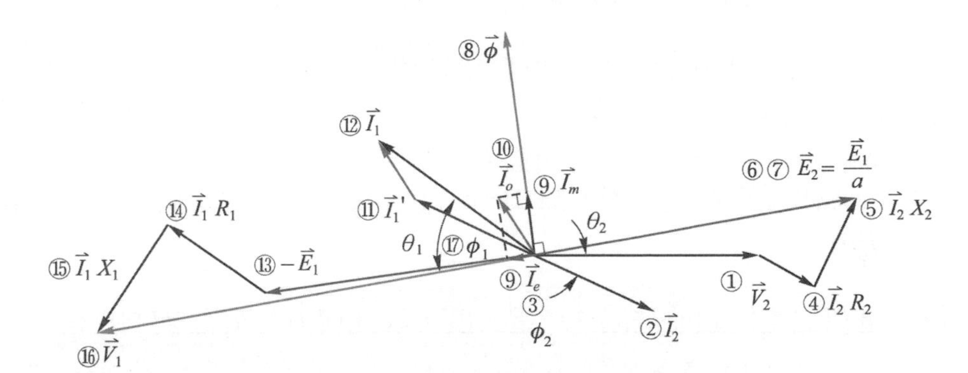

▲ 圖 2-17 實際變壓器負載時之相量圖

1. 先畫二次側之端電壓$\vec{V}_2$。
2. 依負載性質繪出二次側負載電流$\vec{I}_2$，圖示為電感性負載，電流滯後電壓 θ_2。
3. 二次線圈之漏磁通 ϕ_2 與 I_2 同相。
4. 因二次電阻造成之壓降與$\vec{I}_2$同相，因此自$\vec{V}_2$之箭端繪與$\vec{I}_2$平行之二次電阻壓降$\vec{I}_2 \cdot R_2$。
5. 電感之電壓超前電流 90° 電工度，因此自$\vec{I}_2 \cdot R_2$之箭端繪與$\vec{I}_2 \cdot R_2$垂直的二次電抗壓降$\vec{I}_2 \cdot X_2$。

6. 因感應電勢$\overline{E_2}=\overline{V_2}+\overline{I_2R_2}+\overline{I_2X_2}$，由原點至$\overline{I_2X_2}$之箭端為二次感應電勢$\overline{E_2}$。

7. 按$\dfrac{E_1}{E_2}=\dfrac{N_1}{N_2}$之比例繪出$E_1$與$E_2$同相(圖示大小為變壓比$a$等於1的變壓器)。

8. $\vec{E}$由公共磁通$\vec{\phi}$切割而得，而E_2較ϕ滯後90°，因此繪$\vec{\phi}$相量垂直$\overline{E_1}$、$\overline{E_2}$。

9. 與ϕ同相繪磁化電流$\vec{I}_m$，與ϕ垂直繪鐵損電流$\vec{I}_e$。

10. 磁化電流I_m及鐵損電流I_e之相量和即為激磁電流或無載電流$\vec{I}_o$。

11. 與$\vec{I}_2$相反方向，依$I_1'=\dfrac{N_2}{N_1}\times I_2$之比例，繪出當二次側負載$I_2$電流時一次側須流入之電流為$\vec{I}_1'$。

12. $\vec{I}_1'$與$\vec{I}_o$之相量和即為一次側之電流$\vec{I}_1$。

13. 與$\overline{E_1}$相反方向繪出$-\vec{E}_1$。

14. 因電阻電壓電流同相，故由$-\vec{E}_1$之箭端與$\vec{I}_1$平行繪出一次電阻壓降$\overline{I_1R_1}$。

15. 電感之電壓超前電流90°電工度，因此與$\vec{I}_1\cdot R_1$超前90°繪出一次電抗壓降$\vec{I}_1\cdot X_1$。

16. 因電源電壓$\overline{V_1}=-\overline{E_1}+\overline{I_1R_1}+\overline{I_1X_1}$，故由原點至$\overline{I_1X_1}$之箭端繪出電源電壓$\overline{V_1}$。

17. 一次之漏磁ϕ_1與I_1同相。圖2-17中，V_1與I_1之夾角θ_1為一次功率角，V_2與I_2之夾角θ_2為負載功率角。

問題與討論

1. 何謂理想變壓器？其條件如何？
2. 試說明理想變壓器之一次感應電勢的大小等於電源電壓之原因？
3. 單相60 Hz變壓器，$V_1=2300$ V，$N_1=4800$匝，求：

   (1) 最大磁通；(2) 若$V_2=230$ V，二次側匝數N_2為多少？

2-2 變壓器之開路、短路試驗及標么值

2-2-1 變壓器之開路試驗

變壓器鐵芯的耗損，簡稱鐵損。變壓器鐵芯的等效電路及鐵損，可由開路(無負載)試驗求得。在無負載時由於電流很小，線路壓降不大，可以忽略，端電壓等於感應電勢；由感應電勢公式 $E=4.44Nf\phi_m=V$，可得變壓器工作時鐵芯的磁通最大值：

$$\phi_m=\frac{V}{4.44Nf} \tag{2-18}$$

變壓器工作時，鐵芯的磁通最大值由外加電壓 V、頻率 f 及匝數 N 所決定。匝數已經繞好的變壓器須加額定電壓及額定頻率，如此鐵芯中的磁通及所產生的耗損才正確，因此**開路試驗須加額定電壓於繞組上**。為方便起見，**變壓器作開路試驗時，將高壓側開路而於低壓側加額定電壓及連接測試儀表，**如此可以使用低壓器材及儀表來測試，並且可以避免高壓電擊操作人員、破壞儀表的危險。變壓器開路試驗的接線如圖 2-18 所示；電壓表應並接在電源側，電流表應串接在繞組側，功率表應接在中間以減小測量誤差。開路試驗時，必須調整輸入變壓器的交流電源，使伏特表讀值為低壓側額定電壓值，確定低壓側加了額定電壓；記錄瓦特表及安培表之值，分別以 P_o 及 I_o 表示。由於無載電流 I_o 很小，所形成的線路耗損(銅損)可以忽略，**瓦特表讀值 P_o 可視爲變壓器鐵芯的鐵損**。瓦特表與安培表的讀值愈小，表示鐵芯材料導磁係數高，組立緊密磁阻小，鐵芯的磁滯渦流耗損愈小；由開路試驗可以評估鐵芯的優劣。

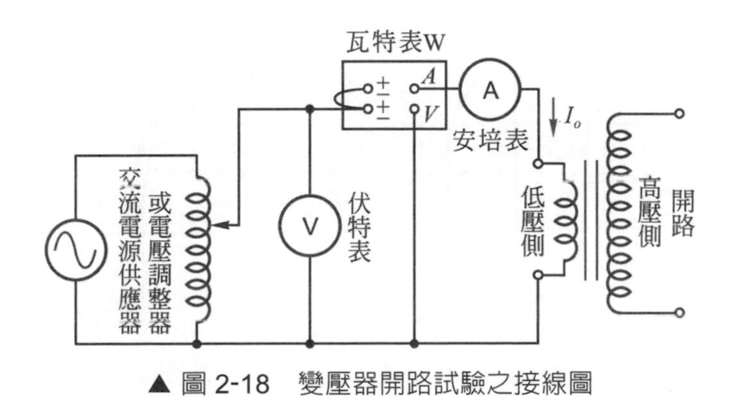

▲ 圖 2-18 變壓器開路試驗之接線圖

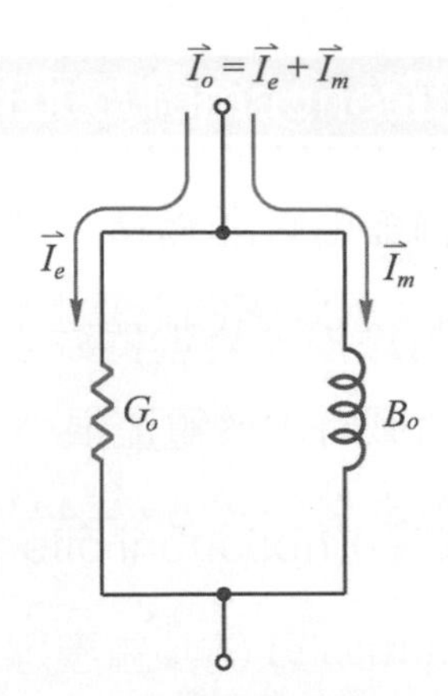

▲ 圖 2-19　變壓器之鐵芯等效電路

經由下列式子計算可獲得圖 2-19 中，變壓器之鐵芯等效電路的相關數據：

激磁導納 $Y_o=\dfrac{I_o}{V_o}=\dfrac{\text{安培表讀值}}{\text{伏特表讀值}}=G_o-jB_o$　(2-19)

激磁電導 $G_o=\dfrac{P_o}{V_o^2}=\dfrac{\text{瓦特表讀值}}{\text{伏特表讀值的平方}}$　(2-20)

激磁電納 $B_o=\sqrt{Y_o^2-G_o^2}$　(2-21)

鐵損電流 $I_e=\dfrac{P_o}{V_o}=I_o\cos\theta$　(2-22)

磁化電流 $I_m=\sqrt{I_o^2-I_e^2}$　(2-23)

無載功率因數 $\cos\theta=\dfrac{P_o}{V_o\times I_o}$　(2-24)

▼ 表 2-5　鐵芯等效電路之代號及名稱

代號	I_0	I_e	I_m	Y_0	G_0	B_0
名稱	無載電流	鐵損電流	磁化電流	激磁導納	激磁電導	激磁電納
單位	安培 A	安培 A	安培 A	姆歐 ℧	姆歐 ℧	姆歐 ℧

例 2-8

1 kVA、220 V/110 V、 60 Hz 單相變壓器作開路試驗，測得數據如下：瓦特表：22 W、伏特表：110 V、安培表：1 A，則：(1) 鐵損電流；(2) 磁化電流；(3) 激磁電導；(4) 激磁電納；(5) 鐵損；(6) 無載功因，分別為多少？

解 (1) 鐵損電流 $I_e = \frac{P_o}{V_o} = \frac{22}{110} = 0.2\ \text{A}$

(2) 磁化電流 $I_m = \sqrt{I_o^2 - I_e^2} = \sqrt{1^2 - (0.2)^2} = 0.98\ \text{A}$

(3) 激磁電導 $G_o = \frac{P_o}{V_o^2} = \frac{22}{110^2} = 1.818 \times 10^{-3}\ \Omega$

(4) 激磁電納

$$B_o = \sqrt{Y_o^2 - G_o^2} = \sqrt{\left(\frac{I_o}{V_2}\right)^2 - \left(\frac{P_o}{V_o^2}\right)^2} = \sqrt{\left(\frac{1}{110}\right)^2 - \left(\frac{22}{110^2}\right)^2} = 8.907 \times 10^{-3}\Omega$$

(5) 鐵損 $= P_o = 22\ \text{W}$

(6) 無載功因 $\cos\theta = \frac{P_o}{V_o \times I_o} = \frac{22}{110 \times 1} = 0.2$

❯類題 2-8

某 1.5 kVA、220 V/110 V、60 Hz 之單相變壓器作開路試驗時，其功率表、電壓表及電流表之讀數分別為 22 W、110 V、0.8 A，此變壓器之 (1) 鐵損電流；(2) 磁化電流；(3) 激磁電導；(4) 激磁電納；(5) 鐵損；(6) 無載功因，分別為多少？

2-2-2 變壓器之短路試驗

變壓器的線圈具有電阻；當變壓器負載時，由於電流流經線圈電阻產生的熱損失，稱為銅損，又稱為負載損或電阻損。變壓器的銅損 $P_C = I_1^2 \times R_1 + I_2^2 \times R_2 = I_1^2 \times Re_1 = I_2^2 \times Re_2$。銅損的大小與負載電流平方成正比，例如滿載時的銅損為半載銅損的 4 倍，隨負載而變，所以銅損又稱為變動損。

短路試驗可以測得變壓器的銅損及推算電路的等效阻抗。**短路試驗時**通常**將低壓**(大電流)**側短路，高壓側加額定電流**，模擬變壓器負載時線圈所流過的負載電流。高壓側流額定電流比低壓側額定電流小，在高壓邊做短路試驗可以使用容量較小的器材及儀表來測試，當高壓側流入額定電流時，由於變壓器電流比等於匝數的反比，低壓側亦流過額定之電流。接線如圖 2-20 所示，電壓表應並接在繞組側，電流表應串接在電源側，功率表應接在中間。變壓器短路試驗時，應將輸入變壓器的電壓從零開始慢慢地向上調，同時密切注意電流表指示之高壓繞組中的電流，使電流達到高壓側額定電流即可測得滿載銅損。由於短路試驗時低壓側短路，因此高壓側所加電壓不大，一般只要加額定電壓的 1 ～ 6% 即可得到滿載電流，千萬不可加額定電壓，否則短路電流太大會毀損變壓器及儀表。短路試驗時，因變壓器之低壓側短路未接負載，瓦特表所測得之功率為變壓器本身電阻所造成之損失。因為短路試驗時，所加之電壓約僅為定額的 1 ～ 6%，而鐵損與外加電壓平方成正比，所以鐵損甚小可忽略，**瓦特表之顯示值 P_S 可視為銅損 P_C**。

短路試驗時的等效電路如圖 2-21 所示，經由下列式子計算可獲得變壓器繞組等效電路的相關數據：

$$一次側之等值電阻\ R_{e1}=\frac{P_s}{I_1^2}=\frac{瓦特表讀值}{電流表讀值的平方} \quad (2\text{-}25)$$

$$一次側之等值阻抗\ Z_{e1}=\frac{V_s}{I_1}=\frac{電壓表讀值}{電流表讀值} \quad (2\text{-}26)$$

$$一次側之等值電抗\ X_{e1}=\sqrt{Z_{e1}^2-R_{e1}^2} \quad (2\text{-}27)$$

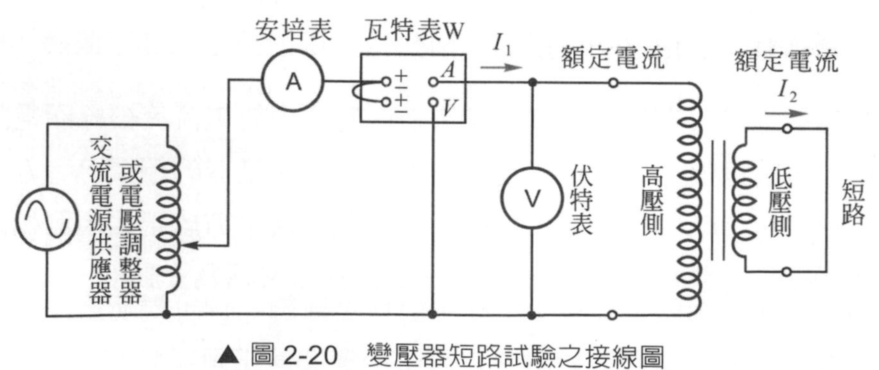

▲ 圖 2-20　變壓器短路試驗之接線圖

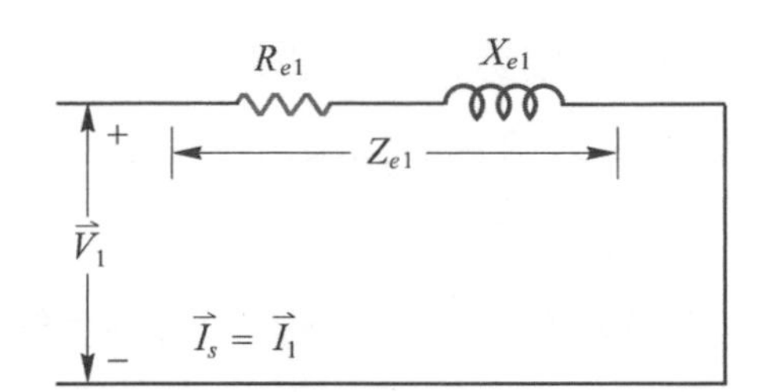

▲ 圖 2-21　變壓器短路試驗之等效電路

例 2-9

一具50 kVA、2400 V/240 V、60 Hz單相變壓器作短路試驗，低壓側短路，高壓側之電表讀數為：電壓表之指示值為72 V，電流表之指示值為20.83 A，瓦特表之指示值為617 W，試求該變壓器之 (1)滿載銅損；(2)半載銅損；(3)高壓側之等值電阻及電抗；(4)低壓側的等值電阻及電抗。

(1) 先計算一次側之額定電流 $I_{r1} = \dfrac{S}{V_{r1}} = \dfrac{50\text{k}}{2400} = 20.83\ \text{A}$

∵銅損與負載電流平方成正比

∴滿載銅損 $P_C = (\dfrac{20.83}{20.83})^2 \times 617 = 617\ \text{W}$

(2) 半載銅損 $P_{C半} = (\dfrac{1}{2})^2 \times 617 = 154.25\ \text{W}$

(3) 高壓側之等值電阻 $R_{e1} = \dfrac{P_s}{I_1^2} = \dfrac{617}{(20.83)^2} = 1.42\ \Omega$

高壓側之等值阻抗 $Z_{e1} = \dfrac{V_s}{I_1} = \dfrac{72}{20.83} = 3.46\ \Omega$

高壓側之等值電抗 $X_{e1} = \sqrt{Z_{e1}^2 - R_{e1}^2} = \sqrt{3.46^2 - 1.42^2} = 3.16\ \Omega$

(4) 低壓側之等值電阻 $R_{e2} = \left(\dfrac{N_2}{N_1}\right)^2 \times R_{e1} = \left(\dfrac{240}{2400}\right)^2 \times 1.42 = 0.0142\Omega$

$X_{e2} = \left(\dfrac{N_2}{N_1}\right)^2 \times X_{e1} = \left(\dfrac{240}{2400}\right)^2 \times 3.16 = 0.0316\ \Omega$

❯類題 2-9

對一 50kVA，2000V/200V，60Hz 之單相變壓器實施短路試驗，電源加於高壓側，並將低壓側短路，若各儀表之讀值為：電流表：25A，瓦特表：625W，電壓表：50V，試問該變壓器 (1) 滿載銅損；(2) 半載銅損；(3) 高壓側之等值電阻及電抗；(4) 低壓側的等值電阻及電抗。

2-2-3 標么值與百分阻抗、百分電阻、百分電抗

1. 標么值

標么值(per unit)是將實際值除以基準值所得沒有單位的比例值，通常以小數表示，即

$$標么值\ PU = \frac{實際值}{基準值} \tag{2-28}$$

在電力系統中有許多容量規格大小不同、匝數比不同的變壓器，若以各個的容量、電壓、電流、阻抗實際數據計算，必定繁瑣複雜，而且不易看出數據的意義。因此選定某一基準容量、基準電壓，導出基準電流及基準阻抗，然後將系統內各變壓器的數據：包括電壓、電流、功率、阻抗、電阻及電抗等，均化為標么值，以整體考量計算。如此不必顧慮是高壓側還是低壓側的數據，不但簡化計算，而且比實際值更清楚地表示在系統中的份量。欲知實際值時，將其標么值乘以基準值即可獲得。阻抗的基準值為額定電壓除以額定電流或額定電壓的平方除以額定容量，即阻抗基準值$=\dfrac{V_r}{I_r}=\dfrac{V_r^2}{S_r}$。

在處理三相系統時，通常選擇三相容量伏安數及線電壓為基準值，而不須考慮變壓器的連接法是Y接還是Δ接。變壓器較常應用的標么值有

$$\text{阻抗標么值 } Z_{PU}=\frac{\text{實際阻抗值}}{\text{阻抗基準值}}=\frac{Z_e}{\frac{V_r}{I_r}}=\frac{Z_e}{\frac{V_r^2}{S_r}} \qquad (2\text{-}29)$$

$$\text{電阻標么值 } R_{PU}=\frac{\text{實際電阻值}}{\text{阻抗基準值}}=\frac{R_e}{\frac{V_r}{I_r}}=\frac{R_e}{\frac{V_r^2}{S_r}} \qquad (2\text{-}30)$$

$$\text{電抗標么值 } X_{PU}=\frac{\text{實際電抗值}}{\text{阻抗基準值}}=\frac{X_e}{\frac{V_r}{I_r}}=\frac{X_e}{\frac{V_r^2}{S_r}} \qquad (2\text{-}31)$$

例 2-10

有一 10000 kVA 單相變壓器，其初級額定電壓為 79.7 kV，標么電抗為 0.2 PU，則其實際歐姆值為多少？

$\because$ 實際值 = 標么值 × 基準值

$$\therefore X=X_{PU}\times\frac{V_r^2}{S_r}=0.2\times\frac{(79.7\text{ k})^2}{10000\text{ k}}=127\ \Omega$$

類題 2-10

一具 100 kVA 單相變壓器，一次側電壓為 6.6 kV，電抗百分比 4%，其歐姆值為多少？

標么值於基準值改變時，應予修正如下：

$$\text{新標么值}=\text{舊標么值}\times\frac{\text{新容量基準}}{\text{舊容量基準}}\times\left(\frac{\text{舊電壓基準}}{\text{新電壓基準}}\right)^2$$

$$X_{PU\text{新}}'=X_{PU\text{舊}}\times\frac{S_{\text{新}}}{S_{\text{舊}}}\times\left(\frac{V_{\text{舊}}}{V_{\text{新}}}\right)^2 \qquad (2\text{-}32)$$

例 2-11

某三相 11.4 k/220 V、100 kVA 之變壓器，銘牌上之變壓器電抗為 6%，若在高壓側改用 22.8 kV 為基準電壓及 200 kVA 為基準 kVA，則變壓器的電抗為多少 PU？

解 $X_{PU\,新}{}' = X_{PU\,舊} \times \dfrac{S_{新}}{S_{舊}} \times \left(\dfrac{V_{舊}}{V_{新}}\right)^2 = 0.06 \times \dfrac{200k}{100k} \times \left(\dfrac{11.4k}{22.8k}\right)^2 = 0.03$

▼ 表 2-6　阻抗標么值與百分值之代號及名稱

代號	Z_{PU}	R_{PU}	X_{PU}	z	$\%Z$	p	$\%R$	q	$\%X$
名稱	阻抗標么值	電阻標么值	電抗標么值	百分阻抗		百分電阻		百分電抗	

2. 百分阻抗、百分電阻、百分電抗

變壓器經換算變換到一次側的等效阻抗與二次側的等效阻抗值不相同，相差匝數的平方倍。變壓器的阻抗若以本身阻抗基準值的百分率表示，亦即實際線圈的阻抗歐姆值除以該變壓器額定容量的阻抗基準值，所得之百分阻抗值，則一、二次所得之百分阻抗均相同。百分阻抗不必顧慮阻抗數據是一次側或二次側，在應用上較為方便；因此變壓器的阻抗，通常以百分值表示而沒有單位，定義如下：

$$百分阻抗：z \equiv \%Z = \frac{Z_{e1}}{\dfrac{V_{r1}}{I_{r1}}} \times 100\% = \frac{I_{r1} \times Z_{e1}}{V_{r1}} \times 100\% \quad (2\text{-}33)$$

$$= \frac{Z_{e2}}{\dfrac{V_{r2}}{I_{r2}}} \times 100\% = \frac{I_{r2} \times Z_{e2}}{V_{r2}} \times 100\% \quad (2\text{-}34)$$

$$= \frac{Z_{e1}}{\dfrac{V_{r1}^2}{S}} \times 100\% = \frac{Z_{e2}}{\dfrac{V_{r2}^2}{S}} \times 100\% \quad (2\text{-}35)$$

百分電阻：$p \equiv \%R = \dfrac{R_{e1}}{\dfrac{V_{r1}}{I_{r1}}} \times 100\%$

$$= \frac{I_{r1} \times R_{e1}}{V_{r1}} \times 100\% \qquad (2\text{-}36)$$

$$= \frac{R_{e2}}{\dfrac{V_{r2}}{I_{r2}}} \times 100\% = \frac{I_{r2} \times R_{e2}}{V_{r2}} \times 100\% \qquad (2\text{-}37)$$

$$= \frac{R_{e1}}{\dfrac{V_{r1}^2}{S}} \times 100\% = \frac{R_{e2}}{\dfrac{V_{r2}^2}{S}} \times 100\% \qquad (2\text{-}38)$$

百分電抗：$q \equiv \%X = \dfrac{X_{e1}}{\dfrac{V_{r1}}{I_{r1}}} \times 100\%$

$$= \frac{I_{r1} \times X_{e1}}{V_{r1}} \times 100\% \qquad (2\text{-}39)$$

$$= \frac{X_{e2}}{\dfrac{V_{r2}}{I_{r2}}} \times 100\% = \frac{I_{r2} \times X_{e2}}{V_{r2}} \times 100\% \qquad (2\text{-}40)$$

$$= \frac{X_{e1}}{\dfrac{V_{r1}^2}{S}} \times 100\% = \frac{X_{e2}}{\dfrac{V_{r2}^2}{S}} \times 100\% \qquad (2\text{-}41)$$

式(2-33)～式(2-41)中S為額定容量，V_{r1}及V_{r2}分別為一次側及二次側的額定電壓，I_{r1}及I_{r2}分別為一次側及二次側的額定電流。Z_{e1}、R_{e1}、X_{e1}及Z_{e2}、R_{e2}、X_{e2}分別為一次側及二次側的等值阻抗、等值電阻與等值電抗。

式(2-33)表示：百分阻抗與阻抗壓降的百分率相同。變壓器在做短路試驗(低壓側短路)，使額定電流流過時，高壓側所加的電壓即阻抗壓降$I_{r1} \times Z_{e1}$；將此阻抗電壓除以高壓側額定電壓V_{r1}所得的百分率，即百分阻抗壓降，亦就是百分阻抗。亦即短路試驗流通額定電流時，電壓表之顯示值 V_S 除以該變壓器高壓側額定電壓 V_{r1} 所得的百分率，即百分阻抗。

$$z=\frac{V_s}{V_{r1}}\times 100\%=\frac{I_{r1}\times Z_{e1}}{V_{r1}}\times 100\% \qquad (2\text{-}42)$$

百分阻抗值可說明變壓器阻抗壓降的百分率之外，當變壓器不幸在額定電壓下短路時，一次側的穩態短路電流 I_{S1}，亦可由百分阻抗推得如下：

$$I_{S1}=\frac{V_{r1}}{Z_{e1}}=\frac{V_{r1}\times I_{r1}}{Z_{e1}\times I_{r1}}=\frac{I_{r1}}{\%Z}\times 100 \qquad (2\text{-}43)$$

同理，額定電壓下短路時二次側的穩態短路電流 I_{S2}，亦可由百分阻抗推得如下：

$$I_{S2}=\frac{V_{r2}}{Z_{e2}}=\frac{V_{r2}\times I_{r2}}{Z_{e2}\times I_{r2}}=\frac{I_{r2}}{\%Z}\times 100 \qquad (2\text{-}44)$$

額定電壓下短路時的穩態短路電流，為額定電流除以百分阻抗的100倍。根據百分阻抗推得短路電流，可以估計電路斷路器(circuit breaker)的起斷容量(interrupt capacity簡稱I.C)或熔絲的啟斷電流(interrupting current)規格需求，起斷容量必須大於短路電流以確實達到短路保護的目的。

將式(2-36)的百分電阻的分子分母同乘以額定電流 I_{r1} 推導可得：

$$p=\%R=\frac{I_{r1}\times R_{e1}\times I_{r1}}{V_{r1}\times I_{r1}}\times 100\%$$

$$=\frac{I_{r1}^2\times R_{e1}}{V_{r1}\times I_{r1}}\times 100\%=\frac{P_c}{S_r}\times 100\% \qquad (2\text{-}45)$$

由式(2-45)可知，短路試驗測得之滿載銅損 P_c 除以額定容量 S_r，即可獲得百分電阻 p。而額定容量 S_r 乘以百分電阻 p 即可獲得該變壓器的滿載銅損 P_c。

百分阻抗 z、百分電阻 p 與百分電抗 q 的關係，與阻抗 Z、電阻 R、電抗 X 之關係一樣，百分阻抗z的平方等於百分電阻 p 的平方與百分電抗 q 的平方和，亦即：

$$z = \sqrt{p^2 + q^2} \tag{2-46}$$

由短路試驗測得之百分阻抗 z，百分電阻 p 後，經由下式計算百分電抗 q：

$$q = \sqrt{z^2 - p^2} \tag{2-47}$$

例 2-12

同例 2-9 的變壓器，試求該變壓器：(1) 百分阻抗；(2) 百分電阻；(3) 百分電抗；(4) 在額定電壓下運轉時，若二次側短路，一次側之短路電流為多少？

解 (1) 百分阻抗$z = \dfrac{V_s}{V_{r1}} \times 100\% = \dfrac{72}{2400} \times 100\% = 3\%$

(2) 百分電阻 $p = \dfrac{P_c}{S_r} \times 100\% = \dfrac{719}{50\text{ k}} \times 100\% = 1.234\%$

(3) 百分電抗 $q = \sqrt{z^2 - p^2} = \sqrt{(3\%)^2 - (1.234\%)^2} = 2.73\%$

(4) 一次短路電流 $= \dfrac{20.83}{3\%} \times 100 = 694.3\text{ A}$

問題與討論

1. 短路試驗可測量哪些項目？應如何進行？
2. 開路試驗可測量哪些項目？應如何進行？
3. 解釋名詞：

(1) 百分阻抗 z	(4) 阻抗標么值 Z_{PU}
(2) 百分電阻 p	(5) 電阻標么值 R_{PU}
(3) 百分電抗 q	(6) 電抗標么值 X_{PU}

2-3 變壓器之構造及特性

2-3-1 變壓器之構造

變壓器主要是由構成電路部份的線圈及構成磁路部分的鐵芯所組成。小型、低壓變壓器只由線圈及鐵芯所組成；大型變壓器除了繞組與鐵芯外，還須有使變壓器能安定運轉的附屬裝置，如油浸式變壓器另須絕緣油、外箱、套管、散熱器、儲油器及附件等。

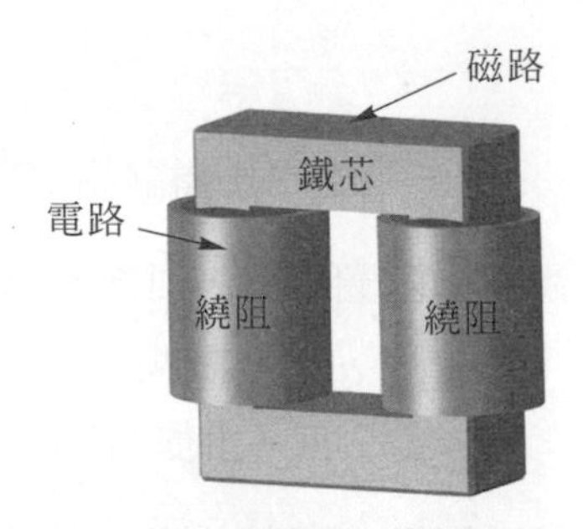

(a) 積鐵式內鐵形變壓器

一、內鐵式與外鐵式變壓器

變壓器的線圈與鐵芯的配置方式，可分為內鐵式 (core type) 及外鐵式 (shell type) 兩種。如圖 2-22 所示之內鐵式變壓器用銅量較多，線圈大部分外露，高低壓線圈可分置於鐵芯的兩足，較容易絕緣與散熱，但壓制應力小，機械強度較差。**高電壓低電流的變壓器常採用內鐵式**。如圖 2-23 所示之外鐵式變壓器用鐵量較多，磁路較短，繞組夾置於鐵芯中，壓制應力大，機械強度高，但散熱較差。**外鐵式適合大電流低電壓的變壓器**。

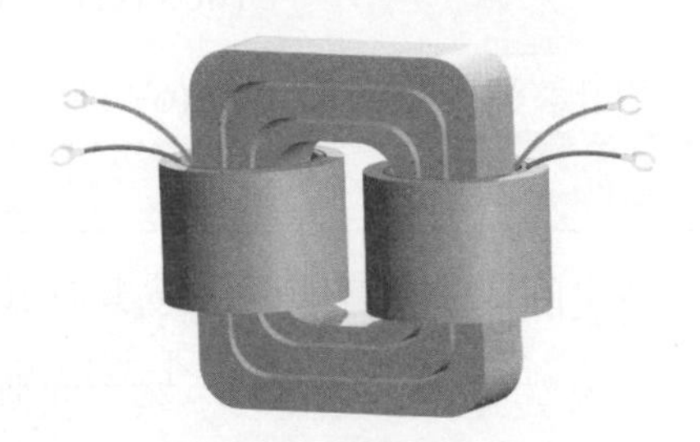

(b) 捲鐵芯式

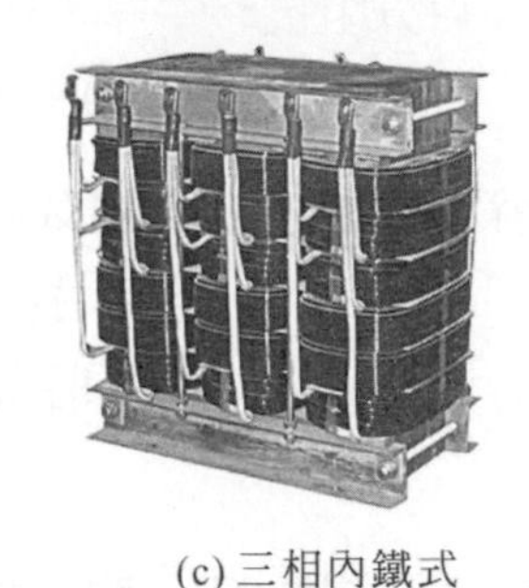

(c) 三相內鐵式

▲ 圖 2-22　內鐵式變壓器

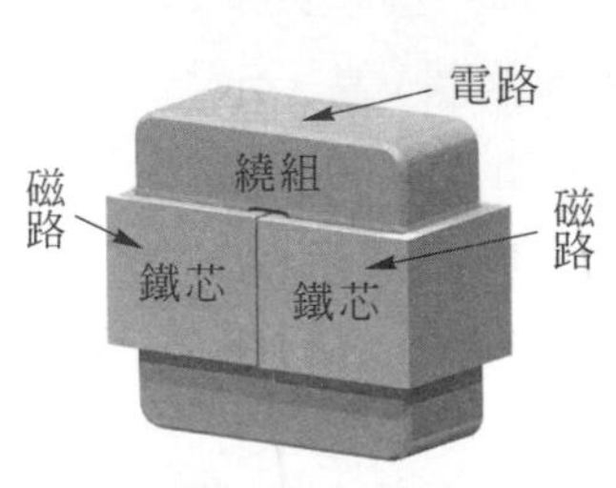

(a) 分鐵形變壓器

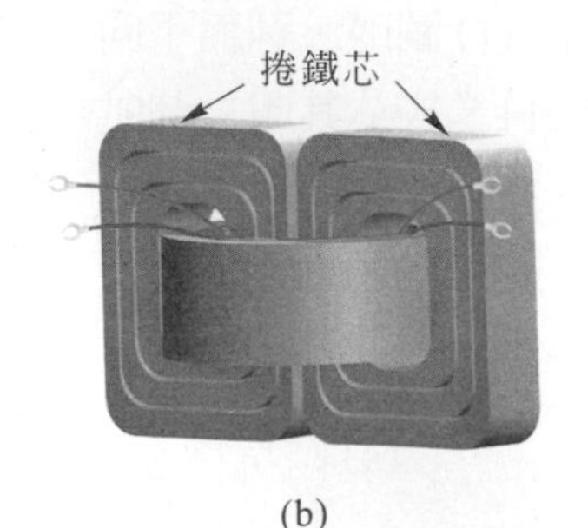

(b)

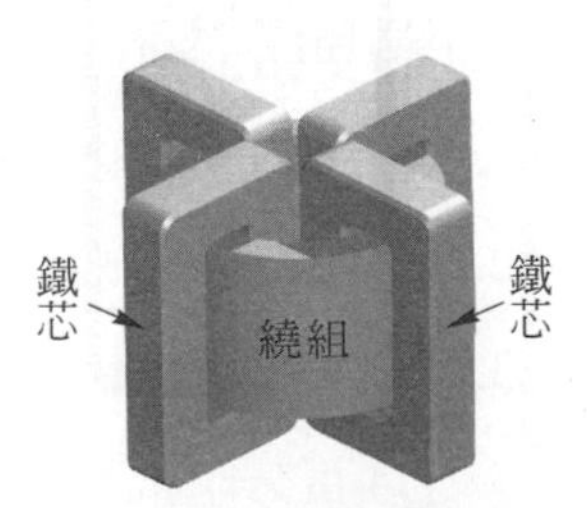

(c) 分佈外鐵式變壓器

▲ 圖 2-23　外鐵式變壓器

二、變壓器的鐵芯

目前變壓器的鐵芯除小型及高頻者採用鐵粉芯 (ferrite core) 外，一般電力變壓器使用厚度約 0.35mm 的方向性矽鋼片疊積而成。矽鋼片表面經處理使片與片之間絕緣，以減少渦流損，含矽可以增加電阻係數並降低磁滯損。矽鋼片除了以片狀疊積外，另有以方向性矽鋼帶捲製成捲鐵芯式。捲鐵芯式比積鐵式導磁率更佳，磁阻及磁滯損更低。目前常見的鐵芯形式，如圖 2-24 所示，其中圖 2-24(a)EI 型鐵芯是目前小型變壓器使用最普遍的鐵芯形式。圖 2-24(b) 為環形鐵芯 (toroidal core)，環形鐵芯磁漏低且效率高，但製作程序較繁瑣，成本也較高。圖 2-24(c) 為 C 型鐵芯 (cut core)。目前大型變壓器的鐵芯有採用比傳統方向性矽鋼片鐵損更低 (約 25%) 的非晶質鐵芯 (amorphous alloy) 材料，以捲鐵芯方式製成低損耗型的非晶質鐵芯變壓器 (amorphous metal transfermer)。捲鐵芯的組立方式可分為三種型式，分別為對接型、疊接型及無切斷型，如圖 2-25 所示。

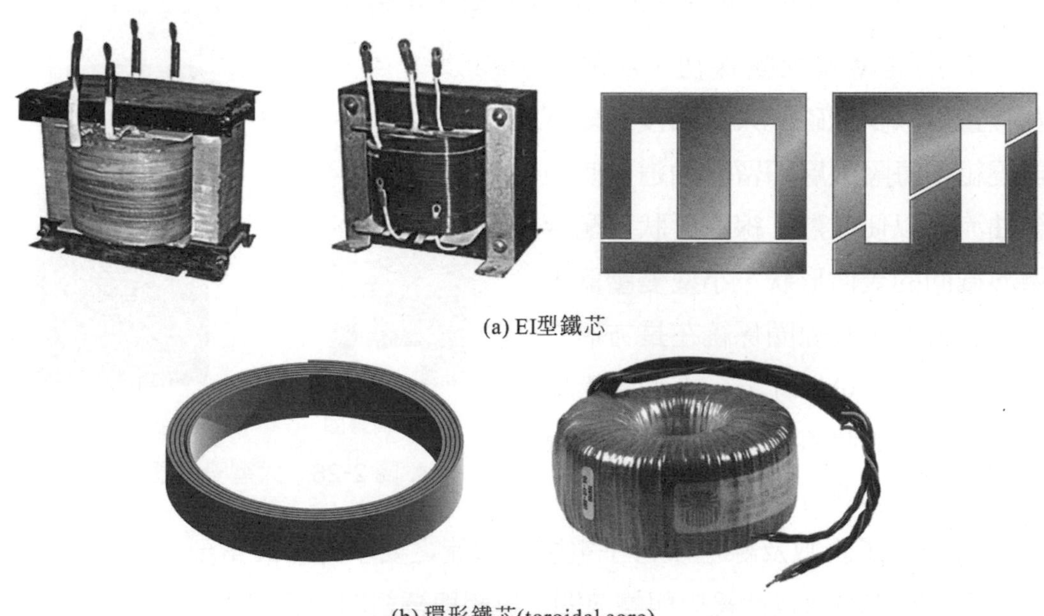

(a) EI型鐵芯

(b) 環形鐵芯(toroidal core)

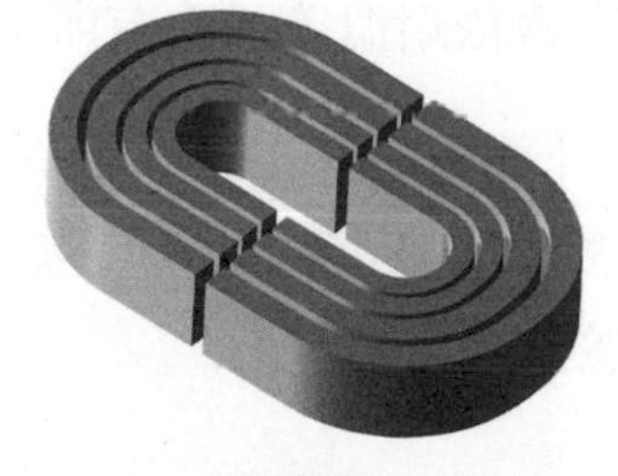

(c) C型鐵芯(cut core)

▲ 圖 2-24　目前常見的鐵芯形式

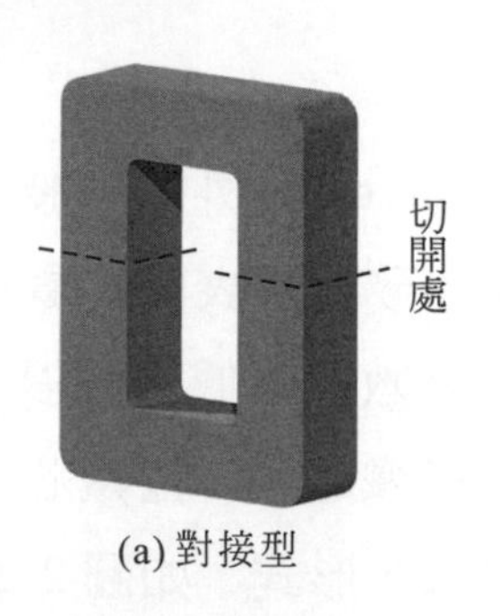

(a) 對接型

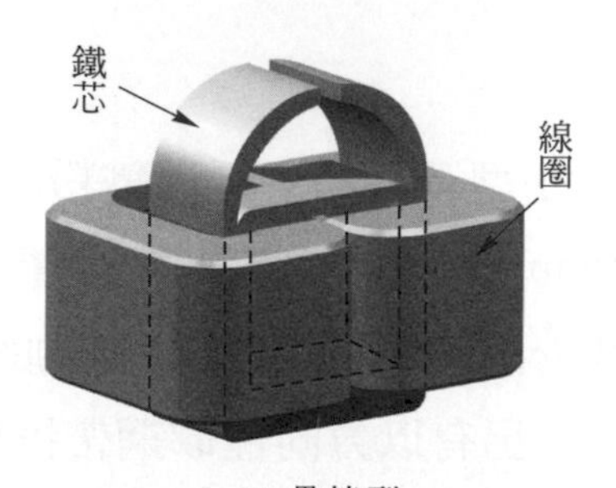

(b) 疊接型

(c) 無切斷型

▲ 圖 2-25　捲鐵芯構成方式

三、變壓器繞組

變壓器的線圈大都為銅線繞製，少數以鋁線繞製；鋁線價格比較低廉但是電阻係數較大。小型變壓器之線圈以漆包線繞製，大型者使用平角線以增加線窗使用率 (佔積率)。導線之截面積太大時，為使施工容易及減少渦流及交流阻抗，常用數條截面積較小之線材代替，並將內外銅線繞製數匝後即實施轉位處理調換位置，使每一線材的平均感應電勢及阻抗相等。

有些變壓器線圈採初、次級交互疊置以減少漏磁。大型油浸式變壓器繞組，每隔數層即留有油道，使絕緣油流通以便散熱。線圈形狀須配合鐵芯截面的幾何形狀，小型變壓器大都為長方形，其線圈係繞在長方形之框架或線軸 (bobbin) 上，大型變壓器通常使用圓筒狀線圈或圓板型螺狀線圈，如圖 2-26 所示。

(a) 多重圓筒線圈

(b) 螺狀線圈 (繞製中)

▲ 圖 2-26　大型變壓器的線圈

繞組除了匝數及線徑須合乎電壓及電流之要求外，最重要的就是絕緣處理。變壓器的絕緣包括繞組與鐵芯間，繞組與繞組間及繞組本身之層間絕緣；所使用之絕緣材料及處理，也會依耐溫等級而有所不同。

油浸式變壓器的繞組與外部電路靠絕緣套管貫穿外箱連接，外箱仍保持密閉。絕緣套管的型式依耐壓的高低不同有單一型套管、填劑絕緣套管、充油絕緣套管及電容式絕緣套管等。

四、三相變壓器的鐵芯與繞組

三相變壓器可視為三個單相變壓器組合而成，如圖 2-27 所示。但是必須注意三相繞組的繞向或接線，使三相合成磁通愈小，內鐵式三相磁通相量和為零，才能節省鐵芯材料，避免鐵芯磁飽和。內鐵式三相磁通之相量和為零，故可省去部分鐵芯，如圖 2-27(a) ～圖 2-27(c) 所示。如圖 2-27(d) 所示的外鐵式三相變壓器，繞組的繞向使得支腳鐵芯磁通相量和為中央芯腳鐵芯磁通的 $\frac{1}{2}$，所以可使支腳鐵芯的面積僅為芯腳的 $\frac{1}{2}$，如圖 2-27(e) 所示。若接線使繞向錯誤磁通反向合成，則支腳鐵芯磁通相量和為中央芯腳鐵芯磁通的 $\frac{\sqrt{3}}{2}$，就需要較大截面積的鐵芯，否則會磁飽和。

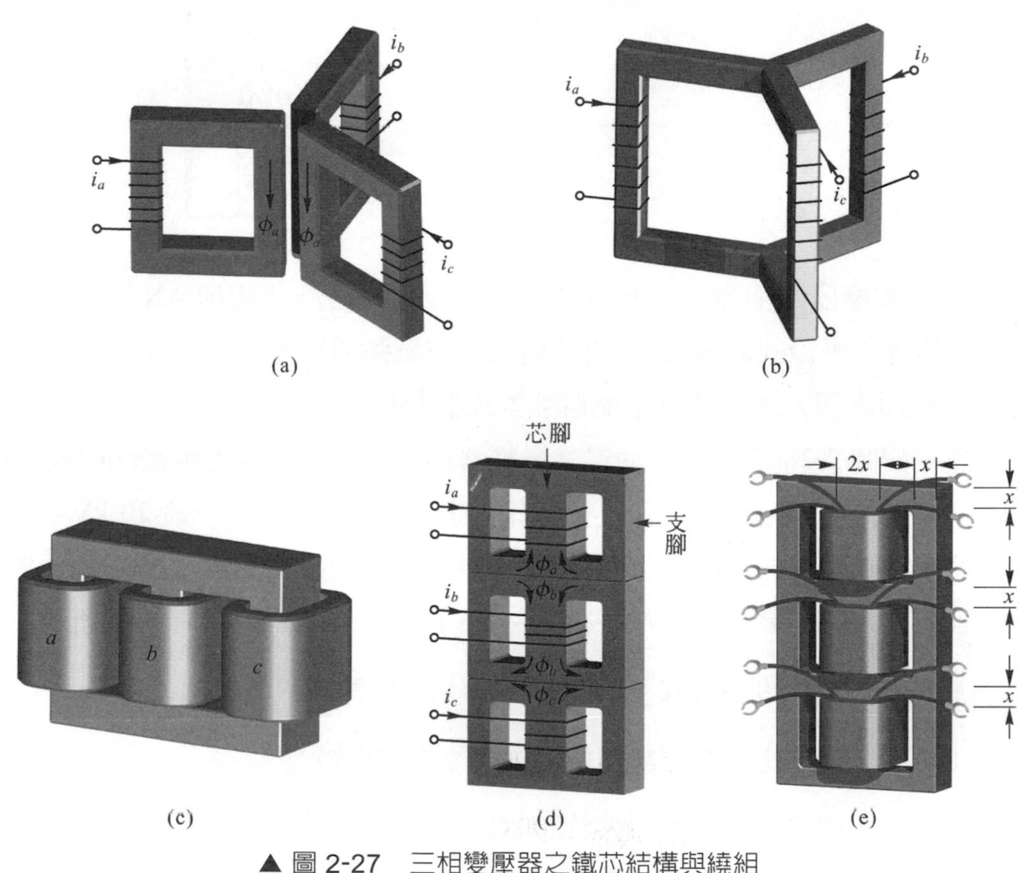

▲ 圖 2-27　三相變壓器之鐵芯結構與繞組

五、變壓器的冷卻方式

由於變壓器的損失大部分變成熱，因此必須有良好的散熱裝置才不致於溫升過高無法正常工作甚至燒毀。若按整體結構分類，變壓器可分為乾式及油浸式兩大類。變壓器的冷卻方式如表 2-7 所示。

▼ 表 2-7　變壓器的冷卻方式

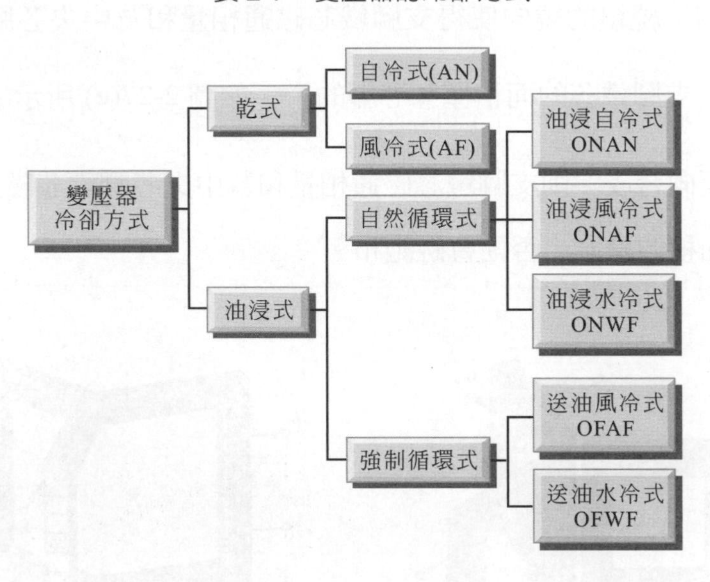

乾式變壓器冷卻方式分為自冷式和風冷式。自冷式簡稱 AN，靠空氣對流自然冷卻；風冷式簡稱 AF，用電扇吹入空氣強迫冷卻散熱。乾式小型變壓器不須特別冷卻方式，僅靠空氣自然對流散熱即可，稍大型者以電扇強制送風散熱，如圖 2-28(a) 所示。油浸式變壓器係將繞組鐵芯浸入絕緣油中利用油的對流將熱傳至外箱；額定容量不大者熱量少，外箱平滑。一般 20 kVA 以上需加鰭狀散熱片，如圖 2-28(b) 所示，容量大時須加散熱油管、風扇等散熱裝置，容量更大時必須以送油方式強制冷卻，如圖 2-28(c) ～圖 2-28(e) 所示。

油浸式變壓器冷卻方式，以四個字母代號順序標誌

1. 第一個字母表示與繞組接觸的內部冷卻介質

   O ：礦物油或燃點不大於300℃的合成絕緣液體。

   K ：燃點大於300℃的絕緣液體。

   L ：燃點不可測出的絕緣液體。

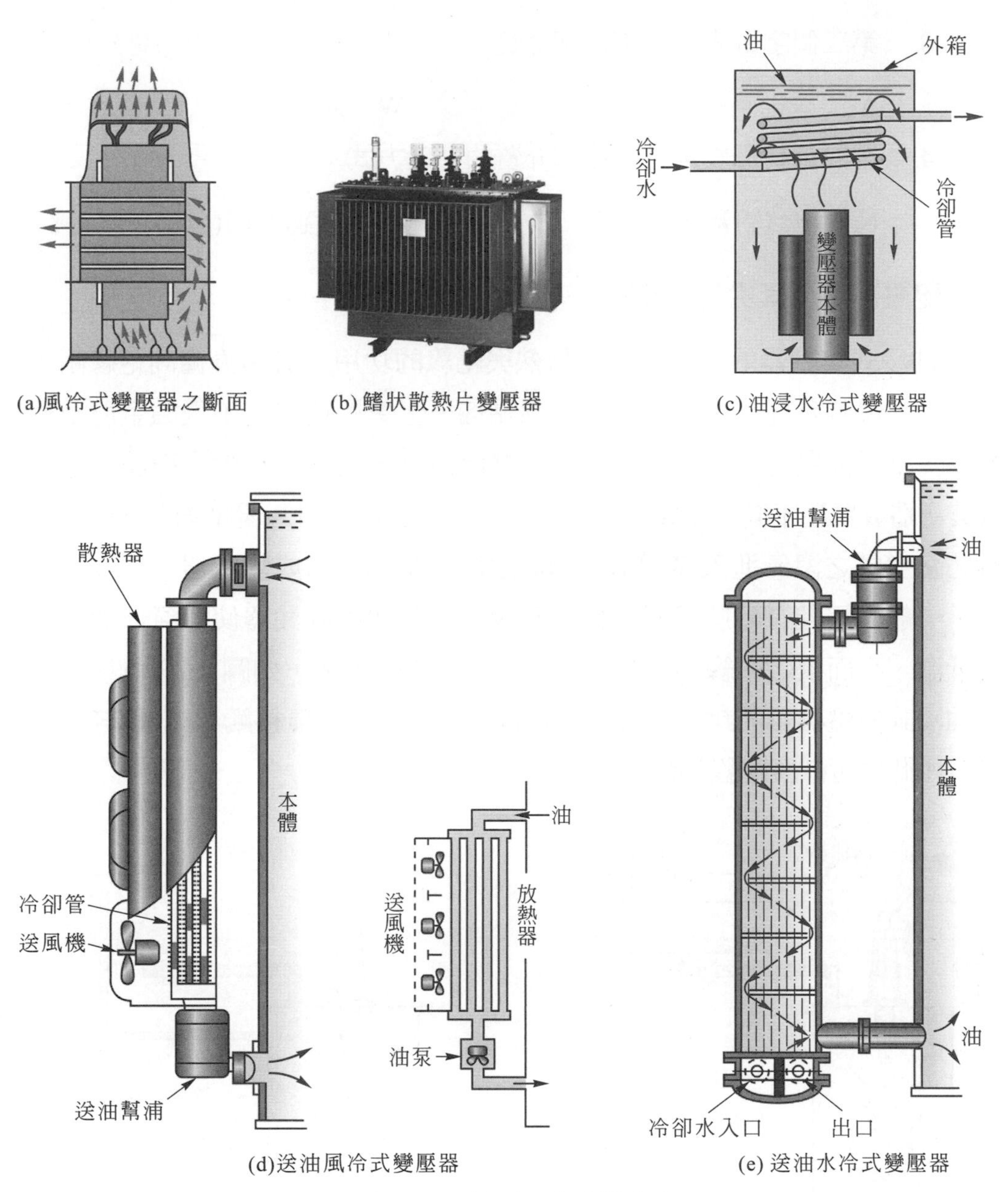

▲ 圖 2-28　變壓器之冷卻方式

2.　第二個字母表示內部冷卻介質循環方式

N：流經冷卻設備和繞組內部的油流是自然的熱對流循環。

F：冷卻設備中的油流是強迫循環，流經繞組內部的油流是熱對流循環。

D：冷卻設備中的油流在主要繞組內是強迫導向循環。

3. 第三個字母表示外部冷卻介質

A：空氣　　W：水

4. 第四個字母表示外部冷卻介質的循環方式

N：自然對流　　F：強迫循環(風扇、泵等)

六、變壓器油及其劣化防止

油浸式變壓器的絕緣油具有散熱與絕緣的功用，必須具備高絕緣耐力、低黏度、導熱良好、引火點高、凝固點低、化學性質安定不侵蝕金屬及絕緣材料、不易變質等條件。由於絕緣油熱脹冷縮，變壓器箱內容積隨著溫度而改變，造成氣壓不同，空氣進出變壓器箱，這種現象稱為變壓器的呼吸作用。為防止空氣之濕氣進入變壓器凝結成水沉積箱底，造成變壓器銹蝕及絕緣破壞，一般使用裝有矽膠等脫水劑的呼吸器，並利用貯油器使空氣僅與貯油器內低溫、小面積之絕緣油接觸，以防止絕緣油的劣化，如圖 2-29(a) 所示。有些油浸式變壓器箱內封入氮氣，使絕緣油完全不與空氣接觸，如圖 2-29(b) 所示，如此更可減緩絕緣油的劣化。

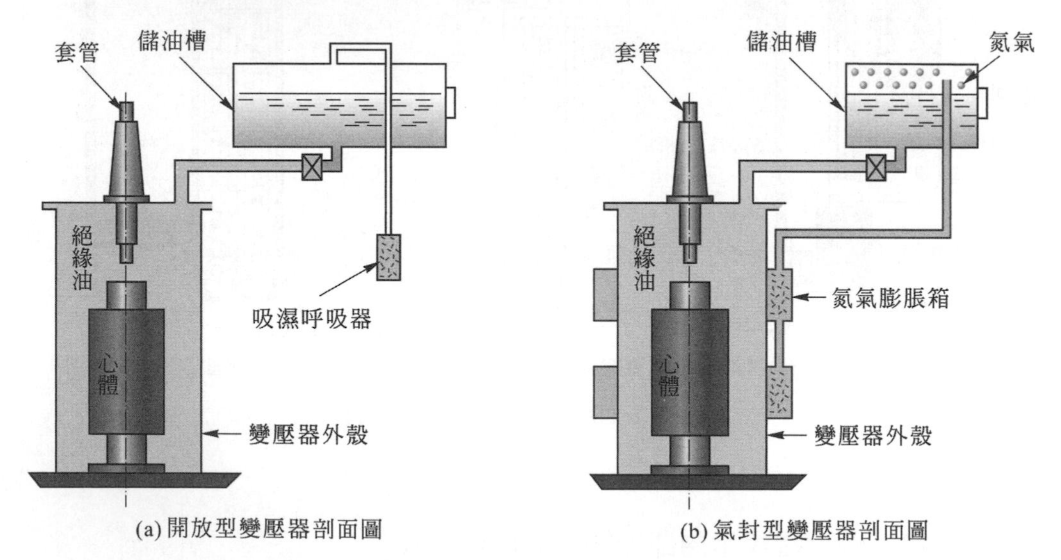

▲ 圖 2-29　變壓器之護油方式

為防止因故障、箱內壓力過大產生爆炸的危險，一般油浸式變壓器設有安全閥，當箱內壓力過大時，油從安全閥溢出。

2-3-2 變壓器之特性

變壓器為供電設備，主要特性有電壓調整率及效率兩項。影響變壓器特性的因素有：電路的阻抗、鐵芯的漏磁、銅損與鐵損等。目前實際應用的變壓器之線圈有阻抗，鐵芯的導磁係數並非無限大而且有磁滯和渦流，壓降與損失在所難免。一般變壓器的電壓調整率約為 ±5% 左右，滿載效率可達 95% ~ 99.5%。

一、電壓調整率

即使變壓器的一次側電源電壓保持一定，由於變壓器線圈電阻及漏磁電抗所造成的阻抗壓降，使得二次側負載電壓會隨著負載不同而變動。電壓的變動量若以實際伏特數表示並不足以表示壓降的嚴重性與影響程度。例如同樣降 1 V，對 110 V 系統幾乎毫無影響，但是對 5 V 的系統影響頗大；因此變壓器的電壓變動情形以電壓變動的百分率來表示。若一次側電壓保持於額定電壓，二次側滿載電壓為 V_{2F}，而無載時電壓為 E_2，則變壓器滿載時的電壓調整率 (VR%) 為變壓器無載與滿載的電壓差 (變動量) 與滿載電壓的比例值，以百分率表示。即電壓調整率 (VR%) 為：

$$\text{VR\%} = \frac{E_2 - V_{2F}}{V_{2F}} \times 100\% \tag{2-48}$$

或

$$\text{VR\%} = \frac{V_1 \times \dfrac{N_2}{N_1} - V_{2F}}{V_{2F}} \times 100\% \tag{2-49}$$

變壓器的電壓調整率，除了實際測量無載電壓與滿載電壓換算外，在不能切離負載測量無載電壓的情況時，亦可以由下列方法計算：

1. 以阻抗法計算電壓調整率

以等值阻抗推算無載電壓計算電壓調整率的方法，稱為阻抗法。變壓器轉換至二次側的等效電路圖及相量圖，如圖2-30所示。圖中二次側無載電壓的大小為：

$$E_2=\sqrt{(V_2\cos\theta_2+I_2R_{e2})^2+(V_2\sin\theta_2\pm I_2X_{e2})^2} \qquad (2\text{-}50)$$

式中，滯後的功因用(＋)號，超前功因時採(－)號。

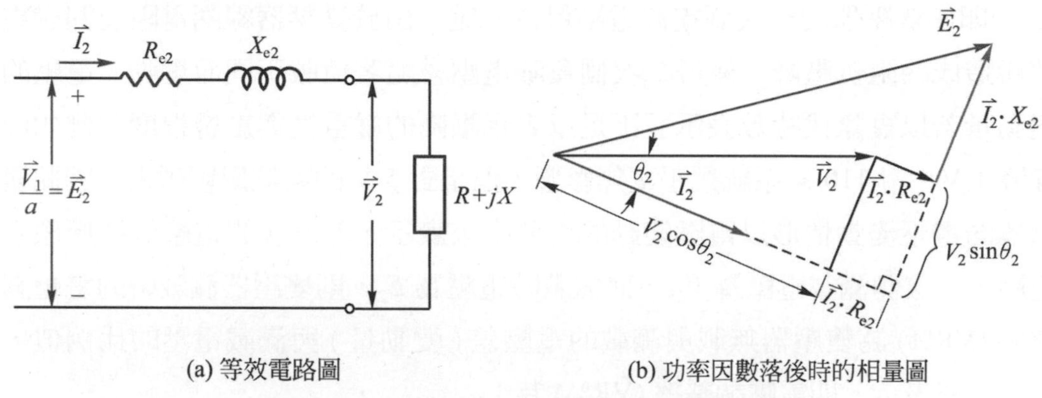

(a) 等效電路圖　　(b) 功率因數落後時的相量圖

▲ 圖 2-30　變壓器二次側的等效電路圖及相量圖

例 2-13

5 kVA，2000/200 V，60 Hz 單相變壓器，換算於次級的等效電阻為 0.13 Ω，等效電抗為 0.15 Ω，求此變壓器在滿載功因 0.8 時的電壓變動率？

解

二次額定電壓 $V_{2r}=200\text{ V}$

二次額定電流 $I_2=\dfrac{S}{V_2}=\dfrac{5000}{200}=25\text{ A}$

$\cos\theta=0.8$，$\sin\theta=\sqrt{1-0.8^2}=0.6$

$R_{e2}=0.13\ \Omega$，$X_{e2}=0.15\ \Omega$

二次無載電壓 $E_2=\sqrt{(V_2\cos\theta_2+I_2R_{e2})^2+(V_2\sin\theta_2\pm I_2X_{e2})^2}$

$=\sqrt{(200\times0.8+25\times0.13)^2+(200\times0.6+25\times0.15)^2}=204.85\text{ V}$

電壓變動率 $\text{VR}\%=\dfrac{204.85-200}{200}\times100\%=2.43\%$

2. 以百分阻抗計算電壓調整率

一般工程應用時以百分阻抗來計算電壓調整率，如圖2-31所示，無載時的二次側感應電勢：

$$E_2 \fallingdotseq OA' \fallingdotseq OB = V_2 + a + b \fallingdotseq V_2 + I_2 R_{e2} \cos\theta_2 + I_2 X_{e2} \sin\theta_2$$

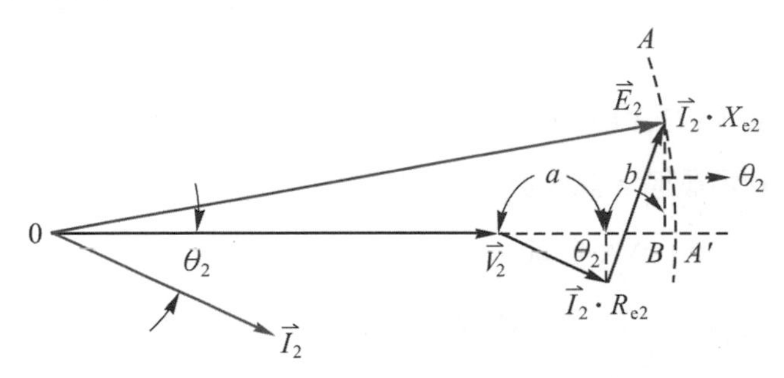

▲ 圖 2-31　變壓器轉換為二次側之相量表示法

電壓調整率：

$$\begin{aligned} VR\% &\fallingdotseq \frac{E_2 - V_2}{V^2} \times 100\% = \frac{I_2 R_{e2} \cos\theta_2 + I_2 X_{e2} \sin\theta_2}{V_2} \times 100\% \\ &= \left(\frac{I_2 R_{e2} \cos\theta_2}{V_2} + \frac{I_2 X_{e2} \sin\theta_2}{V_2}\right) \times 100\% \\ &= \frac{I_2 R_{e2} \cos\theta_2}{V_2} \times 100\% + \frac{I_2 X_{e2} \sin\theta_2}{V_2} \times 100\% \\ &= \frac{I_2 R_{e2}}{V_2} \times 100\% \times \cos\theta_2 + \frac{I_2 X_{e2}}{V_2} \times 100\% \times \sin\theta_2 \qquad (2\text{-}51) \end{aligned}$$

滿載時負載電流等於額定電流，即 $I_2 = I_{r2}$；

式(2-51)中 $\frac{I_2 R_{e2}}{V_2} \times 100\% = \frac{I_{r2} \times R_{e2}}{V_{r2}} \times 100\%$ 為電阻之電壓降百分比，也就是百分電阻 p；而 $\frac{I_2 X_{e2}}{V_2} \times 100\% = \frac{I_{r2} \times X_{e2}}{V_{r2}} \times 100\%$ 為電抗之電壓降百分比，也就是百分電抗 q。所以滿載時電壓調整率改寫成

$$VR\% = p\cos\theta_2 + q\sin\theta_2 \qquad (2\text{-}52)$$

若負載並非額定值，實際負載／額定容量 $=K$ 時，則式中 p 及 q 應乘以實際負載對額定容量的比例值K。負載為額定容量之 K 倍時的電壓調整率

$$\mathrm{VR}\% = K(p\cos\theta_2 + q\sin\theta_2) \quad (2\text{-}53)$$

例 2-14

三相 500 kVA、66 kV/3.3 kV 變壓器，其百分電阻為 0.7%，百分電抗為 7.47%，若二次側接有下列負載時，試求其電壓調整率？

(1) 功因為 100% 之 500 kVA 負載

(2) 功因 80% (滯後) 之 400 kVA 負載

解 (1) $p = 0.7\%$，$q = 7.47\%$

全負載 $\cos\theta_2 = 1$，$\sin\theta_2 = 0$

電壓調整率 $\mathrm{VR}\% = p\cos\theta_2 + q\sin\theta_2 = 0.7\%$

(2) $K = \dfrac{\text{實際負載}}{\text{額定容量}} = \dfrac{400\ k}{500\ k} = 0.8$，

$\cos\theta_2 = 0.8$ 滯後，$\sin\theta_2 = 0.6$

$\mathrm{VR}\% = K(p\cos\theta_2 + q\sin\theta_2) = 0.8 \times (0.7 \times 0.8 + 7.47 \times 0.6) = 4.03\%$

3. 以標么值計算電壓調整率

電壓調整率亦可利用標么值計算之：

$$\mathrm{VR}\% = K(R_{PU} \times \cos\theta_2 + X_{PU} \times \sin\theta_2) \quad (2\text{-}54)$$

二、負載功率因數與電壓調整率之關係

百分阻抗 z、百分電阻 p 及百分電抗 q 之相量關係與阻抗 z、電阻 R 及電抗 X 間之相量關係相同，如圖圖 2-32 所示。圖中 α 為阻抗角，大型變壓器之電阻 R 小而電抗 X 很大，阻抗角 α 接近 90°。

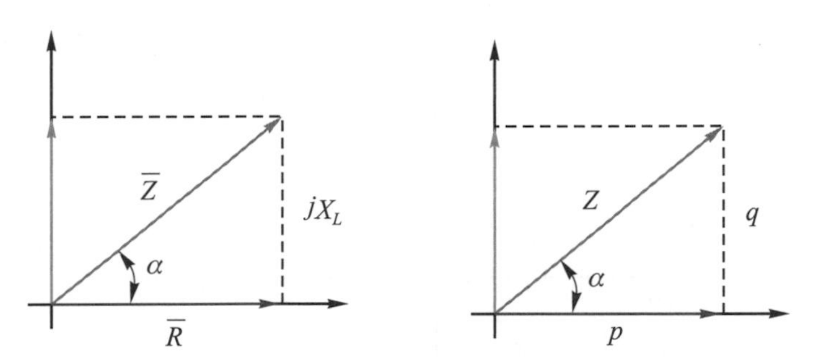

▲ 圖 2-32　百分阻抗、百分電阻及百分電抗之相量關係圖

電壓調整率 $VR\% = p\cos\theta_2 + q\sin\theta_2$ 可改寫成

$$VR\% = z\times(\frac{p}{z}\cos\theta_2 + \frac{q}{z}\sin\theta_2) \qquad (2\text{-}55)$$

式中：$\frac{p}{z} = \cos\alpha$，$\frac{q}{z} = \sin\alpha$，故電壓調整率

$$VR\% = z(\cos\alpha\cos\theta_2 + \sin\alpha\sin\theta_2) = z\cos(\alpha - \theta_2) \qquad (2\text{-}56)$$

當 $\theta_2 = \alpha$ 時，$\cos(\alpha - \theta_2) = 1$，此時電壓調整率最大而為：

$$VR\%_{(MAX)} = z = Z\% = \frac{I_{r1}\times Z_{e1}}{V_{r1}}\times 100\% \qquad (2\text{-}57)$$

亦即當二次側負載功率因數角 θ_2 等於變壓器之阻抗角 α 時，負載端電壓下降最厲害，電壓調整率最大而為該變壓器的百分阻抗。

當 $(\alpha - \theta_2) = 90°$ 時，$\cos(\alpha - \theta_2) = 0$ 電壓調整率最佳為 0。當 $(\alpha \quad \theta_2) > 90°$ 時，$\cos(\alpha - \theta_2) < 0$ 為負值，電壓調整率為負值，負載端電壓較無載時電壓 (感應電勢) 高。

變壓器之負載端電壓之變動情形隨負載的性質而不同，電感性負載使變壓器的電壓調整率變大，變壓器之負載端電壓較無載時低；電容性負載時電壓調整率 VR% 有可能為負值，變壓器之負載端電壓可能較無載時高。變壓器電壓調整率與負載功率因數角 θ_2 之關係，如圖 2-33 所示。

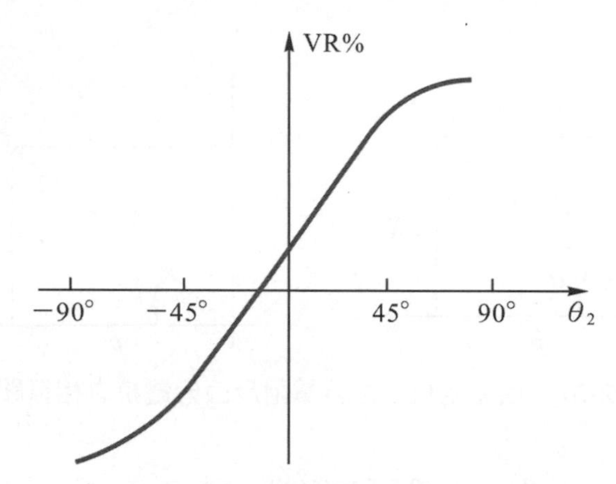

▲ 圖 2-33　變壓器電壓調整率與負載功率因數之關係

三、變壓器的損失

變壓器為靜止機器，所以沒有一般旋轉電機的機械摩擦損失；無載時主要損失是鐵芯損耗 (core loss) 及少量的一次繞組銅損和介質損，可略去不計。負載時變壓器的損失包括鐵損、銅損及雜散損。

1. 變壓器的鐵芯損失

變壓器鐵芯的損耗簡稱鐵損，分為渦流損(eddy current loss)及磁滯損(hysteresis loss)兩項：

(1) 渦流損

由於鐵芯也會導電，受磁通切割一樣會產生感應電勢，此感應電勢驅動如旋渦狀渦電流在鐵芯內流通。渦流所造成之功率損失稱為渦流損。渦流損 ($P_e = I_e^2 \times R_e$) 與渦流的平方成正比；而渦流與感應電勢E成正比，$E = 4.44N \times f \times B_M \times A$，單片鐵芯厚度 t 愈大渦流愈大，因此渦流損與最大磁通密度 B_M 的平方、電源頻率f的平方、鐵芯厚度 t 的平方成正比。即：

$$P_e = K_e \times B_M^2 \times f^2 \times t^2 \text{ (W/kg)} \tag{2-58}$$

(2) 磁滯損

磁滯損係鐵芯材料之磁滯現象所造成的損失，目前變壓器鐵芯，雖已用磁滯較小的矽鋼片疊成，但磁滯損仍然不小，約佔鐵損的80%。磁滯損的計算經驗公式為：

$$P_h = K_h \times B_m^{1.6\sim2} \times f\,(\mathrm{W/kg}) \qquad (2\text{-}59)$$

式中 1.6 ～ 2 為司坦麥茲常數 (Steinmetz index)

渦流損與磁滯損與電源電壓及頻率之關係，推導如下：

因 $\phi_m = B_m \times A$，$V \fallingdotseq E$

而 $E = 4.44Nf\phi_m = 4.44NfB_m \times A$，製作好的變壓器線圈匝數 N 及鐵心截面積 A 固定

$$\therefore B_m = \frac{V}{4.44NfA} = K\frac{V}{f}$$

代入渦流損公式 (2-58) 得變壓器的渦流損：

$$P_e = K_e \times \left(K\frac{V}{f}\right)^2 \times f^2 \times t^2 = K'V^2 \qquad (2\text{-}60)$$

一般變壓器的史坦麥茲常數採 2 計算磁滯損，將 $B_m = K\dfrac{V}{f}$ 代入磁滯損公式 (2-56)，得變壓器的磁滯損：

$$P_h = K_h \times \left(K\frac{V}{f}\right)^2 \times f = K''\frac{V^2}{f} \qquad (2\text{-}61)$$

由以上推導結果可知：**變壓器的渦流損與電壓平方成正比；變壓器的磁滯損與電壓平方成正比、頻率成反比**。**在固定電壓、固定頻率下變壓器的鐵損爲定值而與負載無關**，所以**變壓器的鐵損又名固定損**。由於鐵損的80%為磁滯損，因此電源變動時，鐵損可視為與電壓平方成正比而約與頻率成反比。變壓器的鐵損可由開路試驗測得。

2. 變壓器的銅損

銅損為負載電流流經變壓器繞組電阻所產生的熱損失，即 $P_c = I_1^2 \times R_1 + I_2^2 \times R_2 = I_1^2 \times R_{e1} = I_2^2 \times R_{e2}$。銅損的大小與負載電流平方成正比，為負載損隨負載而變，所以銅損為變動損。變壓器的銅損可由短路試驗測得。

3. 雜散損

變壓器的雜散損包括漏磁切割固定框架、螺絲、油箱壁及其他金屬部分造成之渦流損以及絕緣物的漏電流造成之介質損。大型變壓器的雜散損失，一般約為容量的1%以下。小型變壓器的雜散損很小可以忽略。

四、變壓器的效率

變壓器因為沒有旋轉的機械摩擦損，銅損及鐵損也不大，所以效率很高，可達 99.5%，是電機機械中最高者。變壓器輸入輸出均為電功率，其效率為

$$\eta = \frac{P_o}{P_1} \times 100\% \tag{2-62}$$

公定效率為：

$$效率 = \frac{輸入－損失}{輸入} \times 100\%，\eta = \frac{P_i - P_{\text{loss}}}{P_i} \times 100\% \tag{2-63}$$

$$效率 = \frac{輸出}{輸出＋損失} \times 100\%，\eta = \frac{P_o}{P_o + P_{\text{loss}}} \times 100\% \tag{2-64}$$

變壓器之滿載效率為：

$$\eta = \frac{S\cos\theta}{S\cos\theta + P_k + P_{cf}} \times 100\% \tag{2-65}$$

其中鐵損 P_k 為定值與負載無關，P_{cf} 為滿載銅損，S 為額定容量。銅損隨負載而變與負載電流平方成正比，因此在負載為滿載的 K 倍時效率為

$$\eta_K = \frac{KS\cos\theta}{KS\cos\theta + P_k + K^2 P_{cf}} \times 100\% \tag{2-66}$$

已知負載電壓 V_2、負載電流 I_2 及功率因數 $\cos\theta_2$ 時，變壓器之效率計算公式為：

$$\eta = \frac{V_2 I_2 \cos\theta_2}{V_2 I_2 \cos\theta_2 + P_k + I_2^2 R_{e2}} \times 100\% \quad (2\text{-}67)$$

式中 R_{e2} 為換算至二次側之總電阻值，P_k 為鐵損。

1. 變壓器的最大效率

將變壓器效率的公式(2-67)，分子、分母同除以 I_2 得

$$\eta = \frac{V_2 \cos\theta_2}{V_2 \cos\theta_2 + \frac{P_k}{I_2} + I_2 R_{e2}} \times 100\% \quad (2\text{-}68)$$

若欲得效率為最大，必須 $\frac{P_k}{I_2} + I_2 R_{e2}$ 為最小。因為等值電阻 R_{e2} 及鐵損 P_k 為固定值，上式中 $\frac{P_k}{I_2} \times I_2 R_{e2} = P_k R_{e2}$ 為定值。根據“若兩數之乘積為定值時，則兩數之和在兩數相等時為最小”的數學最小值定理可知：當 $I_2 R_{e2} = \frac{P_k}{I_2}$，即 $I_2^2 R_{e2} = P_k$ 時，效率為最大；也就是當**變壓器之銅損(變動損)等於鐵損(固定損)時，變壓器的效率爲最大**。一般變壓器的負載在半載至滿載之間可得最大效率。

設滿載銅損為 P_{cf}，若變壓器在最大效率時的負載與滿載的比例值為 m，則最大效率時之銅損等於鐵損而為$m^2 P_{cf} = P_k$。變壓器在最大效率時的負載與滿載的比例值：

$$m = \sqrt{\frac{P_k}{P_{cf}}} \quad (2\text{-}69)$$

變壓器的最大效率：

$$\eta_{\max} = \frac{mS\cos\theta}{mS\cos\theta + 2P_k} \times 100\% \quad (2\text{-}70)$$

變壓器之銅損、鐵損、效率與負載的關係，如圖2-34所示。

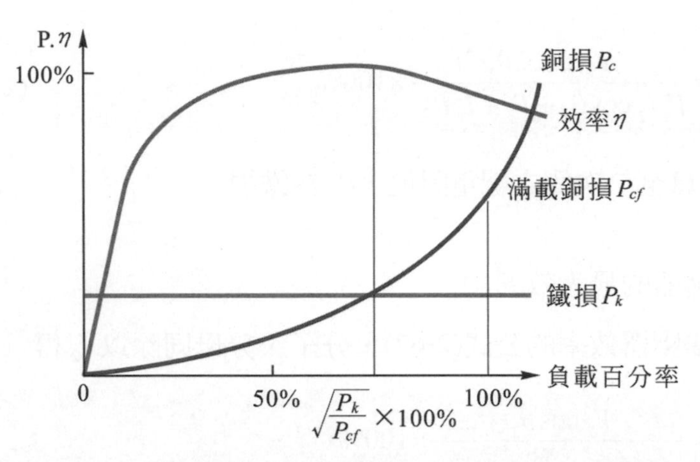

▲ 圖 2-34　變壓器之銅損、鐵損、效率與負載的關係

例 2-15

有一台 3300/220 V、10 kVA 單相變壓器，鐵損為 180 W，滿載銅損為 240 W，設負載功因為 0.8 滯後，試求：(1) 最大效率時之負載比值；(2) 最大效率；(3) 滿載效率；(4) 半載效率？

(1) 最大效率時之負載比值 $m=\sqrt{\frac{P_k}{P_{cf}}}=\sqrt{\frac{180}{240}}=0.866$

(2) $$\eta_{max}=\frac{mS\cos\theta}{mS\cos\theta+2P_k}\times 100\%$$

$$=\frac{0.866\times 10\text{ k}\times 0.8}{0.866\times 10\text{ k}\times 0.8+180+180}\times 100\%=95.06\%$$

$$滿載效率\ \eta=\frac{S\cos\theta}{S\cos\theta+P_k+P_c}\times 100\%$$

$$=\frac{10\text{ k}\times 0.8}{10\text{ k}\times 0.8+180+240}\times 100\%=95.01\%$$

$$半載效率\ \eta_{半}=\frac{KS\cos\theta}{KS\cos\theta+P_k+K^2P_{cf}}\times 100\%$$

$$=\frac{\frac{1}{2}\times 10\text{ k}\times 0.8}{\frac{1}{2}\times 10\text{ k}\times 0.8+180+\left(\frac{1}{2}\right)^2 240}\times 100\%=94.34\%$$

2. 全日效率

變壓器是全天運轉的供電設備，除了要求一時的效率外，尚須注意全日效率。全日效率係指在整天24小時的輸出總能量與輸入總能量的比值。變壓器全天的負載情況不一樣，計算時以輸出的仟瓦小時數為主，即

$$\text{全日效率} = \frac{\text{全日輸出 kW-hr}}{\text{全日輸出 kW-hr} + \text{鐵損} \times 24 + \text{各銅損} \times \text{時間}} \quad (2\text{-}71)$$

式中因鐵損與負載無關為固定值，故乘以24小時；而銅損隨負載變動，必須就負載情況分別計算後累積相加。

例 2-16

有一台單相 5 kVA 的桿上變壓器，其鐵損為 80 W，滿載銅損為 150 W，一晝夜內於功率因數等於 1 之情況下，3 小時為滿載，2 小時為 $\frac{3}{4}$ 載，1.5 小時為 $\frac{1}{2}$ 載，5 小時為 $\frac{1}{4}$ 負載，其餘 12.5 小時為無載狀態。試求此變壓器的全日效率。

解 輸出能量 $= 5000 \times [1 \times 3 + (\frac{3}{4}) \times 2 + (\frac{1}{2}) \times 1.5 + (\frac{1}{4}) \times 5] = 32500$ W-hr

銅損能量 $= 150 \times [1 \times 3 + (\frac{3}{4})^2 \times 2 + (\frac{1}{2})^2 \times 1.5 + (\frac{1}{4})^2 \times 5] = 722$ W-hr

鐵損能量 $= 80 \times 24 = 1920$ W-hr

輸入能量 $= 32500 + 722 + 1920 = 35142$ W-hr

$\therefore$ 全日效率 $= \frac{32500}{35142} \times 100\% = 92.5\%$

❯ 類題 2-16

某台單相 10 kVA 之變壓器，其滿載銅損為 250 W，鐵損為 50 W，在功因為 1 之情況下，其全日之負載為 8 小時滿載、8 小時為半載，其餘時間為無載狀態，則此變壓器之全日效率為多少？

問題與討論

1. 按照構造型式上之情形，變壓器可分為幾種？各有何特點？
2. 變壓器冷卻方法有哪些？
3. 變壓器的損失有哪些？與負載之關係為何？
4. 有一 10kVA 單相變壓器，額定電壓時，鐵損為 120W，滿載銅損為 180W，設負載功因為 0.8 滯後，試求：(1) 最大效率時之負載比值、(2) 最大效率、(3) 滿載效率、(4) 半載效率。

2-4 變壓器之連結法

2-4-1 變壓器的極性

當兩組線圈裝置在一起或欲連接時，必須注意線圈的極性。兩線圈同極性端子，電壓極性相同。同極性端子加上同極性電壓，產生的磁極性相同。繞線時同為始端或同為末端，即繞線時繞製方向不變，同極性端子同為線圈的線頭或同為線尾。

變壓器的極性是指變壓器兩繞組間的電壓相位關係。在同一時間，變壓器輸入正電壓的端子與輸出正電壓之端子為同極性。如圖 2-35(a) 所示，端子 1 與端子 3 為同極性，端子 2 與端子 4 為同極性，同極性的端子在同一側，稱之為減極性。因為我們如果把兩繞組相鄰的端子 2 及端子 4 接在一起，則其餘兩端子 1 及 3 間之電壓為兩繞組的電壓差，如圖 2-35(b) 所示。若變壓器同極性的端子不在同一側而在對角，如圖 2-36(a) 所示，端子 1 與端子 4 同極性，則此變壓器的極性為加極性。把加極性變壓器兩繞組相鄰的端子連接，其餘兩端之間的電壓為兩繞組電壓之和，如圖 2-36(b) 所示。通常電力變壓器為減極性。在供電系統中變壓器單獨使用時可不須考慮極性，但並聯或三相連接時，必須確認極性正確，否則接錯極性會造成短路及不平衡等問題，甚至燒毀變壓器。

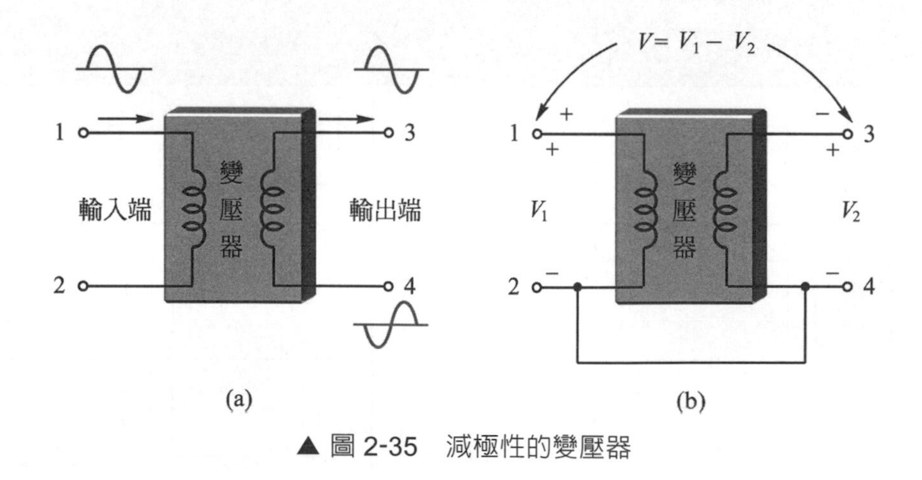

▲ 圖 2-35　減極性的變壓器

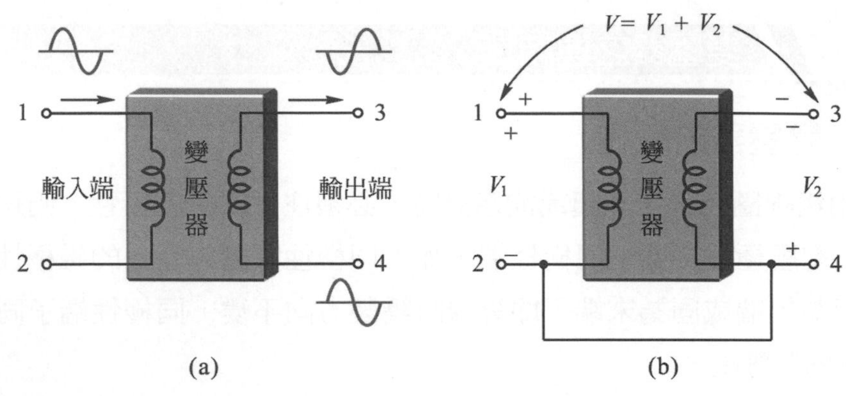

▲ 圖 2-36　加極性的變壓器

一、變壓器極性的標示法

電路圖中線圈同極性的端子以"·"、"+"及"−"等符號標示。電力變壓器極性的表示方法，中華民國及美國係以 H_1、H_2、H_3 表示高壓側，面對高壓繞組之端點，由右向左標示；低壓側則以 X_1、X_2、X_3 表示。H_1 與 X_1 為同極性端子，H_2 與 X_2 為同極性端子，H_3 與 X_3 為同極性端子。日本高壓側以大寫 U、V、W，低壓側以小寫 u、v、w 標示。變壓器極性的表示及端子記號排列的順序，如表 2-8 所示。

▼ 表 2-8　變壓器極性的表示及端子記號排列的順序

極性 ＼ 符號 ＼ 常用國家		美國	日本 (我國 75 kVA ↑)	北歐	中華民國 (50 kVA ↓)
減極性	高壓側	H_1　H_2	U　V	•（左）	+　−
	低壓側	X_1　X_2	u　v	•（左）	+　−
加極性	高壓側	H_1　H_2	U　V	•（左）	+　−
	低壓側	X_2　X_1	v　u	•（右）	−　+

2-4-2 變壓器的極性試驗

變壓器的極性試驗可確認極性，常用的方法有直流法、交流法和比較法。

1. 直流法

直流毫伏計或毫安計或三用電表之DCV、DCmA檔接變壓器之高壓側，然後以乾電池或直流電源供應器經開關接變壓器之低壓側，如圖2-37所示。**當開關ON，接入直流電源的瞬間，電表正偏；而開關OFF，切開直流電源的瞬間，電表反偏，則可判定接直流電源(+)正極之端子與接直流電表(+)正端之端子爲同極性**。相對的，若開關ON，接入直流電源的瞬間電表反偏；而開關OFF，切開直流電源的瞬間電表正偏，則接直流電源(+)正極之端子與接直流電表(−)負端之端子為同極性。

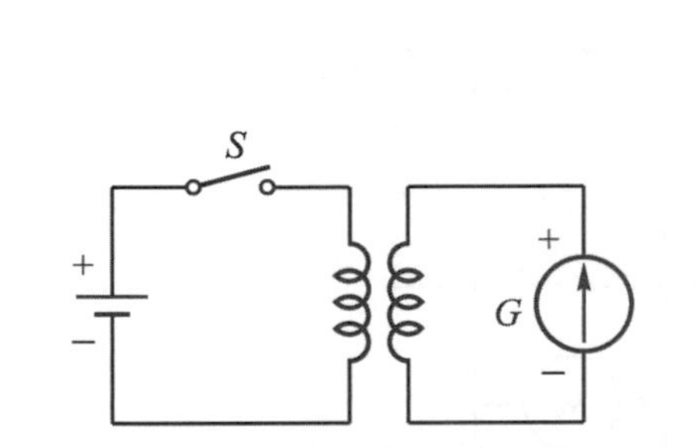

▲ 圖 2-37　直流法判斷極性之接線圖

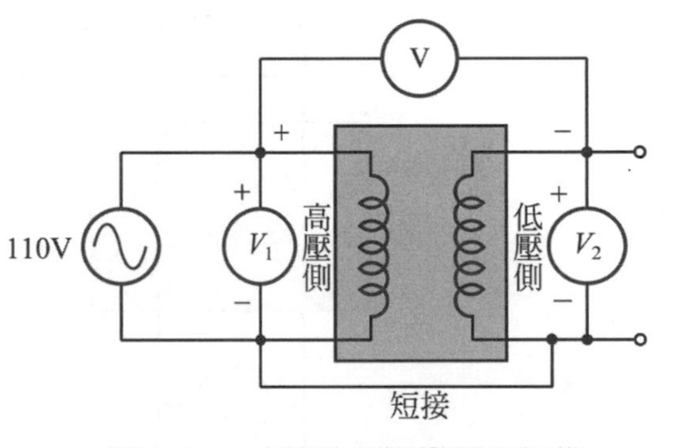

▲ 圖 2-38　交流法判斷變壓器極性

2. 交流法

交流電源測試變壓器極性之接線，如圖2-38所示。將變壓器兩繞組相鄰之端子以導線連接，從高壓側加入適當交流電壓，以交流電壓表測量初、次級之電壓V_1、V_2及未連接端子間之電壓V。若未連接端間之電壓為一、二次電壓之和，$V = V_1 + V_2$，則此變壓器為加極性；相對的若未接兩端間之電壓為一、二次電壓之差，$V = V_1 - V_2$，則此變壓器為減極性。操作時須注意安全，應加適當電壓110 VAC或220 VAC於高壓側，使低壓側獲得足以辨識的電壓即可，千萬不可加交流電於低壓側，否則高壓側產生高壓將造成測試儀表設備或人員遭受高壓衝擊。若加適當電壓，例如110 VAC於高壓側作極性試驗時，可以只測量一、二次繞組未連接之端子間電壓

V，快速的判斷變壓器的極性，若$V>110$ VAC則變壓器為加極性；若$V<110$ VAC則為減極性。

3. 比較法

若有已知極性而且額定電壓相同之變壓器，欲辨別未知變壓器之極性時，可將兩變壓器高壓側並聯接電源；低壓側插接一電壓表或保險絲或燈泡後並聯，比較兩變壓器的極性，如圖2-39所示之接線。若電表指示為零，保險絲不斷，燈泡不亮則接於電表或燈泡、保險絲之兩側的端子為同極性。若保險絲燒斷或燈泡亮或電表指示電壓為二次電壓之和，則接保險絲、燈泡或電表之兩端子為異極性。再由已知之變壓器的端子極性及並聯接線，判斷未知極性變壓器的極性。

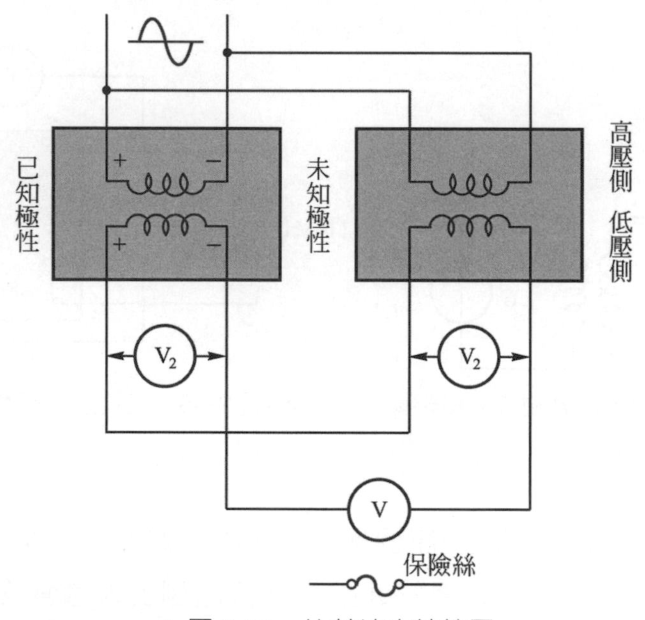

▲ 圖 2-39　比較法之接線圖

2-4-3　變壓器的三相結線

變壓器應用於三相供電系統時，可以使用三相繞組共用鐵心及外殼的三相變壓器；也可以使用三個單相變壓器作三相連接。三相變壓器體積小、成本價格較三具單相變壓器低，但是散熱及搬運較不容易；萬一故障損壞時，必須以同容量三相變壓器之備用變壓器供電。以三具單相變壓器連接供應三相電，雖然體積較大、佔空間、成本價格稍貴，但是散熱容易而備用容量僅須一台單相變壓器，總設備成本反而較低。

三相結線，基本上有將繞組同極性之頭或尾端接在一起成開迴路的 Y 接法，以及頭尾相接成閉迴路的 Δ 接法。如圖 2-40 所示的 Y 接法，線與線之間的線電壓 V_ℓ 為各線圈電壓 (相電壓)V_P 的 $\sqrt{3}$ 倍，$V_\ell = \sqrt{3}V_P$，且線電壓與相電壓有 30° 相角差。Y 接時流經線圈的相電流等於線電流，即 $I_\ell = I_P$。

如圖 2-41 所示的 Δ 接法，線電壓等於相電壓 $V_\ell = V_P$；而線電流為兩線圈相電流的相量和，線電流為相電流的 $\sqrt{3}$ 倍，即 $I_\ell = \sqrt{3}I_P$。

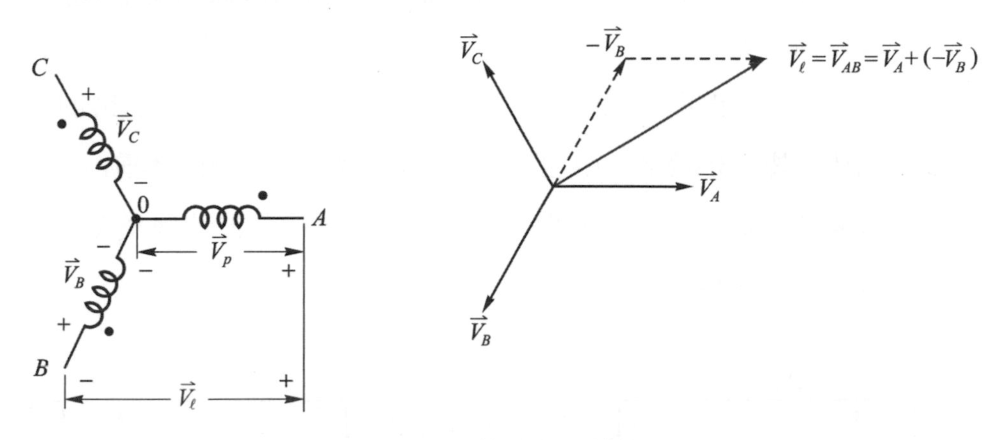

▲ 圖 2-40　線圈的 Y 接線

▼ 表 2-9　三相電壓電流代號、名稱及單位

代號	V_l	V_P	I_ℓ	I_P
名稱	線電壓	相電壓	線電流	相電流
單位	伏特 V	伏特 V	安培 A	安培 A

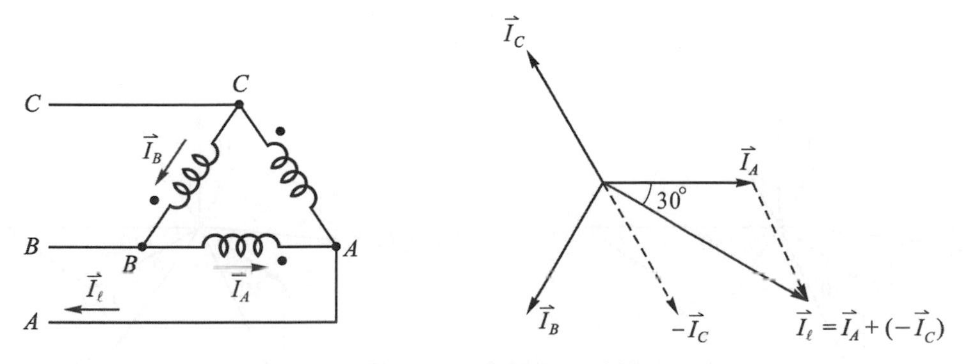

▲ 圖 2-41　線圈的 Δ 接線

變壓器的三相結線有：Y-Y 結線、Δ-Δ 結線、Y-Δ 結線、Δ-Y 結線、V-V 結線、U-V 結線及 T-T 結線。

一、Y-Y 結線

如圖 2-42 所示為初級 Y 接線、次級也 Y 接線的 Y-Y 之結線，其特點為：

1. 線電壓比等於各變壓器的匝數比也等於電流反比

$$\frac{V_1}{V_2}=\frac{\sqrt{3}V_{P1}}{\sqrt{3}V_{P2}}=\frac{N_1}{N_2}=\frac{I_2}{I_1} \tag{2-72}$$

2. 線電壓等於 $\sqrt{3}$ 倍相電壓，$V_\ell=\sqrt{3}V_P$，且線電壓較相電壓越前 30°。
3. 線電流等於相電流，$I_\ell=I_P$。
4. 一、二次之間的線電壓、線電流同相，沒有角變位，位移角 0°。
5. 有中性點可供接地，中性點電位不受負載之不平衡而變動。
6. 因磁滯造成電壓波形畸變，三次諧波為主的諧波流經負載，對通訊線路產生干擾。

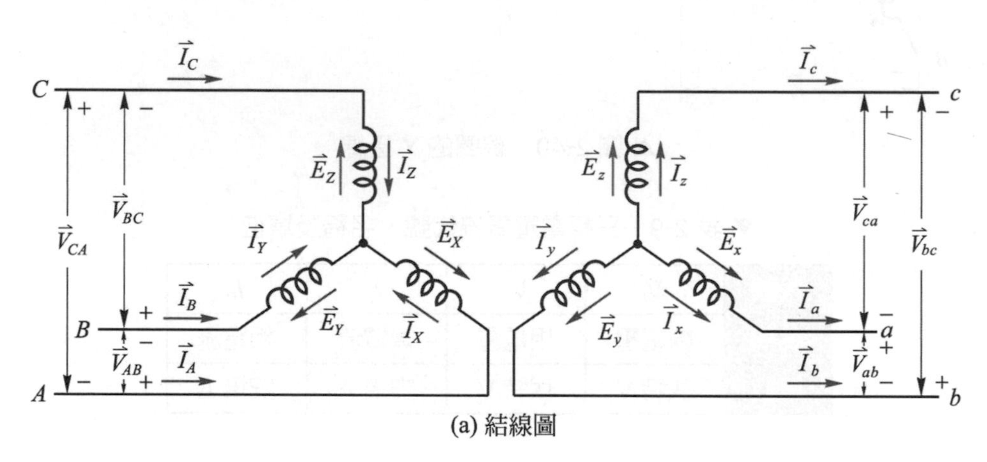

(a) 結線圖

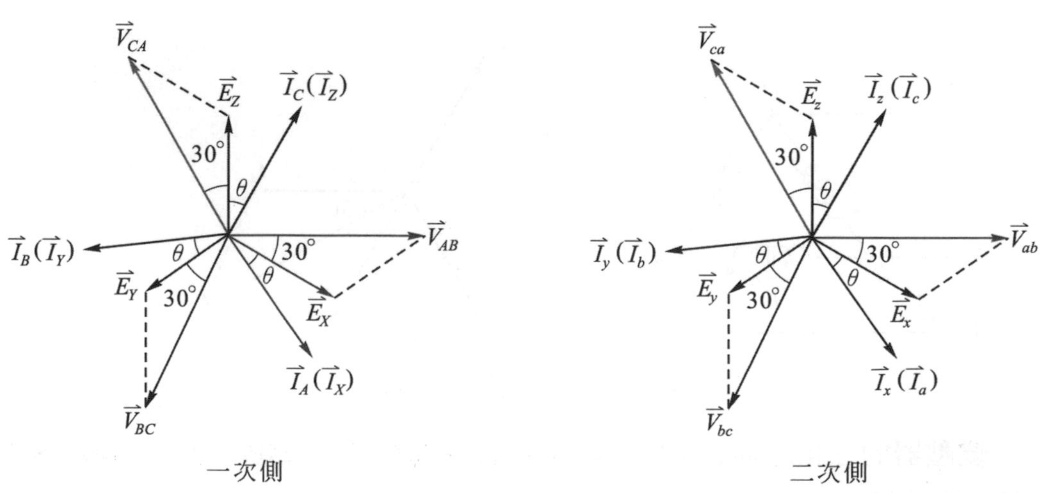

一次側　　二次側

(b)相量圖

▲ 圖 2-42　Y-Y 結線

Y-Y 結線可以使用較低額定電壓之變壓器，承受較高之線電壓，常用於超高壓及一次變電所之變壓器接線。為避免諧波的影響，通常在各變壓器加一組三次繞組作 Δ 接線成為 Y-Y-Δ 結線。因各相以三次諧波為主的高次諧波相位相同，如圖 2-43 所示，Δ 結線使諧波有閉迴路流通諧波電流，諧波不致流入饋線造成通訊干擾，並改善電壓波形。此外 Δ 結線之第三繞組可接入調相機改善功率或對變電所內供電。

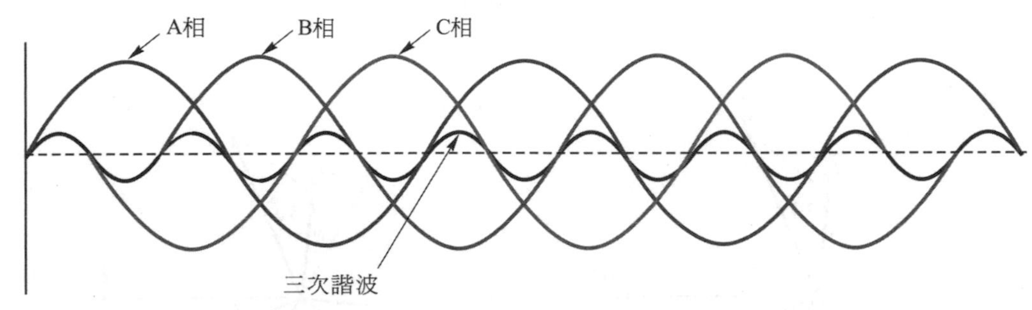

▲ 圖 2-43　三相之各相三次諧波同相位

二、Δ-Δ 結線

圖 2-44 所示為 Δ-Δ 結線，其特點為：

1. 線電壓比等於相電壓比等於各變壓器的匝數比也等於電流反比

$$\frac{V_1}{V_2}=\frac{V_{P1}}{V_{P2}}=\frac{N_1}{N_2}=\frac{I_2}{I_1} \tag{2-73}$$

2. 線電壓等於相電壓，即 $V_\ell = V_P$。
3. 線電流等於 $\sqrt{3}$ 倍相電流，$I_\ell=\sqrt{3}I_P$ ，且線電流較相電流滯後 30°。
4. 一、二次之間的電壓、電流同相，即位移角為 0 度。
5. 諧波可構成迴路，電壓波形不會畸變。
6. 一具故障時可以 V-V 結線供電，但其輸出額定值為原來的 $\frac{\sqrt{3}}{3}$ ，57.7%。Δ-Δ 接線適用於低電壓，大電流的場合。

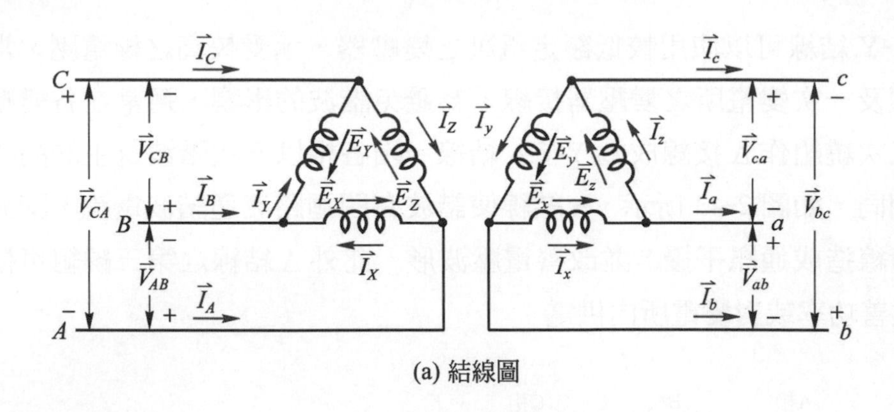

(a) 結線圖

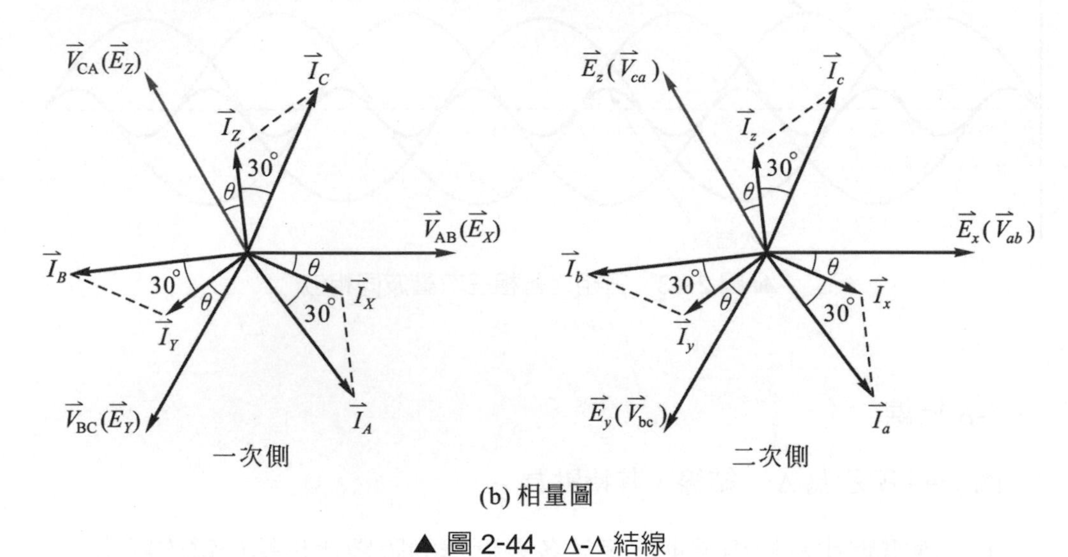

(b) 相量圖

▲ 圖 2-44 Δ-Δ 結線

三、Y-Δ 結線

圖 2-45 所示為初級 Y 接線、次級 Δ 接線的 Y-Δ 結線，其特點為：

1. 線電壓比等於各變壓器匝數比的 $\sqrt{3}$ 倍，即：

$$\frac{V_1}{V_2} = \frac{\sqrt{3}V_{P1}}{V_{P2}} = \frac{\sqrt{3}N_1}{N_2} = \frac{I_2}{I_1} \tag{2-74}$$

2. 一次側之線電壓等於 $\sqrt{3}$ 倍相電壓。

3. 二次側線電流為 $\sqrt{3}$ 倍相電流，二次側線電流為一次側線電流乘以匝數比的 $\sqrt{3}$ 倍。
4. 一、二次之間的線電壓、線電流相差 30° 電工角，一次側超前。
5. 二次側 Δ 連接可供諧波迴路，可避免電壓波形畸變。

Y-Δ 接法可得最大的降壓作用並供應最大的電流，常用於受電端的降壓變壓器，例如配電變壓器及二次變電所用變壓器。

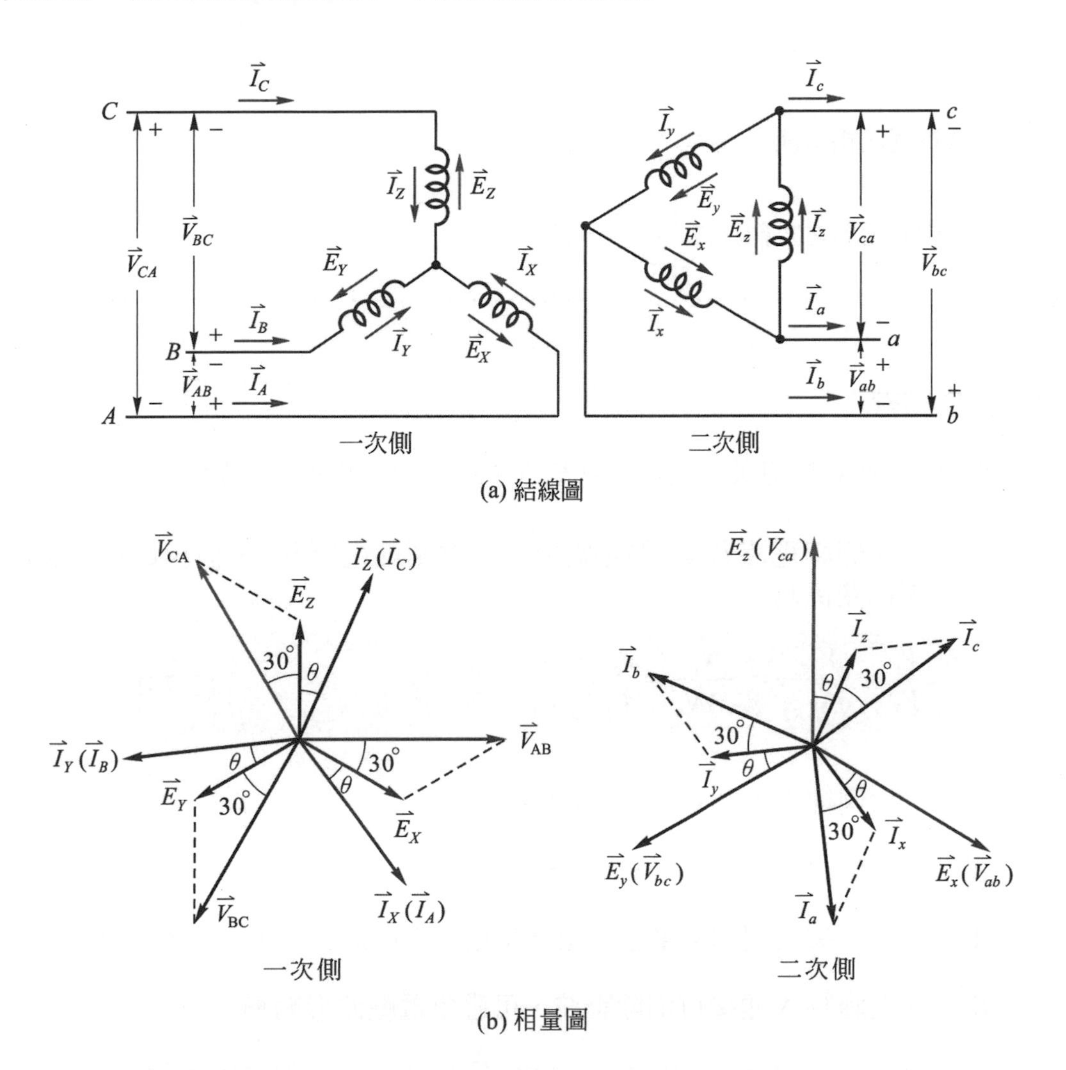

▲ 圖 2-45 Y-Δ 結線

例 2-17

當一次側輸入的線電壓為 11400V，二次側輸出的線電壓 220 V 時，欲以 3 個單相變壓器接成 Y-△三相結線供應 150kVA，試求：(1) 單相變壓器之最低容量；(2) 高壓側之相電壓；(3) 低壓側之相電流；(4) 單相變壓器之匝數比為多少？

解 單相變壓器之最低容量為 $\frac{150\text{kVA}}{3} = 50\text{ kVA}$

高壓側之相電壓 $V_{P1} = \frac{11400}{\sqrt{3}} = 6582\text{ V}$

低壓側之相電流 $I_{P2} = \frac{50\text{kVA}}{220\text{V}} = 227.3\text{ A}$

單相變壓器之匝數比為 $\frac{6582\text{V}}{220\text{V}} = 29.9$

四、Δ-Y 結線

圖 2-46 所示為初級 Δ 接線、次級 Y 接線 Δ-Y 結線，其特點為：

1. 一次側線電流為 $\sqrt{3}$ 倍相電流，二次側線電壓為 $\sqrt{3}$ 倍相電壓。線電壓比關係為：

$$\frac{V_1}{V_2} = \frac{V_{P1}}{\sqrt{3}V_{P2}} = \frac{N_1}{\sqrt{3}N_2} = \frac{I_2}{I_1} \tag{2-75}$$

2. 二次側線電壓為 $\sqrt{3}$ 倍相電壓。
3. 一次側線電流為 $\sqrt{3}$ 倍相電流。
4. 一、二次之間的線電壓、線電流相差 30° 電工角，一次側滯後。
5. 一次側為 Δ 連接可消除諧波，可避免電壓波形畸變。

Δ-Y 接法可由已有之匝數比再升壓 $\sqrt{3}$ 倍的作用，適用於送電端之變壓器，例如發電廠之主變壓器。

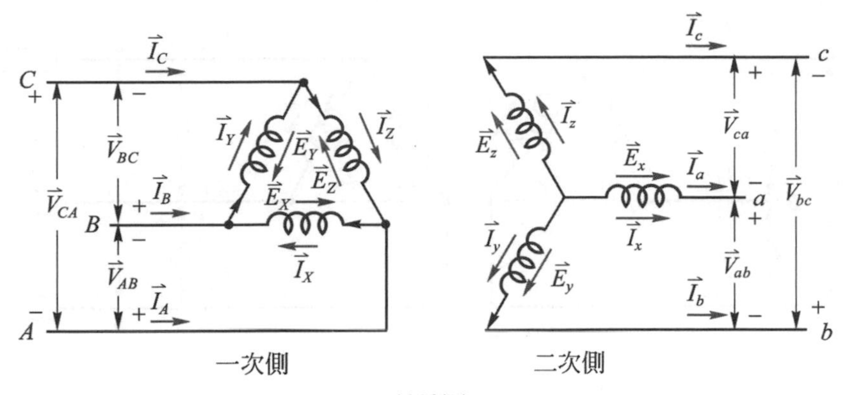

(a) 結線圖

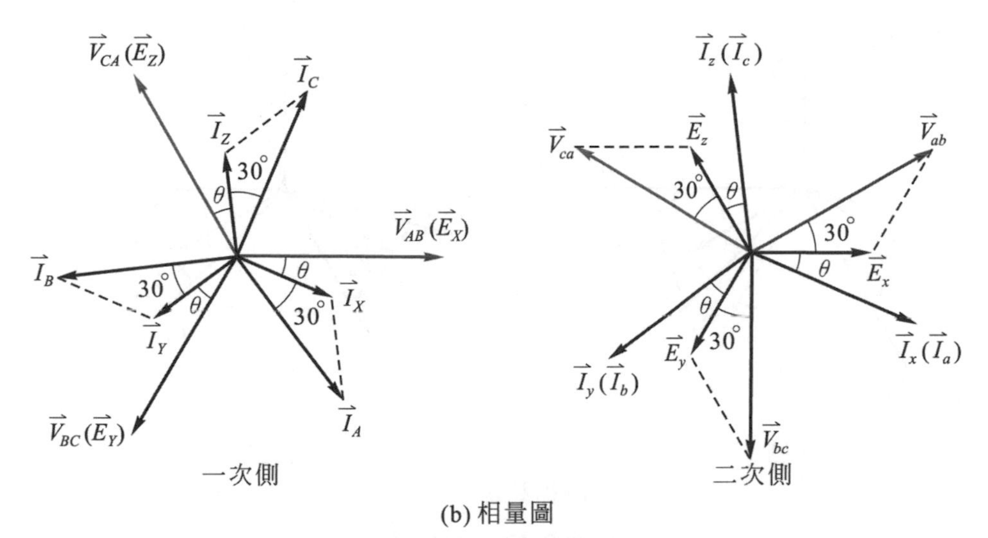

(b) 相量圖

▲ 圖 2-46　Δ-Y 結線

五、V-V 結線

圖 2-47 所示為 V-V 結線，其特點為：

1. 線電壓等於相電壓，線電流等於相電流。
2. 每台變壓器的輸出僅為額定容量的 86.6%，即利用率為：

$$利用率=\frac{輸出容量}{變壓器容量}=\frac{\sqrt{3}V_L I_L}{2V_P I_P}=\frac{\sqrt{3}V_P I_P}{2V_P I_P}=\frac{\sqrt{3}}{2} \qquad (2\text{-}76)$$

3. V-V 接線供電容量為 Δ-Δ 結線的 $\frac{\sqrt{3}}{3}$ 倍，即 0.577 倍。

V-V 接線法只要二台變壓器即可供應三相電力，若欲增加供電容量可再加接一台變壓器，成為 Δ-Δ 結線，使容量增為原來 V-V 結線的 $\sqrt{3}$ 倍。

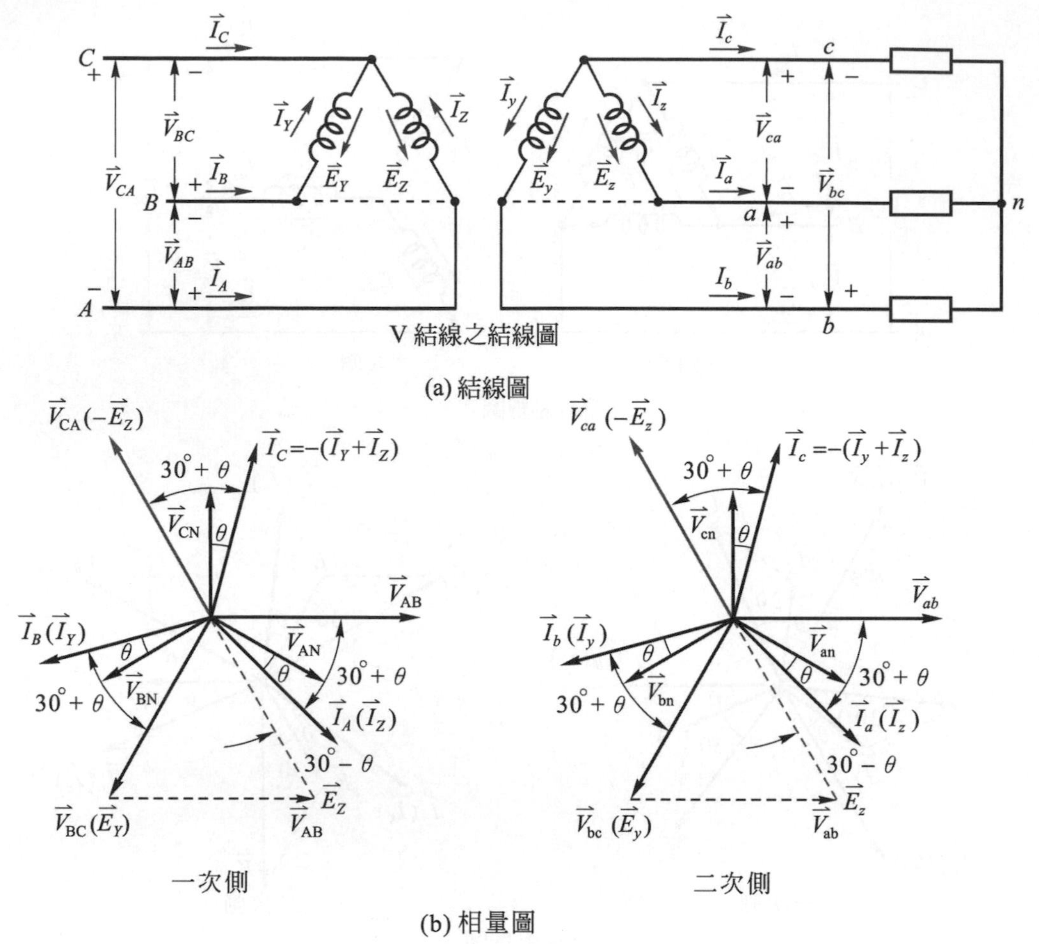

▲ 圖 2-47　V-V 結線

例 2-18

兩具額定容量為 25kVA 單相變壓器，作 V-V 連結接於三相平衡電路，試求 (1) 輸出容量　(2) 若再增加一具同規格之單相變壓器，則容量增加多少？

解 輸出容量 $S_V = 2S\dfrac{\sqrt{3}}{2} = 2\times 25\,\text{k}\times 0.866 = 43.3\,\text{kVA}$

$S_\Delta = 3\times 25\text{k} = 75\text{kVA}$，容量增加 $75\text{kVA} - 43.3\text{kVA} = 31.7\text{kVA}$

六、U-V 結線

圖 2-48 所示為 U-V 結線，其特點為：

1. 一次側僅接二相。
2. 每台僅能供應原額定容量 86.6% 的電力。

這種 U-V **接法係一次側開 Y，二次側開 Δ 的接線，僅適用於三相四線式的配電系統**，以供應小容量的電力，或在 3ϕ4W 的 Y-Δ 結線有一具故障時，繼續供電的特別接法。

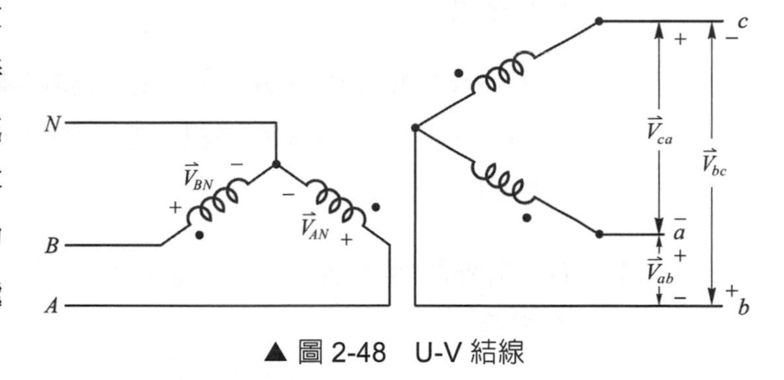

▲ 圖 2-48 U-V 結線

七、T-T 結線 (Scott connection)

圖 2-49 所示為 T-T 結線，其特點為：

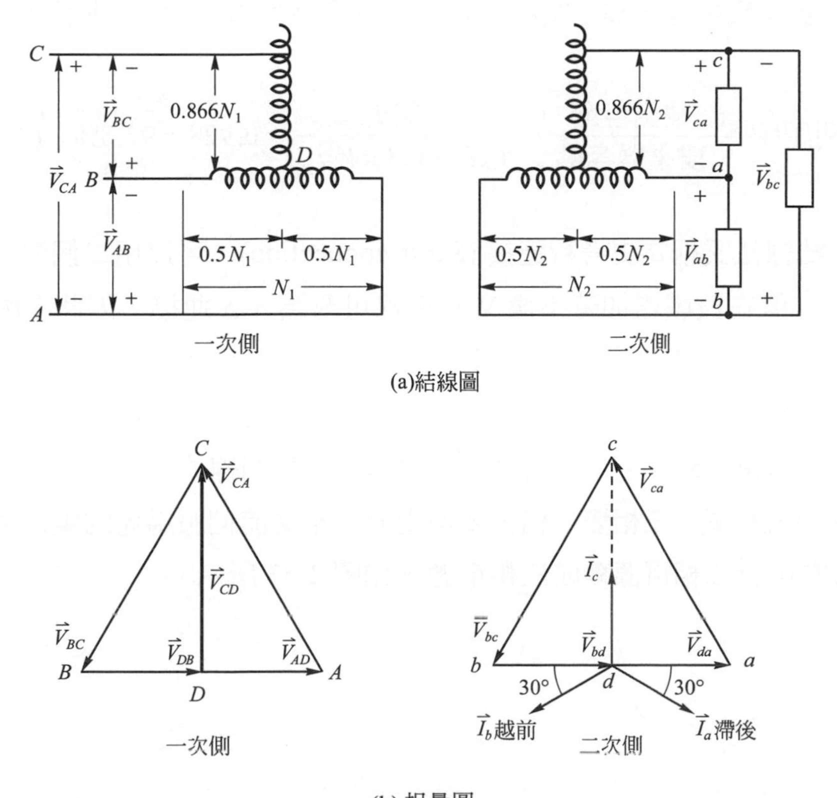

▲ 圖 2-49 T-T 結線

1. 主變壓器一、二次繞組須有中間抽頭，支變壓器一、二次繞組匝數僅須主變壓器的 $\frac{\sqrt{3}}{2}$ 倍。即主變壓器之一、二次繞組應有 50% 電壓中間抽頭，而支變壓器具有額定電壓 $\frac{\sqrt{3}}{2}$ (86.6%) 的分接頭，才能作 T-T 接線。

2. 若主、支變壓器的容量相同，則支變壓器一、二次須有 86.6% 電壓之抽頭，其餘 13.4% 的繞組不接，因此支變壓器僅能應用其額定伏安數的 86.6%。

3. T-T 結線的容量為 $\sqrt{3}V_L I_L = \sqrt{3}V_P I_P$，若二變壓器之額定相同，則利用率為

$$利用率 = \frac{輸出容量}{變壓器容量} = \frac{\sqrt{3}V_L I_L}{2V_P I_P} = \frac{\sqrt{3}V_P I_P}{2V_P I_P} = \frac{\sqrt{3}}{2} \quad (2\text{-}77)$$

若支變壓器之額定電壓與容量為主變壓器的 $\frac{\sqrt{3}}{2}$ 倍，則利用率為：

$$利用率 = \frac{輸出容量}{變壓器容量} = \frac{\sqrt{3}V_P I_P}{V_P I_P + 0.866V_P I_P} = 0.928 = 92.8\% \quad (2\text{-}78)$$

T-T 結線法又稱為史考特連接 (Scott connection)，可以用二個變壓器供應三相電力，但在負載增加時不像 V-V 接線可改為 Δ-Δ 連接，因此在配電系統中較少使用而常用於控制系統。T-T 結線最主要係使用於相數變換的場合。因為主變壓器與支變壓器的磁場互隔 90 度，所以使用 T 結線可將三相變換成二相三線式，如圖 2-50 所示。亦可將三相變換成二相四線式，如圖 2-51 或圖 2-52 所示的四相五線式。三相變二相主要使用於二相交流伺服馬達的電源供應上。T 結線法亦可將二相電源變成三相電源，如圖 2-53 所示。

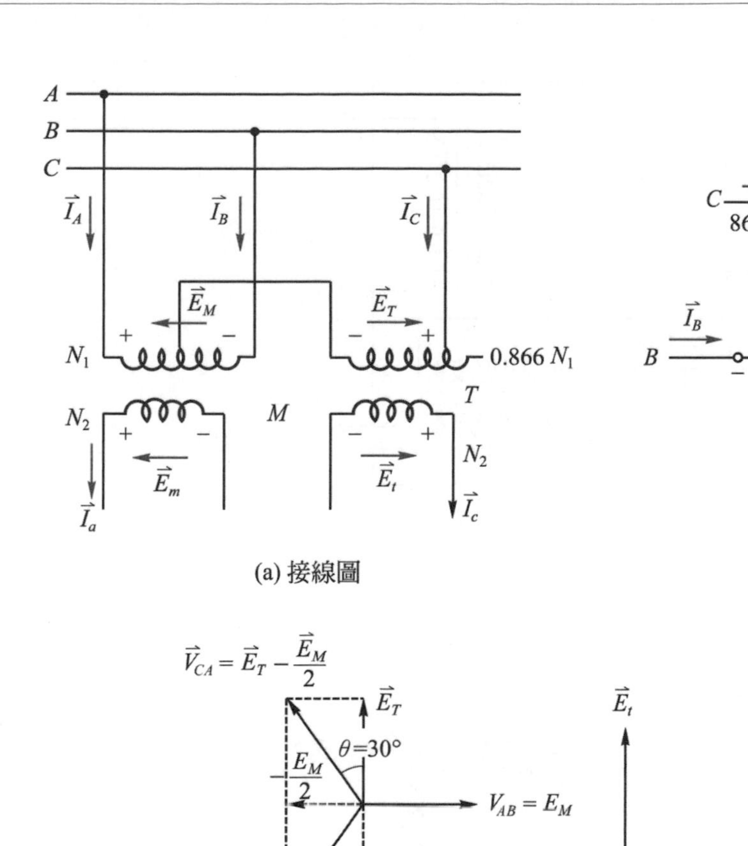

(a) 接線圖

(b) 結線圖

$$\vec{V}_{CA} = \vec{E}_T - \frac{\vec{E}_M}{2}$$

$\vec{E}_T$　θ=30°　$-\frac{\vec{E}_M}{2}$　$V_{AB} = E_M$　$-\vec{E}_T$

$$\vec{V}_{BC} = -\frac{\vec{E}_M}{2} - \vec{E}_T$$

$\vec{E}_t$　$\vec{E}_m$

一次側相量圖　　二次側相量圖

(c)

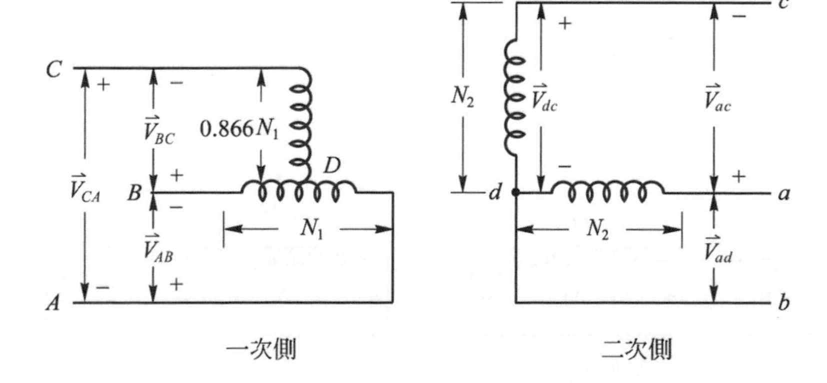

一次側　　二次側

(d) 二相三線式接線圖

▲ 圖 2-50　三相變換成二相之 T 形接線

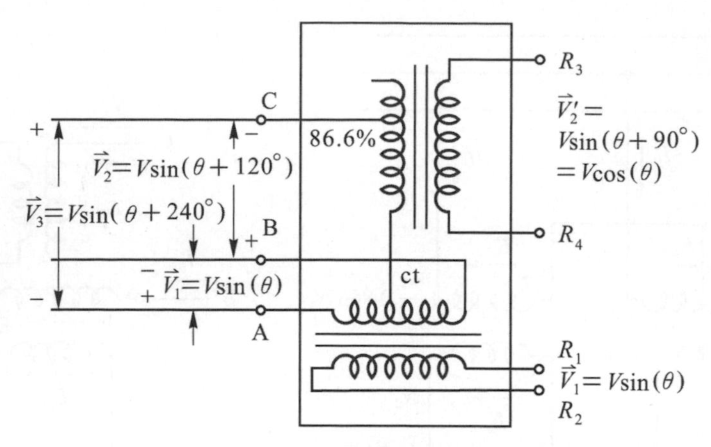

▲ 圖 2-51　三相變換成二相四線式

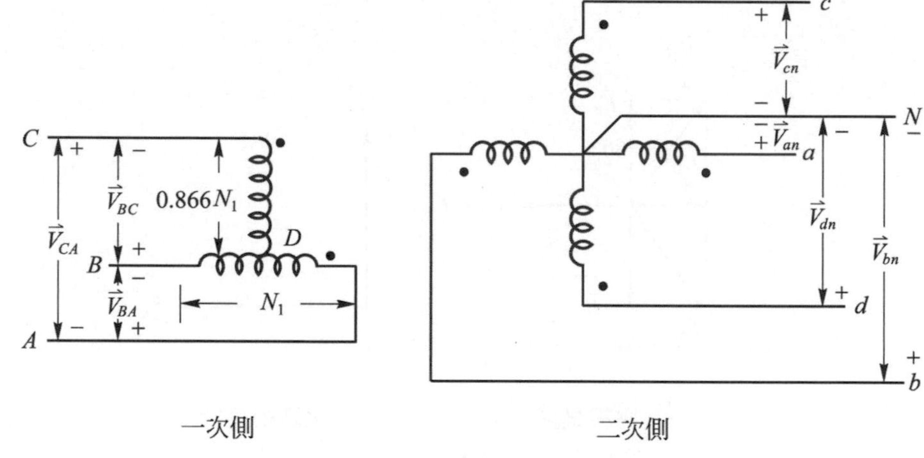

▲ 圖 2-52　三相變換成四相五線式

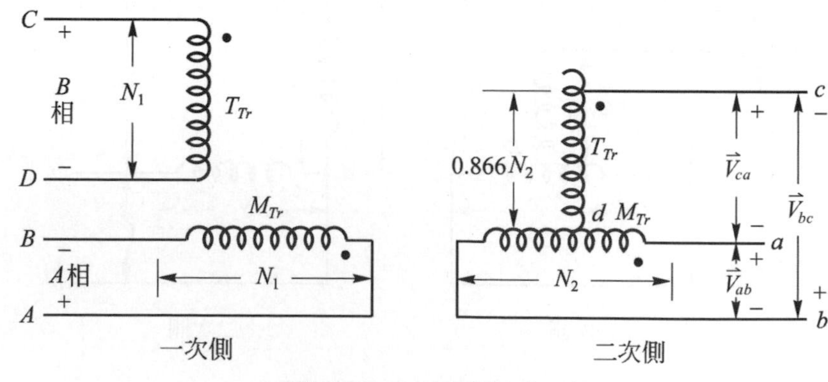

▲ 圖 2-53　二相變換成三相

2-4-4 變壓器的並聯運用

單台變壓器之容量不敷使用時，可並聯多台使用以增加供電容量。並聯的目的在增加電流供應量，但必須注意負載的分配必須與各變壓器的額定容量成正比。

一、單相變壓器的並聯

變壓器作單相並聯使用時之條件爲：

1 **額定電壓須相同**。

2 **匝數比必須相同**。

3 **額定頻率須相同**。

4 **百分阻抗壓降須相同。各變壓器的阻抗須與容量成反比**。

5 **各變壓器之等值電阻與等值電抗之比值須相同**。

符合上述之條件，將變壓器極性相同之端子正確並連，才能在無載時，變壓器之間無內部環流流通；而負載時，各變壓器之負載電流能夠按照容量比例分配，並且為同相位，總輸出容量為各變壓器容量之代數和。若變壓器之等值電阻與等值電抗之比值不同，則各變壓器之負載電流不同相，總輸出容量小於各變壓器容量之代數和。

若將激磁電流忽略不計，變壓器並聯運用時之等效電路，如圖 2-54 所示。由電流分配率可知，並聯時各變壓器之電流值依其內部阻抗成反比例分配，亦即各變壓器之電流值依百分阻抗成反比分配。

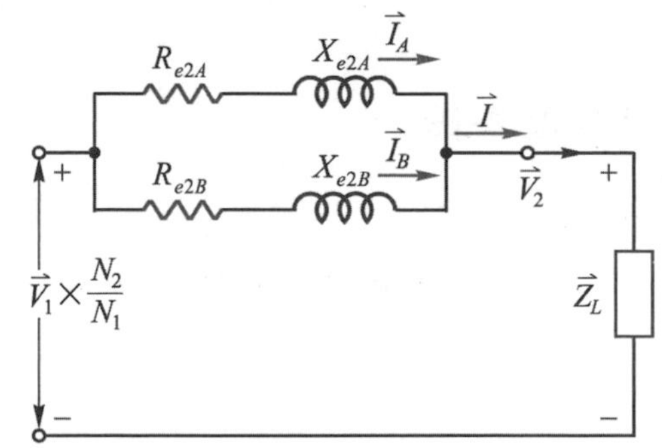

▲ 圖 2-54 變壓器並聯運用之等效電路

有 A、B 兩變壓器並聯運用，設其以同一容量 (A、B 兩變壓器之容量任擇其一) 作基準之百分阻抗分別為 $\%Z_A$ 及 $\%Z_B$，總負載電流為 I，則 A、B 兩變壓器之負載電流分配為

$$I_A = \frac{\%Z_B}{\%Z_A + \%Z_B} \times I \tag{2-79}$$

$$I_B = \frac{\%Z_A}{\%Z_A + \%Z_B} \times I \qquad (2\text{-}80)$$

若並聯運用之變壓器容量不相等時，其百分阻抗必須換算為同一容量之基準值來計算電流分配量，如範例 2-19 所示。

例 2-19

容量為 20 MVA，百分阻抗為 4% 之變壓器，與容量 10 MVA，百分阻抗為 8% 之變壓器實施並聯運轉，以供應 25 MVA 之負載，試求兩變壓器之負載分配？

解 以 20 MVA 作基準，將百分阻抗換算為 20 MVA 作基準之百分阻抗

$\%Z_A = 4\%$，$\%Z_B = 8\% \times \dfrac{20\text{ M}}{10\text{ M}} = 16\%$

負載電流分配為 $I_A = \dfrac{\%Z_B}{\%Z_A + \%Z_B} \times I = \dfrac{16}{4+16} \times I = 0.8\,I$

$$I_B = \frac{\%Z_A}{\%Z_A + \%Z_B} \times I = \frac{4}{4+16} \times I = 0.2\,I$$

負載分配為 $S_A = 25\text{ M} \times 0.8 = 20\text{ MVA}$

$S_B = 25\text{ M} \times 0.2 = 5\text{ MVA}$

類題 2-19

容量為 100kVA，百分阻抗為 4%之變壓器，與容量 50kVA，百分阻抗為 3% 之變壓器實施並聯運轉，以供應 120kVA 之負載，試求兩變壓器之負載分配？

二、三相變壓器的並聯運轉

三相變壓器或三相連接之單相變壓器組作三相之並聯運用時，除應具有並聯單相變壓器之條件外，還須具備下列三個條件：

1. 線電壓比須相同。
2. 相序須相同。

3. 位移角須相同，亦即二次線電壓的相角須一致。

由於變壓器不同的三相接線一二次間的電壓相位有很多變化，大致可分為沒有相角差的Y-Y及Δ-Δ接線和有30°相角差的Y-Δ及Δ-Y接線兩大類。因此可並聯的組別有：

$\begin{cases}\text{Y-Y}\\\text{Y-Y}\end{cases}$ $\begin{cases}\text{Y-}\Delta\\\text{Y-}\Delta\end{cases}$ $\begin{cases}\Delta\text{-}\Delta\\\Delta\text{-}\Delta\end{cases}$ $\begin{cases}\Delta\text{-Y}\\\Delta\text{-Y}\end{cases}$ $\begin{cases}\text{Y-Y}\\\Delta\text{-}\Delta\end{cases}$ $\begin{cases}\text{Y-}\Delta\\\Delta\text{-Y}\end{cases}$

不可並聯的組別有：

$\begin{cases}\text{Y-Y}\\\text{Y-}\Delta\end{cases}$ $\begin{cases}\text{Y-Y}\\\Delta\text{-Y}\end{cases}$ $\begin{cases}\Delta\text{-}\Delta\\\Delta\text{-Y}\end{cases}$ $\begin{cases}\Delta\text{-}\Delta\\\text{Y-}\Delta\end{cases}$

問題與討論

1. 試述變壓器極性試驗的方法。
2. 變壓器並聯的條件為何？

2-5 特殊變壓器

2-5-1 自耦變壓器 (auto transformer)

一般變壓器之一、二次繞組之間須作充分絕緣，初、次級電路完全隔離。而自耦變壓器之一、二次繞組相連接，部分繞組由一、二次共用，其線路圖如圖 2-55 所示。

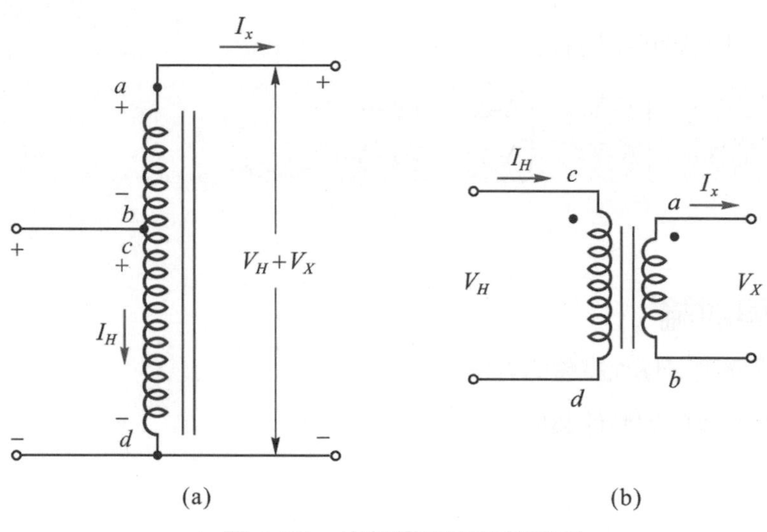

▲ 圖 2-55 自耦變壓器的線路圖

圖 2-55 中若自 cd 加入電源，則 ad 間之輸出電壓較電源側高，為升壓自耦變壓器；若自 ad 間加電源，則 cd 間之輸出電壓較電源電壓低，為降壓變壓器。若將 ab 間繞組視為傳統雙繞組變壓器之低壓側，$V_{ab}=V_X$；cd 間繞組視為高壓側，$V_{cd}=V_H$，則作為普通雙繞組變壓器時之額定容量為 $S=V_H\times I_H=V_X\times I_X$，匝數比、電壓比、電流比為：

$$\frac{N_{cd}}{N_{ab}}=\frac{V_H}{V_X}=a=\frac{I_X}{I_H} \tag{2-81}$$

此雙繞組變壓器接成自耦變壓器而作為降壓變壓器時，其輸出容量為：

$$\begin{aligned}S_A&=V_O\times I_O=V_H\times(I_H+I_X)\\&=V_H\times(I_H+aI_H)=V_H\times I_H+aV_H\times I_H=(1+a)S\end{aligned} \tag{2-82}$$

作為升壓變壓器時輸出容量為：

$$S_A = V_O \times I_O = (V_H + V_X) \times I_X$$
$$= (aV_X + V_X) \times I_X = V_X \times I_X + aV_X \times I_X = (1 + a)S \quad (2\text{-}83)$$

同樣之繞組及鐵芯，若作為自耦變壓器，輸出容量可增加為普通雙繞組變壓器的 $(1 + a)$ 倍。S 為原傳統雙繞組變壓器之額定容量，又稱為自耦變壓器之固有容量或電磁容量。**自耦變壓器**的容量**除了電磁轉換之固有容量 S 外，還有直接傳導之容量 aS，因此體積小而容量大**，可用較小的固有容量作較大容量的輸出。與輸出容量同樣大小的雙繞組變壓器比較，自耦變壓器有下列優點：

1. 節省銅量及鐵芯，用材料較少、重量輕及尺寸小，便於製造和安裝。
2. 損失較小、效率高。
3. 部分繞組為電源與負載共用，漏磁較少、漏磁電抗較小、電壓調整率佳。

但是自耦變壓器之漏磁電抗小，萬一短路，電流極大。高低壓無隔離，不宜使用於輸出與輸入有高電壓差的場所以免危險。自耦變壓器的高低壓繞組相串聯，所以兩繞組均須高度絕緣處理，絕緣材料使用較多。普通變壓器若低壓側的絕緣適合，可以改變接線作為自耦變壓器。**自耦變壓器的輸出容量爲普通雙繞組變壓器的 $(1 + a)$ 倍，a 爲初次級共用電壓與初級或次級單獨使用電壓之比值**，即：

$$a = \frac{\text{初次級共用電壓}}{\text{初或次級單獨使用電壓}} \quad (2\text{-}84)$$

自耦變壓器的初次級電壓比愈低，即升降壓不多，則初次級共用電壓值相對愈大，初或次級單獨使用電壓愈小，a 值愈大；同樣輸出所須之固有容量愈小，材料節省愈多，自耦變壓器的優點愈顯著。自耦變壓器的初次級電壓比，常用的範圍在 1.05：1 至 1.25：1 之間。若自耦變壓器的初次級電壓比(差)愈大，初次級共用電壓值相對愈小，初或次級單獨使用電壓愈大，a 值愈小，其優點愈不顯著，如例 2-20 第 (4) 題所示。若初次級電壓比過大，升降壓太多，節省銅量及鐵芯材料不多而絕緣材料使用較多，還不如直接採用普通雙繞組變壓器較為經濟安全。

自耦變壓器適用於電壓變幅小而需要大電流的場合。例如作為補償線路壓降的電壓調壓器、降低感應馬達起動時之電壓以限制起動電流的起動補償器。常作為小型調壓器的自耦變壓器如圖 2-56 所示，經由電刷與繞組滑動接觸，可以很方便地供應不同的交流電壓。在實驗室中，自耦變壓器常作為可變交流電源供應器，可以很方便地改變交流電壓。

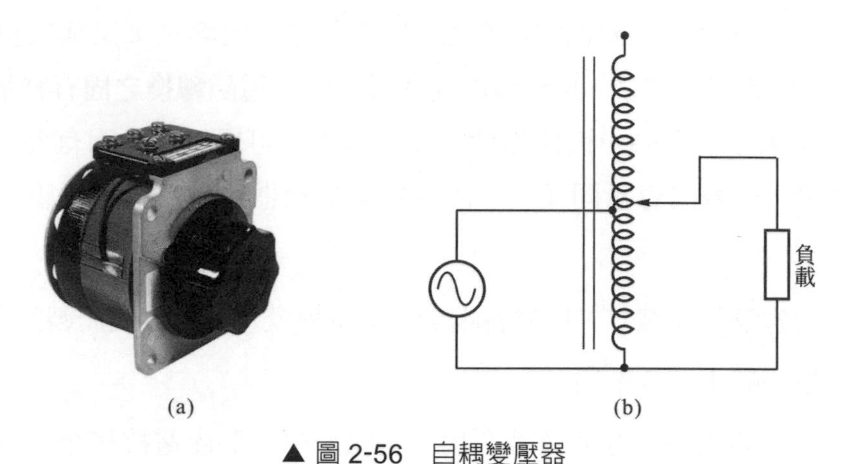

▲ 圖 2-56　自耦變壓器

例 2-20

一個 20 kVA，2000/200 V 配電用變壓器，若作為自耦變壓器使電壓由 2000 V 提升為 2200 V，在主副線圈都不超過其定額電流之情形下：(1) 其輸出容量為多少？(2) 傳導功率為多少？(3) 運轉功率為多少？(4) 若使電壓由 200 V 提升為 2200 V 則輸出容量為多少？(5) 以同容量 2000/1000 V 之變壓器供給 3000 V 之電壓，則輸出容量為多少？

解 $I_H = \dfrac{20\text{ kVA}}{2000} = 10\text{ A}$；$I_X = \dfrac{20\text{ kVA}}{200} = 100\text{ A}$

(1) $S_A = V_O \times I_O = (V_H + V_X) \times I_X = (2000 + 200) \times 100 = 220\text{ kVA}$

或　$S_A = (1 + a)S = (1 + \dfrac{2000}{200}) \times 20\text{ kVA} = 220\text{ kVA}$

(2) 傳導功率 $aS = 10 \times 20\text{ kVA} = 200\text{ kVA}$

(3) 運轉功率 $S = 2000 \times 10 = 20000\text{ VA} = 20\text{ kVA}$

(4) $S_A = (1 + a)S = (1 + \dfrac{200}{2000}) \times 20\text{ kVA} = 22\text{ kVA}$

(5) $S_A = V_O \times I_O = (V_H + V_X) \times I_X = (1 + a)S = (1 + \dfrac{2000}{1000}) \times 20\text{ kVA} = 60\text{ kVA}$

❯類題 2-20

有一匝數比為 1.25：1 的自耦變壓器，若次級線圈輸出功率為 10 kVA，則直接傳導容量為多少？

2-5-2 比壓器

一般電儀表之耐壓及最大電流有其限制，以電儀表直接測量高電壓大電流困難而且危險。高壓產生之靜電作用也會干擾儀表而造成誤差。儀表用互感器利用變壓器的原理，將交流高壓或大電流隔離，並且以準確的變比關係，轉換為一般儀表能夠方便量度的電壓和電流，擴大交流儀表的測量範圍，並使高壓電力系統與測試儀表之間充分隔離，操作較為安全。經由儀表用互感器提供高壓，電流信號，不須使用特殊規格之電儀表及保護電驛即可作高電壓、大電流的量測及控制。

比壓器 (potential transformer) 簡稱 PT，其原理及構造與普通變壓器相同，但是除了電壓變換比必須準確之外，一、二次電壓之相位必須無相角差，如此才不致造成瓦特表、瓦時表及功因表的量測誤差。PT 的繞組必須使用低電阻之導線以減少電壓降，通常將一次之匝數退 (少) 繞約 1% 以校正阻抗壓降。PT 的鐵芯採用導磁係數極大、磁滯極小的材料，以儘量減少激磁電流及漏磁阻抗。**比壓器的二次側額定電壓爲 110V**，其額定容量又稱為負擔 (VA) 有 15 VA、50 VA、100 VA、200 VA、300 VA 及 500 VA 等數種。由於比壓器係將高壓降為 110V，其一、二次之匝數比極大而且二次阻抗小，二次萬一短路將產生很大之短路電流及電弧。因此**比壓器的一次側必須裝保險絲**保護，二次側應保持高阻抗狀態。比壓器如同供應 110 VAC 的電力變壓器，二次側僅能接高阻抗的儀表如伏特表或瓦特表、瓦時表、功因表的電壓線圈；**不接儀表或保護電驛時，PT 二次側必須開路**。

PT 使用時，一次繞組並聯接於欲測之電壓，二次繞組與伏特表、瓦特表、功因表或保護電驛並聯，如圖 2-57 所示；並接儀表電驛越多，負擔 (VA) 越大。使用 PT 時必須注意下列事項：

1. 高壓側必須裝保險絲。
2. 二次側必須有良好的接地，以避免靜電干擾。
3. 二次側不可短路。
4. 二次側採用 2.0 mm² 紅色配線。

PT 使用於三相電力系統的接線，如圖 2-58 所示，三相三線系統僅使用兩個比壓器採 V-V 結線。

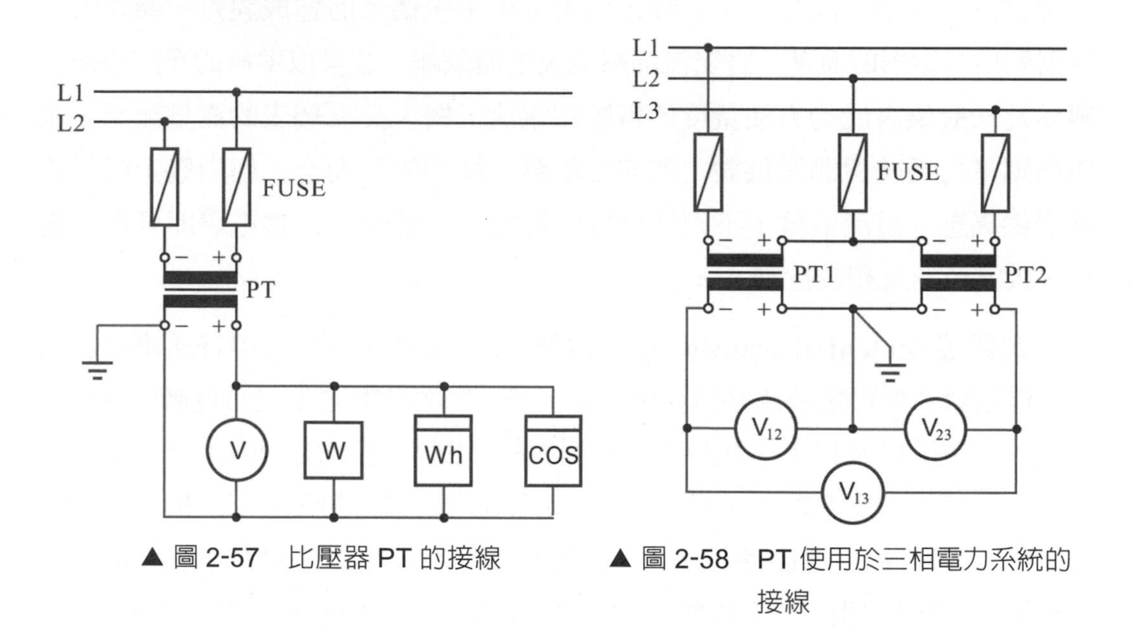

▲ 圖 2-57　比壓器 PT 的接線

▲ 圖 2-58　PT 使用於三相電力系統的接線

2-5-3　比流器

比流器 (current transformer) 簡稱 CT；比流器主要的功能係將交流的大電流轉換成安全的小電流，提供給量測儀器或保護電驛裝置。為了使變流比準確，比流器採用極優良之鐵芯材料，儘量減少激磁電流，加大鐵芯面積使磁滯及磁飽和的影響減少，並將二次繞組退繞約 1%，使變流比略大於匝數比以補償激磁電流所造成之誤差。

CT 一次繞組之型式有繞線型、棒型及貫穿型如圖 2-59 所示。貫穿型的一次側導體數 (匝數) 可隨實際需要的變流比而更改，新的額定電流與新匝數乘積等於舊額定電流乘以舊匝數的安匝數 At，即：

$$N \times I = N' \times I' \qquad (2\text{-}85)$$

例如原貫穿 1 匝一次額定為 100 A 之比流器，欲改一次額定電流為 50 A 時，須貫穿 2 匝；欲改為一次電流為 25 A 時，須貫穿 4 匝。貫穿型比流器改變匝數後所接電流表的讀值須改變倍率。

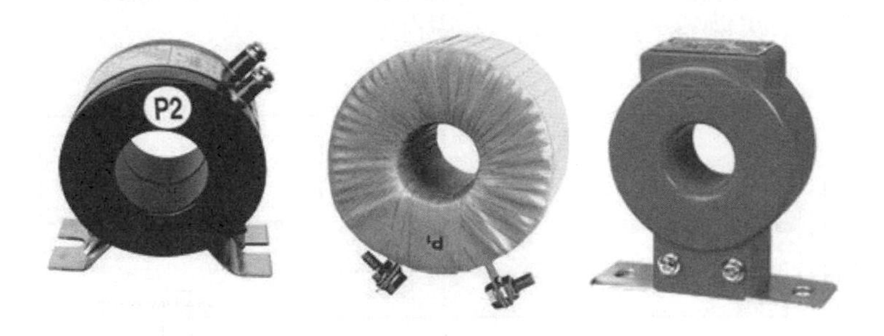

▲ 圖 2-59　貫穿型比流器

例 2-21

比流器規格為 100/5 A，貫穿 1 匝，而電流表規格 50/5 A，(1) 若要配合使用，比流器貫穿幾匝？ (2) 量測二次側電流為 4 A，則一次側電流為多少 A ？

(1) $100\text{A} \times 1$ 匝 $= 50 \times \text{N}$ 匝，$\text{N} = 2$，應貫穿 2 匝

(2) 量測二次側電流為 4 A，一次側電流為 $4\text{ A} \times \dfrac{50}{5} = 40\text{ A}$

若比流器二次側開路，則一次側之負載電流將全部成為激磁電流，造成比流器本身磁通飽和、鐵損遽增，發熱而燒毀。而且因 CT 之一次側僅數匝而二次側匝數極多，CT 二次側產生高電壓，造成人員感電或器具絕緣損壞。比流器之二次側必須保持在低阻抗狀態，**不接儀表或保護電驛時，CT 二次側必須短路**。使用中欲更換比流器所連接之儀表時，須先將比流器二次側短路，再行更換，更換完成再解除短路。

比流器端子極性符號一次側標示符號 K、L；二次側標示符號 k、l。**比流器二次側的額定電流均爲 5 安培**；使用時一次繞組與欲測量之大電流串聯，二次側串聯接安培表或功率表、瓦時表、功率因數表、過載保護電驛等的電流線圈，如圖 2-60 所示；串接儀表電驛越多，負擔 (VA) 越大。在平衡三相三線電路使用比流器 (CT) 配合電流表測量三相電流時，通常僅使用 2 只比流器，接線如圖 2-61(a) 所示，S 相電流由 R、T 兩相合成，因此比流器端子極性不可接錯；接錯時 S 相電流指示值增為 $\sqrt{3}$ 倍。三相四線時使用 3 只比流器，接線如圖 2-61(b) 所示。

使用 CT 時必須注意下列事項：(1)CT 二次側必須接地；(2)CT 二次側絕不可開路；(3) 二次側採用 2.0 mm^2 黑色配線。

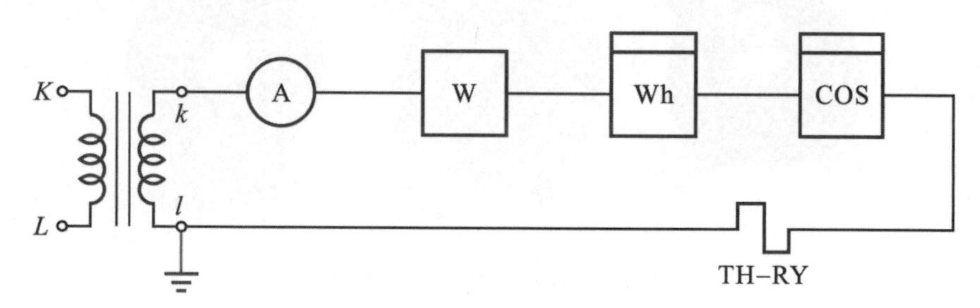

▲ 圖 2-60　比流器 CT 的接線

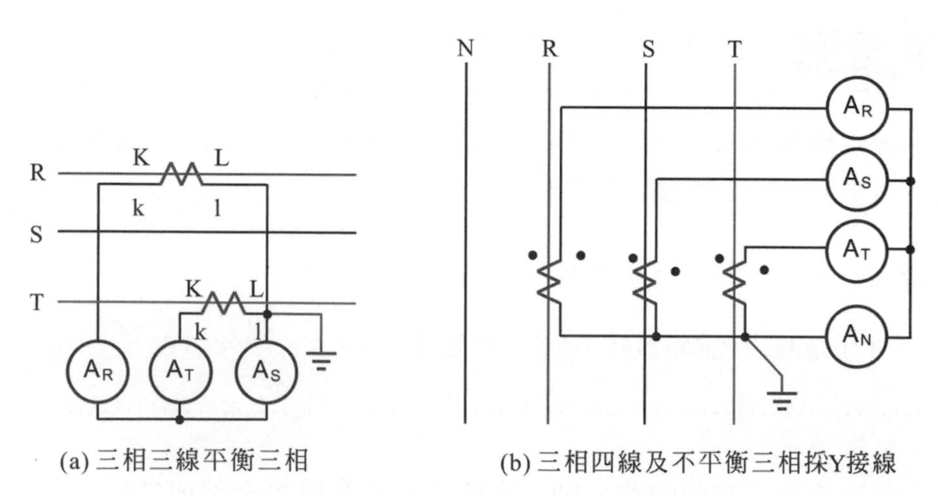

▲ 圖 2-61　比流器 CT 使用於三相電力系統的接線

問題與討論

1. 試述自耦變壓器之特徵。
2. 試說明比流器及比壓器在裝設時應注意哪些事項？

1. 交流感應電勢的大小，與線圈匝數、頻率及磁通最大值的乘積成正比：

   $E_{ef}=4.44Nf\phi_m$

2. 變壓器是一種變換電壓、電流及電抗，將電能轉移之電工機械。其原理係利用磁通量之變化，由電磁感應作用，將電壓、電流及電抗改變為所需要之值。

3. 理想變壓器一、二次的電壓、電流及阻抗關係 (理想變壓器公式)：

   $$\frac{E_1}{E_2}=\frac{V_1}{V_2}=\frac{N_1}{N_2}=\frac{I_2}{I_1}=\sqrt{\frac{Z_1}{Z_2}}$$

4. 在理想的情況下，變壓器一、二次間的電壓比等於感應電勢的比也等於匝數比；一次電流與二次電流的比與線圈匝數比成反比，初級與次級間的阻抗比等於匝數的平方比。

5. 理想變壓器的端電壓 V、感應電勢 E 及磁通 ϕ 之相位關係為：磁通 ϕ 滯後電源電壓 90° 電機度，感應電勢滯後磁通 90° 電機度，感應電勢的相位與電源電壓相差 180° 電機度。

6. 變壓器的無載電流 I_o 為磁化電流 I_m 與鐵損電流 I_e 的相量和。

7. 變壓器鐵芯的等效電路為一電阻與電抗並聯的電路。

8. 實際的變壓器線圈有內部電阻以及漏抗，變壓器的漏磁會增加電抗，影響電壓調整率，限制短路電流。

9. 變壓器的等效電路可以方便分析，換算至一次側時，變壓器二次電壓乘以 $\left(\frac{N_1}{N_2}\right)$，二次電流除以 $\left(\frac{N_1}{N_2}\right)$，二次的阻抗分別乘以 $\left(\frac{N_1}{N_2}\right)^2$，即：

   $$V_1=V_2'=\left(\frac{N_1}{N_2}\right)V_2=aV_2$$

   $$I_1=I_2'=\left(\frac{N_2}{N_1}\right)I_2=\frac{I_2}{a}$$

   $$Z_1=Z_2'\left(=\frac{N_1}{N_2}\right)^2Z_2=a^2Z_2$$

10. 變壓器一次換算至二次側時，電壓乘以$\left(\frac{N_2}{N_1}\right)$，一次電流乘以$\left(\frac{N_1}{N_2}\right)$，一次的阻抗分別乘以$\left(\frac{N_1}{N_2}\right)^2$，即：

$$V_2 = V_1' = \left(\frac{N_2}{N_1}\right)V_1 = \frac{V_1}{a}$$

$$I_2 = I_1' = \left(\frac{N_1}{N_2}\right)I_1 = aI_1$$

$$Z_2 = Z_1' = \left(\frac{N_2}{N_1}\right)^2 Z_1 = \frac{Z_1}{a^2}$$

11. 忽略鐵芯簡化變壓器之一次側等效電路，為電壓源 V_1 與內阻抗 $(R_{e1} + X_{e1})$ 串聯的戴維寧等效電路。

變壓器一次側的等值電阻：

$$R_{e1} = R_1 + \left(\frac{N_1}{N_2}\right)^2 \times R_2 = R_1 + a^2 R_2$$

變壓器一次側的等值電抗為：

$$X_{e1} = X_1 + \left(\frac{N_1}{N_2}\right)^2 \times X_2 = X_1 + a^2 X_2$$

12. 忽略鐵芯部分簡化變壓器之二次側等效電路，為電壓源 V_2 與內阻抗 $(R_{e2} + X_{e2})$ 串聯的戴維寧等效電路。

二次側的等值電阻為：

$$R_{e2} = \left(\frac{N_2}{N_1}\right)^2 \times R_1 + R_2 = \frac{1}{a^2} \times R_1 + R_2$$

二次側的等值電抗為：

$$X_{e2} = \left(\frac{N_2}{N_1}\right)^2 \times X_1 + X_2 = \frac{1}{a^2} \times X_1 + X_2$$

13. 開路試驗可測變壓器的鐵損及推算鐵芯等效電路。
14. 開路試驗須將高壓側開路，低壓側加額定電壓。
15. 由開路試驗可以得知鐵芯材質與組立的好壞；瓦特表與安培表的讀值愈小，表示鐵芯材料導磁係數高，組立較為緊密磁阻小，鐵芯的耗損愈小。
16. 經由下列式子計算可獲得變壓器之鐵芯等效電路的相關數據：

激磁導納 $Y_o = \dfrac{I_o}{V_o} = \dfrac{\text{安培表讀值}}{\text{伏特表讀值}}$

激磁電導 $G_o = \dfrac{P_o}{V_o^2} = \dfrac{\text{瓦特表讀值}}{\text{伏特表讀值的平方}}$

激磁電納 $B_o = \sqrt{Y_o^2 - G_o^2}$

鐵損電流 $I_e = \dfrac{P_o}{V_o} = I_o \cos\theta$

磁化電流 $I_m = \sqrt{I_o^2 - I_e^2}$

無載功率因數 $\cos\theta = \dfrac{P_o}{V_o \times I_o}$

17. 銅損的大小與負載電流平方成正比，隨負載而變，所以銅損又稱為變動損。
18. 變壓器的短路試驗，可測得銅損及推算繞組之等效電路。
19. 短路試驗是將低壓側短路，高壓側輸入額定電流，所加電壓即為阻抗壓降，消耗功率為滿載銅損。
20. 經由下列式子計算可獲得變壓器忽略鐵芯之等效電路的相關數據：

一次側之等值電阻 $R_{e1} = \dfrac{P_s}{I_1^2} = \dfrac{\text{瓦特表讀值}}{\text{電流表讀值的平方}}$

一次側之等值阻抗 $Z_{e1} = \dfrac{V_s}{I_1} = \dfrac{\text{電壓表讀值}}{\text{電流表讀值}}$

一次側之等值電抗 $X_{e1} = \sqrt{Z_{e1}^2 - R_{e1}^2}$

21. 阻抗標么值 $Z_{PU}=\dfrac{\text{實際阻抗值}}{\text{阻抗基準值}}=\dfrac{Z_e}{\dfrac{V_r}{I_r}}=\dfrac{Z_e}{\dfrac{V_r^2}{S_r}}$

22. 電阻標么值 $R_{PU}=\dfrac{\text{實際電阻值}}{\text{阻抗基準值}}=\dfrac{R_e}{\dfrac{V_r}{I_r}}=\dfrac{R_e}{\dfrac{V_r^2}{S_r}}$

23. 電抗標么值 $X_{PU}=\dfrac{\text{實際電抗值}}{\text{阻抗基準值}}=\dfrac{X_e}{\dfrac{V_r}{I_r}}=\dfrac{X_e}{\dfrac{V_r^2}{S_r}}$

24. 標么值於基準值改變時，應予修正如下：

$$X_{PU\,新}{}'=X_{PU\,舊}\times\frac{S_{新}}{S_{舊}}\times\left(\frac{V_{舊}}{V_{新}}\right)^2$$

25. 百分阻抗不必顧慮阻抗數據是一次側或二次側，在應用上較為方便；因此變壓器的阻抗，通常以百分值表示。

26. 百分阻抗： $z\equiv\%Z=\dfrac{Z_{e1}}{\dfrac{V_{r1}}{I_{r1}}}\times 100\%=\dfrac{I_{r1}\times Z_{e1}}{V_{r1}}\times 100\%$

$$=\frac{Z_{e2}}{\dfrac{V_{r2}}{I_{r2}}}\times 100\%=\frac{I_{r2}\times Z_{e2}}{V_{r2}}\times 100\%$$

$$=\frac{Z_{e1}}{\dfrac{V_{r1}^2}{S}}\times 100\%=\frac{Z_{e2}}{\dfrac{V_{r2}^2}{S}}\times 100\%$$

27. 短路試驗流過額定電流時電壓表之顯示值 V_S 除以該變壓器高壓側額定電壓 V_{r1} 所得的百分率，即百分阻抗。

$$z=\frac{V_s}{V_{r1}}\times 100\%=\frac{I_{r1}\times Z_{e1}}{V_{r1}}\times 100\%$$

28. 百分阻抗值為變壓器阻抗壓降的百分率，亦為電壓調整率的最大值。

29. 當變壓器在額定電壓下短路時，穩態短路電流為額定電流除以百分阻抗的 100 倍。

一次側的穩態短路電流 $I_{s1}=\frac{V_{r1}}{Z_{e1}}=\frac{V_{r1}\times I_{r1}}{Z_{e1}\times I_{r1}}=100\times\frac{I_{r1}}{\%Z}$

二次側的穩態短路電流 $I_{s2}=\frac{V_{r2}}{Z_{e2}}=\frac{V_{r2}\times I_{r2}}{Z_{e2}\times I_{r2}}=100\times\frac{I_{r2}}{\%Z}$

30. 百分電阻： $p\equiv\%R=\frac{R_{e1}}{\frac{V_{r1}}{I_{r1}}}\times100\%=\frac{I_{r1}\times R_{e1}}{V_{r1}}\times100\%$

$$=\frac{R_{e2}}{\frac{V_{r2}}{I_{r2}}}\times100\%=\frac{I_{r2}\times R_{e2}}{V_{r2}}\times100\%$$

$$=\frac{R_{e1}}{\frac{V_{r1}^2}{S}}\times100\%=\frac{X_{e2}}{\frac{V_{r2}^2}{S}}\times100\%$$

31. 短路試驗測得之滿載銅損 P_c 除以額定容量，即可獲得百分電阻：

$P=\%R=\frac{P_c}{S_r}\times100\%$

32. 額定容量 S_r 乘以百分電阻 P 即可獲得該變壓器的滿載銅損 P_c：

$P_c=S_r\times\%R$

33. 百分電抗： $q\equiv\%X=\frac{X_{e1}}{\frac{V_{r1}}{I_{r1}}}\times100\%=\frac{I_{r1}\times X_{e1}}{V_{r1}}\times100\%$

$$=\frac{X_{e2}}{\frac{V_{r2}}{I_{r2}}}\times100\%=\frac{I_{r2}\times X_{e2}}{V_{r2}}\times100\%$$

$$=\frac{X_{e1}}{\frac{V_{r1}^2}{S}}\times100\%=\frac{X_{e2}}{\frac{V_{r2}^2}{S}}\times100\%$$

34. 百分阻抗 z，百分電阻 p 與百分電抗 q 的關係，與阻抗 Z、電阻 R、電抗 X 之關係一樣，為：

$$z=\sqrt{p^2+q^2} \qquad \therefore q=\sqrt{z^2+p^2}$$

35. 變壓器依鐵芯與線圈的結構分為內鐵式與外鐵式。

36 內鐵式變壓器適用於高電壓小電流的場合。
外鐵式變壓器壓制應力大，適用於低電壓大電流的場合。

37 變壓器的散熱方式分為乾式及油浸式。

38 變壓器主要特性為電壓調整率及效率。一般變壓器的電壓調整率約為 ±5% 左右，滿載效率可達 95% ～ 99.5%。

39 二次側無載電壓的大小為：

$$E_2=\sqrt{\left(V_2\cos\theta_2+I_2R_{e2}\right)^2+\left(V_2\sin\theta_2\pm I_2X_{e2}\right)^2}$$

式中，滯後的功因用 (+) 號，超前功因時採 (−) 號。

40 變壓器之電壓調整率：

$$\text{VR}\%=\frac{E_2-V_{2F}}{V_{2F}}\times 100\%$$

或

$$\text{VR}\%=\frac{V_1\times\frac{N_2}{N_1}-V_{2F}}{V_{2F}}\times 100\%$$

41 以百分阻抗計算電壓調整率：

$$\text{VR}\%=K(p\cos\theta_2+q\sin\theta_2)$$

K = 實際負載 / 額定容量

42 以標么值計算電壓調整率：

$$\text{VR}\%=K(R_{PU}\times\cos\theta_2+X_{PU}\times\sin\theta_2)$$

43 變壓器之負載端電壓之變動情形隨負載的性質而不同，電感性負載使變壓器的輸出電壓下降；電容性負載時電壓升高，電壓調整率可能為負值。

44 變壓器的鐵損包括渦流損與磁滯損。

45 渦流損與最大磁通密度 B_m 的平方、電源頻率 f 的平方、鐵芯厚度 t 的平方成正比。

$$P_e = K_e \times B_m^{\ 2} \times f^2 \times t^2$$

46. 磁滯損約佔鐵損的 80%，其值由經驗公式可得：

$$P_h = K_h \times B_m^{\ 1.6\sim2} \times f(\text{W/kg})$$

47 固定電壓固定頻率下變壓器的鐵損為定值與負載無關，變壓器的鐵損又名固定損。電源變動時變壓器的鐵損與電壓平方成正比而約與頻率成反比。

48. 銅損為負載損。銅損與負載電流平方成正比，隨負載而變，為變動損。

49. 變壓器負載時之效率為：

$$\eta_K = \frac{KS\cos\theta}{KS\cos\theta + P_k + K^2 P_{cf}} \times 100\%$$

鐵損 P_k 為定值與負載無關，為 P_{cf} 滿載銅損，K 為實際負載／額定負載。

20. 變壓器之變動損失 (銅損) 與固定損失 (鐵損) 相等時，其效率為最大。

51. 變壓器在最大效率時的負載與滿載的比例值：

$$m = \sqrt{\frac{P_k}{P_{cf}}} \qquad P_{cf} = \text{滿載銅損}$$

52. 變壓器的最大效率：

$$\eta_{\max} = \frac{mS\cos\theta}{mS\cos\theta + 2P_k} \times 100\%$$

53. 全日效率 $= \dfrac{\text{全日輸出 kW-hr}}{\text{全日輸出 kW-hr} + \text{鐵損} \times 24 + \text{各銅損} \times \text{時間}}$

54. 變壓器的多相結線或並聯運轉時，需要注意其極性。電力系統的變壓器以減極性為標準。

55. 極性試驗的方法有：直流法、交流法及比較法。

56. 三相結線有：Y-Y、Δ-Δ、Δ-Y、Y-Δ、U-V、V-V、T-T 等方式。

57. 三相結線的線電壓、線電流與各單相變壓器之匝比關係＝

Y-Y：$\dfrac{V_1}{V_2}=\dfrac{N_1}{N_2}=\dfrac{I_2}{I_1}$

Δ-Δ：$\dfrac{V_1}{V_2}=\dfrac{N_1}{N_2}=\dfrac{I_2}{I_1}$

Y-Δ：$\dfrac{V_1}{V_2}=\dfrac{\sqrt{3}V_{P1}}{V_{P2}}=\dfrac{\sqrt{3}N_1}{N_2}=\dfrac{I_2}{I_1}$

Δ-Y：$\dfrac{V_1}{V_2}=\dfrac{V_{P1}}{\sqrt{3}V_{P2}}=\dfrac{N_1}{\sqrt{3}N_2}=\dfrac{I_2}{I_1}$

58. 單相變壓器三具結成 Δ 結線供電中，有一具變壓器故障時，可將剩下二具變壓器接為 V 結線繼續供電。

59. V 結線後的輸出為 Δ 結線時的 57.7%，而變壓器的利用率為 86.6%。

60. Y-Δ 結線應用於配電末端，Δ-Y 結線應用於發電廠之主變壓器。Y-Y 結線應加 Δ 第三繞組以防止諧波干擾通信。

61. Y-Δ 及 Δ-Y 一二次線電壓有 30° 的相角差。

62. T 接線主變壓器須有 50% 之中間抽頭，支變壓器須有 86.6% 之電壓抽頭，可將三相變為二相或二相變為三相。

63. 單相變壓器於並聯運轉時，需要各變壓器按其容量比例分擔負載而無循環電流。其條件有：

    (1) 電壓定額須相同。

    (2) 變壓比須相同。

    (3) 頻率定額須相同。

    (4) 百分比阻抗須相同。

    (5) 兩變壓器之等值電阻與其等值電抗之比值須相同。

64. 三相結線變壓器組的並聯運轉，除符合單相變壓器並聯運轉時條件外，相序以及相位必須相同。

65. 自耦變壓器之一、二次繞組相連接，部分繞組由一、二次共用。
66. 自耦變壓器輸出容量 $S_A = (1 + a)S$，可以小的固有容量作大容量的升壓或降壓。
67. 自耦變壓器除了電磁轉換之固有容量 S 外尚有直接傳導之容量 aS，因此體積小而容量大。
68. 自耦變壓器有下列優點：

    (1) 節省銅量及鐵芯，使用材料較少，重量輕、尺寸小，較為經濟。

    (2) 損失較小，效率高。

    (3) 漏磁電抗較小，電壓調整率佳。
69. 自耦變壓器之漏磁電抗小，萬一短路，電流極大；高低壓無隔離，不宜使用於高電壓差的場所以免危險。
70. 自耦變壓器適用於電壓變幅小而需要大電流的場合。
71. 儀表用互感器利用變壓器的感應原理將交流高壓或大電流隔離，並且經過準確的變比關係轉換為一般儀表能夠安全方便量度的電壓和電流。
72. 比壓器的二次側額定電壓為 110V；比流器二次側的額定電流均為 5 安培。
73. 比壓器一次側須裝保險絲保護，二次側應保持高阻抗狀態。
74. 比壓器之二次側不可短路，比流器之二次側不可開路。
75. 互感器之二次側必須有良好的接地，以避免靜電干擾。
76. 貫穿型的一次側導體數 (匝數) 可隨實際需要的變流比而更改，新的額定電流與新匝數乘積等於舊額定電流乘以舊匝數的安匝數 At，即：

    $N \times I = N' \times I'$
77. 比流器一次繞組與欲測量之大電流串聯，二次側與安培表或功率表、瓦時表、功率因數表及過載電驛等的低阻抗電流線圈串聯。
78. 比流器不可開路，不接儀表必須短路。

一、選擇題

基礎題

( ) 1. 一理想變壓器，原線圈及副線圈的匝數各為 N_1 及 N_2。設 $N_1 > N_2$，則下列敘述何者為正確？
(A) 此變壓器對直流電或交流電均可適用
(B) 副線圈輸出的功率比原線圈輸出的功率高
(C) 若原線圈輸入的交流電流為 i 時，則副線圈輸出的電流為 $\frac{N_2 i}{N_1}$
(D) 若原線圈輸入的交流電壓為 V 時，則副線圈輸出的電壓為 $\frac{N_2 V}{N_1}$。

( ) 2. 一單相變壓器鐵芯之最大磁通量為 0.025 Wb，今欲將其用以將 220 V、50 Hz 之交流電源降為 110 V，以供給某 110 V、220 VA 之電器使用，則一次繞阻之匝數，及額定電流安培數為何？
(A)$N_1 = 40$，$I = 4$　(B)$N_1 = 40$，$I = 1$
(C)$N_1 = 20$，$I = 4$　(D)$N_1 = 20$，$I = 1$。

( ) 3. 有一 6600/110 V、60 Hz 之桿上變壓器，若分接頭置於 6600 V 處，其二次側電壓為 100 V，今要升高二次側電壓為 110 V，則分接頭應置於何處？　(A)6000 V　(B)6300 V　(C)5700 V　(D)6900 V。

( ) 4. 變壓器一、二次繞組之應電勢與公共磁通（互通量）間之相位關係為 (A) 同相　(B) 電勢滯後 90°　(C) 電勢越前 90°　(D) 電勢滯後 180°。

( ) 5. 設某單相變壓器的匝數比為 $\frac{1}{10}$，則將二次側的負載阻抗換算至一次側時，負載阻抗必須乘以　(A)10　(B)$\frac{1}{10}$　(C)100　(D)$\frac{1}{100}$。

( ) 6. 變壓器在無載時加於一次繞組之激磁電流可分為
(A) 負載電流與鐵損電流　(B) 磁化電流與負載電流
(C) 磁化電流與鐵損電流　(D) 無載電流與鐵損電流。

( ) 7. 變壓器之負載改變時，其鐵損
(A) 不變　(B) 與負載成反比
(C) 與負載成正比　(D) 與負載電流平方成正比。

( ) 8. 有關雙繞組鐵芯變壓器作短路及開路試驗之敘述，下列何者不正確？
(A) 短路試驗可測得一、二次繞組總銅損
(B) 開路試驗可測得鐵芯損失
(C) 由短路試驗數據可計算得到等效阻抗
(D) 短路試驗時電壓需加到變壓器之額定電壓。

( ) 9. 33 kVA、3300/110 V 的單相變壓器，作短路試驗瓦特表為 168W，伏特表為 20V，安培表為 10A，則高壓側等值電阻為若干歐姆？
(A)2 (B)1.68 (C)16.8 (D)84。

( ) 10.150 kVA 之變壓器在 $\frac{2}{3}$ 負載時效率最大為 98%，則鐵損應為
(A)2.04 kW (B)3.06 kW (C)1.02 kW (D)1.92 kW。

( ) 11.三個單相變壓器，匝比均為 10：1，初級為 Y 接線，副級為 Δ 接線。若副級端之線間電壓為 200 V，加 75 kVA 平衡負載，此時初級線電流為 (A)12.5 A (B)21.65 A (C)37.5 A (D)64.9 A。

( ) 12.變壓器做 V-V 結線，其供應容量為 Δ-Δ 結線的幾倍？
(A) $\frac{1}{3}$ (B) $\frac{2}{3}$ (C) $\frac{\sqrt{3}}{2}$ (D) $\frac{\sqrt{3}}{3}$。

( ) 13.兩單相變壓器並聯時，若其理想條件中僅有阻抗角不等時，則不良結果為
(A) 電流不與容量成正比 (B) 電流與容量成反比
(C) 兩變壓器之電流恆相等 (D) 合成容量減小。

( ) 14.有一 10 kVA、1200 V/120 V 之普通變壓器改接成降壓自耦變壓器，則總容量為 (A)10 kVA (B)50 kVA (C)100 kVA (D)110 kVA。

( ) 15.關於自耦變壓器，下列敘述何者是正確的？
(A) 體積小，成本低，但效率較普通變壓器低
(B) 體積大，成本高，但效率較普通變壓器高
(C) 激磁電流比普通變壓器大
(D) 體積小，成本低，效率較普通變壓器高。

( ) 16.以滿刻度 5 A 之交流安培表測量較大之線路電流，應增加
(A) 分壓器 (B) 分流器 (C) 比壓器 (PT) (D) 比流器 (CT)。

( ) 17.安培表接於 100/5 A 比流器二次側，如安培表讀數為 3 A，則實際電流為 (A)40 A (B)50 A (C)60 A (D)70 A。

( ) 18.CT 之二次側不得開路，如額定為$\frac{10}{5}$之 CT，其二次側不接 5 A 的安培表而改以銅線短路時，一次側電流會
(A) 燒毀 CT (B) 不變 (C) 減少 (D) 增加。

( ) 19.比流器應用時，其一次側係串聯於欲測線路，而二次側若接用數種電儀表時，則應接成
(A) 串聯 (B) 並聯 (C) 串並聯 (D) 視電表而定。

進階題

( ) 1. 一具 300 V/10 V、1 kVA、400 Hz、600 匝 /20 匝之變壓器用於 60 Hz 之電源且保持相同之容許磁通密度，則在 60 Hz 時所允許加於高壓側之最高電壓為多少伏特？ (A)45 (B)90 (C)180 (D)450。

( ) 2. 某 3300/110 V 之變壓器，當分接頭放在 3450 V 位置時，得二次電壓為 105 V，欲二次電壓為 115 V 時，一次分接頭應放在
(A)2850 V (B)3000 V (C)3150 V (D)3300 V 之位置。

( ) 3. 如圖 (1) 電源電壓為 100 V，變壓器匝數比為 1：2，則電壓表的讀值應為多少？ (A)100 V (B)200 V (C)300 V (D)400 V。

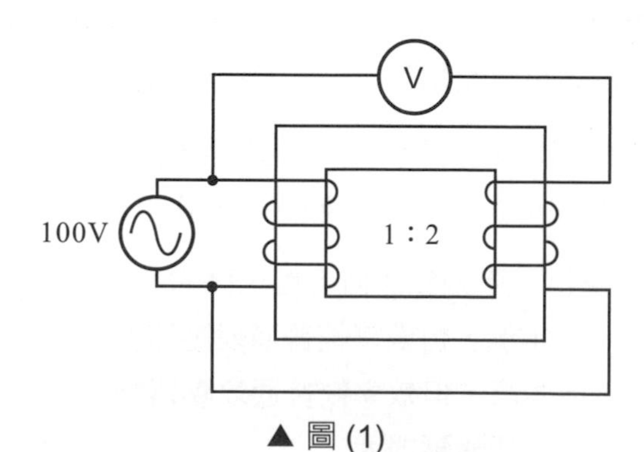

▲ 圖 (1)

( ) 4. 有一單相變壓器於無載時，其感應電勢的有效值為 200 V，測得其鐵損為 160 W，功率因數為 0.38。試求此變壓器之激磁電流多少？
(A)2.1 A (B)1.94 A (C)1.3 A (D)0.8 A。

( ) 5. 某三相11.4 kV/220 V、100 kVA之變壓器，銘牌上之變壓器電抗為6%；若在高壓側改用 22.8 kV 為基準 kV 及 200 kVA 為基準 kVA，則變壓器電抗為多少 PU ？ (A)0.015 (B)0.03 (C)0.06 (D)0.12。

( ) 6. 有一部變壓器，無載時電壓比為 22：1，滿載時電壓比為 20：1，則該變壓器的電壓變動率為 (A)20% (B)10% (C) – 9.09% (D)1%。

( ) 7. 已知一單相 10 kVA，200/100 V，實驗用變壓器，其高壓側等效電阻 0.08 Ω，鐵損 100 W，此變壓器效率最高時之負載為多少？
(A)10 kVA (B)7.07 kVA (C)5 kVA (D)2.5 kVA 。

( ) 8. 有匝數比為 1.25：1 的自耦變壓器，若次級線圈輸出功率為 10 kVA，則直接傳導容量為
(A)15 kVA (B)12.5 kVA (C)10 kVA (D)8 kVA。

( ) 9. 單相 5 kVA 之變壓器，其鐵損 100 W，滿載銅損 150 W，在功因為 1.0 的情況下，16 小時半載，8 小時無載，則全日效率為何？
(A)97% (B)91% (C)92% (D)93%。

( ) 10. 有兩具額定電壓相等之單相變壓器，今擬並聯運用以供給一 360 kVA 之負載，若甲變壓器之容量為 100 kVA，乙變壓器之容量為 300 kVA，兩變壓器之阻抗壓降百分率皆為 5%，則兩變壓器分擔之負載為
(A) 甲分擔 120 kVA (B) 乙分擔 270 kVA
(C) 甲分擔 270 kVA (D) 甲、乙皆分擔 180 kVA。

( ) 11. 如圖 (2) 所示係為三相外鐵式變壓器一次側三相繞組之接線圖，其中 I_a、I_b、I_c 為三相平衡電流，且已知標示 M 部份鐵芯處之磁通量大小為 ϕ，則標示 P 部份鐵芯處之磁通量大小為多少？
(A) $\frac{\phi}{3}$ (B) $\frac{\phi}{2}$
(C) $(\frac{\sqrt{3}}{2})f\phi$ (D) $(\frac{\sqrt{2}}{2})f\phi$。

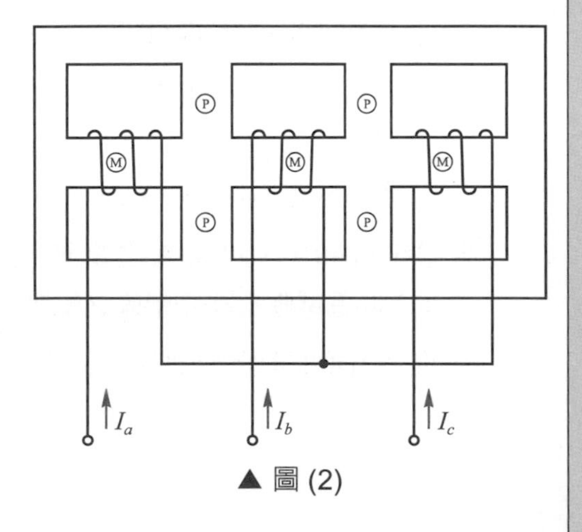

▲ 圖 (2)

二、問答與計算題

1. 某 60 Hz 內鐵型變壓器，鐵芯截面積為 129×10^{-4} 平方公尺，最大磁通密度為 0.93 韋伯 / 平方公尺，初級圈匝數為 700，其初級感應電勢為何？
2. 一變壓器用以將 12000V 輸電電壓轉變成 120V 配電電壓，若高壓側有 2000 匝，而外加電壓頻率為 60 週 / 秒，則鐵芯中最大磁通為何？
3. 設一理想變壓器之初級與次級圈數比為 10：1，如初級加以 110V 交流電源，次級加以 20 Ω 負載電阻時，試求：(1) 次級電壓；(2) 次級電流；(3) 初級電流。
4. 某 10 kVA、2200 V/110 V，60 Hz 變壓器之二次繞組有 55 匝，在一次繞組方面有一分接頭用以補償變壓器之 4.5% 阻抗壓降，試求：(1) 一次繞組至分接頭之匝數？(2) 低壓二次繞組之額定電流？(3) 高壓一次繞組之額定電流？
5. 一 50 kVA，變壓比為 1200 V/240 V 的單相變壓器，其歸於原線圈之阻抗各為 $R_1 = 1.40\ \Omega$，$X_1 = 1.85\ \Omega$，於低壓側連接一電感性負載，其阻抗各為 $R_2 = 0.5\ \Omega$，$X_2 = 0.1\ \Omega$，若高壓側由 1000 V 電源供給，則：(1) 負載電流為何？(2) 負載端電壓為何？(3) 高壓側的電流為何？
6. 一單相變壓器，初級電壓為 3150 V，無載電流為 0.109 A，鐵損 48.8 W，其磁化電流及激磁電導各為何？
7. 33 kVA、3300 V/110 V 的單相變壓器，作短路試驗：$P_{sc} = 168$ W，$V_{sc} = 20$ V，$I_{sc} = 10$ A，則高壓側等值電阻為若干歐姆？等值電抗為多少？此變壓器在正常運轉情況下，突然短路，則一次短路電流為多少？
8. 有 50 kVA 單相變壓器三具接成 Δ 結線，以供給三相負載。今擬增添同一容量之單相變壓器一具，並改變其結線方式，以應付負載之增加，則功率輸出約可增加多少 kVA？
9. 2400/240 V、50 kVA 之單相變壓器連結成自耦式升壓變壓器，試求：(1) 低電壓側及高電壓側之電壓；(2) 容量。
10. 使用比壓器與比流器時應注意哪些事項？

Chapter 3

三相感應電動機

3-1 三相感應電動機之原理

3-1-1 阿拉哥圓盤的運轉原理

西元 1824 年阿拉哥 (Arago) 把一個可以自由旋轉的銅製圓盤與磁鐵裝置成為如圖 3-1 所示的阿拉哥圓盤 (Arago disk)。在不碰觸到銅盤的情形下，磁鐵轉動時，銅盤也跟隨著磁鐵以相同的方向旋轉。銅為抗磁性材料 (相對導磁率小於 1)，並非被磁力吸引而轉動。銅盤跟隨磁鐵移動方向而旋轉的原理說明如下：

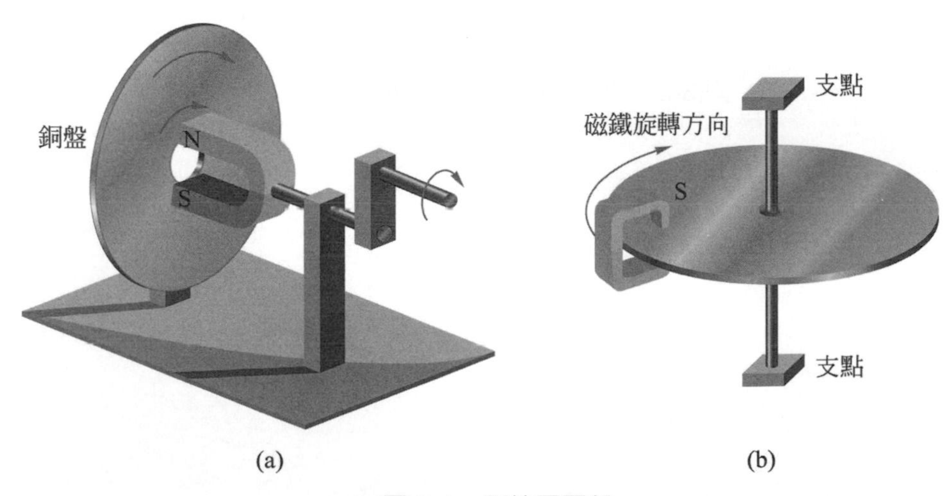

▲ 圖 3-1　阿拉哥圓盤

當磁鐵順時針方向移動時，銅盤相對於磁場的運動方向為逆時針切割磁力線，磁力線切割無限多條導體並在一起的銅盤，依據佛來銘右手 (發電機) 定則，銅盤上產生沿半徑方向、向圓周放射的感應電勢，如圖 3-2(a) 所示。

感應電勢驅動電流在銅盤上流動，形成渦流；根據電動機 (佛來銘左手) 定則，電流與磁力線的作用，所產生的電磁力形成轉矩，使銅盤旋轉，轉向與磁場移動方向相同，如圖 3-2(b) 所示。

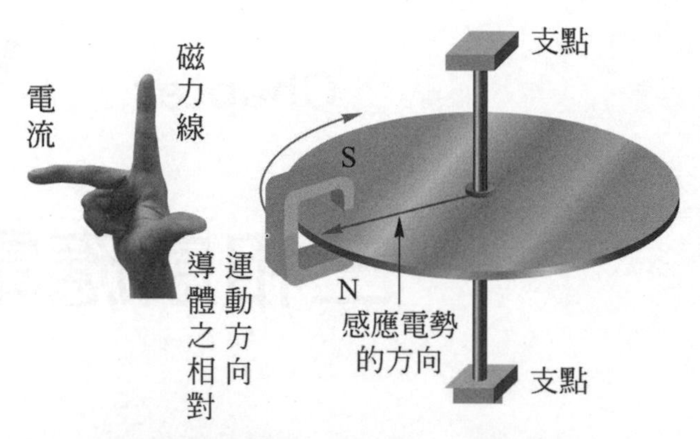

(a) 阿拉哥圓盤上所產生的電流方向

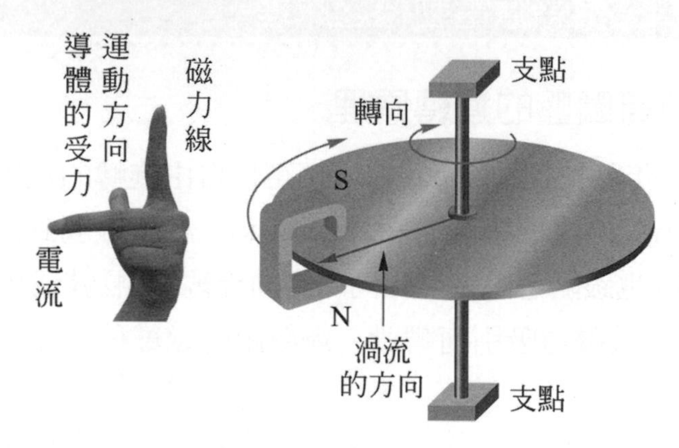

(b) 阿拉哥圓盤的旋轉方向

▲ 圖 3-2　阿拉哥圓盤 (Arago disk) 之運轉原理

阿拉哥圓盤目前仍應用於瓩時表、保護電驛中以驅動電錶指針或電驛接點，只是以鋁盤代替銅盤，而移動磁場由電磁鐵形成。如圖 3-3 所示，電機式的瓩時表應用阿拉哥圓盤驅動齒輪指示累積用電度數。

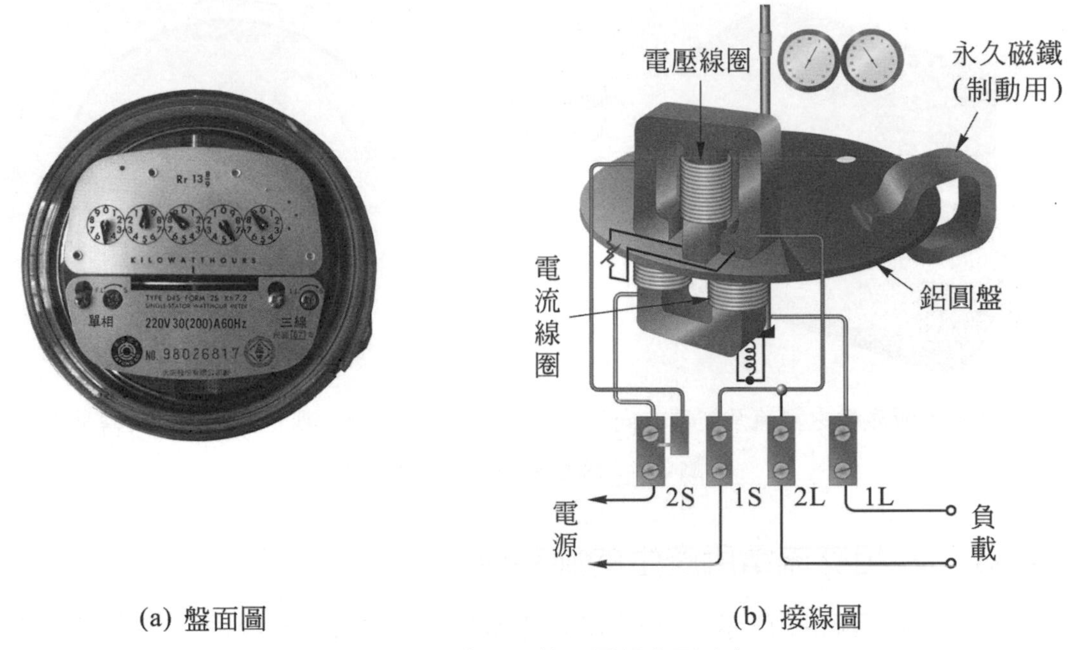

(a) 盤面圖　　(b) 接線圖

▲ 圖 3-3　應用阿拉哥圓盤之瓩時表

3-1-2　感應電動機的運轉原理

感應電動機 (induction motor) 的運轉原理與阿拉哥圓盤相同。如圖 3-4 所示，感應電動機由定子產生的旋轉磁場切割轉子導體，根據佛來銘右手 (發電機) 定則，與 N 極切割的導體其感應電流方向為流出，與 S 極切割的導體其感應電流方向為流入，如圖 3-4(b) 所示。根據佛來銘左手 (電動機) 定則，轉子電流與磁場作用，產生與磁場旋轉方向相同之電磁力，驅動轉子順著旋轉磁場的方向轉動。

以定子磁場與轉子磁場的相互作用，也可說明感應電動機的運轉原理：依據右螺旋定則，轉子感應電流形成的磁場方向為右N左S，如圖3-4(b)所示，與旋轉磁場同性相斥、異性相吸作用，驅動轉子順著旋轉磁場的方向轉動。轉子並沒有外接電源，轉子電流是藉電磁感應而生，所以稱為感應電動機。

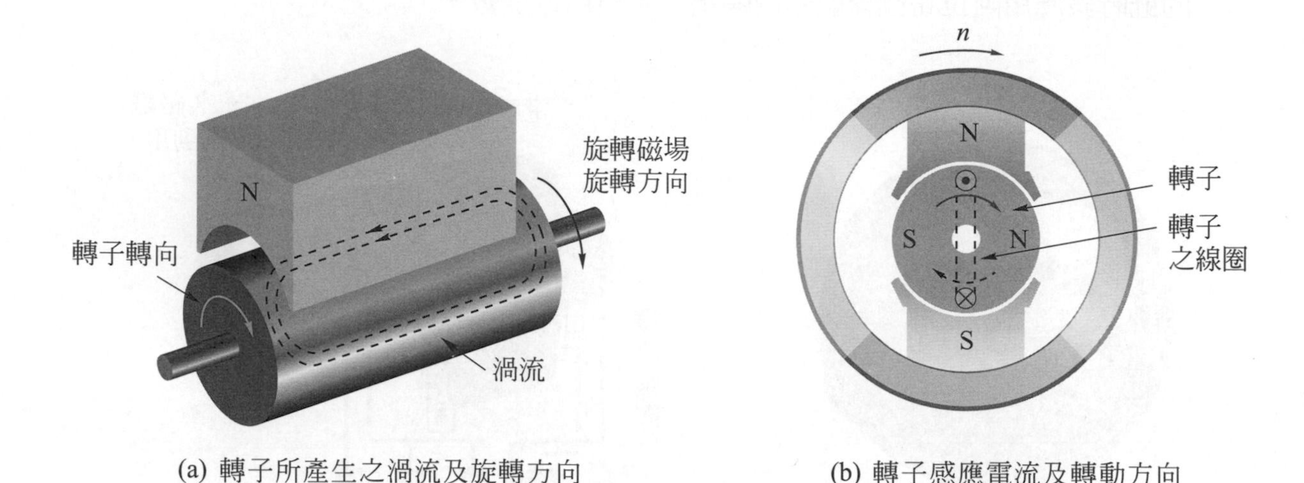

(a) 轉子所產生之渦流及旋轉方向　(b) 轉子感應電流及轉動方向

▲ 圖 3-4　感應電動機之運轉原理

3-1-3　三相交流電所產生的旋轉磁場

將三個如圖 3-5 所示，互隔 120° 電機度 (電機度) 的線圈，接上三相電流激磁，即可產生旋轉磁場。三相二極感應電動機的定子線圈及其產生之磁場方向，簡化如圖 3-6 所示，以 A、a 與 B、b 及 C、c 分別代表三個互隔 120° 電機度的三相繞組之線頭及線尾。三相繞組通電激磁時，各相所產生之磁勢 F_A、F_B、F_C 方向，在空間上相隔 120° 電機度。

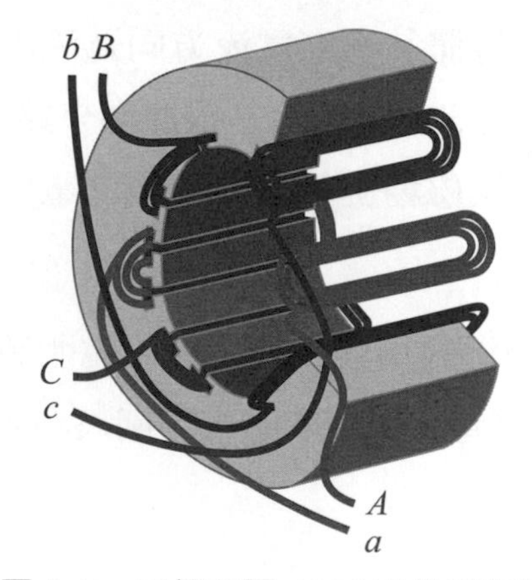

▲ 圖 3-5　三個互隔 120° 電機度的線圈

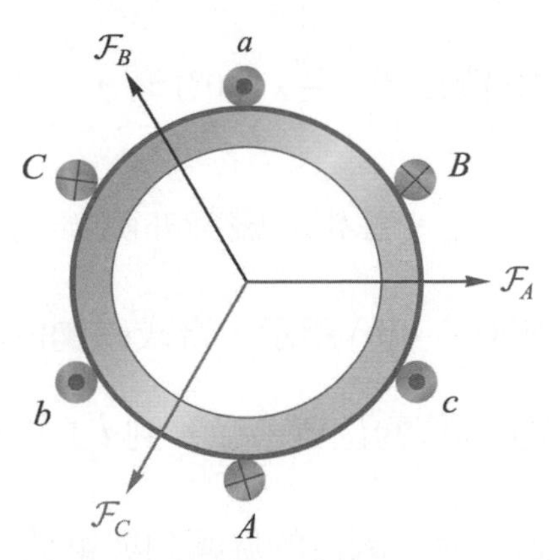

▲ 圖 3-6　二極三相繞組之簡圖及其產生之磁場方向

三個互隔 120° 電機度的三相繞組，以平衡三相正弦波電流激磁時，由各相線圈單獨所產生的交變磁勢，係隨著交流電流改變其大小及磁極性。然而三相所合成的磁場則形成為大小固定，且與電機角度同步旋轉的旋轉磁場。以向量圖說明如下：

1. 當時間為 t_1 時，假設電機度 $\theta = 0°$，如圖 3-7 所示，A 相電流為正最大值，A 相的磁勢為最大值；而 B 相與 C 相線圈之電流大小為最大值的一半且為負值，B 相與 C 相所產生的磁勢，分別位於該相線圈之極軸而方向相反。B 相與 C 相的磁勢以平行四邊形法合成為大小是每相最大磁勢的 $\frac{1}{2}$，而與 A 相磁軸平行的磁勢，如圖 3-8(a) 所示；再加上 A 相最大磁勢，此時由三相線圈合成的磁勢與 A 相之磁極同軸；三相合成磁勢的大小為 A 相磁勢最大值的 $\frac{3}{2}$ 倍，如圖 3-8(a) 所示。

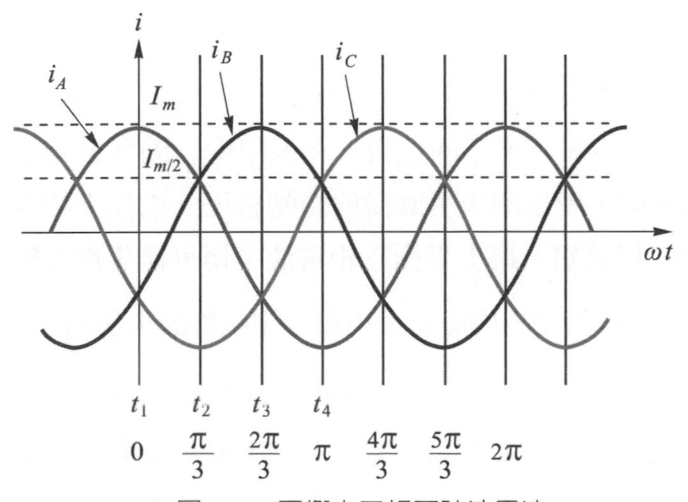

▲ 圖 3-7　平衡之三相正弦波電流

2. 當時間為 t_2，電機度 $\theta = \frac{\pi}{3}$ (60°) 時，三相電流大小值變動至：$i_A = i_B = \frac{I_m}{2}$，$i_C = -I_m$。各相的磁勢亦隨著電流大小變動，此時三相合成的磁勢，如圖 3-8(b) 所示，合成磁勢的大小為 C 相磁勢最大值的 $\frac{3}{2}$ 倍，旋轉至 60° 的位置。從 t_1 到 t_2 的期間，三相合成磁場隨著正弦波形的變動電流，圓滑的旋轉到與電機角度同步的 60° 位置。

3. 當時間為 t_3，電機度 $\theta = \frac{2\pi}{3}$ (120°) 時，三相電流變動至 $i_B = I_m$，$i_A = i_C = -\frac{I_m}{2}$；各相的磁勢與合成磁勢，如圖 3-8(c) 所示；合成磁勢的大小仍為各相磁勢最大值的 $\frac{3}{2}$ 倍，又向逆時針方向旋轉 60° 電機度，位於 $\frac{2\pi}{3}$ 度 (120°) 電機度的位置上與 B 相線圈之極軸一致。

4. 當時間為 t_4、電機度 $\theta = \pi$ (180°) 時，各相電流變為：$i_A = -I_m$，$i_B = i_C = \frac{I_m}{2}$；各相的磁勢與三相合成磁勢，如圖 3-8(d) 所示。合成磁勢的大小不變，仍為相磁勢最大值的 $\frac{3}{2}$ 倍，又向逆時針方向旋轉了 60°，到達 180° 的位置。

依此類推，在電流變化經過一週期後，此二極三相的繞組之合成磁場也旋轉一周，回到圖 3-8(a) 所示的位置。在過程中，因為各相的磁勢隨正弦波形的電流逐漸變動，所以形成了圓滑的旋轉磁場。由以上的說明得知：**互隔 120° 電機度的三相繞組，接上平衡三相電流，便可產生與電機角度同步旋轉的旋轉磁場。三相旋轉磁場的磁勢大小爲每相磁勢最大值的 $\frac{3}{2}$ 倍。**

旋轉磁場的轉動方向由電流相序決定。電流相序為 $A \rightarrow B \rightarrow C$ 時，則旋轉磁場依照 A 相→ B 相→ C 相繞組之位置方向順序旋轉。若將三相中之任意二相電源互調，則合成磁場的旋轉方向相反，如圖 3-9 所示，使轉子的轉向也相反。由此可知**感應電動機只要將任意二相電源互換，即可改變其轉向**。

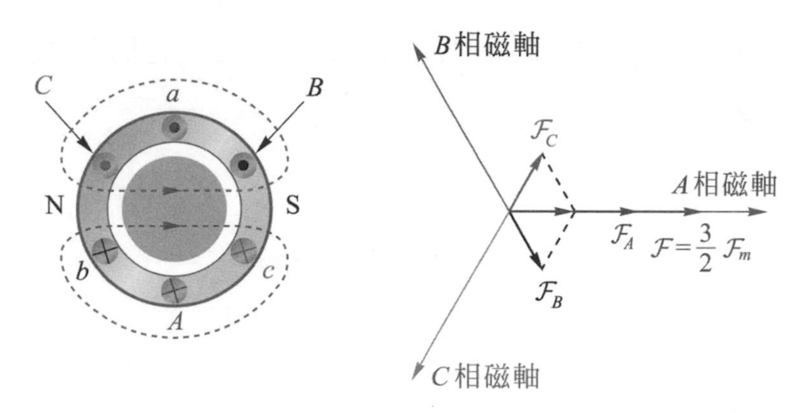

(a) t_1時的三相合成磁場

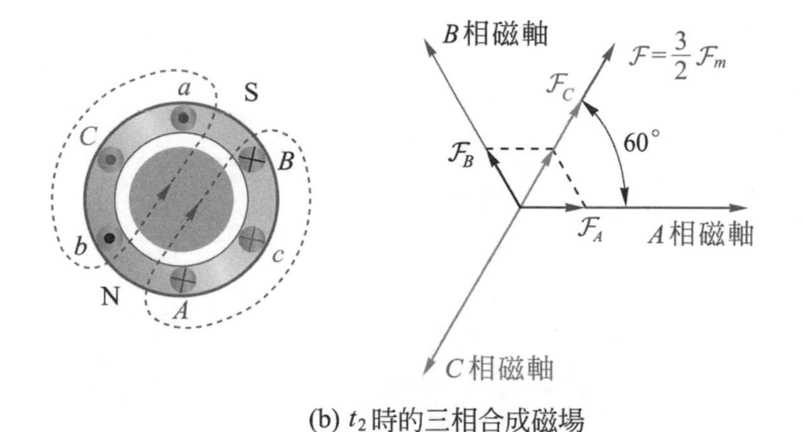

(b) t_2時的三相合成磁場

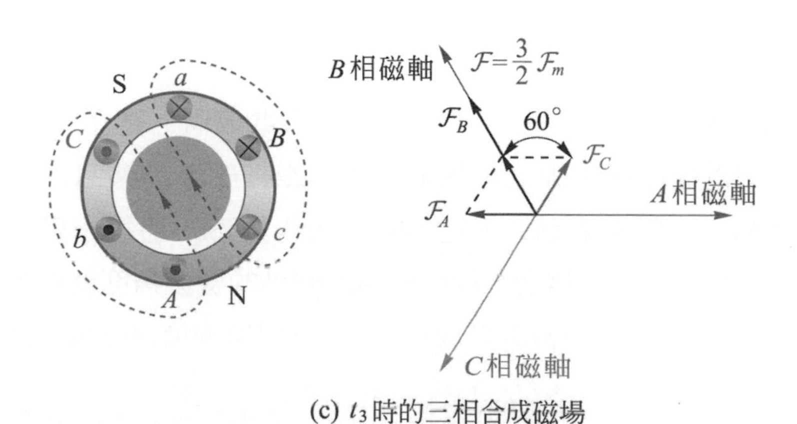

(c) t_3時的三相合成磁場

▲ 圖 3-8　三相繞組通以平衡之三相電流時所產生的磁勢，形成旋轉磁場

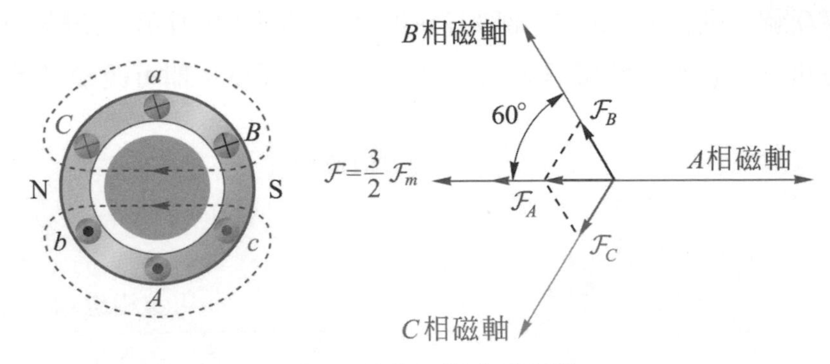

(d) t_4時的三相合成磁場

▲ 圖 3-8　三相繞組通以平衡之三相電流時所產生的磁勢，形成旋轉磁場 (續)

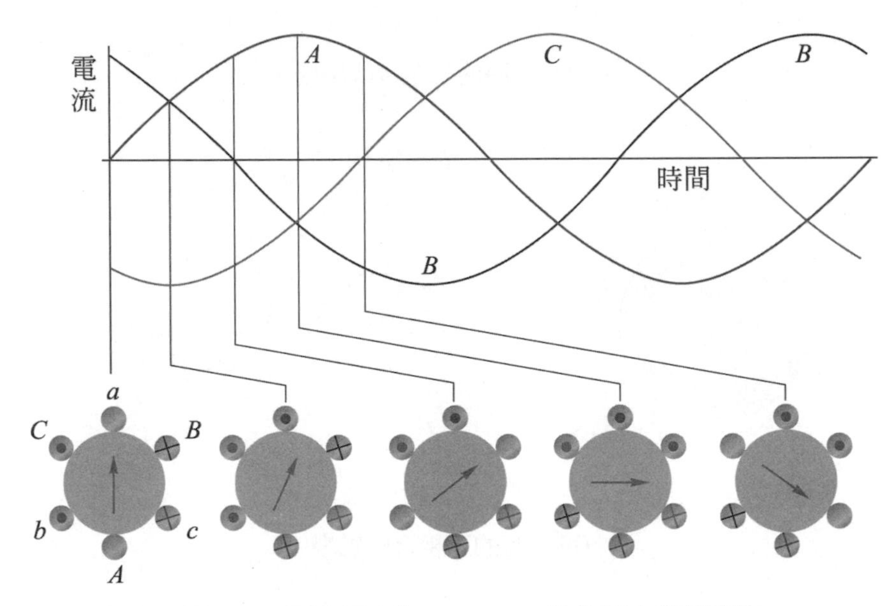

▲ 圖 3-9　電流相序為 A、C、B 時的反向旋轉磁場

3-1-4　同步轉速

三相感應電動機的定子繞組，接三相平衡電流時，產生旋轉磁場。旋轉磁場轉動的電機度與電源之電機度同步，旋轉磁場的轉速為同步轉速 (synchronous speed)，以 n_s 表示。一週期的電機角為 2π，而每一對磁極的電機度為 2π。交流電源的每一週期，旋轉磁場所轉動的機械角度就會經過一對磁極，所以同步轉速與定子的極數 P 成反比，而與電源的頻率 f 成正比：

$$n_s=\frac{f}{\frac{P}{2}}=\frac{2f}{P}(\text{rps})=\frac{120f}{P}\ (\text{rpm}) \tag{3-1}$$

常用之交流旋轉電機的極數及同步轉速，如表 3-1 所示：

▼ 表 3-1　極數及同步轉速

極數	同步轉速 (rpm)		極數	同步轉速 (rpm)	
	50 Hz	60 Hz		50 Hz	60 Hz
2	3000	3600	14	428.6	514.2
4	1500	1800	16	375	450
6	1000	1200	18	333.3	400
8	750	900	20	300	360
10	600	720	24	250	300
12	500	600	30	200	240

在正常情況下，感應電動機之轉子轉速不可能到達同步轉速。因為當轉子轉速到達同步轉速時，就與定子之旋轉磁場並駕齊驅，轉子導體與旋轉磁場的相對運動速度為零，導體與磁場無切割作用而無感應電勢，電流為零，電磁力 $F = B\ell I = 0$，無法產生電磁轉矩，轉子即失去驅動力而轉速減慢。正常運轉時，感應電動機轉子之轉速比旋轉磁場之同步轉速稍慢一些，使轉子被旋轉磁場切割而感應電流產生轉矩。感應電動機的轉速恆低於同步轉速，因此感應電動機又稱為非同步電動機或異步電動機。

3-1-5　轉差率及轉子轉速

一、轉差與轉差率

正常情況下感應電動機轉子轉速恆低於旋轉磁場之同步轉速。

定子旋轉磁場之同步轉速 n_s 與轉子轉速 n_r 之差，稱爲轉差。而轉差與同步轉速之比值，稱爲轉差率 (slip) 或稱爲滑率，以符號 S 表示。即轉差率：

$$S = \frac{n_s - n_r}{n_s} \times 100\% \tag{3-2}$$

轉差率以小數點或百分率表示皆可，例如起動的瞬間或轉子堵住不轉時，轉差率 $S = 1$ 或 $S = 100\%$。轉子轉速到達同步轉速時，轉差率 $S = 0$。感應電動機之轉子轉速與轉差率的關係及運轉情況，如圖 3-10 所示，感應電動機在正常運轉情況下，轉差率在 1 與 0 之間。當轉子轉速高於同步轉速，即發電運行時轉差率 $S < 0$；逆轉制動時轉差率 $S > 1$。

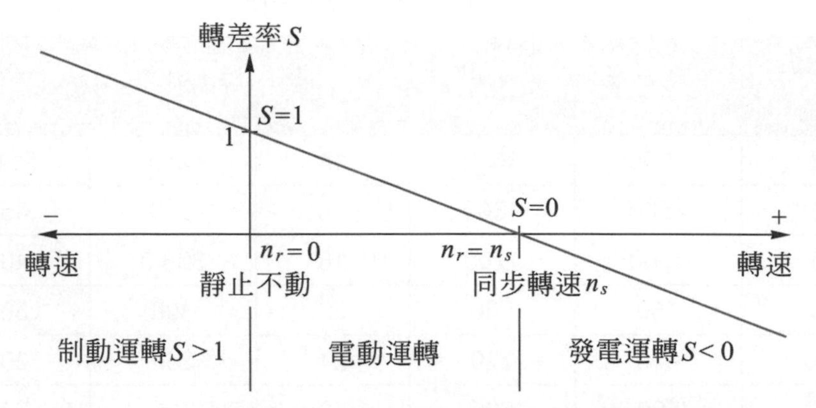

▲ 圖 3-10　感應電動機之轉子轉速與轉差率的關係及運轉情況

例 3-1

有台四極 60 Hz 之三相感應電動機，其滿載速率為 1746 rpm，則其轉差率為若干？

解 同步轉速 $n_s = \dfrac{120f}{P} = 1800$ rpm

轉差 $(n_s - n_r) = 1800 - 1746 = 54$ rpm

$$\therefore \text{轉差率 } S = \frac{n_s - n_r}{n_s} \times 100\% = \frac{1800 - 1746}{1800} \times 100\% = 3\%$$

二、轉子轉速

將式 (3-2) 改成感應電動機轉子轉差速率為

$$(n_s - n_r) = Sn_s \qquad (3\text{-}3)$$

感應電動機轉子轉速為

$$n_r = (1 - S)n_s \qquad (3\text{-}4)$$

$$n_r = (1-S)\frac{120f}{P} \tag{3-5}$$

即**感應電動機的轉速與所加電源頻率成正比，與定子繞組之極數成反比**。

當轉子帶動機械負載時，若驅動轉矩小於負載轉矩，則轉子速率下降，使得轉差率增加，轉子與旋轉磁場的相對速度增加；由感應電勢 $e = B\ell v$ 可知，感應電勢由於轉差速率的增加而提高，轉子電流因為感應電勢的提高而增加。由電磁力 $F = B\ell I$ 可知，轉子電流增加，產生的電磁力增加而有較大的轉矩以帶動機械負載。由此可知，**感應電動機負載增加時，轉差率增加，轉速減慢，轉差率與負載成正比**。由於鼠籠式轉子導體接成短路，少許的電壓即可獲得很大的電流，所以一**般鼠籠式感應電動機的滿載轉差率約爲 1% ～ 5% 之間，**視轉子繞組之電阻而定。轉子繞組電阻值愈低者，滿載轉差率愈小，速率愈穩定。感應電動機於無載時，轉速接近於同步轉速，轉差率很小接近於零。

問題與討論

1. 試簡述三相感應電動機之旋轉原理。
2. 試述三相感應電動機產生旋轉磁場的條件及過程。
3. 如何變更三相感應電動機之旋轉方向？

3-2 三相感應電動機之構造及分類

3-2-1 三相感應電動機的構造

三相感應電動機是由定子 (stator)、轉子 (rotor) 以及支撐轉子旋轉的端蓋與軸承等三大部分所組成。圖 3-11 所示為三相感應電動機的構造圖。

項目	名稱
1	軸 (shaft)
2	軸承 (bearing-load)
3	前端蓋 (bracket-load)
4.8	繞組 (winding)
5	框架 (frame)
6	定子 (stator)
7	轉子 (rotor)
9	軸承 (bearing-fan)
10	後端蓋 (bracket-fan)
11	風罩 (fan cover)
12	風扇 (external fan)

(a) 剖開圖

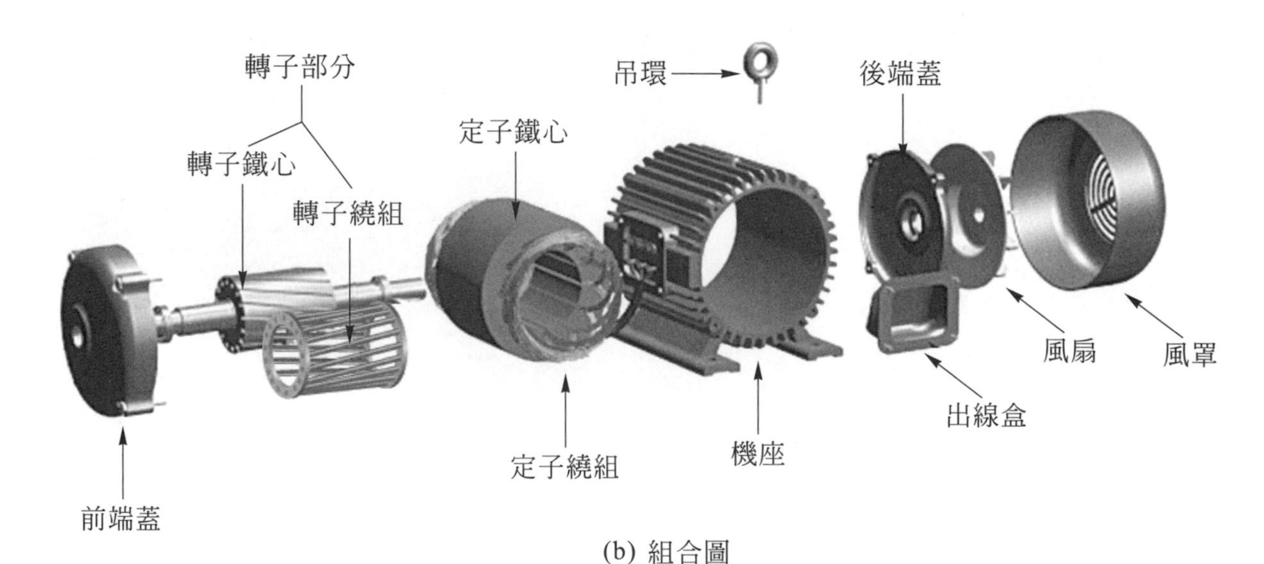

(b) 組合圖

▲ 圖 3-11　三相感應電動機之構造

一、定子之構造

感應電動機定子由定子外殼、定子鐵心及定子繞組所構成。

1. 定子外殼 (stator frame)

   小型機之外殼以鑄鐵整體鑄成；大型機則以鋼板延壓熔接而成。外殼的功用主要為支撐定子鐵心及繞組、保護電機內部機件及幫助散熱。

2. 定子鐵心 (stator core)

   感應電動機的定子鐵心以矽鋼片疊積組成，以減少磁滯損及渦流損，提高效率、降低溫升。定子鐵心的矽含量約為2%～3%，厚度為0.35mm～0.5mm，矽鋼片愈薄，渦流損失愈小。小型機的定子鐵心以如圖3-12(a)所示的圓環形矽鋼片疊積而成。大型機定子鐵心採用扇形矽鋼片，每疊積50mm～60mm厚度即設置風道，以便通風散熱，如圖3-12(b)所示。定子鐵心之線槽形式，中小型電機大多採用如圖3-12所示的半開口槽，以減低空氣隙的磁阻變化；大型機則常採用開口槽，以方便線圈入線。

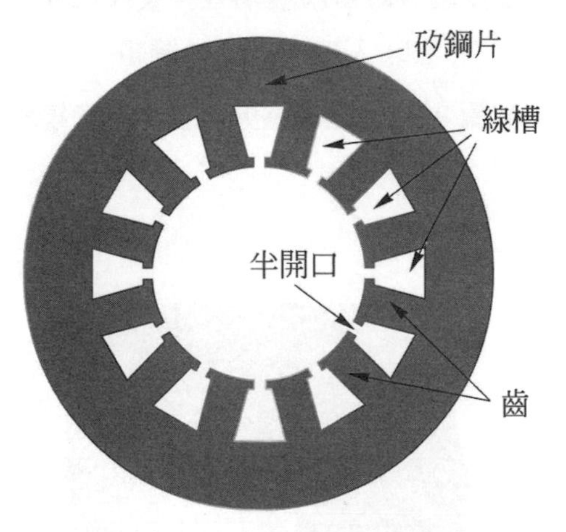

(a) 定子鐵心矽鋼片

(b) 設置風道的定子鐵心

▲ 圖 3-12　感應機定子鐵心

3. 定子繞組 (stator winding)

   三相定子繞組由漆包線或絕緣的平角銅線繞製，裝置於定子槽內，如圖3-13所示。中大型機之線圈通常以模型繞成所需之形狀後，再予以包紮紗帶或其他絕緣材料而成，如圖3-14(a)所示為常用的龜甲形線圈，圖3-14(b)所示為入線中的定子繞組，圖3-15所示為入線後繞製完成的定子。感應電動機常採用雙層短節距的分佈繞組(請參閱7-2-4直流機的電樞繞組及5-1-3電樞繞組)，使磁通儘量接近正弦波形分佈，以獲得等角速度的圓滑旋轉磁場，減少磁擾動所產生之噪音。圖3-16所示為四極、36槽、分佈數3的雙層短節距分佈繞組之A相展開圖，圖中線圈實線部分表示位於槽的上層，虛線部分表示位於槽的下層。其他兩相的繞組與A相繞組相同，置於相隔120°電機度的槽內，B相始端置於第7槽，而C相始端置於第13槽。三相感應電動機定子繞組之基本結線有兩種形式：星形結線(Y連接)與三角形結線(Δ連接)。

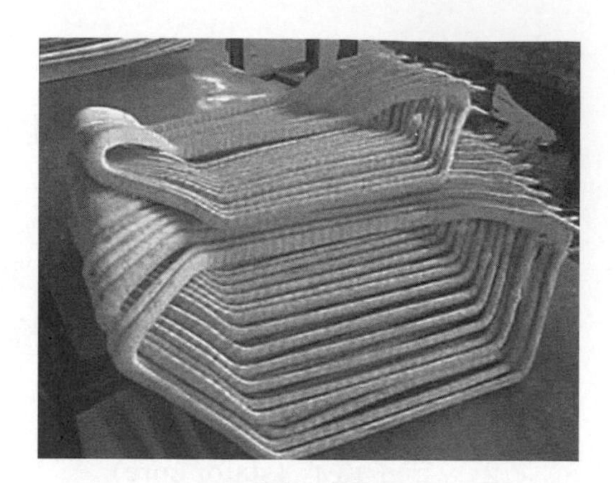

(a) 龜甲形線圈

(b) 入線中的定子繞組

▲ 圖 3-14　三相感應電動機定子繞組

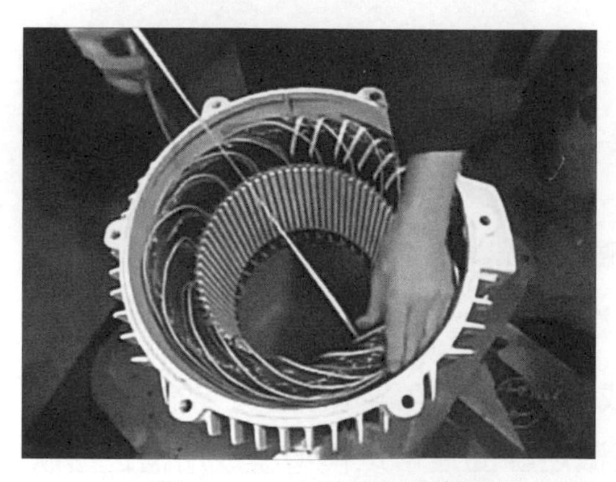

▲ 圖 3-13　定子繞組之線圈

▲ 圖 3-15　繞製完成的三相感應電動機

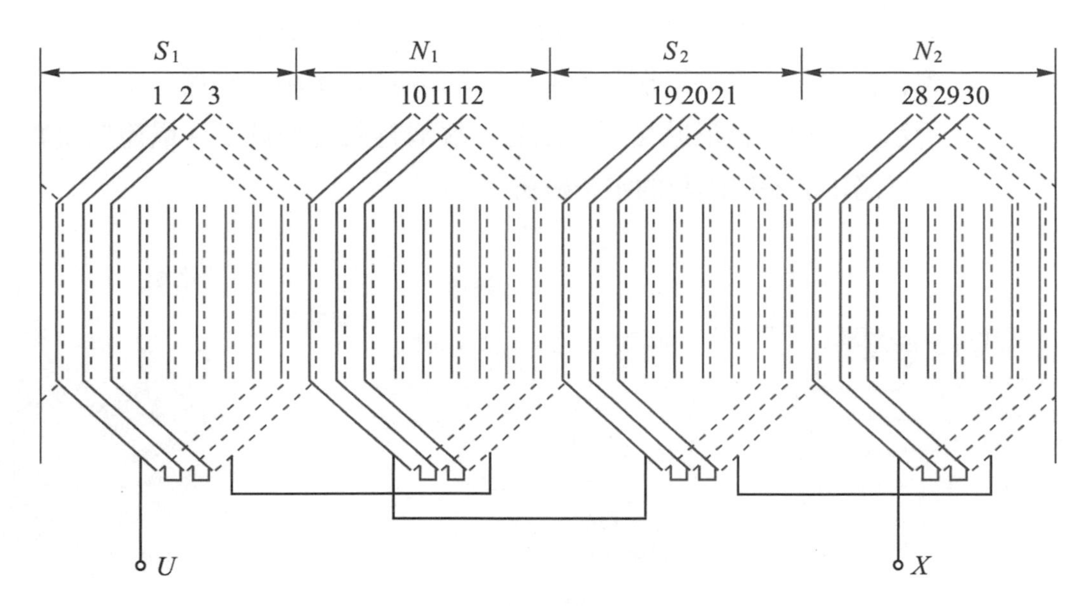

▲ 圖 3-16　四極、36 槽、分佈數 3、雙層短節距分佈繞組展開圖 (A 相)

二、轉子之構造

轉子鐵心與定子鐵心之材質相同，也是使用矽鋼薄片疊積而成，以減少渦流損。定子鐵心與轉子鐵心之間有空氣隙以避免互相摩擦，如圖 3-17 所示。由於**感應電動機沒有電樞反應**，因此可以將定子與轉子間的空氣隙儘可能地縮短，以減少激磁電流，提高功率因數。氣隙越小則磁阻越小、激磁電流越少、功率因數越佳。感應電動機定子與轉子間之空氣隙約為 0.2mm ～ 2mm 左右，軸承之鬆動或磨耗，很容易造成轉子與定子間之摩擦。因此起重機或擔任重載之電動機、迴轉速度較快之電機以及使用套筒軸承之電動機，其空氣隙比較大。

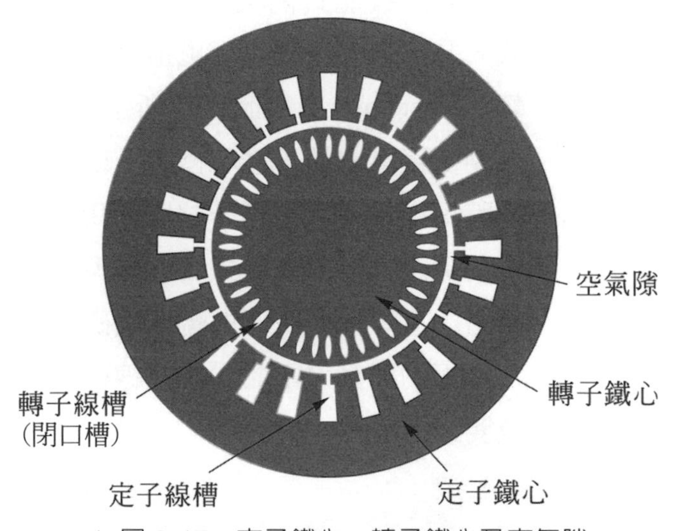

▲ 圖 3-17　定子鐵心、轉子鐵心及空氣隙

感應電動機的轉子依轉子繞組型式，可分為鼠籠式轉子 (squirrel-cage rotor) 與繞線式轉子 (wound rotor) 兩種：

1. 鼠籠型轉子

鼠籠式轉子以棒狀導體構成繞組，由未經絕緣之銅棒或鋁棒裝置於線槽內，兩端以銅質或鋁質的端絡環(end ring)短路，如圖3-18所示，由於繞組形狀類似松鼠籠，故稱為鼠籠型轉子。**鼠籠型繞組可以適用於不同極數的定子繞組**。

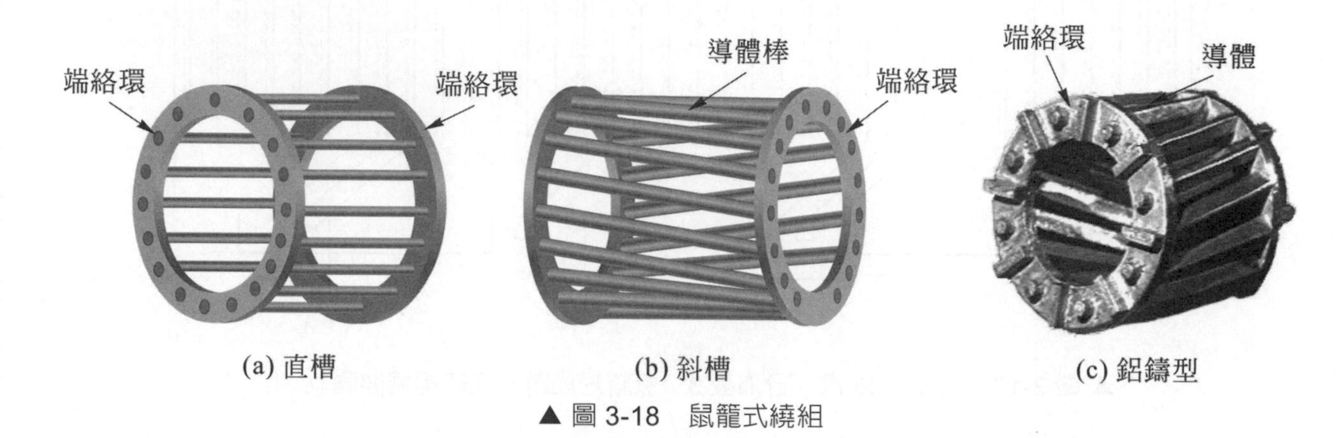

▲ 圖 3-18　鼠籠式繞組

製造鼠籠式繞組時，大型機採用插入銅棒再與端絡環焊接方式，為了散熱設置有通風道，如圖3-19所示。小型機則採用鑄入型轉子(cast rotor)，如圖3-20所示。鑄入型轉子係將熔融之鋁，倒入預熱到數百度之轉子鐵心槽內，或以壓力壓入，並將端絡環及鼓風片同時鑄出。鑄入型轉子堅固耐用，適合大量生產，故一般5HP以下電動機之轉子，大多採用鋁鑄型之轉子。圖3-20中，轉子鐵心採用斜槽，可以減緩定部與轉子間磁阻之變化，降低轉子旋轉時之噪音及轉矩的脈動。鼠籠式繞組線槽的形狀有普通鼠籠型、深槽鼠籠型及雙鼠籠型。

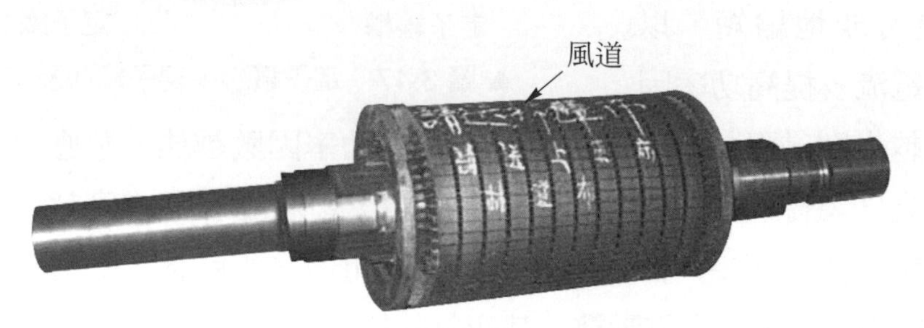

▲ 圖 3-19　大型機鼠籠型轉子

▲ 圖 3-20　鑄入型斜槽鼠籠式轉子

2. 繞線型轉子

繞線型轉子，如圖3-21(a)所示，具有完整之三相繞組，必須採用Y接線，其三條引出線連接到滑環，再經由電刷外接電阻或短路。**繞線型轉子可外加電阻，在起動時限制起動電流並增加起動轉矩；運轉時，可以利用改變外部電阻之大小來控制轉速**。但是繞線型轉子之繞組極數，必須配合定子之極數來繞製，轉子繞組須承受旋轉離心力及考慮動態平衡以免震動，製作成本高，並且不如鼠籠式堅固耐用。繞線型轉子的感應電動機因轉子上具有滑環裝置，故又稱為滑環式(ring type)感應電動機，圖3-21(b)為三相繞線式感應電動機的解剖圖。

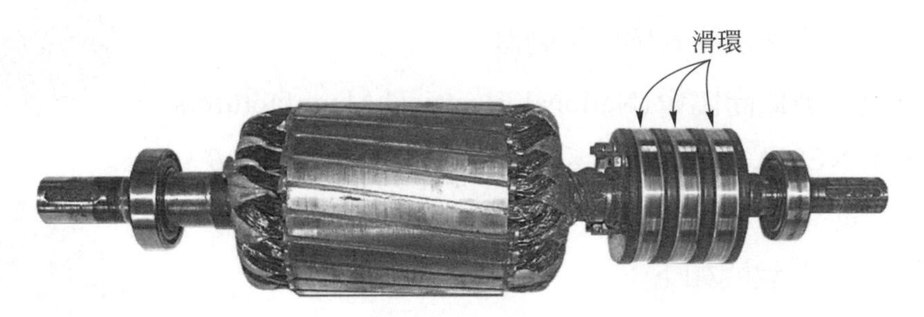

(a) 繞線型轉子

(b) 三相繞線感應電動機解剖圖

▲ 圖 3-21　繞線型轉子

三、端蓋及軸承

端蓋係裝置於外殼之兩端，用來保護定子繞組，並且在其中央位置裝有軸承支撐轉子。感應電動機的軸承，大多採用密封式球軸承；輸出軸側所用的軸承一般都較風扇側的軸承大，以承擔機械負載。軸承的規格編號通常會記載於銘牌上，以便更換時參考。

3-2-2　三相感應電動機的分類

感應電動機為應用最廣的交流電動機，其種類眾多，分類如下：

一、依轉子的構造區分

1. 繞線型轉子感應電動機。
2. 鼠籠型轉子感應電動機。

   鼠籠型轉子感應電動機又可分為：

   (1) 普通鼠籠式感應電動機。

   (2) 特殊鼠籠式感應電動機。

美國電氣製造商協會(National Electrical Manufacturers Association, NEMA)將鼠籠式感應電動機分為 class A、B、C 和 D 級以配合各種驅動需求，其轉子槽形及轉矩曲線，如圖 3-22 所示。說明如下：

(a) A級

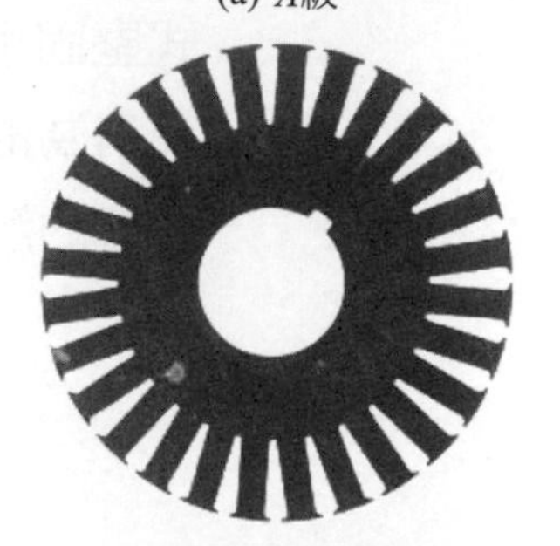

(b) B級

(c) C級

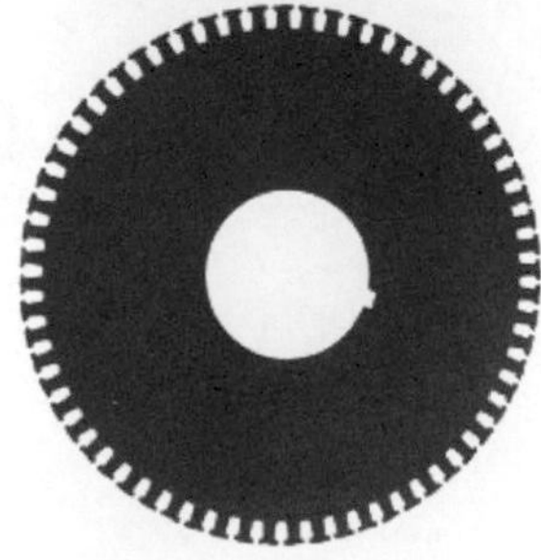

(d) D級

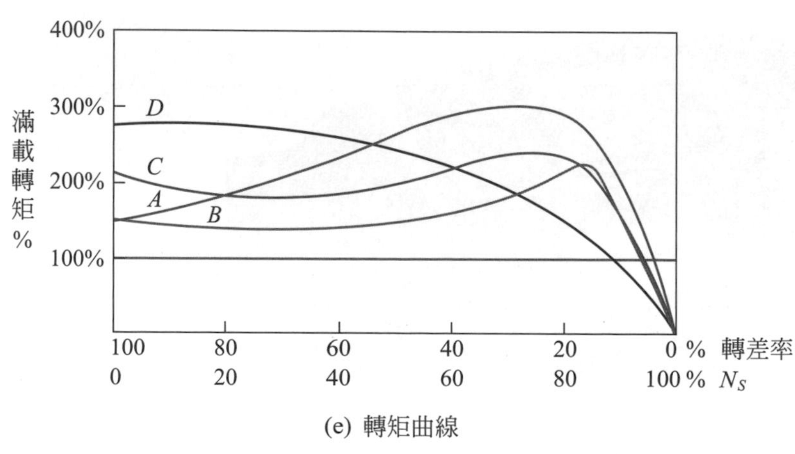

(e) 轉矩曲線

▲ 圖 3-22　鼠籠型感應電動機的轉子槽形及轉矩曲線

(1) *A* 級：轉子導體的設計，如圖 3-22(a) 所示，其電阻值較低，滿載時轉差率小 (速度較穩定) 而效率高，但起動轉矩低而起動電流高，適用於不須大起動轉矩而要求運轉特性的場合。

(2) *B* 級：與國際電工委員會 (International Electrotechnical Commission, IEC) IEC class *N* 同級，轉子導體屬深槽鼠籠型，如圖 3-22(b)，具有中的起動電流適合一般用途，例如：風扇、鼓風機及離心泵等。

(3) *C* 級：與 IEC class *H* 同級，轉子導體設計為雙鼠籠式，如圖 3-22(c) 所示，*C* 級比 *B* 級有較高的起動轉矩，適合須要滿載起動的場合，例如：往復式泵、壓縮機及運送帶等。

(4) *D* 級：轉子導體採用淺槽，如圖 3-22(d) 具高電阻、低電抗的特性，可使起動電流降低而起動轉矩提高，但滿載時轉差率大而效率低，適用於高慣性負載或全載起動的場合，例如：衝床、裁剪機、起重機及電梯等。

二、依外殼的密封性區分

1. 開放型：電動機之外框有開孔，外部空氣可自由進出。

2. 全閉型：外殼及軸承完全密封，電動機內外不能通風，又可分為具有外部風扇以冷卻電機表面之全閉外扇型 (Totally Enclosed, Fan-Closed，簡稱 TEFC) 及以機體本身散熱的全閉內冷型 (Totally Enclosed, Nonventilate，簡稱 TENV)。

三、依保護方式分類

1. 防滴型 (OPEN Drip-Proof，簡稱 O.D.P.)：電機之外殼具有防止垂直 15° 以內之水滴直接或沿著機體浸入電機內部之開放型構造。

2. 防爆型：是指可在具有爆炸性氣體之場合使用的電動機。

3. 防塵型：軸承及導電部份具有防止塵埃侵入的電動機。

4. 防水型：電動機之軸方向短時間注水，而水份不會侵入機體內部及軸承部份。

5. 浸水型：電動機可在一定壓力之水中使用者。

四、依絕緣等級感應電動機區分

1. A 級絕緣電動機，絕緣材料的容許最高溫度為 105℃。
2. E 級絕緣電動機，絕緣材料的容許最高溫度為 120℃。
3. B 級絕緣電動機，絕緣材料的容許最高溫度為 130℃。
4. F 級絕緣電動機，絕緣材料的容許最高溫度為 155℃。
5. H 級絕緣電動機，絕緣材料的容許最高溫度為 180℃。

五、依使用電壓之高低區分

1. 高壓電動機：使用電壓在 600 V 以上者，一般為大輸出馬力的電動機。
2. 低壓電動機：使用電壓在 600 V 以下者。

六、電動機依用途之不同分類如下

1. 減速馬達。
2. 變速馬達。
3. 剎車馬達。
4. 起重機馬達。
5. 風扇馬達。
6. 鼓風機馬達。
7. 工具機專用馬達：包括車床、磨床、銑床及鉋床等。

問題與討論

1. 鼠籠式轉子與繞線型轉子有何不同？
2. 何謂鑄入型轉子？有何特點？
3. 三相感應電動機的定子繞組大都採用那一種繞組，結線有那幾種？
4. 感應電動機依保護方式可分為那幾種？
5. 感應電動機依用途可分為那些？

3-3 三相感應電動機之等效電路及特性

3-3-1 感應電動機轉子的感應電勢、頻率與電感抗

感應電動機可視為二次側可轉動的變壓器，定子繞組如同變壓器的初級線圈產生磁場，轉子繞組如同變壓器的二次線圈感應電流。變壓器的公式及等效電路可直接應用於感應電動機之特性分析。

轉差率也代表轉子導體與旋轉磁場的切割比率。靜止時轉差率為 1，定子之旋轉磁場百分之百的切割轉子繞組。當三相感應電動機轉子堵住 (靜止不動) 時，與一般變壓器作用相同。轉子感應電勢的頻率 f_2 即為電源頻率 f，而靜止時轉子每相的感應電勢之大小為

$$E_{20} = 4.44N_2 f\phi_m \tag{3-6}$$

式 (3-6) 中，N_2 為轉子繞組的匝數，ϕ_m 為磁通量。

感應電動機轉動時，隨著轉速升高，轉子與定子旋轉磁場之間的相對運動速率變小，單位時間內，轉子繞組受旋轉磁場不同磁極的切割次數減少，頻率減少，感應電勢亦隨之減少。當感應電動機轉子轉速為 n_r (rpm) 時，轉子與定子旋轉磁場間每分鐘的轉差速率為 $(n_s - n_r) = Sn_s$。因為每經過一對磁極的切割，導體即得一完整的正弦波形，所以轉子感應電勢的頻率等於轉子每秒切割的極對數，轉子感應電勢之頻率等於旋轉磁場磁之極對數乘以轉差速率 (轉 / 秒)，即

$$f_2 = \frac{P}{2}\frac{(n_s - n_r)}{60} = \frac{P}{2}\frac{S \cdot n_s}{60} = S\frac{P}{2}\frac{n_s}{60}$$

$$f_2 = Sf \tag{3-7}$$

式中 f_2：為轉子頻率 (Hz)

P ：為極數

n_s ：為定子旋轉磁場之同步轉速

n_r ：為轉子之轉速

S ：為轉差率

f ：為電源頻率 $= \frac{P}{2} \times \frac{n_s}{60}$ (Hz)

轉子繞組於轉動時其感應電勢之相電壓為

$$E_2 = 4.44 N_2 f_2 \phi_m = 4.44 N_2 S f \phi_m = S E_{20} \tag{3-8}$$

例 3-2

有一台四極感應電動機工作於頻率 60 Hz，滿載轉差率為 5%，則在起動瞬間及在滿載時之轉子頻率各為若干？

解 在起動瞬間，$S = 1$，故轉子頻率

$f_{20} = f = 60$ Hz

在滿載時，$S = 5\%$，故轉子頻率

$f_2 = Sf = 5\% \times 60$ Hz $= 3$ Hz

例 3-3

有一台 50 馬力、440 V、八極 60 Hz 之三相感應電動機，在額定電流及額定頻率下，滿載轉差率為 0.02，則其 (1) 同步轉速；(2) 滿載轉速；(3) 轉子頻率各為若干？

解 同步轉速 $n_s = \dfrac{120f}{P} = \dfrac{120 \times 60}{8} = 900$ rpm

滿載轉速 $n_r = (1-S)n_s = (1-0.02) \times 900 = 882$ rpm

轉子頻率 $f_2 = Sf = 0.02 \times 60 = 1.2$ Hz

電感抗的大小與頻率成正比；靜止時的轉子電抗值為 $X_L = 2\pi fL$。當感應電動機轉動時，轉子電抗大小為

$$X_2 = 2\pi f_2 L_2 = 2\pi S f L_2 = S X_L \tag{3-9}$$

轉子繞組的電感抗隨著轉速增加，轉子頻率減少而變小。

3-3-2　感應電動機的等效電路

一、轉子的等效電路

轉子繞組每相的等效電路，如圖 3-23(a) 所示，圖中 R_2 為轉子繞組的電阻值，jSX_2 為轉子繞組的電感抗。由歐姆定律得知轉子每相的電流 I_2 為

$$\vec{I}_2=\frac{\vec{E}_2}{Z_2}=\frac{S\vec{E}_{20}}{R_2+jSX_2} \tag{3-10}$$

式 (3-10) 中之分子 (轉子之感應電勢 SE_{20}) 及分母皆隨著轉速改變，不易分析。若將式 (3-10) 中之分子及分母同除以轉差率 S，轉子每相的電流 I_2 值不變，即

$$\vec{I}_2=\frac{\vec{E}_{20}}{\frac{R_2}{S}+jX_2} \tag{3-11}$$

式 (3-11) 中轉子之感應電勢為靜止時的值 E_{20}，電抗 jX_2 為固定值。由於轉差率 S 值隨轉子轉速而變，($\frac{R_2}{S}$) 成為變動值，於是轉子的等值電路成為如圖 3-23(b) 所示。

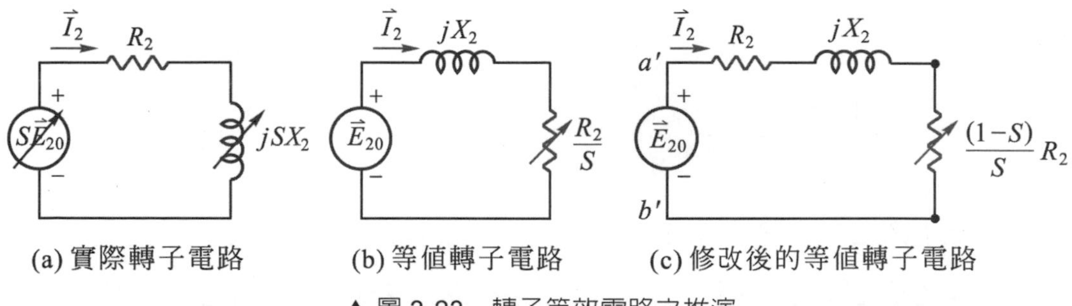

(a) 實際轉子電路　(b) 等值轉子電路　(c) 修改後的等值轉子電路

▲ 圖 3-23　轉子等效電路之推演

將圖 3-23(b) 中之電阻 $\frac{R_2}{S}$ 取出轉子電阻 R_2，作為轉子電路的戴維寧等效電路之內阻，而剩下的電阻 ($\frac{R_2}{S}-R_2$) 就是代表機械負載的等效電路負載，於是轉子的等效電路成為如圖 3-23(c) 所示。圖中 R_2 為轉子繞組每相之電阻值，而 $(\frac{R_2}{S}-R_2)=(\frac{\mathbf{1-S}}{\mathbf{S}})\mathbf{R_2}$ 為代替機械負載的每相等效負載電阻 R_L。

二、轉子的功率分析

在轉子電路的等效電路圖 3-23(b) 中，三相感應電動機經由定子旋轉磁場轉移 (輸入) 到轉子的實際功率為

$$P_{i2} = 3I_2^2 \frac{R_2}{S} \tag{3-12}$$

而 $3I_2^2R_2$ 為轉子之銅損 P_{C2}，所以式 (3-12) 可改寫為

$$P_{i2} = \frac{P_{C2}}{S} \tag{3-13}$$

或

$$P_{C2} = SP_{i2} \tag{3-14}$$

式 (3-14) 的意義為：損失 = 損失率 × 輸入功率，由此可知**轉差率 *S* 也是轉子的損失率**。

在轉子等效電路圖 3-23(c) 中，負載功率也就是轉子的內生機械功率為

$$P_m = 3I_2^2(\frac{1-S}{S})R_2 \tag{3-15}$$

即

$$P_m = \frac{1-S}{S}P_{C2} \tag{3-16}$$

根據能量不滅定律，轉子的內生機械功率為輸入功率減掉損失，即

$$P_m = P_{i2} - P_{C2} \tag{3-17}$$

而由式 (3-14) $P_{C2} = SP_{i2}$，故三相感應電動機轉子的內生機械功率為

$$P_m = (1-S)P_{i2} \tag{3-18}$$

式 (3-18) 的意義為：輸出功率 = 效率 × 輸入功率，由此可知 **(1-*S*) 爲轉子的效率**。

若將式 (3-18) 與感應電動機轉子轉速公式 (3-4) 比對如下：

$$P_m = (1 - S)P_{i2}$$

$$n_r = (1 - S)n_s$$

由定子旋轉磁場經由空氣隙輸入到轉子的功率 P_{i2} 相對於同步轉數 n_s，因此**輸入到轉子的功率又稱爲同步瓦特，也稱爲氣隙功率**。

例 3-4

有一台三相感應電動機，在轉差率為 1% 時，轉部銅損為 100 W，則此電動機之內生機械功率為若干？

感應電動機內生機械功率 $P_m = \dfrac{1-S}{S}P_{C2} = \dfrac{1-0.01}{0.01} \times 100 = 9900\text{W}$

例 3-5

有一台 200 V、50 Hz、八極 15 kW 之三相感應電動機，其滿載速率為 720 rpm，則其轉子效率、同步瓦特及轉子銅損為若干？

解

電機同步轉速 $n_s = \dfrac{120f}{P} = \dfrac{120 \times 50}{8} = 750\text{ rpm}$

滿載之轉差率 $S = \dfrac{n_s - n_r}{n_s} = \dfrac{750-720}{750} = 0.04$

轉子效率 $= (1 - S) = (1 - 0.04) = 0.96$

由 $P_m = (1 - S)P_{i2}$ 得知同步瓦特

$$P_{i2} = \frac{P_m}{(1-S)} = \frac{15\text{ kW}}{0.96} = 15625\text{ W}$$

轉子銅損 $P_{C2} = P_{i2} - P_m = 15625\text{ W} - 15\text{ kW} = 625\text{ W}$

三、感應電動機之等效電路

三相感應電動機之定子，相當於變壓器之一次側，如圖 3-24 所示為定子每相之等效電路。圖中各項參考數值均為每相之值，R_1 為定子繞組之電阻，X_1 為漏磁電抗，G_m 為鐵損電導，B_m 為激磁電納，I_1 為定子電流，I_2' 為轉子電流轉換至一次側之值，I_0 為無載激磁電流，I_e 為鐵損電流，I_m 為鐵心磁化電流。V_1 為定子繞組外加電源之相電壓，E_1 為定子繞組之反電勢。

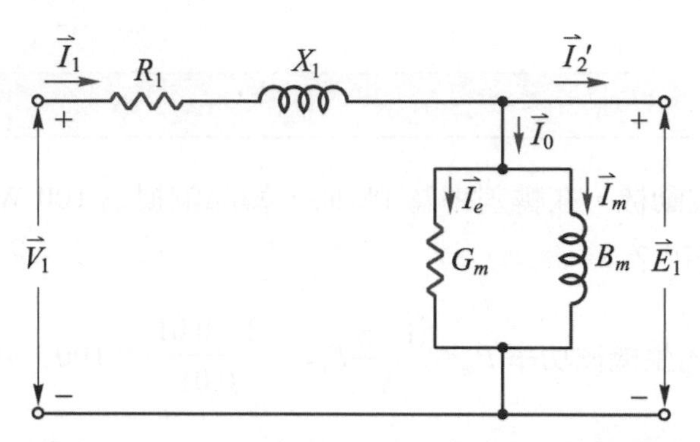

▲ 圖 3-24　感應電動機之定子每相等效電路圖

欲將圖 3-23 轉子等效電路併入定子側時，須如同變壓器之二次側轉換至一次側之方法處理轉子電路之數值；即將轉子等效電路中之電壓乘以匝數比 a，而電流除以 a，並將電阻及電抗分別乘以 a^2。折算後的物理量在右上方加「′」表示。如圖 3-25 所示為感應電動機歸於定子側之等效電路。其關係式如下：

$$V_2' = aV_2 \;;\; I_2' = \frac{I_2}{a} \tag{3-19}$$

$$R_2' = a^2 R_2 \;;\; X_2' = a^2 X_2 \tag{3-20}$$

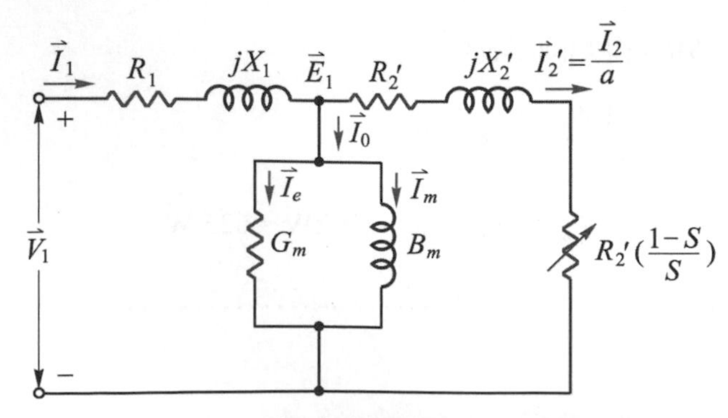

▲ 圖 3-25　三相感應電動機之每相等效電路

忽略鐵心部份可得更簡潔之感應電動機等效電路，如圖 3-26 所示。

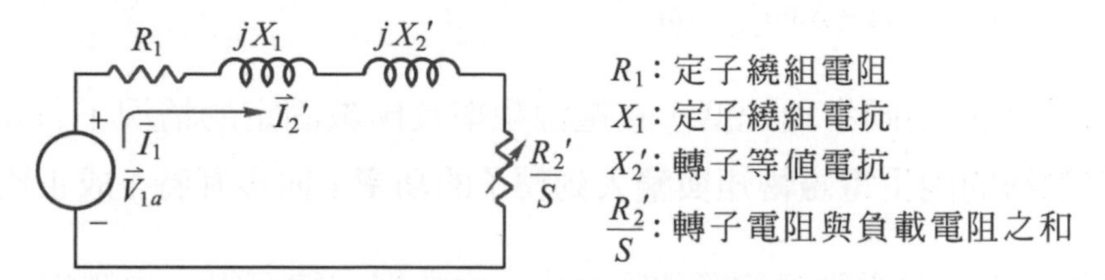

▲ 圖 3-26　簡化的三相感應電動機每相等效電路

3-3-3　感應電動機的轉矩

轉軸之機械功率為轉矩乘以角速度，即 $P_m = \tau\omega$。實際應用時，若已知電動機的輸出功率 P_O 及每分鐘轉速 n_r，則可計算感應電動機的輸出轉矩值 τ_O。即

$$\tau_O = \frac{P_O}{\omega_r} = \frac{P_O}{\frac{2\pi}{60}n_r} \text{（牛頓・米）} \tag{3-21}$$

或輸出轉矩值

$$\tau_O = 9.54\frac{P_O}{n_r} \text{（牛頓・米）} \tag{3-22}$$

$$\tau_O = 974\frac{P_O\,(\text{kW})}{n_r} \text{（公斤力・米）} \tag{3-23}$$

式 (3-21) 中，ω_r 為電動機轉子之角速度。式 (3-23) 中輸出功率 P_o 的單位為 kW。

三相感應電動機之內生電磁轉矩等於內生機械功率除以角速度，即

$$\tau = \frac{P_m}{\omega_r} \tag{3-24}$$

由式 (3-18) 三相感應電動機轉子的內生機械功率為 $P_m = (1 - S)P_{i2}$，而轉子之轉速 $n_r = (1 - S)n_s$，即轉子之角速度 $\omega_r = (1 - S)\omega_s$，代入式 (3-24) 得感應電動機之內生電磁轉矩為

$$\tau = \frac{P_m}{\omega_r} = \frac{(1-S)P_{i2}}{(1-S)\omega_s} = \frac{P_{i2}}{\omega_s} \tag{3-25}$$

式 (3-25) 中，ω_s 為同步角速度，在電源頻率及極數固定的情況下為定值；因此**感應電動機的內生電磁轉矩與輸入到轉子的功率 (同步瓦特) 成正比**。

在圖 3-26 感應電動機的等效電路中，由歐姆定律可得一次側相電流為

$$I_1 = \frac{V_1}{Z} = \frac{V_1}{\sqrt{\left(R_1 + \frac{R_2'}{S}\right)^2 + (X_1 + X_2')^2}} \tag{3-26}$$

將式 (3-26) 代入輸入到轉子的功率公式 (3-12) $P_{i2} = 3I_1^2 \frac{R_2'}{S}$ 後，再代入式 (3-25) 可得三相感應電動機的電磁轉矩之公式為

$$\tau = \frac{3}{\omega_s} \frac{V_1^2 \frac{R_2'}{S}}{\left(R_1 + \frac{R_2'}{S}\right)^2 + (X_1 + X_2')^2} \tag{3-27}$$

由轉矩的公式 (3-27) 可知：

1. **感應電動機的轉矩與電源電壓的平方成正比**

   電源的變動將造成轉矩平方倍的變動，例如電源電壓降低了10%成為原來電壓值的90%，則感應電動機的轉矩減少為原來轉矩值的81%。

2. **感應電動機的轉矩為 $\frac{R_2'}{S}$ 的函數**

   在電源固定的情況下，ω_s、漏磁電抗 X_1、X_2 及定子繞組之電阻 R_1 均為固定值，轉矩的大小僅與 $\frac{R_2'}{S}$ 值有關，就如同數學函數 $Y = f(X)$ 一樣，$\tau = f(\frac{R_2'}{S})$。

3. **正常運轉時，感應電動機的轉矩與轉差率成正比而與頻率成反比**

正常運轉時，轉差率很小約為 0.01～0.03，故$\frac{R_2'}{S} \gg R_1$而且$\frac{R_2'}{S} \gg (X_1 + X_2)$，所以忽略$R_1$及$X_1 + X_2$可知正常運轉時感應電動機的轉矩為

$$\tau \approx \frac{3V^2}{\omega_s \frac{R_2'}{S}} = \frac{3V^2}{2\pi f \frac{R_2'}{S}} = \frac{3}{2\pi R_2'} \frac{SV^2}{f} \tag{3-28}$$

而式 (3-28) 中，$\frac{3}{2\pi R_2'}$為固定值。由此可知正常運轉時，**感應電動機的轉矩與轉差率成正比，而與頻率成反比**。

一、感應電動機的轉矩速率特性曲線

將三相感應電動機轉矩公式 (3-27) 的轉矩對轉差率的關係描繪出來，可得感應電動機之轉矩 - 轉差率之特性曲線；如圖 3-27 所示為一典型的感應電動機轉矩 - 轉差率 (轉速) 的特性曲線。

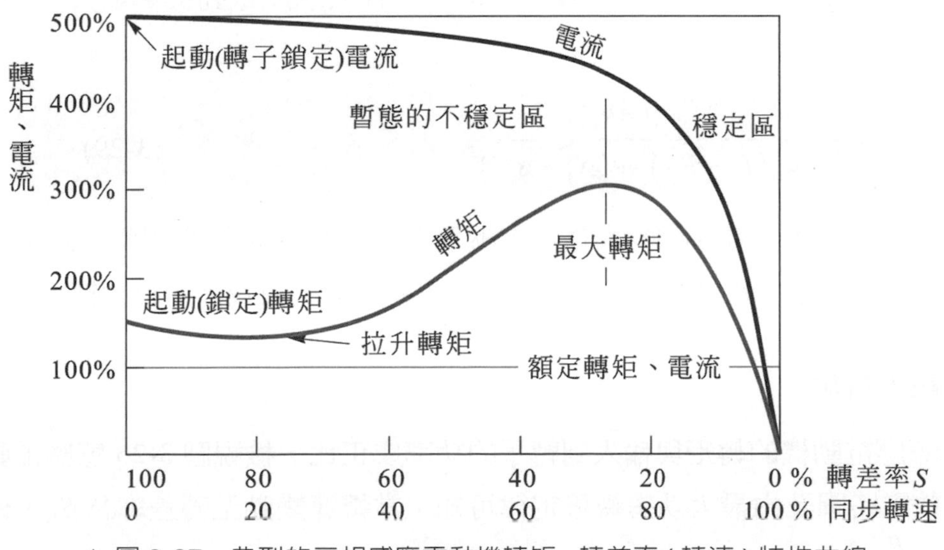

▲ 圖 3-27　典型的三相感應電動機轉矩 - 轉差率 (轉速) 特性曲線

感應電動機的轉矩 - 轉差率特性曲線也就是轉矩與轉速的關係曲線。在轉速為零、轉差率 $S = 1$ 時的轉矩稱為起動轉矩 (starting torque) 或鎖定轉矩 (locked rotor torque)。若起動轉矩大於負載轉矩，則驅動轉子轉動並產生加速度，經過拉升轉矩 (pull-up torque) 之後，轉矩隨著轉速的增加而增加，轉子

迅速的加速，一直到達轉矩最大值。**過了最大值後，轉矩與轉速成反比而與轉差率成正比**，轉矩隨著轉子轉速增加而下降，在同步轉速時轉矩降為零。

感應電動機的轉矩 - 轉差率曲線，以最大轉矩為界，在起動轉矩至最大轉矩的轉速較慢範圍為暫態的不穩定區。經過最大轉矩後之轉速較快的範圍為運轉情況安定的穩定區，如圖 3-27 所示。感應電動機起動後轉速一直上升，通過最大轉矩後到達電動機之轉矩與負載轉矩相等時，即不再加速而以穩定速度正常運轉。**感應電動機於正常運轉時，轉速接近於同步轉速，轉差率在 1% ～ 5% 之間，而轉矩與轉差率成正比**。負載增加時，轉矩不足因而轉速減慢，轉差率增加。轉差率即轉子與旋轉磁場的切割比率；轉差率增加，轉子感應電流增加，轉矩隨之增加；至轉矩等於負載轉矩時，轉速即不再下降。若負載持續增加，在轉速減慢 (即轉差率增加) 至最大轉矩仍然無法帶動負載的情況下，過了最大轉矩點就進入暫態的不穩定區，轉速再降低，轉矩反而減少，更無法帶動負載，電動機即迅速減速乃至停轉。因此**最大轉矩就是崩潰轉矩，也稱爲停頓轉矩** (breakdown torque) 或**脫出轉矩** (pull-out torque)。

二、感應電動機的起動轉矩

起動瞬間轉子轉速為零，轉差率 $S = 1$，代入感應電動機轉矩公式 (3-27) 得起動轉矩為

$$\tau_s = \frac{3}{\omega_s} \frac{V_1^2 R_2'}{\left(R_1 + R_2'\right)^2 + \left(X_1 + X_2'\right)^2} \tag{3-29}$$

感應電動機的起動轉矩與電源電壓平方成正比。適當增加轉子電阻值 R_2' 可增加起動轉矩。鋁質的轉子繞組比銅質的轉子繞組有較高的起動轉矩。

三、最大轉矩

感應電動機的轉矩與輸入到轉子的功率成正比。檢視圖 3-26 感應電動機的等效電路圖及由最大功率轉移定律可知：當轉速變動至轉差率為 S_M，使負載電阻 $\frac{R_2'}{S_M}$ 等於內阻時，轉子可得最大功率轉移，即輸入功率 P_{i2} 最大時

$$\frac{R_2'}{S_M} = \sqrt{R_1^2 + (X_1 + X_2')^2} \tag{3-30}$$

在轉差率為 S_M 時負載電阻等於內阻，輸入到轉子的功率 P_{i2} 為最大值；而感應電動機的轉矩與輸入到轉子的功率（同步瓦特）P_{i2} 成正比，所以在轉差率為 S_M 時的轉矩也為最大值。將式 (3-30) 代入轉矩公式 (3-27)，可得最大轉矩值為

$$\tau_M = \frac{3}{\omega_s}\frac{0.5V_1^2}{R_1+\sqrt{R_1^2+(X_1+X_2')^2}} \tag{3-31}$$

感應電動機之最大轉矩具有下列特點：

1. 最大轉矩與電源電壓平方成正比。
2. **最大轉矩之大小與轉子電阻無關**。最大轉矩公式 (3-31) 中並無 R_2'。

   改變轉子電阻 R_2 只會改變產生最大轉矩時的轉差率，而最大轉矩值不變。$\frac{R_2'}{S_M}=\sqrt{R_1^2+(X_1+X_2')^2}=K$，$R_2$增加則$S_M$增加，增加轉子電阻，會移至較大的轉差率、較慢的轉速下產生最大轉矩。如圖3-30所示，轉子電阻不同最大轉矩相同，轉子電阻愈大產生最大轉矩時的轉速愈慢。
3. 增加定子電阻 R_1、電感抗 X_1 及轉子電感抗 X_2，會使最大轉矩減小。

產生最大轉矩時之轉差率為

$$S_M = \frac{R_2'}{\sqrt{R_1^2+(X_1+X_2')^2}} \tag{3-32}$$

參考圖 3-28 轉子等效電路分析，可得產生最大轉矩時的轉差率 S_M 為

$$S_M = \frac{R_2}{X_2} \tag{3-33}$$

一般鼠籠式轉子，靜止時之電抗約為轉子電阻之 4 ～ 5 倍，因此最大轉矩在轉差率為 20% ～ 25% 之間產生；即在轉子轉速到達同步轉速的 75% ～ 80% 時轉矩最大。感應電動機最大轉矩約為滿載轉矩（額定轉矩）的 225% ～ 300%。如圖 3-27 轉矩 - 轉速特性曲線所示。

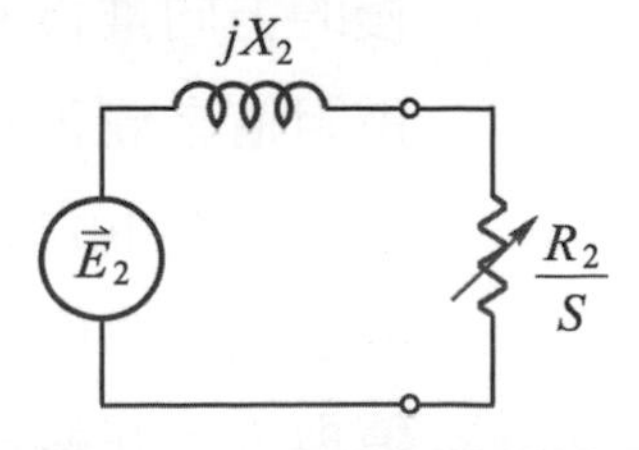

▲ 圖 3-28　感應電動機轉子的等效電路

四、轉矩的比例推移

三相感應電動機的轉矩為 $\frac{R_2'}{S}$ 的函數，$\tau=f(\frac{R_2'}{S})$。在固定之電源電壓下運轉時，感應電動機的轉矩僅與 $\frac{R_2'}{S}$ 值有關。若 $\frac{R_2'}{S}$ 值不變時，則轉矩也不變。不同的轉子電阻 R_2 對應不同的轉差率 S 有相同的 $\frac{R_2'}{S}$ 值會產生相同的轉矩。繞線型轉子感應電動機的轉子繞組可經滑環外接電阻，接線圖如圖 3-29 所示。若串接外部電阻 R 後的總二次電阻為原來的 m 倍，即

$$\frac{R_2'+R}{S'}=\frac{mR_2'}{mS}=\frac{R_2'}{S} \qquad (3\text{-}34)$$

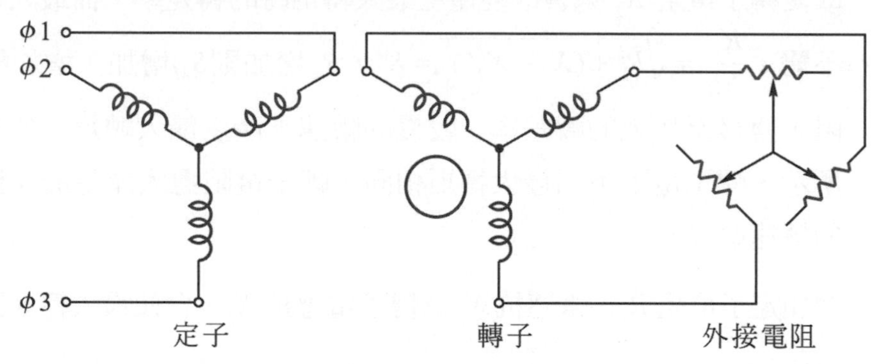

▲ 圖 3-29　三相繞線型轉子感應電動機經滑環外接電阻之接線圖

則在新的轉差率 $S'=mS$ 時得到相同的轉矩。因為只要轉子電阻與轉差率的比值相同，則轉矩不變，所以轉子串接外部電阻 R 後，原轉矩推移至轉差率為 mS 的新轉速下。圖3-30(a)所示為轉矩曲線隨轉子電阻變化的情形。圖3-30(a)中 τ_1 為轉子電阻僅有 R_2' 時之轉矩曲線，τ_2 為轉子串有電阻R，總電阻為 mR_2' 時之轉矩曲線。轉子串電阻使感應電動機之最大轉矩值不變，而往轉差率增大、轉速減慢的方向推移。這種感應電動機轉矩-轉差率(轉速)特性曲線隨轉子電阻值之變化而移動的現象，稱之為比例推移。如圖3-30(b)所示轉子電阻最小的 R_{21} 其最大轉矩時的轉差率最小(轉速最快)，轉子電阻值愈大，感應電動機產生最大轉矩時的轉差率愈大，亦即轉子電阻值愈大，在轉速愈慢的時候產生最大轉矩。若轉子電阻為 R_{24} ，則最大轉矩移至 $S=1$ 起動時，如此可獲得最大起動轉矩。

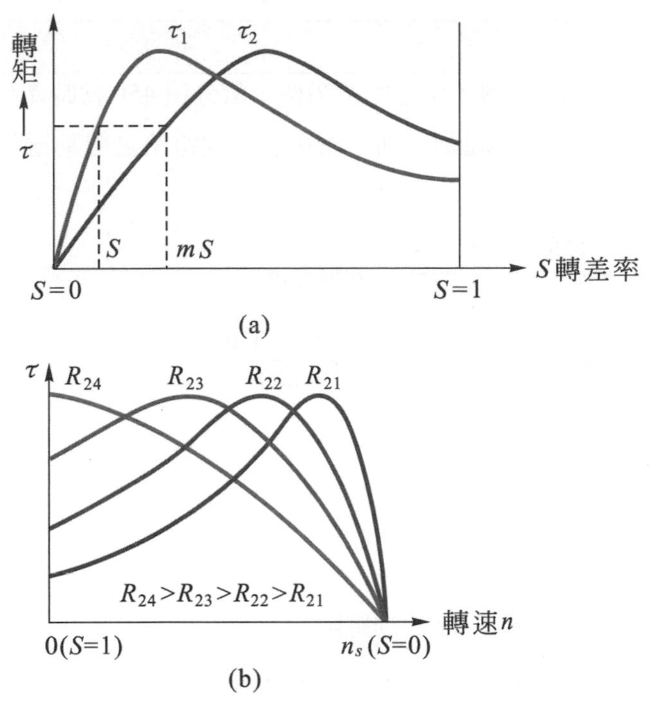

▲ 圖 3-30 感應電動機轉矩 - 轉差率曲線之比例推移

高電阻轉子之感應電動機有較大之起動轉矩，而低電阻轉子則有較佳的運轉特性。繞線型轉子之感應電動機，其轉子電路可經由滑環外接電阻改變轉子電阻值，利用比例推移來調整轉矩曲線，達到增加起動轉矩、降低起動電流及改變轉速的目的。

例 3-6

三相四極的 60 Hz 的繞線轉子型感應電動機，滿載轉速 1650 rpm，欲在轉矩不變情況下，使轉速下降為 1500 rpm，若轉部電阻 $R_2 = 0.5\ \Omega$，則應外加電阻若干？

解 同步轉速 $n_s = \dfrac{120f}{P} = \dfrac{120 \times 60}{4} = 1800$ rpm

轉差率 $S = \dfrac{n_s - n_r}{n_s}$

轉速 1650 rpm 的轉差率 $S_1 = \dfrac{1800-1650}{1800} = \dfrac{1}{12}$

轉速 1500 rpm 的轉差率 $S_2 = \dfrac{1800-1500}{1800} = \dfrac{1}{6}$

$\dfrac{R_2+R}{S'} = \dfrac{R_2}{S}$，$\dfrac{0.5+R}{\frac{1}{6}} = \dfrac{0.5}{\frac{1}{12}}$

∴外加電阻 $R = 0.5\ \Omega$

例 3-7

有十極、50 Hz 之三相繞線轉子型感應電動機，每分鐘 450 轉時產生最大轉矩。此電動機以最大轉矩之情形下起動，則所需接於二次電路之起動電阻應為二次電阻之幾倍？

解 同步轉速 $n_s = \dfrac{120f}{P} = \dfrac{120 \times 50}{10} = 600$ rpm

最大轉矩時的轉差率 $S_M = \dfrac{n_s - n_r}{n_s} = \dfrac{600-450}{600} = \dfrac{1}{4}$

起動的轉差率 $S = 1$

由 $\dfrac{R_2 + R}{S'} = \dfrac{R_2}{S_M}$ $\quad \dfrac{R_2 + R}{1} = \dfrac{R_2}{\frac{1}{4}} = 4R_2$

$\therefore R = 3R_2$ 須串接 3 倍 R_2 之起動電阻

3-3-4 感應電動機的功率因數與效率

一、感應電動機的功率因數

感應電動機定子與轉子間具有空氣隙使得磁阻頗大，激磁電流很大。無載空轉時感應電動機的無載電流約為滿載電流的 50% 左右，大部分為激磁電流，功率因數很低。隨著負載的增加，功率因數也隨之提高，在**滿載附近時感應電動機的功率因數最高**，約 0.8 左右。圖 3-31 所示為感應電動機的負載特性曲線。繞線型感應電動機之轉子線圈電感較大，線槽較深、漏磁較大，空氣隙也較大，功率因數比鼠籠式感應電動機低。感應電動機的極數愈多，轉速愈慢者功率因數愈差。這是因為極數增加，每相每極的線圈匝數減少，就同一磁通密度而言，須有較大的激磁電流所致。

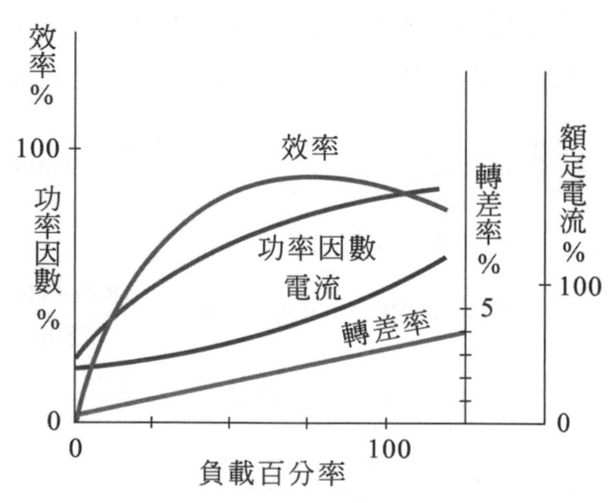

▲ 圖 3-31　感應電動機的負載特性曲線

二、感應電動機的效率

感應電動機的效率是指電動機轉軸的輸出機械功率 P_o 與該機輸入電功率 P_i 之比值。感應電動機的輸出為機械功率，須由測力計測出轉矩及轉速，再由轉矩乘以角速度來計算出電動機的輸出功率；即機械輸出功率 P_o 為

$$P_o = \tau\omega = Fl2\pi\frac{n_r}{60} \tag{3-35}$$

式 (3-35) 中 F：扭力，可由測力計之磅秤讀出數值

l ：為測力計的力臂

n_r：為每分鐘轉速

電動機的輸入電功率可由瓦特表直接測出或以電儀表測出功率因數、線電壓及線電流等數據來計算。電動機之實測效率：

$$\eta = \frac{P_o}{P_i} = \frac{\tau\omega}{\sqrt{3}V_L I_L \cos\theta} \tag{3-36}$$

實際應用時，另有由輸出功率除以輸入 VA 數的視在效率，即

$$\text{視在效率 } \eta_a = \frac{P_o}{S} = \frac{P_o}{\sqrt{3}V_L I_L} \tag{3-37}$$

視在效率可以決定感應電動機所須的電源容量，電源的 VA 數等於輸出功率除以視在效率。例如某型式感應電動機的視在效率為 0.75，則預估每馬力所須之容量為 746/0.75，大約 1 馬力須要 1 kVA 的電源。

感應電動機的損失有鐵損、銅損及機械摩擦損和雜散損。無載時無功率輸出而僅有損失，故效率為零。隨著負載增加，輸出增加，效率提升，如圖3-31所示。在半載與滿載之間，感應電動機的效率曲線平坦而且為最高，其值約 70% ～ 90%。因此運用時應使感應電動機接近滿載運轉，不宜選用過大的感應電動機在輕載下運轉，如此效率差，功率因數也低。

例 3-8

有台 60 Hz、440 V、四極之三相感應電動機，當負載為 10 kW 時之電流為 17 A、功率因數為 0.87，則其視在效率及普通效率各為若干？

解 視在效率 $\eta_a = \frac{P_o}{S} = \frac{P_o}{\sqrt{3}V_L I_L} = \frac{10000}{\sqrt{3}\times 440\times 17} = 77.2\%$

普通效率 $\eta = \frac{10000}{\sqrt{3}\times 440\times 17\times 0.87} = 88.7\%$

3-3-5 各種感應電動機之特性及用途

一、普通鼠籠型轉子感應電動機之特性

普通鼠籠型轉子感應電動機的轉子導體電阻值低、銅損小及效率高，運轉時轉差率小，轉速極為穩定有很好的運轉特性。但是普通鼠籠型感應電動機起動轉矩小及起動電流大，無法使用於重載之起動。而且在輕載時，其功率因數很低，效率也不高。因此普通鼠籠式感應電動機僅適合於 3.75 kW (5 HP) 以下需要小起動轉矩、恆定轉速之場合，如離心泵、風扇、鼓風機、輸送帶、印刷機、木工機械及工作母機等。

二、特種鼠籠型轉子感應電動機之特性

特種鼠籠型轉子感應電動機具有鼠籠式感應電動機構造簡單、堅固耐用及製作容易的優點之外，並且兼具較佳的起動及運轉特性。特種鼠籠型轉子主要分為深槽鼠籠型及雙鼠籠型兩種：

1. 深槽鼠籠型轉子感應電動機 (deep-slot squirrel cage induction motor)

深槽鼠籠型轉子的線槽形狀深而狹，如圖3-32所示，槽漏磁通愈靠近底部愈密集，底部導體之電感較頂層導體之電感大。由於轉子頻率 $f_2 = Sf_1$ 及電感抗與頻

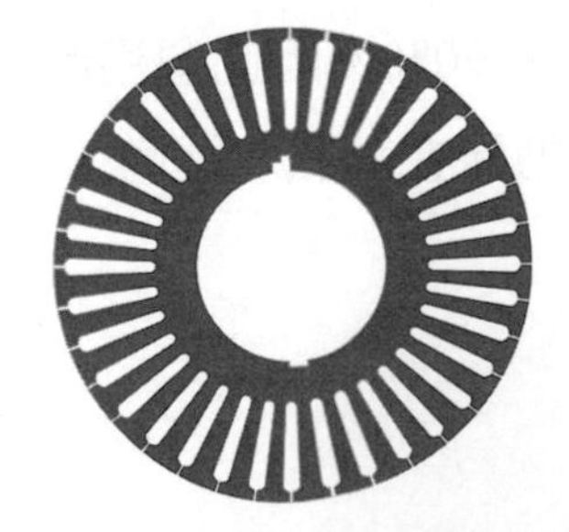
▲ 圖 3-32 深槽鼠籠型轉子矽鋼片

率成正比，起動時轉子感應電壓頻率高，槽底部導體電抗大，電流不易流通而流經電抗較小的槽頂部，如圖3-33所示。這種情形相當於有效截面小，有效電阻大，如同轉子電阻增加一樣，可獲得較大的起動轉矩和較小的起動電流。當轉子轉速增加後，轉子應電勢之頻率隨之降低，槽底部導體之電抗隨著轉速增加而減小，因此槽底部可流通較多之電流而與頂部之電流密度漸趨相同；相當於有效截面增大，有效電阻減小，效果如同轉子之電阻降低，而獲得較佳之運轉特性。深槽鼠籠型轉子，轉子記號以 K_1 表示，稱為1號特種鼠籠型，起動轉矩在150%以上，起動電流約450%左右者。深槽鼠籠型與普通鼠籠轉子感應電動機之轉矩-轉差率特性曲線之比較，如圖3-34所示。

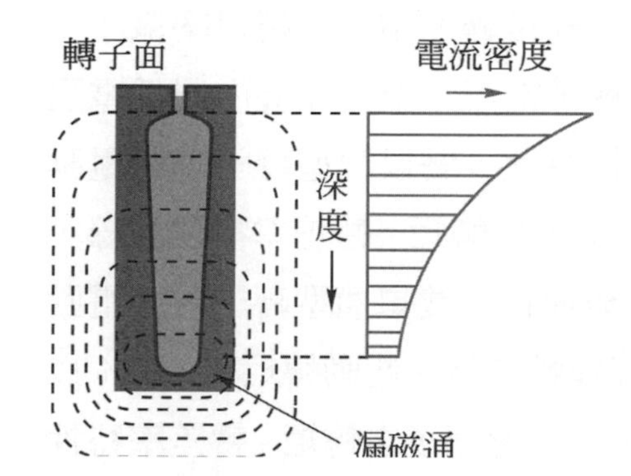

▲ 圖3-33　深槽鼠籠型轉子感應電動機於起動時導體之漏磁通與電流密度

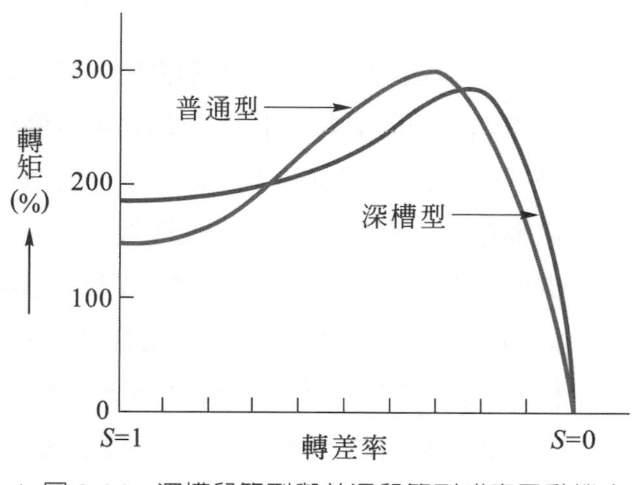

▲ 圖 3-34　深槽鼠籠型與普通鼠籠型感應電動機之轉矩 - 轉差率特性曲線之比較

2. 雙鼠籠型轉子感應電動機 (double-cage induction motor)

雙鼠籠型轉子之鐵心具有內外兩層線槽，如圖3-35所示，裝有兩組鼠籠式繞組。在**外層(top bar)的鼠籠式繞組導體截面積小**，使用**高電阻**的材料製成；由於位於外層靠近空

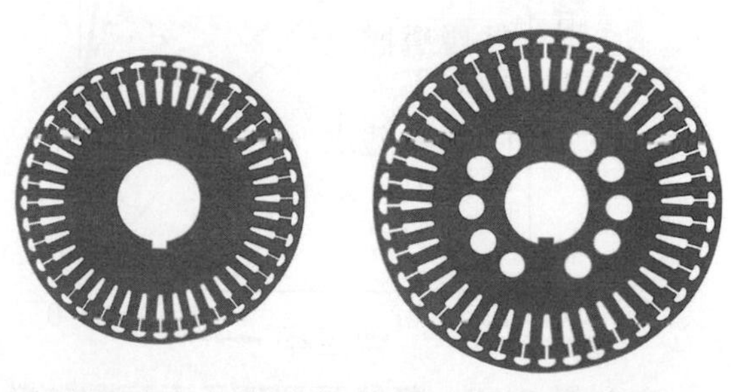

▲ 圖 3-35　雙鼠籠型轉子之鐵心矽鋼片

氣隙鐵心較少，所以**外層繞組電感小電阻大**。在內層的鼠籠式繞組導體(bottom bar)截面積較大，使用低電阻的材料製成且位於鐵心內部漏磁通較多，如圖3-36所示，**內層鼠籠式繞組具有低電阻高電感的電路特性**。

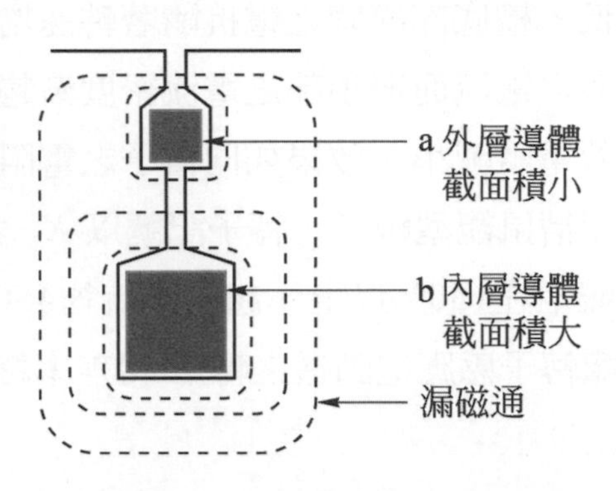

▲ 圖 3-36　雙鼠籠型轉子之漏磁通

雙鼠籠型感應電動機起動時，轉子電流大部分流經低電感、高電阻的外層導體，使起動轉矩提高而起動電流降低。起動後轉速增加，轉差率減小，轉子的頻率與電抗隨著轉速的增加而減小，轉子電流大部分流經內層低電阻之導體，而使雙鼠籠型電動機獲得良好之運轉特性。雙鼠籠型轉子感應電動機轉子記號以 K_2 表示，又稱為 2 號特種鼠籠型，其轉矩 - 轉差率特性曲線，如圖 3-37 所示，可視為由外鼠籠與內鼠籠合成而得。雙鼠籠型轉子感應電動機兼具高電阻的良好起動特性及低電阻的良好運轉特性。起動轉矩在 150% 以上，起動電流約 500% 左右者。雙鼠籠型轉子與普通轉子之轉矩 - 轉差率特性曲線之比較，如圖 3-38 所示，從曲線中可看出雙鼠籠型的起動轉矩較大。

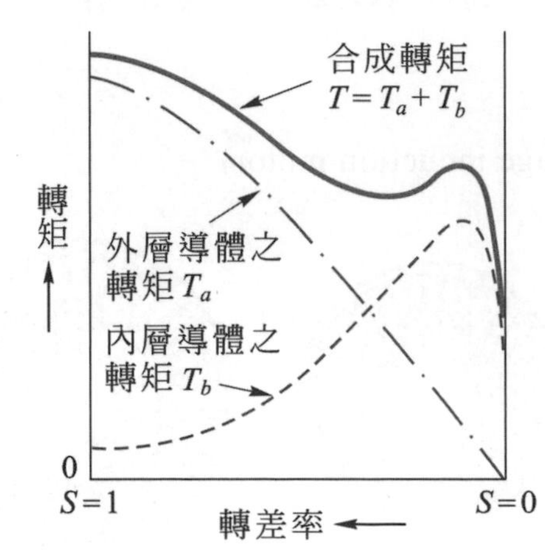

▲ 圖 3-37　雙鼠籠型轉子感應電動機之轉矩 - 轉差率特性曲線

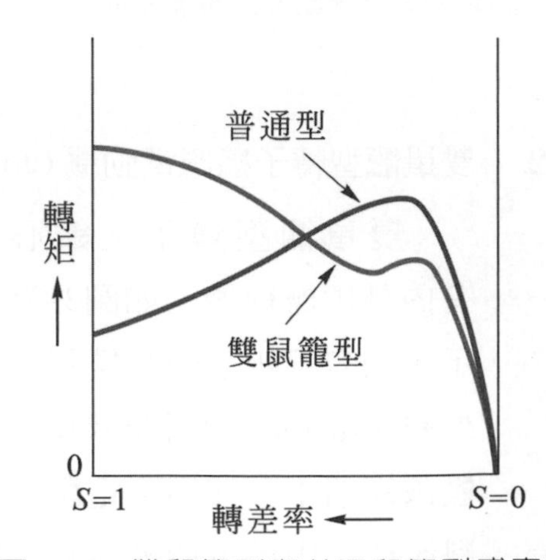

▲ 圖3-38　雙鼠籠型與普通鼠籠型感應電動機之轉矩-轉差率特性曲線之比較

各種鼠籠型轉子感應電動機之用途，如表 3-2 所示。

▼ 表 3-2　各種鼠籠型轉子感應電動機之用途及轉子記號

鼠籠型感應電動機的種類	用途	轉子記號
普通鼠籠型感應電動機	一般小容量機(3.5kW以下者)。	C
1號特種鼠籠型感應電動機	泵、通風機、送風機、空氣壓縮機、電動發電機組及一般動力。	K_1
2號特種鼠籠型感應電動機	捲揚機、輸送帶機、工作母機、紡織機、空氣壓縮機及軋鐵用輔助機。	K_2

三、繞線型轉子感應電動機之特性

繞線型轉子在起動時，轉子外接電阻，可以提高轉子之轉矩，同時降低起動電流，有較佳之起動特性；運轉時若須調速可由外接電阻調整之。繞線型轉子感應電動機之優點為：

1. 起動轉矩大。
2. 起動電流小。
3. 速率可控制。

但是由於外接後轉子電阻增大，運轉時轉子電路銅損變大、效率差，速率調整率差，運轉特性比鼠籠型差。尤其轉子繞組的繞製困難，無法大量生產，成本較昂貴，是繞線型轉子感應電動機的最大弱點。

繞線型轉子感應電動機使用於需要大起動轉矩，或需要調速或起動頻繁之場合，如起動機、升降機、電車及運送機。

問題與討論

1. 試繪出三相感應電動機一相份之等效電路圖，並說明其意義。
2. 三相八極，100 kW，3000 V，60 Hz 感應電動機。滿載二次銅損 3 kW，機械損 2 kW。試問滿載每分鐘轉速為多少 rpm ？

3-4 三相感應電動機的起動、速率控制及制動

3-4-1 三相感應電動機之起動

感應電動機在起動時，如同一個短路的變壓器；若直接全壓起動則起動電流很大，約為滿載電流的 5 ～ 8 倍。而起動轉矩相對顯得很小，只有滿載額定轉矩的 1.5 ～ 2 倍。過大的起動電流不僅衝擊電動機本身及供電設備，而且所造成的線路壓降也影響其他電器的運作，因此感應電動機的起動電流必須加以限制。用戶用電設備裝置規則的第 162 條即對低壓三相電動機、第 430 條對高壓電動機的起動電流加以規範。低壓電動機容量超過某一大小，其起動電流不得超過額定電流的 3.5 倍，如表 3-3 所示。

▼ 表 3-3　三相低壓電動機起動電流之限制

用戶別及供電 (使用) 電壓		每台電動機容量	起動電流之限制 (以額定電流為準)
低壓用戶	220 伏特	15 馬力及以上	3.5 倍以下
	380 伏特	50 馬力及以上	3.5 倍以下
高壓用戶	600 伏特以下低壓電動機	200 馬力及以上	3.5 倍以下

三相感應電動機在起動的瞬間轉子轉速為零，轉差率 $S=1$，每相的起動電流為

$$I_{1S}=\frac{V_1}{\sqrt{(R_1+R_2')^2+(X_1+X_2')^2}} \tag{3-38}$$

感應電動機之起動電流與電源電壓成正比而與機械負載大小無關，無載與滿載的起動電流相同。由三相感應電動機起動電流公式 (3-38) 可知，要減小三相感應電動機起動電流，必須降低電源電壓或增加定子電阻、定子電抗、轉子電阻及轉子電抗。

三相感應電動機的起動轉矩為

$$\tau=\frac{3}{\omega_s}\frac{V_1^2R_2'}{(R_1+R_2')^2+(X_1+X_2')^2} \tag{3-39}$$

由三相感應電動機之起動轉矩公式 (3-39) 可知，降低電源電壓 V_1 或增加轉子電抗 X_2、定子電阻 R_1 及定子電抗 X_1 雖然可以降低起動電流，但是起動轉矩也減少。另外增加定子電阻會增加銅損，造成效率降低；增加定子電抗會使激磁電流增加，功率因數變差。

一、三相繞線型轉子感應電動機之起動法

繞線型轉子感應電動機可採用轉子串接電阻的方式起動，適當增加轉子電阻，不僅可降低起動電流，還可以增加起動轉矩。如圖 3-39 所示，(a) 曲線為轉子未加起動電阻時之轉矩對轉差率關係曲線；(b) 曲線為轉子起動時，串接適當之電阻 R_S 使得最大轉矩成為起動轉矩。

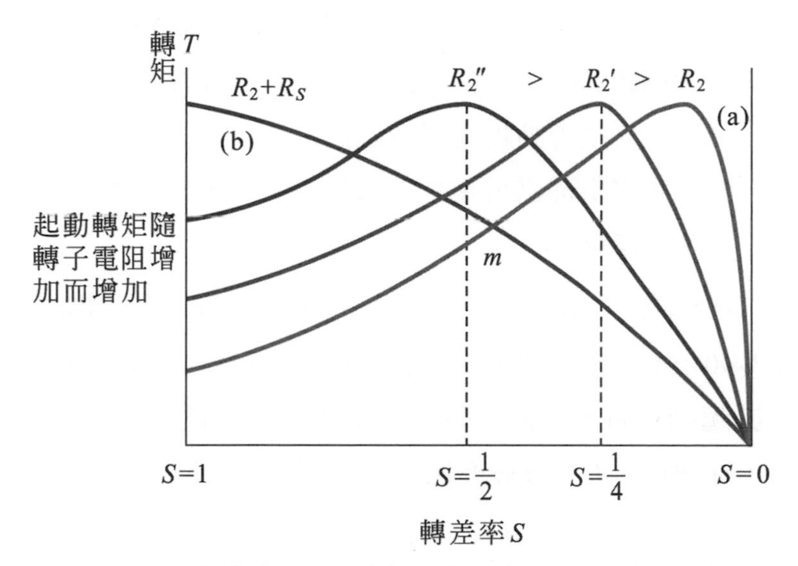

▲ 圖 3-39　串接適當電阻使起動轉矩隨轉子電阻增加而增加

在起動瞬間，即轉差率 $S=1$ 時，欲獲得最大轉矩，轉子所加之電阻須符合下式之關係：

$$\frac{R_2+R_S}{1}=\frac{R_2}{S_M} \qquad (3\text{-}40)$$

而產生最大轉矩時的轉差率為 $S_M=\dfrac{R_2}{X_2}$，代入式 (3-40) 得知欲獲得最大轉矩，轉子每相所加之電阻為

$$R_S=X_2-R_2 \qquad (3\text{-}41)$$

若起動期間轉子串接之電阻固定不變，則超過某一轉速之後，串接電阻的轉矩反而比未加起動電阻的轉矩小，如圖 3-39 所示之 (b) 曲線過 m 點之後低於 (a) 曲線。因此在起動期間，須配合轉速的提升而逐漸地減少或逐段切離起動電阻，以提高轉矩，直到起動完成，串接之電阻減為零。如此才可使電動機獲得較高轉矩持續加速，縮短起動時間。三相繞線型轉子感應電動機轉子外加電阻起動的方法，可以採用手動方式或利用電磁開關的自動方式：

1. 手動式轉子串接電阻起動

圖3-40所示為手動式電阻起動器之接線圖，其動作原理如下：

(1) 當按下起動按鈕 ON 時，MCM 激磁，其所屬接點皆閉合，此時三相電源直接加在電動機定子線圈，電動機起動。

(2) 電動機起動時，起動器之所有電阻接在轉子電路中；起動加速以後，必須轉動起動器上之把柄逐漸地減少串接電阻值，直到所有之電阻都劃出為止。依此可使電動機之轉速逐漸增加，直到全速運轉。

(3) 輕按停止按鈕 OFF 時，MCM 失磁，接點斷開，電動機斷電停轉。

圖3-40中附有安全開關 A，其作用在於確保起動時起動器之把柄放置於起動位置，起動電阻全部串接在轉子電路中，否則 A 接點開路，即使按下 ON 按鈕亦無法使 MCM 激磁起動。

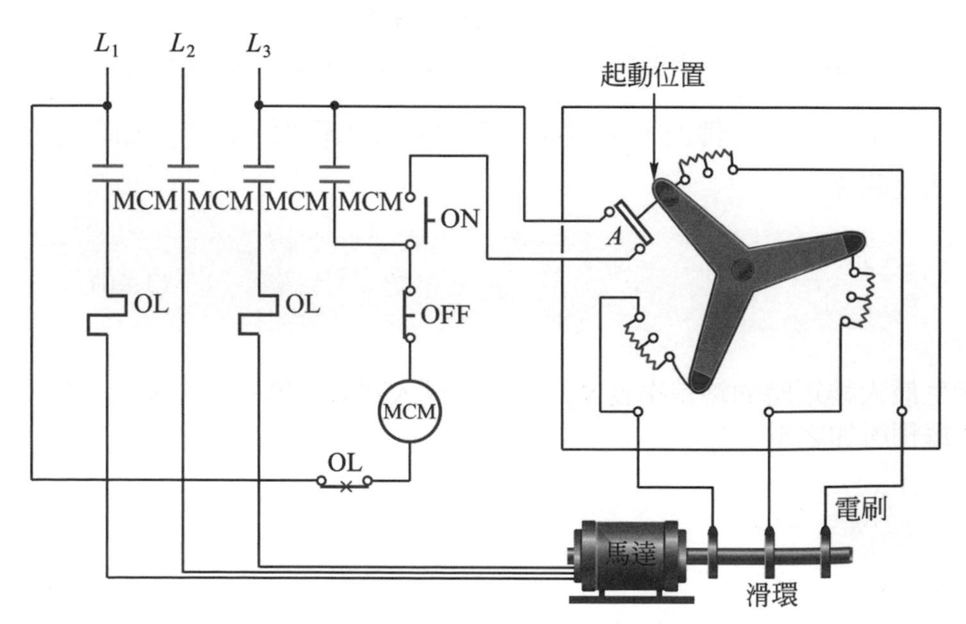

▲ 圖 3-40　手動式電阻起動器之接線圖

2. 使用電磁開關控制之自動轉子串接電阻起動法

如圖3-41所示，為自動串接電阻起動之接線圖，只要按下按鈕ON，便可自動完成起動之操作，其動作原理如下：

(1) 當按下按鈕 ON 時，MCM 激磁，其所屬接點 MCM 皆閉合，此時電動機之定子繞組與電源線接通，而轉子繞組與各起動電阻串聯，電動機開始起動，同時限時電驛 T_1 激磁開始計算。

(2) 當限時電驛 T_1 之設定時間到，限時動作 a 接點閉合，電磁接觸器 MC1 激磁，其所屬接點 U_1、V_1、W_1 閉合，部份起動電阻器短路從轉子電路中去除，同時限時電驛 T_2 開始計時。T_2 計時時間到，電磁接觸器 MC2 激磁，U_2、V_2、W_2 閉合再切離部份起動電阻，同時限時電驛 T_3 開始計時；T_3 計時時間到電磁接觸器 MC3 激磁，U_3、V_3、W_3 閉合使轉子繞組短路，電動機全速運轉。

(3) 當 MC3 激磁時常開接點閉合自保持，限時電驛 T_1 激磁線圈所串接之 MC3 常閉接點打開，限時電驛及電磁接觸器 MC1、MC2 均斷電失磁，僅 MCM 及 MC3 激磁使電動機通電運轉。

(4) 若按停止按鈕 OFF 或發生過載時，MCM 失磁，電動機斷電停轉。

二、三相鼠籠型轉子感應電動機之起動法

鼠籠型轉子感應電動機，轉子之導體已用端絡環短路連接，無法在轉子電路串聯電阻來降低起動電流，只能採用降低電壓方式來限制其起動電流。

目前鼠籠型轉子感應電動機所採用之起動方法有全壓起動法、Y-Δ 降壓起動法、自耦變壓器 (補償器) 降壓起動法、串接電抗或電阻降壓起動法以及部份繞組降壓起動法。分別說明如下：

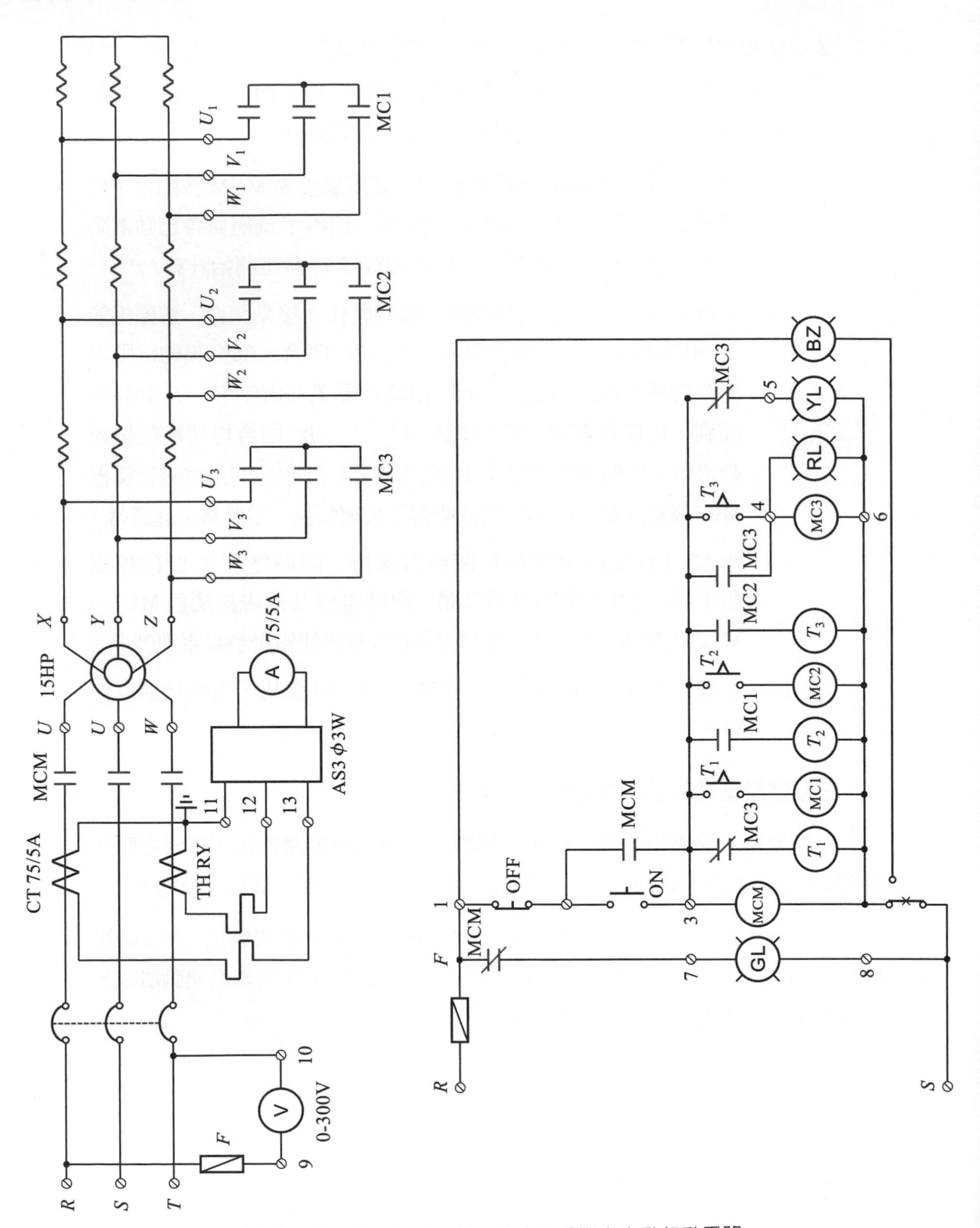

▲ 圖 3-41　三相繞線型轉子感應電動機之自動起動電路

1. 全壓起動法

一般3.7 kW(5HP)以下之小型普通鼠籠式感應電動機，由於轉動慣量小，速率上升快，起動時間短，起動電流不致太大，可以在電源容許範圍內，直接加額定電壓起動。全壓直接起動時對電動機衝擊頗大，頻繁起動的電動機頻繁出現大電流會使電動機內部過熱，必須限制每小時的最高起動次數。大型的鼠籠式感應電動機轉動慣量大，起動時間長而且起動電流大，不宜全壓直接起動，必須使用降壓起動器限制起動電流低於額定電流的3.5倍以下。

2. Y-Δ 降壓起動法

具有6條出口線、額定運轉時爲Δ接線之電動機，在起動轉矩要求不大的場合最常採用Y-Δ降壓起動法。Y-Δ 降壓起動法，係在起動時，先將定子繞組接成Y接線，當電動機加速運轉至額定轉數之70%～90%時，再將定子繞組改接成Δ接線正常運轉。Y-Δ 降壓起動法，其最大之特點為無需其他之起動裝置，僅須利用開關變換其定子繞組的接線即可。Y-Δ 降壓起動方法最簡單，一般5.5 kW(7.5 HP)以上，可以無載或輕載起動之電動機最常用。

設感應電動機每相繞組的阻抗為 Z，當以Y接線加電源電壓起動時，加在每相繞組之電壓降為只有線路電壓的 $\frac{1}{\sqrt{3}}$ 倍，如圖3-42(a)所示，此時起動之線電流等於相電流，Y接起動之電流降為

$$I_Y = I_P = \frac{V_L}{\sqrt{3}}\frac{1}{Z} = \frac{V_L}{\sqrt{3}Z} \qquad (3\text{-}42)$$

若直接以Δ接線加上電源電壓起動時，如圖3-42(b)所示，起動之線電流等於 $\sqrt{3}$ 倍的相電流，即

$$I_\Delta = \sqrt{3}I_P - \sqrt{3}\frac{V_L}{Z} \qquad (3\text{-}43)$$

Y接之起動電流與Δ接起動電流之比為

$$\frac{I_Y}{I_\Delta} = \frac{\frac{V_L}{\sqrt{3}Z}}{\sqrt{3}\frac{V_L}{Z}} = \frac{1}{3} \qquad (3\text{-}44)$$

在起動時Y型接線之電流爲Δ型接線的$\frac{1}{3}$。一般鼠籠式感應電動機的起動電流約為額定電流的6倍，合乎起動電流不得超過額定電流的3.5倍之規定。

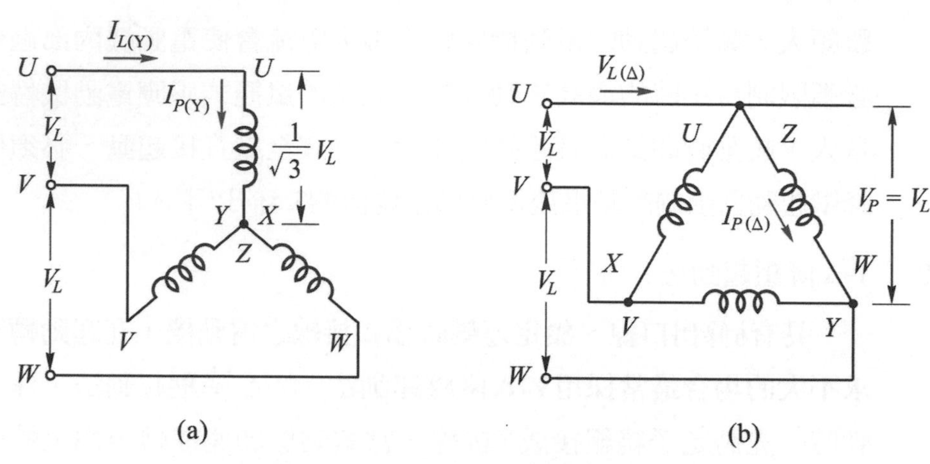

▲ 圖 3-42　Y 接與 Δ 接起動電流之比較

由於感應電動機的轉矩與電壓平方成正比，Y接起動時，每相繞組的電壓降為$\frac{1}{\sqrt{3}}$，使得Y接線時之轉矩降為Δ接線時的$\frac{1}{3}$倍，約為額定轉矩的50%。因此Y-Δ降壓起動法不適用於重負載之起動，適用於有離合器之作業機械等。如圖3-43所示為Y接與Δ接起動時，其電流與轉矩特性變化的情形。**Y接起動時電流與轉矩均降爲Δ接起動的$\frac{1}{3}$倍**。

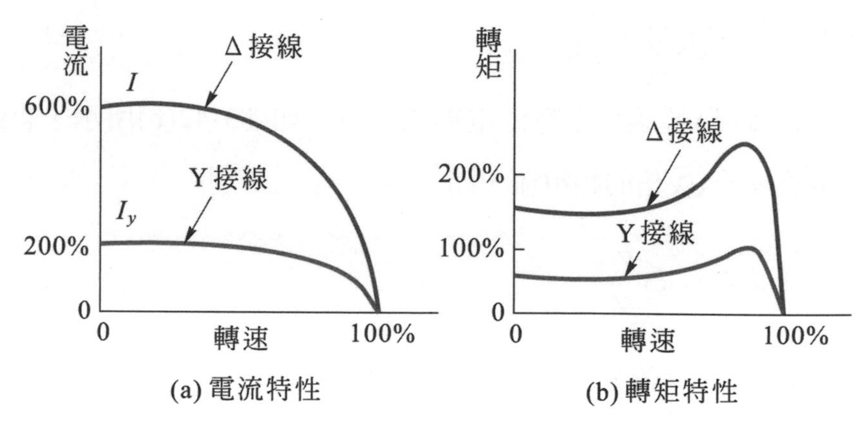

▲ 圖 3-43　Y 接與 Δ 接起動之電流與轉矩特性

Y-Δ起動法可以用Y-Δ起動專用鼓形開關或以三極雙投(T.P.D.T)閘刀開關，如圖3-44的接線手動操作；當三極雙投閘刀開關投向右方時，電動機為Y起動，若將開關投向左方即形成Δ運轉。

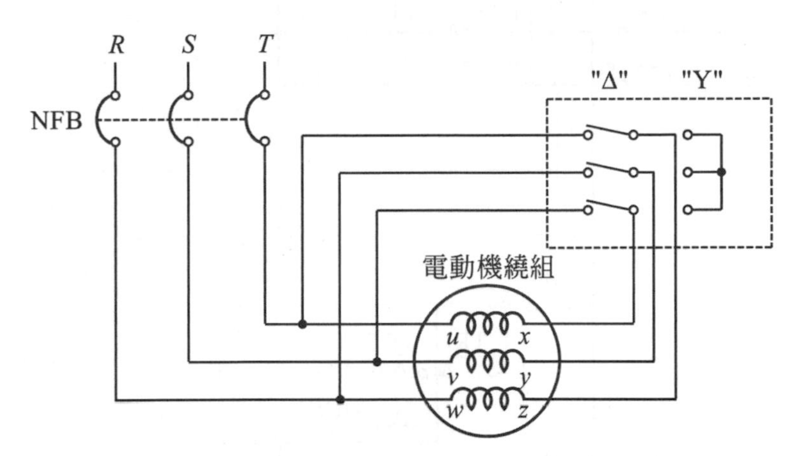

▲ 圖 3-44 使用閘刀開關作 Y-Δ 降壓起動之接線圖

利用電磁開關的Y-Δ降壓起動電路，如圖3-45所示，其操作過程如下：

(1) 按下 ON 開關，限時電驛 TR 及電磁接觸器 MCS 線圈激磁，TR 之瞬時 (inst) 接點閉合形成自保持電路；MCS 所屬主接觸點 MCS 全部閉合，此時感應電動機三相繞組之 X、Y、Z 三點接在一起，三相電動機 Y 接起動。

(2) 當 TR 之設定時間到 (通常為 5 ～ 12 秒鐘)，TR 之 (TO) 接點跳開，TR 之 (TC) 接點閉合，電磁接觸器 MCS 線圈失磁，MCS 之主接點跳脫，而電磁接觸器 MCD 激磁 MCD 之主接點閉合，三相感應電動機形成 Δ 接線正常運轉。

(3) 按 OFF 開關，則限時電驛 TR 線圈失磁，TR 瞬時 (inst) 接點立即跳脫，形成斷路，電磁接觸器 MCD 線圈失磁，MCD 主接點跳脫，電動機停止運轉。

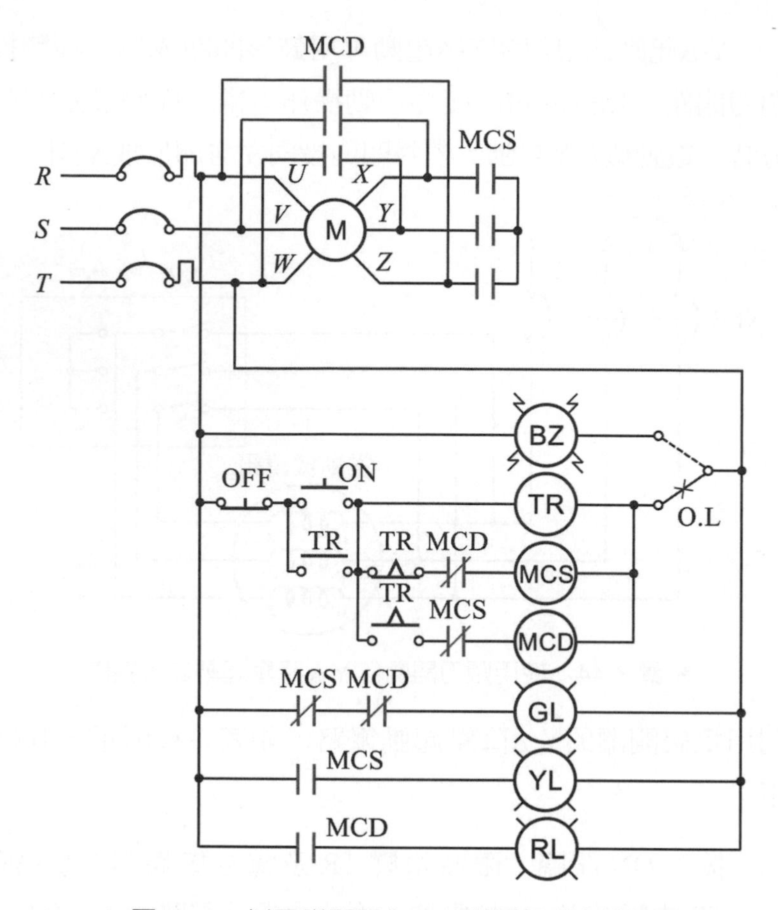

▲ 圖 3-45　以電磁開關作 Y-Δ 降壓起動之接線圖

圖 3-45 中 MCS 與 MCD 兩常閉接點 (*b* 接點) 接成電氣互鎖，使兩電磁接觸器 MCS 及 MCD 之線圈不致於同時激磁而造成電源短路。限時電驛 TR 應選用 Y-Δ 起動專用的限時電驛，其限時接點從限時 *b* 接點脫離到限時 *a* 接點閉合，有 0.01 ～ 0.3 秒的延遲時間供 MCS 消弧，防止 MCD 太快閉合，造成電源短路。若使用普通的限時電驛時，必須使用一兩個電力電驛，如圖 3-46 所示的接線來延遲 MCD 閉合，避免電源短路。有些大型機起動時，除了使用 Y-Δ 起動專用的限時電驛之外，也再使用電力電驛延遲 MCD 閉合，防止電源短路。

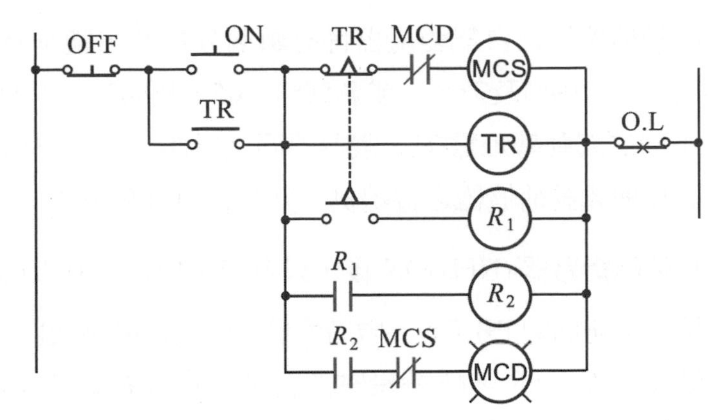

▲ 圖 3-46 以普通限時電驛及電力電驛來延遲 MCD 的閉合，避免電源短路

3. 補償器 (compensator) 降壓起動法

在三相鼠籠式電動機沒有6條出口線或須以Y接運轉於較高電壓以及重載起動的場合，就無法使用Y-Δ降壓起動，而必須採用自耦變壓器降壓起動法。感應電動機起動用之自耦變壓器又稱為起動補償器。係利用二台自耦變壓器作V型結線，或三台自耦變壓器作Y型結線，將電源電壓降至適當電壓供電動機起動，如圖3-47所示。若將電源電壓降為電源電壓的 $\frac{1}{a}$ 倍時，電動機之電流及變壓器二次側電流，隨電壓降為全壓起動時的 $\frac{1}{a}$ 倍，經變壓器的作用，電源側(即變壓器一次側)的電流僅為全壓起動時的 $\frac{1}{a^2}$ 倍。起動轉矩隨電源電壓平方下降為全壓起動轉矩的 $\frac{1}{a^2}$ 倍。

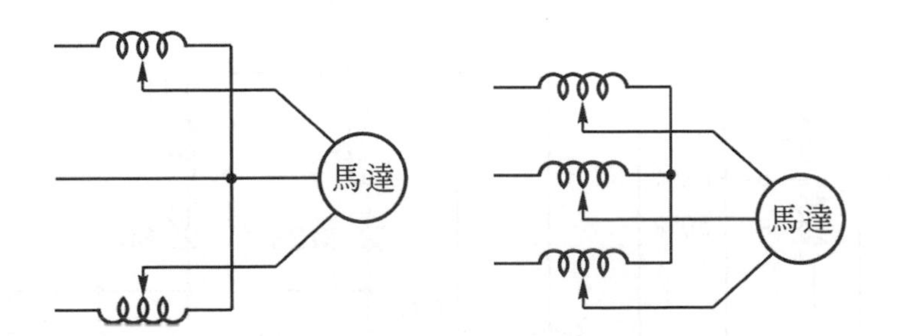

(a) 二台自耦變壓器V結線 (b) 三台自耦變壓器接Y結線

▲ 圖 3-47 以自耦變壓器降壓起動

起動補償器之自耦變壓器備有數個分接頭，通常有三種抽頭，分別為55%、64%及73%，或為50%、65%及80%，以便在起動時可配合不同之起動轉矩需求，選擇不同之電壓。圖3-48所示為三相感應電動機與起動補償器之接線例，其動作原理如下：

(1) 無熔絲斷路器 (NFB)ON 後，只有指示燈綠燈 (GL) 亮。

(2) 按下按鈕開關 PB-ON，限時電驛 TR 及電磁接觸器 MCS、MCN 激磁動作，TR 之瞬時接點閉合形成自保持電路；MCS、MCN 所屬主接觸點全部閉合，補償器接成 Y 型，電動機作降壓起動：黃燈亮、綠燈熄。經過一段 TR 設定時間後，TR 之限時動作 *b* 接點跳開，電磁接觸器 MCS 及 MCN 失磁，補償器切離，黃燈熄；TR 之限時動作 *a* 接點閉合，電磁接觸器 MC 動作，電動機以全壓運轉，紅燈亮。

(3) 過載時，積熱電驛動作，電磁接觸器 MC 跳脫，電動機停止動作。蜂鳴器發出警報，指示燈綠燈 (GL) 亮，其餘燈均熄。

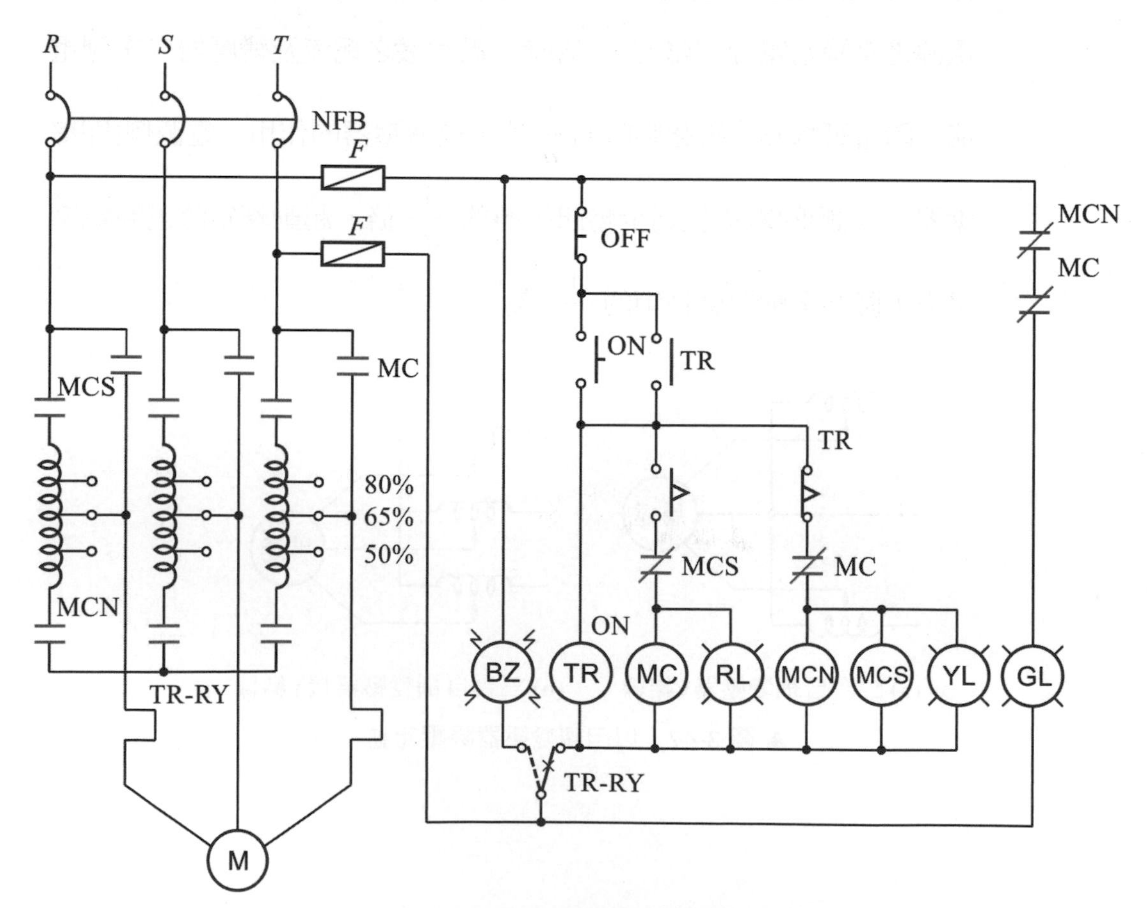

▲ 圖 3-48　三相感應電動機起動補償器降壓起動電路圖

例 3-9

一部六極 25 HP，60 Hz，440 V，三相感應電動機在全壓起動時，起動電流為 210A，起動轉矩 150 N-m，則：

(1) 用 Y-Δ 起動法之起動電流及起動轉矩？

(2) 用自耦變壓器降壓到 65% 時，電動機之起動電流、起動轉矩及電源側之起動電流各為若干？

 (1) Y-Δ 起動法

因 Y 接起動時，其電流與轉矩均降為 Δ 接起動的 $\frac{1}{3}$ 倍，故

Y 接起動時，起動電流 $I_{YS}=\frac{210}{3}=70\text{ A}$

起動轉矩 $\tau_{SY}=\frac{150}{3}=50\text{ N-m}$

(2) 用自耦變壓器降壓 65% 到 286V 時：

電動機之起動電流 $I_{MS}=210\times 0.65=136.5\text{ A}$

電動機之起動轉矩降為全壓起動轉矩的 $\frac{1}{a^2}$ 倍

$\tau_{SL}=150\times(0.65)^2=63.375\text{ N-m}$

電源側之起動電流降為全壓起動的 $\frac{1}{a^2}$ 倍

$I_{SL}=210\times(0.65)^2=88.725\text{ A}$

4. 定子串接電抗或電阻降壓起動法

起動鼠籠式感應電動機時，可在電動機與電源間串接電抗器或電阻器以限制起動電流。待電動機完成起動加速後，再將電抗器或電阻器切離，使電動機在全壓下運轉。感應電動機利用串接電抗或電阻降壓為電源電壓的 $\frac{1}{a}$ 起動時，起動電流降為全壓起動的 $\frac{1}{a}$ 倍，而起動轉矩卻隨電源電壓平方下降為 $\frac{1}{a^2}$ 倍，因此只能適用於空載或輕載起動的場合。起動用電抗器通常備有數個分接頭可供選擇，常用於紡織機械等之起動。串接起動電阻器會發熱有較大的功率損

耗，採用之高功率電阻器體積大，製作成本較電抗器高，一般僅使用於7.5 kW以下小容量電動機。

3-4-2 三相感應電動機之速率控制法

感應電動機的轉速公式為

$$n_r = (1 - S)\frac{120f}{P} \tag{3-45}$$

感應電動機之速率與電源之頻率 f 成正比、極數 P 成反比，隨轉差率 S 之變動而改變。要控制調整感應電動機轉速，可以改變下列三個參數，即

1. 改變轉差率。
2. 改變電源頻率。
3. 改變定子極數。

繞線型轉子感應電動機，可藉由轉子外接電阻改變轉差率 S 達到轉速控制的目的。鼠籠式感應電動機無載到滿載的轉速變動不大，為定速電動機。欲改變鼠籠式電動機之轉速，可以採用改變電源頻率、改變電源電壓以及改變極數的方式。

一、轉子外加電阻控速法

轉子外加電阻的控速法僅適用於繞線型轉子之感應電動機。轉子串接電阻使得最大轉矩往轉差率大、轉速慢的範圍推移，對固定的負載轉矩，串接電阻逐漸增加，可使轉速逐漸下降，係改變轉差率 S 的控速法。如圖 3-49 所示，轉速由 n_0 逐漸下降至 n_3。轉子外加電阻控速法變速範圍大略約 $\frac{1}{2}$ 的程度，減速到同步轉速的 40% 以下時，轉矩曲線即平坦而使轉速不穩定，如圖 3-49(a) 曲線 3 所示。

轉子外加電阻控速法在負載轉矩變動時，轉速隨之變動，速率調整率不佳，如圖 3-49(b) 所示負載轉矩由 τ 減輕至 τ' 時，轉速隨之由 n 上升至 n'；由於外接電阻增加熱損失使效率變差，因此不適於低速而長時間運轉場合。轉子外加電阻的控速法應用於絞車、吊車、電梯及捲揚機等。

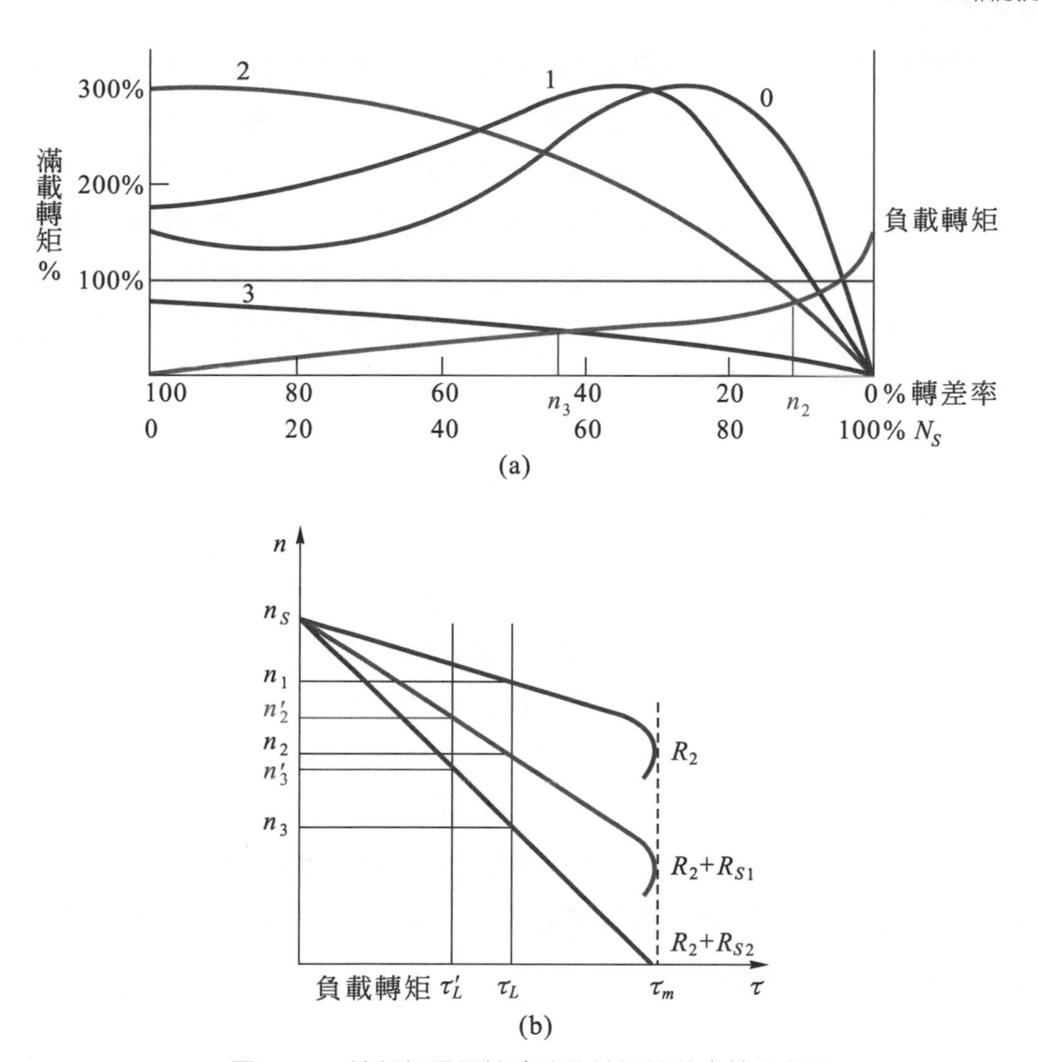

▲ 圖 3-49　轉部加電阻控速法的轉矩轉差率特性曲線

二、改變電源之頻率控速法

感應電動機的轉速與電源的頻率成正比，改變電源的頻率就能改變感應電動機的轉速。由於定子繞組的感應電勢 ($E = 4.44 Nf\phi_m$) 與磁通及頻率的乘積成正比，若電源電壓固定，當頻率下降會使磁通增加，鐵損增加；電感抗隨頻率下降而減少導致電流增加，銅損增加、效率下降，電動機發熱，溫度上升甚至燒毀。相對的，當頻率上升時，磁通減少，電抗增加而電流減小，鐵心與導體沒有充分利用形同浪費材料。因此一般使磁通為恆定，進行定子電壓與頻率配合的變頻調速。但是受繞組絕緣耐壓之限制，高頻時電壓並不能無限制上升。

變頻控速法可以調高及調低同步轉速，得到廣範圍而圓滑的速率控制，調速範圍寬，轉速穩定性好，調速精度高。並且正常運轉時轉差率 S 小、功率損耗小及效率高。目前由於微電腦與工業電子的突飛猛進，固態電子的變頻器 (inverter) 非常普遍。變頻器除了變頻調速外，還可以控制起動，線性制動停止。鼠籠式馬達的變頻控速已成為主流，起動電流和運轉電流小、超載能力大、效率高、功率因數高、可靠性高、易於維護及操作方便；廣泛應用於電動車、冶金、化工、機械製造業及採礦等。

三、改變外加電壓控速法

感應電動機的轉矩與電壓平方成正比。電壓上升轉矩增加，可使電動機轉速上升；相對的降低電壓使轉矩下降，轉速減慢。如圖 3-50 所示，當電壓減半時，轉矩下降速率由 n_1 減至 n_2。一般鼠籠型電動機，改變電源電壓的控速法，速率控制範圍很小，而且電動機之電流很容易超過額定值；因此改變外加電壓控速法只適用於高轉子電阻、轉差率大的鼠籠型電動機或繞線轉子式電動機。改變外加電壓控速法常用於風扇這種處於高速運轉，速率變化不大的風速控制。控制的方法是將具抽頭的電抗或電阻與定子繞組串聯來降壓；較少使用變壓器變壓控制，因為體積較大，另外升壓控制時容易使電動機超過額定電壓、電流而燒毀。

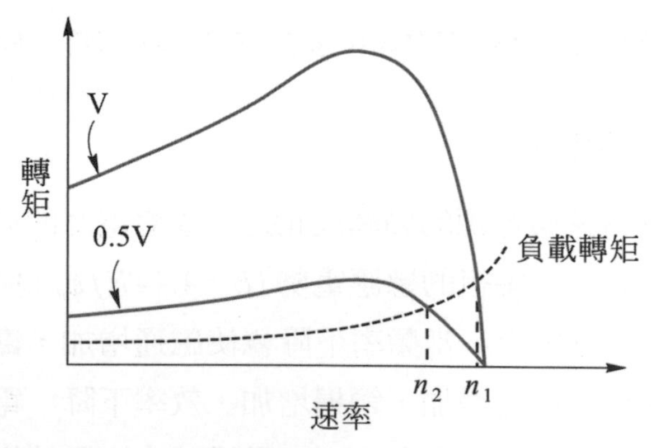

▲ 圖 3-50　使用電源電壓控速之轉矩 - 轉差率特性曲線

四、改變極數控速法

感應電動機的轉速與極數成反比，改變極數可分段地控制感應電動機的轉速，極數少時為高速運轉，極數多時為低速運轉。鼠籠式轉子的極數能自動地與定子極數相配合；繞線型轉子極數固定，**改變極數的控速法不適合用於繞線型感應電動機**，僅適用於鼠籠式感應電動機。變極調速為有段調速，能獲得的轉速只有兩種或三種，不能連續調速。變極調速的感應電動機定子需要有多套繞組或繞組有多種接法，電機造價較高。使用切換多套不同極數之定子繞組作轉速控制的方式較不經濟；而使用一組繞組以改變接線來改變極數僅能使轉速減半或加倍。

應用接線變極控速之變極電動機，定子每相繞組由兩個完全獨立且相同之二部分繞組組成，每一部分稱為半相繞組。改變其中一個半相繞組之激磁電流方向，使電機極數增倍或減半，以達到控制速率的目的。如圖 3-51 所示為變極電機之一部份接線圖，圖 3-51(a) 中係把兩個線圈串聯，各線圈均產生 N 極，而在兩極間必生一 *S* 極 (庶極) 而形成四極。圖 3-51(c) 中所示係將兩個線圈反向串聯，形成二極接線；極數減半，電機的同步轉速升高了一倍。

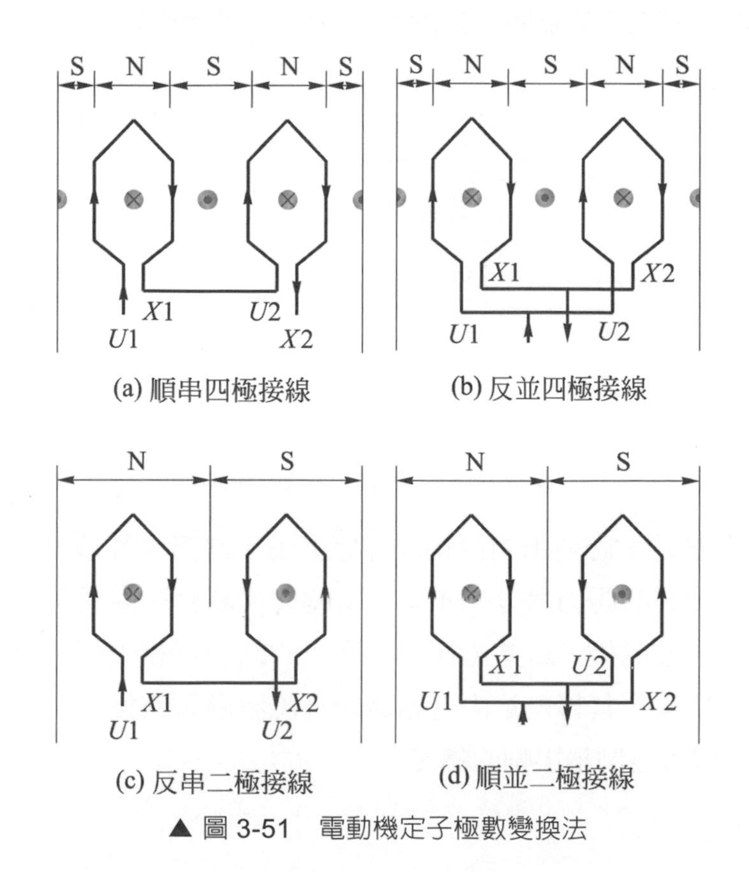

▲ 圖 3-51　電動機定子極數變換法

五、電磁耦合式電動機

電磁耦合式電動機常稱之為 EC (eddy current coupling) 馬達或 AS 馬達 (auto variable speed motor)，亦稱 VS 馬達 (variable speed motor)。EC 馬達由感應電動機、EC 耦合機和轉速發電機組成，如圖 3-52 所示為其構造圖。

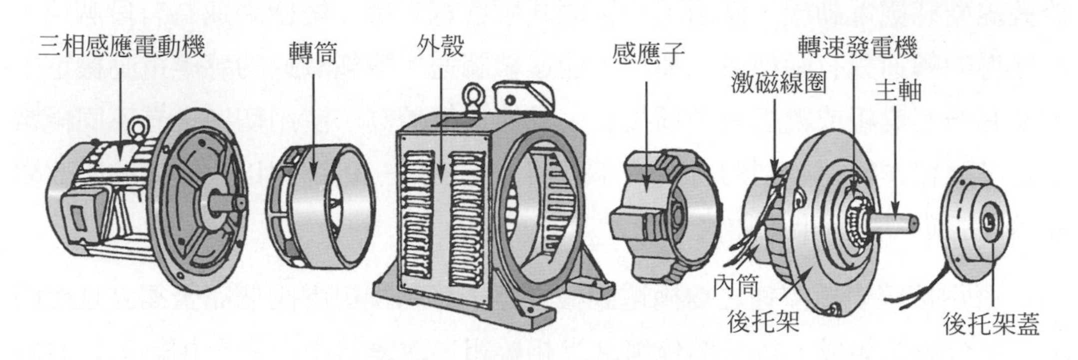

▲ 圖 3-52　電磁耦合電動機之構造

耦合機的主要構造分為轉筒、內筒、激磁線圈、感應子四個部份。內筒固定於外殼，其上繞有環狀之激磁線圈。感應子上有凸齒且與輸出軸直連。轉筒由三相感應電動機驅動，轉筒、感應子及內筒為同軸線裝置，但無機械耦合，三者之間有很小的氣隙，如圖 3-53 所示為其剖視圖。

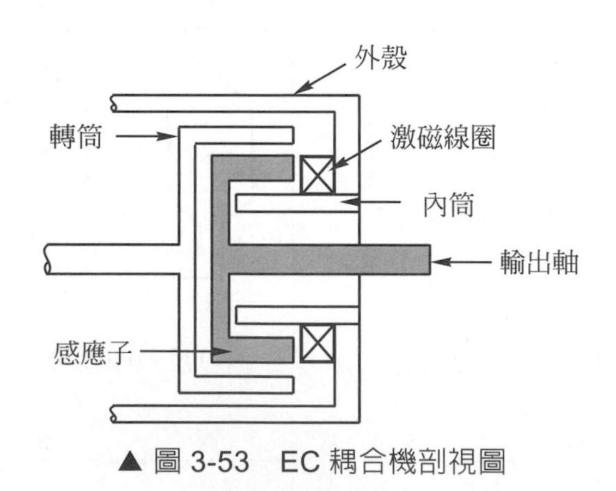

▲ 圖 3-53　EC 耦合機剖視圖

當直流激磁時，磁通由內筒輻向經感應子、轉筒、外殼回到內筒，感應子的凸齒使得轉筒的磁力線分佈不均。當轉筒與感應子間有轉差時，轉筒內部感應渦流而形成磁極，這些磁極與感應子的凸齒互相吸引，而驅使感應子隨轉筒之轉向旋轉。其轉差量由電磁鐵的直流激磁量來控制；亦即控制激磁電流的大小，就可控制輸出軸的轉速。

電磁耦合式電動機須由控制箱來控制運轉。如圖 3-54 所示為 EC 馬達的剖面照。如圖 3-55 所示為 EC 馬達的運轉示意圖。由轉速發電機偵測輸出軸的轉速與設定轉速比較，二者之誤差來調整直流激磁電流的大小，使輸出轉速控制於所須之值。控制箱上附有轉速表，可直接監控負載之轉速。控制電路目前大多以 SCR 為主要元件，直接將交流電源以相位控制方式調整激磁電流之大小。

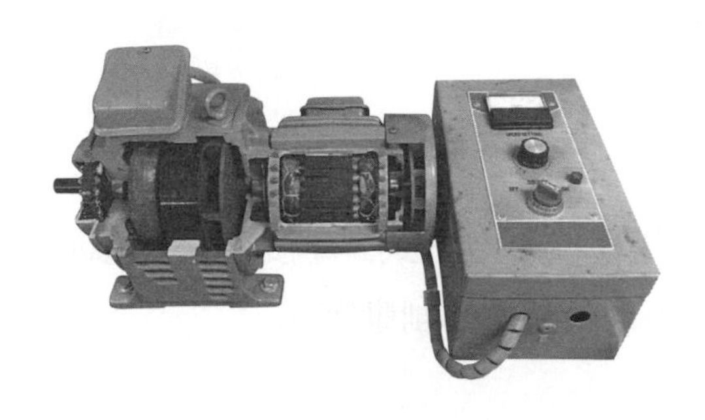

▲ 圖 3-54　EC 馬達的剖面照

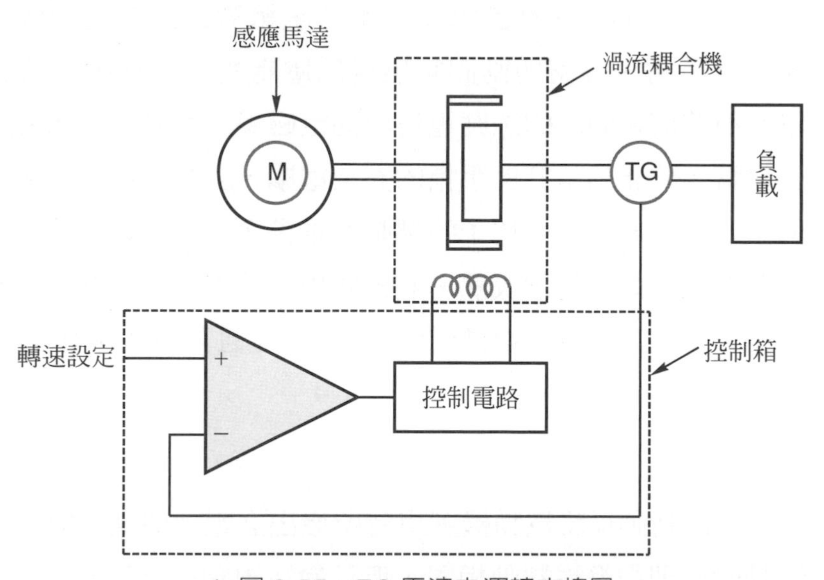

▲ 圖 3-55　EC 馬達之運轉方塊圖

電磁耦合式電動機利用電磁耦合，使感應馬達能在 10：1 的範圍內任意轉速驅動負載，調速範圍寬廣；而且耦合機無激磁時可使驅動的感應電動機在無載下起動。但是因為 EC 耦合機需要有較多之空氣散熱，一般均為半開放式外殼，不適合有鐵屑等磁性粉末的場合。EC 馬達廣泛應用於輸送帶、給料機、捲線機、捲紙機、軋輾機等需要無段變速的場所。

3-4-3 感應電動機之制動方法

在電動機的應用上，有時需要將運轉中的電動機迅速停轉，或將電動機減速；此時電動機必須具備制動裝置。制動方式可分為機械制動與電氣制動。

一、機械制動

機械制動係採用碟式或鼓式剎車器，將電動機轉子的轉動能量，消散在剎車器中，使電動機達成停止或減速之目的。剎車器的動作可由手動、腳踏、氣壓、油壓或電磁控制。

二、電氣制動

電氣制動不是採用機械摩擦方式，不受摩擦面損耗之影響。常用的電氣制動有發電制動、再生制動及逆轉制動等。

1. 發電制動

   又稱為動力制動或直流制動。當感應電動機切離交流電源欲停轉時，可加適當的直流電壓至定子繞組激磁，使定子成為固定磁場；此時轉子導體切割固定磁場感應電勢，由於轉子繞組接成短路，導體流過頗大的感應電流與固定磁場產生制動的電磁力，使轉子停轉。防止扇葉打傷手指的安全電扇，就是利用發電制動的典型例子。發電制動時，轉子的轉動慣量經發電作用轉換成電能，消耗於轉部繞組之電阻形成熱。繞線式轉子的感應電動機在發電制動時可由外部之電阻大小調整制動力量，並且熱量大多由外接電阻發散。

2. 再生制動

   發電制動係將電動機剎車時所發出之電力消耗在電阻上。再生制動的原理與發電制動相同，但是發電制動所產生的電力收回於電源。於纜車、電梯、起重機等向下運轉時，感應電動機之轉速提高，在超過同步轉速時，電動機變成發電機，產生制動轉矩防止超速並將產生之電力送回電源。再生制動只能作為限速的制動，無法使電動機迅速停止，必須併用其他制動方法才能夠達到停止制動的目的。

3. 逆轉制動

又稱為插塞制動或插入停止控制器(plug stop controller)制動。在感應電動機欲急速停止時，可利用插塞開關將任意二條電源線互調，使電動機產生反向旋轉轉矩，將電機急速停止並切斷電源，達成急速停止的制動。

問題與討論

1. 試說明三相感應電動機之起動方法。
2. 試簡述三相感應電動機之速率控制法。

1. 感應電動機的運轉原理與阿拉哥圓盤相同。
2. 感應電動機之轉子電路自行短路為閉迴路，其電流藉由與旋轉磁場切割感應而生。
3. 感應電動機的轉向與旋轉磁場方向相同。
4. 三個互隔 120° 電機度的三相繞組接三相交流電流，即可產生旋轉磁場。
5. 三相旋轉磁場的磁勢大小為每相繞組磁勢最大值的 1.5 倍。
6. 旋轉磁場的轉速為與電機角度同步之同步轉速。
7. 同步轉速與電源之頻率 f 成正比而與極數 P 成反比

   $$n_s = \frac{2f}{P}\ \text{(rps)} = \frac{120f}{P}\ \text{(rpm)}$$

8. 將感應電動機之任意兩條電源對調，即可使其反轉。
9. 三相感應電動機定子旋轉磁場之同步轉速與轉子轉速之差，稱為轉差；而轉差與同步轉速之比值，稱為轉差率。以符號 S 表示，即

   $$S = \frac{n_s - n_r}{n_s} \times 100\%$$

10. 感應電動機轉子轉速 $n_r = (1 - S)n_s$。
11. 感應電動機的鐵心須以矽鋼片疊積而成，以減少渦流損及磁滯損。
12. 感應電動機沒有電樞反應，因此可以將定子與轉子間的空氣隙儘可能地縮短，以減少激磁電流，提高功率因數。
13. 三相感應電動機之轉子依構造可分為鼠籠型轉子與繞線型轉子兩種。
14. 鑄入型鼠籠式轉子堅固耐用，適合大量生產，是使用最多的交流電動機。
15. 繞線型感應電動機，因轉子上具有滑環裝置，故又稱為滑環式感應電動機。
16. 繞線型轉子可由滑環經電刷外加起動電阻，在起動時可以限制起動電流並增加起動轉矩；而運轉時可以利用改變外部電阻之大小來控制轉速。
17. 美國電氣製造商協會 (簡稱 NEMA) 將鼠籠式感應電動機分為 class$A$、B、C 和 D 級以配合各種驅動需求。
18. 三相感應電動機轉子感應電勢與電流之頻率等於轉差率乘以電源頻率 $f_2 = Sf$

19. 轉子靜止時的感應電勢 E_{20} 與轉動時的感應電勢 E_2 之關係為
$E_2 = S\,E_{20}$
20. 經由旋轉磁場轉移至轉子的功率稱為同步瓦特或氣隙功率，其值為
$P_{i2} = 3I_2^{\,2}\,\dfrac{R_2}{S} = \dfrac{P_{C2}}{S}$
21. 轉子之銅損 $P_{C2} = SP_{i2}$，轉差率又稱為轉子損失率。
22. 轉子之內生機械功率 $P_m = (1 - S)P_{i2} = \dfrac{1-S}{S}\,P_{C2}$。
23. 轉子效率為 $(1 - S)$。
24. 感應電動機如同一部二次側短路而且會旋轉的變壓器。
25. 感應電動機可以等值變壓器之等效電路來研討。
26. 機械負載之等值電阻為 $R_{L3\varphi} = 3(\dfrac{1-S}{S})R_2$。
27. 三相感應電動機之內生電磁轉矩 $\tau = \dfrac{3}{\omega_s}\dfrac{V_1^2\dfrac{R_2'}{S}}{\left(R_1+\dfrac{R_2'}{S}\right)^2+\left(X_1+X_2'\right)^2}$。
28. 感應電動機之轉矩與外加電壓之平方成正比。
29. 感應電動機在正常運轉時，轉矩與轉差率成正比。
30. 感應電動機之轉矩與轉子輸入功率成正比。
31. 當轉差率 $S_M = \dfrac{R_2'}{\sqrt{R_1^2+\left(X_1+X_2'\right)^2}}$ 或 $S_M = \dfrac{R_2}{X_2}$ 時感應電動機之轉矩為最大。
32. 感應電動機之最大轉矩值與轉子電阻無關。
33. 轉矩為 $\dfrac{R_2'}{S}$ 的函數，只要轉子電阻與轉差率之比值不變則轉矩不變。
34. 感應電動機轉矩 - 轉差率特性曲線隨二次合成電阻值之變化而移動的現象，稱為比例推移。比例推移的公式為 $\dfrac{R_2+R}{S'} = \dfrac{R_2}{S}$。
35. 繞線式感應電動機之轉子電路經滑環外接電阻可以 (1) 降低起動電流；(2) 提高起動轉矩；(3) 調整轉速。

36. 三相感應電動機之功率因數，輕載時很小，隨負載之增加而迅速增大。
37. 三相感應電動機之效率，係指電動機自轉軸輸出之機械功率與該機總功率輸入之比值，即$\eta = \dfrac{P_o}{P_i} = \dfrac{\tau\omega}{\sqrt{3}V_L I_L \cos\theta}$。
38. 普通鼠籠型轉子感應電動機最大的缺點為起動轉矩小、起動電流大。
39. 繞線型轉子感應電動機多使用於需要大起動轉矩，或需要調速或起動頻繁之處，如起重機、升降機、電車及運送機等。
40. 雙鼠籠型轉子感應電動機兼具良好的運轉特性及起動特性。
41. 雙鼠籠型轉子內層繞組電阻小而電感大，外層繞組電阻大而電感小，起動時轉子電流大多流經外層導體。
42. 感應電動機在起動時，如同一短路的變壓器；起動電流約為滿載電流的 5 ～ 8 倍，而起動轉矩只有滿載額定轉矩的 1.5 ～ 2 倍。
43. 低壓電動機容量超過某一大小，其起動電流不得超過額定電流的 3.5 倍。
44. 欲降低三相感應電動機之起動電流，可採用降低電源電壓、增加轉子電阻兩種方式。但降低電壓雖可減少起動電流，也降低起動轉矩，因此降低起動電流最好之方式為增加轉子電阻。
45. 三相繞線型轉子感應電動機之起動法，係於轉子迴路接入適當之可變電阻，以增大起動轉矩，限制起動電流。
46. 三相感應電動機起動時，欲得最大轉矩，其所需外加電阻值為 $R_S = X_2 - R_2$
47. 三相鼠籠式感應電動機之起動方法有全壓起動、降壓起動及分繞組起動等三種。
48. 全壓起動法為最簡單而廣泛使用之起動方法，其缺點為起動電流太大，故適用於速率上升快速之低值轉動慣量的小型電動機。
49. Y-Δ 降壓起動法，其起動電流僅為全壓起動時之$\dfrac{1}{3}$，其起動轉矩亦為全壓起動之$\dfrac{1}{3}$，故 Y-Δ 降壓起動法不適用於重負載之起動。

50. 補償器降壓起動法，係利用二具自耦變壓器作 V 型結線，或三台自耦變壓器作 Y 型結線，以降低電壓起動電動機。

51. 以補償器降壓 $\frac{1}{a}$ 起動時，線路電流及感應電動機的轉矩均降為全壓起動時的 $\frac{1}{a^2}$。

52. 三相感應電動機之速率控制法有改變外加電壓、改變電源頻率、改變極數及轉子外加電阻法。

53. 以變頻器改變電源頻率的變頻控制可使電動機轉速提高或降低，得到廣範圍而圓滑的轉速控制。

54. 變頻控速時須同時變電壓，以免鐵損太大，效率太差。

55. 電磁耦合電動機常稱為 EC 馬達或 AS 馬達，由感應馬達、渦流耦合機及轉速發電機組成。

56. EC 馬達由控制箱調整耦合機的激磁電流大小，進而控制負載轉速，可在 10：1 之範圍任意調速。

一、選擇題

基礎題

( ) 1. 六極三相感應電動機的繞組線，置於定子槽內應相互間隔
(A)40° (B)60° (C)90° (D)120° 機械角度。

( ) 2. 下列有關三相感應電動機之敘述何者不正確？
(A) 其運轉原理與阿拉哥圓盤旋轉原理相似
(B) 又稱非同步機，因其轉子轉速恆大於旋轉磁場之同步轉速
(C) 欲改變轉子轉向，僅需將三相接線中之二條線對調即可
(D) 旋轉磁場同步轉速與電源頻率成正比，與定子極數成反比。

( ) 3. 下列電動機中何者具有旋轉磁場？
(A) 單相感應電動機 (B) 三相感應電動機
(C) 直流分激電動機 (D) 串激馬達。

( ) 4. 三相感應電動機，若接於 60 Hz 的電源運轉，其轉速的上限為
(A)3200 rpm (B)3600 rpm (C)3800 rpm (D)4000 rpm。

( ) 5. 本地一部四極感應電動機，測得迴轉數為 1710 rpm，則轉差率為
(A)4.5% (B)5% (C)5.5% (D)6%。

( ) 6. 50 Hz、六極之三相感應電動機，其轉差率為 0.04，則其同步轉速與迴轉轉速以 rpm 計分別為
(A)690，1000 (B)1000，960 (C)1920，2000 (D)2000，1920。

( ) 7. 某部三相感應電動機，當轉差率為 2% 時，其轉部銅損為 120 W，則此電動機之輸出功率為多少？
(A)5880 W (B)5900 W (C)5920 W (D)5940 W。

( ) 8. 三相感應電動機的轉差率與負載之關係為
(A) 隨負載增加而增加 (B) 隨負載增加而減少
(C) 與負載無關 (D) 不一定。

( ) 9. 感應機產生最大轉矩時的轉差率與下列何者成正比？
(A) 轉子電阻 (B) 定子電阻 (C) 輸入電壓 (D) 轉子電抗。

( ) 10. 某四極，50HP，230 V 之三相感應電動機，工作於額定電壓時，起動轉矩為 240 N-m，若電壓降至 115 V 時，則起動轉矩為
(A)60 N-m (B)120 N-m (C)240 N-m (D)480 N-m。

( ) 11. 鼠籠式感應電動機，其最大轉矩之值與轉子電阻
(A) 平方成正比 (B) 成正比 (C) 成反比 (D) 無關。

進階題

( ) 1. 六極 60 Hz 三相感應電動機，滿載時之轉差率為 3%，則其轉差速率為 (A)18 rpm (B)36 rpm (C)66 rpm (D)1200 rpm。

( ) 2. 50Hz，220V 之感應電動機，接於 60Hz，220V 之電源時，電動機將會
(A) 轉速增快，轉矩增大 (B) 轉速增快，轉矩減小
(C) 轉速減慢，轉矩增大 (D) 轉速減慢，轉矩減小。

( ) 3. 有一四極 60 Hz 多相感應電動機，其滿載速率為 1740 每分鐘 (rpm) 則其轉子頻率為 (A)0.333 Hz (B)2.0 Hz (C)29 Hz (D)60 Hz。

( ) 4. 某 60 Hz、四極之感應電動機，在額定電流及頻率下，已知轉子頻率為 1.8 Hz，則此電動機之轉子速率為
(A)1647 rpm (B)1674 rpm (C)1746 rpm (D)1764 rpm。

( ) 5. 某三相四極 220 V、60 Hz 感應電動機，當靜止時其轉子之每相電阻為 0.2Ω，電抗為 0.6Ω，則該機產生最大轉矩時之轉速為多少 rpm ？
(A)1400 (B)1200 (C)1000 (D)600。

( ) 6. 三相繞線轉子式感應機、四極、60 Hz，其轉子每相之電阻為 1Ω，滿載時轉速 1728 rpm，若欲使滿載轉速降至 1440 rpm，應在轉子上加入外部電阻 (A)1Ω (B)2Ω (C)3Ω (D)4Ω。

( ) 7. 有關雙層鼠籠式感應電動機之敘述，下列何者不正確？
(A) 轉子內層導體電阻小，外層導體電阻大
(B) 轉子內層導體電感大，外層導體電感小
(C) 起動時，轉子電流大多流經外層導體而可得較大之轉矩
(D) 額定運轉時，轉子電流大多流經外層導體。

( ) 8. 有 60 Hz，400 V 四極之三相感應電動機，若輸出負載為 6 kW 時電流為$10\sqrt{3}$ A，且功率因數為 0.8，則電動機效率約為
(A)50% (B)62.5% (C)80% (D)87%。

二、問答題

1. 三相感應電動機鼠籠型轉子，採用斜槽的特點？
2. 感應電動機之空氣隙比較窄小，其理由何在？
3. 感應電動機之用途極為廣泛，試述其理由。
4. 何謂轉差率？
5. 有台六極 50 Hz 之三相感應電動機，滿載時之轉差率為 3%，則其滿載速度為若干？
6. 有台四極、220 V、50 Hz 之三相感應電動機，於轉差率為 4% 下運轉時，產生 15 kgf-m 之轉矩，則此時產生於轉子之機械輸出功率及轉子輸入功率各為若干？
7. 試說明「視在效率」之意義及其應用。
8. 三相感應電動機之輸出為 1 kW，線電壓為 110 V，線電流為 6A，功率因數為 0.9，則視在效率與普通效率各為若干？
9. 試述電磁耦合電動機 (EC 馬達) 的構造。
10. 試述 EC 馬達的調速原理。

Chapter 4

單相感應電動機

4-1 單相感應電動機之原理

4-1-1 雙旋轉磁場及其轉矩 - 轉差率曲線

圖 4-1 所示為單相感應電動機的示意圖。當定子主繞組接單相交流電時，產生隨著單相交流電流而改變磁場大小及磁極性的交變磁勢，如圖 4-2(a) 所示。將交變磁勢對時間展開，如圖 4-2(b) 所示，脈動的交變磁場以一變化長度的空間向量表示，一半的時間向上，如圖 4-2(c) 中的 t_1 及 t_2；一半的時間向下，如圖 4-2(c) 中的 t_4 及 t_5。交變磁場可分解為兩個大小相等而轉向相反的雙旋轉磁場 ϕ_1 與 ϕ_2；旋轉磁場 ϕ_1 與 ϕ_2 之大小為交變磁場最大值的一半，即 $\phi_1 = \phi_2 = \frac{1}{2}\phi_{max}$；$t_1$ 時 ϕ_1 與 ϕ_2 重疊，交變

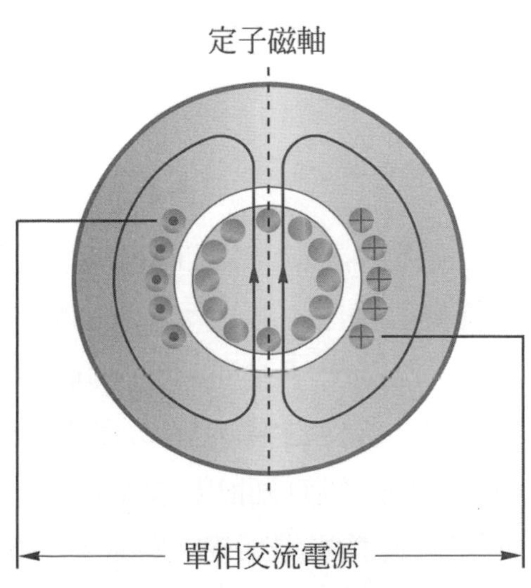

▲ 圖 4-1 單相二極感應電動機

磁場瞬時值最大；旋轉 90 度到 t_3 時 ϕ_1 與 ϕ_2 相消，交變磁場瞬時值為 0；如圖 4-2(c) 及 4-2(d) 所示。

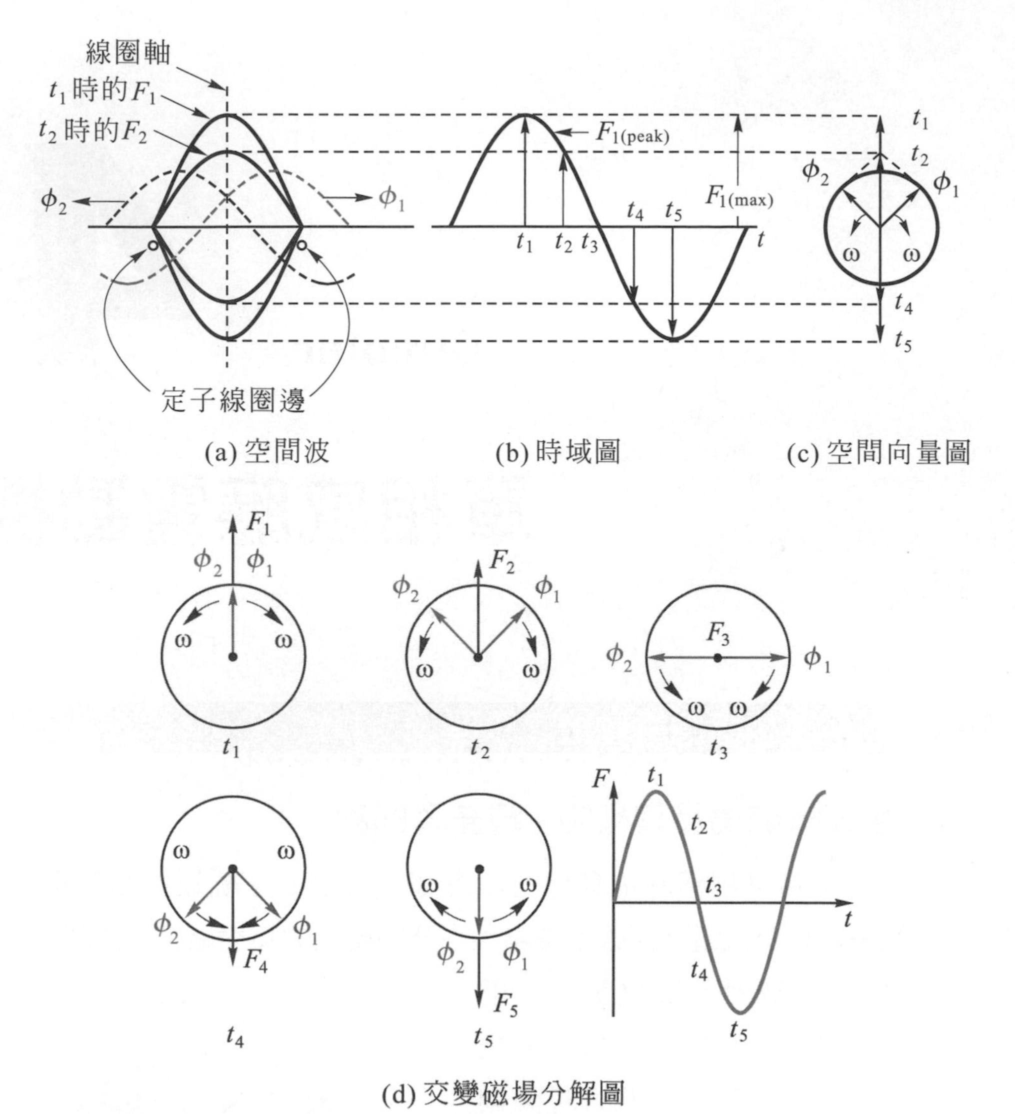

(d) 交變磁場分解圖

▲ 圖 4-2 單相感應電動機主繞組之磁勢

磁場 ϕ_1 與 ϕ_2 以相同角速率反向旋轉，分別使轉子感應電流而產生轉矩。ϕ_1 旋轉磁場產生轉矩 τ_1，驅動轉子往順時鐘方向旋轉；而 ϕ_2 旋轉磁場產生轉矩 τ_2，驅動轉子往逆時鐘方向旋轉，轉子之淨轉矩 τ 為兩個旋轉磁場所生轉矩之和。旋轉磁場 ϕ_1 與 ϕ_2 所產生的轉矩 - 轉差率曲線及兩個旋轉磁場合成之轉矩 - 轉差率特性曲線，如圖 4-3 所示。當單相感應電動機起動時，轉差率 = 1，ϕ_1 與 ϕ_2 旋轉磁場所產生的起動轉矩大小相等而方向相反，互相抵消，所以單相感應電動機無法自行起動。若設法使轉子朝順時針方向旋轉，則轉子對順時針方向旋轉磁場 ϕ_1 而言，轉差率 S_1 小於 1；對逆時鐘方向旋轉磁場 ϕ_2 而言，轉差率 S_2 大於 1。此時順時鐘方向轉矩 τ_1 大於逆時鐘方向轉矩 τ_2，使轉子沿著轉矩 τ_1 作用之順時針方向而加速轉動，兩轉差率愈差愈大，轉矩 τ_1 愈大而轉矩 τ_2 愈小，轉子很快的加速至接近同步轉速。相對的，若設法使轉子朝逆時針方向旋轉，則單相感應電動機循逆時針方向而加速旋轉至接近同步轉速。

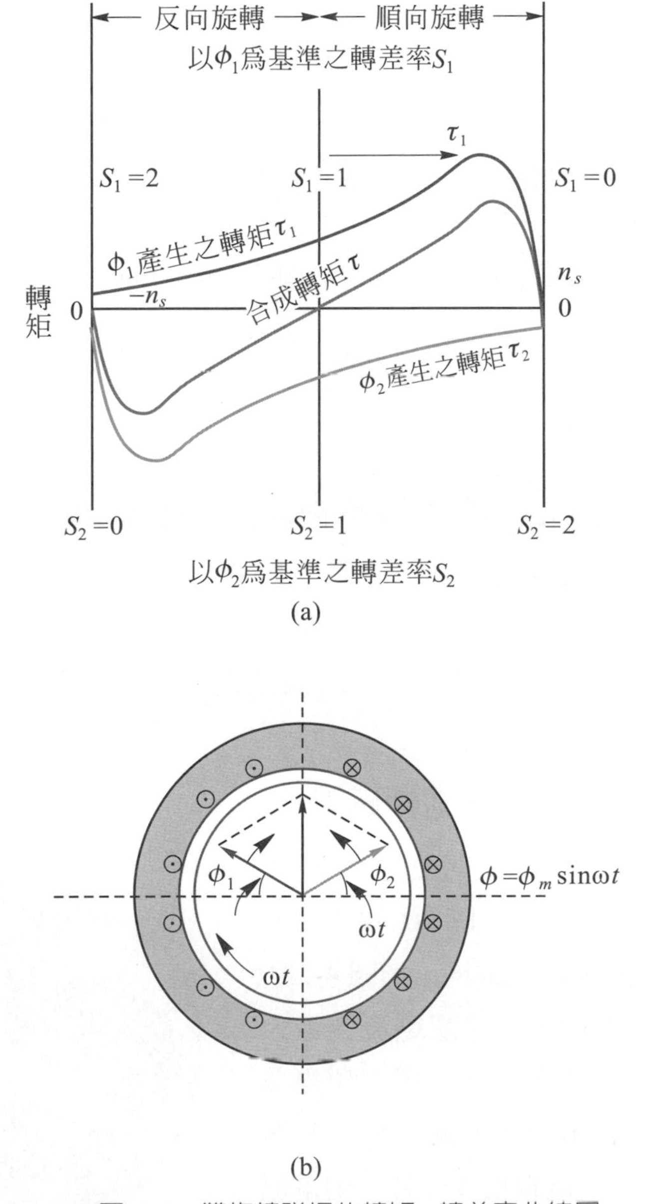

▲ 圖 4-3　雙旋轉磁場的轉矩 - 轉差率曲線圖

若轉子轉速達順時針的同步轉速 n_s，則轉子對順時針旋轉磁場 ϕ_1 之轉差率 $S_1=0$，而對逆時針轉向之旋轉磁場 ϕ_2 轉差率 S_2 為：$S_2=\dfrac{n_s-(-n_s)}{n_s}=2$；$S_1$ 與 S_2 之關係為 $S_1=2-S_2$，$S_2=2-S_1$。例如當轉子順時針轉速為 $\dfrac{n_s}{2}$ 時，轉子對順時針旋轉磁場 ϕ_1 之轉差率 $S_1=0.5$，而對逆時針轉向之旋轉磁場 ϕ_2 轉差率 S_2 為 $S_2=\dfrac{n_s-(-n_s/2)}{n_s}=1.5=2-S_1=(2-0.5)=1.5$。

例 4-1

一單相 6 極，60 Hz之感應電動機，若轉子為順向1050 rpm，則轉子對於逆向旋轉磁場之轉差率為多少？

解

$$n_s=\frac{120f}{P}=\frac{120\times 60}{6}=1200$$

$$S=\frac{n_s-n}{n_s}=\frac{1200-1050}{1200}=0.125$$ （轉子對順向旋轉磁場之轉差率）

$$S'=2-S=2-0.125=1.875$$

4-1-2 兩相電所形成之旋轉磁場

如圖 4-4 所示，兩個空間位置互隔 90° 電機度的繞組，分別加上互隔 90° 電機度的兩相電流，兩線圈的合成磁場，如圖 4-5 所示。當 t_0 時相角為 0°，ϕ_1 線圈電流為最大的 I_m 而 ϕ_2 線圈沒電流無磁場，所以磁場為 ϕ_m 向右。隨著 ϕ_1 相電流逐漸減小而 ϕ_2 相電流逐漸增加，到 t_1、電機度 45° 時，兩電流

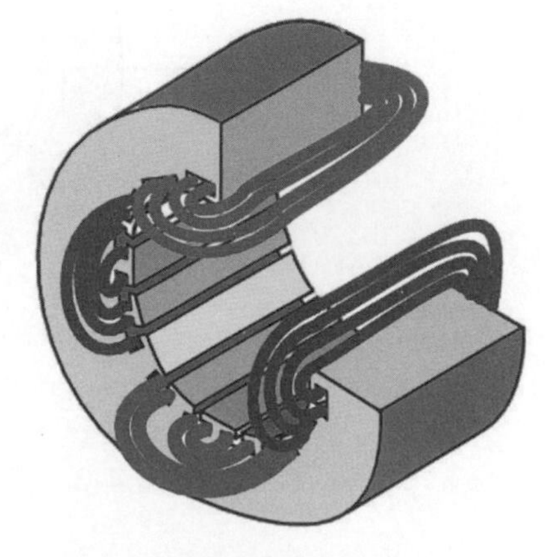

▲ 圖4-4兩個互隔90°電機度的繞組

一樣大為 $0.707I_m$，兩個線圈的磁場也一樣大，兩線圈的合成磁場大小為 ϕ_m 逆時針旋轉了 45°。當 t_2、電機度 90° 時，ϕ_1 相電流減為零，ϕ_2 相電流為最大的 I_m，合成磁場也旋轉到 90°。當 t_3、電機度 180° 時，ϕ_1 相電流為反向最大的 $-I_m$，ϕ_2 相電流減為零，兩線圈的合成磁場大小為 ϕ_m 旋轉到達 180°。當 t_4、電機度 270° 時，ϕ_1 相電流減為零，ϕ_2 相電流為反向最大的 $-I_m$，兩線圈的合成磁場大小為 ϕ_m 旋轉到 270°。

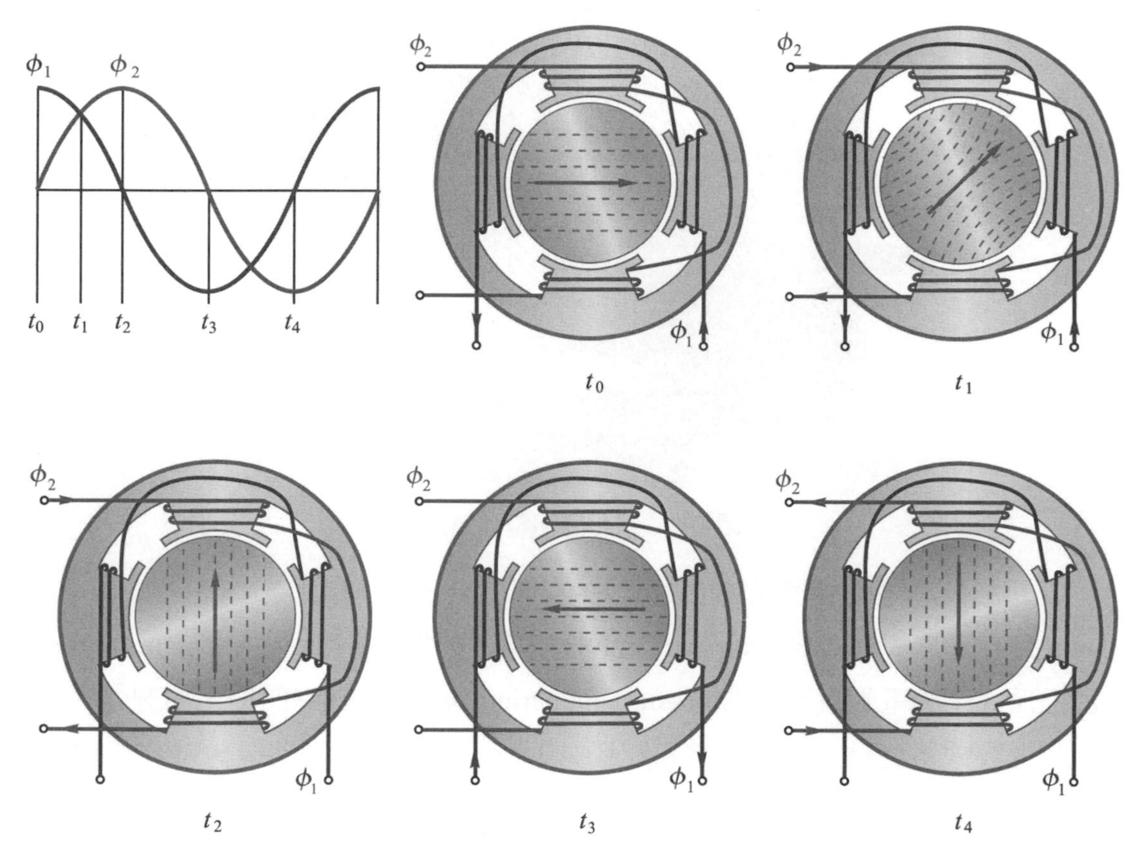

▲ 圖 4-5　互隔 90° 電機度的線圈通以互隔 90° 的二相電流產生之旋轉磁場

依此類推可知：兩個空間上互隔 90° 電機度的繞組，通以互隔 90° 電機度的兩相電流，可產生與電機角度同步的旋轉磁場，而旋轉磁場的大小等於每一單相線圈磁場之最大值。與三相感應電動機的運轉原理相同，旋轉磁場與鼠籠式轉子作用便可以產生轉矩，使轉子轉動。因此單相電動機增加一組輔助繞組，同時將單相電源分相為兩相電流，便可以使單相電動機之轉子起動而順利運轉。

4-2 單相感應電動機之構造及分類

單相感應電動機之構造與三相感應電動機大致相同，是由定子 (stator)、轉子 (rotor) 以及端蓋與軸承等三大部分所組成，但是單相感應電動機另設有起動裝置。單相感應電動機的解剖圖，如圖 4-6 所示，圖中之離心開關即為起動裝置之一。

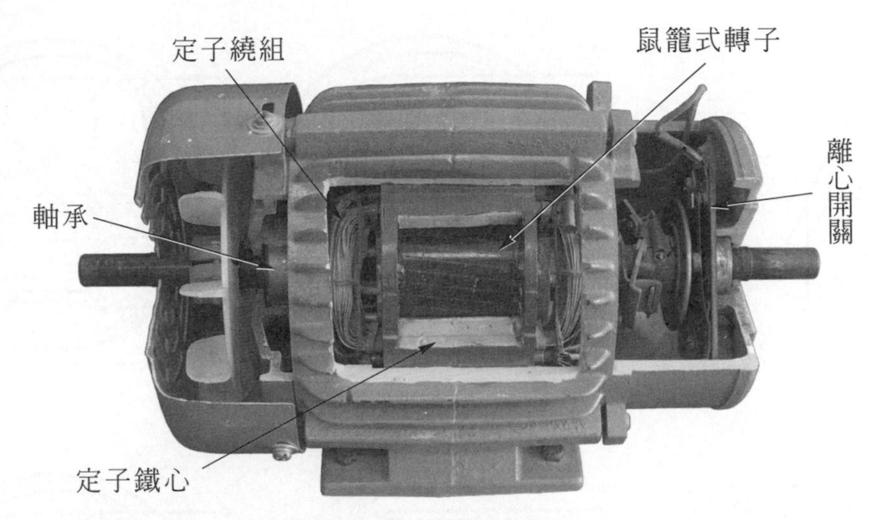

▲ 圖 4-6　單相感應電動機之構造

單相感應電動機根據其起動方法來分類，可分為分相式電動機 (split-phase motor)、電容式電動機 (capacitor motor)、蔽極式電動機 (shaded-pole motor) 及推斥式感應電動機 (repulsion-start induction run motor) 等四種，如圖 4-7 所示。電容式電動機又可分為電容起動式 (capacitor-start) 電動機、電容運轉式 (capacitor-run) 電動機及電容起動電容運轉式 (capacitor-start capacitor-run) 電動機。

分相式電動機、電容起動式電動機、電容起動電容運轉式電動機具有離心開關之類的起動裝置，推斥式電動機具有換向器及電刷。

單相電動機的旋轉磁場大小等於每一單相線圈磁場之最大值或一半，而三相感應電動機的旋轉磁場的大小為每一單相線圈磁場之最大值的 1.5 倍。若以相同額定容量比較，三相馬達之體積、製造成本、效率及功率因數等均比單相馬達好，因此單相感應電動機應用於只有單相電源或僅需要小型動力之場所，如家庭、辦公室以及一般商店。單相感應電動機的容量幾乎都是小型的，依臺電營業規則第 35 條，單相器具每具容量不得超過下列限制：低壓供電：110 伏器具，電動機以一馬力為限；220 伏器具，電動機以三馬力為限。但無三相電源或其他特殊原因 (如窗型冷氣機)，110 伏電動機得放寬至二馬力，220 伏電動機得放寬至五馬力。超過 3 馬力的大負載宜使用三相感應電動機。

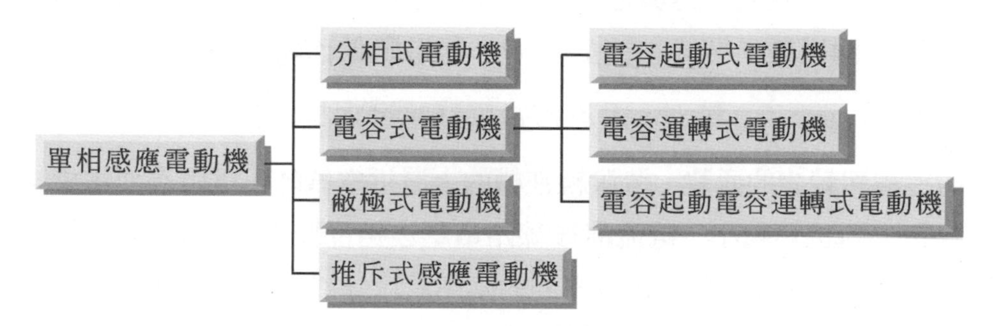

▲ 圖 4-7 單相感應電動機的種類

4-3 單相感應電動機之起動、特性及用途

單相鼠籠式感應電動機的起動方法有電感分相起動法、電容分相起動法、蔽極式起動法及推斥起動法。

4-3-1 分相式電動機

分相式電動機除了主繞組 (main winding) 或稱運轉繞組外，另設有起動繞組 (start winding)，又名分相繞組 (split-phase windings)。主繞組與起動繞組相隔約 90° 電機角度。分相式電動機之接線，如圖 4-8(a) 所示，起動繞組串聯離心開關後，再與運轉繞組並聯接於單相電源。**主繞組用較粗的導線與較多的匝數，裝置在槽的底層，其電阻低而電感抗高**。運轉繞組的阻抗角 ($\theta = \tan^{-1}\dfrac{X}{R}$) 較大，電流滯後線路電壓之相位較大。而**起動繞組用較細的導線與較少的匝數，裝置繞在槽的上層近空氣隙，電阻高而電感抗低**。起動繞組之阻抗角較小，電流滯後線路電壓之相位較小。由於兩繞組的阻抗角不同，使單相電流分裂成相位不同的兩相電流分別通過兩繞組，如圖 4-8(b) 所示，起動繞組的電流 I_s 超前運轉繞組之電流 I_m。兩繞組所產生的磁場合成為自起動繞組向運轉繞組方向移動的移動磁場。此移動磁場切割鼠籠式轉子產生轉矩，使轉子依移動磁場方向轉動。這種藉起動繞組與運轉繞組電感值不同，將單相電源分相為不同相的電流，供給線圈產生移動磁場，使單相感應電動機起動的方法，稱為電感分相起動法，也稱為電阻分相起動法。採用電感分相起動法之單相感應電動機，稱為電感分相式電動機，又稱為電阻分相式電動機，簡稱分相式、裂相式或剖相式感應電動機。

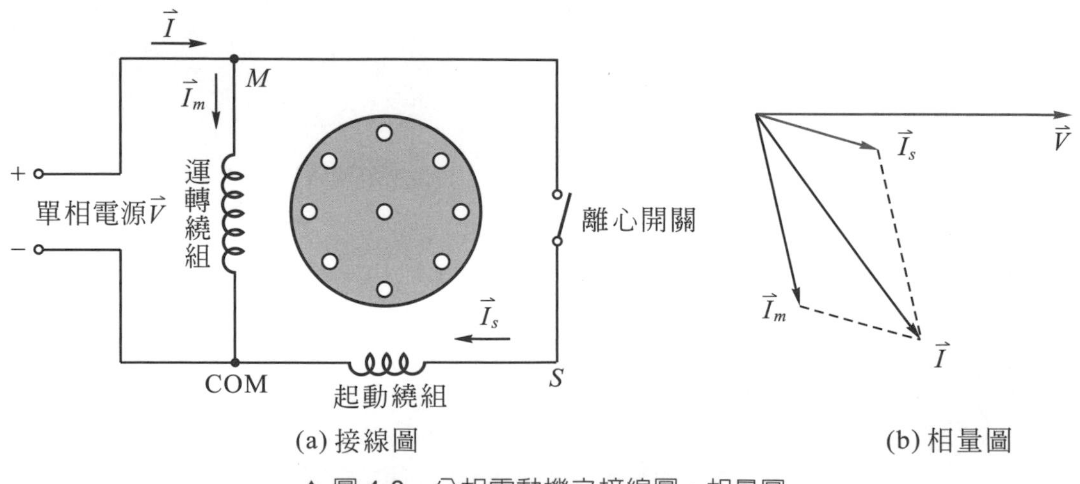

(a) 接線圖　　(b) 相量圖

▲ 圖 4-8　分相電動機之接線圖、相量圖

分相式電動機的起動繞組線徑細匝數少，不能長時間通電。起動後，轉速達同步速率的 75% 以上時，必須將起動繞組切離電源，以免起動繞組發熱而燒毀。若起動繞組滯留電路中，其所形成的磁場會干擾運轉繞組的雙旋轉磁場，致使轉子運轉不順，轉速無法提升。起動繞組切離電源的方法，一般採用離心開關；電冰箱及冷氣機的壓縮機馬達，則採用電流電驛、電壓電驛或 PTC 起動器。

電感分相式電動機之運轉繞組與起動繞組的電流相位差並非理想的 90° 電機度，而且磁場大小不同，產生的移動磁場並非完美的旋轉磁場，所以**電感分相式電動機，起動轉矩並不大**。**分相式感應電動機起動後僅由運轉繞組最大磁勢的一半單獨產生轉矩，因此體積較大**。圖 4-9 所示為分相式電動機的轉矩 - 轉差率特性曲線。分相式電動機之起動轉矩約為滿載轉矩之 1.5 ～ 2 倍，起動電流為滿載電流之 5 ～ 7 倍，起動電流大而起動轉矩小，滿載轉差率約為 5%；一般使用在小型工具機，抽水機及送風機等較易起動之負載。分相式電動機啟動時的旋轉方向係由電流越前的啟動繞組轉向電流滯後而磁極性相同的運轉繞組；因此只要將啟動繞組 (或運轉繞組) 的接線，頭尾對調，改變啟動繞組 (或運傳繞組) 的磁極性即可改變單相感應電動機的轉向。一般欲改變分相式電動機之旋轉方向，僅需將起動繞組之兩接線端對調，然後重新啟動即可改變轉向。

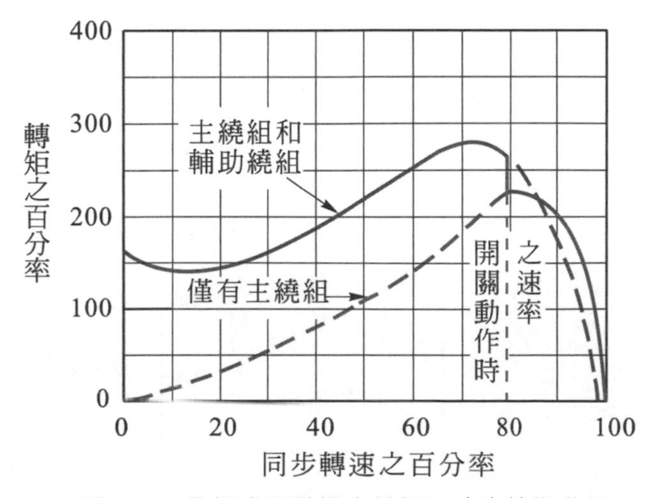

▲ 圖 4-9　分相式電動機之轉矩 - 速率特性曲線

4-3-2 電容式電動機

電容式電動機分為電容起動式、運轉電容(永久電容)式及雙值電容(電容起動電容運轉)式電動機。與分相式電動機比較，電容式電動機之起動(輔助)繞組多串接了電容器；**電容運轉式電動機的輔助繞組匝數較多**，因此增大了轉矩，改善了功率因數及運轉效率。

1. 電容起動式感應電動機

   電容起動式電動機的接線，如圖4-10(a)所示，其起動繞組串接起動電容器，使起動時起動繞組之電流超前主繞組之電流90°電機度，產生旋轉磁場，得到比分相式電動機更大的起動轉矩。電容起動式電動機的起動轉矩可高達滿載轉矩的3.5～4倍，電容起動式電動機的轉矩-速率特性曲線，如圖4-10(b)所示。當電動機起動後，轉速達同步轉速75%左右時，離心開關動作，切開起動線圈及起動電容，使主繞組單獨擔任運轉工作。電容起動式電動機之電容器必須採用能使用於交流電的電容器。數百μF的採用無極性的鋁質電容CD，數十μF的採用聚丙烯電容CBB60。

   電容起動式感應電動機應用於需要高起動轉矩之場合，適用於壓縮機、冷凍、空調設備及不易起動之負載。其轉向之變換方式與分相式電動機相同，僅需將主繞組或起動繞組之兩接線端對調即可。

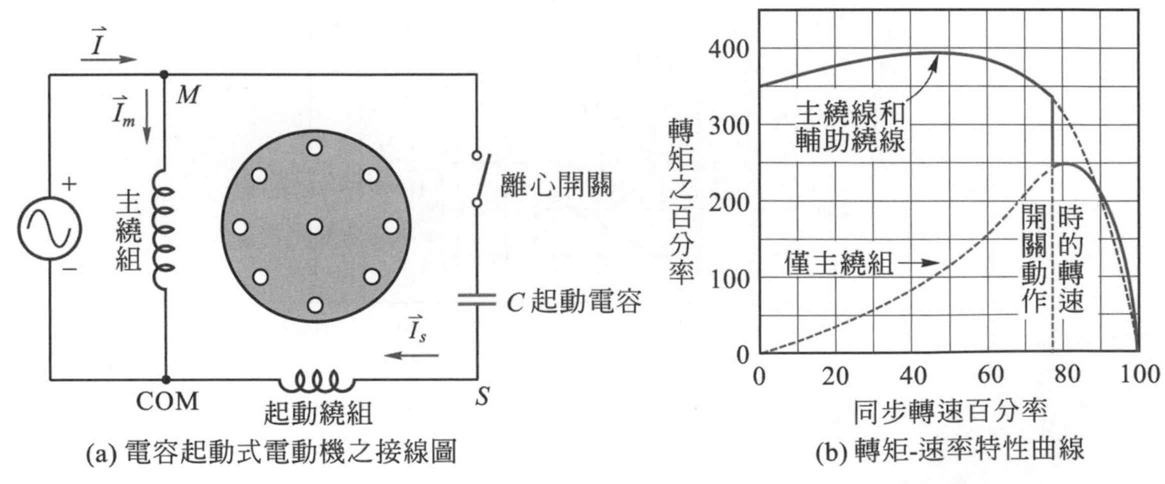

(a) 電容起動式電動機之接線圖
(b) 轉矩-速率特性曲線

▲ 圖 4-10 電容起動式感應電動機之接線及轉矩 - 速率特性曲線

例 4-2

有台$\frac{1}{3}$馬力電源電壓為 110 V，頻率為 60 Hz 之電容起動式電動機，其繞組常數如下：

主繞組阻抗 $Z_M = 4.5 + j3.7\ \Omega$

起動繞組阻抗 $Z_S = 9.5 + j3.5\ \Omega$

試求使主繞組電流與起動繞組電流相差 90° 之起動電容容量大小。

 主繞組之阻抗角為

$$\theta_M = \tan^{-1}\frac{X_M}{R_M} = \tan^{-1}\frac{3.7}{4.5} = 39.6°$$

∴起動繞組回路之阻抗角必須為

$$\theta_S = \theta_M - 90° = -50.4°$$

故所需電容電抗 X_C 之大小為

$$\tan(-50.4°) = \frac{X_S - X_C}{R_S} = \frac{3.5 - X_C}{9.5} = -1.21$$

$$X_C = 1.21 \times 9.5 + 3.5 = 15\Omega$$

故電容大小 $C = \frac{1}{\omega X_C} = \frac{1}{2\pi \times 60 \times 15} = 177\ \mu\text{F}$

2. 電容運轉式電動機

電容運轉式電動機又名永久電容式電動機(permanent-split-capacitor motor)，沒有離心開關，採用可長時間通電、匝數較多的輔助繞組。永久電容式電動機之接線圖，如圖4-11(a)所示，輔助線圈一直參與運轉並不切離，因此不能稱為起動線圈。電容運轉式電動機之輔助繞組的匝數比電容起動式電動機的起動繞組匝數多，產生之磁勢與主繞組之磁勢相同；實質上電容運轉式電動機為一台兩相感應電動機。輔助繞組所串聯的電容器，使**輔助繞組之電流在運轉時與主繞組之電流互隔90°電機度**而產生旋轉磁場，因此提高了運轉時的轉矩、功率因數與效率。

電容運轉式電動機不需要離心開關，在構造上比電容起動式感應電動機簡單。在正常負載下，電容運轉式電動機之效率及功率因數比分相式、電容起動式電動機高，而且轉矩變化比較平滑。但是**由於串聯之電容器之容值係依運轉時額定轉矩(速)設計選用，僅適合於運轉時，對起動時其容值太小，造成電容運轉式電動機起動轉矩較小**，如圖4-11(b)所示為其轉矩-速率特性曲線，電容運轉式電動機應用於不需高起動轉矩而需長時間運轉的場合，例如電風扇、鼓風機就是採用電容運轉式電動機。其電容通常採用聚丙烯電容CBB61，功率不同的風扇採用不同容量，一般為1.5μF～5μF。

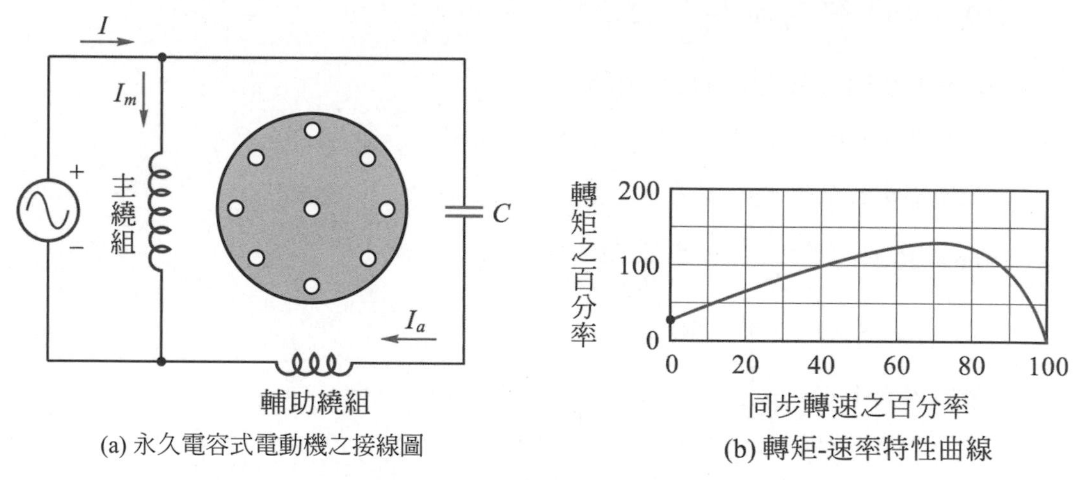

(a) 永久電容式電動機之接線圖
(b) 轉矩-速率特性曲線

▲ 圖 4-11　永久電容分相式電動機之接線及轉矩 - 速率特性曲線

3. 電容起動、電容運轉式電動機

電容起動、電容運轉式電動機又名雙值電容式電動機(two-value-capacitor motor)係採用兩個電容器，一個用於起動，一個專用於運轉，可得較好的起動與運轉性能。雙值電容式電動機的接線圖，如圖4-12所示，運轉電容器 C_R 與輔助繞組串聯；而起動電容器 C_S 與離心開關串聯後，並聯於運轉用電容器。起動完成後起動電容器經離心開關切離，而運轉電容器繼續保持在電路中，如電容運轉式電動機一樣運轉。雙值電容式電動機的起動電容器的電容值比運轉電容器之電容值大。

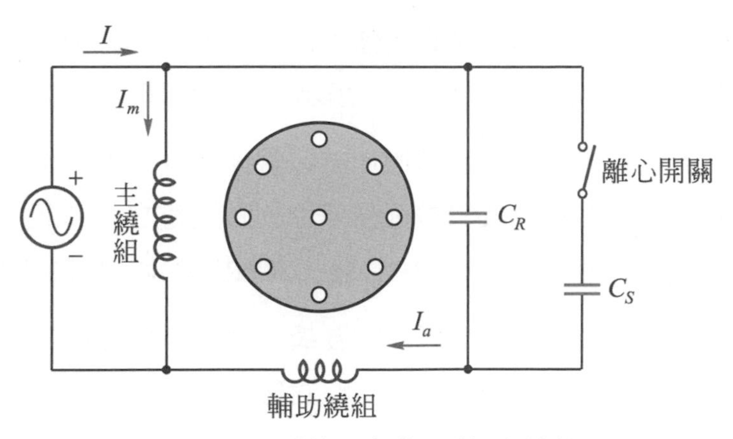

▲ 圖 4-12　雙值電容式電動機之接線圖

單相感應電動機中，雙值電容式電動機具有最佳之起動及運轉特性，如圖4-13所示為其轉矩-速率特性曲線。雙值電容式電動機通常用於需要大起動轉矩，長時間運轉的場所，例如泵浦、壓縮機、冷凍機及工作機械等需要定速特性、高功率因數之場合。其轉向控制如同電容起動式感應電動機，僅須將主繞組或輔助繞組之兩接線端對調即可。

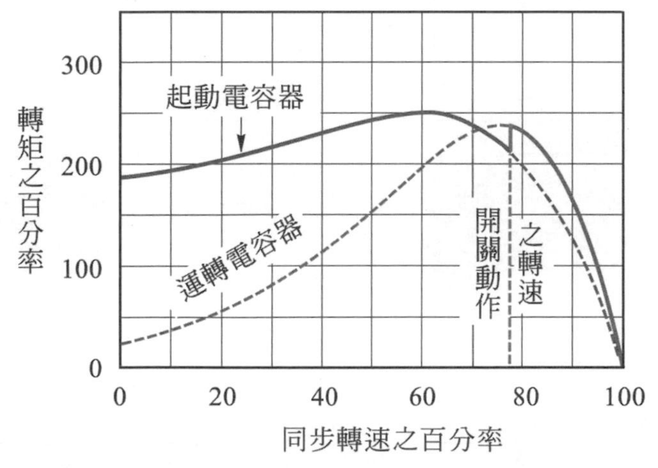

▲ 圖 4-13　雙值電容式之轉矩 - 速率特性曲線

4-3-3　蔽極式電動機

蔽極式起動法是利用一自行短路的蔽極線圈 (shading coil) 將定子主磁極一部分遮蔽。當單相電源加入時，磁極所產生的交變磁場切割蔽極線圈，使蔽極線圈感應電勢。根據愣次定律，蔽極線圈所形成的磁勢反對磁通之變動，使得蔽極部份之磁通比主磁極之磁通滯後，因而形成了**自未蔽極往被蔽極方**

向移動的磁場。此移動磁場與鼠籠式轉子作用產生起動轉矩，使轉子轉動。蔽極式產生移動磁場之原理，如圖 4-14 所示，說明如下：

1. 在交流電正半週電流逐漸增加時，磁極的磁通跟著電流而增大，蔽極線圈所生的磁勢反對被蔽極部份的磁通建立，磁通大部分集中在未遮蔽的磁場極部份，磁中心偏在未蔽極部位，如圖 4-14(a) 所示。

2. 當電流達到最大值時，磁通亦為最大值不再增加而沒有變動，因此蔽極線圈沒有感應電流產生，反對磁勢為零；於是主磁通均勻分佈在整個磁極，此時磁場中心移至磁極幾何中心部位，如圖 4-14(b) 所示。

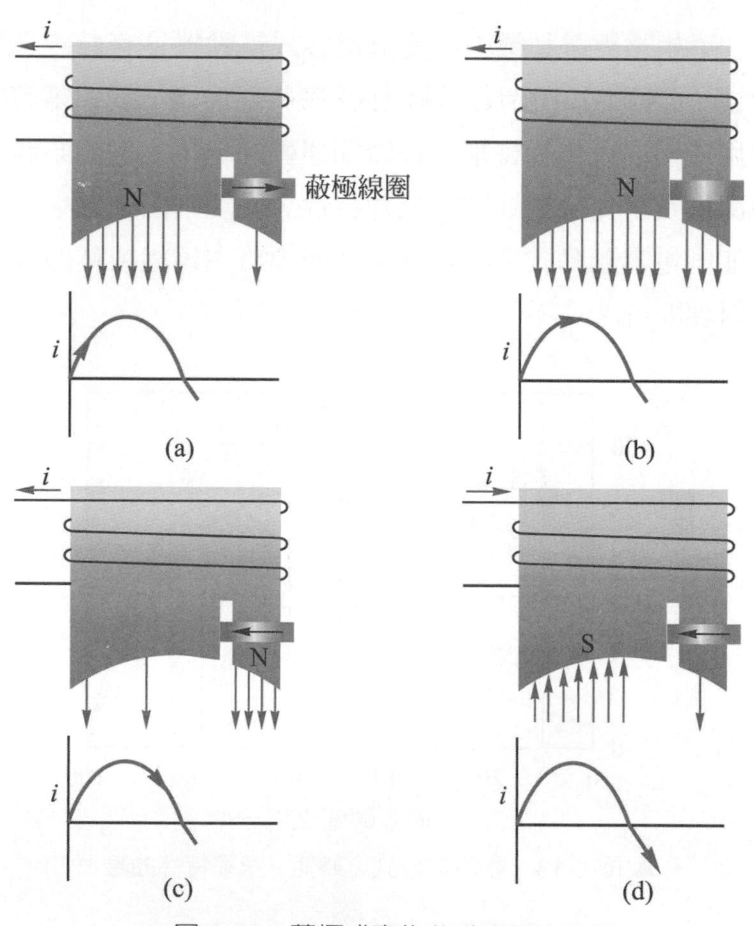

▲ 圖 4-14　蔽極式產生移動磁場之原理

3. 當電流下降時，磁極的磁通減少，變動的磁通使蔽極線圈感應電流反對磁通的減少，因此被蔽極部份的磁通較強而未蔽極部份磁通較弱，磁通集中到蔽極部份，使磁場中心移至被蔽極部位，如圖 4-14(c) 所示。

4. 當電流在負半週時，磁極極性相反，未蔽部份及蔽極部份的磁通變化與正半週相同，如圖 4-14(d) 所示。

使用蔽極起動法的電動機，稱為蔽極式電動機，又名蔭極式電動機或罩極式電動機，如圖 4-15 所示。由於僅靠蔽極繞組所形成的移動磁場來起動，蔽極式電動機起動轉矩比其他電動機小，正常運轉的轉差率也較高，如圖 4-16 所示為其轉矩 - 速率曲線。蔽極式電動機的效率及功率因數雖低，但是構造簡單，造價為所有分數馬力電動機中最低廉者，並且堅固耐用、維護容易，因此普遍應用於小負載及不需要大起動轉矩之場合，如小型吹風機、風扇、留聲機轉盤、放映機、顯示廣告及販賣機等；容量一般在 40W 以下。

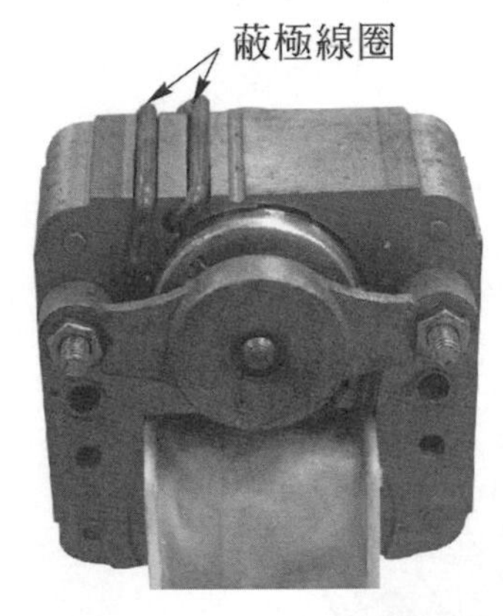

▲ 圖 4-15　蔽極式電動機

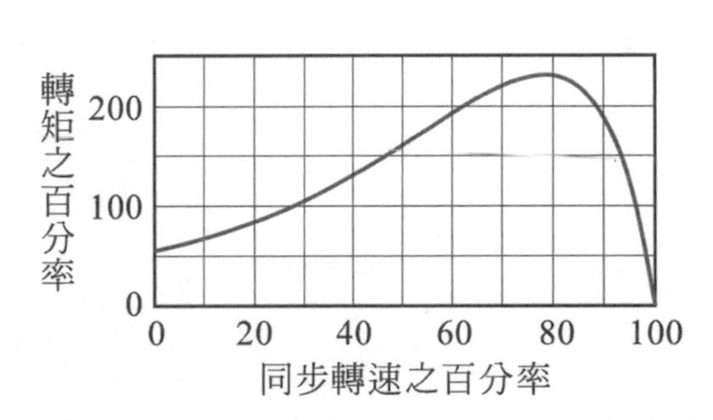

▲ 圖 4-16　蔽極電動機之轉矩 - 速率特性曲

蔽極式電動機的轉向為自磁極未蔽極往被蔽極的方向，若只有一組蔽極線圈，欲使蔽極電動機反轉時，可將定子鐵心拆下反面再裝，輸出軸的轉向即顛倒。若須經常改變轉向，可利用兩組蔽極線圈，如圖 4-17 所示，將相隔一極距之二個蔽極線圈串聯，如圖中蔽極線圈 1 和 3 串聯，蔽極線圈串聯 2 和 4，然後經由一單極雙投開關控制轉向。

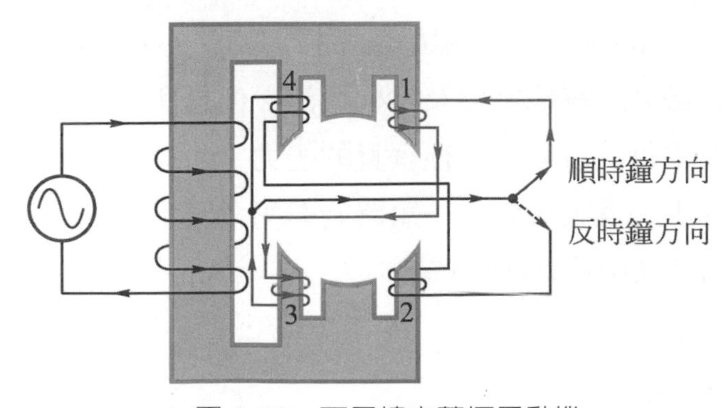

▲ 圖 4-17　可反轉之蔽極電動機

4-3-4　單相推斥式電動機

一、單相推斥式電動機的構造其運轉原理

單相推斥式電動機的構造其定子部份與一般單相感應電動機相同，而轉子部份則與直流電機的電樞相同，但是電樞繞組經由電刷短路如圖 4-18 所示。單相推斥式電動機之運轉原理是由定子繞組接單相交流電源，產生一隨交流電流變化的交變磁通，使轉子繞組如同變壓器二次側產生感應電勢。因為電刷由短路線接成短路，所以轉子電樞繞組有相當大的電流流通而產生電樞磁場。由於電樞電流是由定子磁場的變化感應而生；根據愣次定律可知，轉子所產生的磁場與定子磁場方向相反，轉子磁場與定子磁場互相推斥而形成轉矩；這也是此種電動機稱為推斥式電動機的由來。

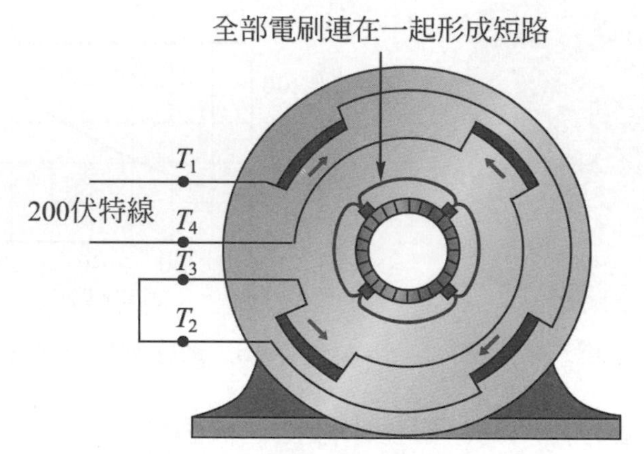

▲ 圖 4-18　推斥式電動機之接線

推斥式電動機的電刷位置不同所形成的電樞電流與轉矩也不同：

1. 若電刷位於電樞各線圈感應電勢串聯後的電壓最大處，如圖 4-19(a) 所示，亦即刷軸與定子磁極軸平行，如圖 4-19(b) 所示，此時兩電刷間雖有最大之電樞電壓及電樞電流，但是所產生的推斥力完全與轉子半徑平行，沒有與半徑垂直的扭力，所以轉矩為零無法起動。在此情況下，電動機如同一短路的變壓器，電流極大而不能轉動，此位置稱為硬中性 (hard neutral)。

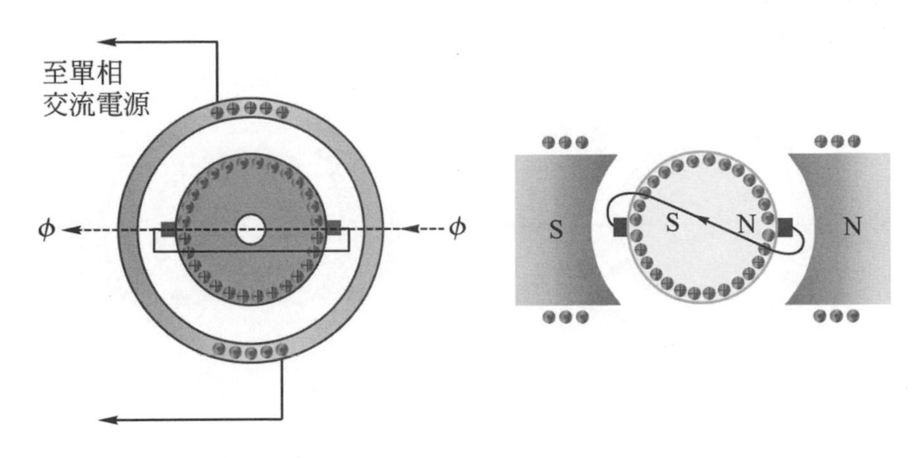

(a) 刷軸與極軸平行　　(b) 推斥力與半徑平行無轉矩

▲ 圖 4-19　刷軸與極軸平行轉矩為零電樞電流最大

2. 將電刷由硬中性 (電樞電流最大時的位置)，移動 90° 電機度；如圖 4-20 所示，亦即刷軸與極軸垂直時，兩電刷間之電位差為零，電樞電流為零，所以轉子沒有產生磁場而無推斥力，電機之轉矩亦為零，電機之電路如同二次開路的變壓器，電流最小，電機無法轉動，此位置稱為軟中性 (soft neutral)。

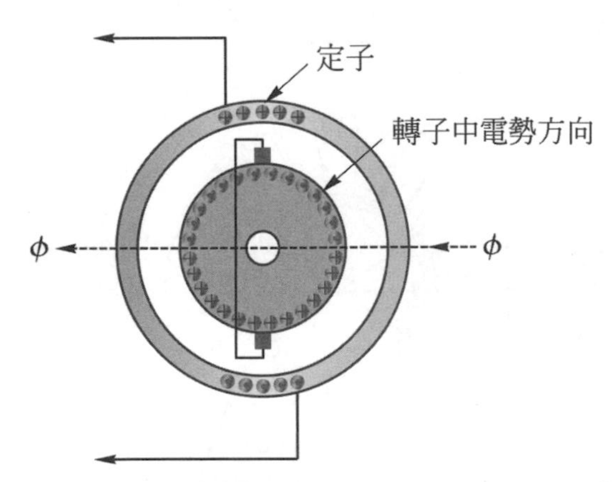

▲ 圖 4-20　刷軸與極軸垂直轉矩為零電流最小

3. 電刷移至上述軟中性與硬中性兩位置之間，即刷軸與極軸間的角度大於 0° 而小於 90° 電機度，如圖 4-21(a) 所示。電刷間有部份感應電壓使電樞繞組流通電流，沿刷軸方向建立轉子磁場與定子磁場推斥。由於定子之磁極軸與轉子之磁極軸有夾角，因此推斥力與轉子半徑垂直的分力形成轉矩，使電樞轉子起動運轉。如圖 4-21(b) 所示，轉子順時針方向旋轉；移動電刷之位置會改變電樞電流大小和推斥力大小以及推斥力之角度而使轉矩及轉速改變。

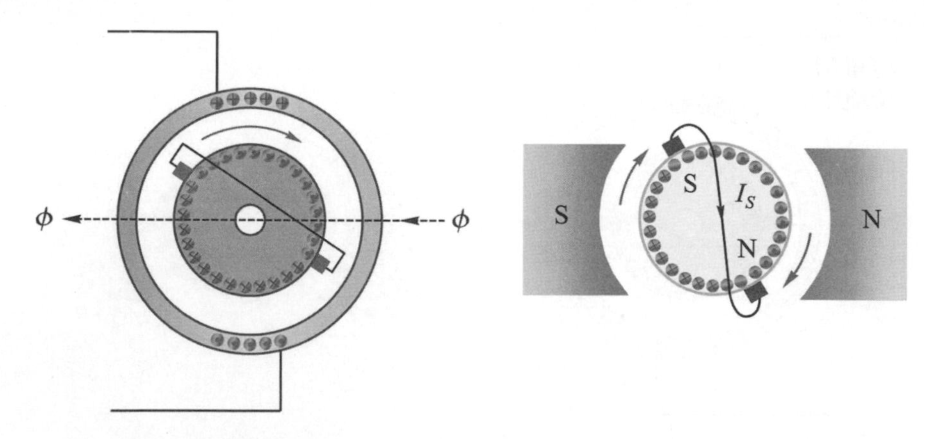

(a) 刷軸與極軸間之角度 $\alpha<90°$　　(b) 推斥力與半徑夾角產生轉矩

▲ 圖 4-21　推斥電動機的運轉原理

4. 推斥式電動機之旋轉方向，取決於電刷移離硬 (軟) 中性位置的方向，如圖 4-22 所示，若電刷自硬中性而往順時針方向移，推斥式電動機的轉向為順時鐘方向。若電刷自硬中性而往逆時針方向移，電機轉動方向為逆時針方向。

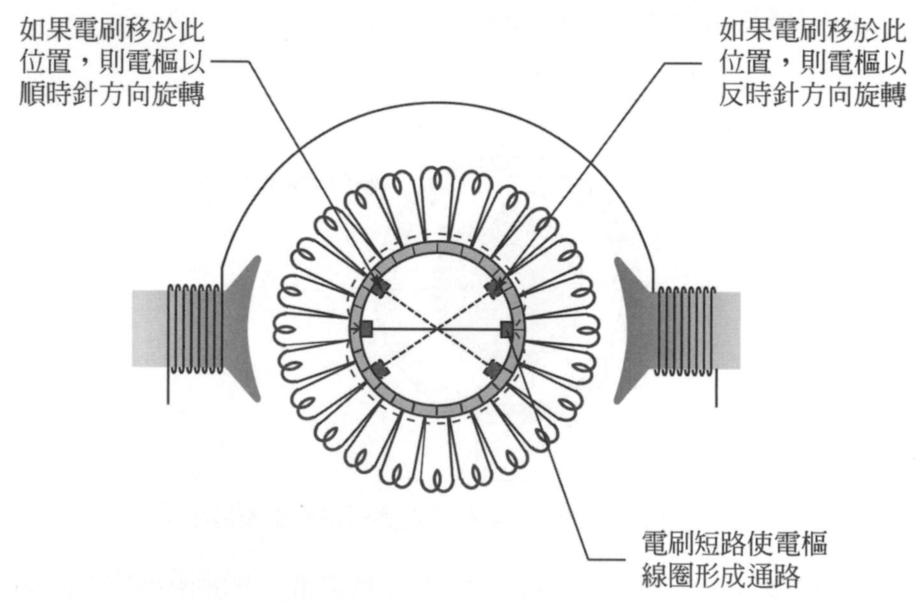

▲ 圖 4-22　電刷移離硬中性位置的方向，決定推斥式電動機的轉向

二、單相推斥式電動機之特性及用途

推斥式電動機之轉矩與線路電流之平方成正比。移動電刷之位置影響其電樞電流及轉矩和轉向，推斥式電動機電刷位置與感應電流及轉矩的特性曲線，如圖 4-23 所示。曲線橫軸是刷軸與極軸間的夾角，最大轉矩係發生於刷

軸距極軸位置 20° ～ 30° 電機角度處，適當的移動電刷位置，即可控制推斥式電動機之起動轉矩、轉向及速率。推斥式電動機不是靠旋轉磁場運轉，轉速不受同步速率之限制，推斥式電動機之速率可高出同步速率。推斥式電動機的轉矩 - 速率特性曲線，如圖 4-24 所示。

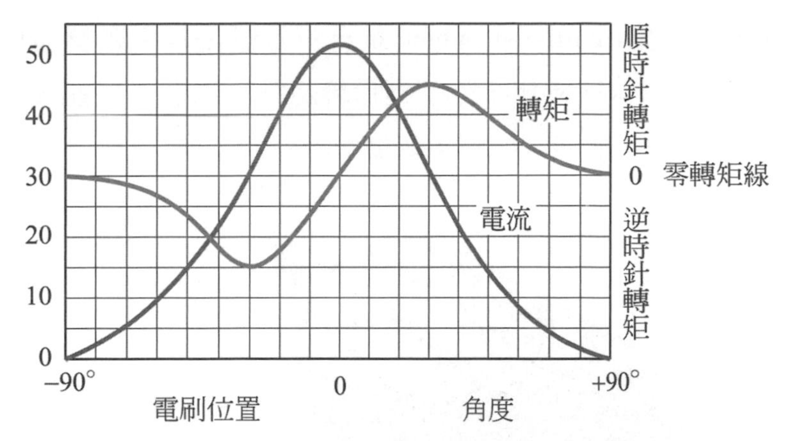

▲ 圖 4-23　推斥式電動機電刷位置與感應電流及轉矩的特性曲線

推斥式電動機常用於計測機構之手動變速場合，由於推斥電動機之功率因數較差，且換向困難，起動火花大，故通常僅利用其推斥來起動，起動後以感應電動機形式運轉，即所謂的單相推斥起動感應電動機。

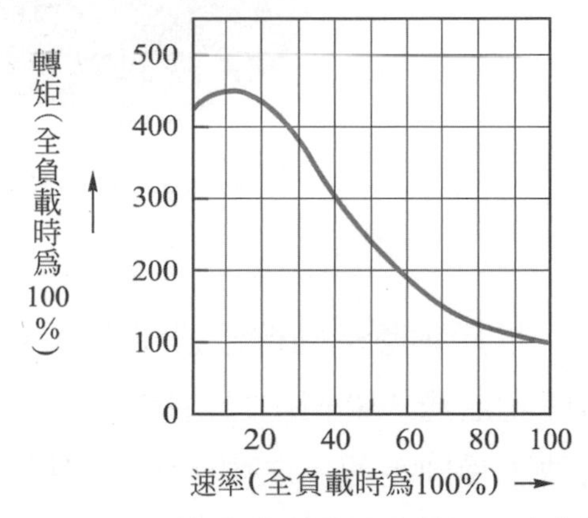

▲ 圖 4-24　推斥式電動機之轉矩 - 速率特性曲線

推斥起動感應電動機是利用推斥原理起動，當電動機之速率達到同步速率的 60% 左右，由離心力短路裝置將換向器短路改成感應電動機方式運轉，如此可以獲得具有高起動轉矩和低起動電流及恆定速率運轉之優良特性。推斥起動感應電動機之轉矩 - 速率特性曲線如圖 4-25 所示。有些推斥起動感應電動機之離心短路裝置可同時將電刷舉起，以避免電刷與換向器間之無謂磨損，減少機械損失，消除火花及噪音。

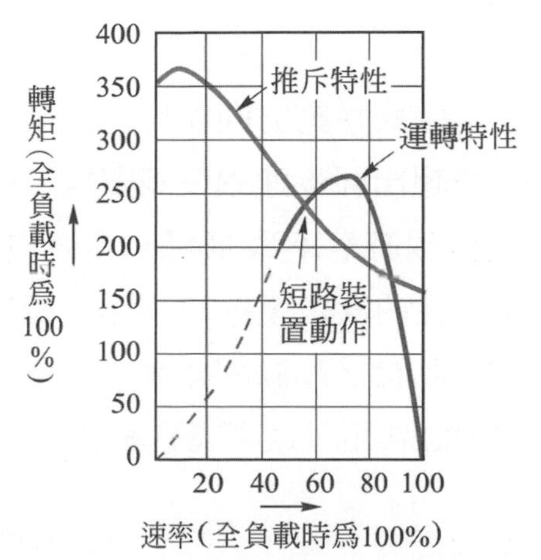

▲ 圖 4-25　推斥起動感應電動機之轉矩 - 速率特性曲線

推斥起動感應電動機構造較複雜，與其他型式單相感應電動機相比，其起動電流較小、起動轉矩較大為其特點，起動轉矩可高達 350%；其旋轉方向可以採用移動電刷位置改變之。常使用於起動轉矩大的泵浦、壓縮機、冷凍機、工業用洗衣機及工作機械等。

推斥感應電動機 (repulsion induction motor) 是推斥電動機與感應電動機之組合，其轉子具有兩種繞組，除了推斥繞組外，尚有一鼠籠式繞組，裝於電樞繞組下方，其轉子構造，如圖 4-26 所示。

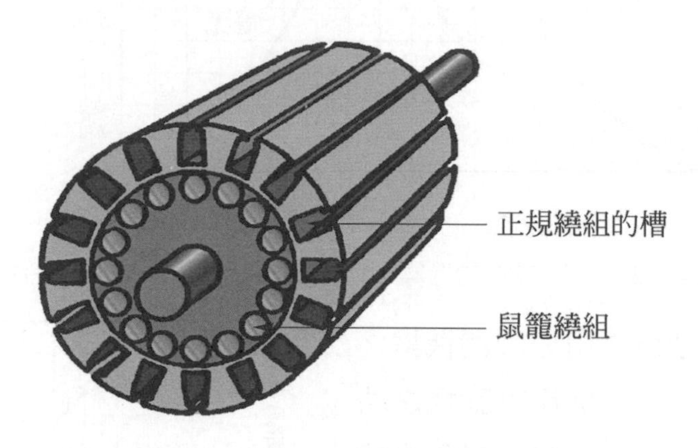

▲ 圖 4-26　推斥感應電動機之轉子構造

推斥感應電動機起動時由推斥 (電樞) 繞組產生大起動轉矩；在低速運轉時，鼠籠式繞組由於電抗大電流小，大部分之轉矩由推斥繞組產生。推斥轉速不受同步速率之限制，電動機之速率可高出同步速率；當推斥感應電動機之速率高於同步速率後，鼠籠式繞組切割磁通方向，和低於同步速率時相反，鼠籠式導體電流方向相反，產生與轉動方向相反之制動轉矩，使超出同步速率受到限制，即使在無載時也不致飛脫。其轉矩 - 速率特性曲線如圖 4-27 所示。推斥感應電動機之起動轉矩大，有鼠籠式繞組之作用，速率調整率佳。

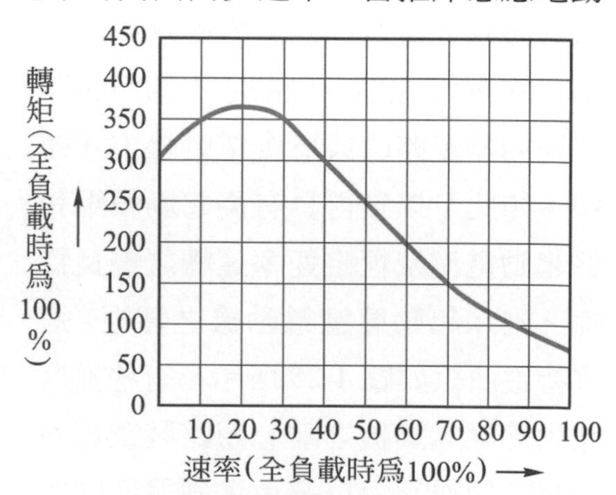

▲ 圖 4-27　推斥感應電動機之轉矩 - 速率特性曲線

4-4 單相感應電動機之速率控制及改變轉向

4-4-1 改變外加電壓控速法

改變外加電壓控速法一般是將具抽頭的電抗與定子繞組串聯來降壓。如圖 4-28 所示，變速開關切在高速位置 1 時，馬達未經電抗降壓得以全速運轉。變速開關切在低速 2、3 位置時，經過電抗降壓，馬達所加的電壓降低，轉矩下降轉速減慢。改變外加電壓控速法也可以用電阻降壓，但須考慮電阻發熱、效率降低的問題。改變外加電壓控速法常用在處於高速運轉，速率變化不大的場合，例如電風扇的風速控制。

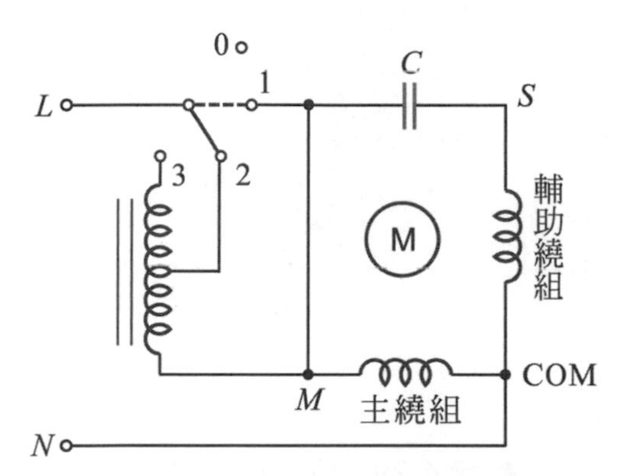

▲ 圖 4-28 使用串聯電抗降壓控速

4-4-2 改變電動機之極數控速法

感應電動機的轉速與極數成反比，極數少時為高速運轉，極數多時為低速運轉，改變極數可分段地控制感應電動機的轉速。改變極數的方法可以使用兩組不同極數的定子繞組裝置於定子鐵心槽內，切換繞組作轉速控制，這種方法必須有兩組不同極數的定子繞組，較不經濟。僅有一組繞組時，可以改變接線，利用生成磁極 (庶極) 的方法，使極數加倍，轉速減半。改變極數時，主繞組及輔助繞組要同時改變，而且要考慮兩繞組空間位置相隔的電機度。

4-4-3 單相電動機之轉向改變

分相式、電容啟動式單相感應電動機，在運轉中因為啟動繞組已切離電源，即使調換啟動繞組接線，並不會改變轉向；必須待停止後調換啟動繞組接線，然後再重新啟動才可反轉。

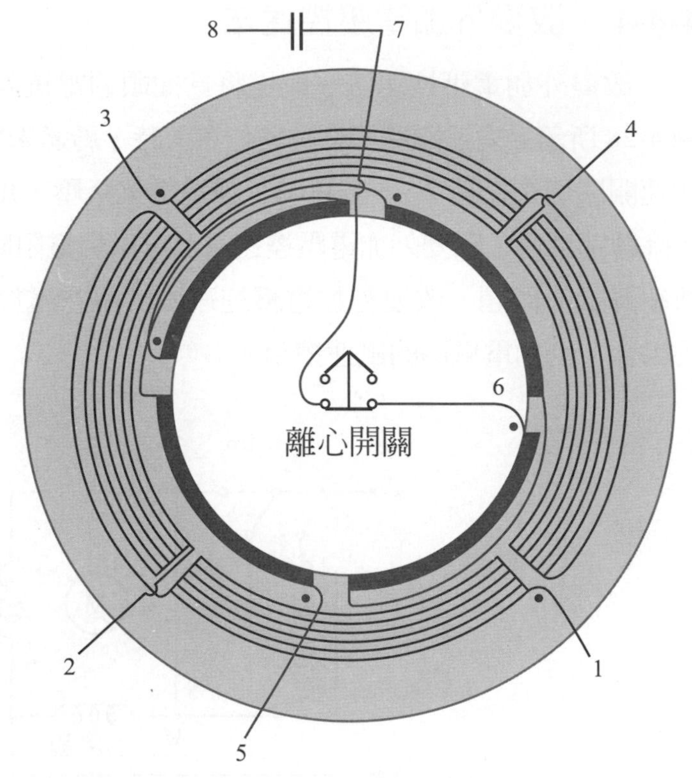

▲ 圖 4-29　單相 4 極 110V、220V 雙壓馬達的線圈接線圖

單相 4 極 110V、220V 雙壓馬達的 4 極主線圈額定電壓為 55V，兩兩串成兩組 110V 的主繞組。如圖 4-29 所示，主繞組的接頭分別為①、②和③、④，①與③為同極性。僅有一組 110V 的啟動繞組，串接離心開關及啟動電容，其接線端為⑤、⑧。

雙壓馬達使用於 110V 時採用並連接線，如圖 4-30 所示：把端子①、③、⑤連接電源 L 端，而②、④、⑧連接電源 N 端為逆時針轉向；把端子①、③、⑧連接電源 L 端，而②、④、⑤連接電源 N 端時為順時針轉向。

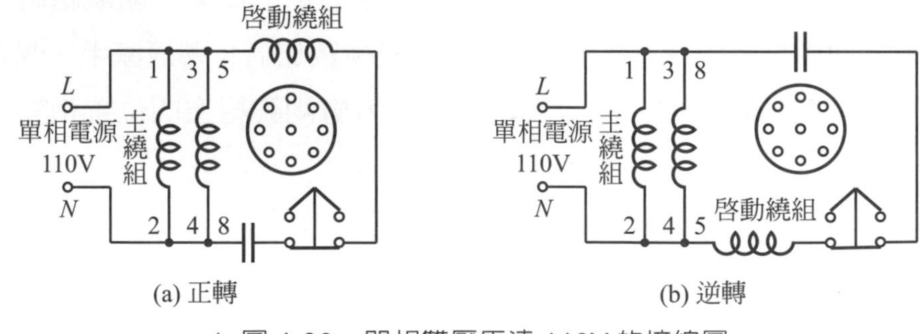

▲ 圖 4-30　單相雙壓馬達 110V 的接線圖

雙壓馬達使用於 220V 時主繞組採用串連接線，如圖 4-31 所示：把端子 ②、③ 連接在一起而 ①、④ 連接 220V 電源。由於啟動繞組只能接 110V 電壓，因此將啟動線圈線頭 ⑤ 和端子 ②、③ 固定接在一起，利用主繞組分壓供給啟動繞組。當 ④、⑧ 連接電源 L_2，而 ① 單獨接電源 L_1 時，馬達正轉。若將 ④ 單獨連接電源 L_2，而 ①、⑧ 連接電源 L_1，則馬達反轉。

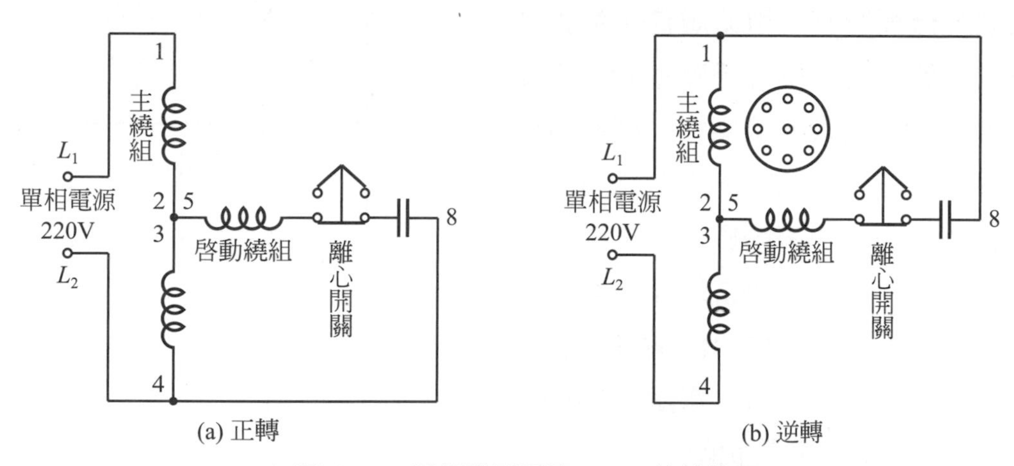

▲ 圖 4-31 單相雙壓馬達 220V 的接線圖

永久電容式、雙值電容式單相電動機是由運轉繞組及輔助繞組所形成的旋轉磁場運轉，運轉中若調換啟動繞組 (或運轉繞組) 接線，轉向就會反轉，如圖 4-32 所示；但是實際操作時應考慮機械結構強韌度是否能夠在轉動中直接變換轉向。

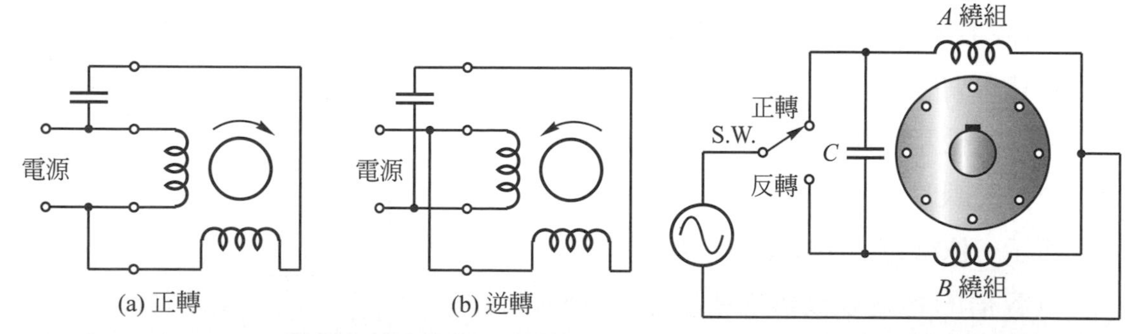

▲ 圖 4-32 永久電容式單相電動機正逆轉接線

▲ 圖 4-33 永久電容式單相電動機電容切換法控制正逆轉

若永久電容式單相電動機的輔助繞組與運轉繞組構造相似，如同兩相馬達，就可以使用電容切換法。如圖 4-33 所示為電容切換法應用於洗衣機正逆轉或抽油煙機吸排氣切換控制，由開關切換改變兩繞組的功能。當切換開關 (S.W.) 切到正轉時，A 繞組為主繞組，B 繞組串聯電容器成為輔助繞組；切到反轉時，B 繞組為主繞組，A 繞組串聯電容器成為輔助繞組。

4-5 功率因數之改善

感應電動機是使用最多、種類也最多的電動機。鼠籠式感應電動機之構造簡單、堅固耐用故障少而且價格低廉，機種豐富、用途廣泛。最近變頻式固態控制更使得感應電動機在變速應用上有很大的適應性。感應電動機於輕載時效率及功率因數很低，在滿載時效率及功率因數較好；因此應配合機械負載選用適當的額定容量及型式。選用過大的電動機不僅不經濟，功率因數及效率也低；選用太小則溫升過高，使電動機壽命縮短。

感應電動機定子與轉子間的空氣隙使得感應電動機的激磁電流大而功率因數低。感應電動機輕載時功率因數甚低，僅 10% 左右；隨負載的增加功率因數增加；滿載時的功率因數約 0.6～0.8 左右。為了改善功率因數，製造時應儘量縮小感應電動機的氣隙；運用時必須使用進相電容器與電動機並聯，以提高線路整體的功率因數，如圖 4-34 所示。依據電工法規第 181 條之規定，電容器的容量以改善功率因數達 95% 為原則。

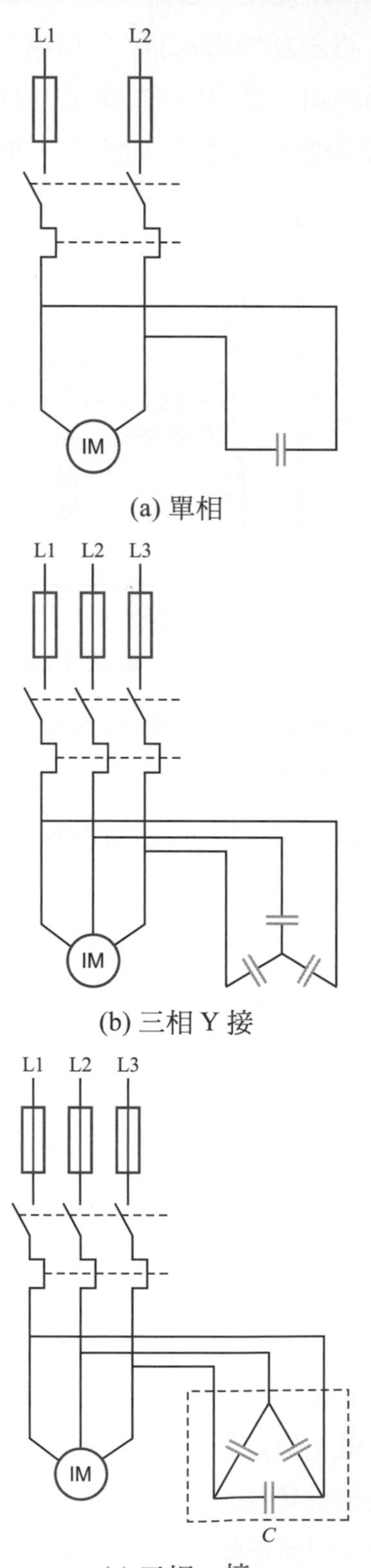

圖 4-34 感應電動機並聯電容器▶

若感應電動機之負載功率為 P，功率因數原為 $\cos\theta_1$，如圖 4-35 所示的相量圖；加裝電容器以抵消部份落後的虛功率，使功率因數改善為 $\cos\theta_2$，則視在功率由 S_1 減至 S_2。如此不僅可以減少供給電動機電源之設備容量，並且減少線路電流，降低線路損失使整體效率提高；由於線路電流減少，線路壓降也減少，改善了電壓調整率。欲將功率因數由 $\cos\theta_1$ 改善為 $\cos\theta_2$ 所需的進相電容器之無效功率 Q_C (kVAR) 為：

$$Q_C = Q_1 - Q_2 = S_1\times\sin\theta_1 - S_2\times\sin\theta_2$$

$$= (\frac{P}{\cos\theta_1})\times\sin\theta_1 - (\frac{P}{\cos\theta_2})\times\sin\theta_2 \quad (4\text{-}1)$$

$$= P\times(\tan\theta_1 - \tan\theta_2) \quad (4\text{-}2)$$

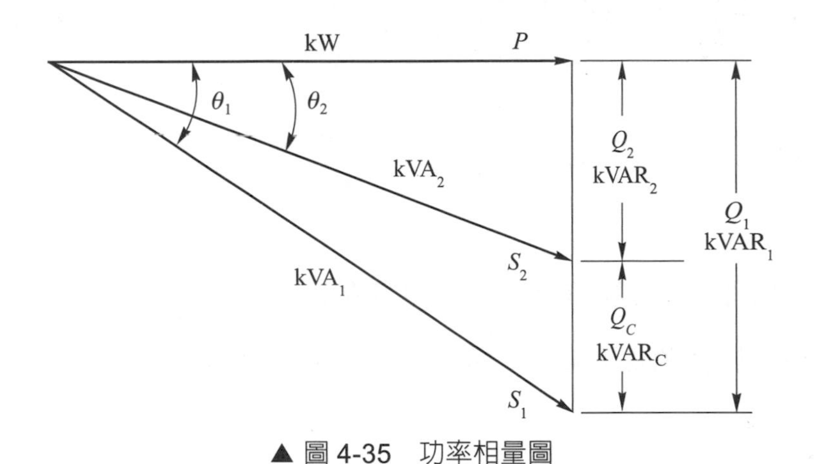

▲ 圖 4-35　功率相量圖

1. 在單相的場合

$$Q_C = \frac{V^2}{X_C} = 2\pi fCV^2 \quad (4\text{-}3)$$

所需單相電容值

$$C = \frac{Q_C}{2\pi fV^2}\ (\text{單位：F}) \quad (4\text{-}4)$$

2. 在三相電源三個電容器 Y 接如圖 4-34(b) 的場合，每一個電容器的容抗值 X_C 和電容值 C_Y 分別為

$$X_C = \frac{(\frac{V}{\sqrt{3}})^2}{\frac{Q_C}{3}} = \frac{1}{2\pi f C} \qquad (4\text{-}5)$$

$$C_Y = \frac{Q_C}{2\pi f V^2} \text{（單位：F）} \qquad (4\text{-}6)$$

3. 若三個電容器是 Δ 接如圖 4-34(c) 所示，則每一個電容器的容抗值 X_C 和電容值 C_D 分別為

$$X_C = \frac{V^2}{\frac{Q_C}{3}} = \frac{1}{2\pi f C} \qquad (4\text{-}7)$$

$$C_D = \frac{Q_C}{6\pi f V^2} \text{（單位：F）} \qquad (4\text{-}8)$$

Δ 接的電容器之電容值 C_D 為 Y 接電容值 C_Y 的 $\frac{1}{3}$ 倍，雖電容值較小，但耐壓值必須大於電源線電壓；Y 接的電容值較大但其耐壓值只需大於電源線電壓的 $\frac{1}{\sqrt{3}}$ 倍即可。

進相電容器應儘量靠近電動機之接線端子，而與電動機同時通電、同時切離電源，電容器裝設位置愈靠近負載效果愈大。如果感應電動機的單機額定功率小而台數多，而且裝置在分散的場所時，可將電容器集中裝置於總開關附近，使用開關配合負載情形，依需求並聯電容器數量，使整體電源之功率因數提高。有些電力監控系統配有自動控制的功率因數調整器，在功率因數不佳時自動切換並聯電容，以符合台電功率因數不得低於 0.8 之規定。

例 4-3

有一台 220V，50Hz 的單相感應電動機負載，其功率因數為 0.6 滯後，視在功率為 10kVA，欲並聯一電容器，以提高其功率因數至 0.9 電流滯後，在負載功率不變之情況下，則：

(1) 所並聯之電容器容量為多少 kVAR ？

(2) 並聯電容器之容量為多少 F ？

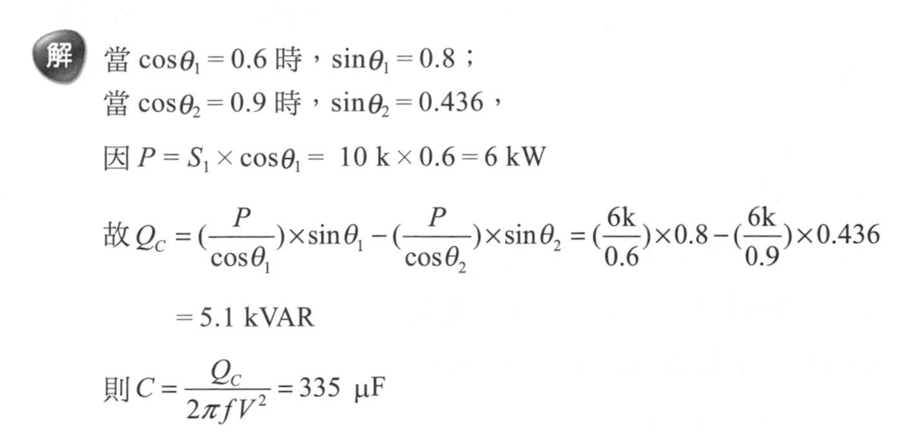

解 當 $\cos\theta_1 = 0.6$ 時，$\sin\theta_1 = 0.8$；
當 $\cos\theta_2 = 0.9$ 時，$\sin\theta_2 = 0.436$，

因 $P = S_1 \times \cos\theta_1 = 10\text{ k} \times 0.6 = 6\text{ kW}$

$$\text{故 } Q_C = \left(\frac{P}{\cos\theta_1}\right)\times\sin\theta_1 - \left(\frac{P}{\cos\theta_2}\right)\times\sin\theta_2 = \left(\frac{6\text{k}}{0.6}\right)\times 0.8 - \left(\frac{6\text{k}}{0.9}\right)\times 0.436$$

$$= 5.1\text{ kVAR}$$

$$\text{則 } C = \frac{Q_C}{2\pi f V^2} = 335\ \mu\text{F}$$

4-6 交流二相伺服電動機

應用於交流伺服系統的二相伺服電動機又名平衡馬達 (balancing motor)，其構造與單相運轉電容式感應電動機相似，定子具有二相繞組，一為激磁繞組 (exciting winding)，亦稱為主繞組 (main winding) 或固定繞組 (fixedwinding)；另一繞組為控制繞組 (control winding)，又名控制相。主繞組直接或經一電容接於交流電源；控制繞組接於伺服放大器之輸出端，如圖 4-36 所示。

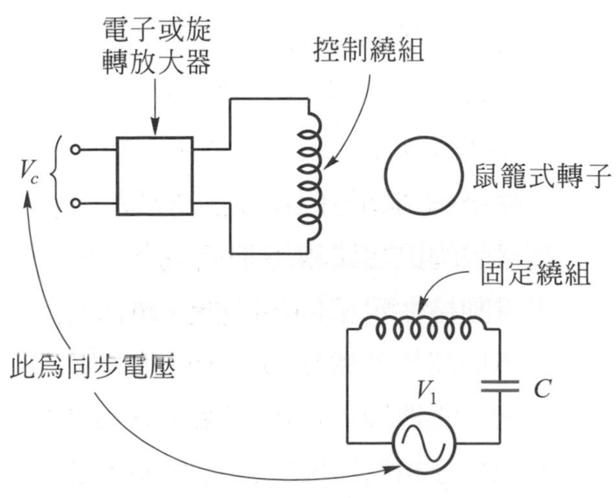

▲ 圖 4-36 交流二相伺服馬達電路

若二繞組之電流相位相差 90° 電機度，即產生旋轉磁場，而使鼠籠式轉子轉動。轉子之轉向決定於控制繞組電流超前或落後主繞組電流。轉矩的大小，則由控制繞組電流大小或二相繞組之相位差來控制。

二相伺服馬達之控制方式，分為電壓控制方式、相位控制方式及電壓相位混合控制方式三種：

1. 電壓控制方式

   主繞組與控制繞組之電壓相位相差固定為90°電機度，由驅動控制繞組之電壓大小控制轉矩及轉速。電壓控制方式電路較簡單，但是易受雜訊干擾。

2. 相位控制方式

   以改變激磁繞組與控制繞組之相位差，來控制伺服馬達之轉矩及轉向。相位控制方式較不受電源雜訊之影響，但是額定電壓經常加於兩繞組，消耗電力較大，溫度較高。

3. 電壓、相位混合控制方式

   同時控制電壓及相位，取電壓控制與相位控制二者之優點，為目前最常使用的方式。

一般單相分相馬達在起動後，僅單相繞組(運轉繞組)加電源即可使單相感應電動機繼續運轉。二相伺服馬達在只有供電給固定繞組而控制繞組無電壓時，絕對不可轉動，如此才能在誤差信號為零、到達目標值時停止。如果伺服馬達可單相運轉，則在誤差電壓為零時，馬達仍會繼續轉動，將無法達到控制目的，造成嚴重的控制問題。為了避免單相運轉，感應式交流伺服馬達轉子採用高電阻之鼠籠式繞組。

高電阻的鼠籠式轉子不僅使交流伺服電動機在單相供電時不會轉動，還可提高起動轉矩，改善二相伺服電動機的轉矩與轉速特性，圖 4-37 所示為分相馬達與二相伺服馬達之轉矩、速率曲線之比較，其中伺服馬達曲線，係在固定的控制電壓下

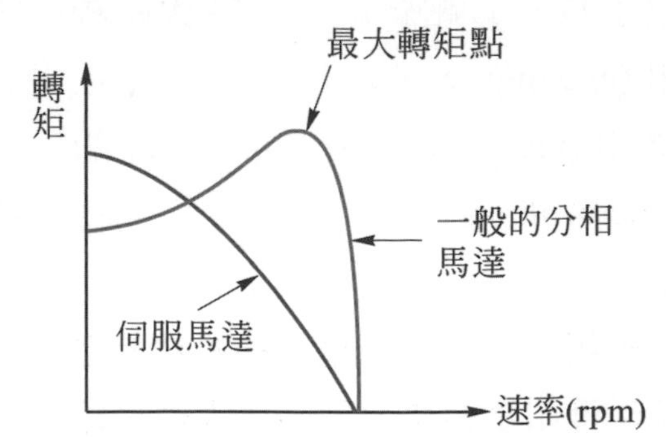

▲ 圖 4-37　分相馬達與二相伺服馬達之轉矩

之結果。在不同控制電壓下，伺服馬達之轉矩、速率曲線，如圖 4-38 所示。

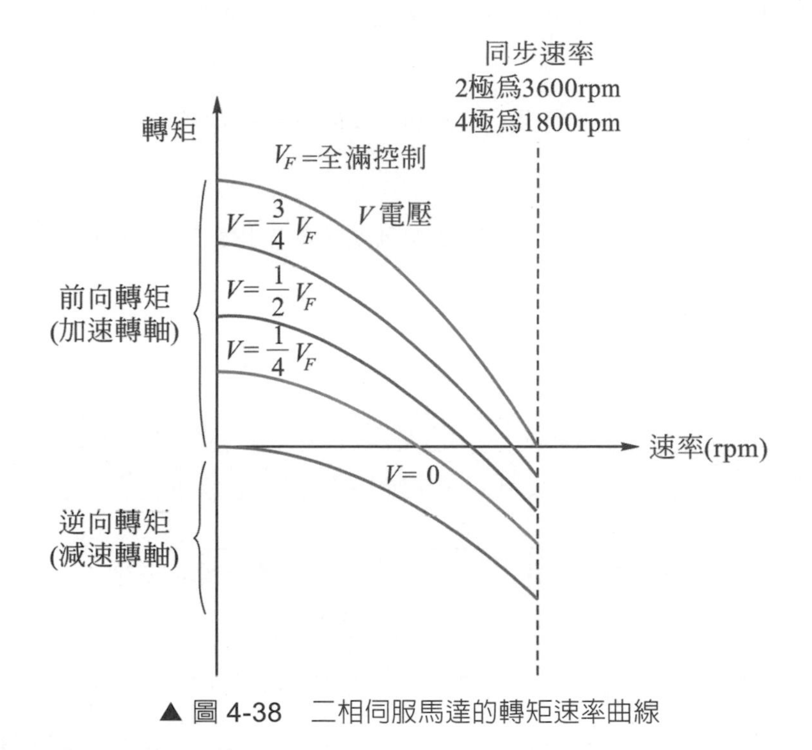

▲ 圖 4-38　二相伺服馬達的轉矩速率曲線

二相交流伺服馬達不需要電刷及換向器，摩擦小、不生火花及故障少，沒有碳刷維修的問題。而且鼠籠式轉子繞組不須絕緣，散熱佳，比直流馬達之電樞堅固耐用、容易製造，故轉子直徑可更細小，或採用如圖 4-39 所示之杯型轉子，慣性極小。交流伺服馬達電路可利用變壓器如圖 2-50 之 T-T 接線將三相隔離成二相獨立系統，廣泛應用於中小功率之伺服系統。但是二相交流伺服馬達因轉子繞組之電阻高、易發熱，而效率低，必須有充分的散熱裝置。

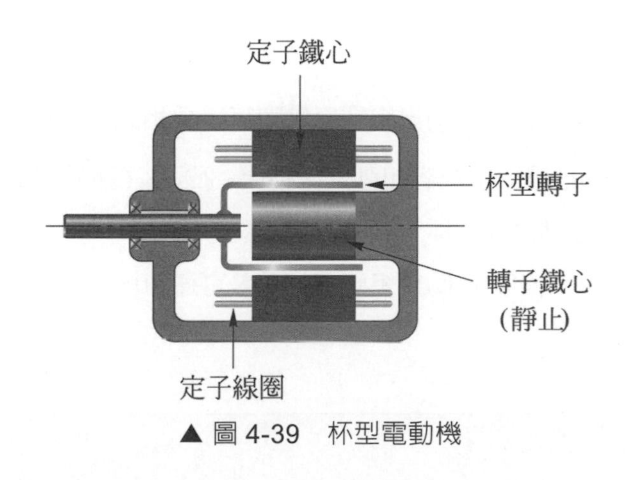

▲ 圖 4-39　杯型電動機

本章摘要

1. 單相感應電動機通常 110 伏特以不超過 1 馬力為原則，220 伏特以不超過 3 馬力為原則。
2. 單相交變磁場為兩個大小相等而轉向相反的旋轉磁場所合成。
3. 單相感應電動機之起動方法有：

   分相起動法、電容起動法、蔽極式起動法及推斥起動法等四種。
4. 表 4-1 所示為各種單相感應電動機之起動方式。

▼ 表 4-1　單相感應電動機之起動方式

種類	起動方式	離心開關之有無	電容器	備註
分相式電動機	分相繞組起動	有	無	
電容起動式電動機	電容器分相起動	有	採用乾式交流電解質電容器	
永久性電容分相電動機	低值電容器分相起動與運轉	無	採用金屬化薄膜電容器	
雙值電容式電動機	高值電容分相起動，低值電容分相運轉	有	高值電容採用交流電解電容器，低值電容為金屬化薄膜電容器	通常運轉電容僅為起動電容值之10%～20%
蔽極式電動機	蔽極線圈分相起動	無	無	
推斥起動式電動機	推斥式起動	無	無	附有換向器、電刷及短路裝置

5. 分相式電動機定子有運轉繞組及起動繞組，兩繞組在空間上相距 90° 電機角度。主繞組粗線多匝，在槽的底層，電感大、電阻小；起動繞組細線少匝，在槽的上層，電感小、電阻大。
6. 將起動繞組或運轉繞組之兩出線端反接即可使分相式電動機反向旋轉。
7. 電容式電動機可分為：①電容起動式電動機；②永久(運轉)電容分相電動機；③雙值電容式電動機等三種。
8. 電容式電動機主繞組與輔助繞組兩者相角差可達 90°。

9. 蔽極式電動機在磁極上加一短路環將部份磁極遮蔽，產生自未蔽極向蔽極方向之移動磁場，使轉子起動旋轉。

10 單相推斥式電動機之轉子為直流機之電樞而電刷接成短路，由定子交變磁場切割感應電流產生磁場與定子磁場發生推斥作用產生轉矩。

11 單相推斥式電動機電刷軸與極軸垂直或平行時，均不產生轉矩，電刷與極軸必須偏一角度，電機才會旋轉，其旋轉方向取決於電刷移離極軸之方向。

12 單相推斥式電動機，移動電刷位置，即可控制電動機之起動轉矩、轉向及速率。

13. 單相感應電動機之特性，如表 4-2 所示。

▼ 表 4-2　單相感應電動機之特性

種類	起動轉矩	起動電流	一般輸出 (W)	價格	備註
分相式電動機	125%～200% (中)	500%～600% (大)	35～200 (1/20～1/4 HP)	廉	起動電流大
電容起動式電動機	200%～300% (大)	400%～500% (中)	75～400 (1/10～1/2 HP)	中	起動電流小，起動轉矩大
永久電容式電動機	50%～100% (小)	300%～400% (小)	極小～200 (極小～1/4 HP)	中	無起動開關，故障少起動轉矩小
雙值電容式電動機	250%～350% (大)	400%～500% (中)	100～400 (1/8～1/2 HP)	高	起動轉矩大，運轉性能佳
蔽極式電動機	40%～90% (小)	300%～400% (極小)	極小～75 (極小～1/10 HP)	廉	無起動開關，安全可靠價格低廉
推斥起動式電動機	400%～600% (極大)	400%～500% (中)	100～750 (1/8～1 HP)	高	因有整流子，較需保養，製作困難

14. 單相感應電動機中依照起動轉矩之大小排列為推斥起動式感應電動機、電容起動式電動機、分相式電動機、電容運轉式及蔽極式電動機。

15. 單相感應電動機之用途，如表 4-3 所示。

▼ 表 4-3　單相感應電動機之用途

種類	用途
分相式電動機	• 泵浦、風扇、小型工具機及洗滌機。
電容起動式電動機	• 主要用於起動重機械或電源電壓變動大之場所。
	• 泵浦、壓縮機、工業用洗衣機、冷凍機、農業機械及輸送機。
永久電容式電動機	• 適於不需大起動轉矩之場合。
	• 風扇、洗衣機及辦公室機械。
雙值電容式電動機	• 適用於需要起動轉矩之場合。
	• 泵浦、壓縮機、冷凍機及農業機械。
蔽極式電動機	• 主要用於小型民生機器。
	• 電唱機轉盤、放映機、顯示廣告、販賣機、吊扇及鼓風機。
推斥起動式電動機	• 適用於需要大起動轉矩，電源電壓降大之場所。
	• 泵浦、壓縮機、冷凍機、工業用洗衣機及農業機械。

16. 感應電動機功率因數之改善，一般皆以裝設並聯電容器來改善電源側之功率因數為主。

17. 若感應電動機之負載功率因數原為 $\cos\theta_1$，欲改善為 $\cos\theta_2$ 時，則所並聯電容器之無效功率 $Q_C = (\frac{P}{\cos\theta_1}) \times \sin\theta_1 - (\frac{P}{\cos\theta_2}) \times \sin\theta_2$ ，而電容值 $C = \frac{Q_C}{2\pi f V^2}$ 。

18. 二相伺服電動機的控制方式為電壓控制、相位控制、電壓相位混合控制。

一、選擇題

基礎題

( ) 1. 低壓用戶使用 110 伏特單相電動機，其單具容量以不超過
(A)1 馬力 (B)2 馬力 (C)3 馬力 (D)5 馬力 為原則。

( ) 2. 低壓供電用戶的單相 220 伏特電動機，單具容量不得超過
(A)30 馬力 (B)13 馬力 (C)3 馬力 (D)1.3 馬力。

( ) 3. 單相感應電動機其定部線圈中，若通以正弦電流時，將產生大小相等、方向相反之兩旋轉磁場，設轉部對於正轉旋轉磁場之轉差率為 S，則其對於反轉旋轉磁場之轉差率為
(A)S (B)$1-S$ (C)$2-S$ (D)$S-2$。

( ) 4. 在單相感應馬達中，下列敘述何者正確？
(A) 它能產生旋轉磁場，因此不需起動
(B) 它不能產生交變磁通，因此需起動
(C) 它需要將單相交流電源分相來起動
(D) 它能自行起動。

( ) 5. 單相感應電動機輔助線圈比主線圈
(A) 粗 (B) 細 (C) 一樣 (D) 匝數多。

( ) 6. 分相電動機運轉繞組與起動繞組之間相隔電機角約
(A)180° (B)120° (C)90° (D)60°。

( ) 7. 運轉中，將分相感應電動機的起動線圈兩端反接，則其旋轉方向
(A) 反向運動 (B) 停止 (C) 不變 (D) 不一定。

( ) 8. 單相感應電動機運轉時，何者之特性最接近兩相感應電動機？
(A) 分相式電動機 (B) 電容起動式電動機
(C) 永久電容式電動機 (D) 蔽極式電動機。

( ) 9. 蔽極式馬達中蔽極部份之磁通較主磁通
(A) 超前 (B) 落後 (C) 同相 (D) 無關。

( ) 10.蔽極式電動機之轉向為
(A) 由通電方向決定 (B) 自被蔽極至未蔽極
(C) 自未蔽極至被蔽極 (D) 由磁場繞組方向決定。

(　) 11.蔽極電動機在磁極裝置粗銅環，其目的是產生
(A) 移動磁場　(B) 旋轉磁場　(C) 固定磁場　(D) 加強磁場。

(　) 12.單相感應電動機的蔽極線圈是為要
(A) 幫助起動　(B) 減少漏磁　(C) 減少渦流　(D) 增加轉矩。

(　) 13.小型交流電動機常使用蔽極式電動機，主要是因為此型電動機具有
(A) 效率高　(B) 功率因數佳　(C) 起動轉矩大　(D) 構造簡單之優點。

(　) 14.下列敘述何者正確？
(A) 雙值電容式電動機常用於需變速低功因之場合
(B) 雙值電容式電動機之永久電容器容量較起動電容器小
(C) 蔽極電動機之起動轉矩比其他電動機大
(D) 蔽極電動機之效率高，但維修不易。

進階題

(　) 1. 當電容起動式單相電動機的故障為“無法起動，但用手轉動轉軸時，便可使其運轉”，試問下列何者不是這故障之原因？
(A) 起動繞組斷線　(B) 運轉繞組斷線
(C) 電容器損壞　(D) 離心開關之接線脫落。

(　) 2. 有一部 $\frac{1}{3}$ 馬力 110 V，60 Hz 之電容起動式電動機，主繞組阻抗為 $4.8+j3.6\ \Omega$，輔助繞組阻抗為 $9.3+j2.3\ \Omega$，則欲使主繞組電流與輔助繞組電流相差 90°，其起動電容之容量大小應為多少法拉？
(A) $\frac{1}{120\times\pi\times14.7}$　(B) $\frac{1}{120\times\pi\times16.7}$
(C) $\frac{1}{120\times\pi\times18.5}$　(D) $\frac{1}{120\times\pi\times20.5}$。

(　) 3. 單相電容運轉式感應電動機與一般電阻分相起動式感應電動機比較，其優點在下列敘述中那一項錯誤？
(A) 功率因數較高
(B) 起動轉矩較大
(C) 起動電流較小
(D) 不用離心開關，減少故障之機會。

(　) 4. 永久電容式電動機於正常運轉中，若將起動線圈兩端反接，則電動機將　(A) 反轉　(B) 同向繼續轉動　(C) 不轉　(D) 起動線圈會燒斷。

(　) 5. 有一電容分相電動機，如圖 (1) 電路所示，當開關投至 1 位置時，設電動機為順時鐘方向轉動，若把開關投至 2 位置時，則下列敘述何者正確？
(A)A 為主繞組，轉向為逆時鐘方向
(B)B 為主繞組，轉向為逆時鐘方向
(C)B 為主繞組，轉向為順時鐘方向
(D)A 為起動繞組，轉向無法決定。

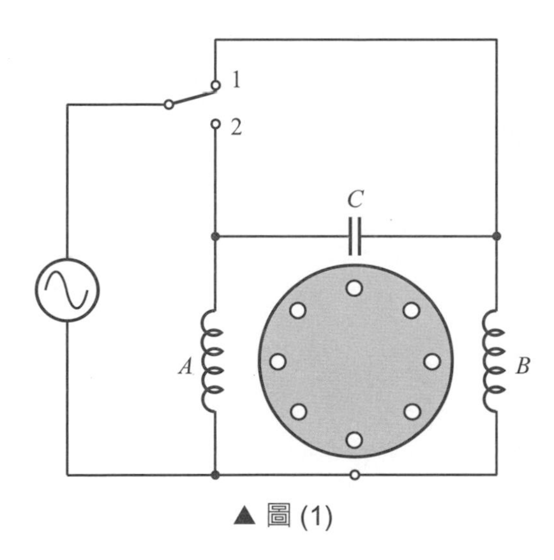

▲ 圖 (1)

(　) 6. 若欲使遮極起動式感應電動機反轉，則
(A) 可將電源插頭反接
(B) 將磁場線圈反接
(C) 可將裝磁場線圈之鐵心拆下，然後倒過來再裝
(D) 以上三項均不能使電動機反轉。

二、問答題

1. 試簡述「雙旋轉磁場論」。
2. 單相分相式感應電動機之起動繞組，為何必須串接離心開關？
3. 試述電容式單相感應電動機之種類及優點。
4. 蔽極式單相感應電動機如何產生移動磁場？

5. 試將單相感應電動機按起動轉矩之大小排列之。
6. 如何分辨單相感應電動機是分相式、電容起動式及運轉電容式。
7. 有台 $\frac{1}{2}$ 馬力，100 V，60 Hz 之電容式起動電動機，其電機常數如下：

   主繞組阻抗 $4+j3\ \Omega$

   輔助繞組阻抗 $9+j2.5\ \Omega$

   試求使主繞組電流與輔助繞組電流相差 90° 之起動電容量之大小。
8. 有一台 10 馬力的三相 220V 60 Hz 感應電動機，滿載時功率因數為 0.8 滯後，欲改善功率因數提高至 1，則進相電容的無效功率為多少？採用 Y 接及 Δ 接的電容量分別為多少？
9. AC 伺服馬達的控制方法有哪些？各有何特點？
10. 感應式交流伺服馬達所採用的轉子與一般馬達的轉子有何不同？為什麼？

Chapter 5

同步發電機

5-1 同步發電機之原理

5-1-1 頻率、極數及轉速之關係

同步發電機的發電原理是利用導體與磁場磁力線切割而產生感應電勢。由發電機(佛來銘右手)定則可知，導體切割不同極性之磁場，產生方向不同、極性相反之感應電勢。交流發電機電樞繞組所感應的交流電勢直接輸出；繞組導體每經過一對磁極即產生一週之交流電壓，如圖 5-1 所示。

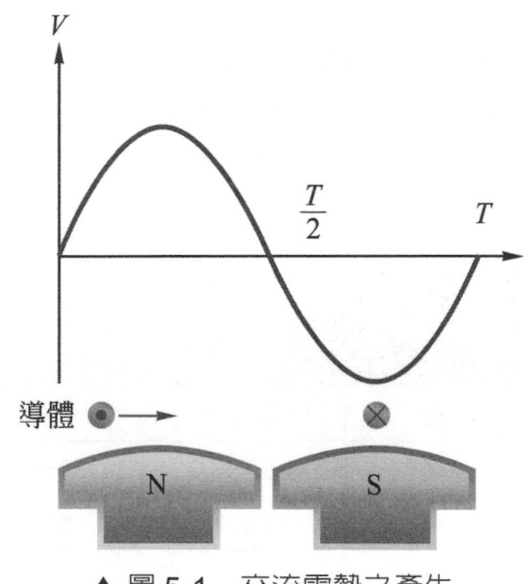

▲ 圖 5-1 交流電勢之產生

若發電機的磁極數為 P (即有 $\frac{P}{2}$ 對磁極)，轉子每秒迴轉數為 n_{rps}，則其感應電勢之頻率為

$$f = \frac{P}{2} n_{rps} \text{ (Hz)} \tag{5-1}$$

轉子每分鐘的迴轉數為 n(rpm) 時，感應電勢的頻率為

$$f = \frac{P}{2} \times \frac{n}{60}$$

或

$$f = \frac{Pn}{120} \tag{5-2}$$

5-1-2　同步轉速及感應電勢

交流發電機欲產生固定頻率的交流電，必須使電樞導體每秒切割相對於頻率的磁極對數。例如欲產生 60 Hz 之交流電，則必須使電樞導體每秒切割 60 對磁極。因此不論負載大小，交流發電機的轉速，必須配合頻率與極數而為固定的同步轉速 (synchronous speed)。同步轉速以 n_s 符號代表，n_s 與頻率 f 成正比而與極數 P 成反比：

$$n_s = \frac{120 f}{P} \tag{5-3}$$

以同步轉速運轉之電機，稱爲同步機 (synchronous machine)。頻率一定時，磁極數少之同步機轉速高，而極數多者，轉速低，表 5-1 為常用之頻率、極數下的同步轉速。

▼ 表 5-1　極數、頻率與同步轉速表

極數	每分鐘轉速		極數	每分鐘轉速	
	50Hz	60Hz		50Hz	60Hz
2	3000	3600	16	375	450
4	1500	1800	20	300	360
6	1000	1200	24	250	300
8	750	900	32	187.5	225
10	600	720	48	125	150
12	500	600		$\frac{6000}{P}$	$\frac{7200}{P}$

例 5-1

24 極，60 Hz 的交流發電機，求其每分鐘轉速為多少？欲使此發電機的頻率改為 50 Hz，則其轉速須改為多少？

解 由 $n_s = \dfrac{120f}{P} = \dfrac{120 \times 60}{24} = 300 \text{ rpm}$

$n_s = \dfrac{120f}{P} = \dfrac{120 \times 50}{24} = 250 \text{ rpm}$

假設在一交流發電機內磁極的磁通量為 ϕ，每相的繞組總匝數為 N；繞組移動一極距自 a 點移動至 b 點時，如圖 5-2 所示，繞組交鏈之磁通量由 $+\phi$ 變化至 $-\phi$，為 $\phi-(-\phi)=2\phi$，所需之時間為 $\dfrac{T}{2}$。

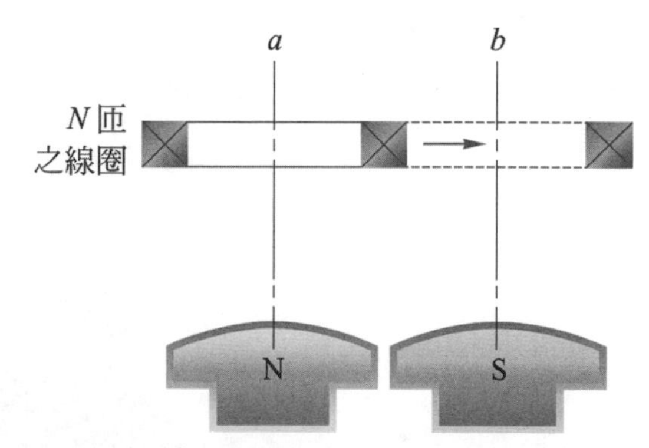

▲ 圖 5-2　繞組與磁極相對運動移動一極距

由法拉第定律推算發電機每相感應電勢之平均值為

$$E_{av} = N\frac{\Delta\phi}{\Delta t} = N\frac{\phi-(-\phi)}{\dfrac{T}{2}} = 4Nf\phi \qquad (5\text{-}4)$$

由正弦波平均值與有效值之關係式

$$E_{ef} = \frac{\pi}{2\sqrt{2}}E_{av} = 1.11E_{av} \qquad (5\text{-}5)$$

得每相感應電勢 E_P 之有效值為

$$E_P = \frac{2\pi}{\sqrt{2}}Nf\phi = 4.44Nf\phi \qquad (5\text{-}6)$$

5-1-3 電樞及電樞繞組

一、電樞繞組

交流發電機不須換向，採用將電樞繞組置於定部而旋轉磁場的轉磁式結構。同步發電機電樞繞組大都為雙層繞；雙層繞線圈的一邊在槽的底層，另一邊在槽的上層，如此可充分有效的利用空間，並且線圈的形狀相同，方便使用成型線圈繞製。大型機因電流大，導體截面積大而不易繞製，常將導體分為多條導線並聯繞製，如此不但方便施工，而且可以減少渦流損及改善集膚效應之影響。有些大型機的繞組在導體內或導體邊留有管路或通孔，由冷卻劑將銅損所產生的熱直接吸收以降低溫升。如圖 5-3 所示為交流電機附散熱水管的電樞繞組。大型機因電流大，線圈導體之間同向電流者互擠、異向電流者互推的應力頗大，線圈之槽外部份須以撐架及夾條固定，以防止線圈變形。

▲ 圖 5-3 大型交流機的定子繞組

三相交流電機的電樞繞組各相線圈互隔 120° 電機度。三相電樞繞組相與相之間的連接法有 Δ 接線的閉路繞，如圖 5-4 所示；以及 Y 接線的開路繞，如圖 5-5 所示。高壓大型機通常採用 Y 接線以提高線電壓、降低線電流。

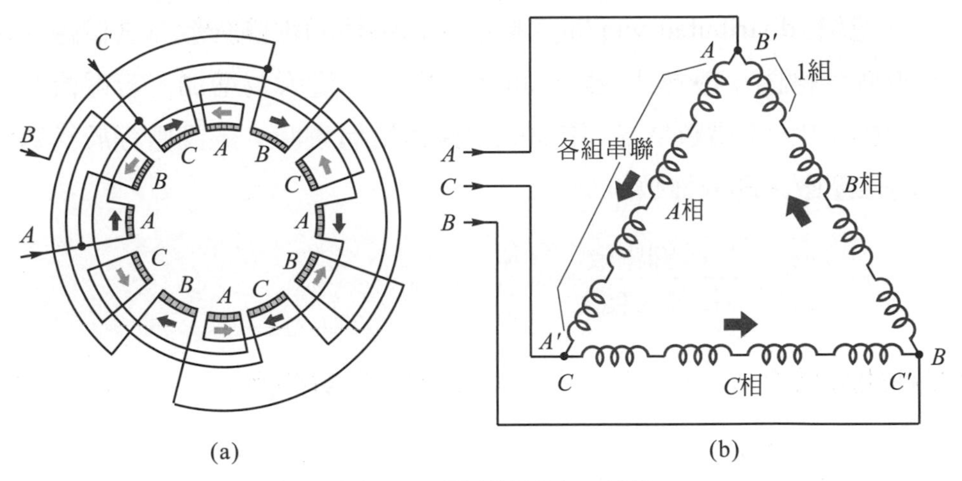

▲ 圖 5-4　電樞繞組之 Δ 接線

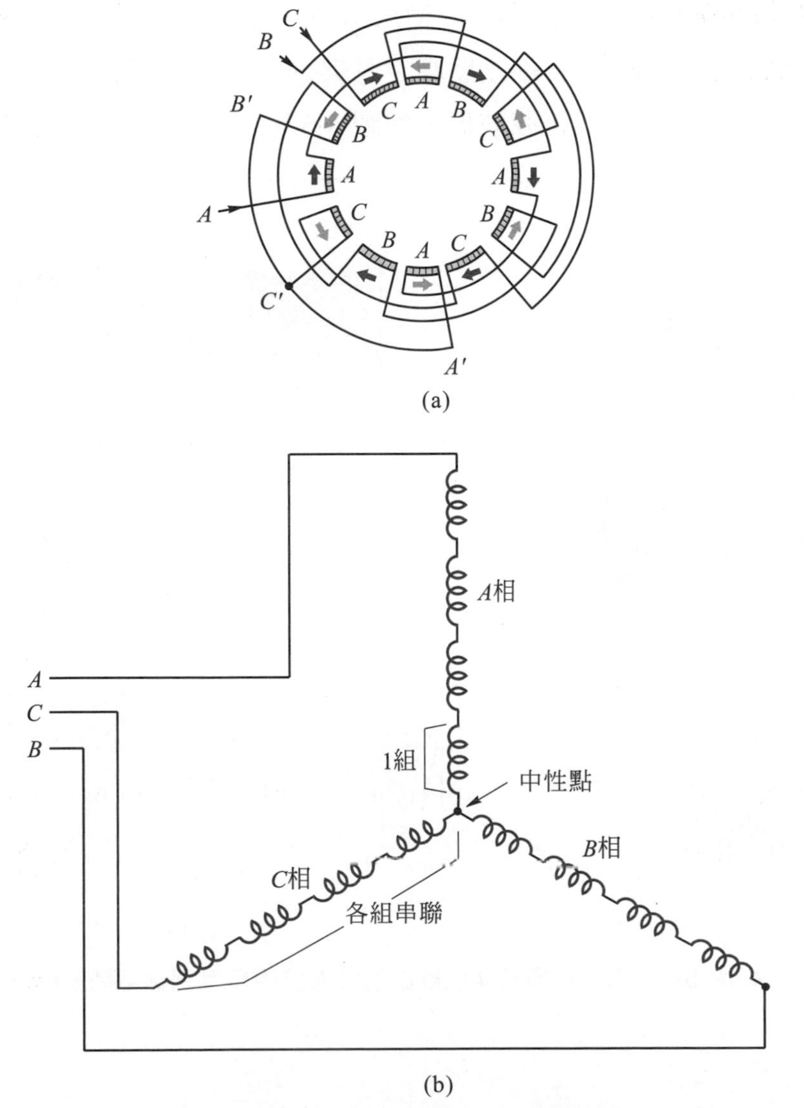

▲ 圖 5-5　電樞繞組之 Y 接線

分佈繞組 (distributed winding) 是把每相每極的線圈分散為數個線圈，分別置於數個線槽內，散熱比較好，可使電機的容量大為增加。若電機的相數為 q，極數為 P，線槽數為 S，電樞繞組採用雙層繞時，線圈數等於槽數，每相每極的線圈數，即分佈數 m 為

$$m = \frac{S}{qP} = \frac{\text{線圈總數}}{\text{相數} \times \text{極數}} \tag{5-7}$$

因為每極的電機度為 180°，所以相鄰兩槽間的電機度 γ 為

$$\gamma = \frac{P \times 180°}{S} = \frac{\text{極數} \times 180°}{\text{槽數}} \tag{5-8}$$

如圖 5-6(a) 所示為三相 4 極 48 槽每相每極有 4 個線圈之分佈繞組。由於磁通分佈並非正弦波形，各線圈感應之電壓雖為非純正弦之畸變波形；但分佈繞組之合成波形接近於正弦波形，如圖 5-6(b) 所示。分佈繞組可改善電壓波形。

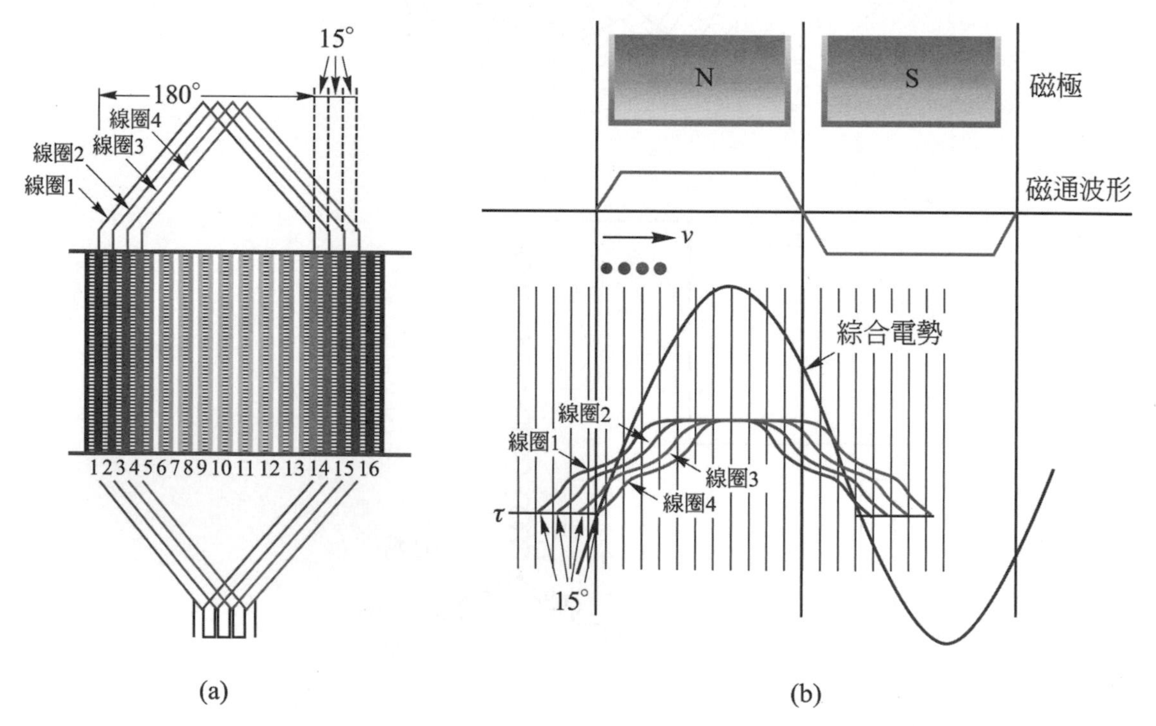

▲ 圖 5-6　每相每極有 4 個線圈的分佈繞組及其感應電勢波形

線圈後節距小於一極距 (180° 電機度) 的短節繞，雖然其感應電勢較全節繞小，但有下列優點：

1. **短節距繞組之兩線圈邊所感應之電勢有少許相角差，使合成之波形更接近正弦波，可改善繞組感應電勢之波形**。
2. **可節省線圈末端之用銅量**。
3. **減少線圈之電感量**，短節距繞組在槽外之銅線較短，可減少漏磁電抗。

二、繞組因數

實際發電機內磁場之分佈，並非純正之正弦波，全節距集中繞組切割此變形之磁通，無法獲得純正之正弦波形電壓，感應電勢除了基本波外，含有高次諧波。同步發電機為了輸出正弦波形電壓，大多採用可以改善電壓波形的短節距、分佈繞組，此時電樞的每相感應電壓值大小，就必須予以修正為

$$E_P = 4.44 N f \phi K_P K_d \tag{5-9}$$

式 (5-9) 中 K_P：**爲節距因數 (pitch factor)**

K_d：**爲分佈因數 (distribution factor)**

K_P **與** K_d **合稱爲繞組因數 (winding factor)** K_W。

1. 節距因數

   節距因數是指線圈的感應電勢與全節距線圈感應電勢的比值。節距因數定義為

$$K_P = \frac{\text{實際線圈之感應電勢}}{\text{全節距線圈之感應電勢}} \tag{5-10}$$

若線圈每邊之感應電勢為e，全節距線圈之後節距恰為一極距，其線圈一邊切割N磁場而另一邊同時切割S磁場，感應電勢相位相同，所以全節距線圈的感應電勢為兩線圈邊之感應電勢相加，如圖5-7(a)所示，全節距之感應電勢等於$2e$。非全節距之兩線圈邊之跨距假設為β角，不是180°電機度，而弦角$\alpha = (180° - \beta)$；非全節距線圈兩邊並

非同時切割磁場，線圈兩線圈邊之感應電勢相差α角；其合成感應電勢為相量和，如圖5-7(b)及5-7(c)所示，合成電勢等於$2e\sin\frac{\beta}{2}$或$2e\cos\frac{\alpha}{2}$。

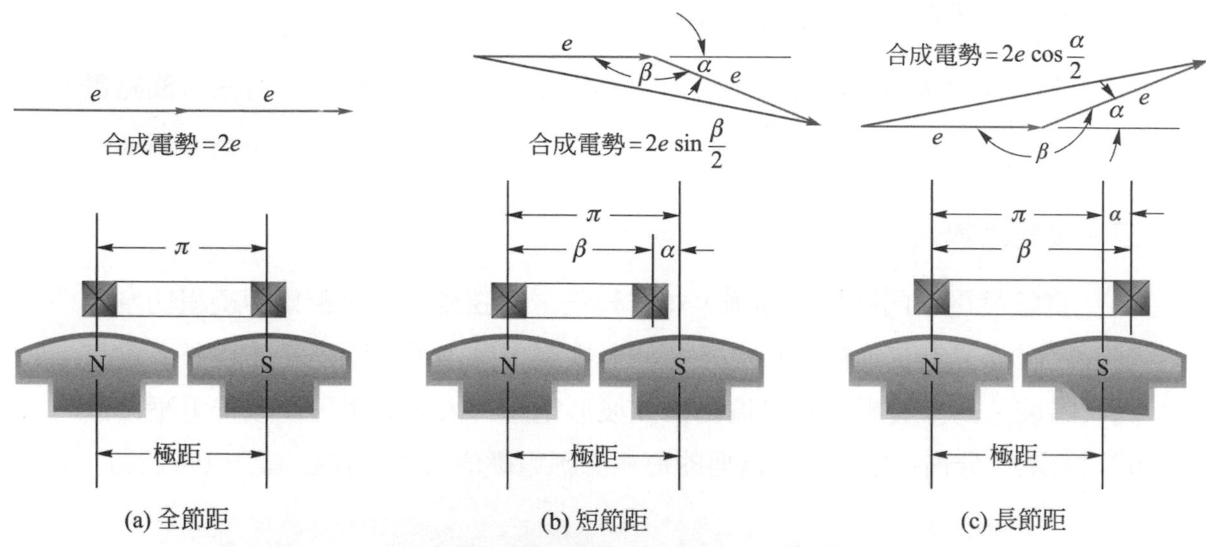

(a) 全節距　(b) 短節距　(c) 長節距

▲ 圖 5-7　線圈節距與感應電勢之關係

因此節距因數

$$K_P = \frac{2e\sin\frac{\beta}{2}}{2e} = \sin\frac{\beta}{2} \tag{5-11}$$

或

$$K_P = \frac{2e\cos\frac{\alpha}{2}}{2e} = \cos\frac{\alpha}{2} \tag{5-12}$$

常用的節距因數值，如表5-2所示。

▼ 表 5-2　常用的節距因數

節距	1/1	14/15	9/10	8/9	6/7	5/6	4/5	7/9	9/12	2/3
角	180°	168°	162°	160°	154.3°	150°	144°	140°	135°	120°
K_P	1	0.995	0.988	0.985	0.975	0.966	0.951	0.940	0.924	0.866

諧波的電機角度為基本波的整數倍，對第n次諧波而言，其節距因數為

$$K_{Pn} = \sin\frac{n\beta}{2} = \sin\frac{n(\pi-\alpha)}{2} \qquad (5\text{-}13)$$

若$\alpha = \dfrac{\pi}{n}$，則對n次諧波的節距因數K_{pn}為

$$K_{pn} = \sin\frac{n(\pi-\frac{\pi}{n})}{2} = \sin\frac{(n-1)\pi}{2} \qquad (5\text{-}14)$$

當$n=1$、3、5…等奇數時，$K_{pn}=0$，無奇數諧波電壓輸出；**也就是取弦角$\alpha=\dfrac{\pi}{n}$之短節距繞組，可將第n次諧波電壓消除**。而全節距之兩線圈邊之跨距$\beta=180°$電機度，對偶次諧波$n=2$、4、6，…而言，$K_{pn}=\sin\dfrac{n(\pi)}{2}=0$，**全節距之線圈可消除偶次高諧波電壓**。

2. 分佈因數

　　繞組分佈因數又稱為帶幅因數(belt factor)或寬度因數(breadth factor)，其定義為

$$K_d = \frac{\text{分佈繞組之感應電勢}}{\text{集中繞組之感應電勢}} \qquad (5\text{-}15)$$

分佈繞組是把每極的線圈分散為數個線圈，分別置於數個相鄰的線槽內，假如相鄰兩槽間之電機角度為 γ，則每個線圈所感應電勢之相角差為 γ，如圖5-8(a)所示。分佈繞組各線圈的感應電勢並不同相，其合成之電勢為各線圈電勢的相量和。若分佈數為m，而每個線圈的匝數相同、感應電勢大小均為 E_r，則分佈繞的感應電勢相量圖如圖5-8(b)所示；其中$\overline{ab}$、$\overline{bc}$、$\overline{cd}$、$\overline{de}$分別代表每個線圈的感應電勢$\overline{E_r}$，分佈繞的感應電勢$\overline{E}$為各線圈感應電勢的相量和$\overline{ae}$。

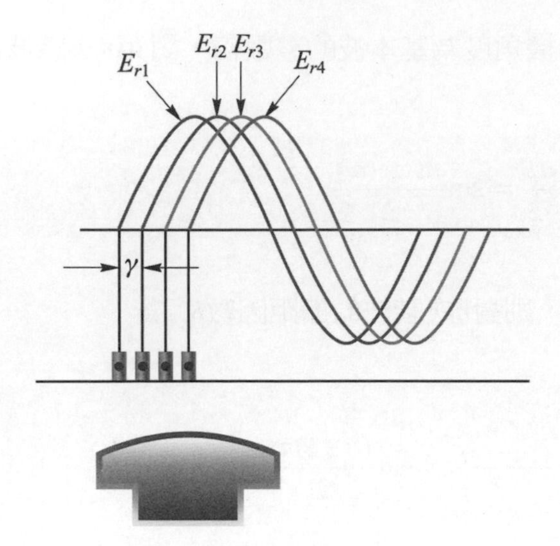

(a) 電動勢

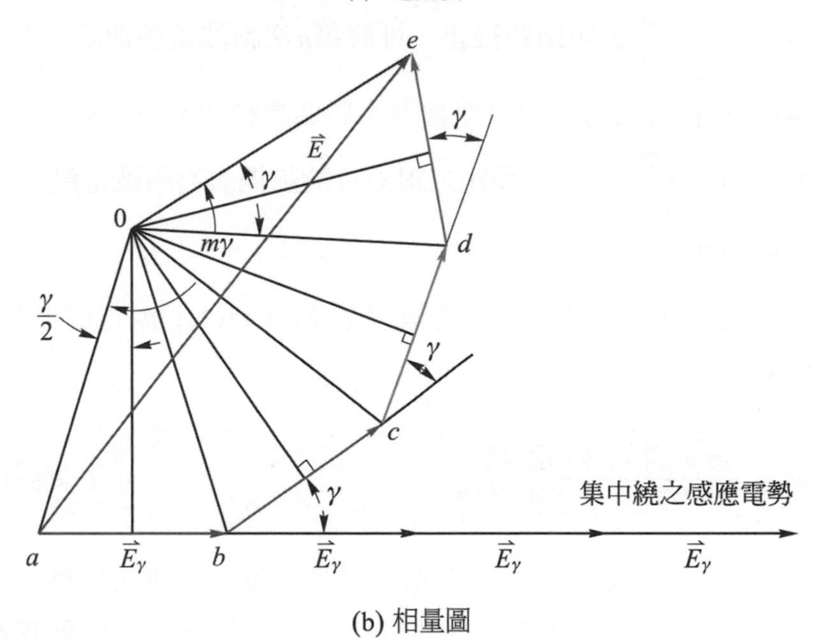

(b) 相量圖

▲ 圖 5-8　分佈繞組之電動勢及相量圖

作各線圈感應電勢 $\vec{E}_r$ 之垂直平分線相交於 o 點，連接 $\overline{oa}$、$\overline{ob}$、$\overline{oc}$、…等線，$\overline{oa}$、$\overline{ob}$、$\overline{oc}$、$\overline{od}$ 線間之夾角為 γ，各線圈之感應電勢大小

$$E_r = 2\overline{oa}\sin\frac{\gamma}{2} = \overline{ab} = \overline{bc} = \overline{cd} = \overline{de}$$

在 Δoae 中，因 $\overline{oa} = \overline{oe}$ 為等腰三角形，分佈繞的感應電勢大小為

$$E = \overline{ae} = 2\overline{oa}\sin\frac{m\gamma}{2}$$

而線圈集中於一槽之集中繞組(Concentrated winding)的感應電勢為 $m\vec{E}_r$，故分佈因數為

$$K_d = \frac{E}{mE_r} = \frac{2\overline{oa}\sin\frac{m\gamma}{2}}{m2\overline{oa}\sin\frac{\gamma}{2}} = \frac{\sin\frac{m\gamma}{2}}{m\sin\frac{\gamma}{2}} \qquad (5\text{-}16)$$

常用之分佈繞組因數值，如表5-3所示。

▼ 表 5-3　常用之分佈繞組因數值

K_d 值 \ m 數 \ 相數	1	2	3	4	5	6	7	8	∞
3相	1.000	0.966	0.960	0.958	0.957	0.956	0.956	0.956	0.955
2相	1.000	0.924	0.911	0.907	0.904	0.903	0.902	0.902	0.900
單相	1.000	0.707	0.667	0.653	0.647	0.644	0.642	0.641	0.637

例 5-2

三相四極轉數為 1500 rpm 的交流發電機，電樞有 96 槽，每極的磁通量為 3.21×10^{6} 線，線圈後節距為 19 槽、每線圈邊有 16 根導線之雙層繞，則每相之感應電勢為多少？

解 相鄰兩槽之電機度：$\gamma=\dfrac{P\times180^\circ}{S_1}=\dfrac{4\times180^\circ}{96}=7.5^\circ$

每相每極之槽數 (分佈數)：$m=\dfrac{S}{qP}=\dfrac{96}{3\times4}=8$

分佈因數：$K_d=\dfrac{\sin\dfrac{m\gamma}{2}}{m\sin\dfrac{\gamma}{2}}=\dfrac{\sin\dfrac{8\times7.5^\circ}{2}}{8\sin\dfrac{7.5^\circ}{2}}=0.956$ (或直接查表 5-3)

線圈跨距之電機度：$\beta=180^\circ\times\dfrac{19}{\dfrac{96}{4}}=142.5^\circ$

節距因數：$K_P=\sin\dfrac{\beta}{2}=\sin\dfrac{142.5^\circ}{2}=0.947$

每相串聯之匝數：$N=16\times\dfrac{96}{3}=512$

頻率：$f=\dfrac{Pn}{120}=\dfrac{4\times1500}{120}=50\text{ Hz}$

每相電動勢：
$$\begin{aligned}E_P&=4.44Nf\phi K_PK_d\\&=4.44\times512\times50\times3.21\times10^{6}\times10^{-8}\times0.947\times0.956\\&=3303.2\text{ V}\end{aligned}$$

問題與討論

1. 何謂同步機？
2. 何謂短節繞？何謂分佈繞組？各有何優點？
3. 某 6 極 Y 接法之三相交流發電機，共有 72 槽，採雙層疊繞，每線圈有 10 匝，線圈節距為 5/6，每極磁通為 5×10^{5} 條線，轉速為 1200 rpm，求 (1) 每相總匝數；(2) 頻率；(3) 節距因數；(4) 分佈因數；(5) 每相感應電勢；(6) 線電勢。

5-2 同步發電機之分類及構造

5-2-1 同步發電機的分類

一、依轉子型式分類

1. 旋轉電樞式同步發電機，簡稱轉電式。

轉電式同步發電機的構造與直流發電機類似，磁場裝置於定子而電樞繞組裝置於轉子。原動機驅動電樞旋轉，感應電勢由滑環經電刷引出，如圖5-9所示。轉電式不但容納繞組的空間狹小，絕緣處理困難，還必須顧及離心力對繞組的影響以及機械平衡等問題；而且轉電式的負載電流經由滑環與電刷摩擦接觸傳導，容易產生火花及磨耗。因此僅有部分低電壓的中小型發電機為轉電式，大型交流同步發電機很少採用旋轉電樞式。

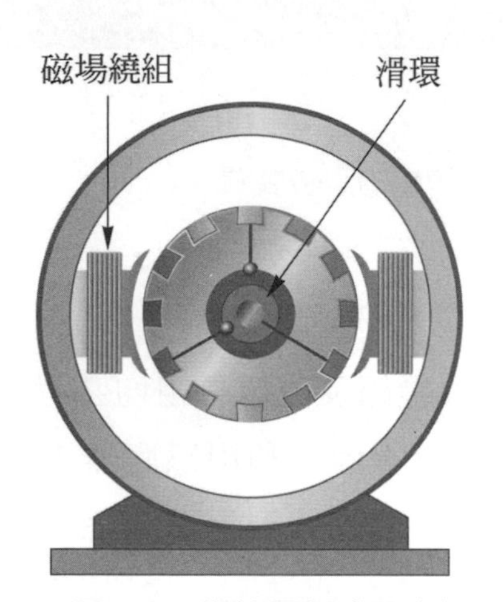

▲ 圖 5-9　旋轉電樞式同步機

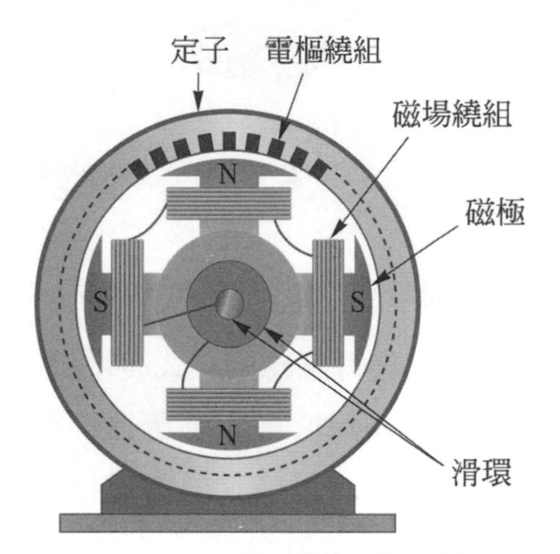

▲ 圖 5-10　旋轉磁場式同步機

2. 旋轉磁場型同步發電機，簡稱轉磁式。

轉磁式同步發電機的轉子為主磁極，電樞繞組裝置在定子，如圖5-10所示。**交流發電機因不須換向，大多採用旋轉磁場式**。因為轉磁式有下列的優點：

(1) 定子有較寬裕的空間可以容納線圈及絕緣材料，比較容易製成高電壓大電流之電機。電樞繞組不須考慮離心力及機械平衡的問題。

(2) 電壓由定子直接輸出，解決了高電壓大電流流經滑環和電刷而產生電弧的困擾，以及必須定期更換電刷、維修滑環的麻煩。

(3) 轉子為直流激磁，只需兩個滑環即可將低壓之激磁電流送入磁場線圈。減少了滑環數、故障少及維護容易。有些同步發電機利用裝置在轉軸上的固態整流器，直接將交流激磁機的輸出整流供給磁場繞組，成為無刷激磁方式，根本不需要滑環及碳刷，如圖 5-11 所示。

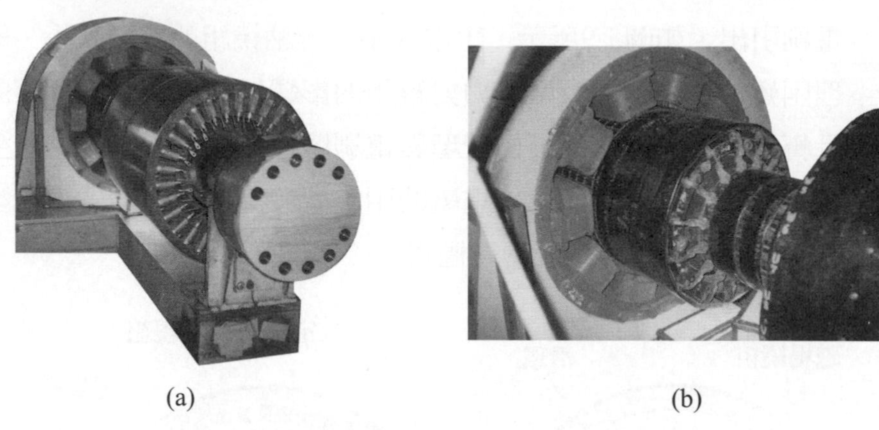

(a) (b)

▲ 圖 5-11 無刷激磁式同步機的激磁裝置

3. 旋轉感應鐵心式，又稱感應式交流發電機。

旋轉感應鐵心式發電機的電樞繞組及磁場繞組均裝置於定子，轉子由鐵心構成感應器，如圖5-12所示。利用感應器上的凸極在旋轉時，造成定子上電樞繞組之交鏈磁通變化而感應生電。感應式交流發電機轉子並無繞組，適合高速運轉，產生高頻率交流電，常用來作為高週波熱處理加熱之電源，頻率通常為960 Hz～3 kHz。感應器上之每一凸極，即相當於一對磁極；因此，若感應器上之凸極數為 P，每分鐘轉速為 n (rpm)，則其所發電壓之頻率 $f=\dfrac{Pn}{60}$。圖5-12之凸極之感應發電機，相當於一有十極之轉磁式發電機。

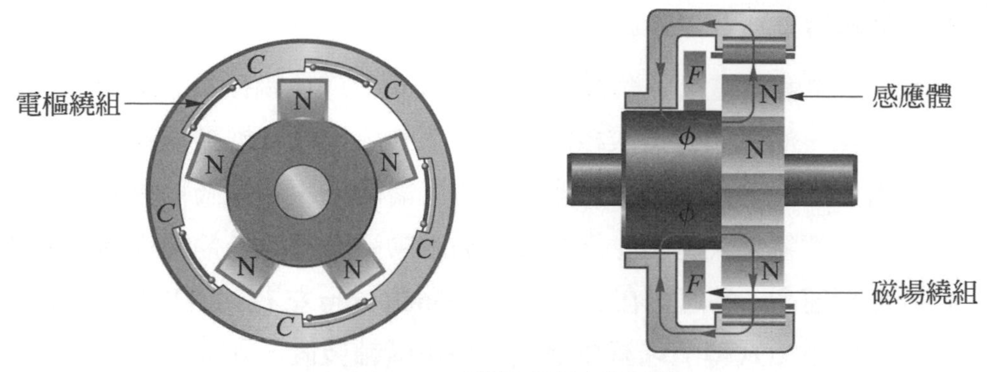

▲ 圖 5-12　感應式交流發電機

二、依原動機分類

1. 水輪發電機 (water turbine generator)

水輪機驅動的水輪發電機爲多極、低轉速、凸磁極式轉子的發電機，轉速約在 100 rpm 至 1000 rpm 間。水輪發電機的電壓在 3 kV 至 16.5 kV 之間，視容量而定。水輪發電機轉速慢速而容量大，一般均採直徑大，長度短的凸極式轉子，以垂直式(又稱直軸式)裝置。水輪機放在最下層，將發電機、激磁機依次往上裝置，如圖 5-13所示，如此不但可以節省佔地面積，並且有效利用落差及減少電機淹水及受潮的機會。直立式因機體重力下壓，必須裝特殊的推力軸承(thrust bearing)，以承受轉子及轉軸的重量，同時還須以引導軸承或輔助軸承以固定轉子之位置。低轉速(225 rpm 以下)的發電機常用傘形轉子，以降低發電機的高度。傘形發電機較普通垂直形具有機軸短、總高度低、重量輕、組合安裝容易及發電廠之建造費減低的優點；但傘形發電機較不耐震，僅可裝置於無地震區。

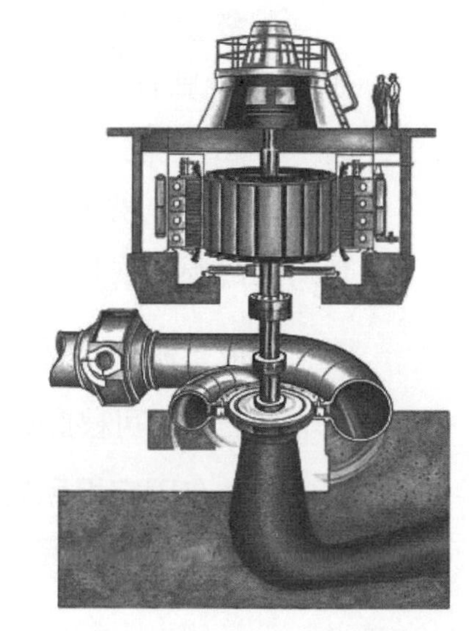

▲ 圖 5-13　垂直式水輪發電機配置圖

2. 渦輪發電機 (turbo-generator)

渦輪發電機由汽輪機(steam turbine)或氣輪機為原動機。汽輪機由煤、油、天然氣或核能加熱水，利用水蒸氣推動渦輪機帶動發電機，如圖5-14所示為打開上蓋的汽輪機照片。氣渦輪機則直接將油或天然氣燃燒所產生之氣體壓力推動渦輪機。**渦輪發電機的極數少而轉速高，轉速約在1500 rpm～3600 rpm**左右；**因此使用細長的圓筒型隱極式轉子以減少風阻，採用橫軸裝置**，如圖5-15所示。渦輪發電機的電壓視容量而定，一般在5 kV至36 kV之間。

▲ 圖 5-14　打開上蓋的汽輪機照片

▲ 圖 5-15　汽渦輪發電機

3. 引擎發電機 (engine generator)

引擎發電機以內燃機來驅動；大多以柴油引擎為原動機。操作簡單、具有大型飛輪以減少脈動為其特徵，轉速在300 rpm～1800 rpm之間，大多為備用發電機，廣泛應用於大廈、工廠、電台、雷達站、機場及礦區之緊急供電。離島偏遠地區及船舶，則以其為主電源。依其外型又可分為：

(1) 攜帶方便、容量小的輕便型。

(2) 具備車輪可移動的拖車型，大多使用於室外機動用電。

(3) 安裝在固定場所定置型，裝在室內者，為開放型，如圖 5-16 所示；用於室外者，大多製成箱型。

▲ 圖 5-16　定置型引擎發電機

三、依裝置型式分類

1. 橫置式又稱為橫軸式或水平式。大部分的引擎及火力發電機採用橫軸式。

2. 垂直式又稱為直軸式。水力發電機大多採用直軸式。

四、依激磁方式分類

1. 直流激磁機式：以直流分激或複激發電機為激磁機 (exciter)，激磁機大多與主發電機同軸一起運轉。

2. 交流激磁機式：交流激磁機式的同步發電機，激磁機採用小型交流發電機發電，經整流為直流後，送入磁場線圈，改善了直流激磁機換向器易生故障，維護麻煩的缺點。

3. 複式激磁式：大容量同步機之磁場激磁電流較大，必須由較大容量主激磁機來激磁。而主激磁機本身的磁場又由容量為主激磁機 3% ～ 5% 之副激磁機來激磁。

4. 自激式：自激式同步機不使用激磁機，由本身所產生之交流電整流後激磁。

5-2-2 同步交流發電機的構造

同步發電機的構造與一般旋轉電機類似，由定子及轉子兩大部分構成。交流同步發電機不須換向，大多採用旋轉磁場式。說明如下：

1. 定子

   定子大體上與感應電動機相同，由電樞鐵心、電樞繞組、機殼、軸承及附屬機件組成。電樞鐵心是由厚度0.35 mm左右的矽鋼片疊成的中空圓筒。小型機由整片環形矽鋼片疊成，大型機則將矽鋼片沖成扇形，以一半重合的方式組成圓筒之鐵心，再以鳩尾槽或螺桿固定在機殼上，鐵心每隔50 mm～60 mm留有10 mm～15 mm之通風槽以便散熱。電樞鐵心內面設有縱向的線槽，一般為開口槽或半閉口槽，電樞繞組裝置於線槽內。

   同步機大多為大型機，其機殼必須堅固，以支持全機之重量。大型機之機殼又稱定子架(stator frame)。有以鑄造製成，但大多以強力鋼板、輔助鋼樑構成，以固定電樞鐵心、繞組及激磁機。電樞及電樞繞組請參閱5-1-3節。

2. 轉子

   轉磁式同步機之轉子由轉軸及磁極構成，分為適合高速機使用的隱極式(non-salient pole)，如圖5-17所示；以及適合慢速機使用的凸極式(salient pole)，如圖5-18所示。橫截面圖如圖5-19所示。**凸極式轉子之阻力較大，適用於低速多極之同步機。而隱極式轉子軸長，呈圓筒狀、風阻小，適合高速之渦輪發電機。**

▲ 圖 5-17　渦輪發電機之轉子 (隱極式磁極)

▲ 圖 5-18　凸極式轉子 (凸極式磁極)

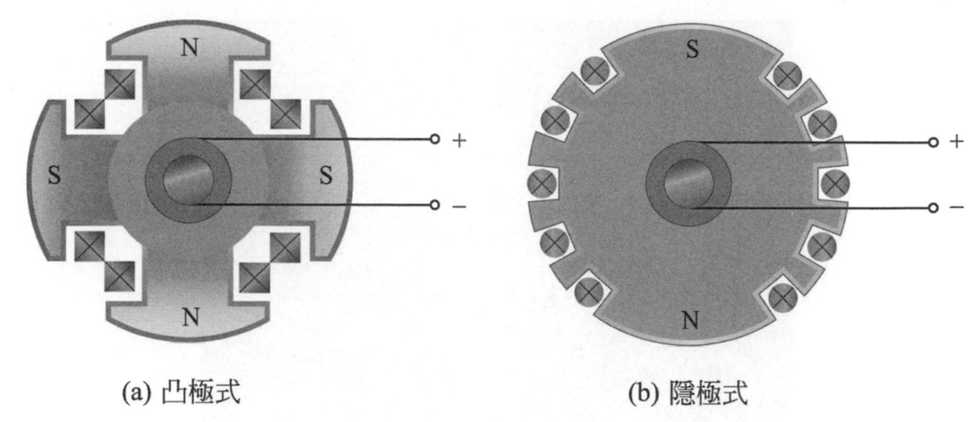

(a) 凸極式　　(b) 隱極式

▲ 圖 5-19　轉子型式

高速運轉之汽輪發電機其磁極採用實心之圓筒式磁極，開平行或輻射狀之線槽，以獲得較大的機械強度，如圖5-20所示。如圖5-20(b)的**平行槽比輻射槽更能忍受離心力，但僅適用於二極之發電機**。為了使磁通的分佈儘量接近正弦波形，圓筒式磁極通常採用單層同心繞的磁場線圈，如圖5-21所示。利用分散於數槽之同心繞磁場線圈，各線圈的匝數不同，激磁時形成正弦狀分佈之磁場。圖5-22所示為隱極式磁極之同心繞線圈照片。封槽口須用強固的金屬楔片，同時露出鐵心的線圈兩端以金屬套環緊實紮住，以減低風阻及離心力之影響。

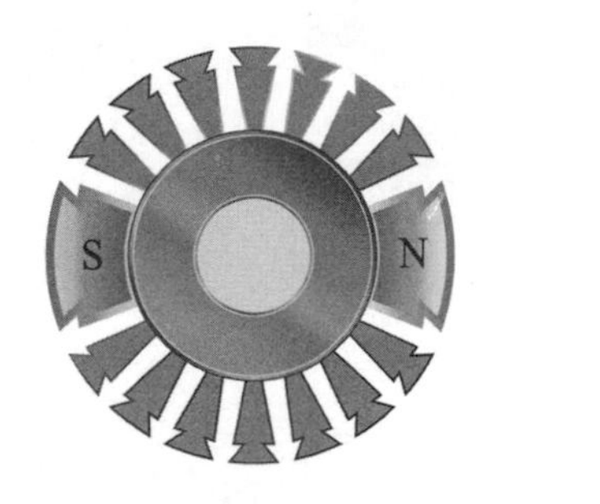

(a) 輻射槽(磁場線圈移去後之端部圖)　　(b) 平行槽

▲ 圖 5-20　隱極式磁極鐵心及線槽

▲ 圖 5-21　磁極同心繞線圖

▲ 圖 5-22　隱極式磁極之同心繞線圈

凸極式可由磁極與定子鐵心之氣隙改善磁通分佈，磁極之極面呈突出狀，磁極中心的氣隙較小而兩邊的氣隙較大，使磁通之分佈呈近似正弦波形，以便產生正弦波之感應電勢。為減少極面渦流損失，一般磁極鐵心大多以0.5 mm～1.25 mm之矽鋼片堆疊而成，再以鳩尾榫插入場軛的鳩尾槽中。如圖5-23所示，為凸極式轉子之磁極及磁場線圈。

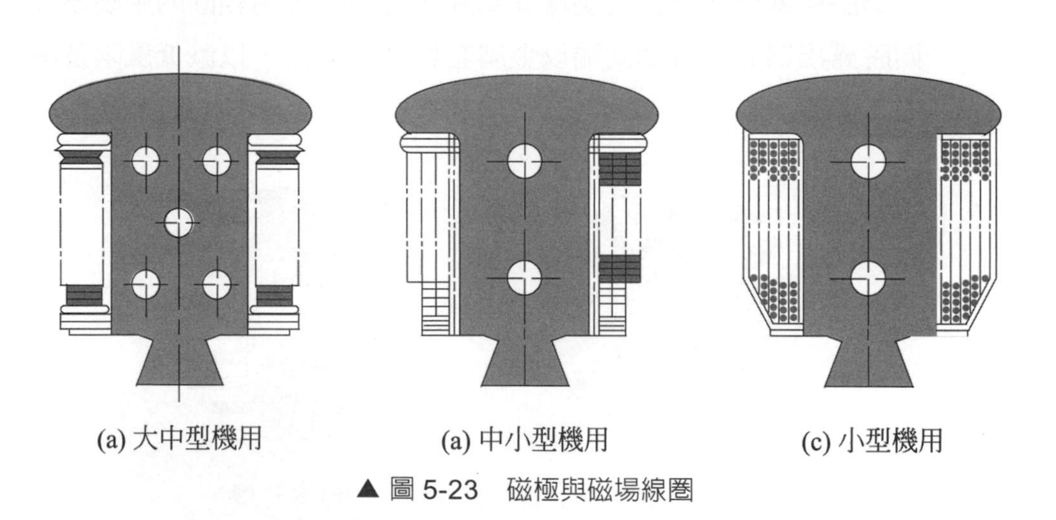

(a) 大中型機用　(a) 中小型機用　(c) 小型機用

▲ 圖 5-23　磁極與磁場線圈

磁場繞組以直流激磁，產生磁通。大型機使用帶狀裸銅繞成邊式繞組(edgewisewinding)，銅帶間加絕緣紙，如圖5-23(a)所示；於中小型機中常使用紗包線、漆包線或平角銅線繞製磁場繞組，外紮紗布帶後浸透凡立水再予組立。為防止追逐作用(hunting)，磁極面上設有與軸平行之槽孔，插入兩端由端絡環短路之無絕緣銅製阻尼繞組(damper winding)。圖5-24所示為附阻尼繞組之凸極式磁極。

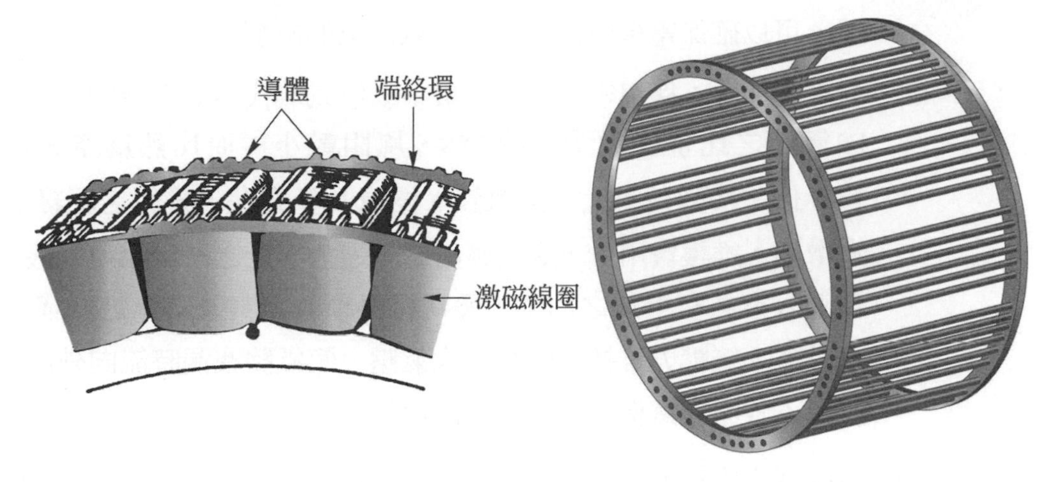

(a) 阻尼繞組的位置　　(b) 阻尼繞組

▲ 圖 5-24　具阻尼繞組之磁極

轉子依結構可分為由矽鋼片疊成之疊片體轉子(laminated-body rotor)及由鎳鉻鋼鍛造成一體之實心體轉子(solid-body rotor) 兩大類。隱極式轉子因細長而高速運轉，振動之傾向很大，振動傾向最大的速率，稱為臨界速度(criticalspeed)。正常運轉轉速必須避開臨界速度。疊片體轉子臨界速度較正常運轉轉速低，每次開機運轉需經過一次臨界速度，而實心體轉子臨界速度較正常轉速高。

3. 滑環及電刷

滑環以鑄鋼、鍛鋼或青銅製成，絕緣裝置於轉軸上，與轉部之繞組連接。在轉磁式同步機中，直流激磁電流經由電刷及滑環輸入轉子上之磁場繞組。在轉電式同步機中，滑環及電刷為集電裝置，將電樞感應之電流傳導至外電路。**同步機因不需換向，多採用含銅量較多，電阻低且耐磨的金屬石墨電刷**。

4. 散熱裝置

同步發電機大多為大容量大電流，發熱量非常大，需有充分之冷卻。其冷卻方式可分為：

(1) 空氣冷卻式：可分為由本身附裝之風扇鼓風散熱的自冷式，以及由另外鼓風機送風的他冷式。自冷式僅適用於開放形、小容量電機，大型機一般採用他冷式。密封風道循環式將風道封閉，由水或冷氣機冷卻空氣再送入發電機內密封之風道中循環冷卻，可以確保電機乾淨，不受空氣污染的影響。

(2) 氫氣冷卻式：採用密封風道循環，以氫氣取代空氣之冷卻方式。因**氫氣之比重僅爲空氣的 7%，風阻較小；而比熱爲空氣之 14.5 倍，冷卻效果大，無雜質、濕氣及氧存在，繞組之絕緣壽命增加，**維護費用少，廣泛應用於高速大容量之汽渦輪發電機。但混入空氣有爆炸之危險，發電機必須為密封及防爆之結構。一般將系統壓力維持在略高於大氣壓，使氣體洩漏時流向外部，空氣不致滲入電機內聚積而造成爆炸。

(3) 水冷式：大型機之定子設有冷卻管路，以水泵使水循環於電樞繞組與鐵心之間予以冷卻。大型渦輪機大多採用轉子為氫氧冷卻，定子以水冷卻的方式，設置在方便取水的海邊。水輪機則採用轉子為空氣冷卻，定子為水冷卻的方式較多。

(4) 油冷式：定子設有油道，使絕緣油循環於繞組及鐵心予以冷卻，絕緣油再由水冷或空氣冷卻的方式。油冷式較水冷式不易鏽蝕機件。

問題與討論

1. 同步發電機採用旋轉磁場式有何優點？
2. 同步發電機的轉子有那幾種？適用於那一種發電機？
3. 依激磁方式，同步發電機可分為那幾種？
4. 依原動機來分類，同步發電機有那幾種？
5. 水輪機採垂直式裝置，有何優點？
6. 同步發電機的磁極有那幾種？適合那種機型？
7. 試述交流發電機的散熱方式。

5-3 同步發電機之特性

5-3-1 電樞反應

電樞繞組流過負載電流時，所產生之電樞磁勢對主磁場之影響，稱為電樞反應。電樞磁勢與負載電流成正比，電機在無載的時候沒有電樞反應，隨著負載電流的增加，電樞反應愈強烈。**三相同步發電機的負載電流，流經電樞繞組所形成的磁勢，爲每相磁勢最大値的 1.5 倍，並且以同步速率旋轉**。若負載功率因數不變，電樞磁勢與主磁場的相對位置固定而一起同步旋轉，對主磁場形成固定性質的電樞反應。單相交流發電機負載時，電樞磁勢為交變磁勢，轉子磁場的作用為脈動性質。

負載性質不同時，同步發電機的電流與電壓之相位不同，所造成之電樞反應不同：

一、純電阻性之負載時

同步發電機的電樞電流與感應電勢同相，功率因數等於 1，電樞繞組產生與主磁軸 90° 正交之磁勢，對主磁場爲正交磁化作用 (cross magnetization)， 如圖 5-25 所示。**正交磁化作用的電樞反應又稱爲橫軸反應 (quadrature axis reaction)**。橫軸反應造成主磁極之前半部磁通減少，後半部磁通增加。交磁作用之結果，使主磁通之分佈被扭曲變形，發電機的電壓波形因主磁通之變形而畸變，成為含有諧波的非正弦波形。若後半部磁極鐵心已磁飽和，則還會有間接的去 (減) 磁作用，造成發電機之電壓低落。

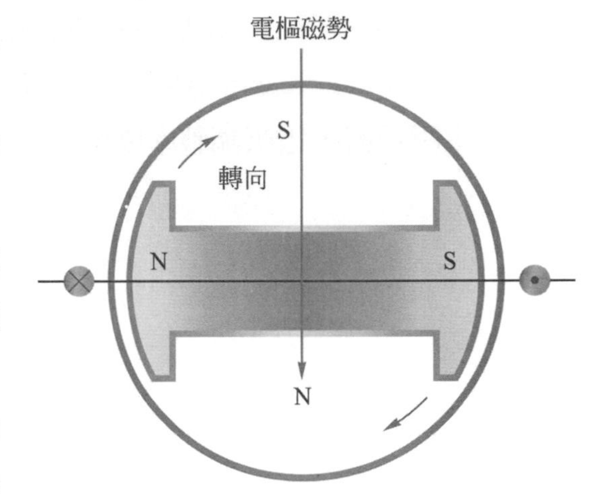

(a) 二極

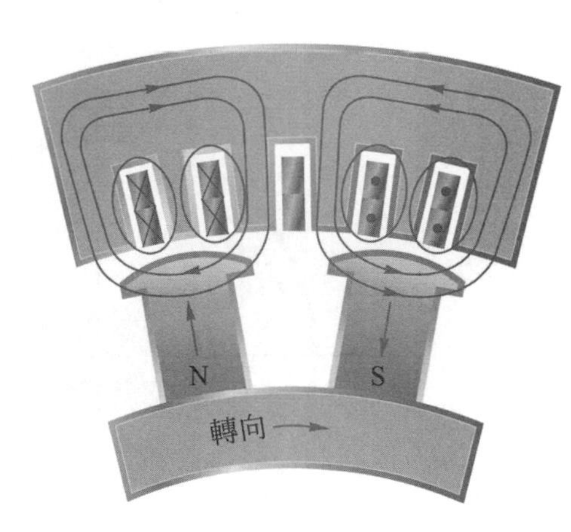

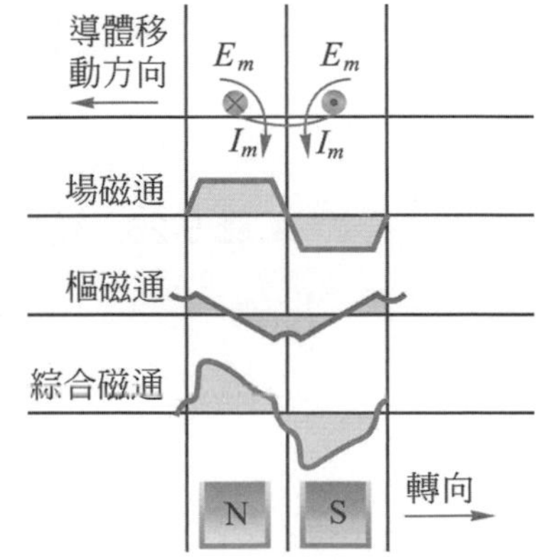

(b) 多極

▲ 圖 5-25 純電阻性負載，負載電流與感應電壓同相時之電樞反應

二、純電感性之負載時

同步發電機的電樞電流滯後感應電勢 90° 電機度，功率因數等於 0，電樞繞組產生與主磁軸平行、極性相反之磁勢，造成減弱主磁通之去 (減) 磁作用，如圖 5-26 所示。電樞磁勢與主磁極軸一致，所造成的電樞反應稱為直軸反應 (direct axis reaction)。**去 (減) 磁作用使主磁通減弱，感應電勢降低，負載端電壓低落，電壓調整率變大。**

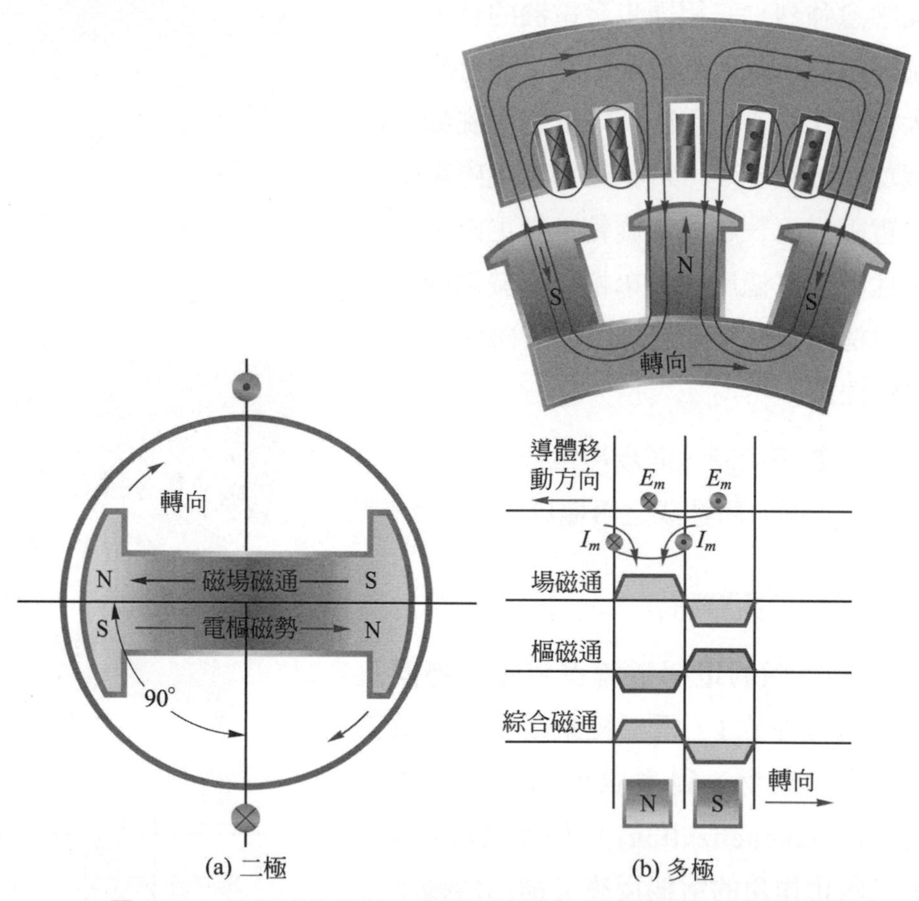

▲ 圖 5-26　純電感性負載，電樞電流滯後感應電勢時之電樞反應

三、純電容性負載時

同步發電機的電樞電流超前感應電勢 90° 電機度，功率因數等於 0，電樞繞組產生與主磁極軸平行且極性相同的電樞磁勢，形成增加主磁通之增磁作用 (magnetizing action)，或稱加磁作用或助磁作用，如圖 5-27 所示。**增磁作用使主磁通增加，感應電勢增加，負載端電壓升高，有可能高於無載時的感應電勢，電壓調整率可能成為負值。**

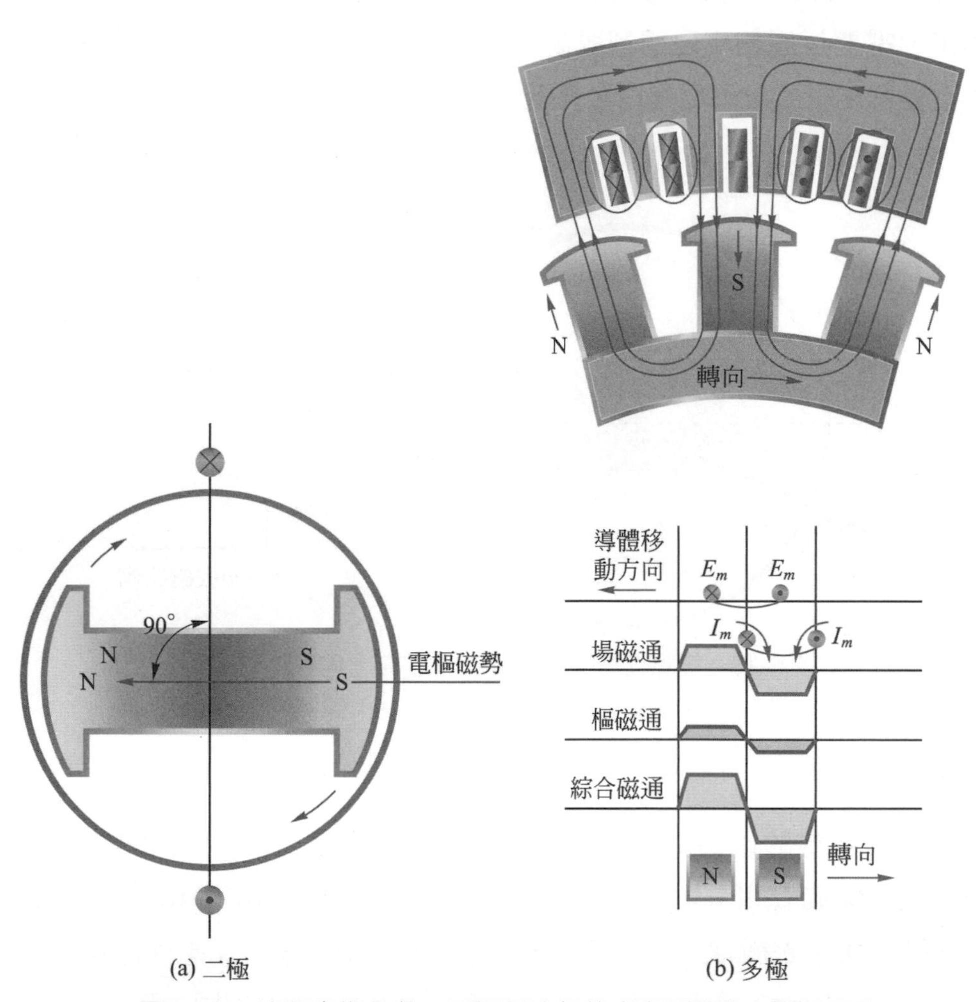

▲ 圖 5-27　純電容性負載，電樞電流超前感應電壓時之電樞反應

四、電感性負載時

同步發電機的電樞電流滯後感應電勢 ϕ 角度而 $\phi < 90°$，電機度為銳角，功率因數大於 0 小於 1。電感性負載時電樞電流 I_a 可分為 I_q 與 I_d 兩個分量，$I_q = I\cos\phi$ 之分量與感應電勢同相，產生的磁勢與主磁極軸正交，形成交磁作用的橫軸反應；而 $I_d = I\sin\phi$ 之分量比感應電勢落後 90° 電機度，所產生的磁勢與主磁極軸平行、極性相反，形成去(減)磁作用的直軸反應，如圖 5-28 所示。

電感性負載時，**同步發電機，所產生之電樞磁勢對主磁場形成去磁與交磁作用，電樞反應使主磁通減弱並產生畸變，造成發電機之電壓低落，電壓調整率變大，電壓波形畸變爲含有諧波的非正弦波形**。

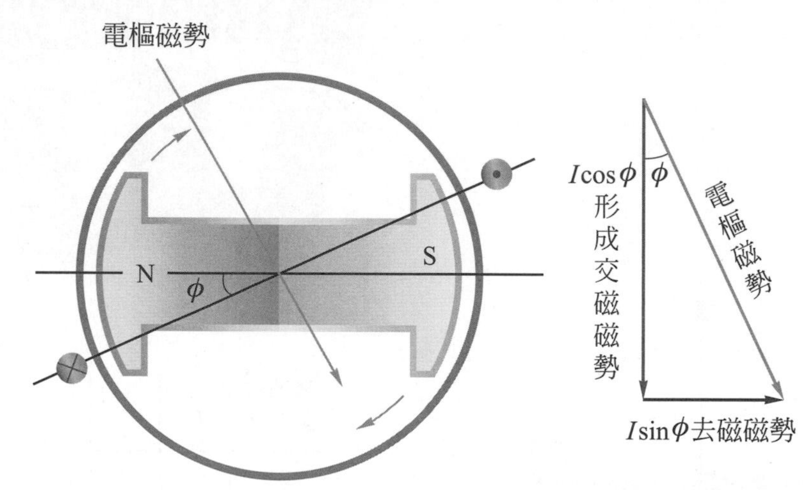

▲ 圖 5-28　電感性電樞電流落後感應電勢 θ 角時之電樞反應

五、電容性負載時

同步發電機的電樞電流超前感應電勢 ϕ 角度而 $\phi < 90°$ 電機度。電容性負載時電樞電流 I_a 可分解為 I_q 與 I_d 兩個分量，與感應電勢同相的 $I_q = I\cos\phi$，產生的磁勢與主磁極軸正交，形成交磁作用的橫軸反應；比感應電勢超前 90° 電機度的 $I_d = I\sin\phi$，產生的磁勢與主磁極軸平行、極性相同，形成助磁作用的直軸反應，如圖 5-29 所示。電容性負載時，同步發電機之負載電流超前電壓 θ 角度而 $\theta < 90°$ 電機度，**所產生之電樞磁勢對主磁場形成助磁與交磁作用，使得主磁通增加並產生畸變；造成發電機之感應電壓升高，電壓波形畸變，成爲含有諧波的非正弦波形**。

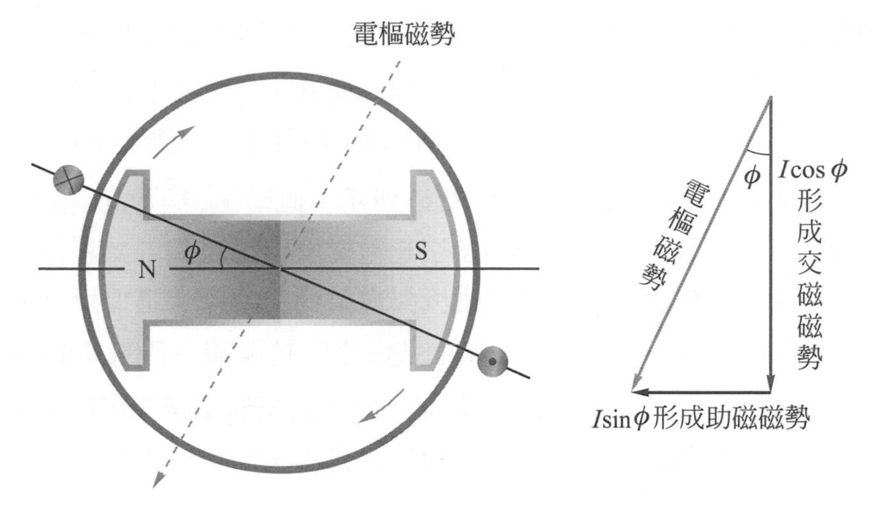

▲ 圖 5-29　電樞電流超前感應電勢 θ 角之電樞反應

同步發電機在不同負載性質時的電樞反應及對電機的影響，如表 5-4 所示。

▼ 表 5-4　同步發電機的電樞反應

負載性質	功率因數	電樞反應	對電機的影響		
			磁通	電壓	轉速
純電阻 *R*	cosθ=1	橫軸交磁效應	前極尖減弱 後極尖增強	波形畸變 諧波增加	下降
純電感 *L*	cosθ =0 滯後	直軸去磁效應	削弱	下降	不變
純電容 *C*	cosθ =0 超前	直軸助磁效應	增強	上升	不變
電感性 *RL*	cosθ <1 滯後	交磁與去磁	削弱	下降	下降
電容性 *RC*	cosθ <1 超前	交磁與助磁	增強	上升	下降

5-3-2　電樞漏磁電抗與同步電抗

一、同步電樞反應電抗

同步發電機之電樞反應，隨負載電流之性質 (相位) 不同而不同。電樞反應的效應以忽略電阻壓降的簡化相量圖分析，如圖 5-30 所示。圖中 $\overline{\boldsymbol{E}}_{\boldsymbol{o}}$ 為無載 (無電樞反應) 時的感應電勢，E_{ar} 為電樞反應所造成的電壓變動量，E_i 為受電樞反應影響後之氣隙磁通所感應的電勢，$\overline{I}_a$ 為造成電樞反應的電樞電流；氣隙磁通的感應電勢 $\overline{E}_i = \overline{E}_o - \overline{E}_{ar}$ 。當電樞電流落後感應電勢 $\overline{\boldsymbol{E}}_{\boldsymbol{o}}$ 90° 電機度時的電樞反應為去磁效應，使得負載時的感應電勢 E_i 較無載感應電勢 E_o 小，如圖 5-30(b) 所示；此時 $\vec{E}_{ar}$ 與 $\vec{E}_o$ 同相且超前電樞電流 90°。而當電樞電流超前感應電勢 $\vec{E}_o$ 90° 電機度時的電樞反應為助 (增) 磁效應，使得負載時的感應電勢 E_i 大於無載感應電勢 E_o，如圖 5-30(c) 所示；此時 $\vec{E}_{ar}$ 與 $\vec{E}_o$ 反相 180° 也超前電樞電流 90°。由圖 5-30 中可看出引起電樞反應的電流 $\vec{I}_a$ 始終落後電樞反應的電壓 E_{ar} 90° 電機度，與電感之電流與電壓關係相同；電樞反應所造成的電壓變動，如同電樞電流流經一電感所造成之電抗壓降。因此**電樞反應在電路上可由一電感取代，而電樞反應的效果，如同在電樞電路上串聯電感一樣。電樞反應可由一與電樞電路串聯之電感抗 X_a 代表，所形成之電感抗稱爲電樞反應電抗，其值爲 $X_a = \dfrac{E_{ar}}{I_a}$**。

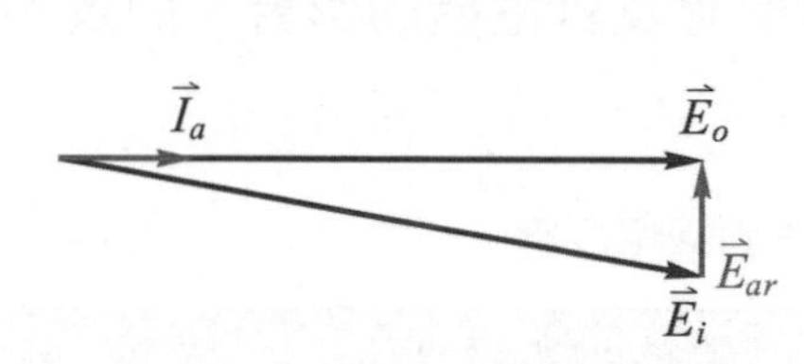

(a) 電樞電流與感應電勢同相

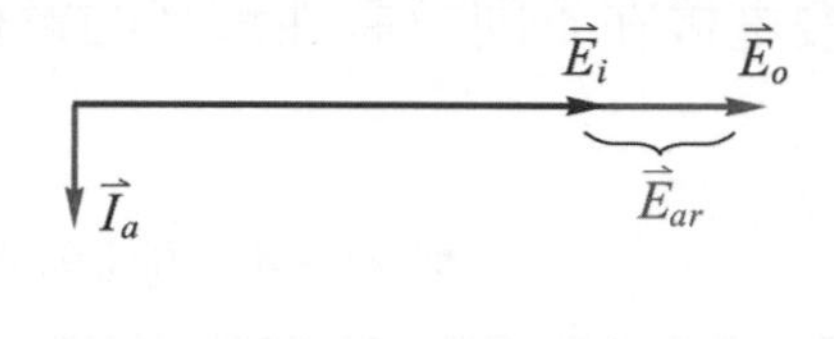

(b) 遲相90°之電流造成感應電勢下降

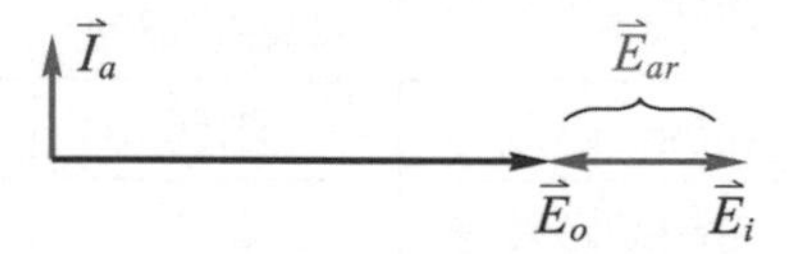

(c) 進相90°之電樞電流造成之感應電勢上升

▲ 圖 5-30　電樞反應所造成之感應電勢變化 ($\vec{E}_i = \vec{E}_o - \vec{E}_{ar}$)

二、電樞漏磁電抗

同步電機之負載電流流經電樞繞組形成之磁通，大部分與主磁通作用而造成上節所述之電樞反應。有一小部份僅與電樞導體本身交鏈的電樞漏磁通，所形成之電感抗 X_l 稱為電樞漏磁電抗 (leakage reactance)。漏磁發生於電樞鐵心之槽內、齒面間及線圈端，因此：

1. 半閉口槽之電樞漏磁，通常較開口槽之電樞漏磁大。

2. 具狹而深槽之電機，其電樞漏磁電抗，較具闊而淺槽之電機大。

3. 高壓發電機因絕緣材料較多，導體之間的間隔大，容易產生漏磁，所以高壓發電機之漏磁電抗較低壓發電機大。

同步發電機的漏磁電抗於落後功因之電感性負載時，形成降壓作用；於超前功因之電容性負載時漏磁電抗電壓造成升壓作用，如同電樞反應的作用一樣，使得負載端電壓變動。

電樞反應與漏磁電抗的作用相同，在電流落後時產生電壓降，在電流超前時產生電壓升，可以一併考慮。因此將代替電樞反應之**電樞反應電抗 X_a 與實際漏磁電抗 X_l 合併稱爲同步電抗** (synchronous reactance)，以 X_s 代表，即

$$X_s = X_a + X_l \tag{5-17}$$

5-3-3 同步阻抗

交流有集膚效應，電樞交流有效電阻 R_s 比電樞直流電阻 R_a 大。電樞交流有效電阻 R_s 與同步電抗 X_s，合併稱為同步阻抗 (synchronous impedance)，以 Z_s 代表。即

$$Z_s = \sqrt{R_s^2 + X_s^2} \tag{5-18}$$

同步發電機之同步阻抗，如同電源之內部阻抗，於負載電流變化時，造成負載端電壓變動。欲得較穩定之電壓，**發電機之同步阻抗應愈小愈好**。一般而言，水輪發電機之同步阻抗較汽輪發電機之同步阻抗小。

5-3-4 等效電路及相量圖

一、等效電路

同步發電機每相的等效電路，如圖 5-31 所示。圖中 X_a 為電樞反應電抗，X_ℓ 為電樞漏磁電抗，R_s 為電樞電阻，X_a 為代表電樞反應之電抗。

將電樞反應電抗 X_a 與實際漏磁電抗 X_l 合併為同步電抗，其同步發電機每相等效電路圖，如圖 5-32 所示。

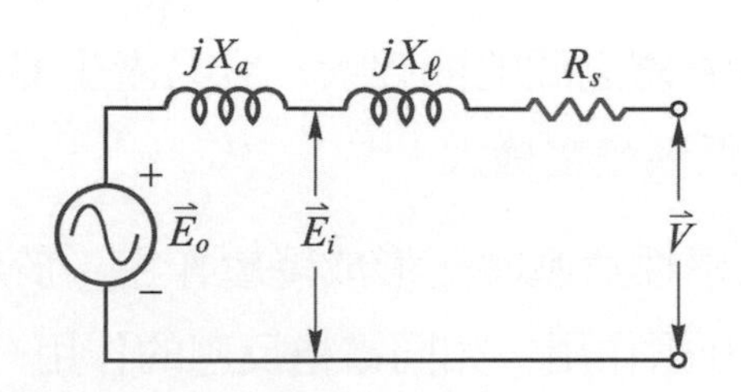

▲ 圖 5-31 同步發電機每相之等效電路圖

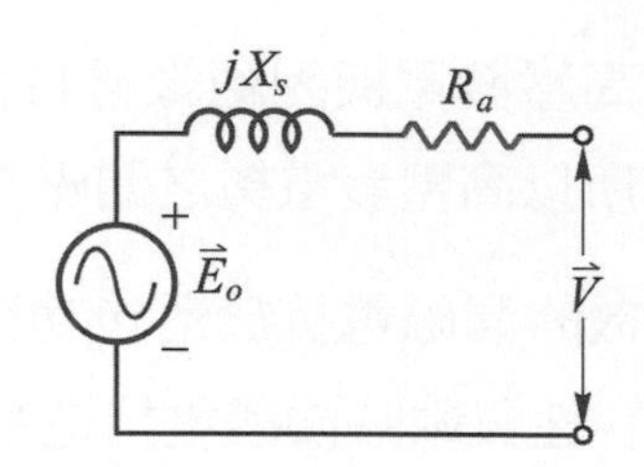

▲ 圖 5-32 同步發電機每相之簡化等效電路圖

二、相量圖

同步發電機在負載功率因數等於 1 時的相量圖，如圖 5-33 所示。負載功率因數落後時的相量圖，如圖 5-34 所示。負載功率因數超前時的相量圖，如圖 5-35 所示，圖中：

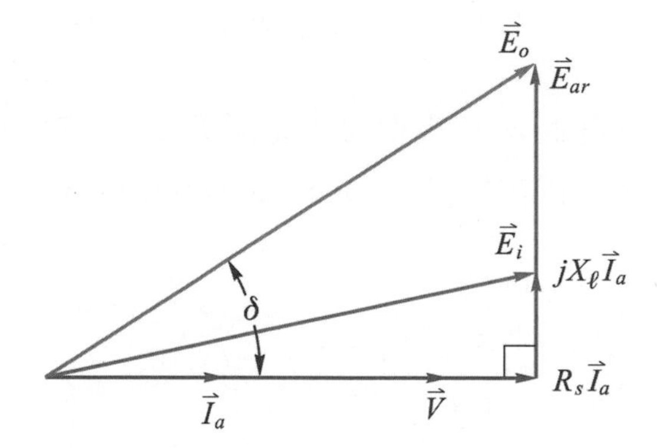

▲ 圖 5-33 單位功因時同步發電機之相量圖

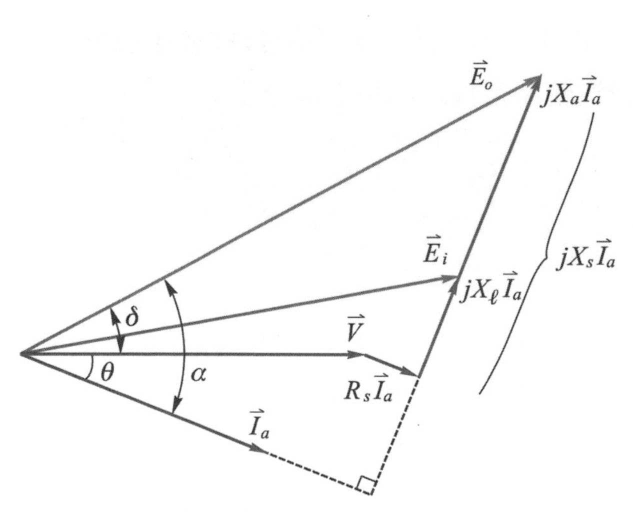

▲ 圖 5-34 滯後功因負載時同步發電機之相量圖

$\vec{V}$：端電壓

$\vec{I}_a$：電樞電流

θ：功因角

E_o：主磁通單獨作用時之感應電勢，亦即無載時之感應電勢

I_aR_s：電樞電阻之壓降

I_aX_ℓ：漏磁電抗壓降

E_{ar}：電樞反應造成之壓降 $E_{ar}=I_aX_a$

E_i：內部感應電勢或氣隙感應電勢

I_aX_s：同步電抗壓降 $I_aX_s=I_aX_l+I_aX_a$

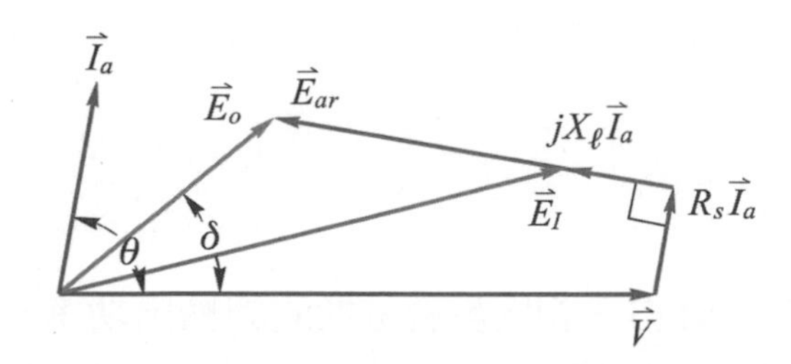

▲ 圖 5-35　超前功因負載時同步發電機之相量圖

在相量圖中，根據畢氏定律可得無載時每相的感應電勢 $\vec{E}_o$ 大小為

$$\vec{E}_o=\sqrt{(V\cos\theta+I_aR_s)^2+(V\sin\theta\pm I_aX_s)^2} \quad (5\text{-}19)$$

式 (5-19) 中，落後功因時取 +，超前功因時取 –。

三、負載角與輸出功率

大型同步發電機的同步電抗遠大於電樞電阻，將電樞電阻省略的等效電路圖，如圖 5-36 所示，相量圖如圖 5-37 所示。

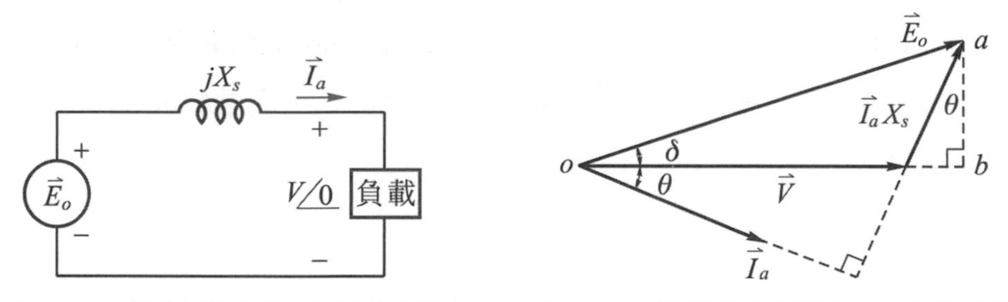

▲ 圖 5-36　省略電樞電阻同步發電機之簡化等效電路　▲ 圖 5-37　省略電樞電阻之同步發電機相量圖

無載感應電勢 $\vec{E}_o$ 與端電壓 $\vec{V}$ 之夾角 δ，稱爲負載角 (load angle)。在圖 5-37 中畫輔助線 $\overline{ab}\perp\vec{V}$，而 $\overline{ab}$ 與 I_aX_s 之夾角為 θ。此時相數為 q 的同步發電機之輸出功率

$$P_o=qVI_a\cos\theta \quad (5\text{-}20)$$

$$\overline{ab}=I_aX_s\cos\theta=E_o\sin\delta \quad (5\text{-}21)$$

故

$$I_a \cos\theta = \frac{E_o}{X_s}\sin\delta \tag{5-22}$$

代入輸出功率公式 (5-20) 得 3 相同步發電機的總輸出功率為

$$P_o = 3\times\frac{V\times E}{X_S}\sin\delta \tag{5-23}$$

同步發電機之負載功率與負載角的正弦成正比。負載功率與負載角之關係曲線，如圖 5-38 所示。

若磁場之直流激磁電流不變、E_o、V、X_s 為定值，當負載功率增加時，則負載角增加。如圖 5-38 所示，負載從 P_0 增加到 P_1 時，相對應之負載角由 δ_0 增至 δ_1。一般同步發電機之負載角在 20° 左右。當負載功率增加使負載角增至 $\delta_C = 90°$ 時，輸出功率為最大。若負載功率繼續增加，則發電機無法再與系統同步。因此 δ_C 稱為臨界功率角 (critical power angle)。同步機轉速以同步轉速運轉，負載增加時，負載角增加，輸出之端電壓較無載感應電勢滯後。如圖 5-39 所示為在未改變磁場之直流激磁下，無載感應電勢 E_o 與 E_{o2} 大小相同，電感性負載電流由 I_a 增至 I_2 時，負載角由 δ 增至 δ_2，而端電壓隨負載電流之增加而降為 V_2。

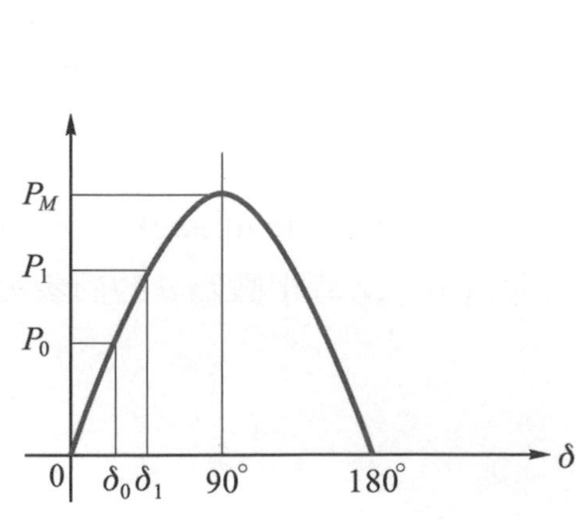

▲ 圖 5-38　負載功率與負載角之關係

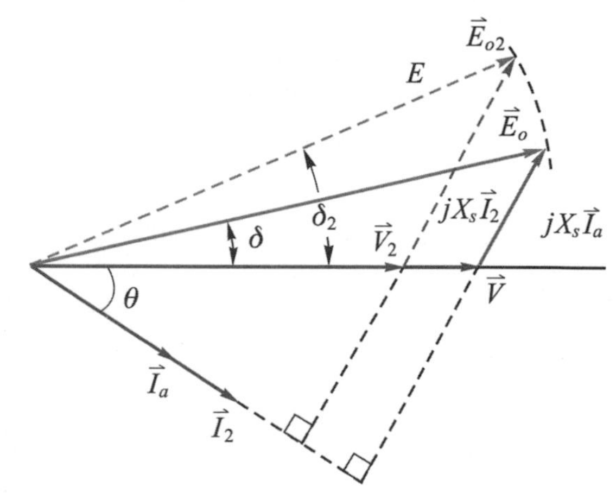

▲ 圖 5-39　負載電流增加時同步發電機之相量圖

5-3-5 同步發電機之特性曲線

同步發電機之特性可以由開路試驗與短路試驗測得，而以曲線表示之。

一、無載飽和曲線

無負載時，發電機電樞感應電勢與磁場激磁電流的關係曲線稱爲無載飽和曲線，亦即發電機在不同激磁電流時，能產生多大的感應電勢之特性曲線；也是鐵心的特性曲線。發電機無負載飽和曲線可由開路試驗測得。

如圖 5-40 之接線，將同步發電機運轉於額定之同步轉速，無負載的情況下，逐漸增加激磁電流，記錄相對應之感應電勢，測得激磁電流與無載端電壓 (即感應電勢) 之關係，而獲得同步發電機之無載特性曲線。無載特性曲線如圖 5-41 所示，起初為一直線，即感應電勢與激磁電流成正比；當激磁電流增加到磁極磁通逐漸飽和時，感應電勢之增加漸趨緩和，曲線漸趨平坦。**發電機無載特性曲線與鐵心磁化特性曲線相似，又稱爲無載飽和曲線**。

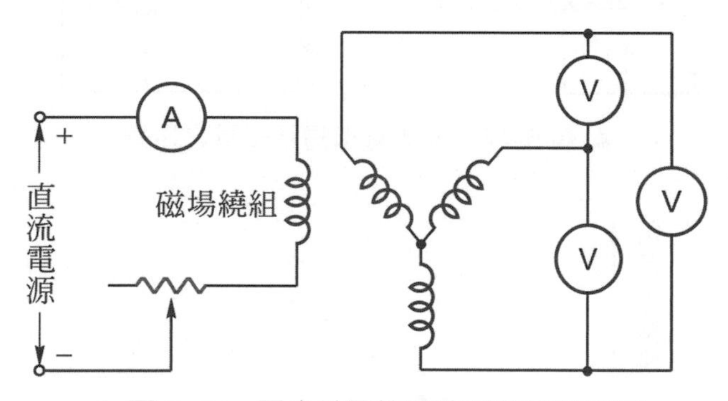

▲ 圖 5-40　同步發電機開路試驗之接線圖

在開路試驗時，驅動同步機所需的機械功率為無載旋轉損失。無載旋轉損失包括機械摩擦損、風阻損和鐵損。在同步轉速情況下而不加激磁時，沒有磁通所以沒有磁滯損及渦流損，驅動同步機所需之機械功率為摩擦損和風阻損。定速下

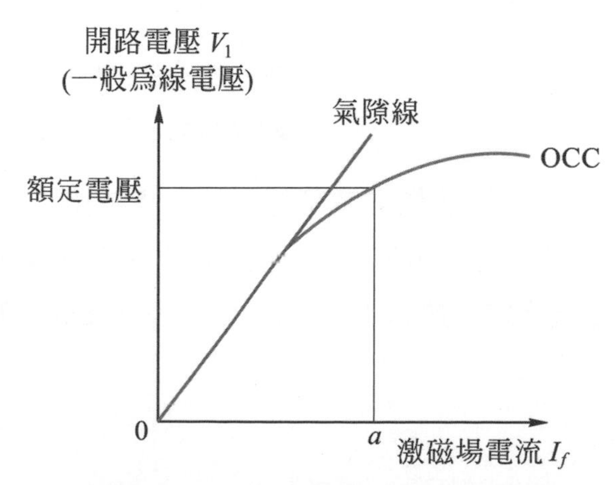

▲ 圖 5-41　同步發電機之無載特性曲線

的摩擦損和風阻損為定值，因此**開路試驗在加上激磁時，所測得之功率扣除不加激磁時所測得之功率，即爲同步機之鐵損**。

二、短路特性曲線

同步發電機實施短路試驗時，應先將發電機之輸出端經電流表接成短路，如圖 5-42 所示之接線。在不加激磁電流的情況下，驅動發電機使其轉速保持在同步速度，再調整激磁場電流從零開始逐漸增加，記錄相對應之電樞電流，獲得同步發電機電樞電流與激磁電流之關係曲線，即如圖 5-43 所示的短路特性曲線。

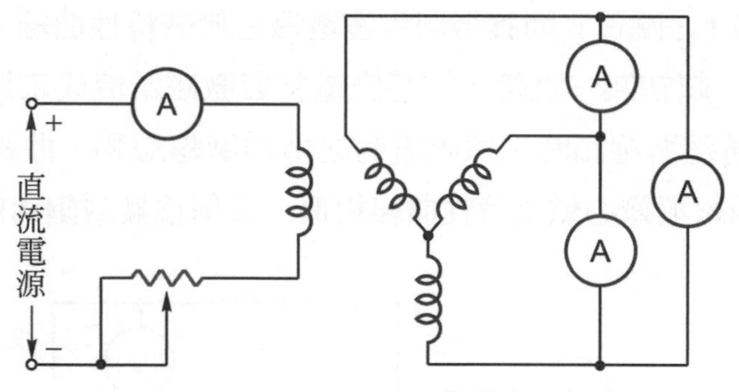

▲ 圖 5-42　同步電機短路試驗之接線

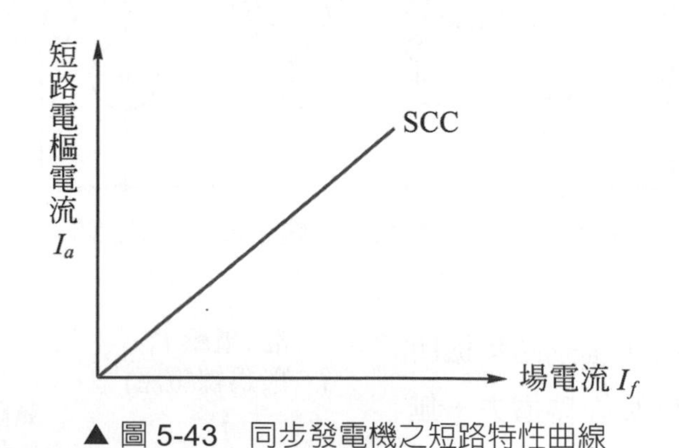

▲ 圖 5-43　同步發電機之短路特性曲線

因同步機之電阻遠小於同步電抗，即 $R_s \ll X_s$，故短路試驗時流通於繞組本身之短路電流落後電壓約 90°，電樞反應之去磁效應大，磁極不致飽和，因此短路之電樞電流約與激磁電流成正比，**短路曲線爲一直線**。

三、同步阻抗之推算

同步阻抗可由開路試驗與短路試驗之數據計算求得。短路試驗時由於負載端短路，電樞繞組所感應之相電壓等於內部阻抗壓降，即 $E_o = I_a Z_s$。**對某一激磁電流，其開路之相電壓，除以該激磁電流下之短路電流，即得該相之同步阻抗。**

$$Z_s = \frac{E_o}{I_a} \qquad (5\text{-}24)$$

將開路試驗和短路試驗所得的特性曲線以及同步阻抗畫在同一激磁電流的橫座標，如圖 5-44 所示。

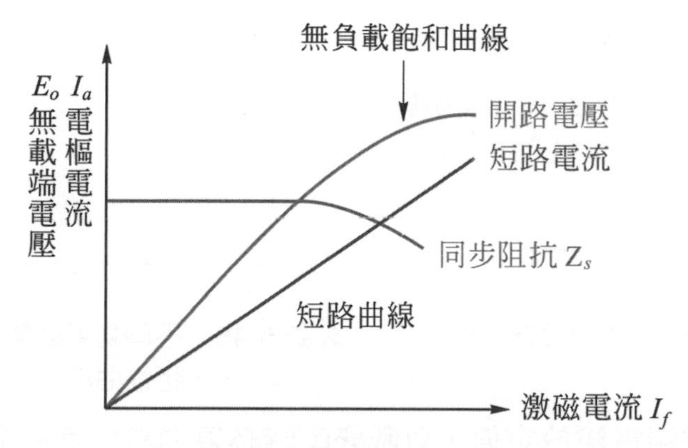

▲ 圖 5-44　同步發電機無負載飽和曲線短路曲線及同步電抗

大型機之電樞電阻遠小於同步電抗，可以忽略，同步阻抗約等於同步電抗，即 $Z_s \fallingdotseq X_s$。同步電抗包括電樞反應電抗 X_a。因為電樞反應的影響隨磁極飽和程度而不同，所以電樞反應電抗 X_a 並非定值。當磁極飽和後電樞磁勢的影響變小，使得電樞反應電抗 X_a 減少，因此同步電抗值 X_s 減小，如圖 5-44 所示，同步阻抗曲線起初為水平線 (定值)，磁飽和後下垂 (減小)。同步電抗一般以額定電壓的對應值計算之。

四、外部特性曲線

磁場激磁電流及轉速固定的情況下，逐漸增加負載測得同步發電機之端電壓與負載電流的關係曲線，稱為外部特性曲線，又稱為電壓特性曲線或負載特性曲線，如圖 5-45 所示。同步發電機的負載端電壓除了受繞組本身的內部阻抗壓降影響外，電樞反應之去磁、助磁作用，影響發電機磁通之大小，也使得負載端電壓改變。電感性負載時，為下垂的負載特性曲線；功因愈低，電樞反應之去磁作用愈大，同步發電機的端電壓愈低落，負載特性曲線愈下垂。相對的，電容性負載時，功率因數愈低，電樞反應的助磁作用愈大，感應電勢愈高，同步發電機之負載端電壓隨電樞反應而上升，可能比無載電壓高，負載特性曲線上揚。若先於滿載時調整激磁電流，使負載端電壓維持在額定電壓值，然後固定激磁電流再逐漸減少負載到無載，所得的負載電壓特性曲線，如圖 5-46 所示。

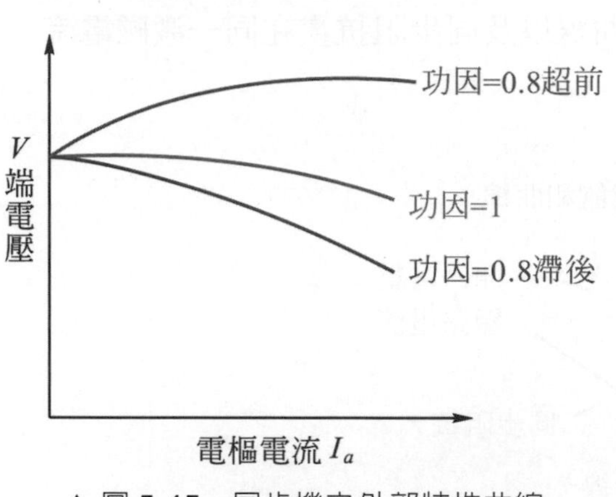

▲ 圖 5-45 同步機之外部特性曲線

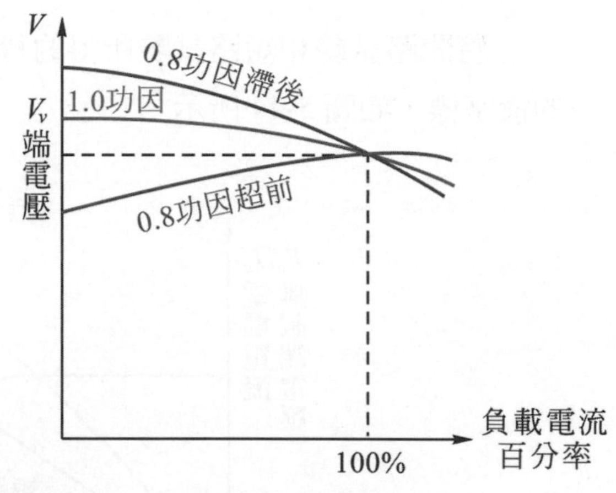

▲ 圖 5-46 不同功率因數的負載電壓 - 負載電流特性曲線

為維持負載端電壓於定值，負載變動時必須調整磁場的激磁電流。電感性 (功率因數落後) 的負載增加時，為維持端電壓恆定，必須增加激磁電流，以彌補電樞反應的去磁效應。相對的，電容性 (功率因數超前) 的負載增加時，為維持端電壓恆定，必須減少激磁電流，以避免端電壓因助磁效應而升高，如圖 5-47 所示。

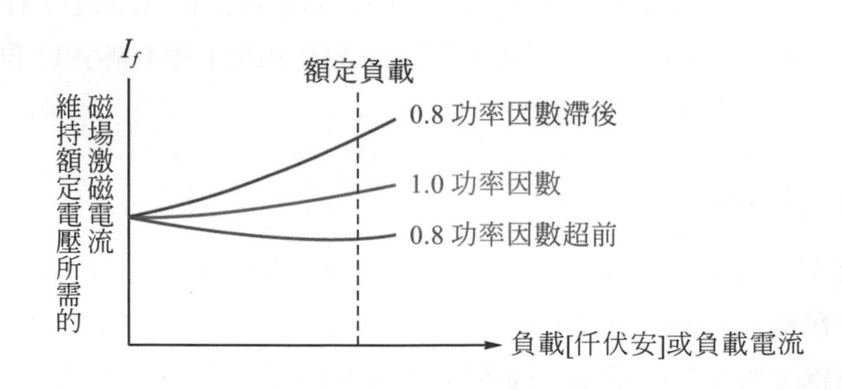

▲ 圖 5-47 同步發電機維持額定電壓所須的激磁電流

5-3-6 電壓調整率

電壓隨負載變動的情形可由外部(電壓或負載)特性曲線表示，亦可以電壓調整率的數值表示，電壓調整率為無負載至滿載的電壓變動量對額定(滿載)電壓的比例值，以百分率示：

$$VR\% = \frac{E_o - V_{fL}}{V_{fL}} \times 100\% \qquad (5\text{-}25)$$

影響同步發電機電壓調整率的主要因素為發電機內部阻抗所造成之電壓降及電樞反應直軸效應所造成之感應電勢的變動。

同步發電機之電壓調整率可接實際負載測量之或利用負載特性曲線求出電壓調整率。在滿載時調整激磁電流，使負載端電壓維持在額定電壓值 E_{fL}，固定激磁電流不變，然後切離負載再測量發電機之無載電壓 E_o，帶入公式(5-25)即可計算出該負載之電壓調整率。。

在無法切離負載的供電情況下，若已知發電機電樞繞組之同步阻抗 $R_S + jX_S$，同步發電機之電壓調整率，可由同步阻抗計算之；在測得負載端電壓 V，功率因數 $\cos\theta$ 及已知電樞繞組之阻抗 $R_s + jX_s$ 後，由相量圖之關係可得無載感應電勢之大小。

$$E_o = \sqrt{(V\cos\theta + I_a R_s)^2 + (V\sin\theta \pm I_a X_s)^2} \qquad (5\text{-}26)$$

式(5-26)中，落後功因時取+，超前功因時取−。同步發電機在不同功因時的相量圖，如圖 5-48 所示。**負載功率因數落後時，電壓調整率爲正値；當負載功率因數超前時，電壓調整率有可能爲零或負値**。

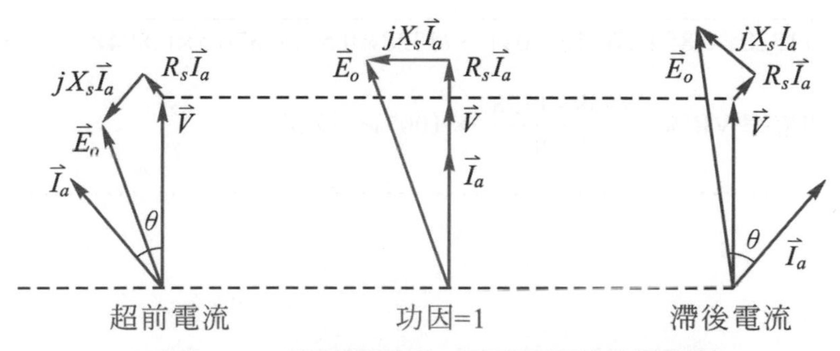

▲ 圖 5-48 端電壓相同，不同功因時的相量圖

利用同步阻抗求電壓調整率的方法，稱爲同步阻抗法或電動勢法。由於大型同步機之電樞電抗遠大於電樞電阻，短路試驗時，短路電流幾乎落後感應電勢 90°。短路電流所造成之電樞反應幾乎全為直軸之去磁效應，故磁極無飽和作用，求得之同步阻抗較實際值大，**阻抗法計算所得之電壓調整率比實際調整率大，所以同步阻抗法又稱爲悲觀法**。

例 5-3

一部 1500 kVA、2300 V、60 Hz 之三相 Y 連接交流發電機，其磁場電流為 240 A 時之開路電壓為 2180 V，短路電流為 1400 A，其兩端間之電阻，用直流量度之，得 0.12 Ω。設交流有效電阻為直流電阻之 1.5 倍，則此發電機之 (1) 同步阻抗；(2) 每相同步電抗；(3) 在功率因數為 0.85 滯後時之調整率。

 短路時之相電流 $I_{sc} = 1400$ A

開路時之相電壓 $E = \dfrac{2180}{\sqrt{3}} = 1259$ V

每相同步阻抗 $Z_s = \dfrac{1259}{1400} = 0.899\ \Omega$

每相有效電阻 $R_a = \dfrac{0.12}{2} \times 1.5 = 0.09\ \Omega$

每相同步電抗 $X_s = \sqrt{0.899^2 - 0.09^2} = 0.894\ \Omega$

每相額定電流 $I = \dfrac{S}{\sqrt{3}V} = \dfrac{1500 \times 10^3}{\sqrt{3} \times 2300} = 376.5$ A

每相額定電壓 $V_P = \dfrac{2300}{\sqrt{3}} = 1328$ V

$\cos\theta = 0.85$，$\sin\theta = \sqrt{1 - 0.85^2} = 0.527$

$E_o = \sqrt{(1328 \times 0.85 + 376.5 \times 0.09)^2 + (1328 \times 0.527 + 376.5 \times 0.894)^2} = 1558$ V

電壓調整率 $VR\% = \dfrac{1558 - 1328}{1328} \times 100\% = 17.3\%$

5-3-7 自激磁

同步發電機的負載電流超前感應電勢時，電樞反應為增(助)磁作用。同步發電機在沒有激磁而運轉時，若接電容性負載，例如長距離之高壓輸電線等，由磁極剩磁所產生剩磁電壓，驅動進相之負載(充電)電流流過電樞繞組，形成助磁之電樞反應而增強了主磁極。感應電壓因磁通增加而上升；感應電壓上升，驅動了較多的進相電流，所形成的助磁效應再增強主磁極使感應電勢升高。如此反覆循環，**造成沒有外加激磁電流而磁極磁通增加，端電壓自行升高的現象，稱為同步發電機之自激磁 (self excitation)**。同步發電機的自激磁情況與自激式直流分激發電機的電壓建立相似，而端電壓的最終值則視容抗而定。如圖 5-49 所示為不同電容量(容抗不同)時之自激電壓，電容量較小、容抗大之輸電線，其終值電壓較低如圖 5-49 中的 V_1；電容量大、容抗小之輸電線的終值電壓較高如圖 5-49 中的 V_2。自激磁所造成的終值電壓，必須低於額定電壓才不致於電壓失控。為抑制自激磁，同步發電機電樞繞組的中性點，大多不直接接地，而採用電感的高阻抗接地，以抵減、降低線路之總電容量，同時可抑制線路接地時的故障短路電流。

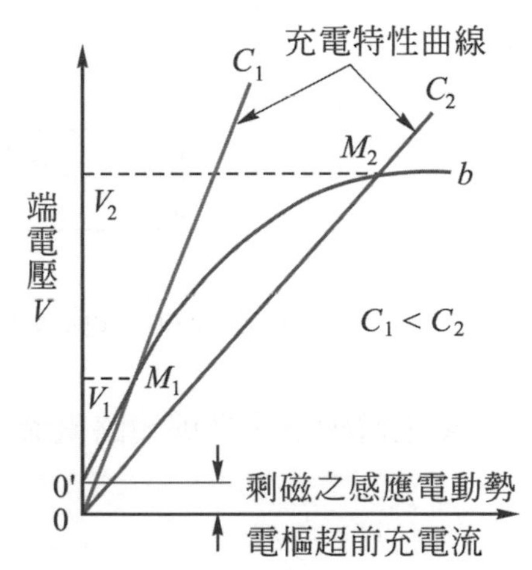

▲ 圖 5-49 自激現象造成之終值電壓

5-3-8 短路電流

一、短路比

電源供應器之穩態永久短路電流 I_s 與額定電流 I_r 的比值，稱為短路比 (short-circuit ratio)。短路比大的電源供應器其輸出阻抗小，能供應瞬間大電流，壓降少、電壓調整率較佳。容量大的電源供應器之短路電流測量不易。額定電壓下之同步發電機的短路電流測量更是困難與危險。同步發電機的短路試驗所得之短路曲線為一直線如圖 5-50 所示，選取額定電流 I_r 對應之 g 點及產生額定電壓 V_r 時之激磁電流 I_{fo} 對應之 f 點，f 點所對應之電流即為額定電壓下的穩態短路電流 I_s。在 Δodf 與 Δoeg 中，高的比等於底的比。即

$$短路比 (SCR)=K_s=\frac{I_s}{I_r}=\frac{\overline{fd}}{\overline{eg}}=\frac{\overline{od}}{\overline{oe}}=\frac{I_{fo}}{I_{fs}} \quad (5\text{-}27)$$

因此將同步發電機開路時，產生額定電壓所需之激磁電流 I_{fo} 與短路時產生額定電流所需之激磁電流 I_{fs} 的比值定義爲同步機的短路比。

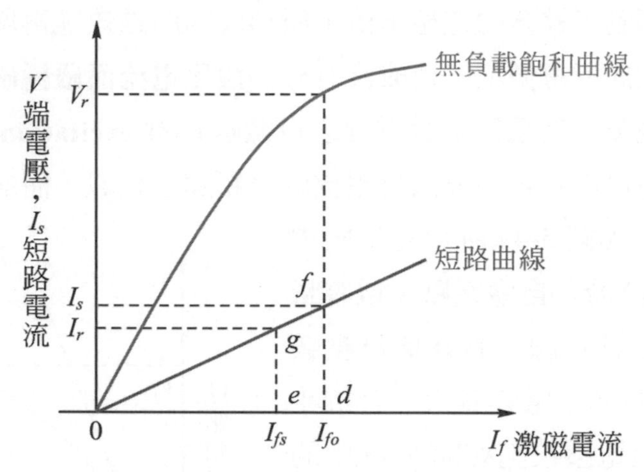

▲ 圖 5-50　同步發電機的無負載飽和曲線與短路曲線

額定電壓下之穩態短路電流

$$I_s=\frac{V_r}{Z_s} \quad (5\text{-}28)$$

代入短路比

$$短路比 (SCR)=\frac{I_s}{I_r}=\frac{V_r}{Z_sI_r}=\frac{1}{Z\%}=\frac{1}{Z_{PU}} \quad (5\text{-}29)$$

(5-29) 式中 $Z\%=\frac{Z_sI_r}{V_r}\times 100\%$ 為百分同步阻抗，Z_{PU} 為同步阻抗之標么值。**短路比爲百分同步阻抗或同步阻抗標么值的倒數**。

短路比大的發電機其同步阻抗小，電樞反應小，負載電流所引起的端電壓變動較小，輸出電壓較穩定。水輪發電機之短路比在 0.9 ～ 1.3 之間，汽輪式發電機之短路比約在 0.6 ～ 1.0 之間。

例 5-4

一部 45 kVA、220 V、60 Hz、Y 接三相同步發電機，其開路試驗與短路試驗之數據如下：開路試驗：線電壓為 220 V，場電流為 2.75 A，短路試驗：電樞電流為 118 A，場電流為 2.2 A，則該發電機之短路比為多少？同步阻抗之 PU 值為多少？不幸短路時之穩態短路電流為多少？

解 驗算額定電流 $I = \dfrac{S}{\sqrt{3}V} = \dfrac{45\times10^3}{\sqrt{3}\times220} = 118\ \text{A}$

短路比 $\text{SCR} = \dfrac{I_{f0}}{I_{fs}} = \dfrac{2.75}{2.2} = 1.25$

$Z_{PU} = \dfrac{1}{\text{SCR}} = \dfrac{1}{1.25} = 0.8$

$I_s = \text{SCR}\,I_r = \dfrac{I_r}{Z_{PU}} = 118\times1.25 = 147.6\ \text{A}$

二、短路電流

由於同步電抗遠大於電樞電阻，短路電流落後電壓約 90°，電樞反應為直軸之去磁效應，使得磁通減少，端電壓降低，因此同步發電機穩態短路電流並不大。**穩態永久短路電流等於額定電流乘以短路比，即 $I_s = \text{SCR}\times I_r = \dfrac{I_r}{Z_{PU}}$**。在短路之最初數週的暫態內，雖然電樞繞組流過短路電流具去磁磁勢，但是由於磁滯及磁場激磁線圈之自感作用(愣次定律)，反對磁通之下降，磁場並不立即減弱。因此在剛短路之最初幾個週期，**暫態短路電流遠大於短路比乘以額定電流的推算結果**，足以摧毀設備。同步發電機短路時的暫態響應隨短路瞬間之情況而不同。圖 5-51 所示為一同步發電機在電壓為零的瞬間短路時，所造成之對稱式二相短路電流之典型變化情形。

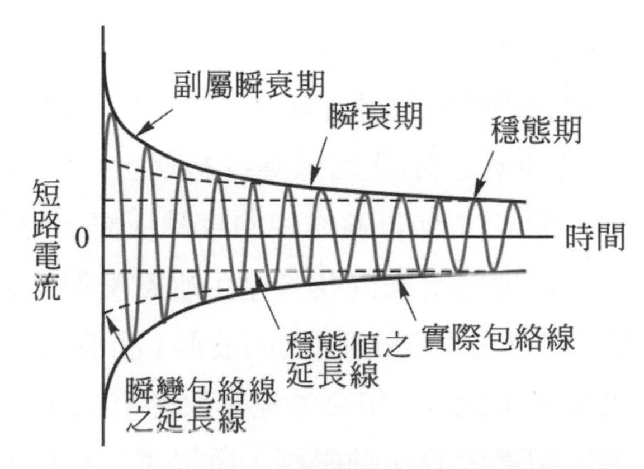

▲ 圖 5-51　同步發電機短路時的對稱式二相短路電流

汽輪式發電機因高速運轉，電樞線圈較少，限制初期短路電流的電樞漏抗較小，其短路瞬間電流，甚至達到額定電流的 30 倍。為限制短路電流，一般同步發電機均外加有電抗器於中性線上，如圖 5-52 所示。**串接之電抗器，除了具有限制短路電流之作用外，還可以降低自激磁所造成之終値電壓**，使其低於額定電壓，而不致於造成發電機端電壓無法控制的情況。

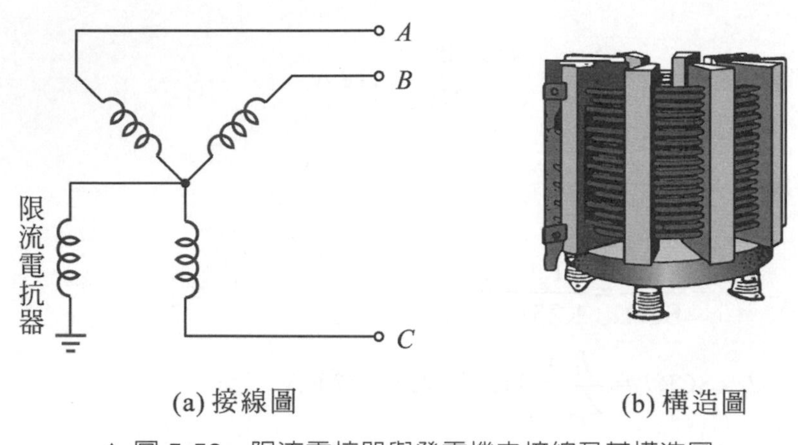

▲ 圖 5-52　限流電抗器與發電機之接線及其構造圖

5-3-9　凸極同步電機的雙電抗分析

凸極同步電機的氣隙是不均勻的，極面下氣隙較小，兩極之間氣隙較大，線槽的鐵量比磁極少，因而同樣的電樞磁勢在不同位置，所生的電樞磁場波形和每極磁通量都不同。同一大小的電樞磁勢作用在直軸磁極所產生樞磁通的形狀是帽形如圖 5-26(b) 及圖 5-27(b) 所示；而作用在交軸兩磁極之間磁動勢所產生樞磁通則為鞍形如圖 5-25(b) 所示；並且同樣大小的電樞磁勢所產生直軸磁場比交軸磁場大許多。考慮到凸極同步電機氣隙的不均勻性，雙反應理論係將電樞磁動勢分解為直軸和交軸兩個分量，分別求出直軸和交軸的電樞反應，再把它們的效果疊加起來。如 5-3-1 節所述將電樞電流 I_a 分為 I_d 與 I_q 兩個分量，$I_d = I_a \sin\phi$ 之分量比感應電勢落後 90° 電機度，所產生的磁勢與主磁極軸平行，形成去或助磁作用的直軸反應，影響感應電勢的大小；而 $I_q = I_a \cos\phi$ 之分量與感應電勢同相，產生的磁勢與主磁極軸正交，形成交磁作用的橫軸反應，主要影響感應電勢的波形 (諧波的含量)。其電樞反應電抗分別為直軸電樞反應電抗 X_{ad} 和交軸電樞反應電抗 X_{aq}。當磁極不飽和時，由於直軸磁路的導磁顯著大於交軸磁路，所以 $X_{ad} > X_{aq}$。將電樞漏磁電抗 X_ℓ 併入定義：凸極同步電機的直軸同步電抗 $X_d = X_\ell + X_{ad}$ 和交軸同步電抗 $X_q = X_\ell + X_{aq}$。由於 $X_{ad} > X_{aq}$，故 $X_d > X_q$。

凸極同步電機負載時的每相感應電勢 E 等於負載端電壓 V 與電樞電阻 R_a 和同步電抗 X_d、X_q 壓降的相量和，即

$$\vec{E} = \vec{V} + \vec{I}_a R_a + j\vec{I}_d X_d + j\vec{I}_q X_q \quad (5\text{-}30)$$

電感性負載時凸極同步電機依據雙電抗理論的相量圖如圖 5-53 所示。

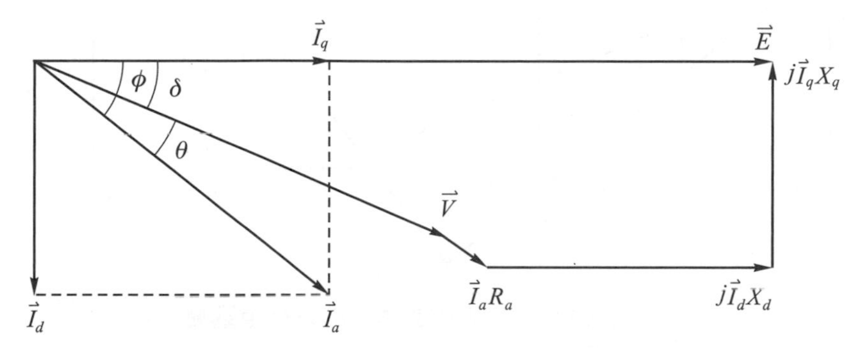

▲ 圖 5-53　凸極同步發電機電感性負載時的相量圖

要畫出圖 5-53 所示的相量圖，除了需要負載端電壓 V、電樞 (負載) 電流 I_a、負載的功率因數角 θ 以及電機的參數 R_a、X_d 和 X_q 之外，還必須先確定感應電動勢 E 與電樞電流 I_a 之間的內功率因數角 ϕ，才能把電樞電流 I_a 分解成直軸 I_d 和交軸 I_q 兩個分量。內功率因數角無法用儀表測出，但是可以從各相量間的關係來確定 ϕ 角；因為電抗電壓超前電流 90°，在圖 5-53 中從電阻壓降相量的尖端 b' 點畫垂直於 I_a 的直線與 E 相量交於 O' 點，如圖 5-54 所示。ΔOab 與 $\Delta O'a'b'$ 的對應邊均互相垂直為相似三角形，將 ΔOab 順時針旋轉 90° 比對 $\Delta O'a'b'$，顯然斜邊 $O'b'$ 線段與 $O'a'$ 線段 (相量 jI_qX_q) 間的夾角為 ϕ。

因 $O'b'\cos\phi = I_q X_q$　而　$I_q = I_a\cos\phi$，代入得 $O'b'\cos\phi = I_a\cos\phi \cdot X_q$

故 $O'b'$ 線段長度為 $I_a X_q$。

$O'c$ 線段長度為 $V\sin\theta + I_a X_q$，Oc 線段長度為 $V_t\cos\theta + I_a IR_a$；

內功率因數角 $\phi = \tan^{-1}[(V\sin\theta + I_a X_q) / (V\cos\theta + I_a R_a)]$

式 (5-30) 可以改寫成：

$$\vec{E}=\vec{V}+\vec{I_a}R_a+j\vec{I}_dX_d+j\vec{I}_qX_q+j\vec{I}_dX_q-j\vec{I}_dX_q$$
$$=\vec{V}+\vec{I_a}R_a+j\left(\vec{I}_d+\vec{I}_q\right)X_q+j\vec{I}_d\left(X_d-X_q\right)$$
$$\vec{E}=\vec{V}+\vec{I_a}R_a+j\vec{I}X_q+j\vec{I}_d\left(X_d-X_q\right) \qquad (5\text{-}31)$$

圖 5-54 中 $O'E=j\vec{I_d}\left(X_d-X_q\right)$

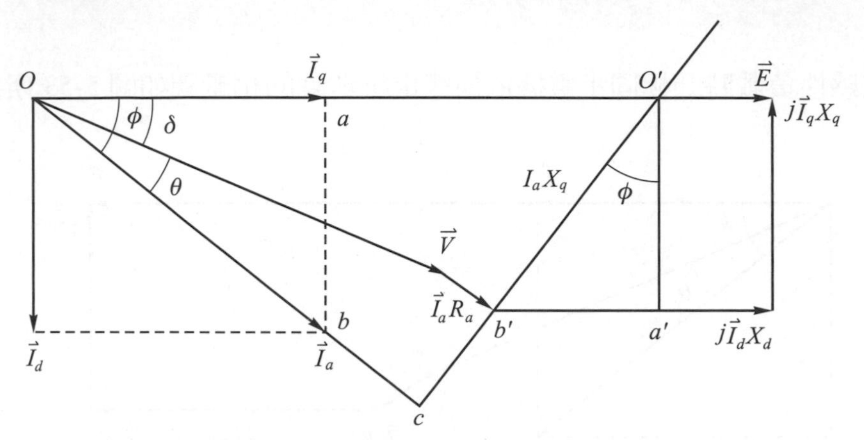

▲ 圖 5-54　內功率因數角 ϕ 的分析相量圖

由 $O'b'$ 線段長度為 I_aX_q 可得相量圖的實際作法如下：

1. 由已知條件，從 O 點開始，畫出負載端電壓 V、電流 I_a、負載的功率因數角 θ；
2. 平行電流 I_a 畫出電阻壓降 IR_a 相量；
3. 從電阻壓降相量的尖端 b' 點畫垂直於 I_a 的直線，由 $O'b'$ 線段長度為 I_aX_q 確定 O' 點；
4. 連接 OO' 線段即為與磁極正交的交軸，OO' 直線與 I_a 的夾角即為內功率因數角 ϕ；
5. 把電流 I_a 分解為 I_d 和 I_q，在 OO' 線段取電流 I_a 的水平分量 Oa 即為 I_q；取電流 I_a 的垂直分量 ab 即為 I_d，從 O 點畫垂直於 OO' 線段的直線即為直軸，在直軸上畫出 I_d；
6. 從 b' 點起依次畫出垂直 I_d（直軸）的直軸反應電壓 jI_dX_d 和垂直 OO' 線段（交軸）的交軸反應電壓 jI_qX_q 得到末端 E，連接線段 OE 即為凸極同步電機的相感應電勢 E。

例 5-5

一台凸極同步發電機的直軸和交軸同步電抗分別為 $X_d = 1.0$ pu、$X_q = 0.6$ pu，電樞電阻略去不計。試計算在功率因數 $\cos\theta = 0.8$（滯後）供應額定電壓、額定電流和額定容量時的感應電動勢 E，並畫出相量圖。

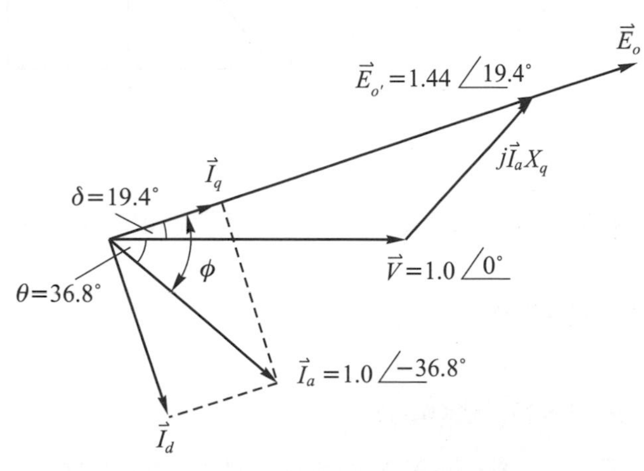

▲ 圖 5-55　範例 05 之相量圖

以額定電壓作為參考相量，即設 $V = 1.0\angle 0^\circ$ 則對應於 $\cos\theta = 0.8$ 可得額定電流

$I_a = 0.8 - j0.6 = 1.0\angle -36.8^\circ$

於是電動勢 $E_{O'} = V + jI_a X_q = 1 + j(0.8 - j0.6) \times 0.6 = 1.36 + j0.48 = 1.44\angle 19.4^\circ$

因此 $\phi = 19.4^\circ + 36.8^\circ = 56.2^\circ$

$I_d = I_a \sin\phi = 1 \times \sin 56.2^\circ = 0.832$ (A)

$I_d = 0.832\angle -(90^\circ - 19.4^\circ) = 0.832\angle -70.6^\circ$

$I_q = I_a \cos\phi = 1 \times \cos 56.2^\circ = 0.555$

$I_q = 0.555\angle 19.4^\circ$

最後可得激磁電動勢為

$$\vec{E} = \vec{V} + j\vec{I}_d X_d + j\vec{I}_q X_q = 1.0\angle 0^\circ + j0.832 \times 1\angle \quad 70.6^\circ + j0.555 \times 0.6\angle 19.4^\circ$$
$$= 1.77\angle 19.4^\circ$$

或

$$\vec{E} = \vec{V} + j\vec{I}_a X_q + j\vec{I}_d \left(X_d - X_q\right) = 1.44 + 0.832 \times 0.4 = 1.77\angle 19.4^\circ$$

大型機的電阻遠小於電抗，一般僅在損耗及效率和溫升時予以考慮，忽略電阻的凸極同步電機的相量圖如圖 5-56 所示。

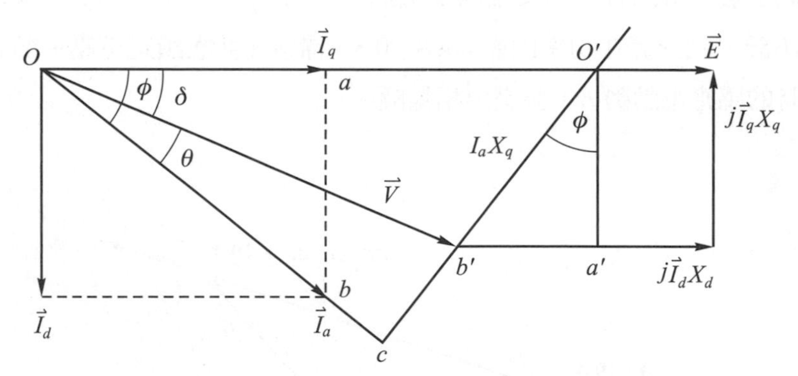

▲ 圖 5-56　忽略電阻的凸極同步發電機的相量圖

發電機的每相輸出功率

$$P = VI_a\cos\theta = VI_a\cos(\phi-\delta)$$
$$= VI_a(\cos\phi\cos\delta+\sin\phi\sin\delta) = V\cos\delta I_q + V\sin\delta I_d \qquad (5\text{-}32)$$

圖 5-56 中 $V\cos\delta = E - I_dX_d$，$\therefore I_d = \left(E - V\cos\delta\right)/X_d$；

而 $V\sin\delta = I_qX_q$，$\therefore I_q = V\sin\delta / X_q$ 帶入式 (5-32) 可得每相功率

$$P = \frac{V\times E}{X_d}\sin\delta + \frac{V^2}{2}\left(\frac{1}{X_q}-\frac{1}{X_d}\right)\sin 2\delta \qquad (5\text{-}33)$$

$$= \frac{V\times E}{X_d}\sin\delta + V^2\frac{X_d - X_q}{2X_dX_q}\sin 2\delta \qquad (5\text{-}34)$$

式 (5-32) 中第一項 $\frac{V\times E}{X_d}\sin\delta$ 稱為基本電磁功率，第二項 $V^2\times\frac{X_d-X_q}{2X_dX_q}\times sin2\delta$ 稱為附加 (磁阻) 電磁功率。凸極同步電機的輸出 P 對負載角 δ 特性曲線如圖 5-57 所示；發電機運轉時由原動機拖動，感應電勢 E 超前端電壓 V，負載角 δ 為正值。負載角 δ 為負值時為電動機運轉，感應電動勢稱為反電勢 E_b 落後端電壓 V，輸入電功率而輸出機械功率。在隱極式電機中氣隙是均勻的所以

$X_d = X_q = X_S$，其每相輸出功率 $P = \frac{V \times E}{X_d} \sin\delta$ 為沒有凸極附加（磁阻）的電磁功率。相同負載角 δ 凸極同步電機的輸出較大。

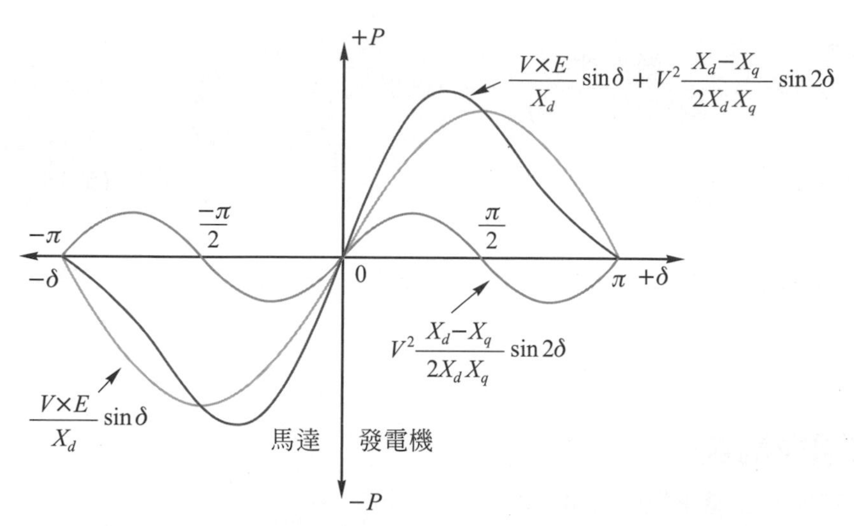

▲ 圖 5-57　凸極同步發電機的輸出 P 對負載角 δ 的特性曲線

5-3-10 額定輸出、耗損及效率

同步發電機的額定輸出以額定電壓及額定容量仟伏安數表示。額定電壓為 V，額定電流為 I 的三相同步發電機，其額定輸出為 $\sqrt{3}\ VI$，一般以 kVA 或 MVA 為單位。同步發電機額定容量之大小，受本身運轉時所產生的溫度上升所限制。同步機運轉時的溫升，是由損失所造成的。

同步發電機的損失與一般旋轉電機相同，具有下列的損失：

1. 鐵損：包括電樞鐵心之磁滯損及渦流損；同步機之鐵損大小隨激磁的強弱而變化。
2. 機械損：轉動機械間之損失，包括軸承、電刷的摩擦損失和風阻損失。
3. 銅損：電樞繞組流過電流時，電阻所造成之損失稱為銅損。銅損與負載電流平方成正比，銅損隨負載而變，又稱為負載損或變動損。
4. 激磁損：磁場線圈之電阻流過激磁電流時，所造成之損失。
5. 雜散損：其他未包括在前四項的損失，如介質損等。

因同步機以同步速度運轉，故機械損為定值，於一定的激磁電流下，鐵損和激磁損為定值。

同步發電機為供電設備，其效率為

$$效率 = \frac{輸出功率}{輸出功率 + 損失} \times 100\%$$

$$\eta = \frac{P_O}{P_O + P_{\text{loss}}} \times 100\% \tag{5-35}$$

在功因為 0.8 時，水輪機的效率在 94% ～ 97% 之間，而汽輪機之效率在 93% ～ 97% 之間。

問題與討論

1. 試述交流發電機的電樞反應。
2. 試繪出電感性負載時，同步發電機之相量圖。
3. 試述交流發電機電壓調整率與負載功因之關係。
4. 對不同性質的負載應如何維持同步發電機之端電壓於定值。

5-4 同步發電機之並聯運用

同步發電機並聯運用可以不受單機容量的限制，配合電力需求運轉適當大小的發電機使系統效率提高，預備容量減少，較合乎經濟效益；又可輪流維護保養，方便檢修使供電可靠度提高。

5-4-1 並聯運用之條件

同步發電機並聯時，必須符合下列條件：

1. 感應電勢之大小必須相同

並聯的首要條件為電壓必須相同，若兩台同步發電機的感應電勢分別為 E_1 及 E_2，E_1 與 E_2 同相但大小不同，則電壓差驅動環電流流通於兩機間，由歐姆定律可計算循環電流的大小為

$$\vec{I}_c = \frac{\vec{E}_1 - \vec{E}_2}{\vec{Z}_1 + \vec{Z}_2} \tag{5-36}$$

由於大型同步發電機的電抗遠大於電阻，可忽略電阻不計，感應電勢同相位而大小不同時，所形成的循環電流為電抗電流。兩機之循環電流為

$$\vec{I}_c \approx \frac{\vec{E}_1 - \vec{E}_2}{j(X_1 + X_2)} \tag{5-37}$$

兩發電機感應電勢同相而大小不同，並聯時之相量圖如圖5-58所示。圖中顯示，對感應電勢較高的同步發電機而言，循環電流 I_c 落後電壓 E_1 約 $90°$ 電機度，所造成的電樞反應為去磁效應，減弱磁通使端電壓降低。循環電流流入感應電勢較低的發電機，在相量圖中為 $-I_c$，對感應電勢較低的同步發電機而言，循環電流為超前電壓 E_2 約 $90°$ 電機度的進相電流，造成助磁之電樞反應，增加磁通，提升端電壓，使兩機並聯之端電壓相等。

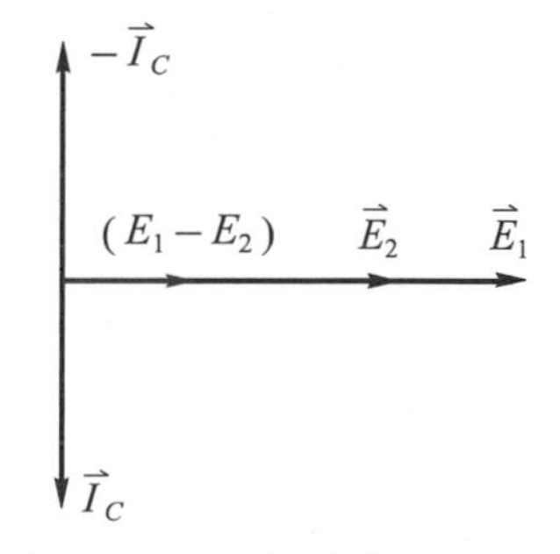

▲ 圖 5-58 二機感應電勢大小不同並聯時之相量圖

感應電勢相位相同，但大小不等時，流通於兩機間之循環電流，係與電壓相角差 90° 之無效功率電流，稱爲無效橫流(reactive cross current)，徒然增加銅損，降低效率。

2. 頻率必須相等

頻率不同時，兩者之間有一差頻電壓，在某一瞬間感應電勢之差，可達二倍之感應電勢，如圖5-59中之 a 點所示，造成極大的循環電流。頻率相差小時，同步發電機有可能互相追逐引入同步運轉；頻率相差大時，會引起全面停機(shut down)的嚴重事故，所以欲並聯之發電機，其頻率必須與系統電壓頻率相同。

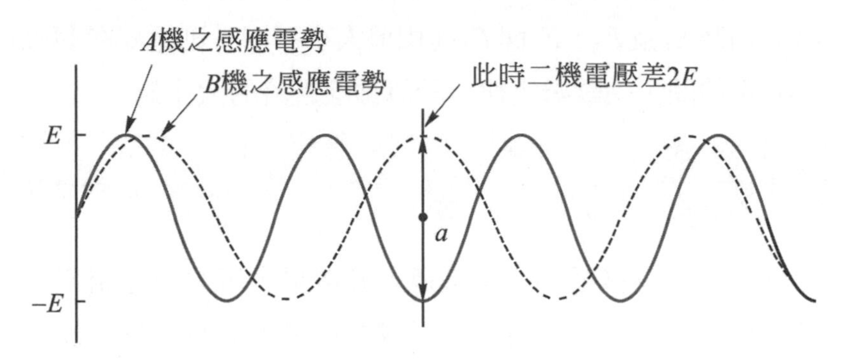

▲ 圖 5-59 頻率不同並聯時的電壓差

3. 感應電勢之相位必須相同

若兩台並聯同步發電機感應電勢之大小、頻率相同，但相位不同，例如E_1電壓超前E_2電壓 δ 角，則二者相位差形成之電壓E_r，必驅動一內部環流流通於二機之間。因為同步機之電抗遠大於電阻，循環電流為電抗電流，所以循環電流 $\bar{I}_c$ 與 $\bar{E}_r$ 電壓相差90°之相位，而落後 $\bar{E}_1$ 電壓 $\frac{\delta}{2}$ 角，超前 $\bar{E}_2$ 電壓 $\frac{\delta}{2}$ 角，如圖5-60所示。由於電壓相位不同所造成的環流與各機感應電勢的夾角小於90°電機度，因此有實際(有效)功率移轉於兩機之間。感應電勢超前之發電機多輸出了$EI\cos\frac{\delta}{2}$ 之電功率；感應電勢落後之發電機減少了$EI\cos\frac{\delta}{2}$ 的功率輸出，造成負載分配轉移。**兩台同步發電機並聯，由於相位不同所造成的環流稱爲整步電流(synchronizing current)，移轉之有效電功率$EI\cos\frac{\delta}{2}$ 稱爲整步功率(synchronizing power)**。

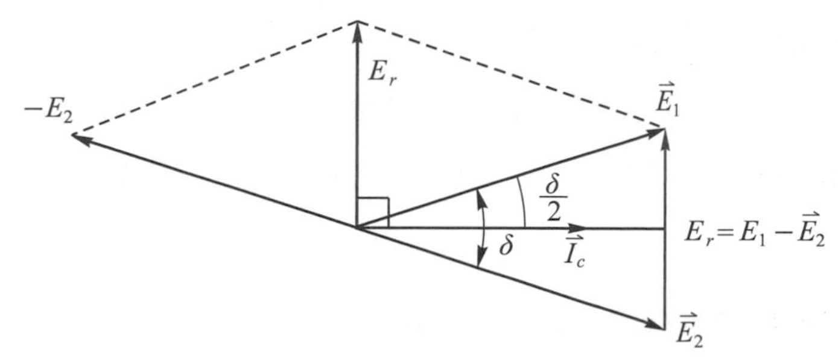

▲ 圖 5-60　二發電機電壓相位不同並聯時之相量圖

兩台感應電勢之大小、頻率相同，但相位不同的同步發電機並聯時，進相之電機因輸出較多之功率，增加較多之負載，轉速瞬間減慢，負載角增加；遲相之發電機因負載減輕，而轉速瞬間稍增，負載角減少。同步發電機於並聯運用時，若有發電機將失去同步時，整步電流將減慢越前之發電機，加速滯後的發電機，而使系統趨於穩定，恆處於穩定平衡的狀態。

兩台同步發電機之感應電勢相位差δ角時，如圖5-60中，二機間之電壓差為

$$E_r = 2\sin\frac{\delta}{2} \tag{5-38}$$

而兩機間之循環電流(整步電流)為

$$I_c = \frac{E_r}{X_1 + X_2} = \frac{2E\sin\dfrac{\delta}{2}}{X_1 + X_2} = \frac{2E}{X_1 + X_2}\sin\frac{\delta}{2} \tag{5-39}$$

代入計算整步功率

$$P_s = EI_c\cos\frac{\delta}{2} = E\left(\frac{2E}{X_1 + X_2}\sin\frac{\delta}{2}\right)\cos\frac{\delta}{2} = \frac{E^2}{X_1 + X_2}\sin\delta \tag{5-40}$$

由此可知，**整步功率與感應電勢之相位差 δ 角的正弦成正比**。若兩機感應電勢的相角差 δ 大於90°電機度，則整步功率反而減小，將無法安定並聯運轉。亦即感應電勢的相位差超過90°電機度時，無法並聯運轉。

4. 感應電勢之波形必須相同

波形若不同，將有高次諧波的無效環流流通於二機間。一般發電機在設計時均已考慮其輸出電壓波形，實際並聯時並不須要調整。

5. 三相同步發電機之相序必須相同

假如欲並入的同步發電機與系統的相序不同，當並聯時不僅不同相之間直接短路，造成極大的短路電流，而且由系統所產生的定子旋轉磁場方向與發電機的轉向相反，轉子受到極大的衝突(剎車)轉矩，使發電機無法運轉，甚至使轉軸斷裂。因此在多相交流發電機並聯時，相序一定要相同。

5-4-2　並聯運用之方法

一台發電機具備並聯條件後，必須再予以整步，始能並聯運轉。所謂整步就是將欲併入系統之發電機，調整其電壓、頻率、相位及相序使之與系統一致。常用的整步法如下：

一、相序測定

欲並聯三相發電機，首先須核對其相序；可利用相序檢定器 (phase sequence indicator)，或將三相電動機接上，試其轉向，以確認二機之相迴轉方向相同。亦可以下列之簡易式相序試驗器測定。

1. 電容式簡易相序檢驗器

圖5-61以兩個相同內阻之燈泡及一電容器接成簡易式相序試驗器，比較兩燈泡之亮度，相序為由亮往暗之方向。

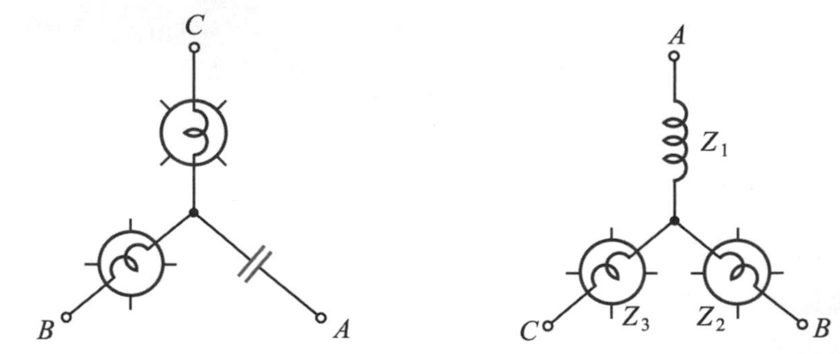

▲ 圖 5-61　電容式簡易相序檢驗器　▲ 圖 5-62　電感式簡易相序檢驗器

2. 電感式簡易相序檢驗器

以兩個相同內阻之燈泡及一電感器接成電感式相序試驗器如圖5-62所示，其相序係由暗往亮之順序。

二、同步檢驗

相序確認後，欲並聯之發電機尚須核對其電壓、相位及頻率是否相同，除了使用示波器觀測之外，電壓可用電壓表測知，而相位及頻率則可利用同步檢定器 (synchroscope) 測定。常用之同步檢驗法如下：

1. 使用同步檢定器

同步檢定器又名林肯同步儀，其原理與功因表相同，為交叉線圈式的指示儀表，構造如圖5-63所示。位於轉部帶動指針之兩交叉線圈，空間上互隔90°，而且一線圈經電感，另一線圈經電阻，使新機之電源裂相為相差90°電機度之兩相電流，輸入交叉線圈而形成旋轉磁場，此旋轉磁場與新機之電源同步且同相位。而原系統之電源加於定子線圈產生交變磁場，作為參考磁場。若兩機之相位、頻率相同，則定子磁場與轉子磁場互相之吸引力，使轉子固定於圖示之位置。若相位不同，則交叉線圈上之磁場與參考磁場相互吸引作用，使轉子偏轉，指針指示出其相位差。若頻率不同時，兩電壓之相位差不斷改變，轉子旋轉磁場與定子之磁場有不斷的相對位移，使轉子不停旋轉，頻率相差愈大轉動愈快，頻率較原系統快或慢，指針的轉動方向不同，甚易觀察。圖5-64所示為同步檢定器的錶面。同步檢定器為單相儀表，無法檢驗相序，使用前應先確定相序，再將同相之電壓接至同步檢定器來檢驗相位及頻率是否相同。

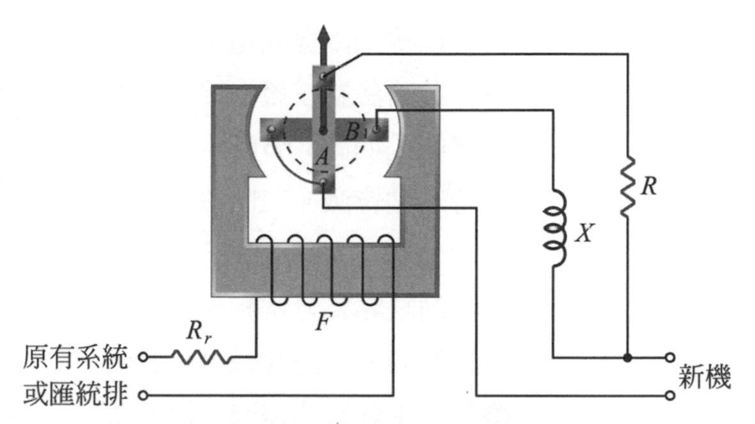

▲ 圖 5-63　同步檢定器的接線

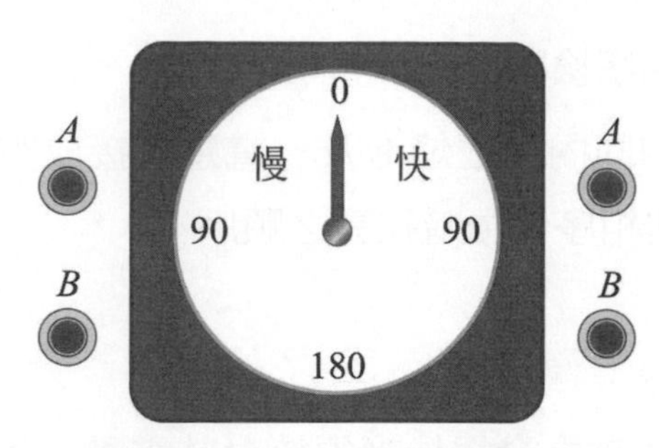

▲ 圖 5-64　同步檢定器的面板

2. 同步燈檢驗法

利用三個電燈，接於欲並聯之二發電機間，由電燈的明滅亮暗可以檢知兩機間電壓是否同步。三暗法為三燈泡接於同相之接端，如圖5-65所示，當同步時三點皆滅。三暗法之三燈指示情形，如表5-5所示。三暗法的缺點為無法指示出相位差異及頻率差是快或慢，且兩機間有少許電位差時，燈泡微熱不亮而不易觀察。

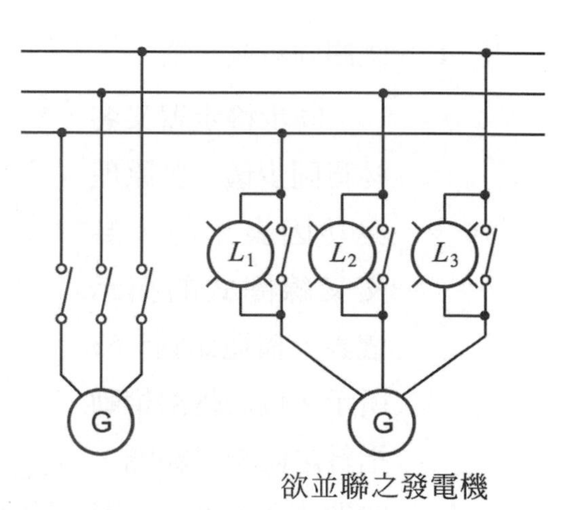

▲ 圖 5-65　三暗法同步燈之接線圖

▼ 表 5-5　三暗法之指示情況

情況／項目 三燈狀況	電壓大小	電壓時相	頻率	相序
三燈皆滅(同步)	相等	相同	相等	相同
三燈皆暗	稍異	稍異	相等	相同
三燈輪流明滅	相等	相同	相等	不同
三燈輪流明暗	稍異	稍異	相等	不同
三燈閃爍	相等	不同	稍異	相同
三燈皆亮	相等	不同	不同	相同

二明一滅法又稱為旋轉燈法，為最常用的同步燈檢驗法。二明一滅法的接線如圖5-66所示，有二燈 L_2、L_3 接於不同相之間。表5-6所示為各種情況下二明一滅法三燈的顯示狀況。

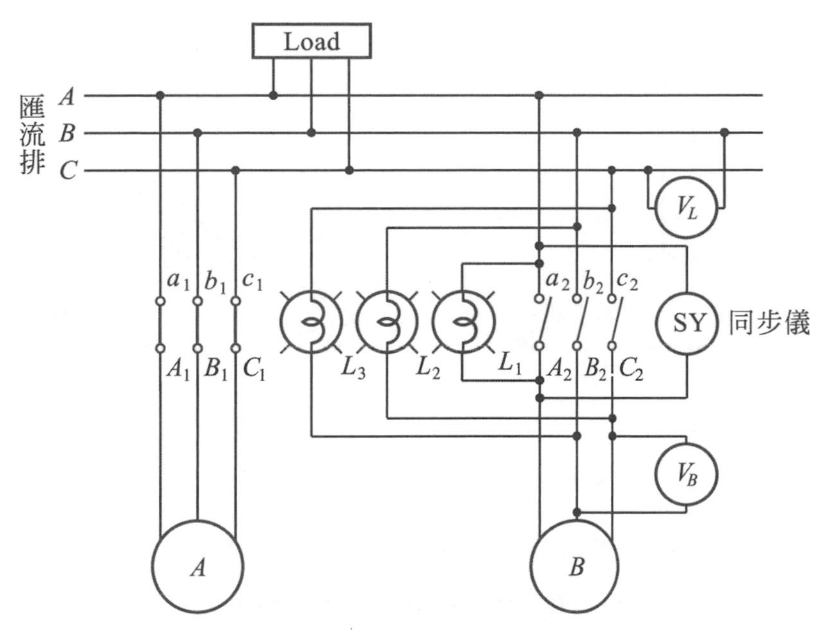

▲ 圖 5-66　二明一滅法之接線圖

▼ 表 5-6　二明一滅法之指示情況

情況 項目 / 三燈狀況	電壓大小	電壓時相	頻率	相序
二明一滅(同步)	相等	相同	相等	相同
二明一暗	稍異	稍異	相等	相同
三燈皆滅	相等	相同	相等	不同
三燈皆暗	稍異	稍異	相等	不同
三燈輪流明滅	相等	不同	稍異	相同
三燈輪流明暗	稍異	不同	稍異	相同

圖5-67(a)所示為同步時之相量圖，燈泡 L_1 兩端無電壓差，L_2 及 L_3 燈有兩相間之線電壓，故同步時二明一滅同步燈之指示為 L_1 燈滅，而 L_2及L_3 燈同樣亮度。圖5-67(b)所示為相位差δ角時之相量圖，三燈之電壓不同故三燈亮度不同。當頻率不同時，三燈依序輪流明滅呈旋轉跑馬燈現象，頻率相差愈大，旋轉愈快，頻率較原機快與慢之旋轉順序不同，很容易辨別。二明一滅法的指示可歸納如下：**燈暗不滅表示電壓大小不同；亮度不同表示相位不同，三燈輪流表示頻率不同，三燈皆暗或皆滅表示相序不同。**

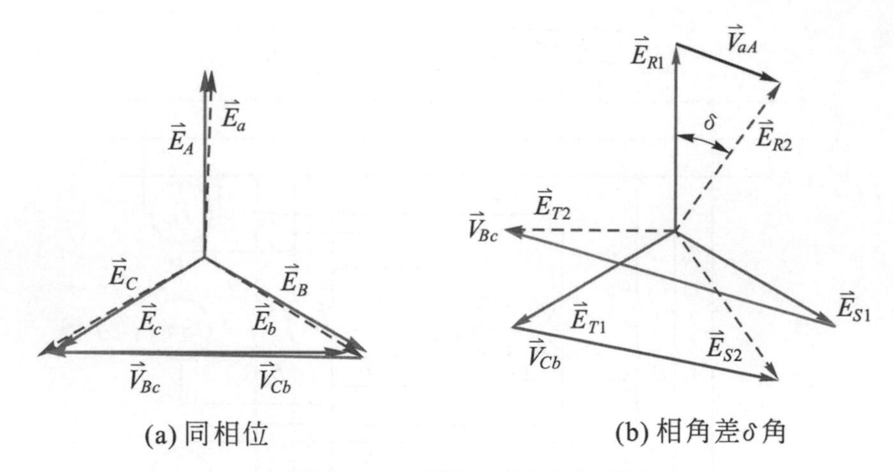

(a) 同相位　　(b) 相角差δ角

▲ 圖 5-67　二明一滅法之相量圖

高壓發電機必須以比壓器PT經V-V連接降壓後才可接低壓之同步燈，如圖5-68所示為經變壓器的三滅法同步燈之接線圖。

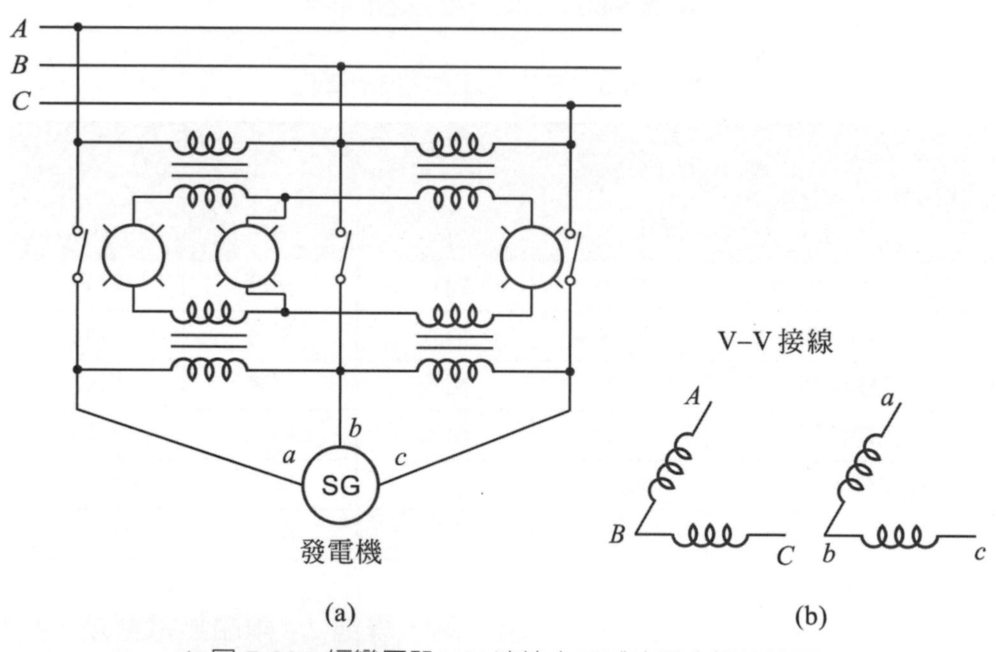

(a)　　(b)

▲ 圖 5-68　經變壓器 V-V 連接之三滅法同步燈接線圖

3. 同步變壓器法

以同步變壓器檢驗欲並聯之發電機是否與系統同步之接線，如圖5-69所示。同步變壓器左右各繞有完全相同之繞組；若兩邊之電壓大小、相位及頻率相同時，磁勢互消，中間之檢知線圈無電壓，燈泡不亮；若有所差異，則磁勢無法抵消，而有磁通流過中間鐵心，中間的檢知線圈感應出電壓而指示差異情況，若接燈泡，則成為同步指示燈。

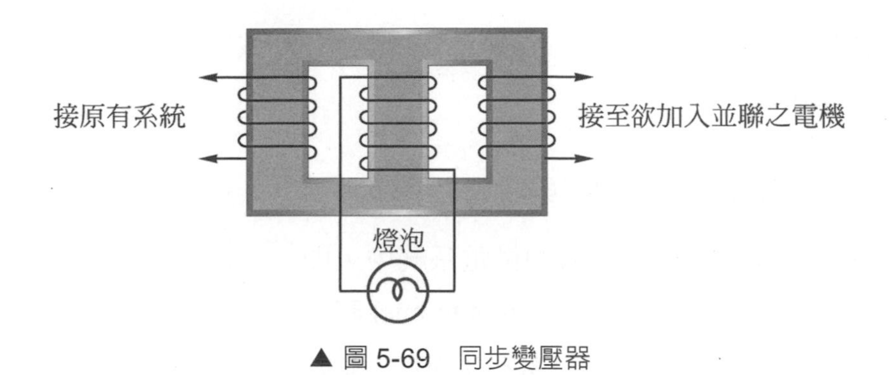

▲ 圖 5-69 同步變壓器

5-4-3 負載分配

發電機並聯運轉時須調整負載分配，使電力之分擔按發電機的容量分配，或依需要分配。

一、有效功率之移轉

欲改變並聯中的交流同步發電機之負載分配，須藉調整發電機之轉軸輸入功率 (即驅動發電機之原動機輸出功率) 改變之。欲調整發電機的實際功率大小，必須調整油門、水閘或節流閥之大小，改變原動機之輸出 (驅動發電機) 功率。當發電機轉軸輸入較多功率時，策動發電機轉速瞬間加快，造成該機之電壓相位超前；相位差所形成的電壓將驅動有效橫流 (整步電流) 流動。整步電流使輸入較多功率 (進相) 的交流發電機輸出較多之有效功率；而遲相之發電機，輸出功率減少，有效功率由遲相之發電機移轉至進相之發電機。換言之，增加並聯中交流發電機轉軸輸入的機械功率，可將發電機轉速瞬間加速，使得該機感應電勢超前、負載角增加而輸出增加。相對的，驅動發電機的輸入功率減少，感應電勢不變，但負載角變小，輸出功率減少，如圖 5-70 所示。圖中，激磁電流沒有改變，感應電勢 E_a 的大小不變，端電壓 $\vec{V}$ 也不變，發電機的輸入功率

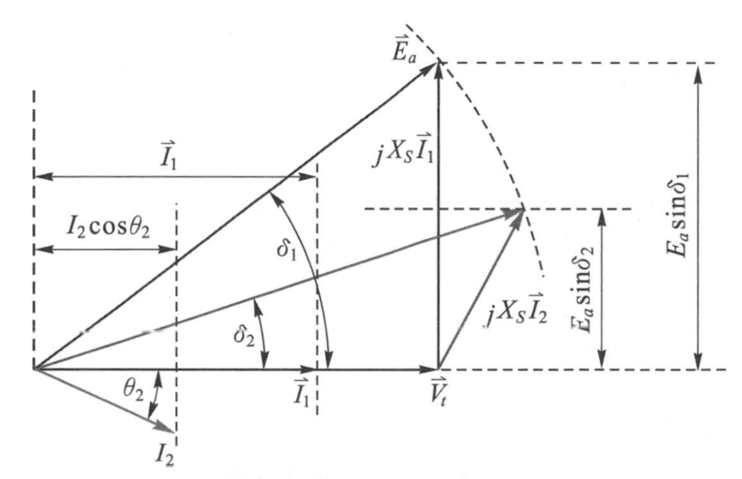

▲ 圖 5-70 並聯中激磁電流不變而輸入功率改變之同步發電機的相量圖

減少，整步功率使得負載角由 δ_1 減為 δ_2，電流由 I_1 減為 I_2，每相輸出功率由 VI_1 減為 $VI_2\cos\theta_2$。

二、原動機之速率 - 功率曲線與負載之關係

當發電機並聯運轉於很大的供電系統中，即發電機是並聯在一無限匯流排 (infinite bus) 時，因系統的頻率及電壓非常穩定，頻率 f 固定，原動機之輸入功率增加，原動機的速率 - 功率曲線由 PM_1 向上平移至 PM_2，發電機輸出 (負載功率) 由 P_1 增為 P_2，如圖 5-71 所示。

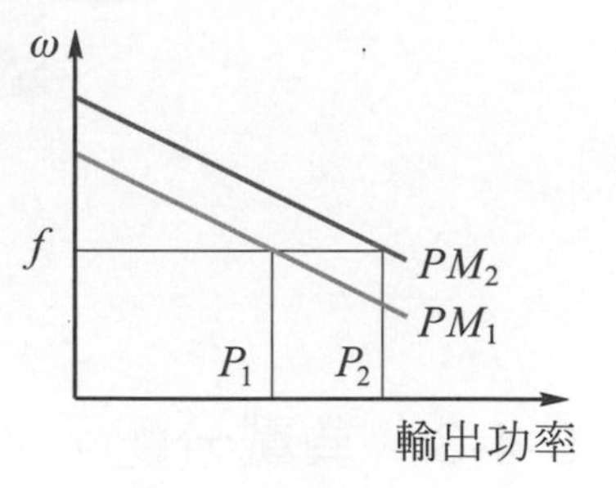

▲ 圖 5-71　原動機之速率 - 功率曲線

若並聯時僅有兩台同步發電機，只調整一台原動機的輸出功率，可能影響頻率。如圖 5-72 所示為 A、B 兩機並聯以供應一固定負載時之速率 - 功率特性曲線；圖 5-72(a) 中僅增加 A 機原動機之輸入，而 B 機輸入不變，將使系統頻率升高至 f'。A 機之負擔功率由 P_A 增為 P_A'，B 機之負擔由 P_B 減至 P_B'。總功率不變 ($AB = A'B'$)。

若欲維持頻率不變，則增加一發電機輸入時，必須同時減少另一發電機的輸入功率。如圖 5-72(b) 所示，增加 A 發電機之原動機之輸入，其速率 - 功率曲線提升至 $a'b'$，使得 A 機輸出由 P_A 增為 P_A'；B 機之原動機輸入減少，其速率 - 功率曲線下降至 $c'd'$，B 發電機之負擔由 P_B 減少為 P_B'；負載功率大多移轉至 A 機，總輸出功率不變而仍維持固定之頻率 f。

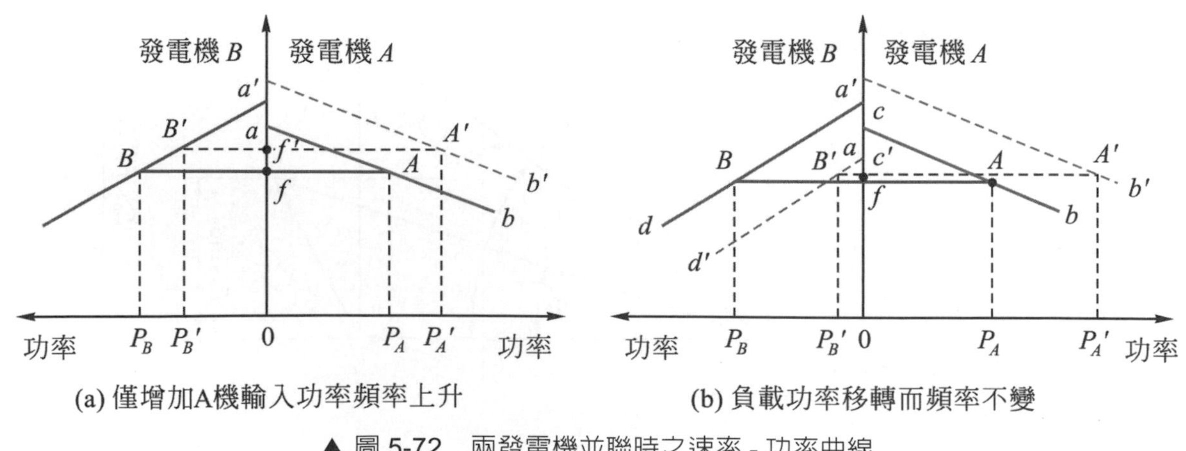

▲ 圖 5-72　兩發電機並聯時之速率 - 功率曲線

例 5-6

兩相似之 2000 kVA 交流發電機並聯使用，第一機之速率 - 負載曲線為自無載至 2000 kW 負載時，其頻率由 60.5 Hz 均勻降至 59 Hz。而第二機之頻率在同一情形下時，由 60.5 Hz 均勻降至 58.5 Hz，若兩機之聯合負載為 2400 kW，則各機分擔若干負載？又在單位功率因數下兩機所能勝任，且不致過載之總負載為若干？

 設第一機及第二機分擔之負載額分別為 P_1 及 P_2 仟瓦。

第一機負擔 P_1 仟瓦負載時，其發電機頻率為：

$$f_1 = 60.5 - \frac{60.5-59}{2000}P_1 = 60.5 - 0.00075P_1$$

第二機負載 P_2 仟瓦負載時，其發電機頻率為：

$$f_2 = 60.5 - \frac{60.5-58.5}{2000}P_2 = 60.5 - 0.001P_2$$

因兩機並用，故兩機頻率須相同，即 $f_1 = f_2$

$60.5 - 0.00075P_1 = 60.5 - 0.001P_2$

$0.00075P_1 = 0.001P_2$　將上式化簡得 $3P_1 = 4P_2$

而　$P_1 + P_2 = 2400$

兩式聯立解之得

$P_1 = 1371.43$ kW

$P_2 = 1028.57$ kW

又在兩機所能勝任，且不致過載情況下，系統頻率應為 59 Hz，此時第一機自能擔負 2000 kW 之負載，而第二機所能擔負之負載設為 P_2' kW，則：

$$60.5 - \frac{60.5-58.5}{2000}P_2' = 59$$

$\therefore P_2' = 1500$ kW

故在單位功率因數時，兩機所能勝任，且不致過載之總負載額為：

2000 kW + 1500 kW = 3500 kW

欲使各發電機之負擔與其容量成正比，則各發電機之速率 - 百分負載特性曲線必須相同，如圖 5-73 所示，**如此於負載變動時，仍能按其容量作比例分擔**。

若兩機之輸出速率 - 百分負載曲線不同，無法重疊時，如圖 5-74 所示；僅在兩曲線相交點時之負載，具有相同之負載百分比，當負載變動時，兩機之負擔即不同，無法依容量作分配。負載減輕時，發電機之轉速上升，頻率上升至 f_2，特性曲線較下垂 (速率調整率較大) 之發電機 A 負擔較大。而負載增加時，發電機之轉速下降，頻率下降至 f_3，曲線較平坦之發電機 B (速率調整率小者) 負擔較重。欲調整負載之分配，必須分別由改變各機之原動機的輸出 (發電機的輸入) 功率調整。

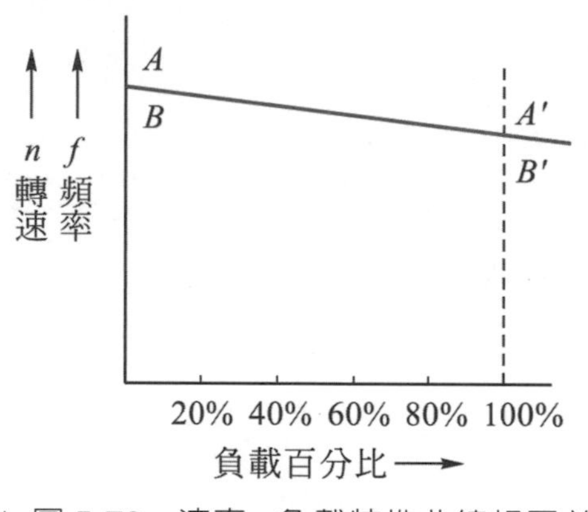

▲ 圖 5-73　速率 - 負載特性曲線相同並聯時分擔之比例不變

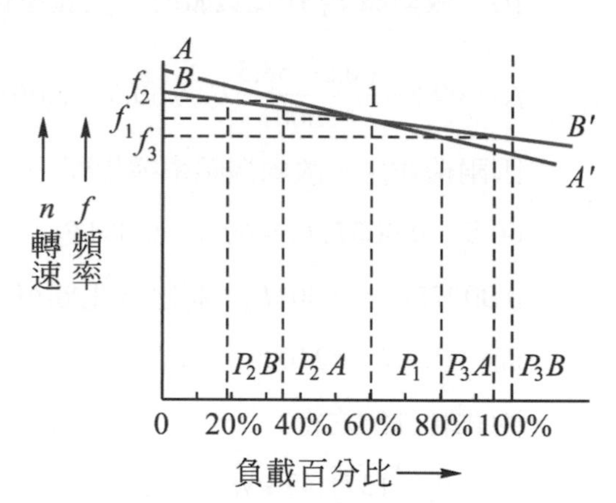

▲ 圖 5-74　速率 - 負載特性曲線不同並聯時之負載分配

不同容量之交流發電機並聯，其負載分配應與其容量成正比，如此才不致使部份發電機過載。交流發電機之並聯運用，除了有效功率按各機容量分配外，無效功率亦須分配。**無效功率之分擔，由激磁電流調整之**。調整激磁電流，二機之感應電勢大小不同，而使二機間之電抗電流，即無效橫流改變，虛功轉移，各機之功率因數改變。

磁場激磁電流調小，感應電勢較低的同步發電機，無效橫流為超前電壓約 90　電機度的進相電流，產生成助磁之電樞反應，增加磁通，提升端電壓，使兩機並聯之端電壓相等；此時該機的功率因數超前而 <1，如圖 5-75 所示。若將磁場激磁電流逐漸調大，則感應電勢逐漸提高，超前循環電流逐漸減少至零，然後落後電壓約 90° 電機度的滯後電流逐漸增加；功率因數由超前逐

漸提升至 1 再轉為落後而 <1。同步發電機並聯時，若激磁電流增加則落後的無效功率增加；激磁電流減少則超前的無效功率增加。因此交流發電機並聯在調整發電機之實際功率時，亦應調整其激磁電流，使功率因數不致變差而維持在最佳狀態。

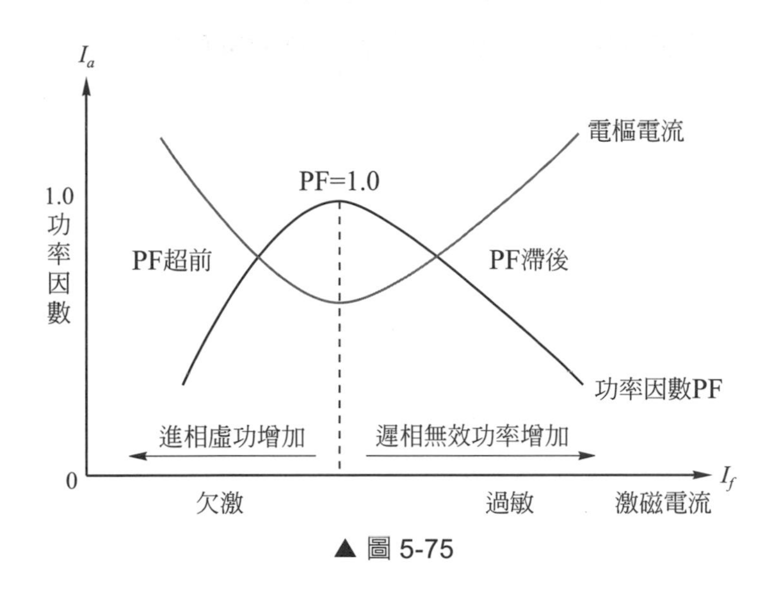

▲ 圖 5-75

5-4-4　追逐現象

在穩定速率運轉下的交流發電機，原動機的驅動轉矩與由電力負載所生之電磁阻制轉矩，係處於平衡的狀況下，視負載大小而維持在某一負載角下運轉。當負載突然變動時，此平衡瞬間被破壞而失去完美之同步；此時整步電流立即在此機與系統內的其他同步機間流通，以拉回同步。但因發電機之轉子及原動機的慣性作用，並**無法立即固定在與負載對應之另一負載角下運轉，有一段來回振盪前後擺動的過渡時期，此擺動振盪的現象，稱爲追逐現象 (hunting)**。追逐現象發生時，轉子速率係以同步速率為中心，忽快忽慢，來回前後振動，發出異聲，電樞感應電壓不再是定振幅之正弦波形，電壓表及電流表猛烈搖擺。追逐現象嚴重時甚至造成脫步而無法運轉。為抑制追逐現象，大部分的同步機之旋轉磁極面上均設有類似鼠籠式之阻尼繞組。**當轉子與電樞磁場同步旋轉時，阻尼繞阻並無作用**。當轉子在同步速率上下振盪時，與電樞旋轉磁場有相對之運動，於是阻尼繞組切割磁通，而感應電勢造成電流流通於阻尼繞阻。**在轉子轉速低於同步轉速時如同感應機產生轉矩使轉子加速；在轉子轉速高於同步轉速時阻尼繞阻產生制動轉矩使轉子減速，以抑制追逐現象**。

 問題與討論

1. 試述同步發電機並聯的條件。
2. 何謂整步電流及整步功率，有何作用？
3. 改變兩並聯交流發電機的場激，有何影響？
4. 並聯之交流發電機，欲改變負擔分配時需如何操作？

本章摘要

1. 在一定頻率下不論負載多寡，轉速按同步轉速運轉之電機稱為同步機。

2. 同步轉速與極數、頻率之關係式為

   $$n_s = \frac{120f}{P} \quad 或 \quad Pn_s = 120f$$

3. 繞組因數為節距因數與分佈因數的乘積。

   $K_W = K_P K_d$

4. 設兩線圈邊之跨距為 β 電機度，而弦角 $\alpha = (180° - \beta)$，則節距因數：

   $$K_P = \frac{實際線圈之感應電勢}{全節距線圈之感應電勢} = \sin\frac{\beta}{2} = \cos\frac{\alpha}{2}$$

5. 相鄰兩槽間的電機度 $\gamma = \dfrac{P180°}{S_1} = \dfrac{極數 \times 180°}{槽數}$

6. 分佈繞組是把每極的線圈分散為數個線圈，分別置於數個線槽內，每相每極的線圈數，即分佈數為 $m = \dfrac{S_1}{qP} = \dfrac{線圈總數}{相數 \times 極數}$

7. 分佈因數 $K_d = \dfrac{分佈繞組之感應電勢}{集中繞組之感應電勢} = \dfrac{\sin\frac{m\gamma}{2}}{m\sin\frac{\gamma}{2}}$

8. 交流電機每相之感應電勢

   $E_P = 4.44Nf\phi K_P K_d$

9. 三相同步發電機電樞繞組大多採用 Y 接線以提高輸出電壓。

10. 同步發電機的分類：

    (1) 依轉子型式分為

    (a) 旋轉電樞式；(b) 旋轉磁場式；(c) 旋轉感應鐵心式。

    (2) 依原動機分為

    (a) 水輪發電機；(b) 汽渦輪發電機；(c) 引擎發電機。

11. 低速多極之同步機，採用凸極式轉子；高速之渦輪發電機，採用隱極式轉子。

12. 渦輪機為水平裝置，水輪機為垂直式裝置。

13. 低速大容量之垂直水輪機，常採傘形發電機，以降低高度，減低建廠成本。

14. 同步發電機之電樞反應，視功率因數而異：
   純電阻負載 $\cos\theta = 1$ 時，只有橫軸效應之交磁作用。
   純電感負載功因 $\cos\theta = 0$ 滯後時，為直軸效應之去磁作用。
   純電容負載功因 $\cos\theta = 0$ 超前時，為直軸效應的助磁作用。
15. 同步發電機的電樞反應效應，可用假想的電樞反應電抗 X_a 代表。而與電樞漏磁電抗 X_l 合稱為同步電抗 X_s，即 $X_s = X_a + X_l$。
16. 同步電抗與電樞電阻所形成之阻抗稱為同步阻抗。
17. 無負載感應電勢與端電壓之間的相角 δ 稱為負載角。當激磁與端電壓一定時，發電機的輸出功率與 $\sin\delta$ 成正比。
18. 三相同步發電機的總輸出功率為 $P_o = 3 \times \dfrac{V \times E}{X_S} \sin\delta$。
19. 無載飽和曲線為發電機於額定轉速下運轉，無負載時端電壓(感應電勢)與激磁電流之關係曲線。
20. 短路特性曲線為發電機於額定轉速下運轉，短路輸出端子，短路電流與激磁電流之關係曲線。
21. 同步發電機之電壓調整率隨負載之功因而異。電容性負載時可能使電壓調整率為 0 或負值。
22. 同步發電機接電容性負載時，未激磁而進相電流造成端電壓上升的現象，稱為自激現象。
23. 短路比 (SCR) $= \dfrac{I_s}{I_r} = \dfrac{\text{開路時產生額定電壓的激磁電流 } I_{fo}}{\text{短路時產生額定電流的激磁電流 } I_{fs}}$。
24. 短路比為同步阻抗 PU 值或百分同步阻抗之倒數。
25. 同步發電機之暫態短路電流遠大於永久短路電流，永久短路電流因有同步電抗限制，僅為額定電流的 1 ～ 2 倍。
26. 凸極式同步電機的輸出功率有基本電磁功率：$m = \dfrac{S}{qP}$ 外，還有附加(磁阻)電磁功率：$V^2 \times \dfrac{X_d - X_q}{2X_d X_q} \sin 2\delta$。

27. 交流發電機並聯運轉的條件：

    (1) 電壓之大小須相等。

    (2) 電壓之頻率須相等。

    (3) 感應電壓之相位，必須相同。

    (4) 電壓之波形，必須相同。

    (5) 電壓之相序，必須相同。

28. 並聯中的同步發電機，若相位稍有不同，會有整步電流流通，整步功率移轉，使超前者輸出增加而減慢，落後相位者輸出減少而加速。

29. 交流發電機並聯時，欲改變有效功率之分配，須調整原動機之輸出 (驅動發電機) 功率。

30. 調整激磁電流可改變各機之功率因數及無效功率之分配。

31. 增加並聯中的同步發電機之磁場激磁電流，會使落後的虛功電流增加。

32. 負載急速變化或原動機之轉矩突變時，同步機易產生追逐現象。

33. 同步發電機磁極面上之阻尼繞組可抑制追逐現象。

一、選擇題

基礎題

( ) 1. 交流電機極數為 P，其電機角度為機械角度的
(A)P 倍 (B)$2P$ 倍 (C)$\frac{P}{2}$倍 (D)$\frac{2}{P}$倍。

( ) 2. 有 24 磁極之交流發電機，若轉速為每分鐘 250 轉，則其產生交流頻率為 (A)50 Hz (B)55 Hz (C)60 Hz (D)70 Hz。

( ) 3. 某 720 rpm、60 Hz 之交流同步發電機。若將速率調低為 600 rpm，則其發生電勢之頻率將變為
(A)10 Hz (B)12 Hz (C)50 Hz (D)72 Hz。

( ) 4. 交流同步發電機採用分數槽繞組之目的在
(A) 改善感應電壓波形 (B) 改善功率因數
(C) 增加機械強度 (D) 增加輸出功率。

( ) 5. 分佈繞組之主要優點為
(A) 改善波形、散熱好及增加容量
(B) 增加電壓、散熱好及省材料
(C) 改變波形、增加容量及絕緣容易
(D) 改變波形、散熱好及增高電壓。

( ) 6. 交流發電機若為低轉速者，其轉部多採用
(A) 凸極 (B) 凹極 (C) 平滑圓筒極 (D) 隱極式。

( ) 7. 平滑圓筒式轉子平行槽適用於
(A) 多極 (B) 四極 (C) 二極 旋轉磁場發電機。

( ) 8. 同步電機與直流電機都是用直流電流激磁
(A) 前者轉子為電樞，定子為磁場；後者轉子為磁場，定子為電樞
(B) 前者轉子為磁場，定子為電樞；後者轉子為電樞，定子為磁場
(C) 兩者的轉子均為電樞，定子為磁場
(D) 兩者的轉子均為磁場，定子為電樞。

( ) 9. 三相交流發電機，其線圈若採用線圈 9/10 節距時，則節距因數為
(A)$\sin 9°$ (B)$\cos 9°$ (C)$\sin 18°$ (D)$\cos 18°$。

( )10. 全節距繞組
(A) 可消除偶數高諧波影響 (B) 可消除奇數高諧波影響
(C) 可消除任何高諧波影響 (D) 對高諧波影響之消除毫無作用。

( )11. 假設某交流電機之定子有 12 槽，每槽有兩線圈邊，如將定子設計為三相四極繞組，則相鄰兩槽間之相角差應為若干電機度？
(A)15° (B)30° (C)45° (D)60°。

( )12. 水力發電廠之發電機為
(A) 兩極非凸極轉子同步發電機 (B) 多極凸極轉子同步發電機
(C) 多極非凸極轉子同步發電機 (D) 兩極凸極轉子同步發電機。

( )13. 同步發電機中電樞反應隨
(A) 負載之大小而定 (B) 隨負載之性質而定
(C) 隨負載之大小及性質而定 (D) 與負載無關。

( )14. 於交流發電機中，電樞內應電勢在數值上小於端電壓是發生於
(A) 功率因數為 1 時 (B) 越前功率因數時
(C) 滯後功率因數時 (D) 出線端短路時。

( )15. 繪製同步發電機之"短路特性曲線"時，通常其橫座標為激磁電流，則縱座標為 (A) 端電壓 (B) 電樞電流 (C) 電功率 (D) 感應電勢。

( )16. 某三相同步發電機額定輸出為 250 kVA，額定電壓為 2000 V，以額定轉速運轉。當激磁電流為 10A 時產生無載端電壓為 2000 V，將輸出端之端子短路時，其短路電流為 90 A，求此發電機之短路比約為多少？
(A)0.72 (B)1.0 (C)1.25 (D)1.50。

( )17. 下列對同步發電機之短路比、電壓調整率與同步電抗的敘述，何者正確？
(A) 短路比愈大，同步電抗愈大
(B) 短路比愈大，電壓調整率愈小
(C) 短路比愈小，電壓調整率愈小
(D) 同步電抗愈小，電壓調整率愈大。

( )18. 交流發電機用同步阻抗法所求得之調整率
(A) 與實際調整率相同 (B) 較實際調整率大
(C) 較實際調整率小 (D) 時大時小。

( )19. 交流發電機於負載變動時，若欲維持其電壓之穩定，在滯後功因之負載增大時，應
(A) 並聯電容器 (B) 增強場激 (C) 減弱場激 (D) 提高轉速。

( )20. 下列何者不是三相同步發電機並聯運轉所應具備之條件？
(A) 容量相等 (B) 頻率相等
(C) 電壓波形及電壓值相同 (D) 相位一致。

( )21. 有兩部同步發電機 Y 接並聯，若 A 機無載線電壓為 240 V，每相同步電抗 3Ω，B 機無載線電壓為 220 V，每相同步電抗 2Ω，若內電阻不計，則其內部無效環流為多少 A？ (A)2.3A (B)4A (C)4.6A (D)8A。

( )22. 兩台相似之 2500 kVA 交流同步發電機並聯供應一負載，兩機之輸出功率 - 速率曲線如圖 (1) 所示，當負載為 3000 kW 時，則各機分擔之負載為
(A)1500 kW，1500 kW (B)2000 kW，1000 kW
(C)1800 kW，1200 kW (D)1600 kW，1400 kW。

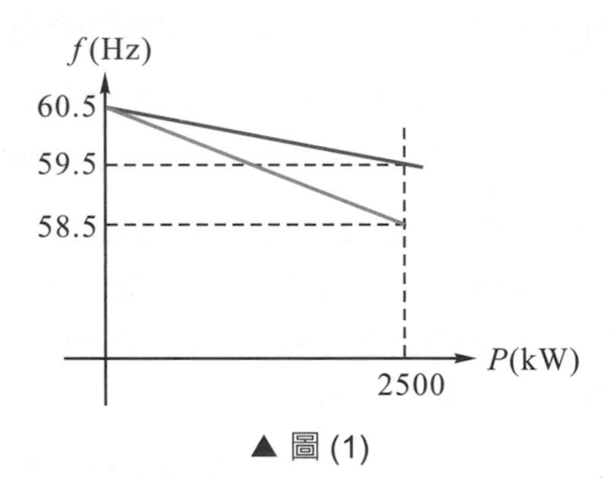

▲ 圖 (1)

進階題

( ) 1. 如欲消除三諧波電壓對電路之影響，在發電機中線圈繞組節距可採用
(A) $\frac{\pi}{2}$ (B) $\frac{2}{3}\pi$ (C) $\frac{3}{4}\pi$ (D)π 電機度。

( ) 2. 隱極同步發電機，若其磁極鐵心具有飽和作用，則其同步電抗值應為
(A) 定值
(B) 隨場電流增大而增大
(C) 隨場電流增大而減小
(D) 初為定值後隨場電流增大而增大。

( ) 3. 額定輸出 1000 kVA，3 kV 之三相同步發電機之同步阻抗為 5.4 Ω，試求百分比同步阻抗？ (A)70% (B)60% (C)50% (D)40%。

( ) 4. 某三相同步機容量為 25 kVA，220 V，短路時產生額定電流所需之場電流為 5.6 A，開路時產生額定電流所需之場電流為 6.2 A，則此電機之同步阻抗標么值為 (A)1.2 (B)1.1 (C)1.0 (D)0.9。

( ) 5. 一部 100 kVA、4600 V、三相、Y 型接線之交流同步發電機，若每相電樞電阻為 2 Ω，每相之同步電抗為 20 Ω，求於功率因數為 1 時，發電機之滿載感應電動勢為
(A)2660 V (B)4600 V (C)4663.8V (D)6652 V。

二、問答題

1. 某一部八極的同步發電機，其轉速為 750 rpm，則其感應電勢之頻率為多少？
2. 60 Hz、16 極的同步發電機，其轉速為多少？
3. 某三相發電機有 4 極 36 槽，線圈後節距為 7 槽，採雙層繞，求：
   (1) 節距因數
   (2) 分佈因數
4. 何謂直軸反應？何謂橫軸反應？
5. 何謂電樞漏抗？與同步電抗有何不同？
6. 何謂負載角，其與輸出功率之關係為何？
7. 同步發電機的特性曲線有那些？各代表何意義。
8. 某 50 kVA，500 V 之單相交流發電機，其激磁電流為 14 A 時，開路電壓為 300 V；以電流表短路時，測得電流為 160 A，若其電樞直流電阻為 0.16 Ω，交流有效電阻為直流的 1.2 倍，求：
   (1) 同步阻抗
   (2) 同步電抗
   (3) 功因為 0.8 滯後時之電壓調整率

Chapter 6

同步電動機及步進馬達

6-1 同步電動機之原理及構造

6-1-1 同步電動機之構造

同步電動機的構造與旋轉磁場式同步發電機之構造相同，同步交流發電機不必改變結構，直接作為電動機使用，即成為同步電動機。同步電動機的定子與同步交流發電機或感應電動機完全相同；但是同步電動機的轉子大都採用凸極式，因為凸極式轉子除了有電磁轉矩外，尚有磁阻轉矩 (reluctance torque)。而隱極式轉子在轉子沒有加激磁電流時並無磁阻轉矩，所以同步電動機之轉子，除了特殊高速機外，大多為具有阻尼繞組的凸極式轉子，如圖 6-1(a) 所示。如圖 6-1(b) 所示為一拆除繞組之六極同步電動機的轉子。一般同步電動機的轉子均具備有阻尼繞組，阻尼繞組可幫助起動及抑制追逐現象。大型同步電動機運轉時，定子加三相交流電而轉子由直流電流激磁產生磁極。以往大部分之同步電動機，會在輸出軸的另一端連接一小型直流發電機作為激磁機，以供應轉子直流激磁電流。近來因電力電子迅速發展，許多同步電動機直接將交流電源予以整流穩壓供應激磁電流。

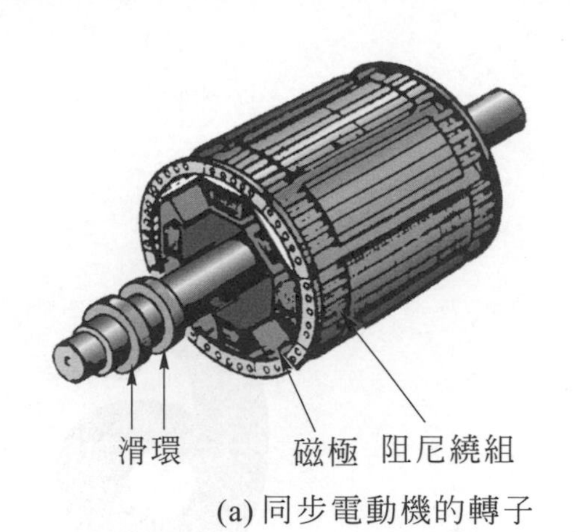

(a) 同步電動機的轉子

(b) 同步電動機的轉子鐵心

▲ 圖 6-1　同步電動機的轉子鐵心

6-1-2　同步電動機之原理

同步電動機的原理，係利用磁性相異互相吸引的原理，由定子旋轉磁場吸住異極性的轉子磁極並帶動旋轉。同步電動機於定子電樞繞組加入三相交流電源，產生旋轉磁場；轉子則以直流激磁產生固定極性的磁極。磁化的磁極與旋轉磁場互相吸引鎖住，使轉子隨旋轉磁場之牽引，以同步轉速運轉。同步電動機運轉時，不論負載大小，轉速均為同步轉速，其轉速為

$$n_s = \frac{120f}{P} \tag{6-1}$$

同步電動機之轉速為同步轉速，負載不變時轉子與定子之旋轉磁場同步，並無相對運動。無載時幾乎無負載轉矩，轉子緊隨定子之旋轉磁場，其相對之位置如圖 6-2(a) 所示。加負載時負載轉矩使得磁力線如同橡皮筋或彈簧般被拉長，轉子與定子旋轉磁場之相對位置如圖 6-2(b) 所示，相互之位置較無載時滯後一角度 δ，此角稱為負載角 (load angle) 或轉矩角。負載越重轉矩角越大，這情形如同以一可撓性之彈簧連接傳動軸一般，隨著機械負載的增加而彈簧伸長，被動軸與驅動軸相差角度增加，但二者仍以相同速率運轉，隨著負載之改變，負載 (轉矩) 角度改變。相同負載時，激磁電流越大磁力線越多，轉子與定子旋轉磁場之相互吸引力越大，轉矩角越小；相對的，減少激磁電流，磁力減弱轉矩角變大。

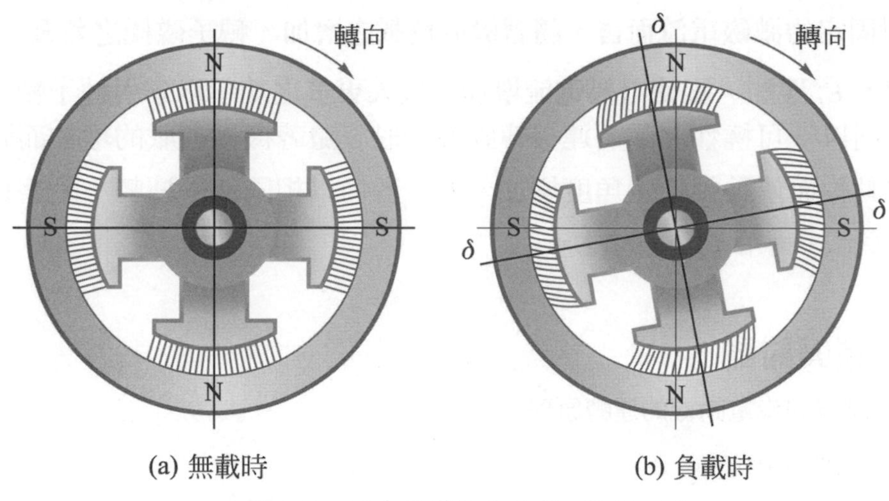

▲ 圖 6-2　同步電動機的負載 (轉矩) 角

同步電動機運轉時，轉子的磁場切割電樞繞組亦使其感應電勢，如同發電機一樣。於無載時 (假設其風阻及摩擦極小可以忽略)，感應電勢係與電源電壓大小相等而相位相反，稱之為反電勢，如圖 6-3 同步電動機於負載時的相量圖所示。負載時轉矩角造成端電壓 $\vec{V}$ 與反電勢 $\vec{E}_b$ 之相量差形成電壓 $\vec{E}_r$，驅使一負載電流流入電樞繞組，其大小為

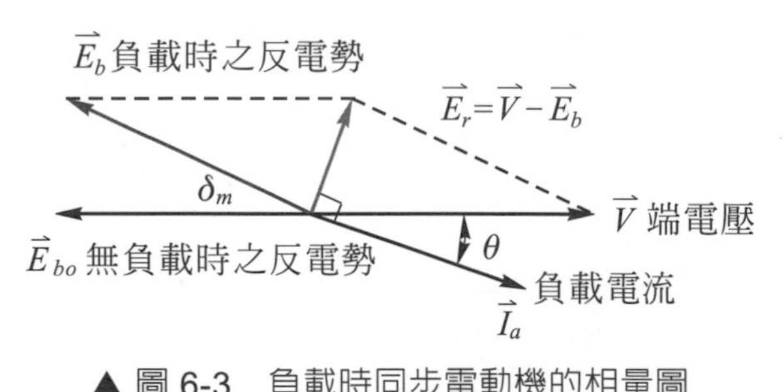

▲ 圖 6-3　負載時同步電動機的相量圖

$$\vec{I}_a=\frac{\vec{V}-\vec{E}_b}{\vec{Z}_s}=\frac{\vec{E}_r}{\vec{Z}_s} \tag{6-2}$$

因為電樞之阻抗大部分為電感抗，故此電樞電流落後電壓 $\vec{E}_r$ 約 90°，而與電源電壓 $\vec{V}$ 之夾角為 θ，$\theta < 90°$。電樞電流大部分為有功之電流，供應每相 $VI_a\cos\theta$ 之電功率予同步電動機，驅動轉子以同步轉速運轉。同步電動機係利用反電勢與電源電壓之相位差所產生的電壓 E_r，驅動輸入額外之電樞電流產生功率，電功率轉換成機械功率以帶動負載。

對固定的激磁電流而言，隨著機械負載之增加，轉子磁極之負載 (轉矩) 角增加，$\overline{E}_r$ 增加，驅使電樞電流增加，輸入更多之功率以牽引轉子轉動。這情形如同以一可撓性之彈簧連接傳動軸一般，隨著機械負載的增加而彈簧伸長，被動軸與傳動軸相差角度增加，但二者仍以相同速率運轉，隨著負載之改變，負載 (轉矩) 角度改變。

問題與討論

1. 試述同步電動機的運轉原理。
2. 何謂轉矩角？

6-2 同步電動機之特性及等效電路

6-2-1 同步電動機之等效電路及相量圖

同步電動機每相的等效電路為電壓源與內阻抗串聯的戴維寧等效電路，如圖 6-4 所示。圖中電壓源為感應電勢（反電勢），R_s 為電樞電阻，X_s 為電樞電抗，包含漏磁電抗 X_l 及電樞反應電抗 X_a。

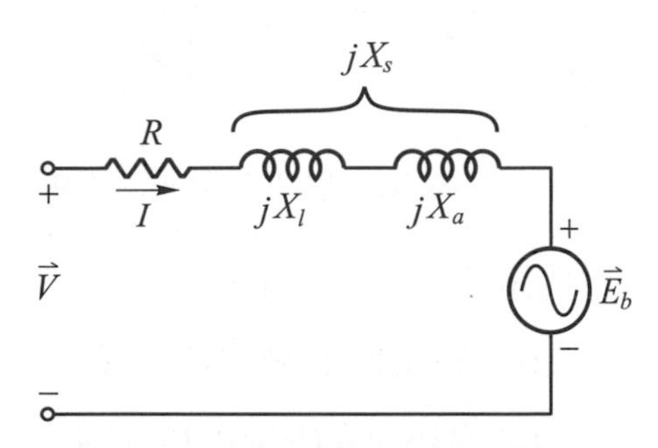

▲ 圖 6-4　同步電動機每相的等效電路

同步電動機在激磁電流較少的欠激情況下，反電勢較小，電樞電流落後電源電壓、功率因數＜ 1，成為電感性負載時之相量圖，如圖 6-5 所示。

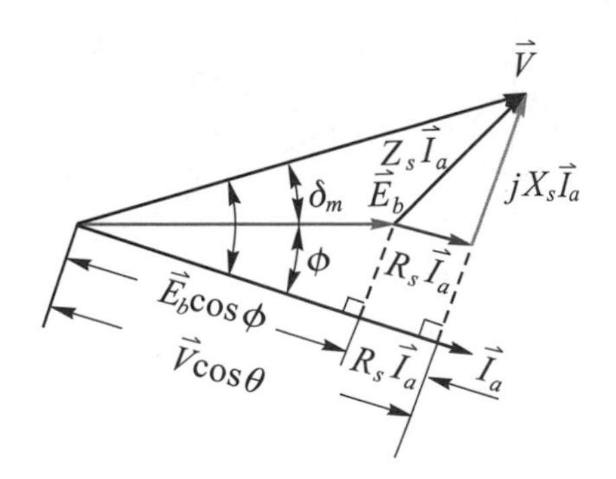

▲ 圖 6-5　同步電動機於欠激時之相量圖

同步電動機於適當激磁的常激情況下，負載電流壓與端電壓同相、$\cos\theta = 1$，成為電阻性負載時之相量圖，如圖 6-6 所示。

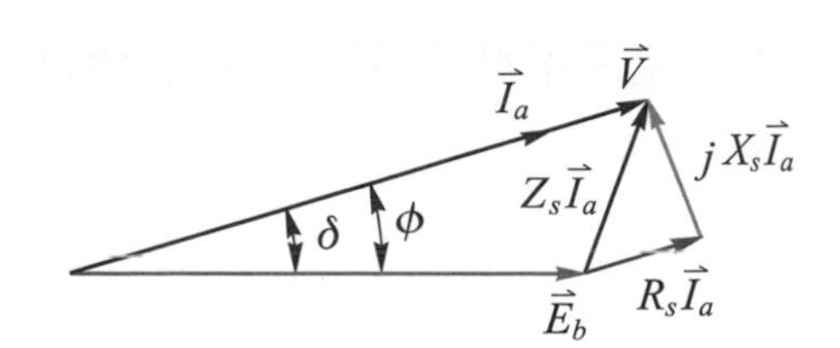

▲ 圖 6-6　同步電動機在適當激磁下之相量圖

同步電動機在激磁電流較大的過激情況下，轉子磁通較強，切割定子繞組使其感應的反電勢較大，負載電流超前端電壓、$\cos\theta < 1$，成為電容性負載時的相量圖，如圖 6-7 所示。

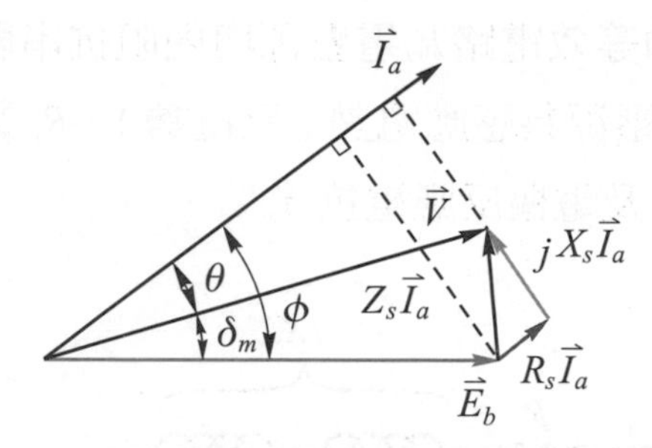

▲ 圖 6-7　同步電動機於過激時之相量圖

同步電動機的電樞電抗遠大於電阻，即 $X_s \gg R_s$，因此可將電阻 R_s 忽略來分析較為簡便。圖 6-8 所示為將電阻省略之同步電動機每相之等效電路及欠激時的相量圖。反電勢 $\vec{E}_b$ 與端電壓 $\vec{V}$ 的夾角即為負載角 δ_m。負載角又稱為轉矩角。

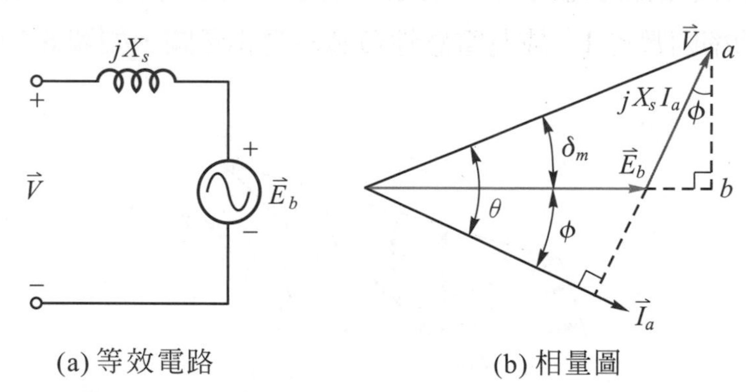

▲ 圖 6-8　同步電動機的簡化等效電路及欠激時相量圖

6-2-2　同步電動機的輸出功率、輸出轉矩與負載 (轉矩) 角

若同步電動機定子繞組每相之端電壓為 V，負載電流為 I_a，而功率因數為 $\cos\theta$，則由電源輸入同步電動機之每相輸入功率為 $VI_a\cos\theta$。假設鐵損及摩擦損很小可以忽略，則依據能量不滅定律，產生之機械功率等於輸入功率扣除銅損功率。每相輸出功率為

$$P_m' = VI_a\cos\theta - I_a^2 R_s = (V\cos\theta - I_a R_s)I_a \quad (6\text{-}3)$$

在圖 6-5、圖 6-6 及圖 6-7 同步電動機的相量圖中 $(V\cos\theta - I_a R_s) = E_b\cos\phi$，代入式 (6-3) 得

$$P_m' = E_b I_a \cos\phi$$

反電勢與電樞電流的夾角 ϕ 稱為內相角，三相的同步電動機的內生機械功率為

$$P_m = 3E_b I_a \cos\phi \quad (6\text{-}4)$$

在圖 6-8(b) 中，因為線段 $ab = V\sin\delta_m = I_a X_s \cos\phi$，所以 $I_a\cos\phi = \dfrac{V\sin\delta_m}{X_s}$ 代入式 (6-4) 得三相同步電動機之輸出功率為

$$P_m = 3\frac{VE_b}{X_s}\sin\delta_m \quad (6\text{-}5)$$

與三相發電機輸出功率公式相同；而電動機的機械功率而 $P_m = \tau\omega$，且 $\omega = 2\pi(\frac{n_s}{60})$，故同步電動機之轉矩為

$$\tau = \frac{P_m}{\omega_s} = \frac{3VE_b}{\omega_s X_s}\sin\delta_m = \frac{3\times 60VE_b}{2\pi n_s X_s}\sin\delta_m \text{（牛頓-米）} \quad (6\text{-}6)$$

由式 (6-5) 及式 (6-6) 可知，當定子端電壓與轉子激磁電流固定時，**同步電動機的電磁轉矩與負載（轉矩）角的正弦成正比。同步電動機之負載機械功率亦與負載角之正弦成正比，**如圖 6-9(a) 所示為隱極式同步電動機之機械功率、轉矩與負載角的關係曲線。隨負載功率（轉矩）的增加，負載（轉矩）角增加，在負載（轉矩）角 $\delta_m = 90°$ 時，轉矩最大。若負載增加至負載（轉矩）角超過 90°，則轉矩反而減少，因而無法轉動造成脫步。亦即當負載超過最大功率輸出時，轉子與定子間無法互鎖，以致無法帶動而停轉。能拖動負載之最大轉矩，稱為脫出轉矩 (pull-out torque)。實際之同步電動機尚須考慮銅損、鐵損及摩擦之影響，其脫出轉矩，一般是在負載（轉矩）角 δ_m 等於 50° ～ 70°

之間。額定負載時之負載角約在 20° 左右，可安定運轉之負載角為 0° ～ 70° 之範圍內。

凸極同步電機的雙電抗分析如 5-3-9 節所述，每相功率為

$$P=\frac{V\times E}{X_d}\sin\delta+V^2\times\frac{X_d-X_q}{2X_dX_q}\sin 2\delta \tag{6-7}$$

凸極同步電機每相除了基本電磁功率 $\frac{V\times E}{X_d}\sin\delta$ 形成電磁轉矩之外，還有 $V^2\times\frac{X_d-X_q}{2X_dX_q}\sin 2\delta$ 的附加 (磁阻) 電磁功率形成磁阻轉矩。凸極式同步電動機之機械功率、轉矩與負載角的關係曲線如圖 6-9(b) 所示。凸極式電動機可產生比較大的最大轉矩；在比較小的負載 (轉矩) 角 δ 就可以達到與隱極式相同的轉矩。當外加額定電壓於同步電動機時，若萬一磁場繞組斷線或激磁電源故障，則圓柱型隱極式電動機因為沒有感應電勢 E 而無內生轉矩產生，將導致電機停止運轉；凸極式電動機則還有磁阻轉矩。因此，凸極式電動機的剛 (韌) 性 (stiffer) 比圓柱型隱極式轉子強。

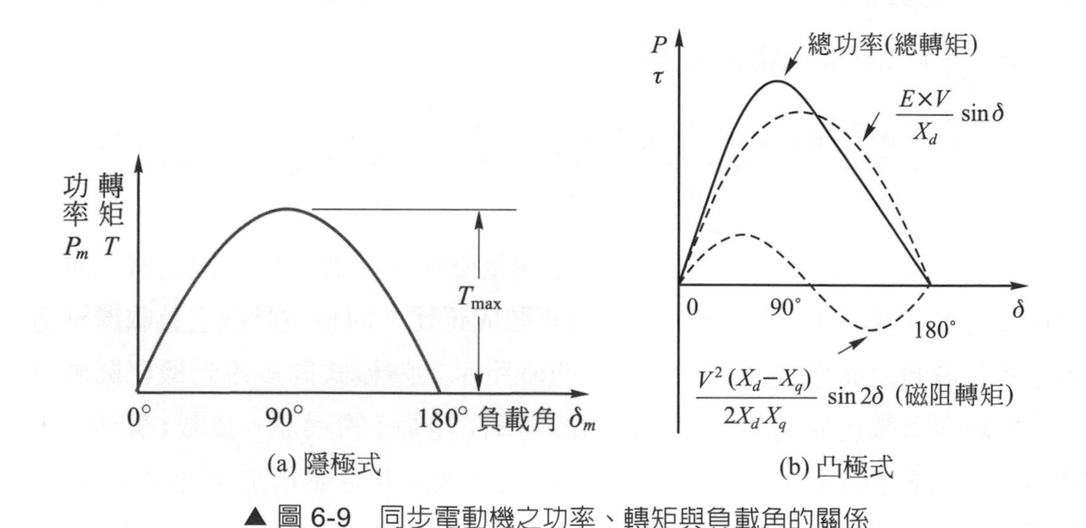

▲ 圖 6-9　同步電動機之功率、轉矩與負載角的關係

例 6-1

有一部 4 極、240V、60Hz 之 Y 接三相同步電動機，在額定電壓和額定頻率 (即同步轉速) 下運轉時，測得該電動機之輸入線電流為 75A，功率因數為 0.85 滯後，若效率為 0.9，則其輸出轉矩為多少？

解

$$n_s = \frac{120f}{P} = 1800 \text{ rpm}$$

$$\because P_o = \sqrt{3}V_\ell I_\ell \cos\theta = \sqrt{3}\times 240\times 75\times 0.85\times 0.9 = 23850 \text{ W}$$

$$\therefore \tau = \frac{P_o}{\omega_s} = \frac{23850}{2\pi\frac{1800}{60}} = 126.59 \text{ N-m}$$

或 $\tau = 0.974\times\frac{23850}{1800} = 12.9 \text{ kg-m}$

6-2-3 同步電動機的追逐現象與抑制

同步電動機於負載轉矩突然變化時，負載 (轉矩) 角需調至相應的新角度。在改變過程中，由於轉子及負載的慣性作用，會產生超過再拉回，往復振動數次的追逐現象。若振動過劇，甚至會超過脫出轉矩，失去同步而無法繼續運轉。追逐現象除了在負載突變時產生外，在端電壓或頻率突變時也會引發。為減輕及抑制追逐現象，同步電動機在磁極面上裝置阻尼繞組。阻尼繞組在同步轉速時沒有作用；當轉子轉速低於同步轉速時，阻尼繞組如同鼠籠式繞組產生轉矩使轉子加速；轉子轉速高過同步轉速時，阻尼繞組產生制動轉矩煞車使轉子減速。

6-2-4 同步電動機的 V 型曲線

同步電動機的激磁電流改變，將導致電樞電流及功率因數的改變。負載固定時，增加運轉中同步電動機的激磁電流使轉子磁場增強，會造成電樞反電勢增加，負載 (電樞) 電流超前，負載角減小。如圖 6-10 所示，激磁電流增加，轉子磁場增加，使反電勢由 $\overline{E}_{b1}$ 增加至 $\overline{E}_{b2}$，轉子磁場增加與定子旋轉磁場吸引力增加，負載 (轉矩) 角由 δ_1 減小至 δ_2，而電樞電流由原來的落後$\vec{I}_1$變為超前的$\vec{I}_2$，功率因數亦由落後的 $\cos\theta_1$ 改變為超前的 $\cos\theta_2$。三相同步電動機輸入有效功率為 $P = 3VI\cos\theta$，在端電壓 V 不變及負載 P 固定下 $I\cos\theta$ 為定值，在圖 6-10 中可繪出對應的垂直功率線。相對的，同步電動機之輸出功率為 $P_m = 3\dfrac{VE_b}{X_s}\sin\delta_m$，在端電壓 V 不變及負載 P、同步電抗 X_s 固定下 $E_b\sin\delta$ 為定值。在圖 6-10 中可繪出平行端電壓$\vec{V}$對應的水平功率線。

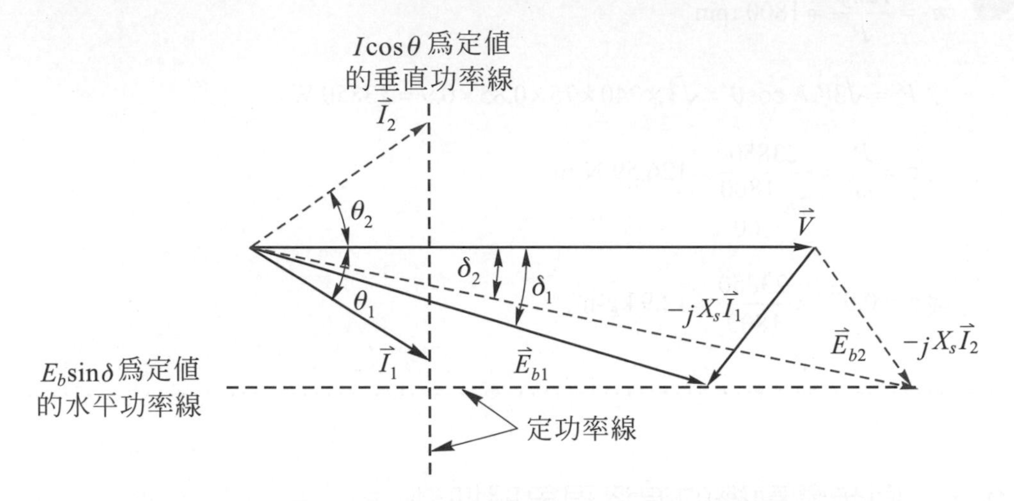

▲ 圖 6-10　同步電動機在固定負載下，激磁電流改變之相量圖

三相同步電動機有效總功率為 $P = 3VI_a\cos\theta$，在端電壓 V 不變及負載 P 固定下 $I_a\cos\theta$ 為定值，因此：

1. 在 $\cos\theta = 1$ 時，I_a 為最小。
2. 當 $\cos\theta < 1$ 且為落後功因時，I_a 增加。
3. 當 $\cos\theta < 1$ 且為領前功因時，I_a 增加。

電源電壓不變，測量同步電動機在某一固定負載下，變更磁場激磁電流對應的電樞電流變化情形；**以場電流爲橫座標，電樞電流 I_a 爲縱座標，所描繪出定子電樞電流對轉子激磁電流的關係特性曲線稱爲 V 型曲線**，如圖 6-11 所示。每一條 V 型曲線代表一固定的機械負載功率，負載功率愈大，曲線愈往上提。

由同步電動機之 V 型曲線可知：在轉子的激磁場電流很小時，同步電動機的定子電樞電流很大且為滯後的功率因數。逐漸增加場電流，電樞電流逐漸減少，而功率因數隨之增加，至某一場電流時，電樞電流減至最小，此時功因為 1。場電流若再增加成過激時，電樞電流又增加，功率因數超前小於 1。同步電動機場電流與樞電流之關係曲線呈一 V 字型。對每一條曲線而言，相應於**最小電樞電流、功率因數 $\cos\theta = 1$ 之磁場激磁電流，稱爲在某負載時的正常場激 (normal excitation)，簡稱爲常激**。當磁場**激磁電流小於正常場激時，稱爲欠激 (under-excitation)**。**欠激時同步電動機之電樞電流滯後端電壓，爲一電感性負載**。當轉子的**激磁電流大於正常場激時，稱之爲過激 (over-excitation)**。**過激時同步電動機之電樞電流，超前端電壓，爲一電容性負載**。調整激磁場電流可以調整同步電動機的功率因數。

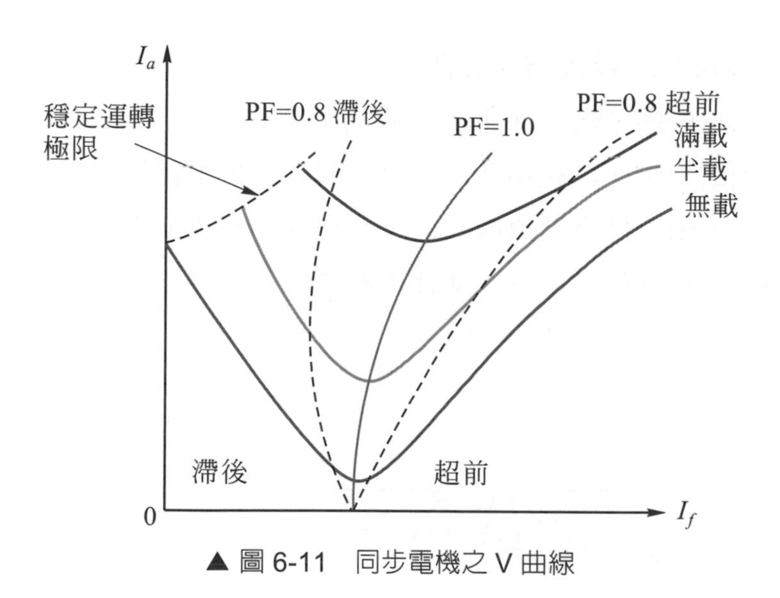

▲ 圖 6-11　同步電機之 V 曲線

由 V 型曲線上可計算出功率因數。因為對某一負載之 V 型曲線，其電功率為定值，即 $VI_a\cos\theta = VI_1$。I_1 為該負載功因為 1 時的電樞電流，亦即 V 型曲線之谷點相應之電流。同一 V 型曲線上對任一電樞電流 I_a，其功率因數為：

$$\cos\theta = \frac{I_1}{I_a} = \frac{\text{V 型曲線之谷底電流}}{\text{電樞電流}} \tag{6-8}$$

例 6-2

有一部 6 極、60 赫、220 伏三相同步電動機，在某一固定負載運轉時，調節場電流，得電樞電流之最小值為 20A；若負載不變，當電樞電流為 25A 時，其功率因數為若干？此負載時同步電動機之輸入為若干？此電動機之額定轉速為若干？

(1) 功率因數 $\cos\theta = \frac{20}{25} = 0.8$

(2) 輸入功率 $P_i = \sqrt{3} \times 220 \times 20 = 7621\ \text{W} = 7.621\ \text{kW}$

(3) 額定轉速 $n_s = \frac{120 \times 60}{6} = 1200\ \text{rpm}$

在電源電壓及負載固定不變的情況下，以場電流為橫座標，功率因數 $\cos\theta$ 為縱座標，所描繪出的特性曲線稱為倒 V 型曲線。如圖 6-12 所示為不同負載時功率因數與轉子激磁電流的關係曲線。同步電動機為功率因數可調整的交流電動機，由數條不同負載的倒 V 型曲線比較得知，負載愈大，使功率因數為 1 所需之正常場激愈大，如此才能產生足夠之磁力，以牽引帶動機械負載。

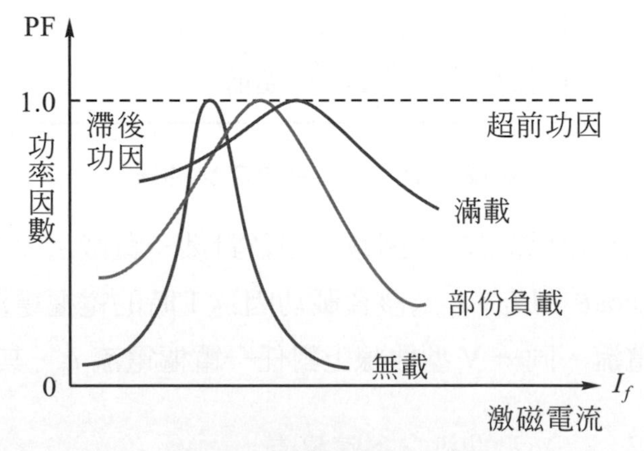

▲ 圖 6-12　功率因數與激磁電流之 (倒 V 型) 特性曲線

6-2-5 同步電動機的電樞反應

同步電動機之電樞反應為定子所產生之旋轉磁場對轉子磁極磁場的影響。同步電動機電樞反應之效應，顯而易見的：

1. 當轉子欠激時，由旋轉磁場磁化轉子磁極，吸引轉子旋轉，電樞反應為助磁與交磁效應。

2. 當正常磁激時，定子旋轉磁場與轉子磁場大小相同互相吸引，為交磁作用。

3. 過激時，由於轉子磁力較強，吸住定子之旋轉磁場並跟隨著旋轉，電樞反應為去(減)磁與交磁作用。

在同步機內，電樞反應的效應與激磁的效應相反。一個過激的同步電動機，其電樞電流為越前之電流；電樞反應為去(減)磁與交磁作用。而欠激之同步電動機，其電樞電流為落後之電流，電樞反應為助(加)磁作用與交磁效應。然而並聯運轉中之同步發電機端電壓固定，當同步發電機過激時，向負載供應滯後的電流，電樞反應為去磁效應與交磁效應，同步發電機之端電壓不會因為激磁電流增加而上升。同步發電機欠激時，向負載供應越前的電流，電樞反應為助磁效應與交磁效應，同步發電機之端電壓不會因為激磁電流減少而降低。以磁場激磁電流的觀點視之，同步發電機與電動機之電樞反應是相同的，欠激時為助磁效應，過激時為去磁效應；亦即電樞反應的效應恆抵消場激的變動。以電樞電流的觀點視之，同步發電機與同步電動機之電樞反應相反，滯後電流的電樞反應在同步發電機為去磁作用，在同步電動機為助磁作用；越前電樞電流所形成的樞反應在同步發電機為助磁作用，在同步電動機為去磁作用。

問題與討論

1. 何謂常激、欠激及過激？
2. 試說明同步電動機的電樞反應？

6-3 同步電動機的起動法

同步電動機在同步轉速下，定子旋轉磁場與轉子磁極互鎖時，才能產生輸出轉矩。起動瞬間同步電動機轉子尚未轉動，而定子旋轉磁場為同步轉速，旋轉磁場對靜止之轉子而言，如同快速變化的交變磁場，轉子磁極無法跟上快速旋轉的定子磁場，並無起動轉矩。因此同步電動機無法自行起動，必須以其他方法起動之。

同步電動機的起動方法有：

1. 利用阻尼繞組當作感應電動機起動法

   同步電動機轉子磁極面上的阻尼繞組與鼠籠式繞組相似，因此可以把同步電動機當作感應電動機來起動。利用阻尼繞組當作感應電動機的起動法又稱為自動起動法，無載或輕載之同步機常以此法起動。大型同步電動機如同大型之感應電動機之起動，必須用Y-Δ或自耦變壓器或電抗器等方式限流起動。小型同步電動機則可以全壓直接起動。

   同步電動機以阻尼繞組當作感應電動機起動時，必須注意下列事項：

   (1) 同步電動機於起動期間，轉速未達接近同步轉速前，轉子磁場繞組絕對不可以加激磁電流使轉子磁極激磁，否則於轉子轉速漸增時，定子電樞繞組被轉子磁場切割，感應由低而高的特殊頻率之電壓，會使電源系統陷於混亂。相對的，旋轉磁場切割轉子磁場繞組而感應之高壓，也可能使直流激磁電源損壞、轉子磁場繞組絕緣破壞。**因此同步電動機以阻尼繞組當作感應電動機起動時，必須在同步電動機轉子之轉速達到同步轉速或接近同步轉速時(約95%以上)，才可以加入直流激磁**。如此定部旋轉磁場之磁極與轉子有形之磁極轉速接近，較容易互相吸引鎖住，使轉部引入同步轉速運轉。

   (2) 轉子之激磁繞組一般為多匝的線圈，起動期間受旋轉磁場切割會感應高電壓，若任其開路浮接，可能靜電感應而破壞絕緣。因此同步電動機以阻尼繞組當感應電動機起動時，轉子磁場繞組必須自行短路或接放電電阻。如此不僅可避免感應高壓破壞絕緣，更可增加起動轉矩。有些同步電動機將轉子磁場繞組繞製成如同繞線式感應電動機，經由滑環可外接電阻以降低起動電流並提高起動轉矩，待起動完成，轉子磁場繞組才改接直流激磁，成為同步電動機運轉。

2. 變頻起動法

變頻起動法是以可變頻率的交流電源，例如三相變流器(inverter)供應一頻率由低而高的電源給同步電動機之電樞繞組，使定子產生轉速由慢而快的旋轉磁場，直接牽引帶動轉子磁極起動。明潭抽蓄發電將同步發電機當作同步電動機運轉抽水時所採用的“背對背起動法”即是變頻起動法。由1號水輪發電機在水閘打開，轉速由慢加快時所產生的變頻交流電供給2號機來起動；待起動完成，2 號機再切換接至系統的離峰電力運轉。**採用變頻起動法時，同步電動機的轉子磁場必須加直流激磁，以提高起動轉矩**。同步電動機在變頻驅動下，還可以作轉速控制，而且不同轉速下均可輸出額定轉矩。

3. 以他機帶動起動法

以其他電動機或原動機驅動同步電動機至接近同步轉速，再加入電源運轉的方法。如果是以繞線式感應電動機直接驅動同步電動機起動，感應機之極數，必須較同步電動機少二極，如此才能驅動同步電動機達到同步轉速。

4. 以激磁機作為電動機起動法

如果同步電動機附有激磁機(一般為直流分激發電機，如圖6-13所示)，可將直流電源送入激磁機作為直流電動機，以策動同步電動機。待其轉速接近同步轉速時，將電源供給同步電動機，使其繼續運轉，此法必須有額外之直流電源。

▲ 圖 6-13　同步機之激磁機

6-4 同步電動機的運用

同步電動機，有下列的優點：

1. 在固定頻率下有一定之轉速。
2. 可由激磁電流調整功率因數。
3. 效率較感應機高。
4. 定子與轉子間空氣隙較大，機械故障率較小。

同步電動機的缺點為：需要直流激磁、起動轉矩小，起動操作複雜、負載或電源突變時可能產生追逐現象、構造複雜、設備費用較高。因此同步電動機，不適合運用於起動、停止頻繁的場合。如果是以變頻驅動的同步電動機，則起動容易而具轉速可變的特點。同步電動機的運用可分為下列四部份：

1. 擔任機械負載

   帶動須定速的機械負載，如水泥廠之研磨、紛碎機、紙漿滾壓機、空氣壓縮機、鼓風機、抽水機、電動發電機及變頻機之原動機等，以變頻驅動時也可作為車輛驅動馬達。

2. 提高線路功率因數

   同步電動機不僅可擔任機械負載，同時可經由調整轉子磁場的直流激磁電流來改善線路之功率因數。提高功率因數可使線路之虛功電流減小，減少線路損失、線路壓降及設備容量。若同步電動機不擔任機械負載，而專供改善供電系統之功率因數者，稱為同步調相機。同步調相機大部分運用於過激之情況，向線路提供進相之電流，作用與電容器相同，故又稱為同步電容器或旋轉電容器。若負載電功率 P_L 維持一定，線路功率因數由原來之 $\cos\theta_1$ 欲使其改善至 $\cos\theta_2$，所需之同步調相機之容量為

$$Q = P_L\frac{\sin\theta_1}{\cos\theta_1} - P_L\frac{\sin\theta_2}{\cos\theta_2} = P_L\ (\tan\theta_1 - \tan\theta_2) \qquad (6\text{-}8)$$

例 6-3

有一工廠接於 6000 V 的三相同步發電機，該廠負載為 1200 kW，功因為 0.6 滯後，今擬裝置同步調相機，將其功因提高至 0.9，則

(1) 所需裝置同步調相機之容量？

(2) 供應此新負載所需同步發電機之最小仟伏安額定值？

解 (1) $\cos\theta_1 = 0.6 \quad \therefore \tan\theta_1 = \dfrac{4}{3}$

$\cos\theta_2 = 0.9 \quad \therefore \tan\theta_2 = 0.484$

$Q = P_L(\tan\theta_1 - \tan\theta_2)$

$= 1200\text{ k}(1.333 - 0.484)$

$= 1018.8\text{ kVAR}$

(2) $S = \dfrac{P_L}{\cos\theta_2} = 1333.3\text{ kVA}$

3. 用同步電動機調整線路電壓

一般線路大多為電感性的負載，當負載增加時，可增加同步電動機之激磁，提供進相電流來改善功率因數，減少線路電流，以減少線路壓降。當電感性負載減少時，可減少同步電動激之激磁，使受電端之電壓穩定。

4. 以小型同步電動機作為計時器、唱盤及磁帶之驅動器

因同步電動機之轉速為同步轉速，只要電源頻率固定，則其轉速固定。可作為計時器或唱盤等須定速之驅動機構。因所需之功率、轉矩甚小，轉子通常為不需直流的磁極，定子則使用單相交流電源。小型同步電動機常用的有下列兩種：

(1) 磁滯電動機：轉子為磁滯曲線甚大、無槽、無齒之硬鋼圓筒或圓盤。定子可為簡單之蔽極式產生移動磁場，或永久電容分相式產生旋轉磁場。起動時如同感應電動機一樣。當轉速增加時，轉子與旋轉磁場相對速度減小，磁滯作用使轉子循某一方向磁化，而與磁場互鎖成為同步轉速運轉。

(2) 磁阻電動機：其定子與磁滯電動機相同，但轉子有凸極，而無磁場繞組。起動時以感應電動機之方式，當轉子加速至接近同步轉速時與定子互鎖，而以同步轉速運轉，其轉部雖無激磁，但仍能產生磁阻轉矩，只要負載轉矩不超過磁阻轉矩，電動機就能以同步轉速繼續運轉。

問題與討論

1. 試述同步電動機的起動方法。
2. 試述同步電動機之優缺點？

6-5 步進馬達 (stepping motor)

6-5-1 步進馬達的特性

步進馬達是一種工作於脈衝電壓的同步電動機，必須由數位電路控制的驅動電路來運轉，驅動電路每送出一脈衝，步進馬達只轉動一固定角度。步進馬達的運轉不同於一般馬達之圓滑連續旋轉，步進馬達之軸位移，每次呈某一角度的跳躍值，如圖 6-14 所示，因此可以通過控制脈衝的個數來控制角度的位移量，從而達到準確定位。欲使步進電動機連續運轉時，須連續加脈衝，其轉速與脈衝頻率成正比；控制脈衝頻率就可以控制步進馬達轉動的速度和加速度，達到調速的目的。停止脈衝供應，步進馬達急速停止，通電但沒有轉動時具有保持轉矩 (holdingtorque) 鎖住轉子於固定位置，對欲轉動轉子之外力呈現反抗力矩。利用其沒有積累誤差 (精度為 100%) 的特點，步進馬達很適合作開環路的位置與速度控制。

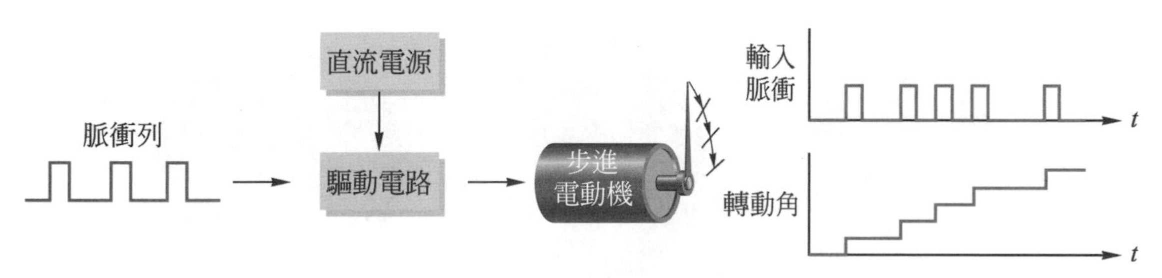

▲ 圖 6-14　步進馬達的動作

6-5-2 步進馬達的種類及原理

步進馬達依轉子構造，可分為變阻型 (variable reluctance type) 簡稱 VR 型又稱為磁阻型、永久磁鐵型 (permanent magnet type) 簡稱 PM 型及二者之混合型 (hybrid type) 簡稱 HB 型 。分別說明如下：

1. VR 型

圖6-15所示為VR型步進馬達之截面及定子接線圖。圖6-15中VR型步進馬達之定子有三相六極，轉子有四極(凸齒)；當S_1 ON而S_2及S_3 OFF時，線圈1激磁，轉子受磁極 $\phi1$ 吸引而在如圖6-16(a)所示之位置。接著S_1 OFF而S_2 ON，線圈 2 激磁，轉子受磁極 $\phi2$ 吸引，如圖6-16(b)所示，產生轉矩而逆時針轉動30°，停止於如圖6-16(c)的位置而完成一步動作。接著S_2 OFF而S_3 ON，則轉子繼續向逆時針方向

轉動30°。若依 S_3、S_2、S_1 之順序ON則旋轉方向相反。圖6-17所示為定子有四相八極，轉子有六極(凸齒)的VR型步進馬達之運轉原理圖，每步轉動15°。VR型轉子僅是鐵磁性材料，不用永久磁鐵，利用磁阻產生轉矩，當定子線圈未通電時，轉子可自由轉動。

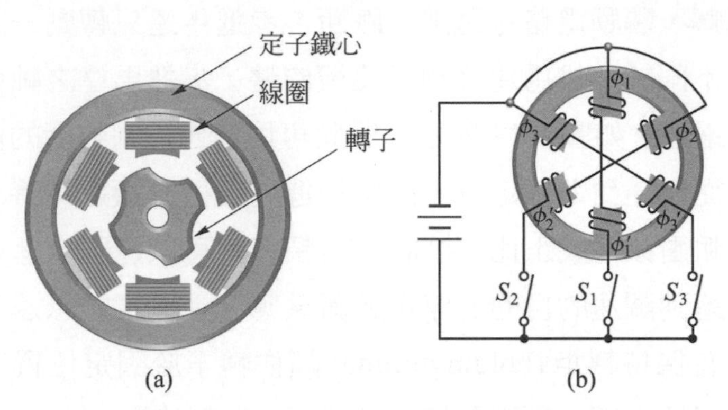

▲ 圖 6-15 VR 型步進馬達之原理圖

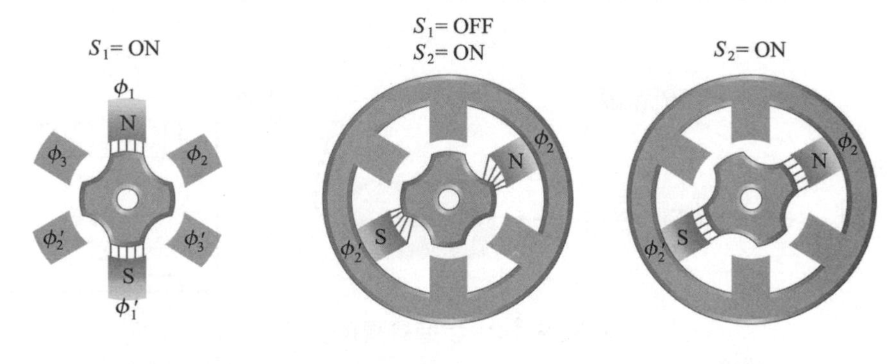

▲ 圖 6-16 步進馬達的轉動情形

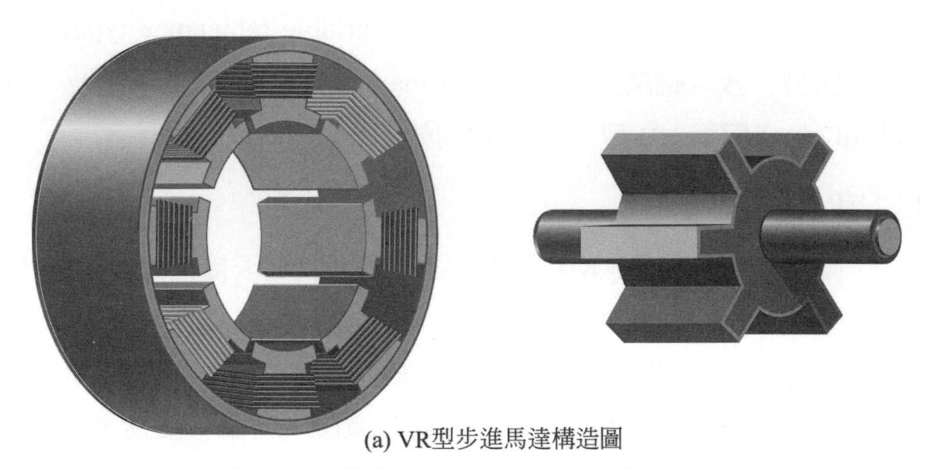

(a) VR型步進馬達構造圖

▲ 圖 6-17 四相八極 VR 型步進馬達之原理圖

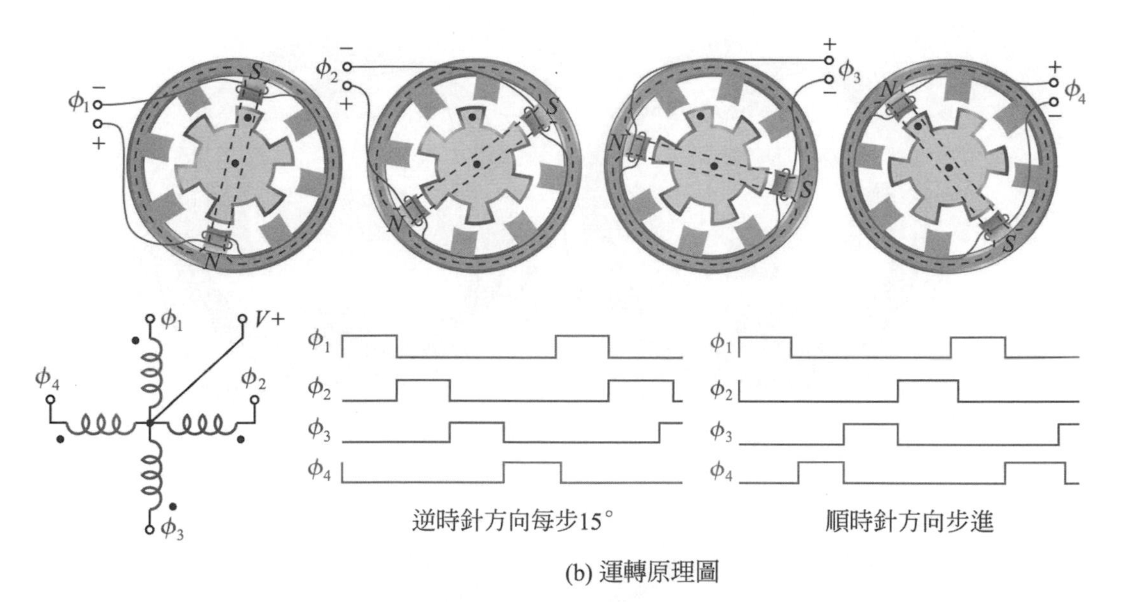

(b) 運轉原理圖

▲ 圖 6-17　四相八極 VR 型步進馬達之原理圖 (續)

2. PM 型

PM型之轉子使用永久磁鐵製成如圖6-18所示。圖6-19所示為定子有二相四極，轉子為二極永久磁鐵的PM型步進馬達之構造及運轉原理圖。若依ϕ_1、ϕ_2、反向ϕ_1、反向ϕ_2之順序切換激磁，則轉子受磁極吸引以每步90°順時針方向旋轉。PM型步進馬達的轉矩由定子磁極與轉子磁極互相吸引及排斥而產生，由於永久磁鐵之作用，當定子無激磁時，轉子永久磁鐵之吸引力對欲轉動轉子之外力呈大阻力，其轉矩-速率特性曲線如圖6-20所示。純PM型之步進馬達，步進角度大，適合比較低速的步進動作。欲使其步進再縮小，構造上有其困難，大多採用VR與PM二者之混合型。

▲ 圖 6-18　PM 型步進馬達

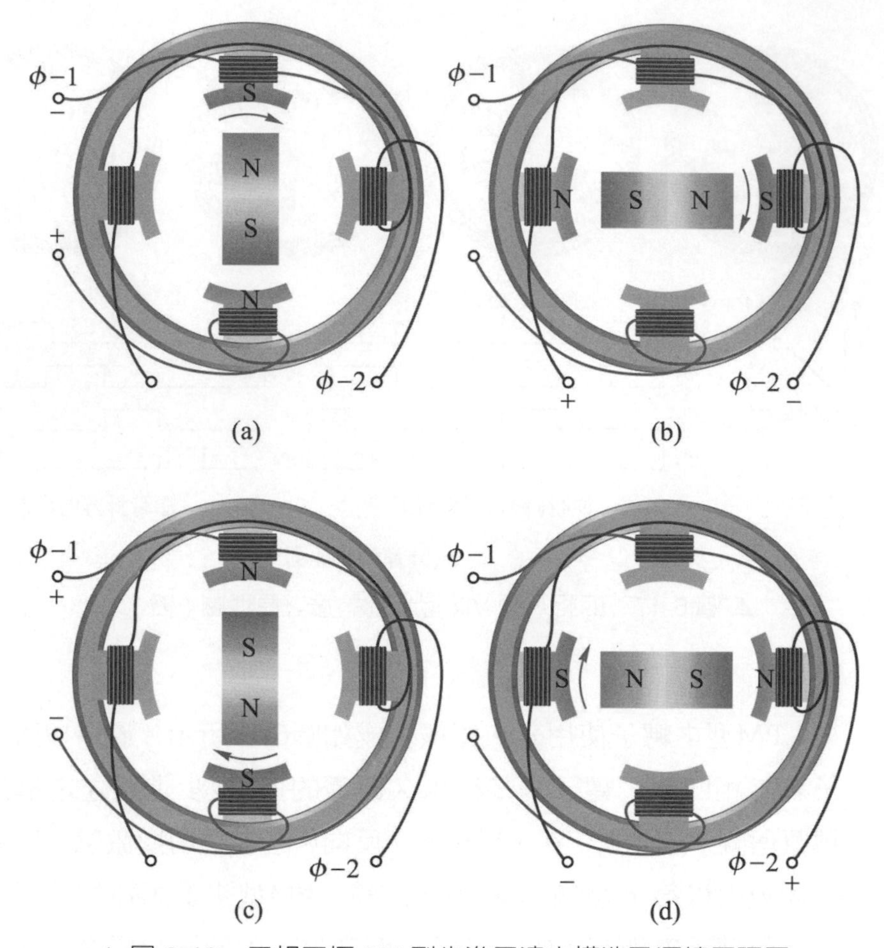

▲ 圖 6-19　二相四極 PM 型步進馬達之構造及運轉原理圖

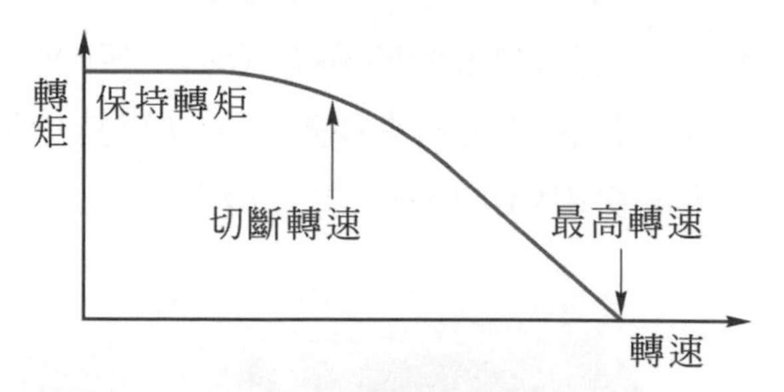

▲ 圖 6-20　PM 型步進馬達轉矩 - 速率特性曲線

3. HB 型

混合型步進電動機之構造圖，如圖6-21所示，轉子中心為圓筒型永久磁鐵(PM型)而兩端周圍鐵心具有許多凸齒(VR型)，並且*N*極之凸齒與*S*極側之凸齒有一齒份的偏差，如圖6-21(b)所示。混合型步進電動機的定子磁極鐵心具有直線的小齒；當定子繞組一相ϕ_1激磁時，定子產生之磁通與轉子永久磁鐵之磁通同性相斥，使在定子與轉子同極性的鐵心互相排斥呈齒對槽，而在異極性的鐵心則相吸成為齒對齒狀態，同時轉子凸齒與在另一 ϕ_2 的定子磁極之凸齒有$\frac{1}{4}$齒距(半齒)的錯位，如圖6-22所示。混合型步進電動機之運轉原理，如圖6-23所示，另一相激磁時使轉子轉動半齒寬距離的角度，激磁的方向決定轉向。混合型步進馬達轉動角度精密，無激磁時，由於永久磁鐵之作用，具有煞車固定之作用。

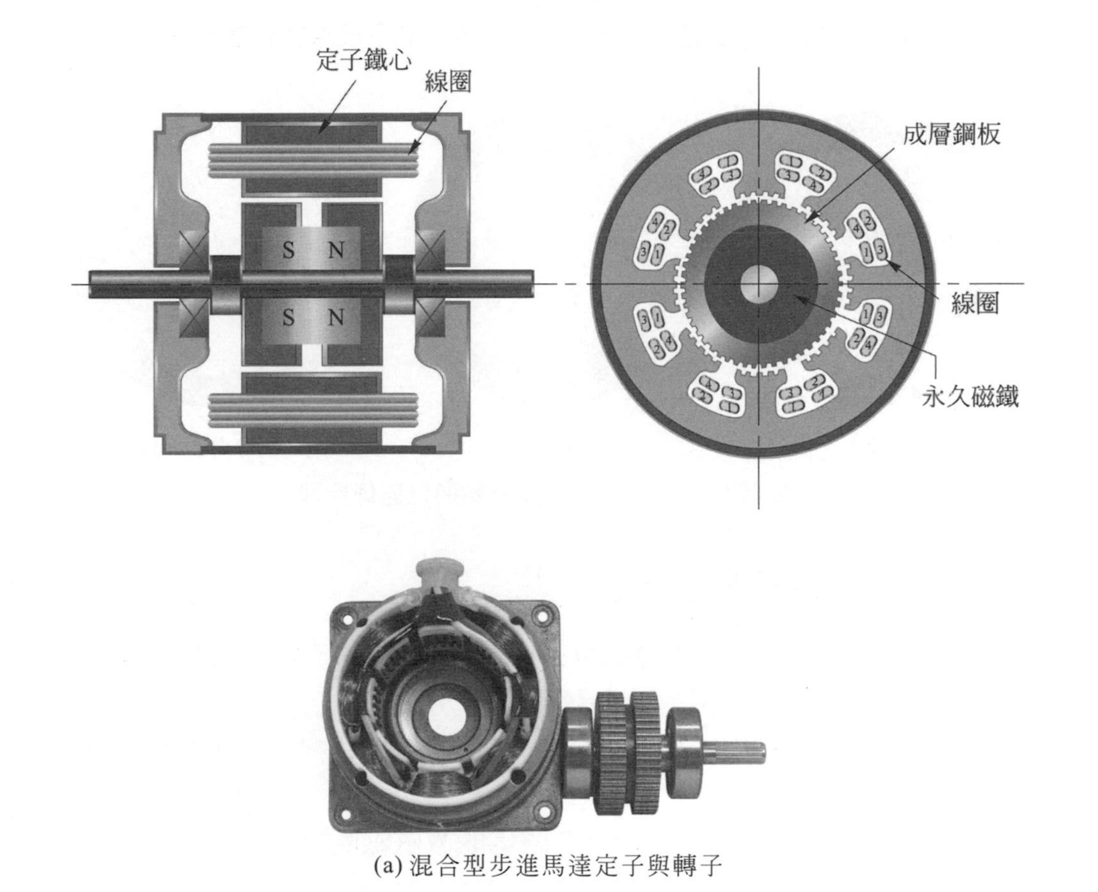

(a) 混合型步進馬達定子與轉子

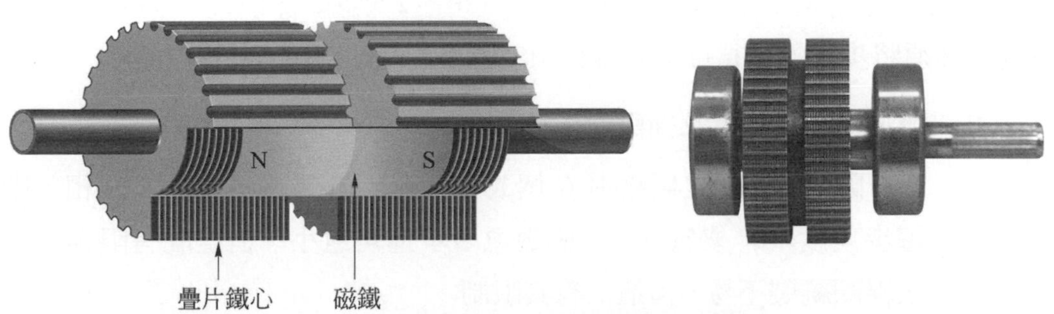

(b) 混合型步進電動機轉子之構造

▲ 圖 6-21　HB 型步進馬達構造圖

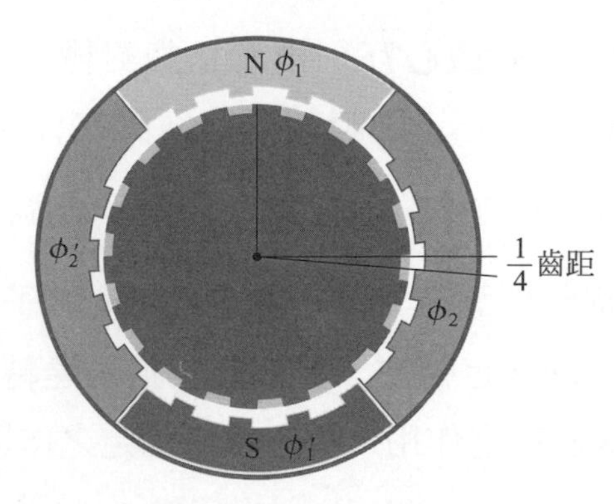

▲ 圖 6-22　混合型步進馬達之轉子凸齒與定子凸齒之位置關係

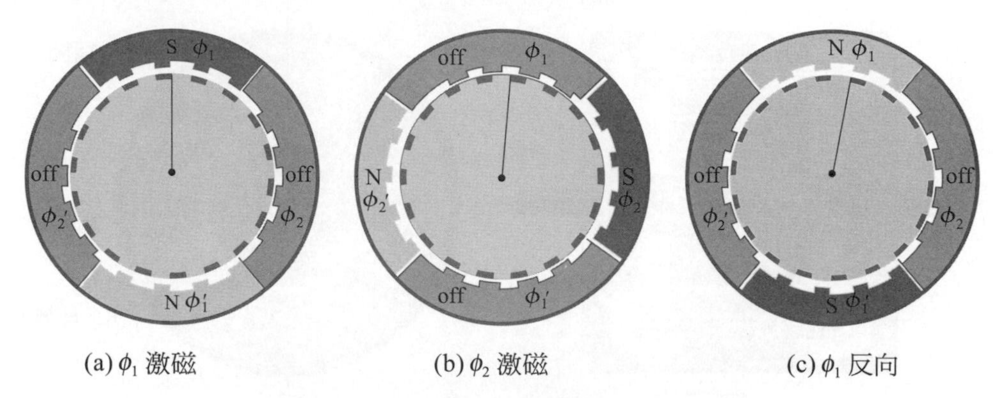

(a) ϕ_1 激磁　(b) ϕ_2 激磁　(c) ϕ_1 反向

▲ 圖 6-23　混合型步進電動機之運轉原理

6-5-3　減小步進角度的方法

步進電動機之步進角 θ 與相數 m 及轉子凸極 (齒) 數 N 之關係為

$$\theta = \frac{360°}{mN} \tag{6-10}$$

式 (6-10) 中相數 m 為產生不同對 N、S 磁場的激磁線圈對數。

一般步進馬達的步進角為 30°、15°、5°、2.5°、2° 和 1.8°。為提高控制精度，必須將步進電動機每步的轉動角度縮小，縮小步進角度的方法有：

1. **增加定子相數 ϕ 及極數**

   圖6-24定子之極數由 6 個改為 8 個，相數由三相改為四相，則每步角度 30° 變為 15°。極數愈多步進角愈小，但空間有限定子上之線圈繞製不易，構造上有其限制。

2. **增加轉子凸極 (齒) 數 N，而定子磁極上增加小齒。**

3. **採用一、二相激磁半步進的方式。**

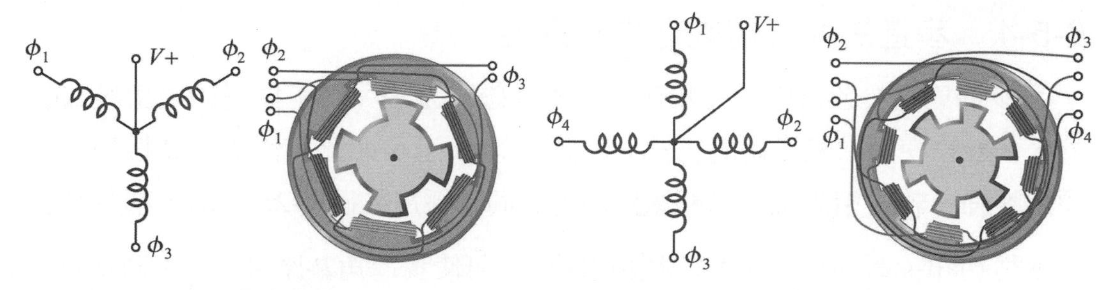

▲ 圖 6-24　定子之極數相數增加則步進角減小

驅動步進馬達時，在每個單相激磁的中間，同時激勵二相，時序圖如圖 6-25 所示，使定子的磁極中心移到兩磁極的中間。ϕ_1 激磁後如圖 6-25(a) 所示，接著 ϕ_1、ϕ_2 同時激磁，則轉子僅轉動原步進角的$\frac{1}{2}$，如圖 6-25(b) 所示。接著 ϕ_2 激磁，如圖 6-25(c) 所示，接著 ϕ_2、ϕ_1 同時激磁，如圖 6-25(d) 所示。如此可使步進角度減半，控制精度增加。

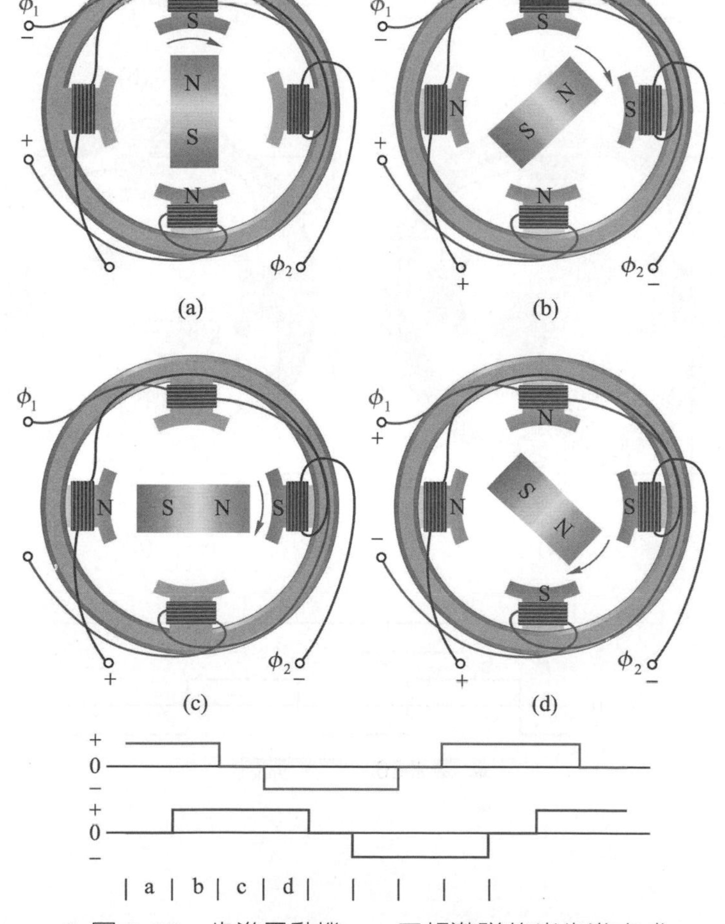

▲ 圖 6-25　步進電動機一、二相激磁的半步進方式

6-5-4　步進馬達之驅動方式及應用

步進馬達於運轉時，每步僅有一相激磁的方式，轉子振盪的現象較為劇烈。一般均使用二相激磁的方式，如圖 6-26 所示，如此可使步進時振動小而轉矩較強。若一相激磁與二相激磁的方式同時採用如圖 6-25 所示，稱為半步級驅動 (half-step drive) 或 1-2 相激磁驅動，可使步進角為原來的$\frac{1}{2}$，同時制動也良好，振動較小。

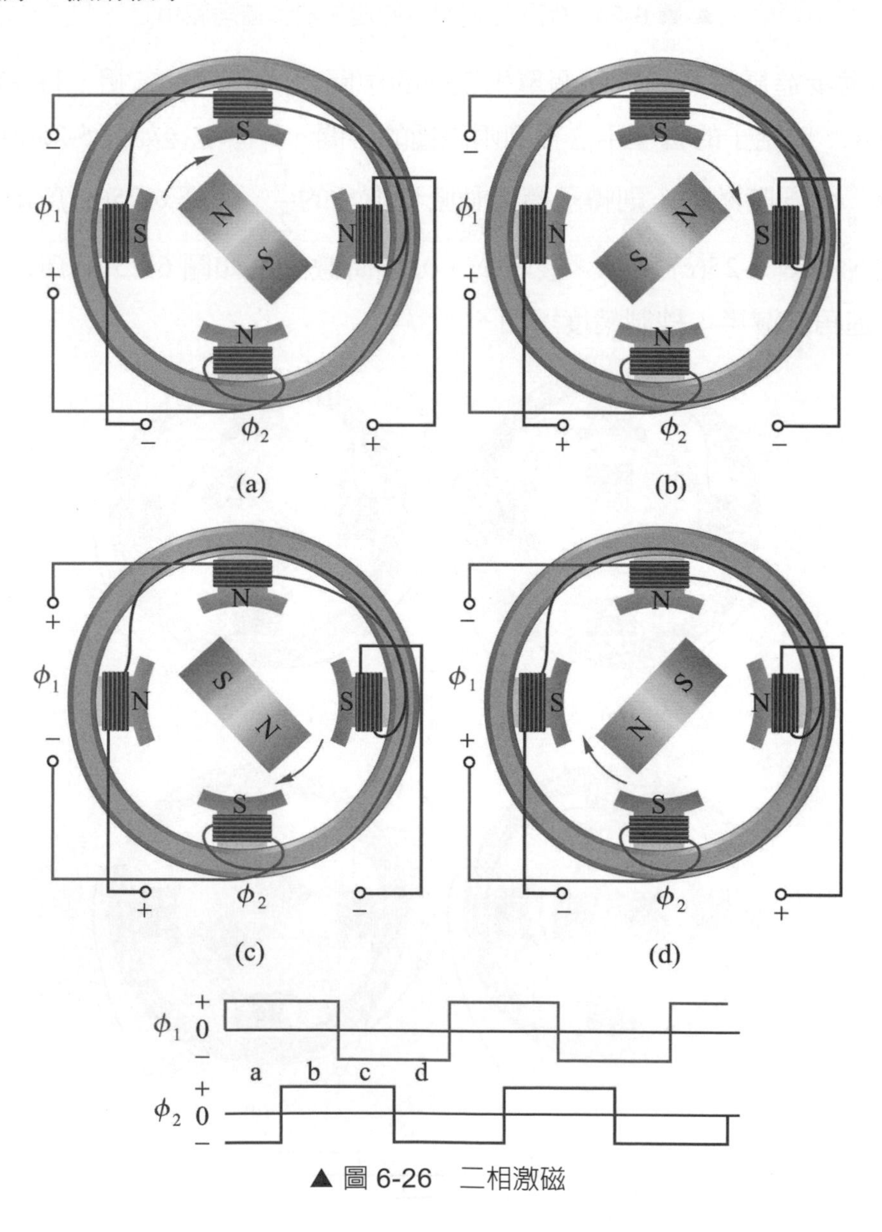

▲ 圖 6-26　二相激磁

步進馬達作為開環路系統時，其驅動電路系統的方塊圖，如圖 6-27 所示。輸入控制電路，將輸入信號整形，以控制分配電路產生運轉所需之脈衝信號，經放大電路放大、驅動步進馬達。

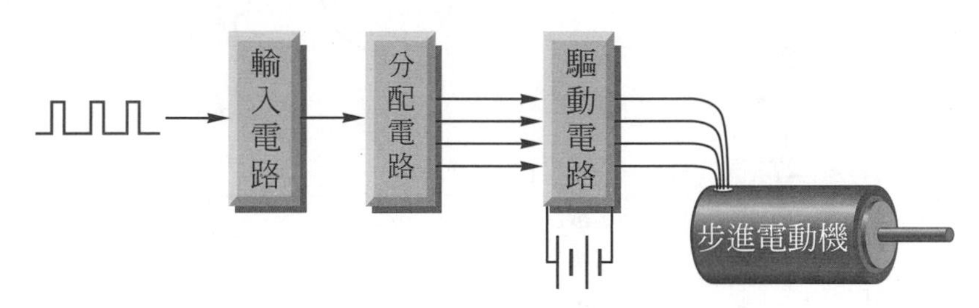

▲ 圖 6-27　步進馬達的驅動電路方塊圖

步進馬達定子每相線圈若為單繞組，則驅動電路較為複雜必需使用橋式開關，每相需要四個開關才能改變線圈激磁電流方向，改變磁極性，如圖 6-28 所示。每相線圈若為雙繞組，則驅動電路較為簡單，每相只需要使用兩個開關，如圖 6-29 所示。兩相步進馬達定子線圈接線圖，如圖 6-30 所示。實際應用時是以功率半導體固態元件，如 BJT、MOSFET、IGBT 作為開關。

由於線圈的電感抗使脈衝方波的驅動電流延遲，頻率越高，反電勢越大激磁電流越小，步進馬達的轉矩隨轉速上升而下降，頻率高至某一程度，即無法運轉，因此步進馬達不適用於須要高轉速的場所。步進馬達主要應用於電腦週邊設備，例如印表機的紙張輸送、繪圖機的筆、紙驅動、磁碟機的磁頭驅動等。數值控制之工具機及自動化設備及冷氣出風口的導流板控制亦廣泛應用步進馬達。

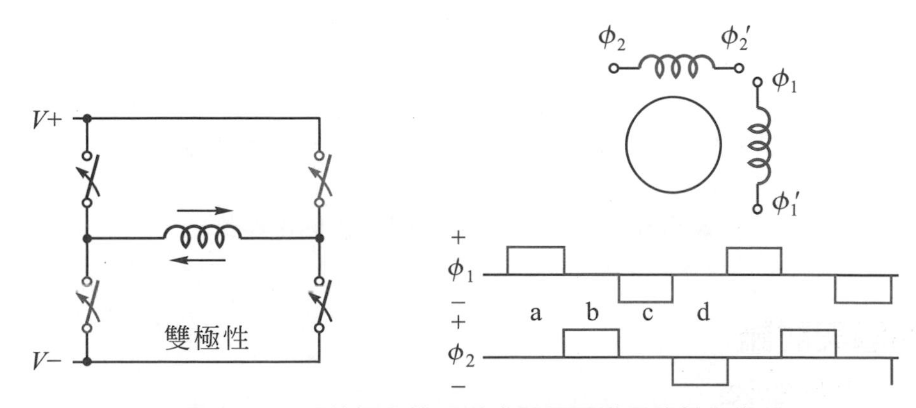

▲ 圖 6-28　單繞組需使用橋式開關驅動電路較為複雜

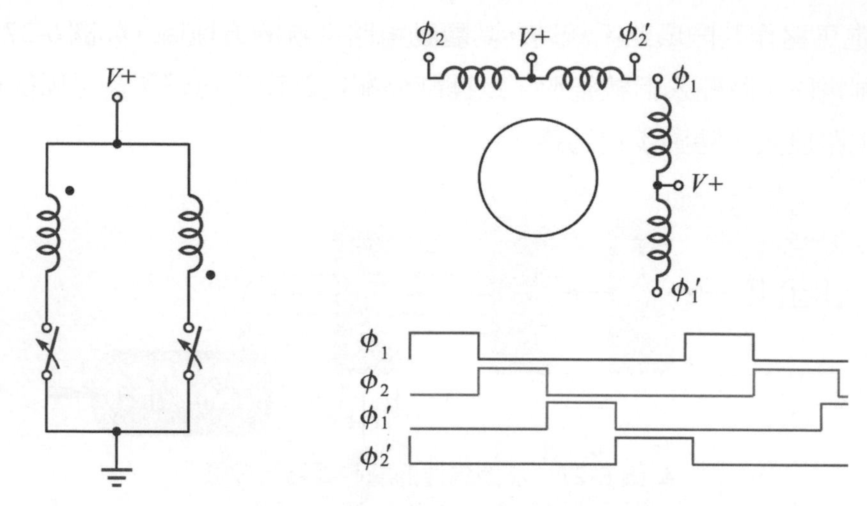

▲ 圖 6-29　雙繞組線圈每相使用兩個開關

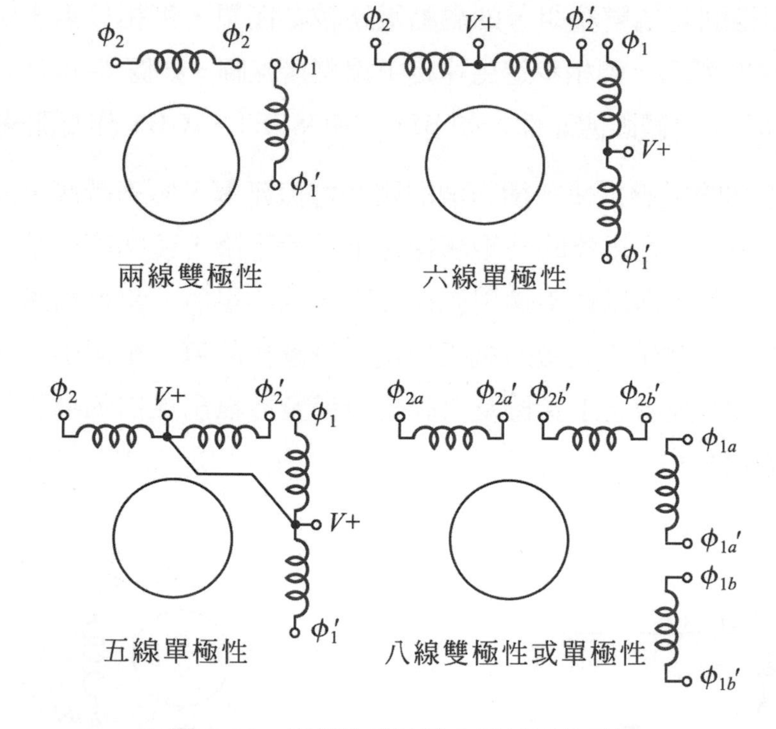

▲ 圖 6-30　兩相步進馬達定子線圈接線圖

問題與討論

1. 何謂步進馬達？
2. 步進馬達的種類有那些？

本章摘要

1. 同步電動機的構造與轉磁式同步發電機相同，但轉子為凸極式。
2. 同步電動機的運轉原理，是靠定子電樞繞組形成之旋轉磁場牽引轉子之磁極轉動產生轉矩。
3. 同步電動機於同步轉速運轉時，才有轉矩輸出。輸出功率與負載 (轉矩) 角之正弦成正比，負載 (轉矩) 角為端電壓 V 與反電勢 E_b 的夾角。

   $$P_m = 3\frac{VE_b}{X_s}\sin\delta_m$$

4. 同步電動機之阻尼繞組可防止追逐作用；於起動時可應用阻尼繞組當作感應電動機起動。
5. 改變同步電動機的激磁電流，可改變電樞電流之大小及相位、改變同步電動機的功率因數。
6. V 型曲線為電源電壓及負載一定時，電樞電流與激磁電流之關係曲線。常激時，電樞電流最小，功因為 1。過激時為進相功因，同步電動機為電容性。欠激時為滯後功因，同步電動機為電感性。
7. 同步電動機的電樞反應，視功率因數而定，功率因數等於 1 時為交磁作用，進相之電流為去 (減) 磁作用，遲相之電流為增磁作用。
8. 同步機之電樞反應恆反對激磁之變動。
9. 同步電動機的起動方法有：

   (1) 利用阻尼繞組，當感應電動機起動。 (3)以他機帶動。

   (2) 以變頻器起動。 (4)將激磁機當直流電動機起動。
10. 無機械負載專用以改變激磁電流調整線路功因的同步電動機，稱為同步調相機，又稱旋轉電容器。
11. 步進電動機為脈衝驅動之同步馬達：可分為 VR 型、PM 型及混合型。
12. 步進馬達之步進角與相數及轉子凸極 (齒) 數之關係為 $\theta = \frac{360°}{m \times N}$ 。
13. 步進馬達的激磁方式可分為單相激磁與兩相激磁及 1-2 相激磁。1-2 相激磁驅動，可使步進角為原來的 $\frac{1}{2}$ 。

一、選擇題

基礎題

( ) 1. 同步電動機除特殊高速及兩極式者外，其轉部磁極大多為
(A) 凸極 (B) 凹極 (C) 全極 (D) 隱極。

( ) 2. 同步電動機當負載減少時
(A) 轉速減小轉矩角減小 (B) 轉速不變轉矩角減小
(C) 轉速不變轉矩角增加 (D) 轉速增加轉矩角增加。

( ) 3. 三相六極 60 Hz 同步電動機，其滿載時之轉速為
(A)1000 rpm (B)1200 rpm
(C)1500 rpm (D)1800 rpm。

( ) 4. 三相同步電動機以一定的角速度旋轉時，其輸出轉矩 τ 與負載角 δ 的關係為
(A)τ 正比於 $\sin\delta$ (B)τ 正比於 $\cos\delta$
(C)τ 反比於 $\sin\delta$ (D)τ 正比於 $\tan\delta$。

( ) 5. 功率因數為 1 之同步電動機，如將場電流增大則
(A) 輸出將增大 (B) 轉速將上升
(C) 功率因數將提前 (D) 功率因數將延後。

( ) 6. 同步電動機於正常場激時，其電流係
(A) 與電壓同相 (B) 越前電壓
(C) 滯後電壓 (D) 視負載而定。

( ) 7. 同步電動機之激磁電流若自最小漸增，則功率因數之變化為
(A) 漸增大 (B) 漸減小
(C) 先減小而後增大 (D) 先增大而後再漸減小。

( ) 8. 三相同步電動機於過激情況下，下列何者正確？
(A) 電樞電流為最小
(B) 功率因數等於 1.0
(C) 電樞電流與端電壓同相
(D) 電樞電流較端電壓超前 (leading)。

( ) 9. 同步電動機在轉部凸極磁場之磁極面上裝設短路繞組，其功效在

(A) 僅產生制動作用

(B) 僅產生起動作用

(C) 僅產生防止追逐作用

(D) 起動時有起動作用，同步迴轉時無作用，速度變動時可防止追逐作用。

( ) 10.同步電動機利用阻尼繞組起動時，轉子之場繞組兩端

(A) 應加直流激磁 (B) 應加交流激磁

(C) 應經電阻相接 (D) 應開路。

( ) 11.同步調相機若以繞線型感應電動機直接來起動，則電動機之磁極數應較調相機少幾極？ (A)1 (B)2 (C)3 (D)4。

( ) 12.可以用來改善工廠或電力系統功率因數的電動機為

(A) 感應電動機 (B) 分激電動機 (C) 串激電動機 (D) 同步電動機。

( ) 13.欲以同步電動機維持受電端電壓之穩定，則當受電端滯後功因之負載增加時，應將受電端之同步電動機

(A) 場激增強 (B) 場激減弱 (C) 場激保持不變 (D) 轉速提高。

( ) 14.有關步進馬達之敘述，下列何者為錯誤？

(A) 又稱為脈衝電動機

(B) 其步進角及步進速度分別隨信號輸入的脈衝數及頻率成比例變化

(C) 主要應用於數位控制系統

(D) 欲減小轉子步進角，可減小定子凸極數及轉子齒數。

( ) 15.有四相步進馬達，若轉子凸極數為 18，則步進角 θ 為

(A)1.8° (B)5° (C)15° (D)20°。

( ) 16.步進馬達若停止連續脈衝之供應，則下列敘述何者為正確？

(A) 其轉子將繼續轉動

(B) 其轉子將急速停止，且保持於固定位置，其效果如同煞車

(C) 其轉子將回歸至原先之起動位置

(D) 其轉子將逆向轉動。

( ) 17.步進馬達的位置與速度控制，何種方式較適合採用？

(A) 閉環路 (B) 機械耦合 (C) 開環路 (D) 電磁耦合。

( ) 18.四相式步進馬達若採一二相激磁驅動，則其運動角度為全步的
(A) 一半 (B) 二倍 (C) 三倍 (D) 四倍。

進階題

( ) 1. 某 12 極、440 V、60 Hz 之三相 Y 接同步電動機，若其每相之輸出功率為 4 kW，則該機之總轉矩應為多少 N-m ？
(A) $\frac{300}{\pi}$ (B) $\frac{600}{\pi}$ (C)300π (D)600π。

( ) 2. 同步電動機在定負載和常激下運轉，當激磁減少時
(A) 轉矩角、電樞電流及落後功因角均減小
(B) 轉矩角和電樞電流減小，落後功因角增大
(C) 轉矩角和落後功因角增大，電樞電流減小
(D) 轉矩角、落後功因角及電樞電流均增大。

( ) 3. 同步電動機當負載固定，激磁在欠激的情況之下，增加激磁電流，則電樞電流會
(A) 先增加後降低 (B) 先降低後增加 (C) 持續增加 (D) 不變。

( ) 4. 有一每轉 200 步之步進馬達，以每秒 1000 步之速度旋轉，其轉速為
(A)300 rpm (B)1000 rpm (C)1200 rpm (D)2000 rpm。

( ) 5. 為改善步進馬達旋轉時對電源的反應時間，通常在馬達線圈上串接上
(A) 二極體 (B) 電阻 (C) 電容 (D) 電感。

( ) 6. 步進電動機 (stepper motor) 不適合使用於
(A) 工具機定位控制 (B) 電動汽車控制
(C) 繪圖機控制 (D) 印字機控制。

( ) 7. 下列有關步進馬達之敘述何者錯誤？
(A) 可由數位信號經驅動電路控制常用於微電腦週邊設備
(B) 步進角度小，一般採開迴路控制
(C) 在可轉動範圍內，轉速與驅動信號頻率成正比
(D) 當驅動信號停止時，馬達仍會繼續轉動，然後才慢慢停止。

二、問答題

1. 何謂 V 型特性曲線？
2. 同步電動機於欠激時，具有那些特性？
3. 同步電動機於過激時，具有那些特性？
4. 同步電動機於正常場激下，具有那些特性？
5. 試比較同步發電機與電動機的電樞反應。
6. 同步電動機如何提高線路的功因？如何調整線路電壓？
7. 試述同步電動機的用途。
8. 試述小型同步電動機的種類及運轉原理。
9. 某四相步進馬達其轉子凸極數有 50 個，採一相激磁驅動其步進角為多少？若採 1-2 相激磁驅動其步進角為多少？
10. 試繪出三相步進馬達一相激磁，二相激磁及 1-2 相激磁之真值表及時序圖。

Chapter 7

直流發電機

7-1 直流發電機的原理

電樞旋轉時，導體切割不同磁極性的磁極，產生極性相反的感應電壓，因此電樞導體的感應電勢為交流。若感應電勢以滑環 (slip ring) 直接引出，則成為旋轉電樞式的交流發電機，如圖 7-1 所示。發電機欲得直流輸出，必須整流。傳統的直流

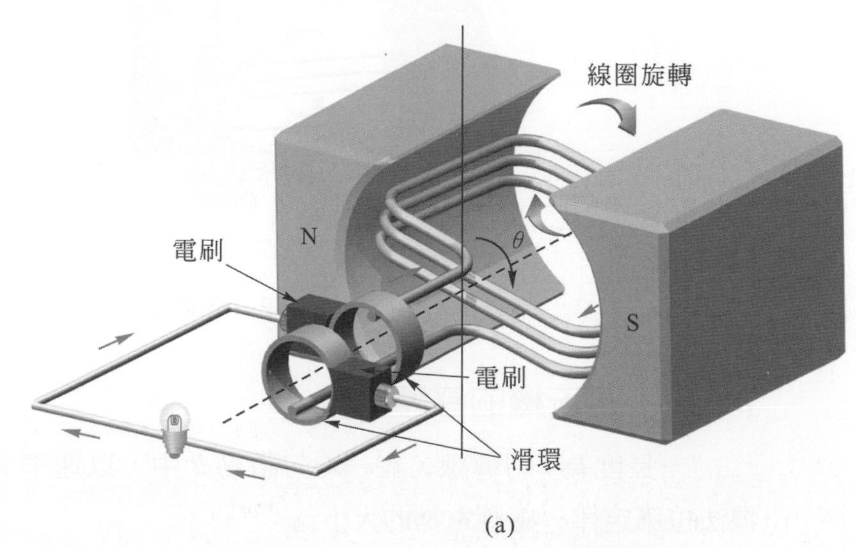

(a)

▲ 圖 7-1　旋轉電樞式交流發電機

發電機利用換向器 (commutator) 與電刷 (brush) 來達成整流作用輸出直流，所以換向器又稱為整流子，如圖 7-2 所示。換向器隨導體轉動，而電刷固定位置，

使電刷接觸換向片時，永遠引出切割同一磁性的導體電流，而獲得直流輸出，細節請參閱第 7-3-2 節。

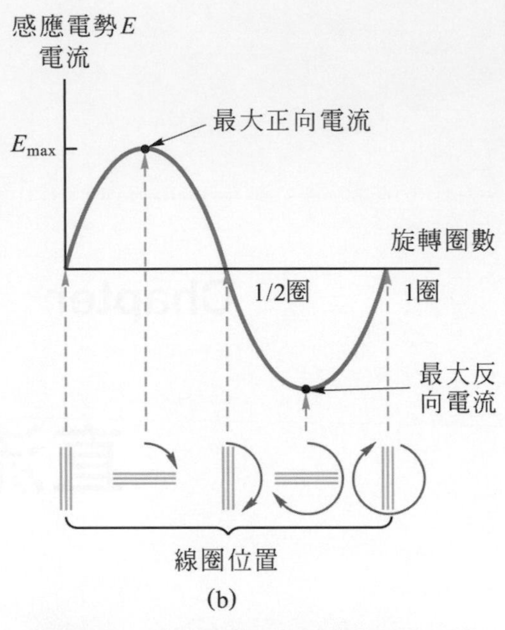

▲ 圖 7-1　旋轉電樞式交流發電機 (續)

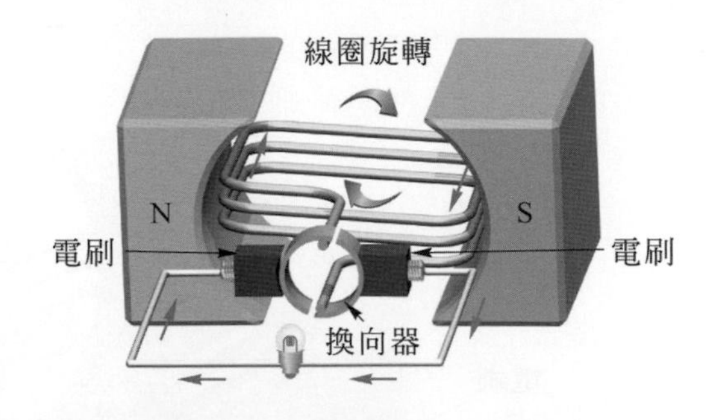

▲ 圖 7-2　直流發電機

7-1-1　直流機的感應電勢

一長度為 l 的導線，在一均勻磁場 B 中，以速率 v 垂直切割磁場時，根據法拉第定律，感應電勢的大小為：

$$e=\frac{\Delta\phi}{\Delta t}=\frac{B\Delta A}{\Delta t}=\frac{Bl(v\Delta t)}{\Delta t}=Blv \qquad (7\text{-}1)$$

若導線不是以垂直角度切割磁場，與磁力線的夾角為 θ 時之感應電勢變為：

$$e = Blv \times \sin\theta \tag{7-2}$$

式 (7-2) 式中 B 為磁通密度，單位為特斯拉 = Wb/m^2 = 韋伯 / 平方公尺；l 為導線與磁場相切的有效長度，單位為 m；v 為相切的速度，單位為 m/sec，而 $\sin\theta$ 表示取導線、運動速度與磁場垂直的分量。

磁通密度越高、相切速度越快、導線與磁力線相切的長度越長，能使單位時間內導線身上包圍越多的磁力線，而獲得越高的感應電壓；亦即導體的感應電勢與磁通密度、正切速度成正比。實際應用的發電機，為了獲得最有效的發電作用，以獲得最大的感應電勢，採用導磁係數極高的矽鋼片製作磁路，僅在轉動部分 (電樞) 與固定部分 (磁極) 留下避免摩擦的氣隙，以減少磁阻來獲得較高的磁通密度；而且磁極面作成極掌，呈圓弧形狀與電樞鐵芯圓柱型表面配合，如圖 7-3(a) 所示，使磁力線呈放射狀均勻分佈，如圖 7-3(b) 所示。如此電樞旋轉時，導體能與磁力線垂直切割 ($\sin 90° = 1$) 而獲得最大的感應電勢。

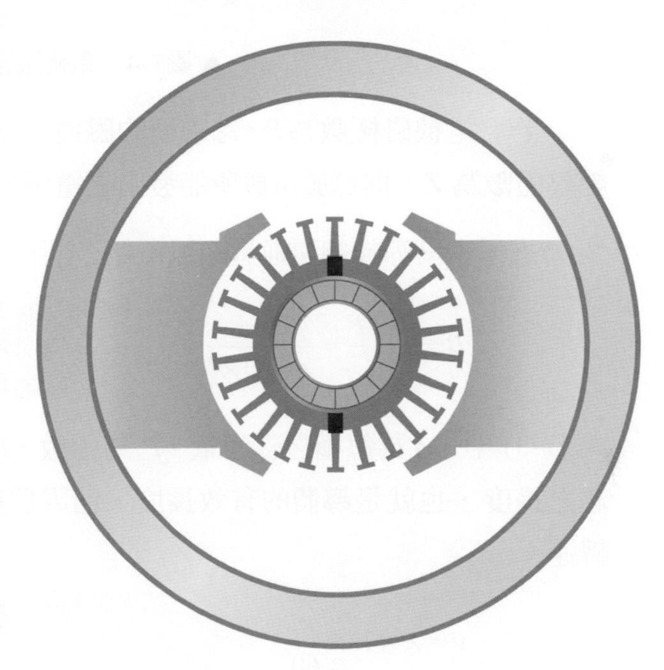

(a) 二極直流機的鐵芯例

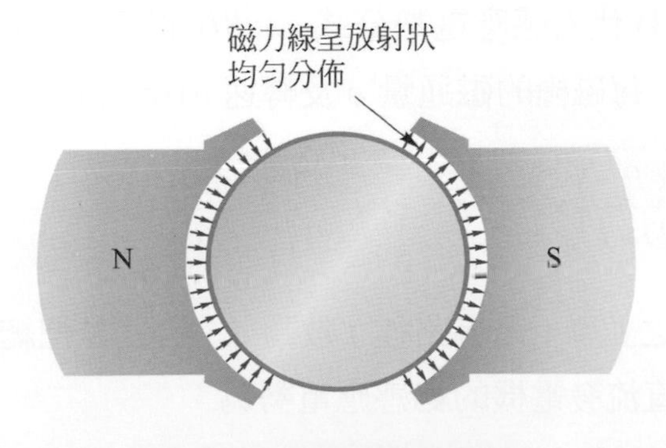

(b) 直流機的氣隙磁通分佈

▲ 圖 7-3　直流機的氣隙磁通分佈

直流發電機在電樞鐵芯上設置線槽，如圖 7-4 所示，放入多根導體，將導體接成線圈以串聯提高輸出電壓，並聯以增加電流量。

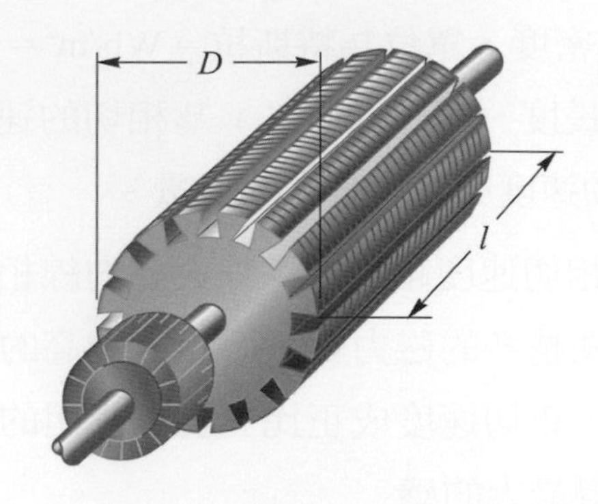

▲ 圖7-4　電樞鐵芯尺寸

若發電機磁極數為 P，每磁極的磁通量為 ϕ 韋伯，電樞每分鐘的轉速為 n，總導體數為 Z，推算發電機所能發出之電壓值如下：

磁通密度等於總磁通量除以電樞表面積，參考圖 7-4 所示，即

$$B=\frac{\phi\times P}{A}=\frac{\phi\times P}{\pi\times D\times l} \tag{7-3}$$

式 (7-3) 中，ϕ 為每極之磁通量，P 為極數，D 為電樞鐵芯之直徑，l 為電樞鐵芯之長度，也就是導體的有效長度。而導體與磁力線之相切速度為圓週長 × 轉速：

$$v=\pi\times D\times\frac{n}{60} \tag{7-4}$$

將式 (7-3) 及式 (7-4) 代入感應電勢公式 $e=Blv$ 得每根導體之感應電勢大小 e 與發電機磁極數 P、每磁極的磁通量 ϕ 及轉速 n(rpm) 的關係為：

$$e=\left(\frac{\phi\times P}{\pi\times D\times l}\right)\times l\times\left(\pi\times D\times\frac{n}{60}\right)=\frac{\phi\times P}{60}\times n \tag{7-5}$$

若發電機電樞繞組之並聯 (電流路徑) 數為 a，也就是把總導體數 Z 分作 a 組串聯後再並聯，則直流發電機的總感應電勢為：

$$E=\frac{P\phi}{60}\times n\times\frac{Z}{a}=\frac{PZ}{60a}\times\phi\times n \tag{7-6}$$

電機製作完成後之極數 P、導體數 Z 及並聯路徑數 a 固定不變，可令 $\frac{PZ}{60a}$ 為常數 K，運轉時直流發電機的感應電勢與每極之磁通量 ϕ 及轉速 n 成正比。為：

$$E = K\phi n \tag{7-7}$$

例 7-1

某四極直流發電機，電樞總導體數為 800 根，並聯路徑數 4，磁極每極磁通量為 5×10^{-3} 韋伯，轉速 1800 rpm 時，試求：

(1) 每根導體的感應電勢為多少？

(2) 電機的感應電勢為多少？

 (1) 每根導體之感應電勢：

$$e = Blv = \frac{\phi \times P}{60} \times n = \frac{5\times10^{-3}\times4}{60}\times1800 = 0.6\text{V}$$

或

$$E = \frac{PZ}{60a}\times\phi\times n = \frac{4\times1}{60\times1}\times5\times10^{-3}\times1800 = 0.6\text{V}$$ (導體數為 1 根，電流路徑數 = 1)

(2) 電機之感應電勢

$$E = \frac{PZ}{60a}\times\phi\times n = \frac{4\times800}{60\times4}\times5\times10^{-3}\times1800 = 120\text{V}$$

類題 7-1

某四極直流發電機，電樞總導體數為 800 根，並聯路徑數 4，磁極每極磁通量為 5×10^{-3} 韋伯，轉速 1800 rpm 時，試求：

(1) 若此發電機的每極磁通量減為 4×10^{-3} 韋伯，則電機的感應電勢為多少？

(2) 若此發電機的磁通量不變而轉速減為 1200 rpm，則電機的感應電勢為多少？

由例 7-1 可知每根導體僅發出 0.6 V 之電壓，但 800 根分為 4 組串聯後再並聯，每組有 200 根導體串聯，故電機之電壓為 0.6 V × 200 = 120 V。

若電極導體的電流為 I_z，電流並聯路徑數為 a，則電樞電流為 $I_a = a \times I_z$。發電機產生的電功率為電機之感應電勢乘以電樞電流，$P = E \times I_a$。範例 01 中若電樞導體的電流為 10 A，則電樞電流為 $I_a = a \times I_z = 40$ A；發電機電樞產生的電功率為 $P = E \times I_a = 4800$ W。

問題與討論

1. 試述發電機的工作原理。
2. 某六極直流發電機之電樞上有線圈 1000 匝，均勻地分佈在電樞之表面，每極之磁通量為 0.02 韋伯，電流路徑數為 6，若此發電機欲產生電動勢 120 伏特，則電樞之轉速應為若干？

7-2 直流電機之構造

7-2-1 直流機的整體構造

旋轉電機的構造可以分為二大部份，一是固定靜止不動的定子 (stator)，另一部份是轉動的轉子 (rotor)。直流機由於必須換向，所以固定磁極而旋轉電樞，這種結構稱為旋轉電樞式，簡稱轉電式。交流旋轉電機由於不須換向，大多採用旋轉磁極而固定電樞的旋轉磁場式，簡稱轉磁式。

直流機由磁路與電路兩大主要部份構成，磁路由場軛(yoke)、磁極(pole)、電樞鐵芯以及空氣隙所組成。直流機的磁力線路徑，如圖 7-5 所示。電路部份則是由磁場繞組、電樞繞組、換向器及電刷所組成。

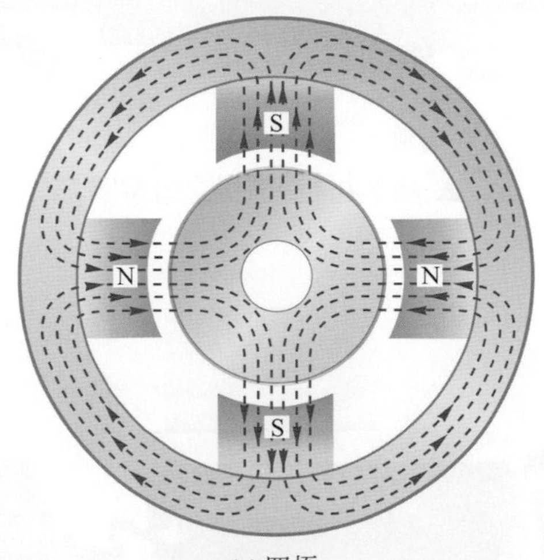

(a) 四極

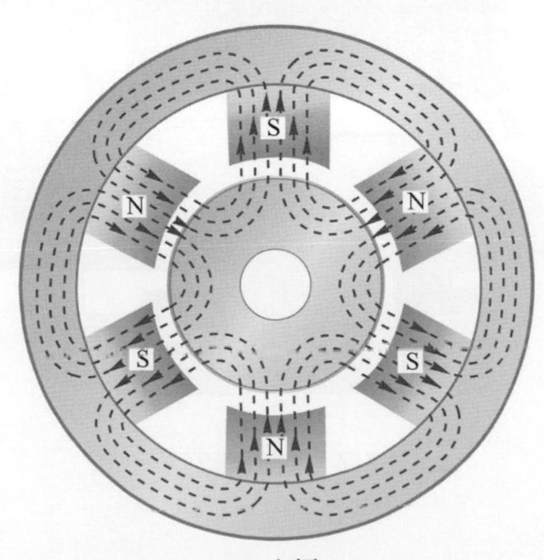

(b) 六極

▲ 圖 7-5　直流機之磁路

直流機的主要結構可大致分解為電樞、磁極、外殼、端蓋及電刷架等部份。如圖 7-6 所示為直流機的分解圖；圖 7-7 所示為一般直流機的解剖圖；圖 7-8 所示為直流機部份繞組移除的斷面構造圖。

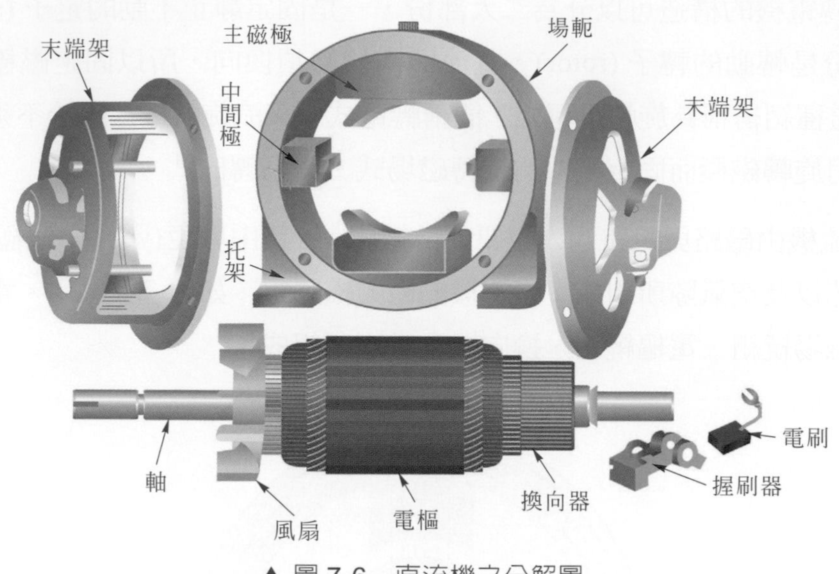

▲ 圖 7-6　直流機之分解圖

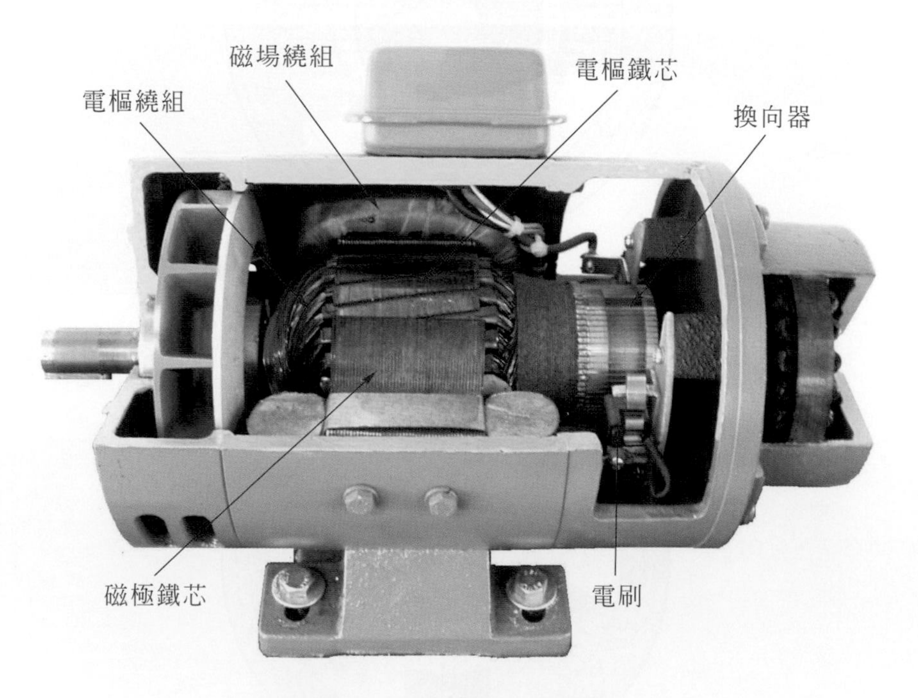

▲ 圖 7-7　直流機的解剖圖

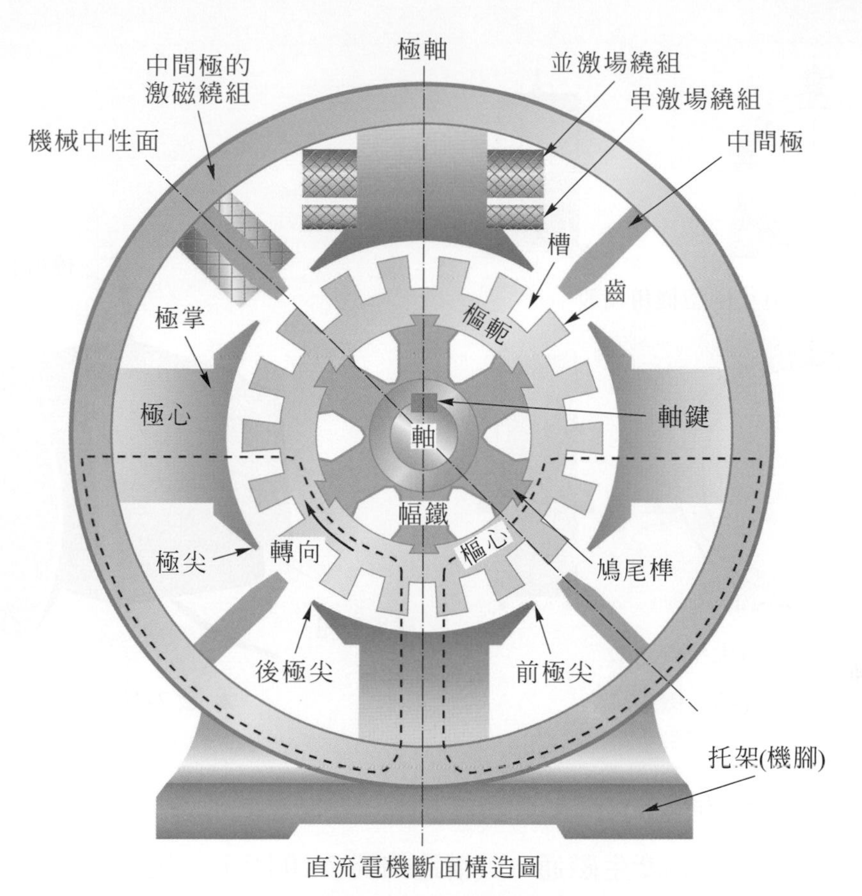

▲ 圖 7-8　直流機斷面構造圖

7-2-2　直流機的定子 (固定部份)

直流機的定子主要由機殼、磁極、端蓋及電刷裝置所組成。

一、機殼 (frame)

機殼又稱為場軛，它不僅支持所有機件並且作為磁路的一部分，因此機殼以機械強度大、導磁係數高的材料製成。機殼的材料有鑄鐵、鑄鋼及輾鋼等材料。由於採用鑄鐵、鑄鋼所製成的機殼，其內部常有氣孔、熔渣、裂縫及變形等缺點，導致機械強度減弱和磁性不均勻。近年來，機殼大多採用高導磁係數的鋼板捲製而成，如圖 7-9 所示為機殼的外觀圖。在機殼基部設置鋼製托架，以支承、固定電機。

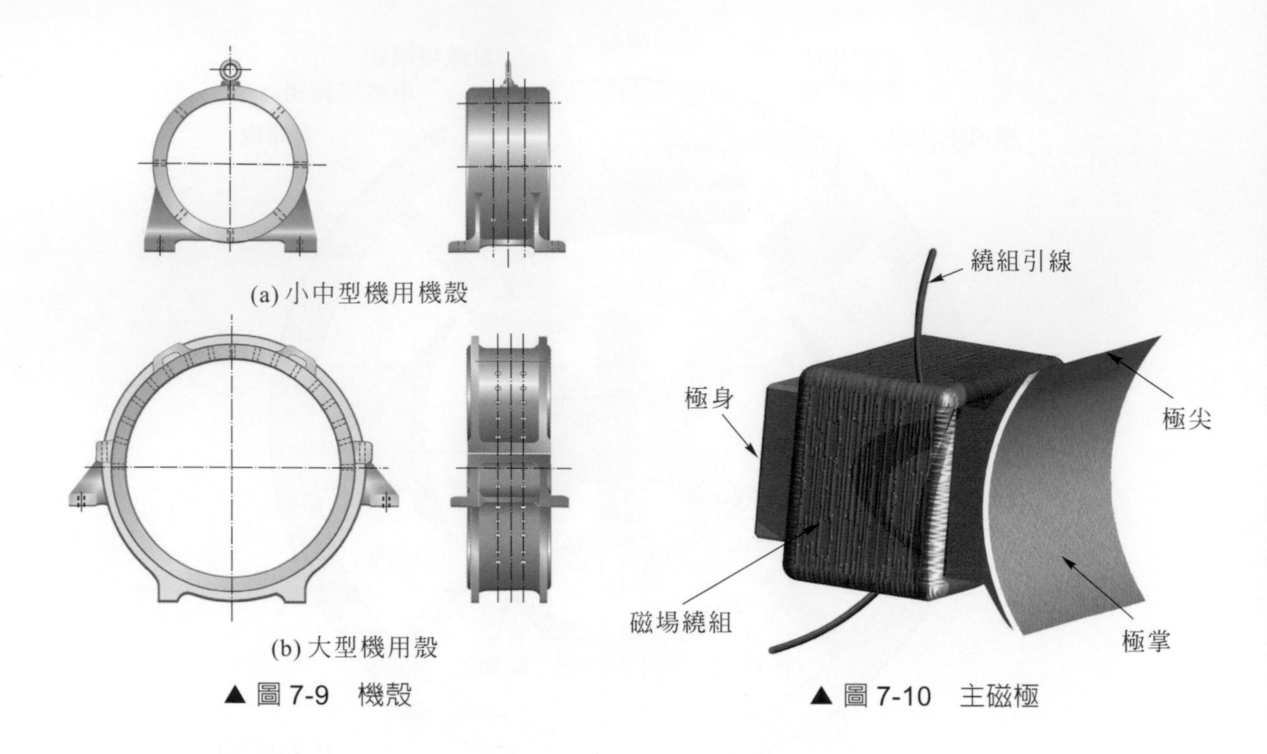

▲ 圖 7-9 機殼

▲ 圖 7-10 主磁極

二、磁極及磁場繞組

主磁極的功能為產生磁通，其構造如圖 7-10 所示，包含主磁極鐵芯與激磁繞組。直流機主磁極的極性固定，鐵芯採用導磁係數較高、成塊狀的鐵材組成，大型機則由矽鋼片疊積而成以減少磁極面的渦流損。

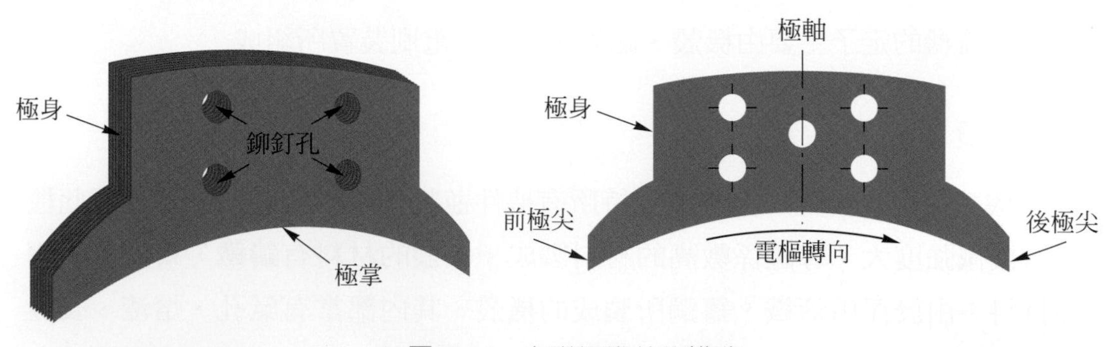

▲ 圖 7-11 主磁極鐵芯的構造

主磁極鐵芯的構造，如圖 7-11 所示，可分為極身 (pole core) 與極掌 (pole shoe) 兩部分。極身為長方條形，其末端展開呈掌狀的部分稱為極掌。極身截面積較小，可減少磁極繞組的每匝長度，以節省銅線及絕緣材料，並與極掌配合牢固激磁繞組。極掌的截面積大於極身，呈圓弧形狀，極面弧度與電樞鐵芯配合，使空氣隙內的磁通呈放射狀均勻分佈，旋轉時，導體均能與磁力線正切。極掌兩側的末端部分，稱為極尖 (tip)，順轉向先遇到之極尖為前極尖，後遇到之極尖為後極尖。部份大型電機的主磁極極掌上設有線槽 (slot)，裝入補償繞組以抵消電樞反應，如圖 7-12 所示。

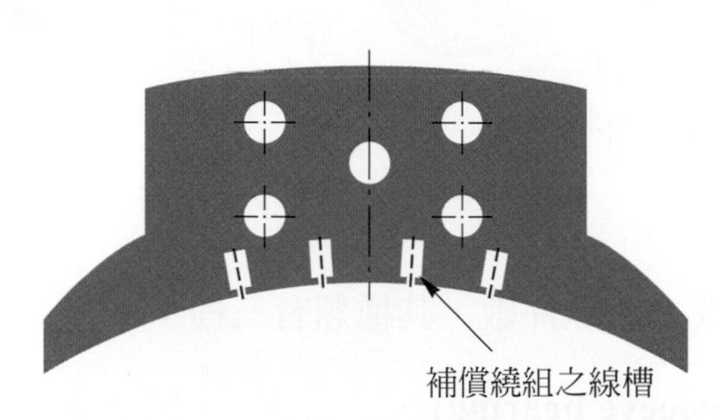

▲ 圖 7-12　具有線槽的主磁極之矽鋼片

除了小型直流機採用永久磁鐵製成之磁極外，大型電機以磁場繞組 (field winding) 裝置於主磁極之極身上，以直流電流激磁產生磁通。磁場繞組又稱為激磁繞組 (exciting winding)，依據線圈結構及接線方式可分為：(1) 細線多匝與電樞並聯的分激磁場繞組 (shunt winding)、(2) 粗線少匝與電樞串聯的串激磁場繞組 (series winding)，(3) 同時具串激及並激線圈的複激磁場繞組 (compound winding) 三種。

一般小型直流機僅有主磁極 (main pole)。中、大型直流機為獲了得良好的換向，常在主磁極之間裝設中間極 (inter pole) 以改善換向。**中間極又名換向極**，換向極鐵芯的寬度比主磁極窄、而且沒有極掌 (參考圖 7-8)。中間極的磁通僅作用於換向區內，使換向中的繞組切割換向極之磁通，產生感應電勢幫助換向。**換向極的激磁繞組與電樞串聯接線，線徑粗而匝數少，與主磁極的串激磁場繞組構造類似**。

三、軸承及軸承台或末端架 (端蓋)

旋轉電機之轉部經由軸承 (bearing) 以圖 7-13(a) 所示的端蓋，或圖 7-13(b) 所示的軸承台支持。端蓋係裝置於機殼上，而軸承台則裝於基座上。

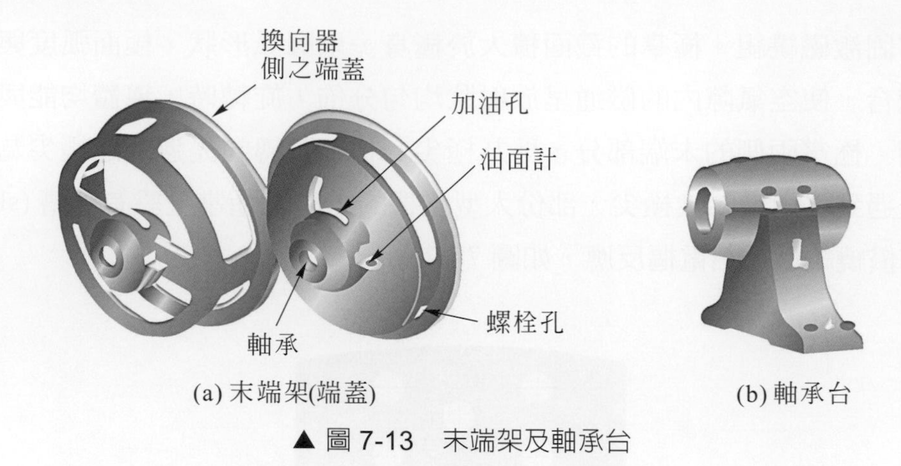

(a) 末端架(端蓋)　　(b) 軸承台

▲ 圖 7-13　末端架及軸承台

軸承功能在於減少摩擦係數，其種類有三種：

1. **套筒軸承 (sleeve bearing)**

   係滑動摩擦軸承，以巴氏合金 (Babbite metal) 製成，如圖 7-14(a) 所示。

2. **鋼珠軸承 (ball bearing)**

   係滾動摩擦軸承，摩擦損失小，為大部分電機所採用，如圖 7-14(b) 所示。

3. **滾柱軸承 (roller bearing)**

   又稱為鋼柱軸承，適用於重型負載的場合。

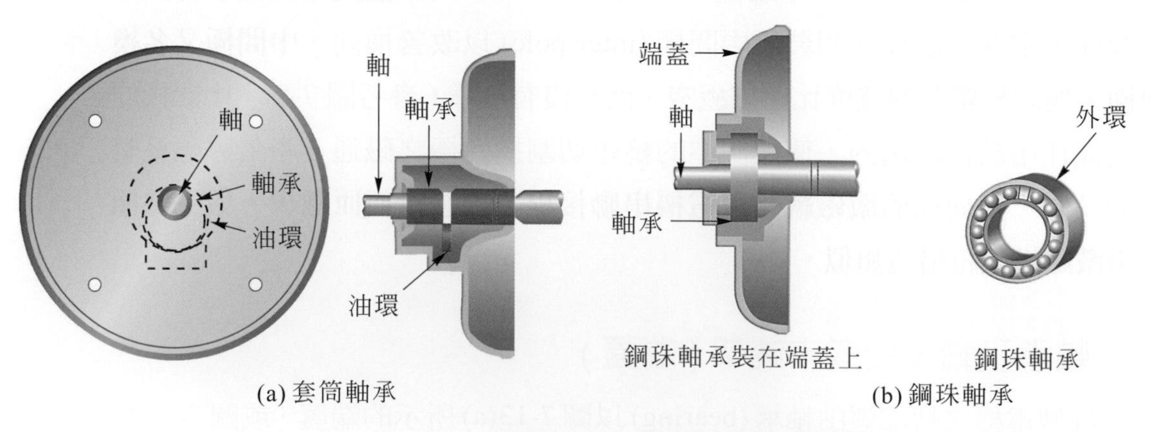

(a) 套筒軸承　　(b) 鋼珠軸承

▲ 圖 7-14　套筒軸承及鋼珠軸承

四、電刷與刷握

電刷 (brush) 的功能在於將旋轉的線圈電路與外部電路連接。

為配合不同容量和轉速的電機，常用的電刷有下列四種：

1. **碳質電刷 (carbon brush)**：適用於小型或低轉速的電機。
2. **石墨質電刷 (carbon-graphite brush)**：適用於高速或大容量的電機。
3. **電化石墨電刷 (electro-graphite brush)**：適用於一般的電機。
4. **金屬石墨電刷 (metal-graphite brush)**：適用於低電壓大電流的電機。

為了使電刷與換向器能良好接觸，電刷之接觸面磨成與換向器相同弧度，以求密接。電刷頂端由彈簧壓迫電刷與換向器接觸，如圖 7-15(a) 所示，壓力太小易造成接觸不良產生火花；壓力太大則摩擦力大，容易使電刷及換向器磨損。電流較大之電刷頂端，鉚接有俗稱豬尾的柔軟引線以方便接線，如圖 7-15(b) 所示。

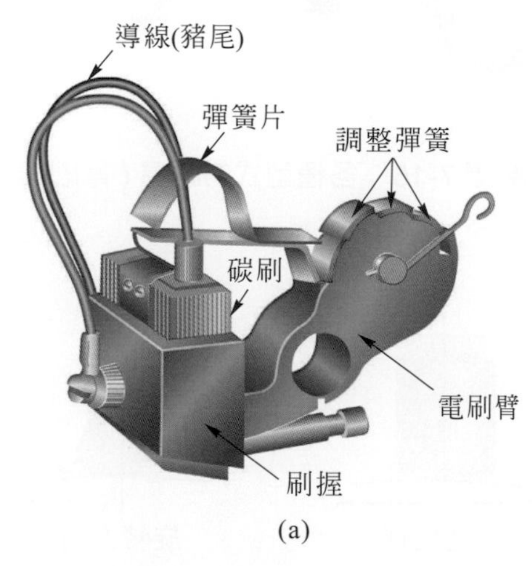

(a)

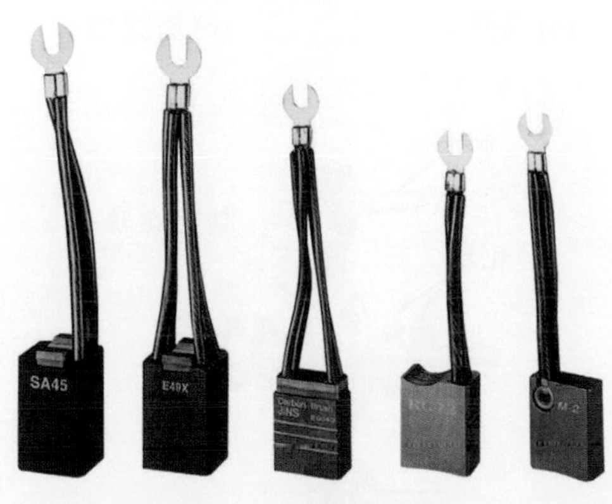

(b)

▲ 圖 7-15　電刷組合與電刷

圖 7-16 所示的刷握 (brush holder) 又稱為電刷架，用來固定電刷位置與角度。**電刷與換向器接觸的角度有逆動型、垂直型及追隨型三種**不同方式，如圖 7-17 所示。**垂直型電刷適用於正逆雙向旋轉的電機**；採用**逆動型及追隨型的電機僅可單向旋轉**，反向旋轉可能導致電刷破裂或換向器損壞。中大型機通常刷握裝在附有搖臂 (rocker arm) 的刷柄上，藉由搖臂、搖環來調整電刷的位置，如圖 7-18 所示。

▲ 圖 7-16　各種型式的刷握 (電刷架)

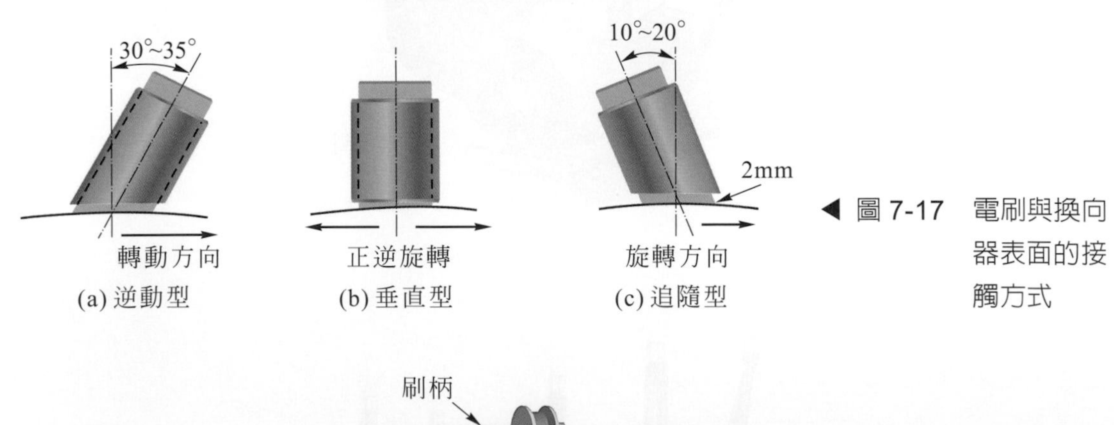

◀ 圖 7-17　電刷與換向器表面的接觸方式

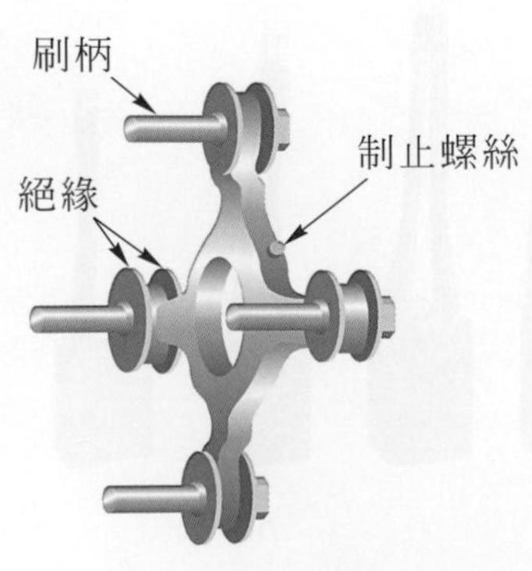

▲ 圖 7-18　搖臂及刷柄

7-2-3　直流機的轉子 (旋轉部份)

旋轉電機感應電勢或產生轉矩的主要部份，稱為電樞 (armature)。直流機的轉子由電樞鐵芯、電樞繞組、換向器及軸組成，如圖 7-19 所示。

(a) 大型機

(b) 小型機

▲ 圖 7-19　直流機的轉子 (電樞)

一、電樞鐵芯

電樞鐵芯為磁路的一部分，電樞轉動時鐵芯不斷經過不同極性的磁場也會感應電勢而產生渦流，造成渦流損使鐵芯發熱。為了減少渦流損，電樞鐵芯以高導磁係數、低磁滯損、高機械強度的矽鋼薄片，依平行磁力線的方向疊積而成，使磁阻最小；而矽鋼片的片與片間絕緣，使渦流損減少。組合電樞鐵芯的方式，小型電機是將疊積好的矽鋼片鐵芯直接嵌於軸上；中大型電機在軸心附近幾乎沒有磁通通過，因此可以使用較廉價的鑄鐵或鑄鋼製成電樞輻，然後再將電樞鐵芯矽鋼片嵌置於電樞輻上，以節省矽鋼用量、降低成本。

電樞鐵芯表層鑿設線槽以裝填繞組。**電樞線槽可分爲開口槽 (open slot)、半閉口槽 (semi-closed slot) 及閉口槽 (closed slot) 三種**，如圖 7-20 所示。開口槽容易裝入繞組，但是無法承受較大的離心力，適用於大容量、低轉速的電機；半閉口槽可以減少齒部與槽部所形成的空氣隙磁通不均勻現象，並使繞組可承受較高的離心力，因此為大部分中小型電機、高速電機所採用。閉口槽的空氣隙磁通均勻並可承受極大的離心力，但繞組入線較困難，通常使用於線圈匝數少的高速機；交流感應電動機的鼠籠式繞組也常採用閉口槽。圖 7-21 所示的斜形槽，可減少磁阻變動所引起的噪音以及轉矩脈動現象。大型機的鐵芯留有空隙以便通風散熱，如圖 7-22 為平行槽具通風道的電樞。

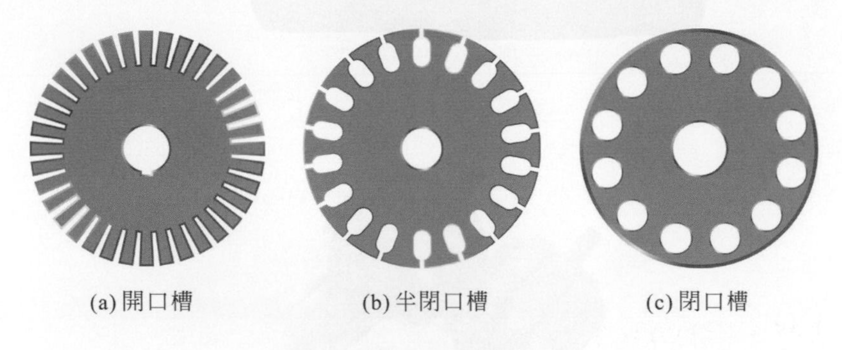

▲ 圖 7-20　線槽

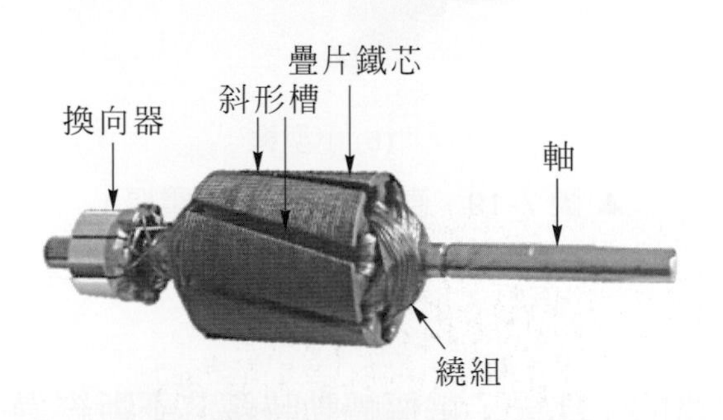

▲ 圖 7-21　已入線的斜形槽電樞

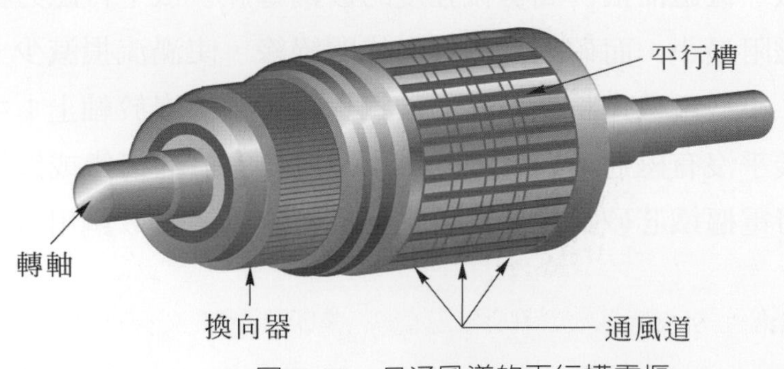

▲ 圖 7-22　具通風道的平行槽電樞

二、換向器

換向器 (commutator) 的作用如同旋轉開關，在直流發電機中的功能是將電樞繞組的交流感應電勢整流為直流電輸出；在直流電動機中則是將外電路之直流電轉換為交流電輸入電樞繞組。換向器由圖 7-23(a) 所示的楔形換向片 (commutator segment) 組成。換向器截片通常以硬抽銅、銀銅合金或鉻銅合金製成，截片間用雲母片絕緣，並作切下處理以防止因雲母片高出換向器截片，導致電刷和換向器接觸不良而產生火花。圖 7-23(b) 為組立完成的換向器；圖 7-24 為電刷與換向器的組合。

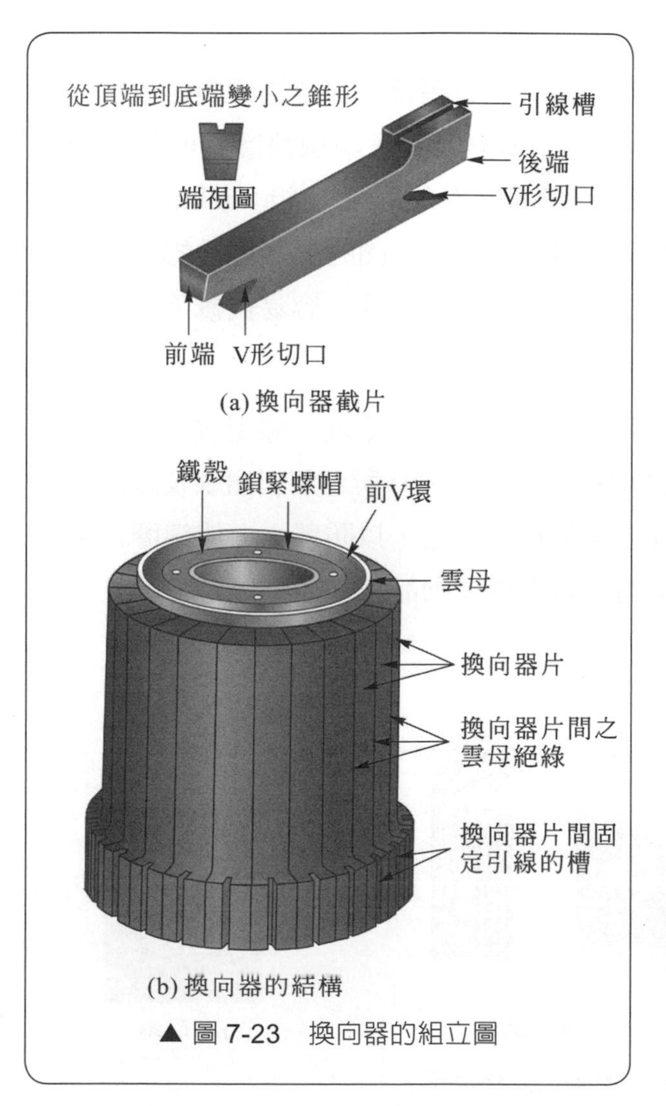

▲ 圖 7-23　換向器的組立圖

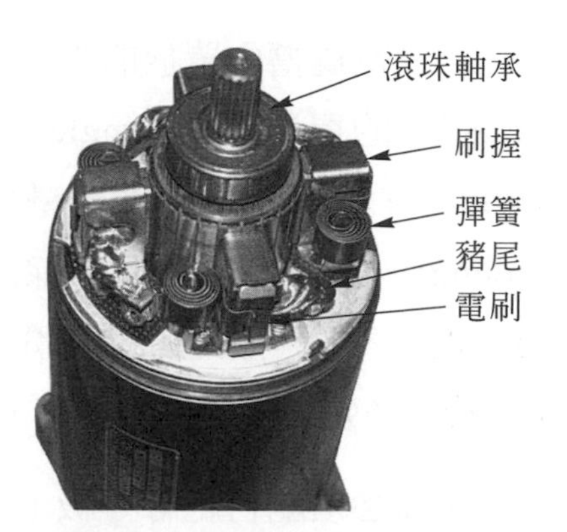

▲ 圖 7-24　電刷換向器的組立圖

三、電樞繞組

現行的直流機均採用鼓形繞組 (drum winding)，環形與盤形繞組只有特殊電機採用。鼓形繞組之線圈導體位於電樞表面，所有導體均能與磁場作用產生電勢或轉矩，如圖 7-25 所示。每一線圈放置在電樞鐵芯線槽內的直線部份稱為線圈邊 (coil side)。

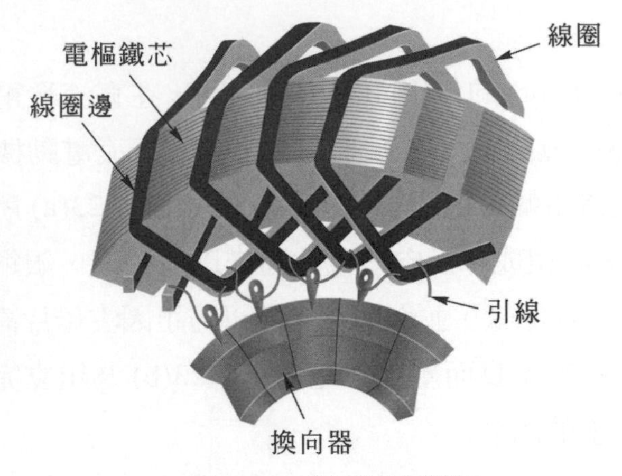

▲ 圖 7-25　鼓式電樞繞組

若以電樞槽內置放的線圈邊數目來區分，電樞繞組可分為槽內僅放置一個線圈邊的單層繞組 (single layer winding)、槽內放置兩個線圈邊的雙層繞組 (double layer winding) 與槽內放置多個線圈邊的多層繞組 (multiple layer winding)，如圖 7-26 所示。採用雙層繞組時，每個線圈的一邊在槽的上層而另一邊在下層，如此可以充份利用空間，並且繞組對稱，容易機械平衡，因此廣為大多數的電機繞組採用。

線圈必須配合絕緣等級，使用適當材料予以絕緣處理。線圈置於槽內入線完畢後須以楔片封閉線槽口，並以紮線如圖 7-27(a) 所示將引出線及露出鐵芯之線圈兩端緊緊綁紮，高速機甚至須用鋼套固定，以防離心力使線圈飛脫 (run away)，如圖 7-27(b) 所示。電樞必須作機械動靜態平衡，以免轉動時震動太大。

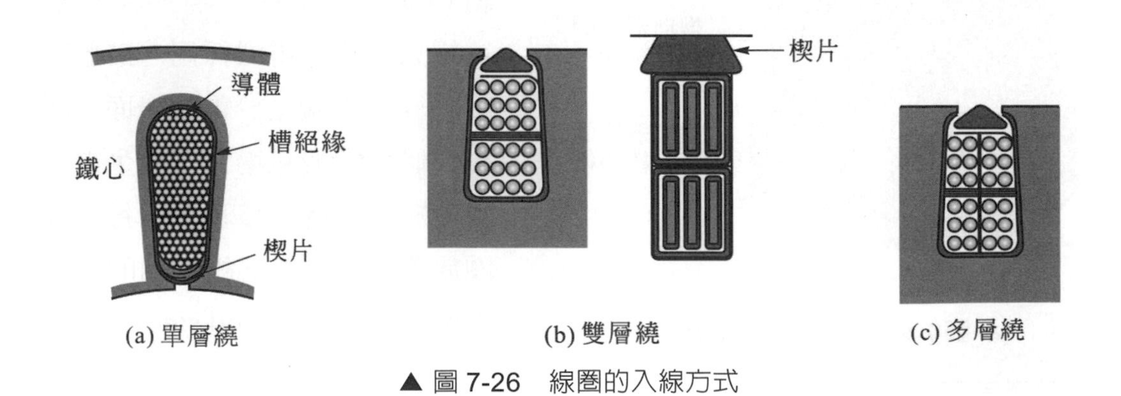

▲ 圖 7-26　線圈的入線方式

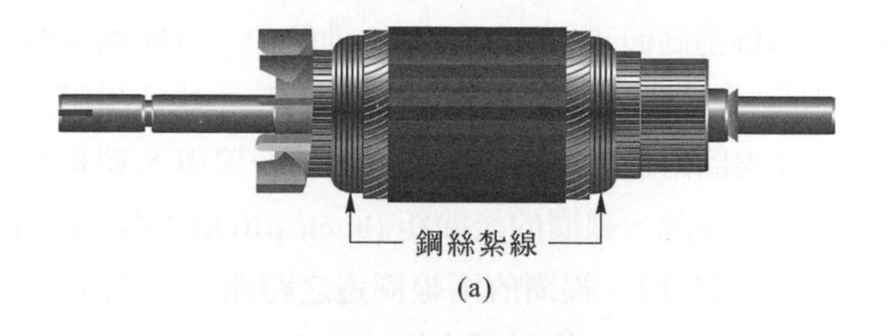

(a)

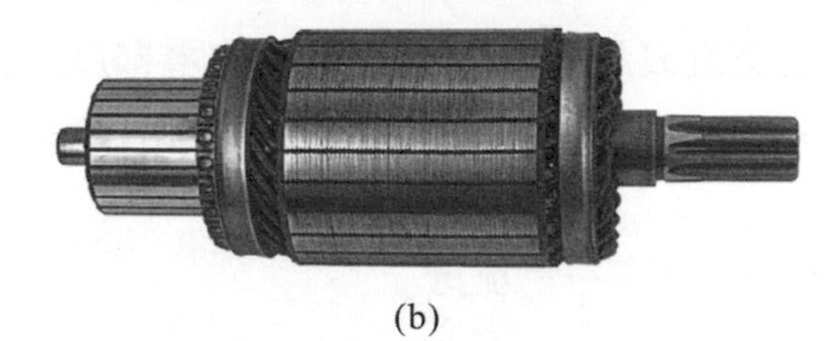
(b)

▲ 圖 7-27　電樞紮線以防離心力

7-2-4　直流機的電樞繞組

一、線圈的結構與相關知識

直流電樞繞組由導體組成線圈，線圈再經換向片聯接成繞組。不同槽內的兩根導體相連接即成一匝線圈，線圈匝數 N 與有效導體數 Z 的關係為：

$$\frac{Z}{2}=N \quad \text{（每兩根導體形成一匝）} \tag{7-8}$$

或

$$Z=2N \quad \text{（每匝有兩根有效導體）} \tag{7-9}$$

如圖 7-28 所示，四根導體構成兩匝線圈。線圈邊是指放置於線槽內，與磁場感應電勢或產生轉矩的有效導體部份。每個線圈有兩邊，兩個線頭各在一邊；引出線頭接換向器的一端為前端。發電時同一個線圈之兩邊導體必須切割不同磁性磁極，以產生不同方向之感應電勢，

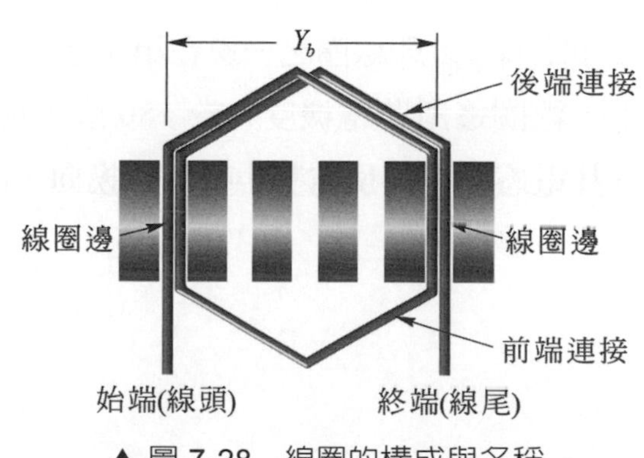

▲ 圖 7-28　線圈的構成與名稱

使電壓得以正確串聯提高而不會抵消。在電動機中，線圈兩邊的導體電流為一進一出方向相反，必須與不同磁性的磁極作用，才能產生同方向的電磁力使電機旋轉。因此**線圈兩邊之跨距必須使線圈的一邊與 N 磁極作用時，另一邊與 S 極作用**；換句話說，**線圈的後節距 (back pitch) 必須約等於極距 (pole pitch)**。所謂**後節距是指同一線圈的兩線圈邊之跨距，以 Y_b 代表**。**極距爲相鄰兩磁極中心線之距離或磁中性面至中性面的距離**。導體每切割一對磁極即產生一完整 360 度之交流波形，所以一對磁極的電機度為 360 度，**一極距之電機角度爲 180 度**。旋轉電機之電機度與機械度的關係為：

$$電機度（電機度）= \frac{P}{2} 機械度 \tag{7-10}$$

由於線圈邊係置於槽內，因此線圈之後節距並不以長度表示，而是以線圈邊所在之槽號碼差表示。因為後節距約等於極距，所以線圈的後節距 Y_b 等於電樞鐵芯槽數 S 除以極數 P，即

$$後節距 = \frac{槽數}{極數}，Y_b = \frac{S}{P} \tag{7-11}$$

若計算得後節距恰為整數，此時**線圈兩邊之跨距等於極距**，則稱此線圈**爲全節距**繞組。**全節距線圈兩邊之跨距爲 180 度電機度**。因線圈邊置於槽內，當槽數不能被極數整除時，必須取最接近的整數。例如電樞鐵芯槽數 18 槽，欲繞成四極，極距為 $\frac{18}{4} = 4.5$ 不為整數；若取後節距為 4，即線圈之一邊置於第 1 槽，另一邊在第 5 槽，其**後節距小於極距，線圈兩邊所跨電機度小於 180 度，稱爲短節距** (short pitch) **或部分節距或分數節距** (fractional pitch)。若採用後節距為 5，即線圈之一邊在第 1 槽，另一邊置於第 6 槽，此時後節距大於極距，線圈邊所跨電機度大於 180 度，稱之為長節距。**短節距比長節距節省銅量且電感較小，反電勢小較容易換向**，因此直流機大多採用短節距線圈。

直流機之電樞線圈的線頭，分別接至不同的換向器截片，而每個換向器截片接一個線圈的終端（尾）及另一個線圈的始端（頭），於是線圈經由換向器截片串接成一封閉的閉路繞組 (closed circuit winding)。依線圈串接順序，電樞繞組分為順時針方向串接的前進繞 (progressive winding) 以及逆時針方向接續下一個線圈的後退繞 (retro progressive winding)。

直流機的電樞繞組依線圈接法的不同，所形成的電流路徑亦不同，可分為：

1. **疊繞組 (lap winding)：線圈串接同一磁極下相鄰的線圈，形成電流路徑與極數相同的多路並聯繞法，電流（並聯）路徑數與極數成正比**。
2. **波繞組 (wave winding)**：線圈串接下一對磁極、相近電機度的線圈，形成將線圈分為兩組串聯之後再並聯，**電流（並聯）路徑數與極數無關，僅有二條電流路徑的繞法**。
3. **蛙腿式繞組 (frog-leg winding)：由單分疊繞與 $\frac{P}{2}$ 分波繞組成的複合繞組**。

二、疊繞

1. 前進疊繞與後退疊繞

   疊繞組是將線圈兩端引線連接在相鄰的換向片上，如圖7-29(a)所示的接法。線圈1的頭尾是接在換向片1和換向片2上，線圈2的頭尾是接在換向片2和換向片3上；經由第2換向片使線圈1順時針方向串接線圈2，為前進式疊繞，如圖7-29(b)所示。若有n個線圈則第n個線圈之兩引線將分別接在第n片和第1片換向器片上而接回到線圈1，使線圈形成閉合迴路成為閉路繞。**最後一個線圈的末端接回第一個線圈的始端，稱爲重入**(reentrancy)，如圖7-30所示。

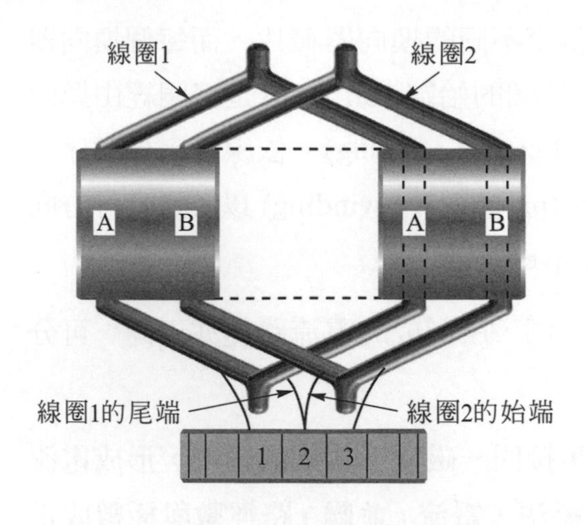

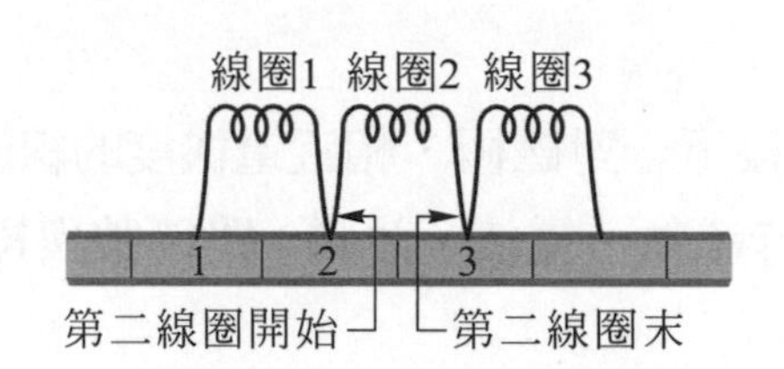

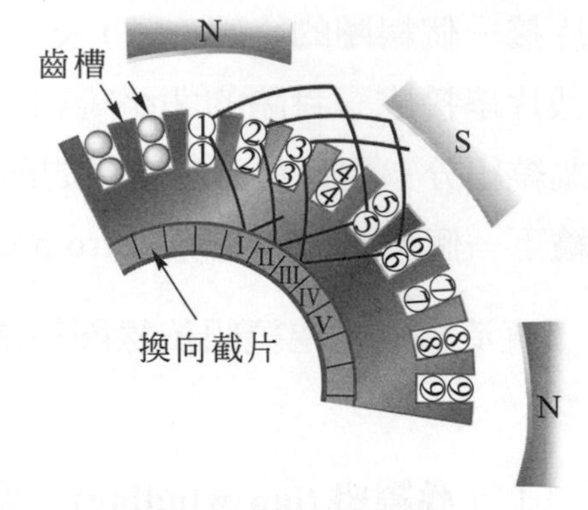

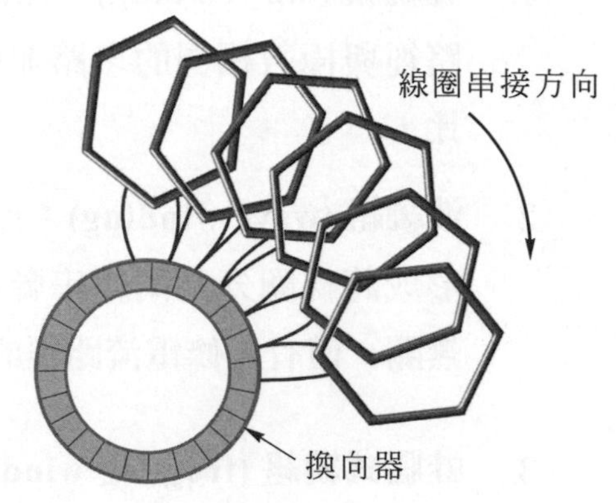

(a) 疊繞線圖接法

(b) 線圈順時鐘方向串接

▲ 圖 7-29 前進式疊繞

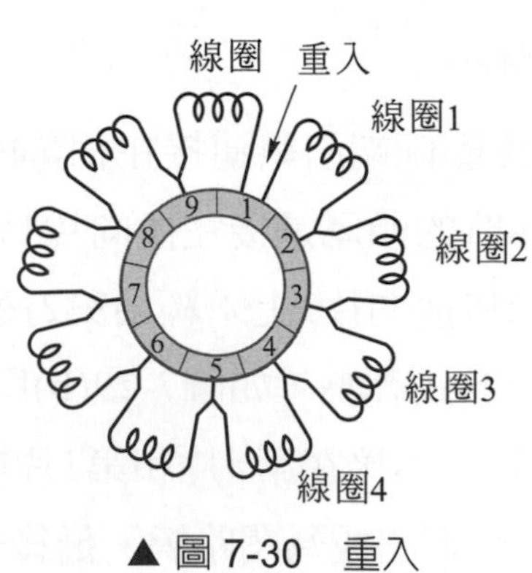

▲ 圖 7-30 重入

若線圈仍是接至相鄰的兩換向器截片，但線頭交叉，例如第一個線圈的始端(頭)接至第2片換向截片，而末端(尾)接在第1片換向截片，則線圈依逆時針方向，串接下一個線圈而成為後退式疊繞，如圖7-31所示。前進疊繞接到換向片的引出線較後退式疊繞短，可節省用銅量且少一次交叉，比較容易絕緣，因此**疊繞大多採用前進式繞法**。

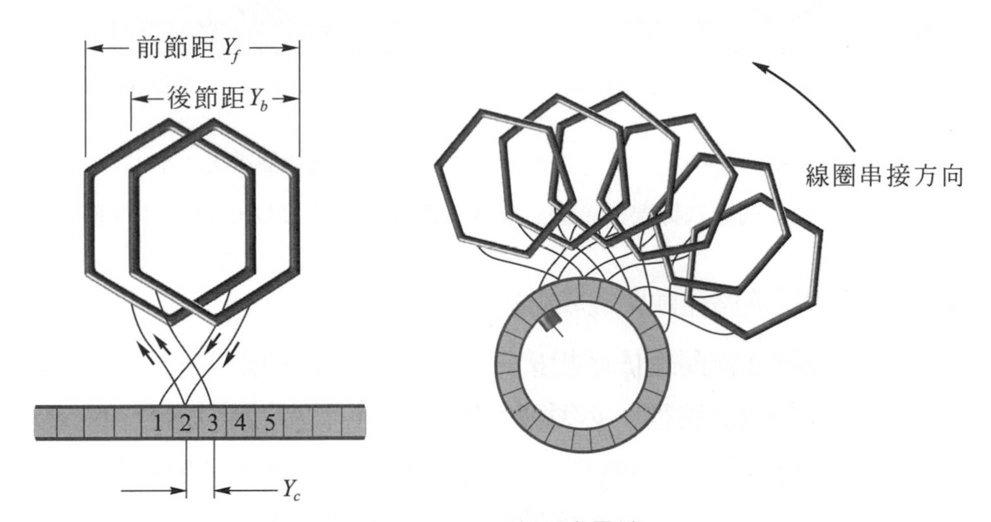

▲ 圖 7-31　後退式疊繞

線圈之串接法以換向器節距(commutator pitch) Y_c 表示。所謂**換向器節距是指同一線圈，末端(尾)所接的換向器截片號碼，與始端(頭)所接換向器截片之號碼差值**。**前進繞之換向器節距爲正值，而後退繞之換向器節距爲負值**。同一換向片所接線圈邊之跨距稱為前節距，以 Y_f 表示。疊繞之換向節距等於後節距減前節距，即 $Y_c = Y_b - Y_f$。疊繞之後節距 Y_b、前節距 Y_f 與換向器節距 Y_c 之關係如圖7-32所示；前進疊繞的後節距大於前節距，Y_c 為正值；後退疊繞的後節距小於前節距，Y_c 為負值。

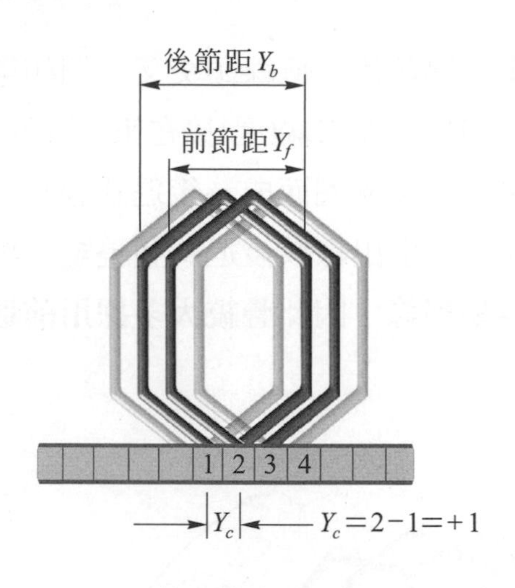

(a) 前進疊繞 $Y_b > Y_f$

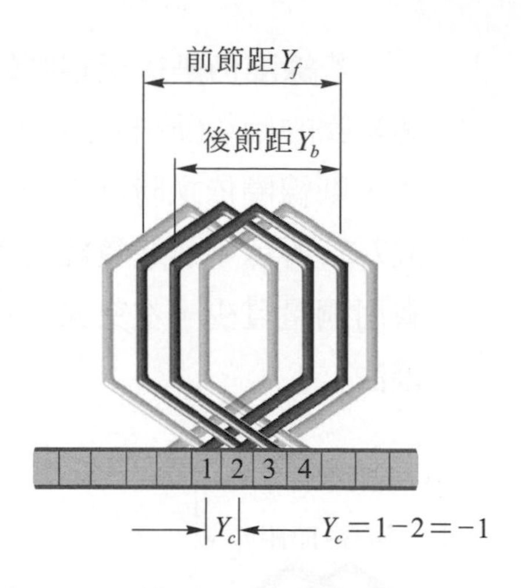

(b) 後退疊繞 $Y_b < Y_f$

▲ 圖 7-32　前進式疊線與後退式疊線的前、後節距及換向節距之關係

2. 疊繞的電流路徑數與繞成疊繞之條件

疊繞之線圈是依序相接，在不同磁極之切割下，自然形成與極數相同的電流路徑，**必須要有與極數相同之電刷**引出電流。即疊繞的電流路徑數a = 極數P，電刷數 = 極數。如圖7-33所示為一前進疊繞的例子，圖中實線及編號1、2、…的線圈邊在線槽上層，虛線及編號1′、2′、…的線圈邊在下層，其線圈的線路導出圖，如圖7-33(b)所示。

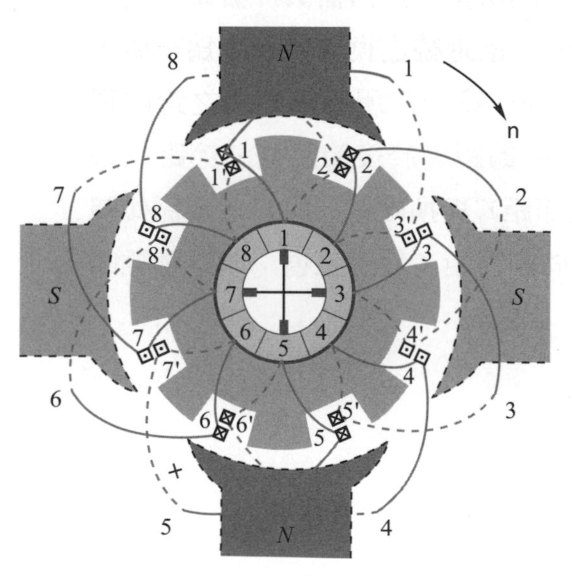

(a) 發電機的繞組圖

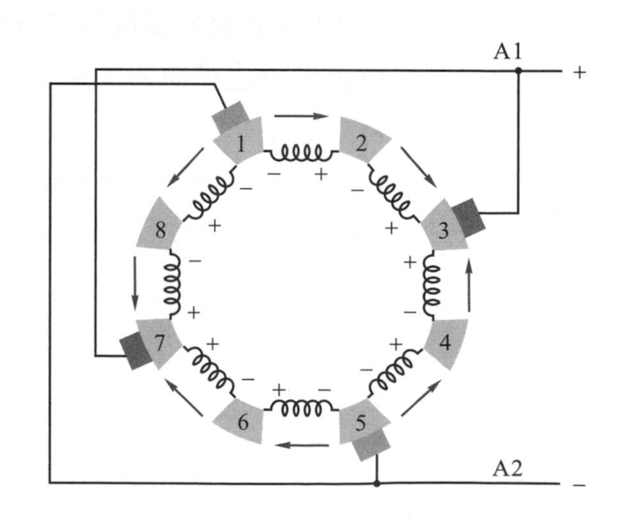

(b) 電流路徑

▲ 圖 7-33　四極前進疊繞及其電流路徑

疊繞是多路並聯的繞組，各路之電壓必須相等，以免並聯時產生環流；因此欲接成疊繞之電樞須滿足每對磁極下的線圈數須相同。繞成疊繞之條件為線圈數除以極對數須為整數，亦即換向片數 c 除以極對數 $\frac{P}{2}$ 須為整數：

$$\frac{c}{\frac{p}{2}} = \text{整數} \tag{7-12}$$

3. 均壓線

疊繞中各並聯路徑所串聯的線圈，係分佈在不同的磁極下；四極以上電機由於各磁極的磁阻不同，磁通量也不同，造成各路徑的感應電勢並不完全相等，並聯在一起時會產生環流，如圖7-34(a)所示。此環流不但增加功率耗損而且流經換向器與電刷；電刷與換向片除了負載電流外再加上環流，換向過程電流太大會產生火花甚至燒燬。為了避免環流經過電刷與換向片，疊繞必須採用均壓連接線，簡稱為均壓線(equalizer)，將電樞繞組上距離2個極距(即360電機角度)的各點均連接在同一條低電阻導線上，使環流分散經過均壓線而不集中經過換向器與電刷，如圖7-34(b)所示，避免換向器與電刷電流過大而冒火燒毀。

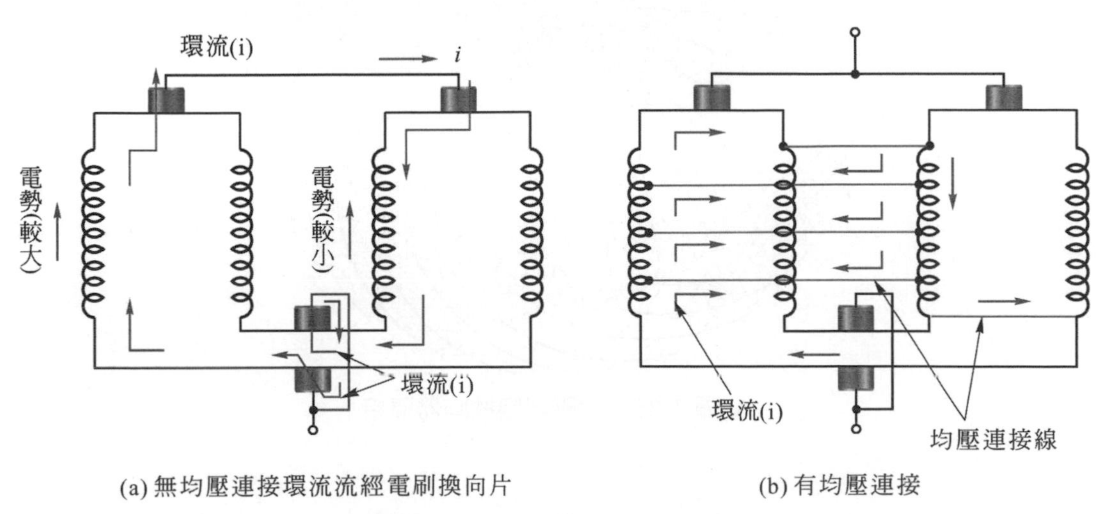

▲ 圖 7-34　疊繞組中環流循環路徑

均壓線之連接點為相距360°電機度(兩個極距)的等電位點，所以接均壓線的疊繞電機，必須換向片數(或槽數)為極對數的整數倍，而總均壓線數等於線圈數除以極對數，亦即均壓線數 $= \dfrac{c}{(\frac{p}{2})}$。將所有線圈都接均壓線時，稱為百分之百均壓線連接。當磁極強度相差不大，經濟考量為了降低成本可採用部分均壓線，例如：減半採用 50% 均壓線，每隔二個線圈才連接一條均壓線；或 $\dfrac{1}{4}$ 即 25% 均壓線，每隔四個線圈才連接一條均壓線。均壓線的接法有：

(1) 在繞線前先將互隔 360° 電機度的換向片以銅線連接，如圖 7-35 所示，此種稱為內旋均壓器 (involute equalizer)。

(2) 在線圈後端以均壓環連接。

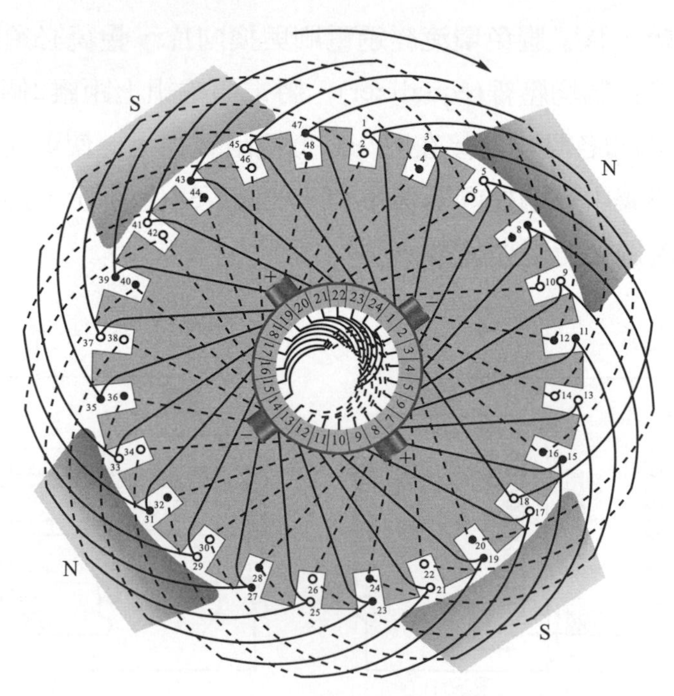

▲ 圖 7-35　均壓線自換向器連接

例 7-2

有一直流機為 4 極、20 槽、20 換向器截片，試設計單分疊繞組。

解 因 20 片換向器截片，故有 20 個線圈。槽數 $S=20$，採用每槽放置二線圈邊之雙層繞，首先計算後節距

$$Y_b=\frac{S}{P}=\frac{20}{4}=5(\text{槽})$$

換向器節距採用"+"的前進繞引線較短，即

$Y_c=+1(\text{片})$

$Y_f=Y_b-Y_c=5-1=4(\text{槽})$

繞組圓形展開圖如圖 7-36 所示，繞組平面展開圖如圖 7-37 所示。

並聯路徑數 $a=P=4$，電流路徑如圖 7-38 所示，

均壓線數採百分之百須 $\text{coils}/(\frac{P}{2})=\frac{20}{\frac{4}{2}}=10(\text{條})$。

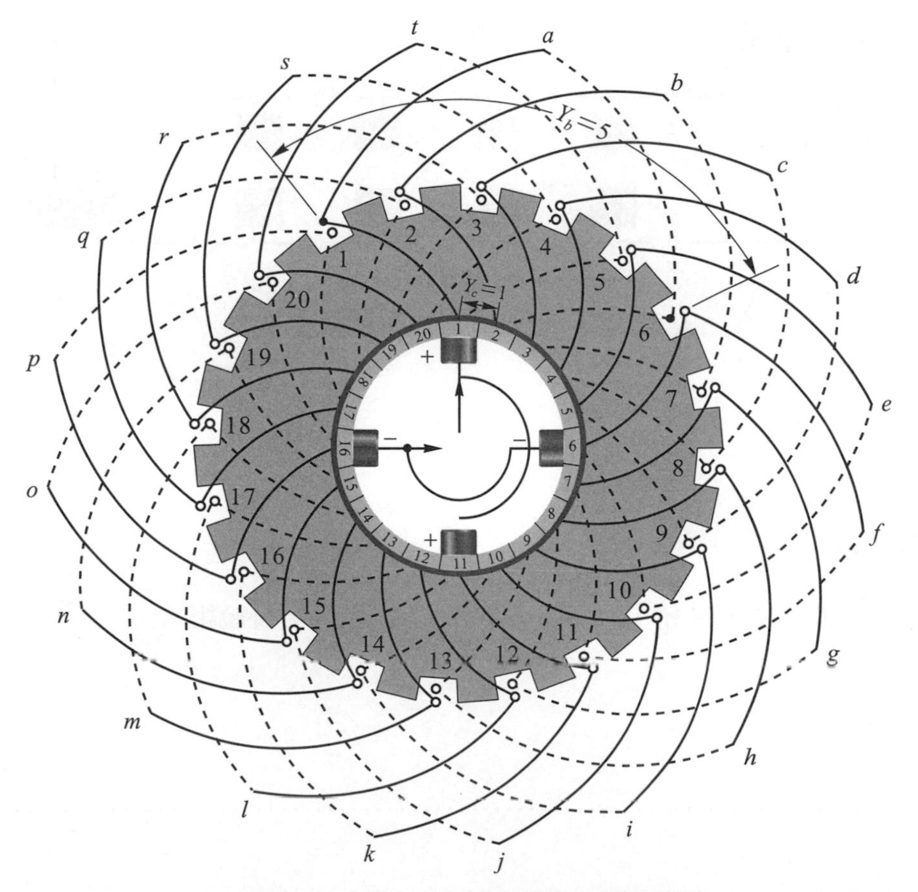

▲ 圖 7-36　例 7-2 四極直流機之疊繞組圖

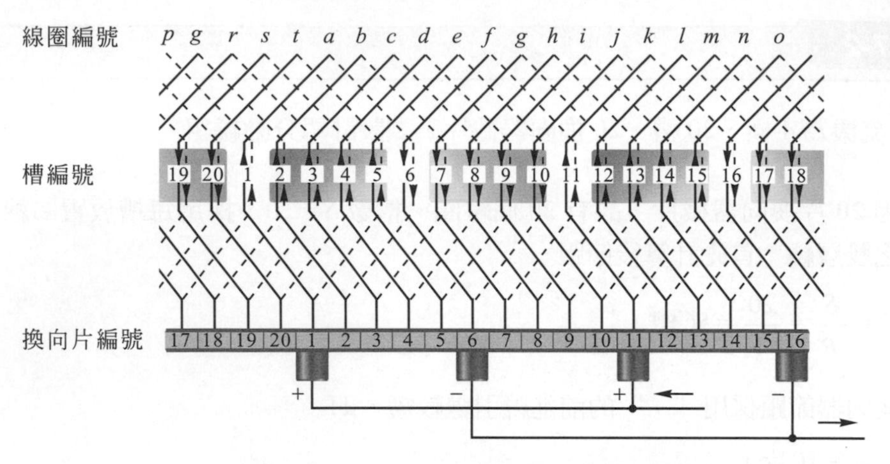

▲ 圖 7-37　例 7-2 四極直流機之展開圖

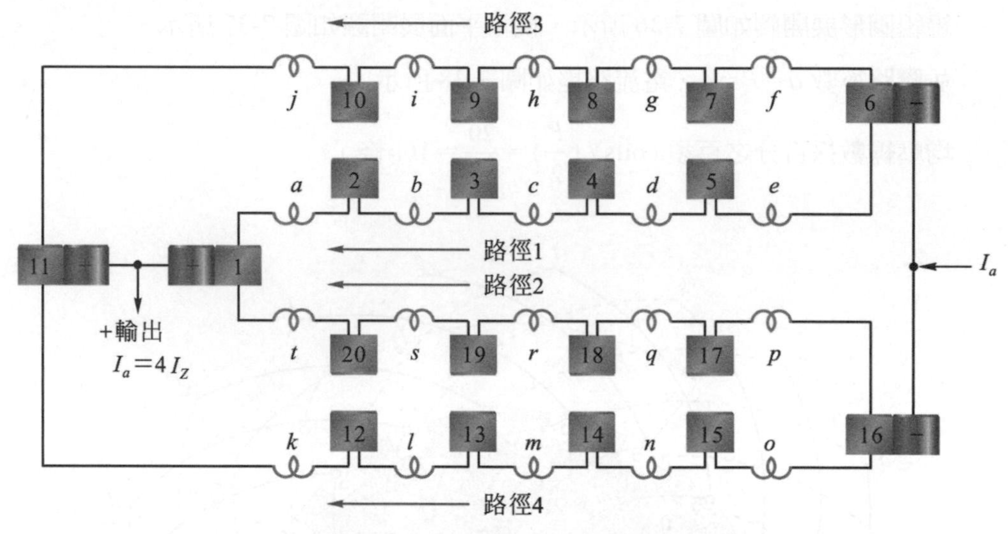

▲ 圖 7-38　電樞繞組之四個並聯路徑圖

類題 7-2

有一直流機為 4 極、24 槽、24 換向器截片，試設計單分疊繞組。

4. 複分疊繞組 (multiplex winding) 與重入數

為了得到較高之電流，可將兩台發電機由外部接線並聯，也可**將二組以上相同的電樞繞組，同時繞在較大的同一電樞鐵芯上，而成爲複分繞組**。例如將原為36槽之電樞繞組兩組同繞於有72槽之較大鐵芯上；或以雙線繞製線圈再置於同一槽內，接線時一組線圈接於1、3、5、7、…奇數換向片，另一組接於2、4、6、8、…偶數換向片，即成雙分繞組。若將三組相同之電樞繞組一起繞於電樞鐵芯內，即為三分繞組，依此類推。**複分繞又稱爲多重繞，複分數以*m*代表，**雙分繞組又稱為雙重繞，$m=2$；三分繞組又稱為三重繞，$m=3$。採用複分繞時，電刷寬度必須能同時跨接與繞組份數相同之換向器片，將繞組並聯。直流機採用多重繞組可增加電流路徑數，提高電流量而不必用太粗的線圈導體，繞製時入線施工較容易，因此大型機大多採用複分繞。

在複分疊繞組中，重入次數等於換向片數 c 與繞組複分數 m 的最高公因數；例如雙分疊繞組，換向片數為36，其重入數為2與36的最高公因數(2, 36) = 2，有二次重入。

5. 疊繞之計算公式如下：

後節距 $Y_b=\dfrac{S}{P}$（取最接近之整數） (7-13)

疊繞組的換向片節距 Y_c = 疊繞組份數 (m)

前進式取 +，後退式取“ ”

前節距 $Y_f=Y_b-Y_c$ (7-14)

並聯路徑數 $a=mP$ (P 為極數) (7-15)

三、波繞

1. 前進波繞與後退波繞

波繞之接線是線圈經換向片連接下一對磁極、相近電機度的線圈；亦即**波繞組換向器節距約爲360度電機度**，如圖7-39所示。波繞組換向節距不可剛好等於360度，否則連接 $\frac{P}{2}$ 個線圈後即自行短路閉合，而無法將其他線圈串接起來。波繞之換向器節距必須大於或小於 360 度，以超越或不及始端而串接其他線圈。因此波繞之換向器節距的計算式如下：

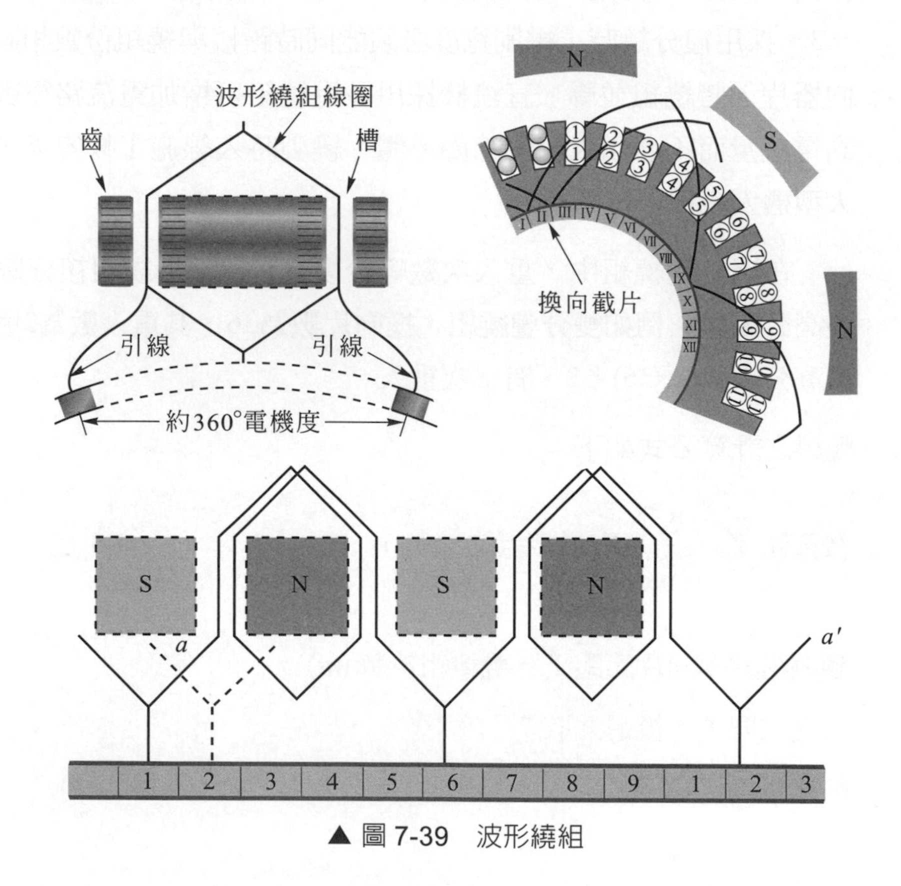

▲ 圖 7-39　波形繞組

$$Y_c = \frac{c \pm m}{\frac{P}{2}} \qquad (7\text{-}16)$$

式(7-16)中 c 為換向片數，m 為繞組複分數，P 為極數。

計算波繞換向器節距時，若取“+”，則**換向器節距大於360°電機度**，為前進式波繞，線圈以順時針方向串接下一個線圈。如圖7-40(a)所示，一4極23片換向片23個線圈的前進波繞，換向節距取12。第1個線圈的線頭接第1片換向片，第1個線圈的線尾經第13片換向器片連接第13個線圈，第13個線圈的線尾經第2片換向器片，以順時針方向串接連接第2個線圈。

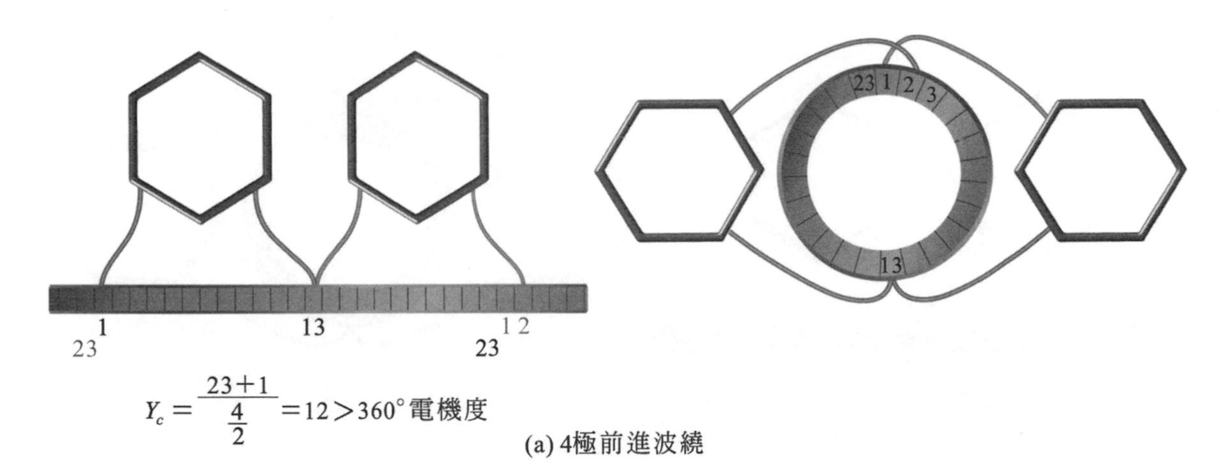

(a) 4極前進波繞

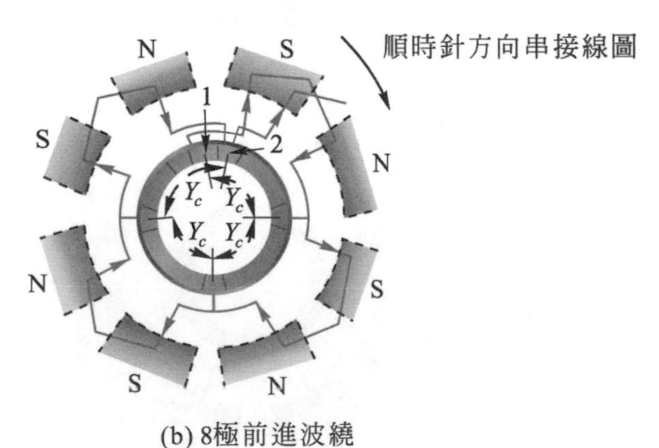

(b) 8極前進波繞

▲ 圖 7-40　前進式波繞

若計算波繞換向器節距時取“－”，則**換向器節距小於360°電機度，成爲後退式波繞**，以逆時針方向串接下一個線圈，如圖7-41所示。第1個線圈經第12片換向片接第12個線圈，之後經第23片換向片逆時針方向串接第23個線圈。一4極、11槽、11片換向片及11個線圈的單式後退波繞，其圓形展開圖如圖7-42(a)所示，圖7-42(b)為平面展開圖。**後退波繞之接線較前進式波繞短，可節省銅量，因此波繞接線應盡量採用後退式**。並非所有的電樞鐵芯所附之換向器均適合接成波繞，欲判斷電樞所配之換向器是否可接成波繞，可由換向器節距計算公式所得之商是否為整數來判斷。

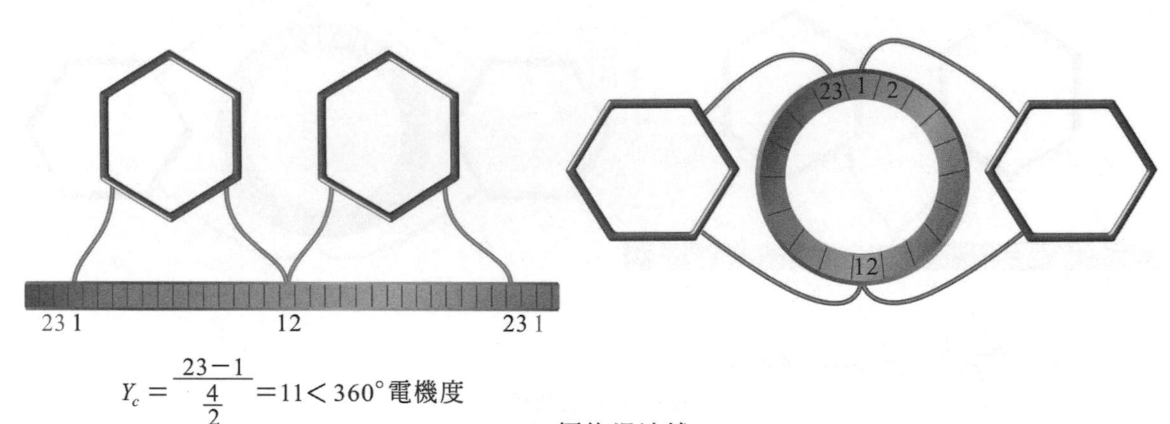

$$Y_c = \frac{23-1}{\frac{4}{2}} = 11 < 360°\text{電機度}$$

(a) 4極後退波繞

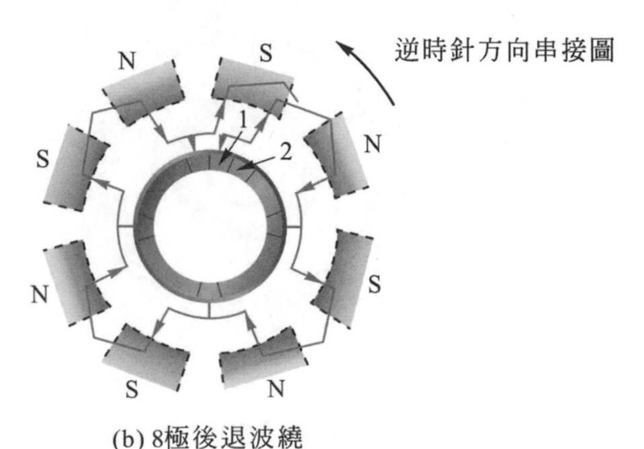

(b) 8極後退波繞

▲ 圖 7-41　後退式波繞

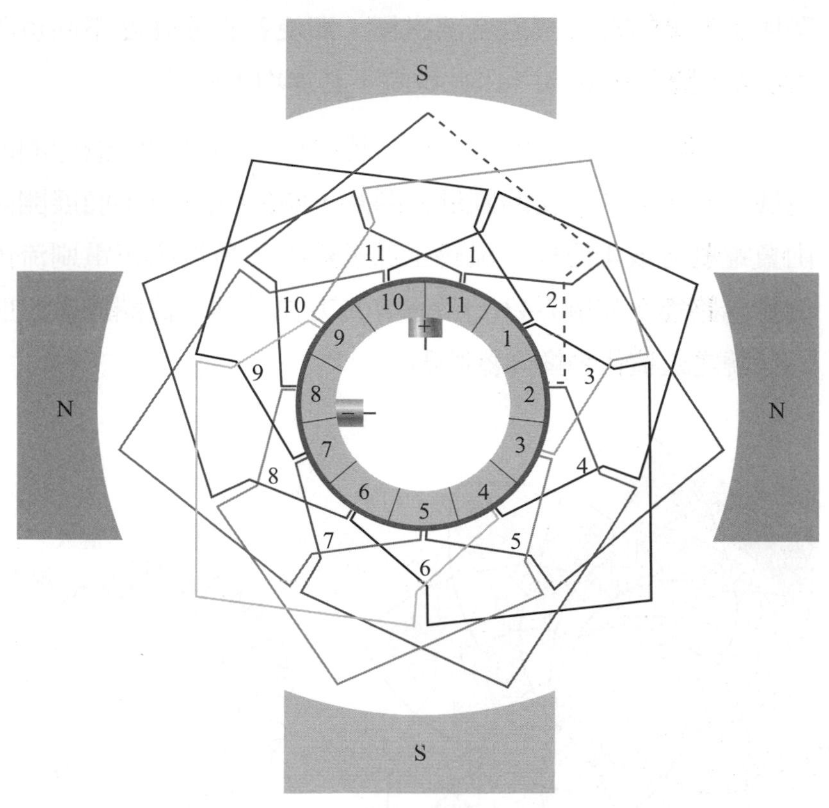

(a) 圓形展開圖

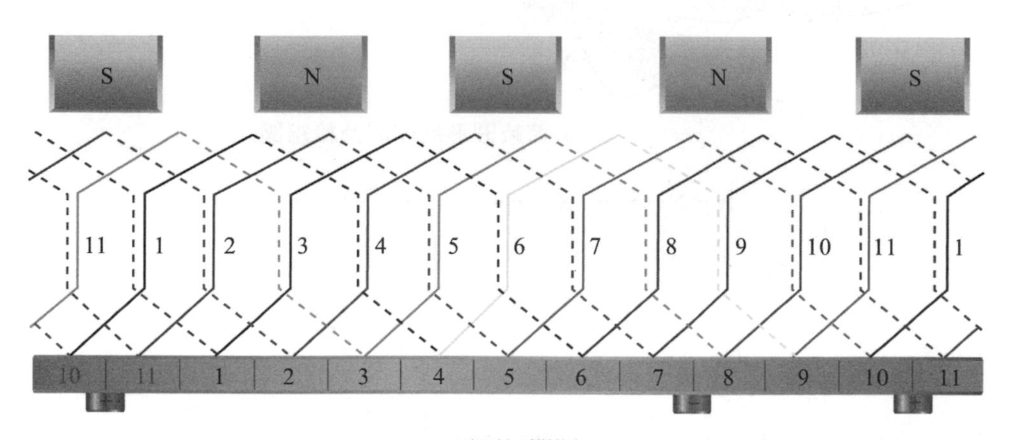

(b) 平面展開圖

▲ 圖 7-42　單式後退波繞線圈展開圖

2. 波繞的電流路徑

波繞的線圈係串接下一對磁極的線圈，因此全體線圈分為左線圈邊在N磁的一組，與左線圈邊在S磁極下的另一組；兩組電流相反呈兩條電流路徑。**單式波繞爲二路串聯的繞組，電流路徑數** $a=2$**；複分波繞的電流路徑數爲 2 × 複分數** m。波繞僅須兩只電刷即可；但實用上常裝設與極數相同之電刷數以分擔電流。波繞正負兩電刷間所串接的繞組，經過全部磁極，即使各磁極強度不同也不致造成兩組電壓不同的現象，因此波繞不必加均壓線。

如圖7-43(a)所示為一4極、9槽、9片換向片及9個線圈的直流發電機，採用單式波繞的圓形展開圖，圖7-43(b)為平面展開圖；電流由負電刷分成兩路徑，流經全部繞組後，最後由正電刷流出，有二個並聯路徑，如圖7-43(c)所示，為方便識別以線圈邊數說明，而帶□符號之數值代表換向器號碼。

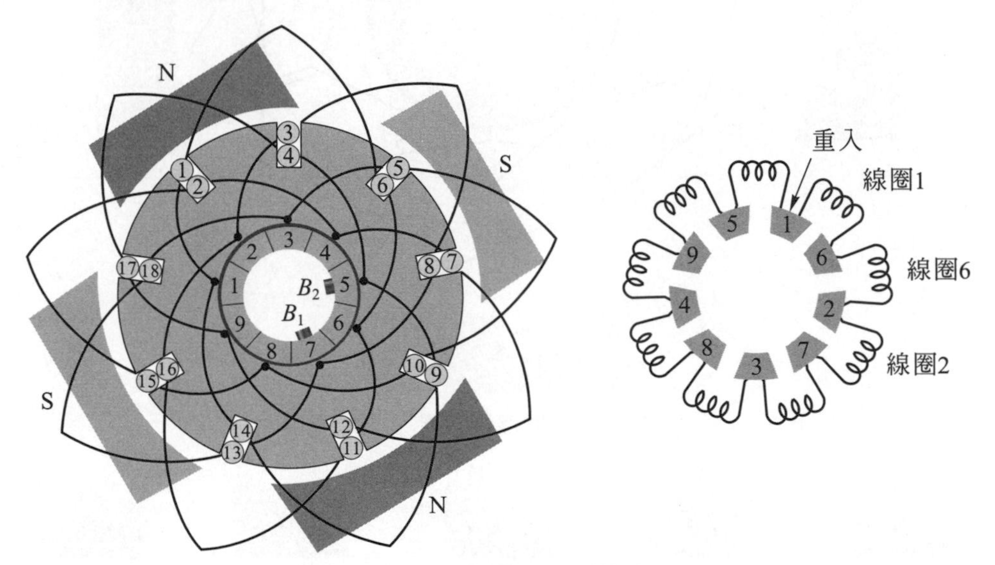

(a) 波繞圓形展開圖及接線圖

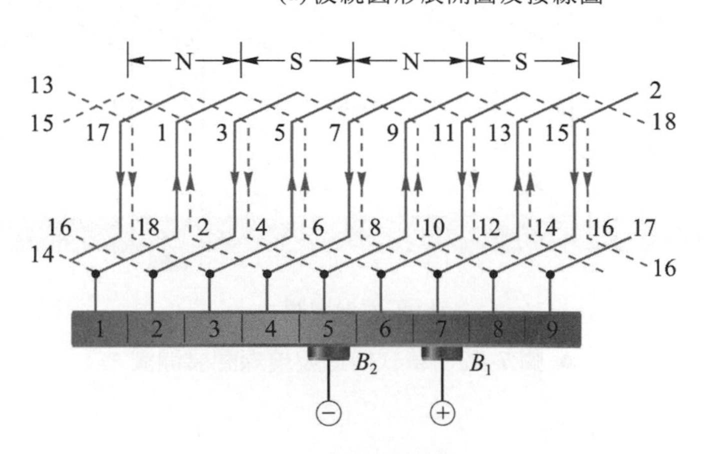

(b) 平面展開圖

⊖ — B_2 — [5] — 9 ⌇ 14 — [1] — 1 ⌇ 6 — [6] — 11 ⌇ 16 — [2] — 2 ⌇ 8

— 4 ⌇ 17 — [9] — 12 ⌇ 7 — [4] — 2 ⌇ 15 — [8] — 10 ⌇ 5 — [3] — 18 — 13 — [7] — B_1 — ⊕

(c) 線圈導出(電流路徑)圖

▲ 圖 7-43　單式前進波形繞組

3. 波繞的計算公式

波繞的重要公式如下：

後節距 $Y_b = \frac{S}{P}$ (取最接近之整數) (7-17)

換向器節距 $Y_c = \frac{c \mp m}{\frac{P}{2}}$ (片) (7-18)

式(7-18)中 c 為換向片數，m 為波繞組的複分數，P 為極數。計算時前進繞取"+"號；後退繞取"−"號。波繞的後節距Y_b，前節距Y_f及換向器節距Y_c的關係，如圖7-44所示為

$Y_c = Y_b + Y_f$ (7-19)

前節距 $Y_f = Y_c - Y_b$ (7-20)

電流路徑數 $a = 2 \times m$ (7-21)

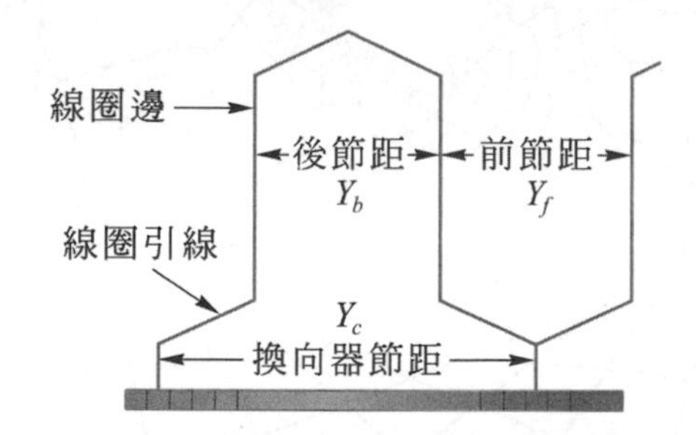

▲ 圖 7-44 波繞之前、後節距及換向器節距

例 7-3

有一四極、20 槽、19 片換向片直流機的電樞，若想繞成單分波繞組，則該如何設計？

解 後節距：$Y_b = \frac{S}{P} = 5$(槽)

換向器節距：$Y_c = \frac{c \mp m}{\frac{P}{2}} = 9$ 或 10

採用後退式時之前節距 $Y_f = Y_c - Y_b = 9 - 5 = 4$(槽)

採用前進式時之前節距 $Y_f = Y_c - Y_b = 10 - 5 = 5$(槽)

例 7-3 採用前進式時之波繞線圈，展開圖如圖 7-45 所示。

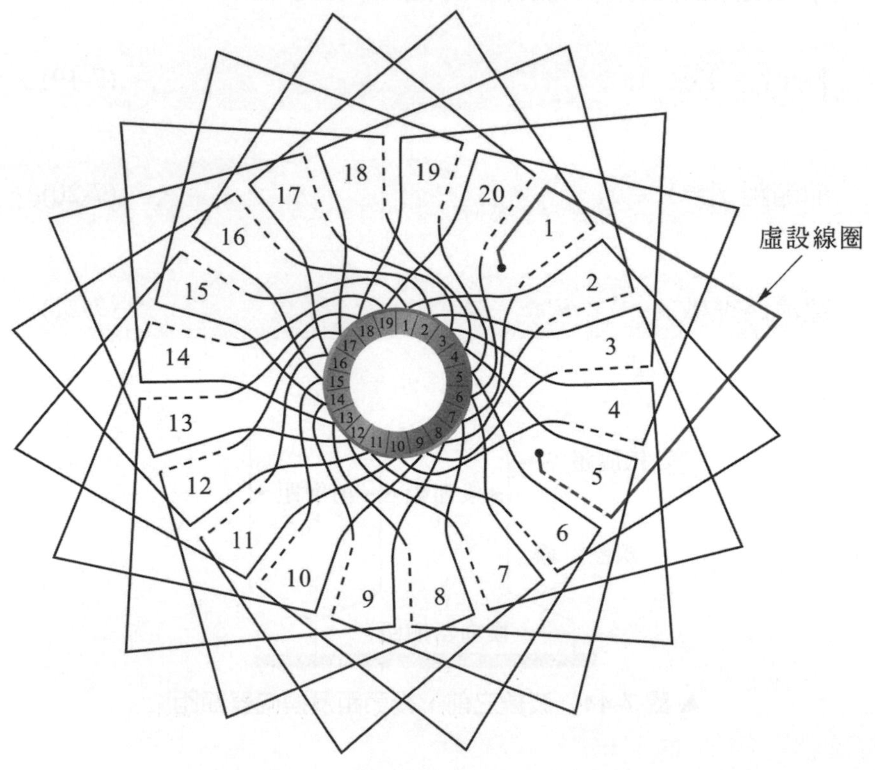

▲ 圖 7-45　四極、20 槽，具有一只虛設線圈之單分波繞組

》類題 7-3

有一直流機為四極、24 槽、23 換向片，試設計單分波繞組。

4. 虛設線圈

每一線圈具有兩個引出線，而每個換向片接兩條引出線，因此線圈數必等於換向片數。多少片換向片即能接多少個線圈，例如在範例7-3中，19片換向片僅能接19個線圈，但是鐵芯有20槽，可容納20個線圈。為達到機械平衡，仍須將同樣大小、材質、匝數的線圈裝入槽內，而引線端不與換向片連接，形成電氣上並無作用的虛設線圈(dummy coil)。虛設線圈又名假線圈，也叫做強制線圈(force coil)，因為它在機械平衡上極為重要，不可不裝。在單式雙層繞中，虛設線圈數等於槽數減換向片數，亦即當槽數S與換向片數C不同時，須$(S\text{-}C)$個虛設線圈。範例7-3之波繞，具有$(20-19)=1$個虛設線圈，如圖7-45所示虛設線圈置放在第20槽及第5槽內。

四、疊繞與波繞之比較

疊繞為多路並聯之繞組，電流路徑與極數有關為$P\times m$，適用於大電流低電壓之電機。疊繞在四極以上大型機必須使用均壓線。波繞不須使用均壓線，但換向器節距必須符合$Y_c=\dfrac{c\mp m}{\frac{P}{2}}$為整數；否則須更換適用之換向器並使用虛設線圈。波繞電流路徑數與極數無關為$2\times m$，適合高電壓小電流的電機。若電樞鐵芯之槽數與換向片數可以繞成疊繞也可以波繞時，相同的鐵芯與導體數分別接成波繞與疊繞，其電壓與電流之關係為：

$$\frac{\text{波繞電壓 } V_W}{\text{疊繞電壓 } V_L}=\frac{\text{疊繞電流 } I_L}{\text{波繞電流 } I_W}=\frac{\text{疊繞電流路徑數 } Pm}{\text{波繞電流路徑數 } 2m} \quad (7\text{-}22)$$

疊繞線圈換向器節距小；波繞線圈的換向器節距約為360電機度，約等於兩個極距。疊繞與波繞之線圈引線有所不同，如圖7-46所示。為節省用銅量疊繞宜採用前進繞而波繞採用後退繞。

(a) 疊繞形線圈

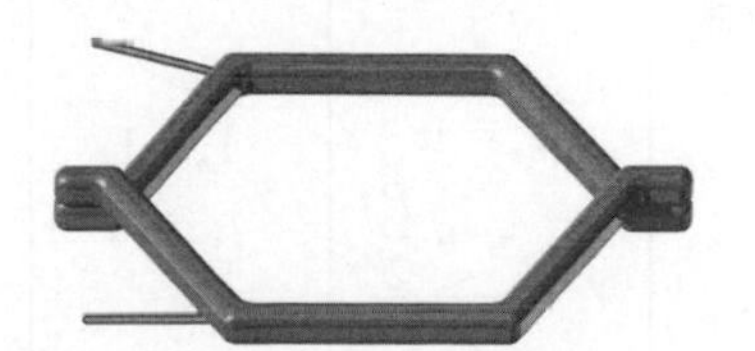

(b) 波繞形線圈

▲ 圖 7-46　疊繞與波繞線圈之引出線

五、蛙腿式繞組

蛙腿式繞組 (frog-leg winding) 是由美國 Allis-chalmers 電機公司所發表的改良式繞組，外型酷似青蛙，故又名蛙繞，如圖 7-47 所示。蛙腿式繞組為單分疊繞與 $\frac{P}{2}$ 份波繞所組成的複分繞組。蛙繞的電流路徑數為疊繞的 P 路加上 $\frac{P}{2}$ 份波繞的 P 路，共為 $2 \times P$ 路。由於波繞線圈之引線相隔約 360 電機度具有取代均壓線的作用，因此蛙腿式繞組並不須要均壓線。蛙腿式繞組之線圈引線與換向片之接線，如圖 7-47 及圖 7-48 所示。

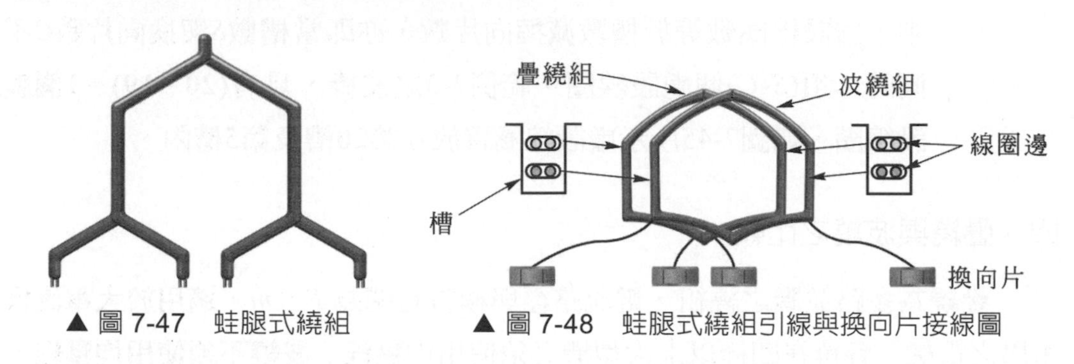

▲ 圖 7-47　蛙腿式繞組　　▲ 圖 7-48　蛙腿式繞組引線與換向片接線圖

六、直流電樞繞組的計算公式

直流機電樞繞組之計算公式整理如表 7-1：

▼ 表 7-1　直流電樞繞組的重要公式

<table>
<tr><th></th><th>後節距
Y_b</th><th>換向器節距
Y_c</th><th>前節距
Y_f</th><th>並聯回路數
a</th><th>電刷數</th><th>備註</th></tr>
<tr><td>疊繞</td><td rowspan="3">$\frac{S}{P}$
取整數</td><td>m</td><td>$Y_b - m$
$(Y_b \neq Y_f)$</td><td>Pm</td><td>P</td><td rowspan="3">S：槽數
m：複分數，前進取“+”，後退取“−”
P：極數
c：換向器片數
a：並聯回路數
$\frac{c \mp m}{P/2}$：為整數方可繞成波繞
蛙繞為單式疊繞 $+\frac{P}{2}$ 分波繞</td></tr>
<tr><td>波繞</td><td>$\frac{c \mp m}{P/2}$</td><td>$Y_c - Y_b$
$(Y_b 可 = Y_f)$</td><td>$2m$</td><td>2 or P</td></tr>
<tr><td>蛙繞</td><td>$Y_c = 1$
$Y_c = \frac{c \mp \frac{P}{2}}{P/2}$</td><td>$Y_b - 1$
$Y_c - Y_b$</td><td>$2P$</td><td>P</td></tr>
</table>

問題與討論

1. 直流機的定子有哪些零件？直流機轉子由哪些零件組成？
2. 直流電樞繞組有哪幾種？
3. 有台四極 36 槽之直流機，採用雙層、單分前進疊繞，試求：
   (1) 後節距
   (2) 前節距
   (3) 換向片節距
   (4) 電流路徑數
   (5) 均壓線數
4. 有一直流機為 4 極、8 槽、8 換向片，試設計單式前進疊繞組並繪製線圈圓形展開圖。

7-3 直流發電機的電樞反應與換向

7-3-1 電樞反應

直流電機於負載時，電樞繞組流過電流產生電樞磁勢；主磁極的磁通受電樞磁勢影響，產生分佈改變與強度變化的現象，稱為電樞反應 (armature reaction)。**直流機的電樞反應可分爲交磁效應** (cross magnetization) **與去 (減) 磁效應** (demagnetization) 兩種。

一、交磁效應及其對直流發電機的影響

兩極直流發電機，無載時沒有受到電樞磁勢影響的磁通分佈，如圖 7-49(a) 所示，主磁極的磁通分佈均勻，磁極軸中心位於磁極中央，磁中性面位於機械中性面上。負載時電樞電流形成的磁場分佈，如圖 7-49(b) 所示，電樞磁勢與主磁極軸正交，故稱為交磁效應，對主磁場橫向作用又稱為橫軸效應。直流發電機受電樞磁勢影響後的磁通分佈，如圖 7-50 所示；**電樞反應的正交磁化效應使得發電機主磁極的前極尖磁通減弱，後極尖磁通增強**；並且主磁通歪斜，**正交磁化效應使得發電機主磁極的中性面順旋轉方向偏移**。

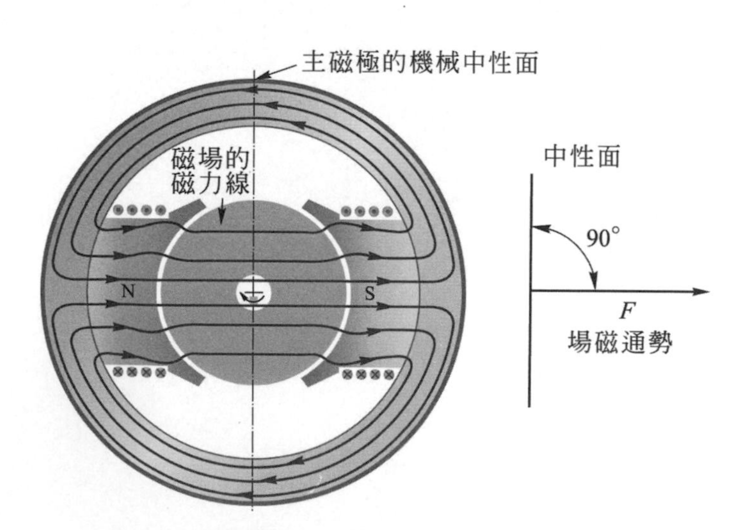

(a) 二極電機由磁場產生之磁通量分佈情形

▲ 圖 7-49　二極電機之磁場分佈

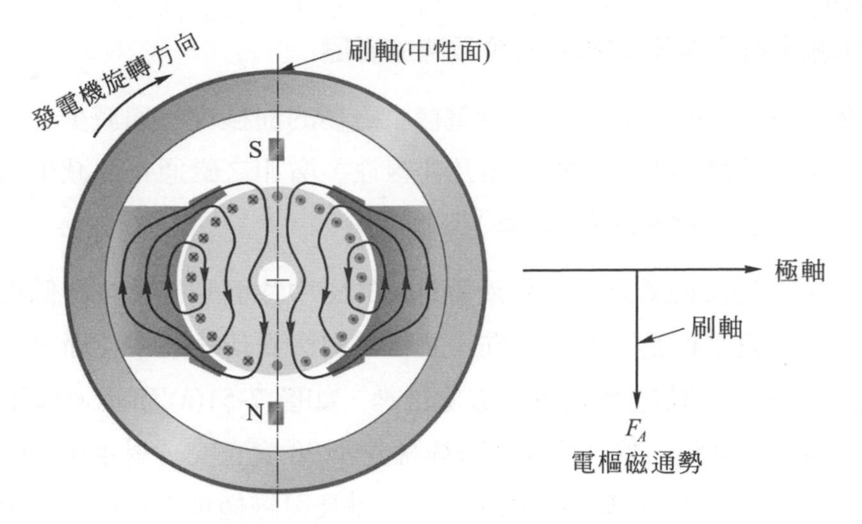

(b) 二極電機電樞電流產生之磁場分佈情形

▲ 圖 7-49　二極電機之磁場分佈 (續)

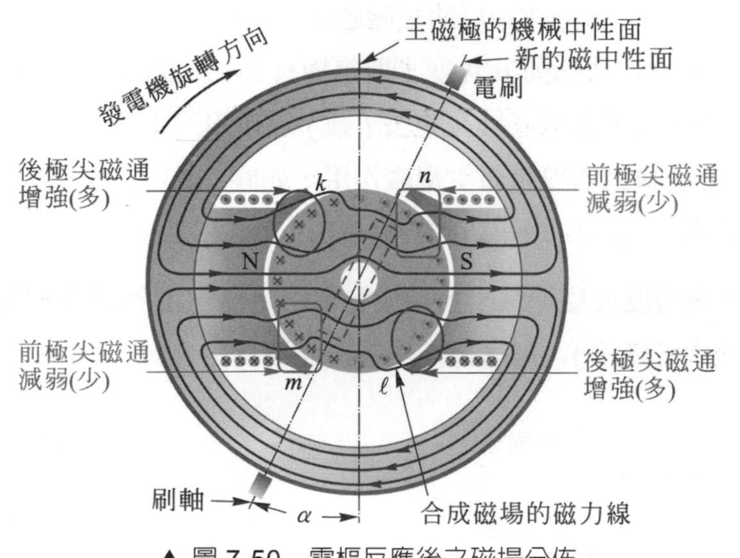

▲ 圖 7-50　電樞反應後之磁場分佈

正交磁化效應對直流機造成下列不良後果：

1. **換向不良：**因中性面偏移，若電刷不隨之移動，被電刷短路換向中的線圈仍在主磁通下，仍與歪斜主磁通的部分磁力線切割，線圈所感應之電勢造成短路電流流經電刷，使電刷後應部分之電流增加，冒火花。

2. **局部高壓：**磁通密度較高的地方，導體感應電勢較高，可能造成絕緣耐壓不足而漏電，或使導體所連接之換向器片間，電壓升高，產生電弧。

二、去(減)磁效應及其對直流發電機的影響

交磁效應使磁場分佈不均，發電機主磁極的前極尖磁通減少，而後極尖磁通增加；由於鐵芯的磁飽和現象及非線性，增加之磁通不及減少的多，於是形成總磁通量減少的間接去(減)磁效應。

電樞反應的交磁效應，使直流發電機的磁中性面順旋轉方向偏離機械中性面；若直流發電機為了改善換向，而將電刷移到新的磁中性面，則電樞導體之電流方向及移動電刷之後的電樞磁勢，如圖 7-51(a) 所示。移刷後的電樞磁勢方向與電刷軸一致，而與主磁極軸並非 90 度正交，對主磁極的作用可分解為與主磁極軸 90 度正交的交磁磁勢，以及與磁極軸平行而方向相反的去(減)磁磁勢，如圖 7-51(b) 所示。若電刷移離機械中性面的角度為 α 角，則與機械中性面對稱的另一 α 角範圍，即每極有 2α 角度範圍所涵蓋的電樞導體，產生與主磁極軸平行而**方向相反**的去磁磁勢，造成直接的去(減)磁效應。換言之，**若電刷從中性面移動 α 角度，則每極有 2α 角度範圍內之導體，全機共有 $2\alpha P$ 角度範圍內之導體直接產生去(減)磁作用**，如圖 7-52 所示；**而其餘 $(360-2\alpha P)$ 角度範圍的導體產生交磁作用**，如圖 7-53 所示。若電刷沒有移離機械中性面，則僅有因磁飽和造成的間接去(減)磁效應。

去(減)磁效應使磁通減少，造成發電機之感應電勢減少、端電壓下降及電壓調整率變大(變差)、電壓穩定度不佳的不良影響。

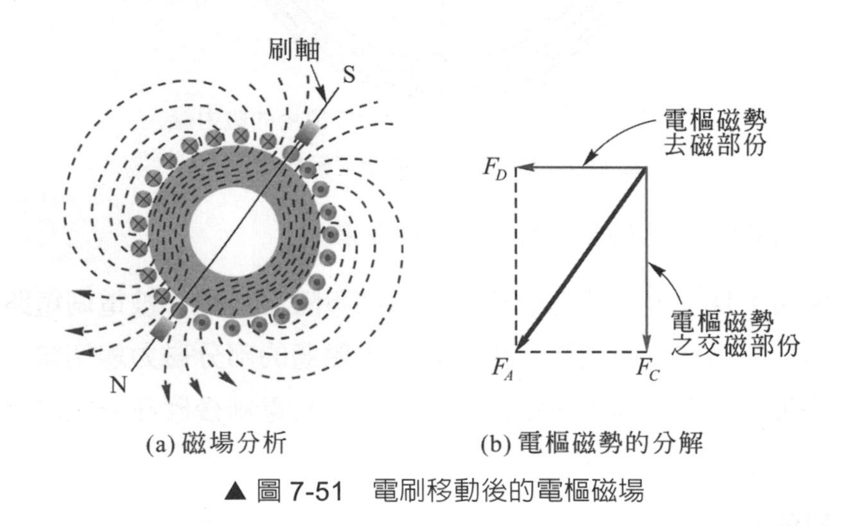

(a) 磁場分析　　(b) 電樞磁勢的分解

▲ 圖 7-51　電刷移動後的電樞磁場

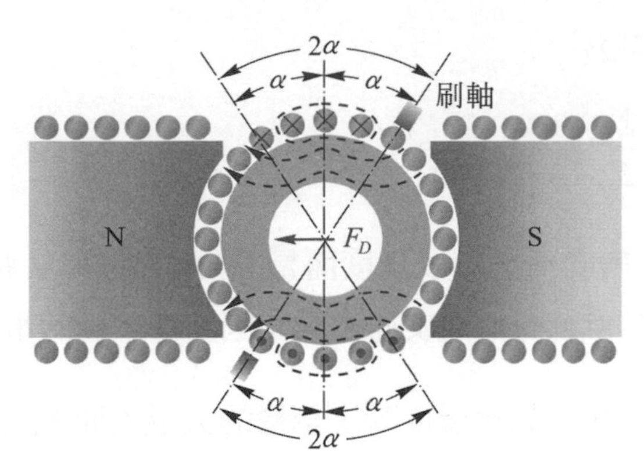

▲ 圖 7-52　產生去磁作用的導體

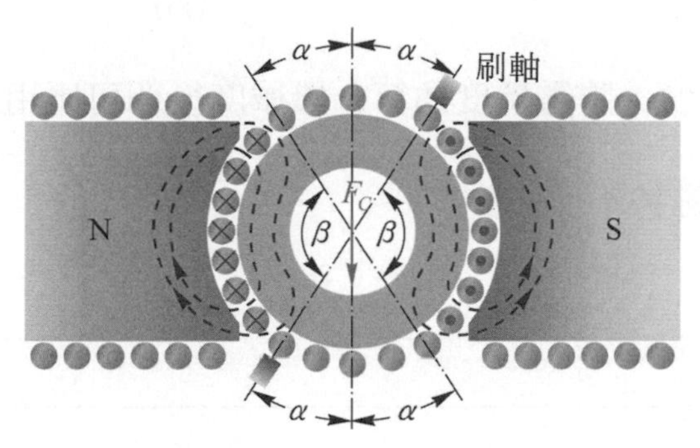

▲ 圖 7-53　交磁電樞導體

三、電樞磁勢的計算

若電機的極數為 P，電樞電流為 I_a，電樞導體數為 Z，電流路徑數為 a，則電樞磁勢之大小為：

$$F_A = \frac{I_a}{a} \times \frac{Z}{2} \qquad (7\text{-}23)$$

若電刷移離機械中性面 $\alpha°$ 機械度，則每極的去磁安匝磁勢為：

$$F_d = \frac{I_a}{a} \times \frac{Z}{2} \times \frac{2\alpha}{360} \qquad (7\text{-}24)$$

全機的去磁安匝磁勢為：

$$F_D = \frac{I_a}{a} \times \frac{Z}{2} \times \frac{2\alpha}{360} \times P \text{（安匝）} \qquad (7\text{-}25)$$

全機總去磁安匝磁勢的角度為 $2\alpha \times P$，總交磁安匝磁勢的角度為 $(360 - 2\alpha \times P)$。

全機的交磁安匝磁勢為

$$F_c = \frac{I_a}{a} \times \frac{Z}{2} \times \frac{(360 - 2\alpha P)}{360} \text{（安匝）} \quad (7\text{-}26)$$

若電刷的移動角度不是機械角度而是 $\alpha°$ 電機度時，每一極有 $2\alpha°$ 的部分形成去磁磁勢，其餘部分形成交磁磁勢；因為每一極的電機度為 180°(弳度 π)，所以電刷的移動角度為電機度時，全機的去磁安匝磁勢的比例為 $\frac{2\alpha}{180}$（弳度為 $\frac{2\alpha}{\pi}$），而全機的交磁安匝磁勢的比例為 $\frac{180 - 2\alpha}{180}$（弳度為 $\frac{\pi - 2\alpha}{\pi}$）。亦可由機械度 $= \frac{P}{2}$ 電機度，將電機度換算為機械度後即可應用上列公式計算電樞反應所產生的去磁磁勢、正交磁勢。

例 7-4

某 4 極直流發電機，其電樞導體數有 288 根，繞成單式疊繞，其電樞電流為 120 安培，若電刷移前 15° 機械度，則去磁安匝及交磁安匝各為若干？

解 總去磁安匝數 $F_D = \frac{I_a}{a} \times \frac{Z}{2} \times \frac{2\alpha}{360} \times P = \frac{120}{4} \times \frac{288}{2} \times \frac{2 \times 15}{360} \times 4 = 1440 \text{ At}$

總電樞安匝數 $F_A = \frac{I_a}{a} \times \frac{Z}{2} = \frac{120}{4} \times \frac{288}{2} = 4320 \text{ At}$

總交磁安匝數為全機安匝磁勢減掉去磁安匝磁勢，即

$F_C = 4320 - 1440 = 2880\text{At}$

四、電樞反應的對策

目前採用下列的方法來改善電樞反應的不良影響：

1. 減少電樞磁勢

   發電機的感應電壓 $E = \frac{PZ}{60a} \times \phi \times n$，設計發電機時可藉由增加電機之磁極數目增加主磁通，而減少電樞導體總數，減少了電樞磁勢，達到減小電樞反應的效果。

2. 增設繞組

(1) 設置補償繞組 (compensating winding) 抵消電樞反應

補償繞組又名極面繞組(pole-face winding)，在主磁極的極面上開槽，增設補償繞組於主磁極表面之槽中，如圖7-54及圖7-55所示。補償繞組與電樞繞組接成反向串聯，**補償繞組所產生之磁勢與電樞磁勢大小相等而方向相反，抵銷電樞磁勢消除了電樞反應**。但是補償繞組會使電機體積增大、成本提高，因此只有大型或負載急劇變化的電機才使用。

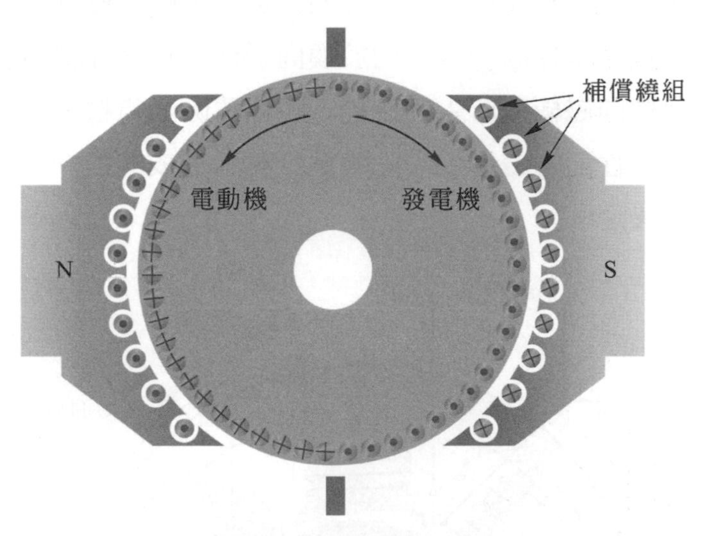

▲ 圖 7-54　補償繞組的位置

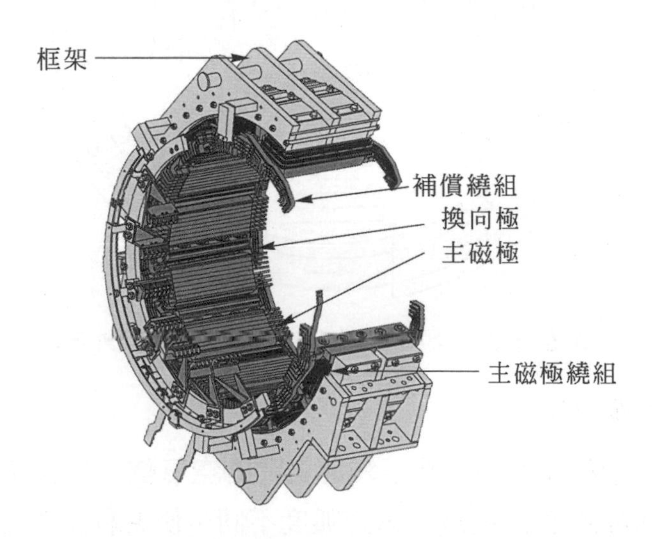

▲ 圖 7-55　具補償繞組及中間極的直流電機定子

(2) 使用換向磁極改善換向

換向磁極係裝設於各主磁極中間之狹長小磁極，所以又稱為中間極。**換向磁極的激磁繞組採用線徑粗、匝數少之導線繞製而成**，並且經由電刷**與電樞繞組串聯**，隨著電樞電流(電樞磁勢)的大小而產生相對應的換向磁勢，作用在換向中的電樞導體，使其順利換向，如圖7-56所示為發電機換向磁極之位置及接線。**順轉向之順序，發電機的中間極之極性應與上一個主磁極之極性相反，而與下一個主磁極之磁性相同**，如此可以抵銷因交磁效應而偏移至中性面的部分主磁極磁通，維持磁中性面與機械中性面一致。由於換向磁極的位置在機械中性面上，因此換向磁極所產生的磁通，可以清除因電樞反應交磁效應污染到中性面的磁通，消除電樞反應所造成的換向不良，電刷也不必移動。

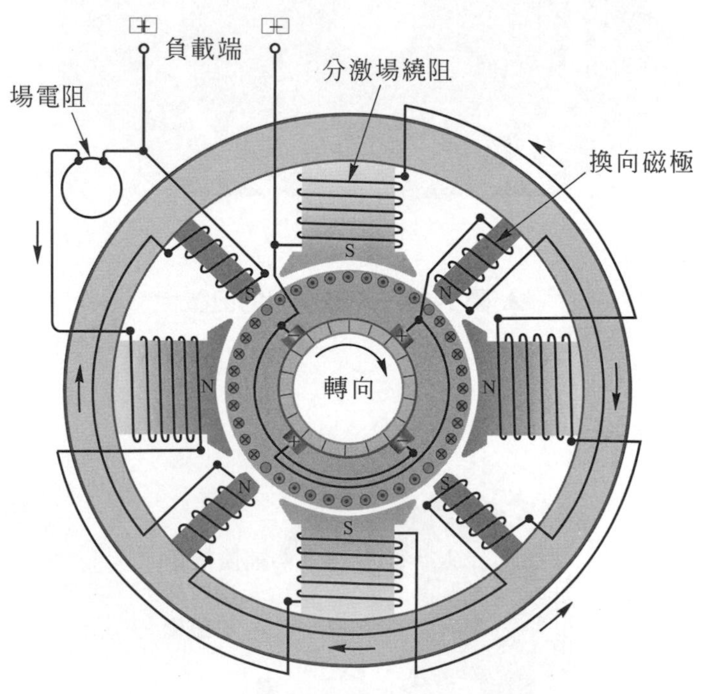

▲ 圖 7-56　發電機換向磁極之位置與接線法

3. 主磁極的改良

(1) 增大磁極尖部與轉子鐵芯之間的空氣隙：如圖 7-57 所示，磁極面之弧度與電樞鐵芯圓弧度不同，使磁極尖部之空氣隙加寬，磁阻增大，磁極中心較不易偏移至極尖，而抑制了電樞磁勢交磁效應對磁場的影響。

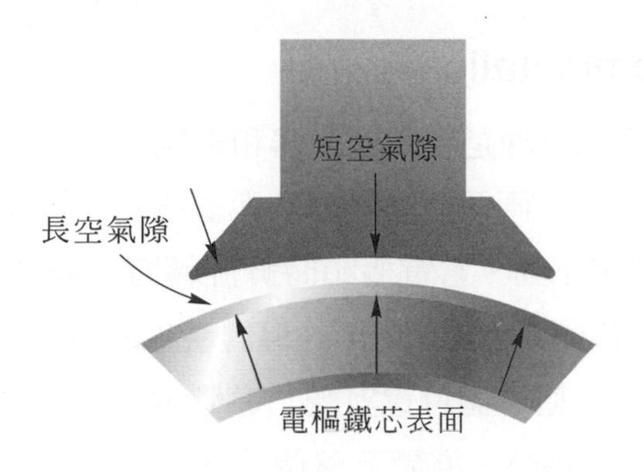

▲ 圖 7-57　空氣隙

(2) 採用單極尖磁極鐵芯疊片：如圖 7-58 所示，組立鐵芯時，以缺左尖者與缺右尖者交互疊置，使極尖處之鐵芯減半，容易飽和，抑制交磁效應造成之主磁極偏移。

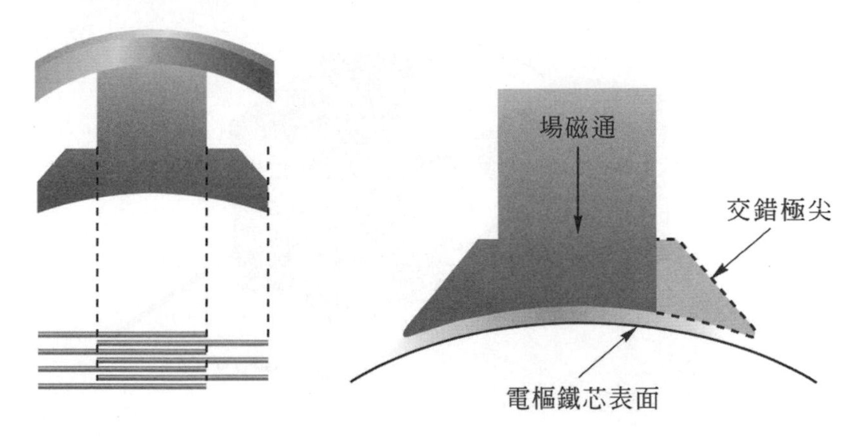

▲ 圖 7-58　缺左尖者與缺右尖者交互疊置的磁極鐵芯

(3) 採用楞德爾磁極 (Lundall pole)：如圖 7-59 所示，在極心及極面內刻有縱長之平行槽，使橫向極心穿越之樞磁通，有甚高之磁阻，極中心比較不會偏移。

▲ 圖 7-59　楞德爾磁極

7-3-2 換向 (commutation)

直流發電機的換向原理是利用換向器和電刷將電樞線圈之交流整流成直流輸出。如圖 7-60 所示，兩個換向片分別與線圈首、尾相連接與線圈一起轉動而電刷 B_1 與 B_2 固定不動。當電樞順時針旋轉時，處於 N 極下的導體產生的電動勢方向為流入線圈；處於 S 極下的導體產生的電動勢方向為流出線圈。但當線圈轉動 180° 後，兩導體位置對調，導體中的電動勢也與原來的方向相反。所以在線圈連續旋轉時，導體及整個線圈的電動勢是在正負不斷交變，為交流電動勢。由於電刷 B_1 只與處在 N 極下的導體引出端相連接，為負極性；而電刷 B_2 只與處在 S 極下的導體引出端相連接，為正極性。電刷所引導出來的電動勢及電流的方向始終不變，成為直流電。

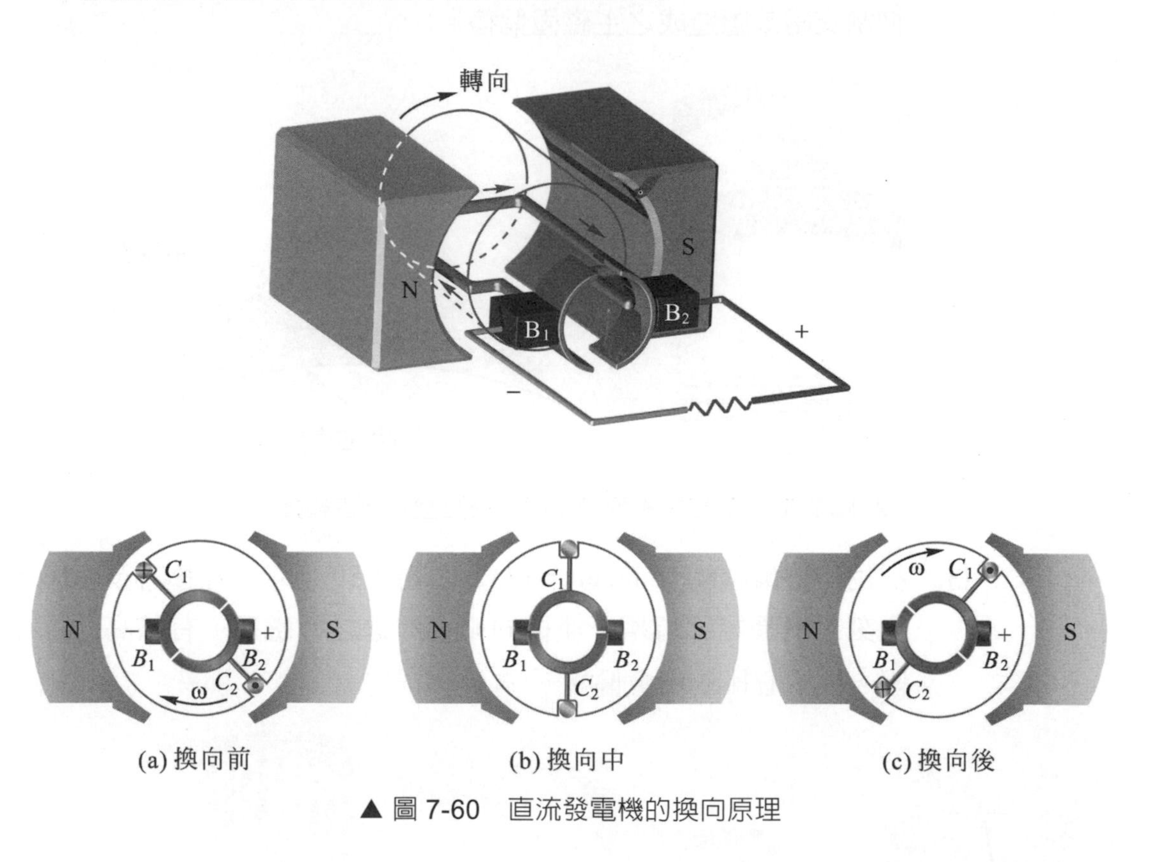

▲ 圖 7-60　直流發電機的換向原理

當線圈邊由一主磁極，通過中性面至另一極性之主磁極時，其電流方向改變，電刷也同時改接線圈所連接之換向片，將發電機電樞繞組所感應之交流，經換向器與電刷的轉接而整流輸出直流。直流發電機電樞繞組中一個線圈的換向過程說明如下：

如圖 7-61 所示，發電機的電樞被順時針方向帶動旋轉，換向片及線圈係由左向右移動，而電刷位於定子固定不動。

1. 換向前，B 線圈始端 (頭) 所連接之換向片 1 未接觸到電刷，如圖 7-61(a) 所示，B 線圈之左邊切割 S 磁極，右邊切割 N 磁極，B 線圈感應電勢趨動之電流為順時針方向的 $+I_z$；此時 B 線圈電流由 B 線圈末端 (尾) 所連接之第 2 片換向片經 + 電刷導出。

2. 當 B 線圈之兩邊逐漸離開主磁極轉至中性面時，感應電勢與電流逐漸減少，此時第 2 片換向片與電刷接觸面積逐漸減少，電刷開始同時接觸 B 線圈頭尾所接的兩換向片，而第 1 片換向片與電刷接觸面積逐漸增加，如圖 7-61(b) 所示。當 B 線圈之兩邊完全進入中性面、感應電勢為 0 時，電刷位於換向片 1、2 之正中間，B 線圈被電刷完全短路，B 線圈之電流為零，如圖 7-61(c) 所示。

3. 當 B 線圈左邊開始逐漸進入另一磁極 (N)，右邊開始逐漸進入另一磁極 (S) 時，B 線圈感應電勢極性改變，線圈電流改變為逆時針方向，並且逐漸增加；此時第 1 片換向片與電刷接觸面積繼續逐漸增加，而第 2 片換向片與電刷接觸面積持續減少，如圖 7-61(d) 所示。

4. 當 B 線圈兩邊完全進入另一極性的主磁極，而 B 線圈之電流達 $-I_z$ 時，B 線圈始端 (頭) 所連接之第 1 片換向片與電刷完全接觸，而線圈尾端所連接之換向片 2 完全脫離不與電刷接觸；於是 B 線圈的逆時針方向電流，由始端 (頭) 所連接之第 1 片換向片經 + 電刷導出，輸出直流，如圖 7-61(e) 所示。B 線圈的電流由換向前的順時針方向 $+I_z$ 改變成為換向後的逆時針方向 $-I_z$。

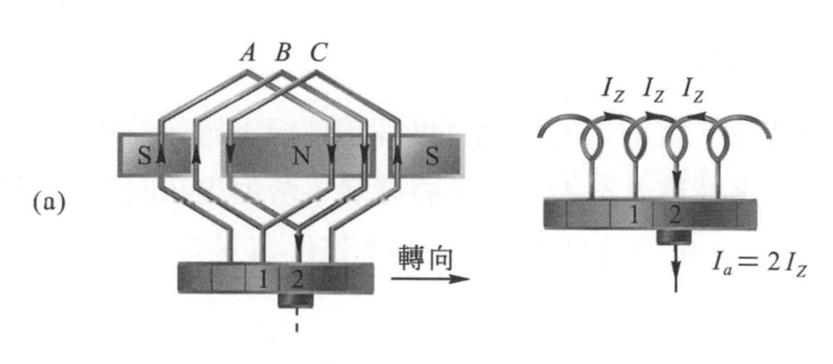

▲ 圖 7-61　換向過程

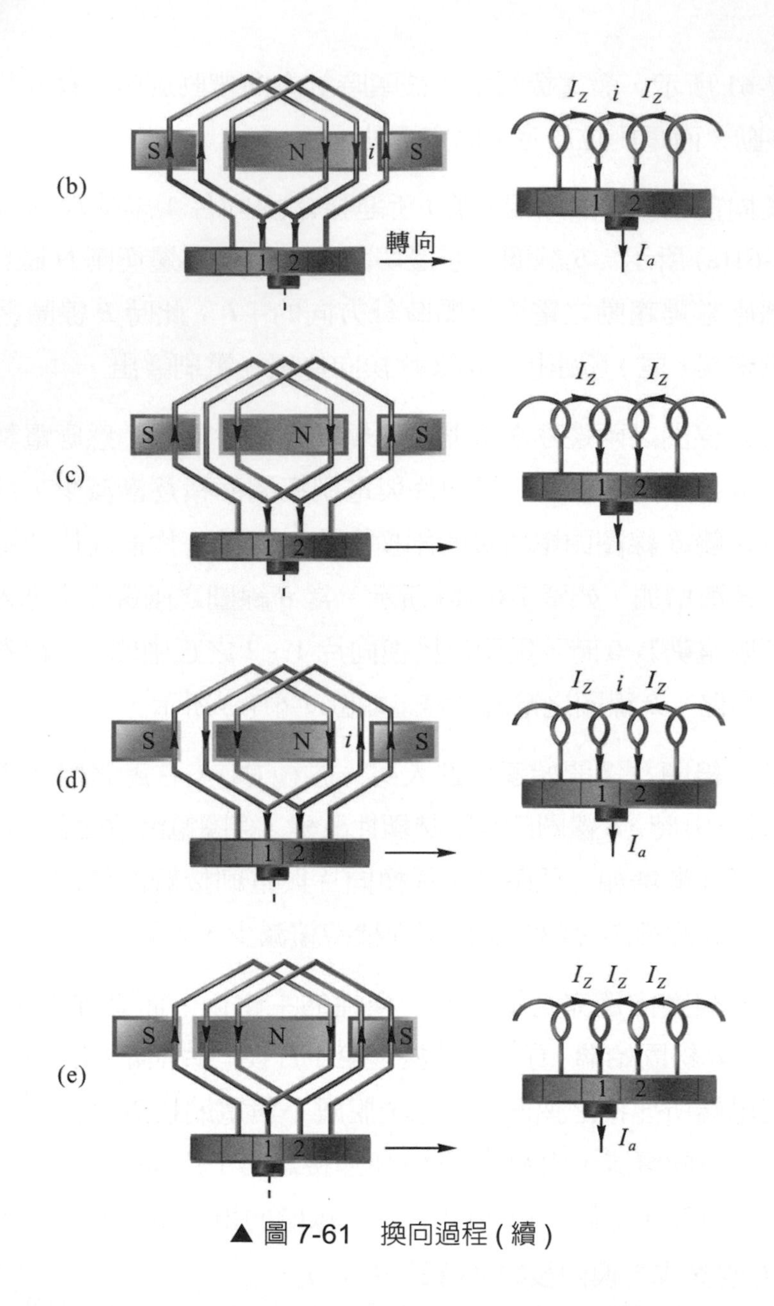

▲ 圖 7-61　換向過程 (續)

一、良好換向的條件

在換向過程中，電刷上的電流密度理想情況下應保持均勻，不可局部過大。若電刷某一區域電流過大，該區將發熱，產生火花而造成燒蝕換向片，即所謂的換向不良。欲獲得良好換向的基本條件如下：

1. 電刷位置必須正確

配合線圈的進入磁中性面，使被電刷所短路(換向中)的線圈，其電流之變動率固定，電流呈線性減少再反向增加，配合換向器片與電刷接觸面積之改變，在電刷上不致造成電流過度集中於某一區域。另外在換向期間，被電刷短路之線圈應無感應電勢，否則線圈內之感應電勢將驅動環流流經換向器及電刷。如圖7-62所示，電刷位置錯誤，線圈邊還在切割主磁極磁通感應電勢，即被電刷短路，電刷與換向片之間，除了負載電流外，還增加了感應電勢所驅動的環流，造成電流密度增加而且不均勻，局部電流密度過大，電刷與換向片被燒蝕破壞。

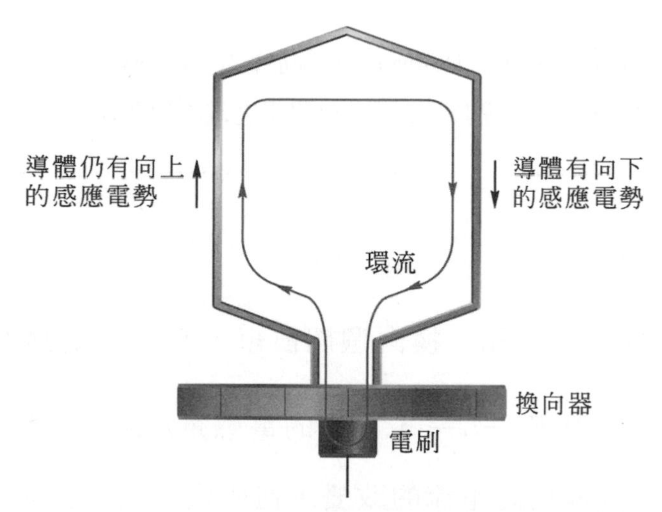

▲ 圖 7-62　電刷將尚有感應電勢的線圈短路形成環流

2. 換向週期長

線圈所接之換向片自被電刷短路到脫離短路的時間稱為換向週期(the period of commutation)。換向週期 T_c 之長短與轉速 n (rpm)、換向片數 c、轉數及線圈複分數 m 之關係為：

$$T_c = \frac{60}{n} \times \frac{m}{c} \tag{7-23}$$

直流機之換向週期愈長，愈有充裕時間讓線圈換向，所以轉速慢的電機較轉速快的電機容易換向。

例 7-5

直流發電機，每分鐘轉速為 1800 rpm，換向片 90 片，各電刷佔兩個換向片的寬度，電樞導體電流為 10 安培。試求 (1) 換向週期；(2) 換向期間之電流變化率？

 因為電刷佔兩個整流片的寬度，所以線圈複分數 $m = 2$

(1) 換向週期 $= T_c = \dfrac{60}{n} \times \dfrac{m}{c} = \dfrac{60}{1800} \times \dfrac{2}{90} = \dfrac{1}{1350}$ 秒

(2) 電流變化率 $\dfrac{di}{dt} = \dfrac{10-(-10)}{\dfrac{1}{1350}} = 27000$ 安培 / 秒。

類題 7-5

某直流發電機，每分鐘轉速為 1800rpm，換向片 36 片，線圈為雙分波繞，電樞導體電流為 5A。試求 (1) 換向週期；(2) 換向期間之電流變化率？

3. 線圈電感小

由例 7-5 可知，換向週期很短，而電流變動率 $\dfrac{di}{dt}$ 很大；線圈的反電勢 $E = -L\dfrac{di}{dt}$ ，小小的電感量 L 足以產生很大的電抗電壓，反對換向時電流的改變，造成換向延遲。短節距的線圈所包圍的磁通 ϕ 較少，同樣的換向週期所產生的電抗電壓(即反電勢) $E = -L\dfrac{di}{dt} = -N\dfrac{\Delta\phi}{\Delta t}$ 較弱，所以短節距的線圈較容易換向。當電樞總導體數固定時，換向器片數多者線圈個數多，每個線圈的匝數少，由於電感量與匝數平方成正比，因此每個線圈的電感量較小，比較容易換向。

二、換向的種類

線圈在換向期間，其電流變化情形對時間展開可得換向曲線。典型的換向曲線有四種：

1. 直線換向 (straight line commutation)

僅在線圈無電感的理想情況下，由電阻換向所形成電流線性變化的理想換向過程，稱為直線換向。所謂電阻換向是利用電刷與換向片間接觸面積改變時，所形成的電阻改變，主導線圈換向電流變動的方法。如圖7-63所示之換向過程。

因電阻與面積成反比，換向時第3換向片與電刷之接觸面逐漸減少，電阻逐漸增加，使換向中的線圈之(圖中為40 A)電流逐漸減少到0，如圖7-63(a)(b)(c)所示。電刷與第4換向片之接觸面積逐漸增加，電阻逐漸減少，使反向之電流逐漸增加到40 A，如圖7-63(d)(e)所示而完成換向。在整個換向期間，直線性的電流變動，配合電刷與換向片間的接觸面積，電刷之電流密度始終保持均勻的狀態，不會產生火花，是最理想的換向曲線。為了獲得電阻換向，**直流機之電刷大多採用高接觸電阻的碳刷**，而不使用低電阻的銀質電刷或銅質電刷。

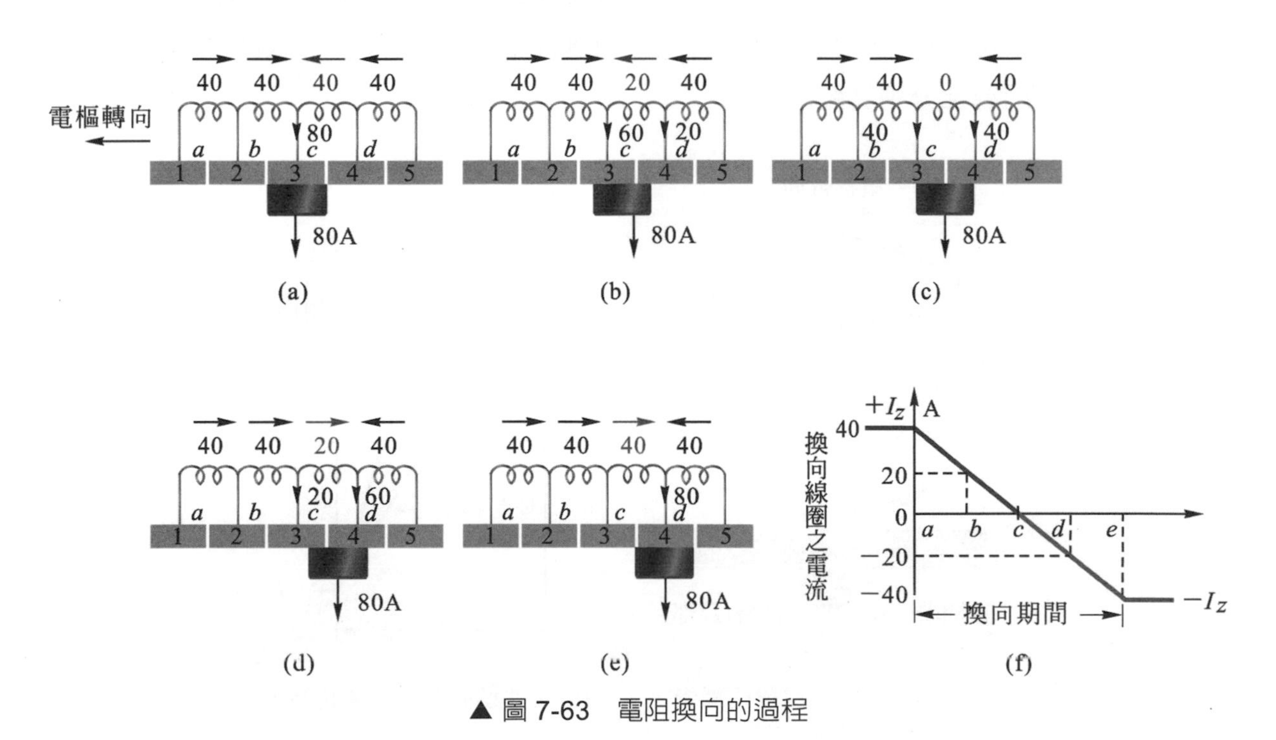

▲ 圖 7-63 電阻換向的過程

直線換向需有下列條件：

⑴ 線圈無電感。

⑵ 電刷位置正確，換向一半時之線圈無感應電勢，電流為零。

⑶ 電刷為高接觸電阻，寬度與換向片寬度相同。

2. 欠速換向 (under commutation 低速換向) 或延遲換向 (delayed commutation)，簡稱欠換向

因線圈具有電感，當換向時電流變動就會產生反電勢，阻礙電流之改變而延遲電流之變動。在換向時由線圈電感所產生的反電勢，稱為電抗電壓。若電抗電壓過大時，就會延遲換向電流變動而形成欠速換向，欠速換向時電流改變得比理想換向來得慢，初期變化緩慢，後期變化劇烈，如圖7-64(b)所示。電刷已移離第2片換向片，導體電流此時應減少，但因電抗之作用，使電流減少的不夠快，在換向週期過一半時，導體仍有電流(此時應為零)，如圖2-66(b)所示；造成電流集中於電刷之後隨部分(跟部)，如圖7-64(a)所示，使電刷後隨部份冒火。(電刷之後隨部分又稱為跟部，電刷之前導部分稱為趾部)。

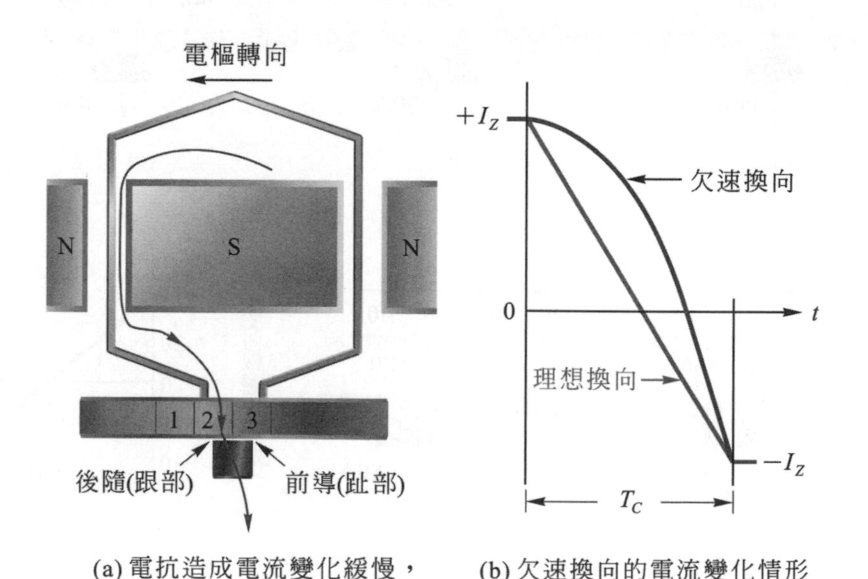

(a) 電抗造成電流變化緩慢，I_Z集中在電刷後端

(b) 欠速換向的電流變化情形

▲ 圖 7-64　欠速換向

無中間極之直流機採用移刷法改善換向時，移刷不足會造成欠速換向。由於電樞反應之交磁效應造成發電機的磁中性面順轉向偏移，而電刷移位不足造成發電機線圈未達中性面已被電刷短路，如圖7-65(a)所示。換向中之線圈尚未進入中性面，仍在切割主磁場感應電勢就被電刷短路，感應電勢造成額外的短路電流。在電刷開始同時接觸線圈頭尾所接兩換向片的換向初期，線圈中之電流不減反增，如圖7-65(b)所示。電刷後端(跟部)不僅須流過負載電流，更有短路電流，電流過大而冒火花。欠換向的電流密度與電流變動率在電刷的根部較大，電刷的後隨部分會產生火花燒蝕換向器與電刷。

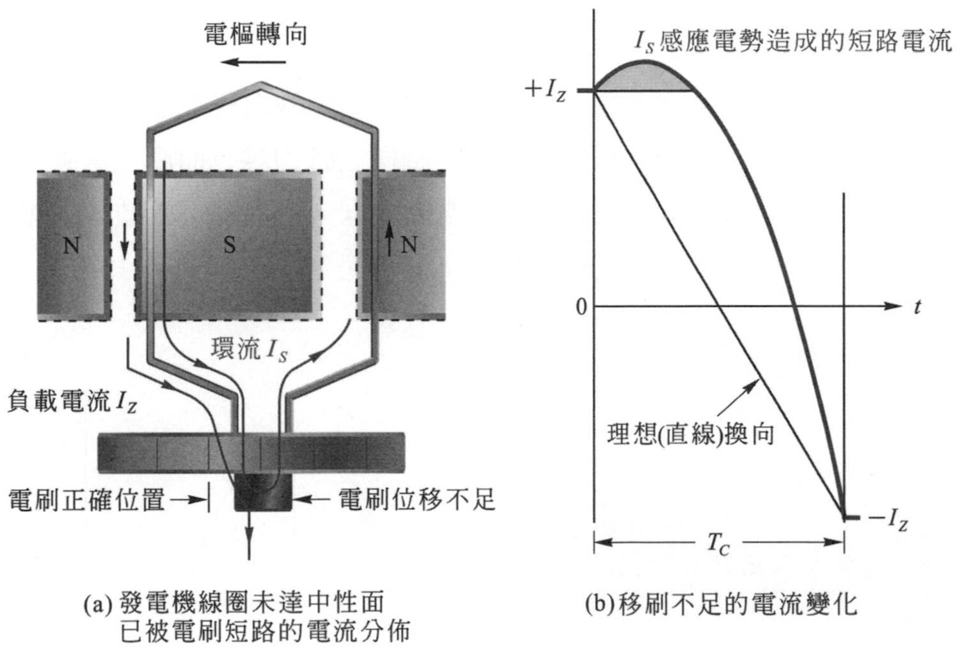

(a) 發電機線圈未達中性面已被電刷短路的電流分佈　(b)移刷不足的電流變化

▲ 圖 7-65　電刷位置錯誤 (移刷不足) 的欠速換向

3. 正弦換向 (sinusoidal commutation)

利用適當之電壓換向所得之換向過程，稱為正弦換向。所謂電壓換向，係線圈於換向時，以切割主磁極或中間極之磁力線所產生的感應電勢來幫助換向的方法。在發電機中，主磁極與中間極之極性關係順轉向看為NsSn，如圖7-66所

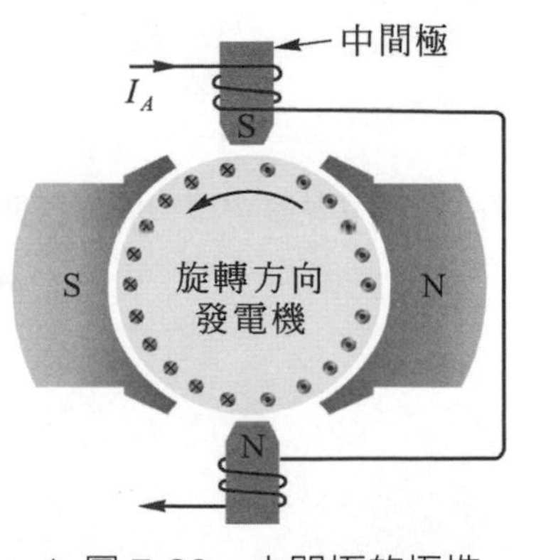

▲ 圖 7-66　中間極的極性

示。導體於進入中性面換向時，切割中間極磁通而得一感應電勢，抵銷電抗電壓，並促使電流加速變動，以改善因電抗所造成之電流滯後。換向中如圖7-66中，上面換向中導體經過中間級的磁極，感應電勢為流入紙面(⊗)的方向，使導體的電流由流出⊙加速成為流入⊗。相對的下面換向中的導體與N極性之中間極相切割，感應流出紙面的電勢，使導體電流由流入⊗加速成為流出⊙的方向。欲使換向電勢在整個過程中完全抵銷電抗電壓的大小，而獲得直線換向有其困難；一般是在換向周期一半時，使換向中之線圈電流為零，而得較接近理想直線換向之正弦換向，如圖7-67(b)所示，適當調整中間極鐵芯之形狀、氣隙，可得接近完美之換向，電刷不致產生火花。

無中間極之電機，可將發電機電刷順轉向移至磁中性面略前，使導體於換向時，切割下一個主磁極之磁力線，而產生電壓換向。若電刷移位正確，可得適當之電壓換向，消除因電抗造成之欠速換向，獲得無火花的正弦換向。

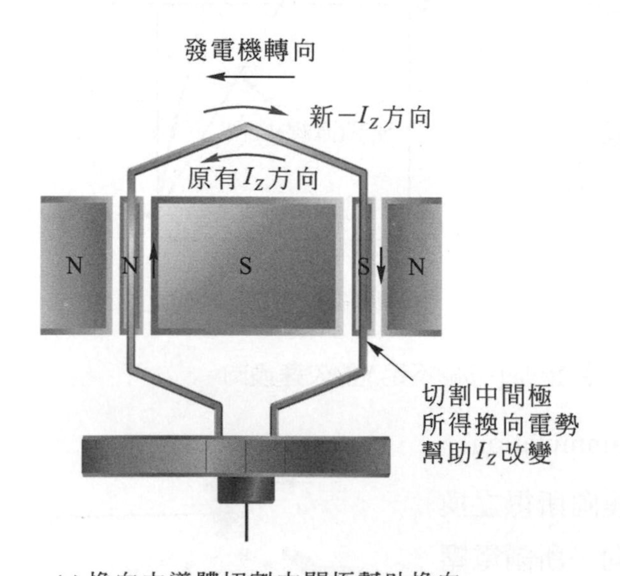

(a) 換向中導體切割中間極幫助換向

(b) 正弦換向曲線

▲ 圖 7-67　正弦換向

4. 過速換向 (over commutation) 簡稱過換向

若電刷移位過度，使發電機之線圈已過中性面才被電刷短路，或換向電壓大於電抗電壓就會形成換向初期電流變化過快的過換向。如圖7-68(a)所示為移刷過度的發電機，換向末期，線圈已切割下一主磁極而電刷仍同時接觸兩個換向片未脫離短路，使得換向末期，線圈由感應電勢驅動一額外的短路電流，電刷前端除負載電流外再加上短路電流，如圖7-68(b)所示的曲線 ①，電刷前端(趾部)電流過大，電刷前導部份產生火花。若是中間極磁通太大，導體所得換向電壓大於電抗電壓則形成如圖7-68(b)的過速換向曲線 ②。

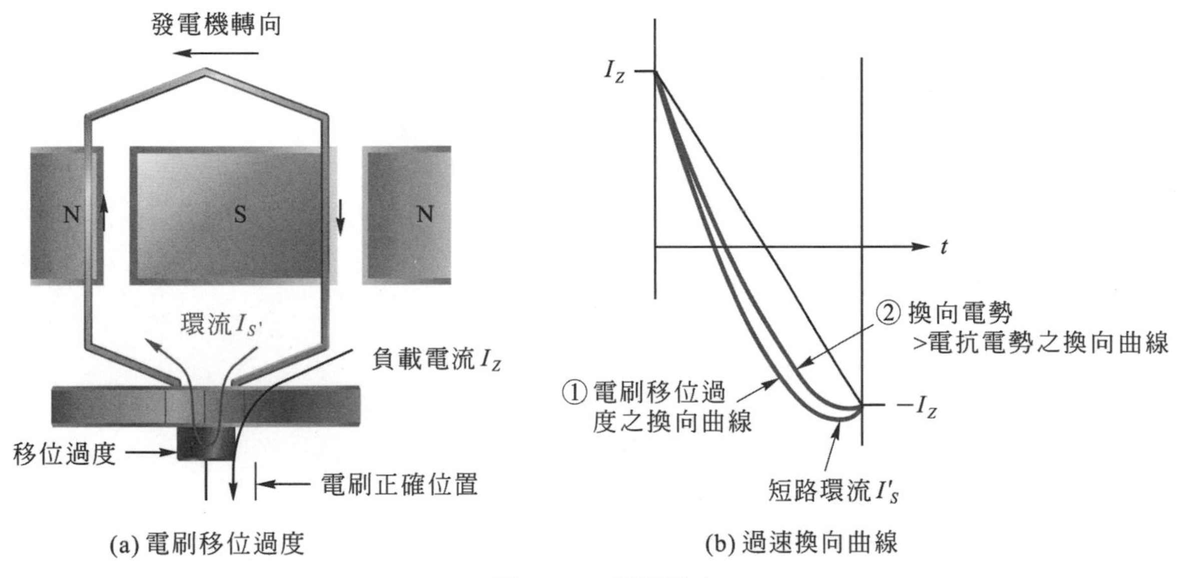

▲ 圖 7-68　過速換向

三、換向的改善

為了改善換向，中大型機大都設置中間 (換向) 極。無換向磁極的電機可採用電刷移位法。無中間極的直流發電機將電刷循電樞旋轉方向前移至磁中性面略前，即可改善換向。由於負載改變時，磁中性面亦隨著改變，電刷移位角度必須跟隨負載大小而改變，方可獲得良好的換向，在實際運用時有困難，因此移刷法僅適用於負載固定或變動不大之電機。大型電機及負載不定的直流機都採用換向磁極來獲得良好的換向。

問題與討論

1. 何謂電樞反應？對直流發電機有何影響？
2. 試解釋說明下列名詞
   (1) 電阻換向
   (2) 電壓換向
   (3) 欠換向
   (4) 過換向
   (5) 正弦換向

7-4 直流發電機之分類、特性及運用

7-4-1 直流發電機之分類

直流發電機依磁場的形式分為永磁式 (permanent magnet, PM) 及激磁式。小型電機採用永磁式；大型機是以磁場線圈加入直流電流激磁來產生磁場。依激磁電流的來源，直流機分為自激式 (self excited) 及他激式 (separately excited)。他激式由另外的直流電源供給激磁電流，而自激式由發電機本身的電樞供給激磁電流。直流發電機之分類，如表 7-2 所示。

▼ 表 7-2 直流發電機之分類

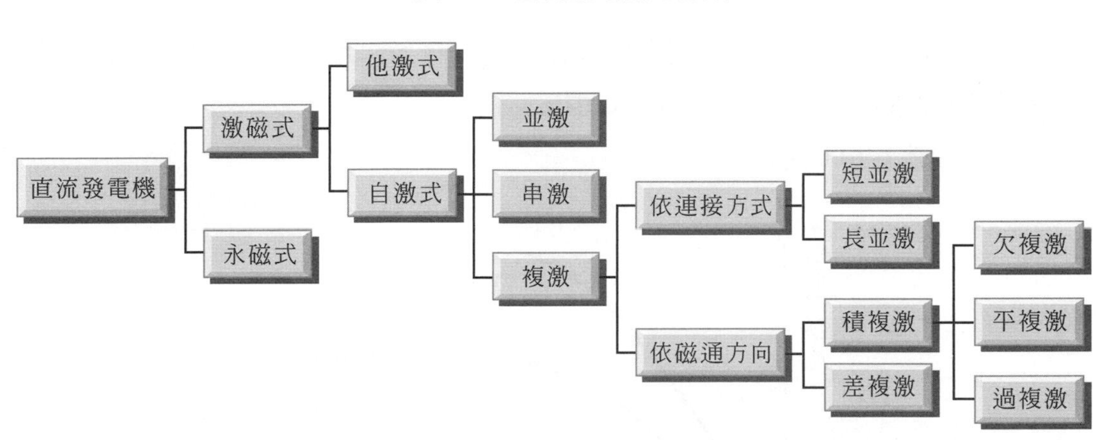

自激式發電機依接線方式分為：(1) 磁場線圈與電樞並聯的分激式 (shunt excited) 發電機、(2) 磁場線圈與電樞串聯的串激式 (series excited) 發電機、(3) 同時具有分激磁場線圈和串激磁場線圈兩組激磁線圈的複激式 (compound) 發電機。複激式發電機又分為為短並聯 (short shunt) 與長並聯 (long shunt) 兩種方式。

複激發電機分激場繞組的激磁電流固定，**主磁極極性由分激場繞組決定，**而串激場繞組的磁通隨著負載電流改變。複激發電機若依分激場繞組與串激場繞組所產生之磁場極性可分為積複激 (cumulative compound) 發電機與差複激 (differential compound) 發電機。**積複激發電機的串激場繞組所產生之磁勢與分激繞組磁勢極性相同；差複激發電機之串激繞組磁勢與分激繞組磁勢方向相反**。積複激發電機依據輸出之電壓隨負載變動情形又可分為過複激 (over compound)、平複激 (flat compound) 及欠複激 (under compound) 發電機。

7-4-2 直流發電機之特性及用途

一、發電機之無載特性

直流發電機的無載特性由無載（開路）試驗求得。如圖 7-69 所示之接線。無負載情況下，由原動機帶動電樞以額定速度旋轉，將磁場線圈之激磁電流由小逐漸增加，測量無負載下的電樞電壓，記錄激磁電流及其對應所得之感應電勢；以電樞感應電勢為縱軸，激磁電流為橫軸，即可繪出該發電機電機的無載特性曲線 (no-load characteristic curve)，如圖 7-70 所示。

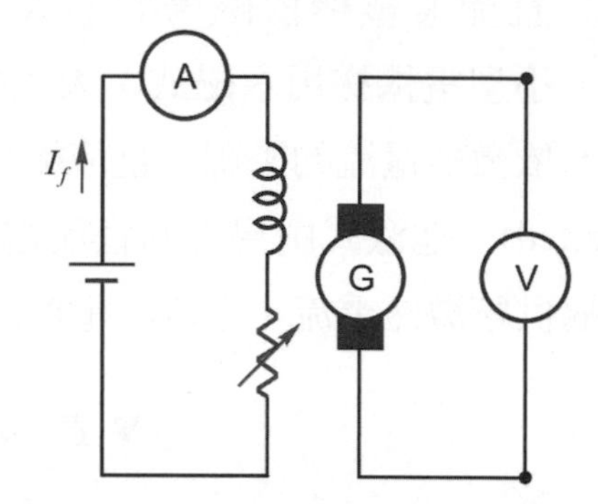

▲ 圖 7-69 測定無載特性曲線時之接線

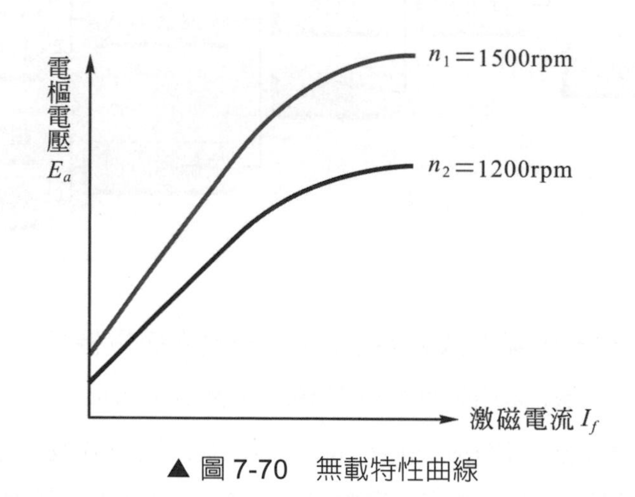

▲ 圖 7-70 無載特性曲線

發電機的無載特性曲線與鐵芯之磁化曲線類似，因此**直流發電機的無載特性曲線又稱爲無載飽和曲線** (no-load saturation curve) 或磁化曲線。

測定飽和曲線應注意以下事項：

1. 採用外激式接線，場繞組由直流電源獨立供電可以設定磁場激磁電流。若採用自激式接線，磁場激磁電流取自發電機本身，則場電流及應電勢即互為因果；調節場電流改變感應電勢後又使場電流隨感應電勢變動，無法調整場電流在某一設定值。因此，無論哪一種直流發電機測定無載特性曲線時，場繞組均採用外激式接線。

2. 必須在無載的情況下實施，電樞電路僅接高阻抗之電壓表測量感應電勢。

3. **激磁電流應循一個方向調節**，如**增則續增**，取得激磁電流增加的上升無載特性曲線；如**減則續減**，獲得激磁電流減少的下降無載特性曲線；**切勿增減交替，如此才不會因磁滯現象而造成誤差**。

4. 旋轉速率要保持一定，若轉速變動則感應電勢隨之變動。因為感應電勢與轉速成正比，轉速快時，飽和曲線位置較高；如圖 7-70 中，轉速 1500 rpm 時測得之飽和曲線高於轉速 1200 rpm 之飽和曲線。

5. 已測出某一速率 n_1 之無載飽和曲線，可用比例法即 $E_2=(\frac{n_2}{n_1})E_1$，求出另一速率 n_2 之無載飽和曲線。

二、直流發電機的負載特性

負載特性是指發電機之負載端電壓隨負載電流變動的情形。發電機於負載時，電樞繞組之電阻流過電樞電流所產生的電壓降及電刷的壓降，均會影響直流發電機負載時的輸出電壓大小；此外電樞反應使磁通變動，也造成電壓變動。**外部特性曲線** (external characteristic curve) **又稱爲負載特性曲線或電壓特性曲線**，是指**發電機在轉速及激磁電流爲定值時，端電壓與負載電流的關係曲線**，可以顯示發電機之負載端電壓隨負載電流而變動的情形。

測定外部特性曲線的接線，如圖 7-71 所示。測定時由原動機帶動發電機於額定轉速下運轉，先加額定負載，調整激磁電流使負載電壓為額定電壓；然後移去負載，測出無載電壓；在保持場激磁電流及轉速為固定的條件下，再逐漸增加負載，以負載電流為橫軸，負載端電壓為縱軸，描繪出發電機之外部特性曲線，如圖 7-72 所示。

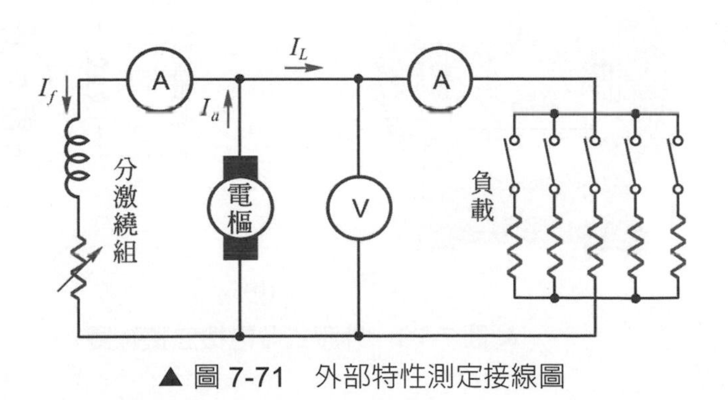

▲ 圖 7-71　外部特性測定接線圖

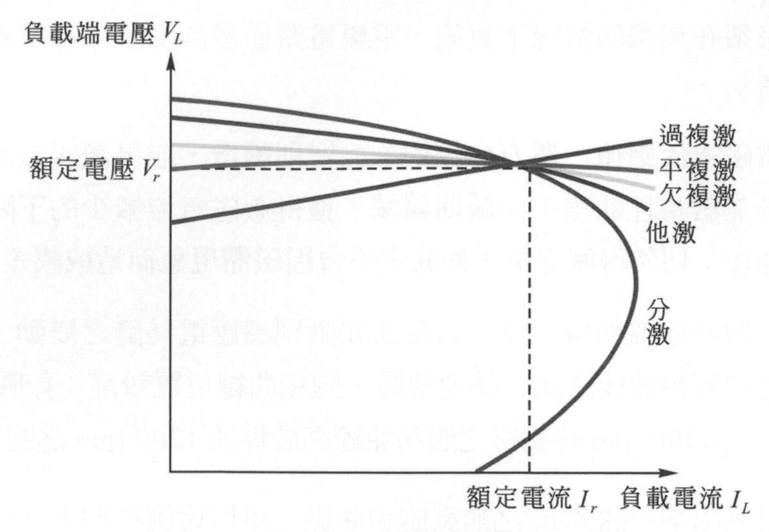

▲ 圖 7-72　外部特性曲線

三、外激式發電機之特性及用途

外激式發電機之接線，如圖 7-73 所示，因為磁場線圈由獨立之電源供應激磁電流，所以**外激式發電機可由激磁電流廣泛的調整無載電壓**。改變外激式發電機之激磁電流方向，感應電勢極性也相反；**外激式發電機改變轉向仍能發電，但所發電壓極性相反**。

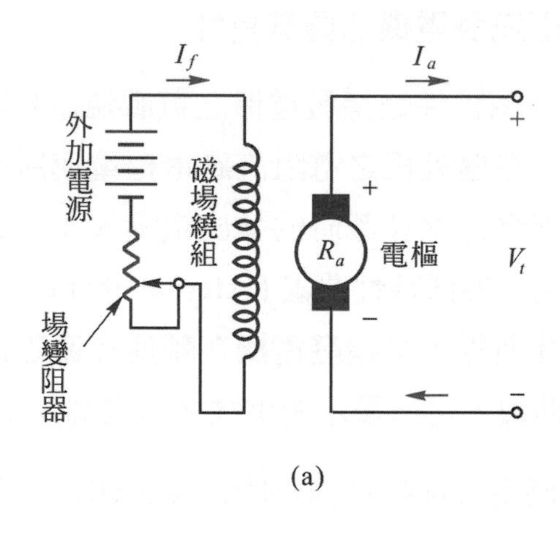

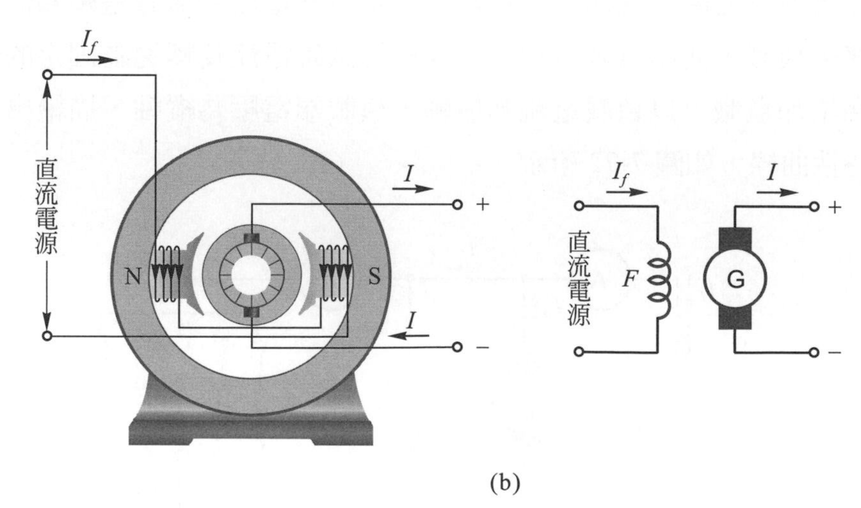

▲ 圖 7-73　外激式發電機之接線圖

外激式發電機外部特性曲線，如圖 7-74 所示，因電樞電阻壓降及電樞反應之去磁效應，端電壓隨負載電流之增加而下降。

外激式發電機之優點為不論負載大小如何變化，只需要調整激磁電流，即可穩定端電壓於額定值，而獲得極佳之電壓調整率。外激式發電機必須另備直流激磁電源，應用於實驗或商業用之試驗機，**適用於低電壓、大電流或電壓有特別要求之場合**。

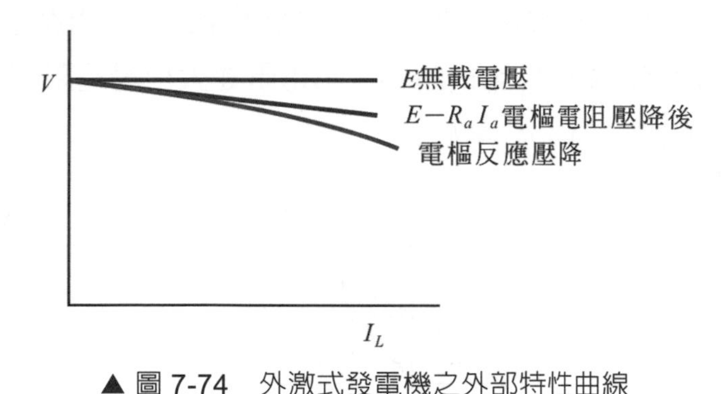

▲ 圖 7-74　外激式發電機之外部特性曲線

四、分激式發電機之特性及用途

分激式發電機之接線如圖 7-75 所示，**激磁線圈繞組和電樞相並聯**，所以又稱為並激式發電機。**分激繞組採用線徑細、匝數多之線圈**，場電阻值大，由電樞分流少許之激磁電流就能夠產生足夠的磁通。激磁電流相對於電樞電流而言很小。

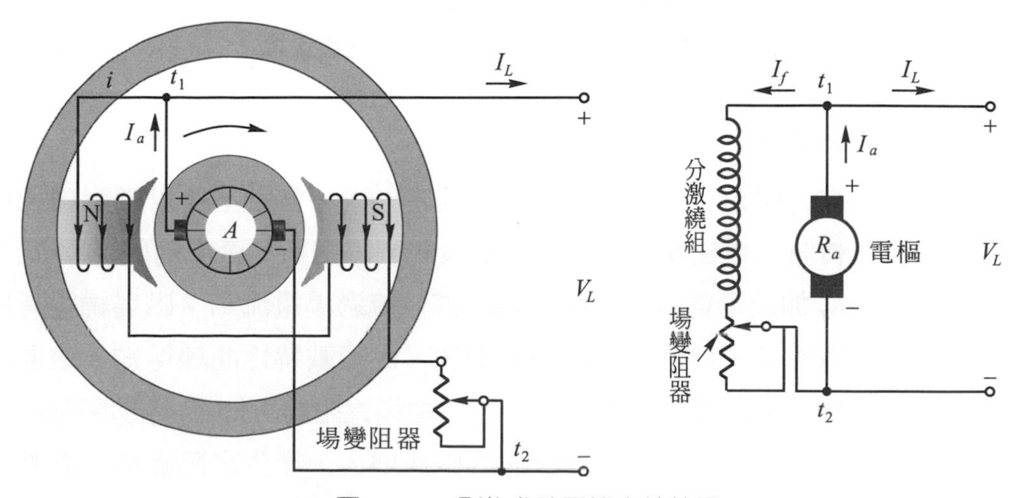

▲ 圖 7-75　分激式發電機之接線圖

分激式發電機不需外加直流激磁電流，為典型的自激式發電機。

1. 分激式發電機之無載特性

(1) 場電阻線

分激式發電機無載時，電樞感應電勢E就是加在磁場繞組上供應激磁電流的電壓，激磁電流 $I_f = \dfrac{E}{R_f}$，或場電阻 $R_f = \dfrac{E}{I_f}$。

因此可在無載特性曲線上，取激磁電流 I_f 及對應之感應電勢 E，經原點繪出 R_f 場電阻線。**場電阻愈大則場電阻線的斜率愈大，**如圖 7-76 中 $R_{f2} > R_{f1}$。

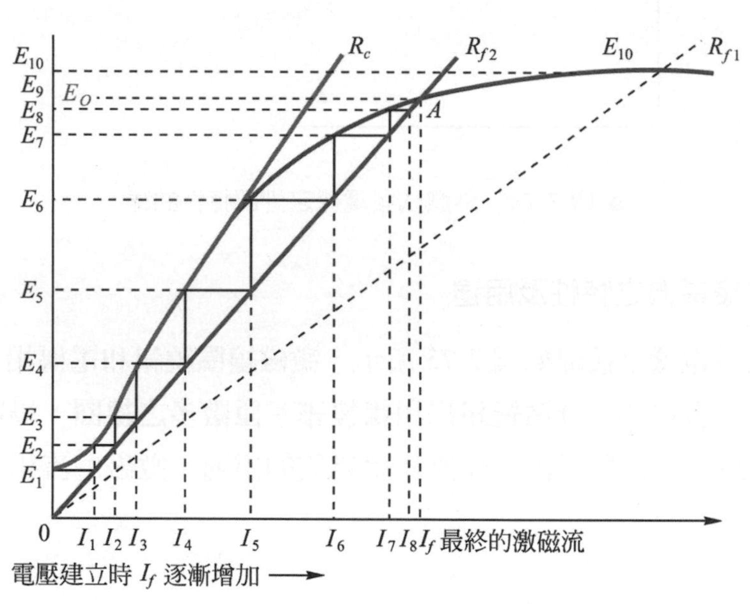

▲ 圖 7-76　自激分激式發電機之電壓建立

(2) 分激式發電機電壓的建立

如圖7-76 所示，若場電阻為 R_{f2}，當發電機以額定轉速運轉時，電樞導體首先割切磁極的剩磁磁通，產生剩磁電壓 E_1；E_1 加於場繞組，由場電阻線得知流過場電流 I_1；磁場繞組有場電流 I_1，於是磁極的磁通增加，由無載特性曲線得知，磁通增加使電樞感應電勢增大為 E_2；由場電阻線可知 E_2 電壓驅動激磁電流增加為 I_2，又使磁極的磁通增大，產生之感應電勢隨著磁

通增大而成為 E_3；電樞感應電勢增大，驅動激磁電流增加而使磁極的磁通增大，感應電勢隨著磁通增大而升高。依此類推，分激發電機之無載電壓將升高至場電阻線與無載特性曲線之交點E_9點為止，建立穩定的無載電壓。

(3) 輸出電壓高低的調整與臨界場電阻

直流發電機感應電勢的大小與轉速及磁通成正比，大型發電機通常固定轉速，**感應電勢的調整以改變激磁電流爲主；**分激磁場線圈串聯可變電阻的場變阻器，調整場變阻器改變場電阻即可改變感應電勢的大小。**場變阻器調小，則激磁電流增加、磁通增加、感應電勢升高及輸出電壓提高；**例如圖7-76中，若場電阻調小至 R_{f1}，則電壓由 E_9 提升至 E_{10}。相對的若將磁場電阻調大，則激磁電流減少，磁通減弱，感應電勢隨著磁通減少而下降，輸出電壓降低。但是若使場電阻增加至 R_C，其場電阻線與磁化曲線相切，則此時發電機之電壓極不穩定，場電阻或轉速稍微變化，發電機之輸出電壓變動很大。**與磁化曲線相切之場電阻線稱爲臨界場電阻線，其所代表之電阻 R_C 稱爲臨界場電阻**。場電阻必須小於臨界場電阻，發電機才能產生足夠的電壓。如果**場電阻大於臨界場電阻，則發電機的輸出電壓很小，無法建立足夠的電壓**。

例 7-6

如圖 7-77 所示為某台分激式發電機之無載特性曲線，在磁場飽和前之數據，轉速 1000 rpm 激磁電流 $I_f = 10$ A 時，端電壓為 100 V，試求：

(1) 轉速 1200 rpm 磁化曲線激磁電流 $I_f = 10$ A 時所對應之端電壓為若干？

(2) 兩條磁化曲線之臨界場電阻值分別為若干？

解 磁化曲線所對應之端電壓為

$$E_2 = (\frac{n_2}{n_1})E_1 = (\frac{1200}{1000}) \times 100 = 120 \text{ V}$$

轉速 1000 rpm 之磁化曲線的臨界場電阻值為

$$R_f = \frac{E}{I_f} = \frac{100\ \text{V}}{10\ \text{A}} = 10\ \Omega$$

轉速 1200 rpm 之磁化的臨界場電阻為

$$R_f = \frac{E}{I_f} = \frac{120\ \text{V}}{10\ \text{A}} = 12\ \Omega$$

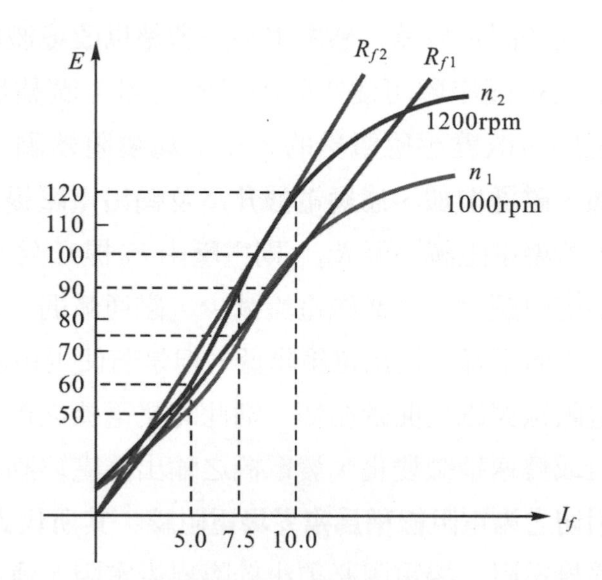

▲ 圖 7-77　分激發電機之無載特性曲線及場電阻線

臨界場電阻隨發電機速率之高低而不同。例7-6中10 Ω 場電阻為轉速1000 rpm 時的臨界場電阻；當轉速上升至1200 rpm 時，則10 Ω 不再是臨界場電阻了。對轉速1200 rpm 而言，臨界場電阻變為12 Ω。當場電阻為10 Ω 時，1000 rpm 轉速為場電阻為10 Ω 的臨界轉速。對於一個固定的場電阻而言，**發電機的轉速須高於臨界轉速，發電機的電壓才能建立**，轉速低於臨界轉速時，發電機電壓無法建立。已經配好場變阻器之**發電機，在起動時須將場變阻器置於最大處**，原動機帶動發電機轉動，能建立電壓時，即保證轉速已高過臨界轉速。

(4) 建立分激發電機電壓的條件

分激發電機欲建立電壓必須滿足下列條件：

① **發電機的主磁極中，要有足夠的剩磁**。

② 發電機的旋轉方向以及磁場繞組與電樞的接線必須正確，使**激磁電流能增加磁通量**。自激式發電機有一定的轉向，若是採用追隨型或逆動型的電刷則不可轉向錯誤，否則可能導致電刷破裂、換向器損壞。若是採用垂直型電刷雖然可以正反轉，但是轉向相反，感應電壓極性相反；反向的激磁電流會將剩磁減小甚至抵消而無法建立電壓。因此若直流發電機轉向相反時必須改變接線才能發電，但是所發之電壓極性相反。

③ 一定速率下，**場電阻必須小於臨界場電阻**。

④ 已配好場電阻時，**速率必須大於臨界速率**。

2. 分激發電機之外部特性及應用

分激式發電機之外部特性曲線為一下降之曲線，如圖7-78所示，其下降之程度比外激式發電機大。

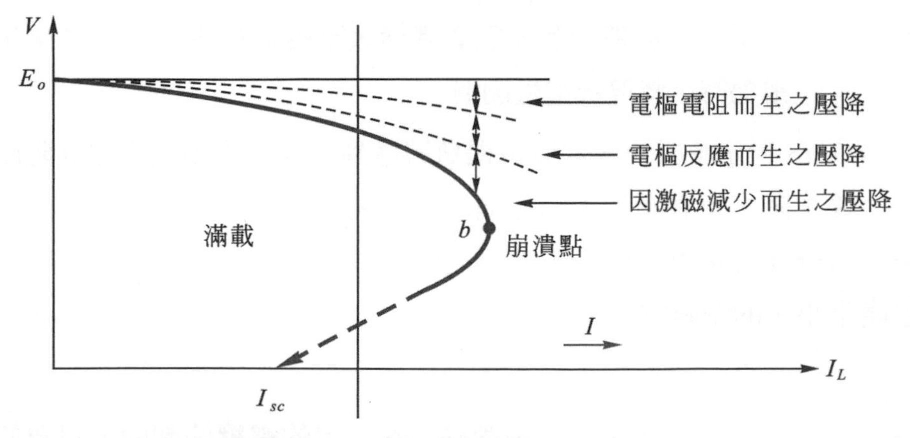

▲ 圖 7-78　分激式發電機外部特性曲線

造成負載時分激發電機端電壓下降之原因有：

(1) 由於電樞電流 I_a 流經電樞電阻 R_a 造成之電樞壓降，使端電壓低落。分激式發電機之端電壓為

$$V_L = E - I_a \times R_a \tag{7-24}$$

分激式發電機之電樞電流 I_a 等於負載電流 I_L 和激磁電流 I_f 之和，即

$$I_a = I_L + I_f \tag{7-25}$$

負載增加時，電樞電流增加，電樞電阻 R_a 所形成之電樞壓降增加，造成輸出電壓下降。

(2) 電樞反應之去磁效應，使磁極磁通減少，因而感應電勢減少。發電機磁極鐵芯的磁通若運用於高飽和處，會比運用於低飽和處較不易受電樞反應及激磁電流的影響，更容易維持其電壓之穩定。

(3) 因上述兩個原因造成的端電壓降低又使激磁電流減少，磁通更減弱，感應電勢減低，使端電壓再降低。此現象係隨負載電流之增大而愈趨顯著，當負載增大至磁通減少至無法產生足夠的電勢時，將導致電壓崩潰。

如圖 7-78 所示，當分激式發電機負載達到特性曲線中之崩潰 b 點時，端電壓會急遽下降。負載再加大超過崩潰點，則端電壓迅速降低；負載電流反而減少。當分激發電機短路時，並聯之磁場繞組亦被短路，僅由剩磁切割電樞繞組產生小小的剩磁電壓，因此短路電流 I_{SC} 雖大，但並不足以將發電機燒燬。

分激式發電機不需要另設電源激磁，在一定的電壓範圍內，只要使用場變阻器調整，即可獲得穩定的電壓。分激式發電機可用於一般直流電源，作為中、大容量發電機之激磁機，或作為供蓄電池充電之發電機。

例 7-7

一部 20 kW、220 V 之分激式直流發電機，其分激場電阻為 200 Ω，電樞電阻為 0.05 Ω，在額定輸出時，則：(1) 電樞電流應為多少？ (2) 感應電動勢為多少？

解 負載電流 $I_L = \frac{P_o}{V_L} = \frac{20\text{ k}}{220} = 90.9\text{ A}$

激磁電流 $G_o = \frac{P_o}{V_o^2} = \frac{22}{110^2} = 1.818 \times 10^{-3}\,\Omega$

電樞電流 $I_a = I_L + I_f = 92\text{ A}$

$E = V_L + I_a \times R_a = 220 + 92 \times 0.05 = 224.6\text{ V}$

類題 7-7

一部 20 kW、200 V 之分激式直流發電機，其電樞電阻為 0.05 Ω，分激場電阻為 100 Ω，則其額定輸出時電樞之應電勢為多少？

五、串激式發電機之特性及用途

1. 串激式發電機之無載特性

   串激式發電機的場繞組與電樞及負載串聯，如圖7-79所示，負載電流就是激磁電流也是電樞電流。串激式發電機於無載時，沒有激磁電流，所以**無載時串激式發電機電壓很低只有剩磁電壓，無法建立足夠的電壓**。

2. 串激式發電機之外部特性及運用

   串激式發電機無載時，電路斷路無激磁電流，僅由剩磁產生很小的電壓，隨著負載的增加，激磁電流增加，磁場增強，使感應電勢隨著負載的增加而增加，如圖7-80中之曲線$O'S$所示。

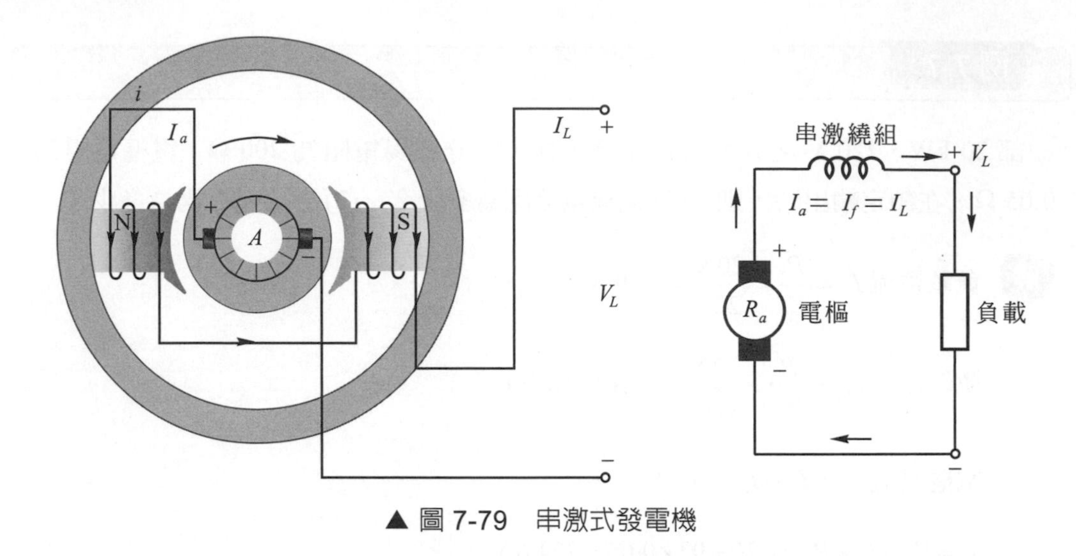

▲ 圖 7-79　串激式發電機

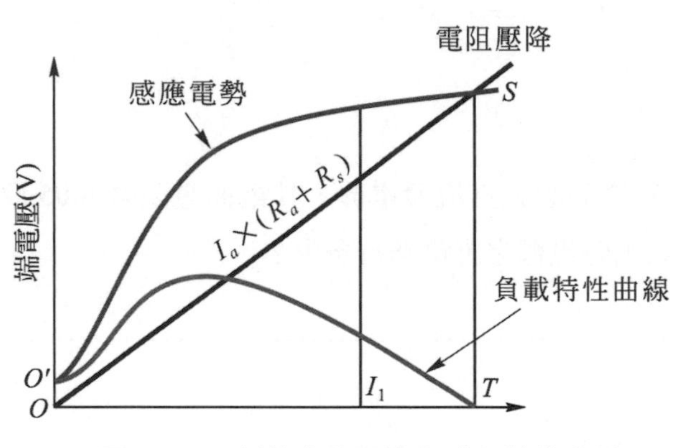

▲ 圖 7-80　串激式發電機的外部特性曲線

負載電流流經電樞電路及串激磁場繞組時產生電阻壓降，端電壓等於感應電勢減掉電阻壓降，串激發電機的負載端電壓：

$$V_L = E - I_a \times (R_a + R_s) \tag{7-26}$$

串激式發電機之電壓隨負載電流之變動而有大幅之變動，如圖 7-80 中的負載特性曲線；圖 7-80 中之 OS 直線為電樞電阻 R_a 與串激磁場繞組電阻 R_s 造成的壓降。

串激式發電機之端電壓隨負載電流變動很大，一般恆壓供電很少採用。串激式發電機利用高電樞反應造成的限流特性，可作為串接弧燈之電源。利用外部特性曲線之上升部分，串激式發電機可作為升壓機，插於長距離供電線路，補償線路壓降使負載端電壓保持穩定。

例 7-8

串激式發電機其電樞電阻為 0.5 Ω，磁場電阻為 4.5 Ω，供給 20 只串接弧燈，每只功率為 400 W，電流為 8 A，線路電阻為 25 Ω，則此發電機的感應電勢為多少？

解

$$V_L=\frac{P_L}{I_L}=\frac{20\times400}{8}=1000\ \text{V}$$

$$E=V_L+I_a\left(R_a+R_s+R_l\right)=1000+8\times\left(0.5+4.5+25\right)=1240\ \text{V}$$

六、複激式發電機之特性及用途

1. 複激式發電機之無載特性

複激式發電機的接線方式分為短並聯(激)與長並聯(激)。圖7-81(a)所示為短並聯複激式發電機之接線，分激場繞組先與電樞並聯再串聯串激場繞組。圖7-81(b)所示為長並聯複激式發電機之接線，串激場繞組先與電樞串聯後才並聯分激場繞組。無載時短並激式之串激場繞組無激磁電流，沒有作用；長並激式之串激場繞組電流無載時很小，串激磁場很弱作用不大，所以複激式發電機之無載特性與分激式類似。

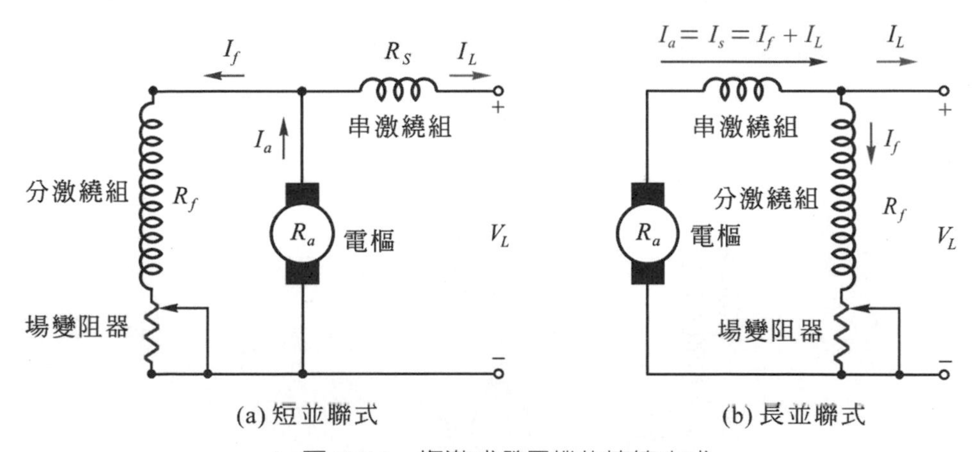

▲ 圖 7-81　複激式發電機的接線方式

2. 積複激式發電機的外部特性及用途

積複激式發電機的串激繞組與分激繞組之磁極性相同，負載時之總磁通＝分激磁通＋串激磁通，如圖7-82所示。

積複激式之主磁極磁通大部份由分激場繞組產生，串激場繞組所生之磁勢隨負載而變。積複激式發電機負載時的感應電勢 $E=K(\phi_f+\phi_S)n$，電樞繞組切割分激磁通 ϕ_f 所產生的感應電勢為基本電壓，電樞繞組切割串激磁通 ϕ_S 所產生的感應電勢補償電路之電阻壓降以及電樞反應之去磁效應所造成的電壓低落。

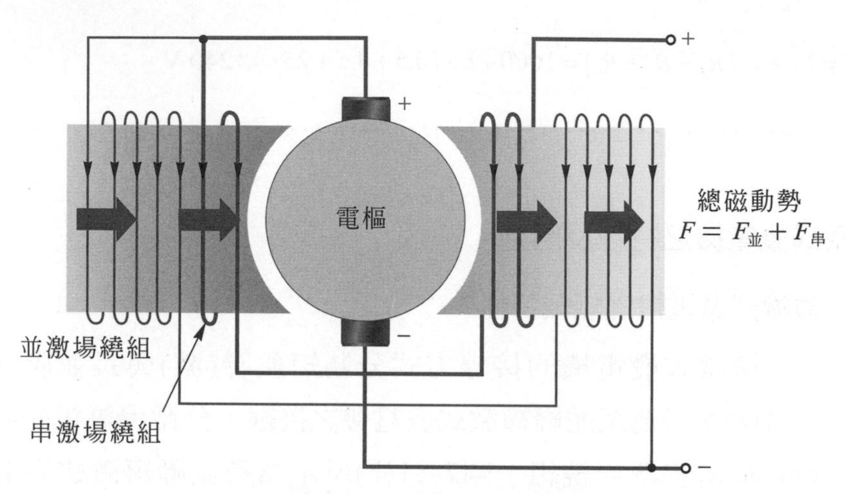

▲ 圖 7-82　積複激式發電機

細線多匝的分激場繞組串聯場變阻器調整無載端電壓。串激磁場繞組以粗線少匝繞成，並聯分流器以調整串激磁勢的強弱，如圖7-83所示。分流器電阻值愈大分流愈小，串激場繞組之激磁電流愈多，串激安匝磁勢愈強。相對的，分流器電阻值愈小，分流愈多，串激場繞組之激磁電流愈小，串激安匝磁勢愈弱。

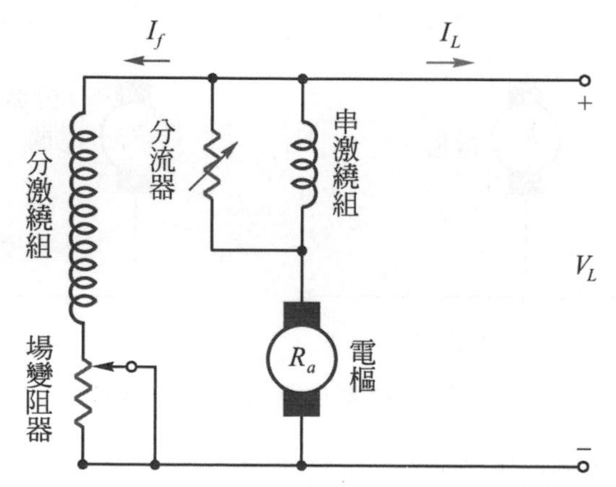

▲ 圖 7-83　複激式發電機串激場繞組附分流器

積複激式發電機負載時，依串激場繞組產生之串激安匝磁勢大小，分為過複激、平複激與欠複激三種發電機。其負載特性如下：

(1) 過複激式發電機之串激安匝磁勢較大，串激磁通隨著負載增加而增加；電樞繞組切割串激磁通 ϕ_S 產生的感應電勢隨負載增加而升高，不僅補償了電阻壓降以及電樞反應所造成的電壓低落，並且使輸出端電壓提高。過複激發電機之滿載電壓高於無載電壓，其外部特性曲線，如圖 7-84 中之 a 曲線所示。

    過複激發電機適用於礦區、電車等長距離供電場所，可以彌補線路壓降，使負載端之電壓維持穩定。

(2) **平複激式發電機於滿載時和無載時之電壓相同**。但因鐵芯的飽和作用，在輕載時串激安匝所增加之磁通比滿載時為多，所以平複激式發電機外部特性曲線是先升而後降的，平複激式發電機的外部特性曲線，如圖 7-84 之 b 曲線所示。平複激式發電機適用於一般直流電源及作為大型電機的激磁機，是很好的恆壓源。

(3) 欠複激式發電機的串激安匝磁勢較弱，所產生的感應電勢不足以補償電樞反應之去磁效應及內部阻抗造成之壓降，所以端電壓隨負載加大而稍微降低。但是欠複激端電壓降低之程度不會比外激式或分激式發電機大，因為分激式發電機沒有串激安匝來補償去磁及內部壓降。欠複激式發電機的特性曲線，如圖 7-84 之 c 曲線所示。欠複激式是分流器調得太小所形成，一般恆壓供電系統很少採用欠複激式發電機。

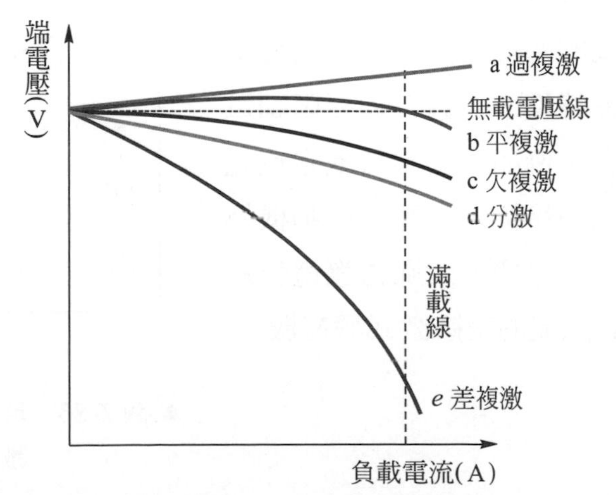

▲ 圖 7-84　各類發電機無載電勢相同時之外部特性曲線

3. 差複激式發電機之外部特性及用途

差複激式發電機的串激磁場極性與分激磁場相反，如圖7-85所示。於負載時，差複激式發電機的分激磁通被串激磁勢減弱，使得總磁通減少；差複激式發電機負載時的感應電勢$E = K(\phi_f - \phi_S)$，差複激式發電機的端電壓隨負載增加而減少。當差複激式發電機輕載時，串激磁勢弱，端電壓降低比較小；重載時，感應電勢降低很多，端電壓也跟著降低。差複激式發電機的外部特性曲線，如圖7-84之 e 曲線所示，比分激式發電機之端電壓下降許多。適當調整差複激式發電機之串激磁勢，再配合電樞反應可獲得電壓變動很大，而電流變動不大的恆流特性，如圖7-86所示。

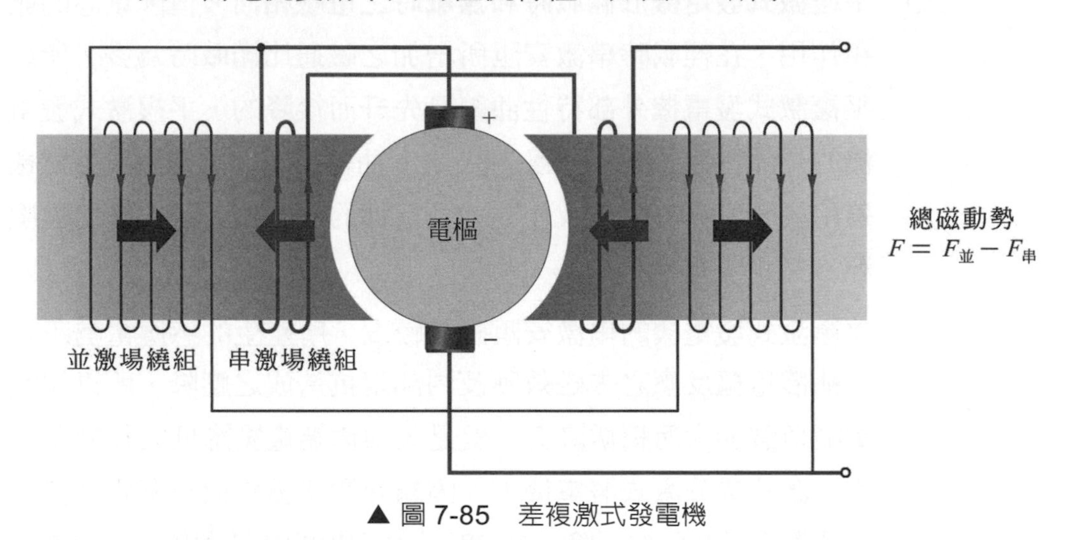

▲ 圖 7-85　差複激式發電機

差複激式發電機由於負載增加電壓迅速降低的特性，並不適用於恆壓供電的系統。但**差複激式發電機的恆流特性**，很**適合需要限制電流的場合**，例如作為蓄電池定流充電及電弧焊熔接之電源。原動機轉速不穩的發電機，如風力發電也適合採用具限流的差複激式發電機。

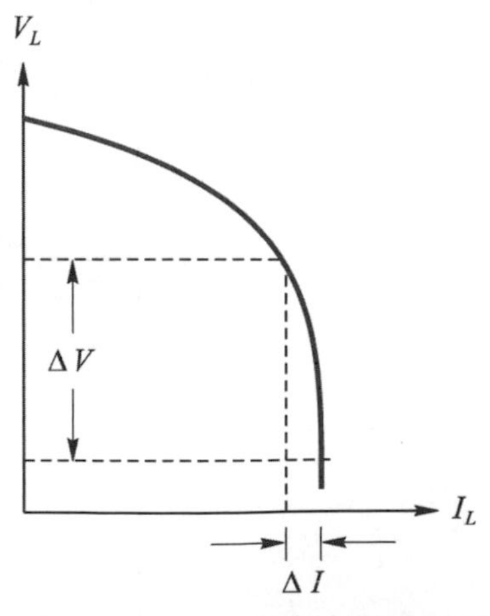

▲ 圖 7-86　具恆流特性的差複激外部特性曲線

七、電壓調整率 (voltage regulation)

在要求恆壓供電的場合，電壓穩定度可由電壓調整率表示。**電壓調整率爲無載電壓 E_o 與滿載電壓 V_{FL} 之差值，除以滿載電壓**，以百分比表示如下：

$$VR\% = \frac{E_o - V_{FL}}{V_{FL}} \times 100\% \qquad (7\text{-}27)$$

一般供電設備之額定電壓即為滿載電壓。電壓調整率**即無載至滿載的電壓變動量與額定電壓之比值**，為電壓變動的比率，比直接說電壓變動多少伏特，更能看出電壓變動的程度。電壓調整率愈小表示電壓愈穩定，一般可接受的範圍為 ±5%，即輸出負載從無載至滿載的條件變動下，輸出電壓有 ±5% 的變動。電壓調整率正值代表電壓下降，負值代表電壓上升。**平複激之電壓調整率爲零最佳，其次依序爲欠複激、他激及分激式發電機**。**過複激之電壓調整率爲負值**。串激及差複激並非定電壓源，通常不計其電壓調整率。

例 7-9

外激式發電機滿載時端電壓 220 V，負載移去後電壓升至 231 V，則電壓調整率為多少？

$$VR\% = \frac{E_o - V_{FL}}{V_{FL}} = \frac{231-220}{220} = 5\%$$

電壓調整率為 5%

類題 7-9

過複激式發電機滿載時端電壓 220 V，負載移去後電壓降至 209 V，則電壓調整率為多少？

八、直流發電機的主要特性及用途，如表 7-3 所示。

▼ 表 7-3　直流發電機之特性及用途

發電機類別	主要特性	用途
外激式發電機	(1) 電壓調整範圍寬。 (2) 電壓調整率小。 (3) 可改變激磁方向或旋轉方向，改變端電壓之極性。	(1) 激磁機。 (2) 測力計。 (3) 華德黎翁納德系統的可變電源。 (4) 試驗用可變電壓源。
分激式發電機	(1) 電壓調整範圍較窄。 (2) 電壓調整率較大。 (3) 具崩潰點，負載太大時，電流反而降低。	(1) 一般直流電源用。 (2) 激磁機。 (3) 充電機。
串激式發電機	(1) 無載時電壓很小。 (2) 端電壓因負載變動而變化大。	升壓機。
平複激式發電機	(1) 電壓調整範圍窄。 (2) 電壓調整率極小 (為零)。	(1) 一般直流電源用。 (2) 激磁機。
過複激式發電機	(1) 滿載電壓高於無載電壓。 (2) 電壓調整範圍窄。 (3) 電壓調整率為負値。	(1) 電車之電源。 (2) 長距離之直流電源用。
差複激式發電機	(1) 電壓隨負載急劇下降。 (2) 具恆流特性。	(1) 直流電焊用發電機。 (2) 電池充電用發電機。

7-4-3　直流發電機的並聯運用

將兩部或兩部以上之發電機並聯接至匯流排上，共同負擔系統負載，稱為並聯運用。多機並聯運轉比單機獨自負擔所有負載有下列的優點：

1. 可獲得高效率的運轉：由於發電機的效率在滿載附近時較高，輕載及過載時效率低。若遇較大負載時，採用二部以上之電機並聯同時運轉，輕載時較少台電機運轉，如此電機可以在滿載或近於滿載下運用，獲得高的效率。

2. 整個供電系統容量可以增大，不受單機容量的限制。
3. 備用發電機容量減小。
4. 在輕載期間可輪流做保養維護，發電機之壽命可以延長。
5. 供電可靠度及穩定度提高，整個供電系統不因某台發電機損壞、故障而停止供電。

一、直流電源並聯的條件

1. **電壓相同**。
2. **電壓極性正確**。
3. 負載的分配要適當，各機之**負載量應與其容量成正比**。

二、分激發電機之並聯運用

分激發電機並聯時必須滿足上述的條件，應選擇相同電壓調整率，即外部特性曲線相同者並聯運轉。

1. 負載分配與外部特性曲線的關係

將外部特性曲線(以負載百分率為橫軸)相同，即電壓調整率相同的分激發電機並聯時，負載分配自然和容量成正比，共同按各機額定容量大小比例分擔負載，而且一起達到滿載，總輸出容量為各機額定容量之和。

外部特性曲線不同(電壓調整率不同)的發電機並聯時，負載之分配如下：

(1) 在調整使兩台發電機之無載電壓相同的情況下，當負載加大時，具有下垂外部特性曲線的發電機 G_2，擔任較輕之負載 I_2，如圖 7-87(a) 所示。當特性較平坦 (電壓調整率較小) 之電機滿載時，外部特性較下垂 (電壓調整率較大) 者尚不及額定容量，使得總輸出容量小於各單機額定容量之和。

(2) 在調整使兩台發電機之滿載電壓相同的情況下，當負載減輕時，外部特性曲線較下垂的發電機 G_2，其所擔任的負載較重 I_2；特性較平坦 (電壓調整率較小) 者負擔較輕，如圖 7-87(b) 所示。

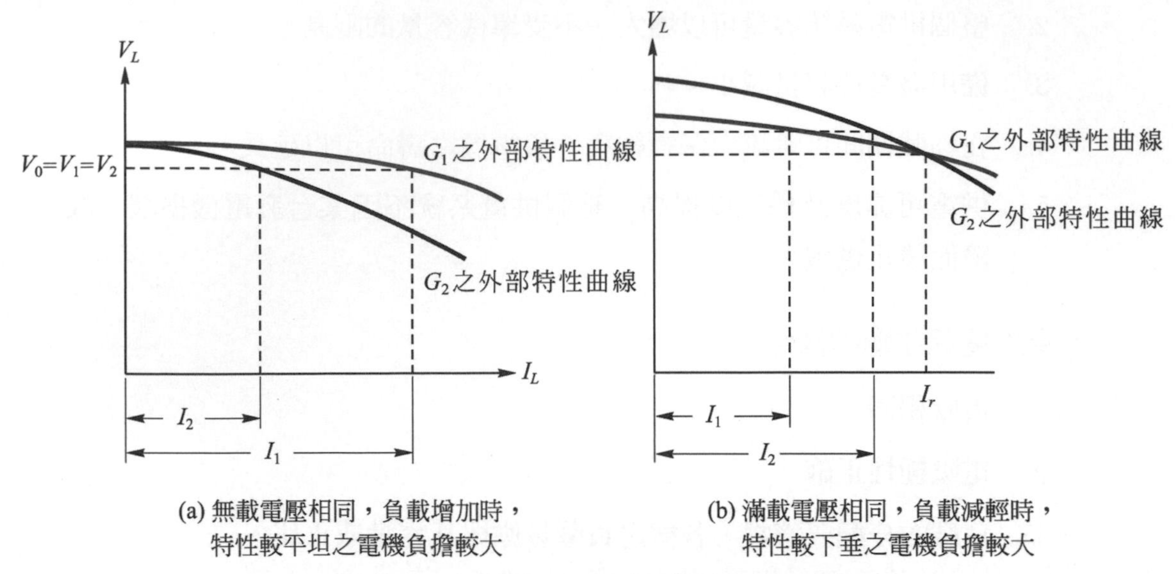

(a) 無載電壓相同，負載增加時，特性較平坦之電機負擔較大

(b) 滿載電壓相同，負載減輕時，特性較下垂之電機負擔較大

▲ 圖 7-87 負載分配與外部特性曲線之關係

2. 分激式發電機並聯運用之操作方法及負載分配之轉移

欲將發電機加入系統內並聯運用時，新加入發電機之端電壓必須略高於已運轉之發電機，才能馬上承擔負載。否則，如果接入之發電機端電壓比並聯系統電壓低時，發電機變成電動機運轉而成為負載，使並聯系統之負載加大，失去並聯之意義。如圖7-88所示為兩台分激式發電機並聯運用之接線圖。假定 1 號發電機 G_1 先行運轉，當負載逐量增多到1號發電機 G_1 近滿載時，2 號發電機 G_2 應適時加入並聯運轉，以分擔部份負載。分激發電機並聯運用之操作步驟如下：

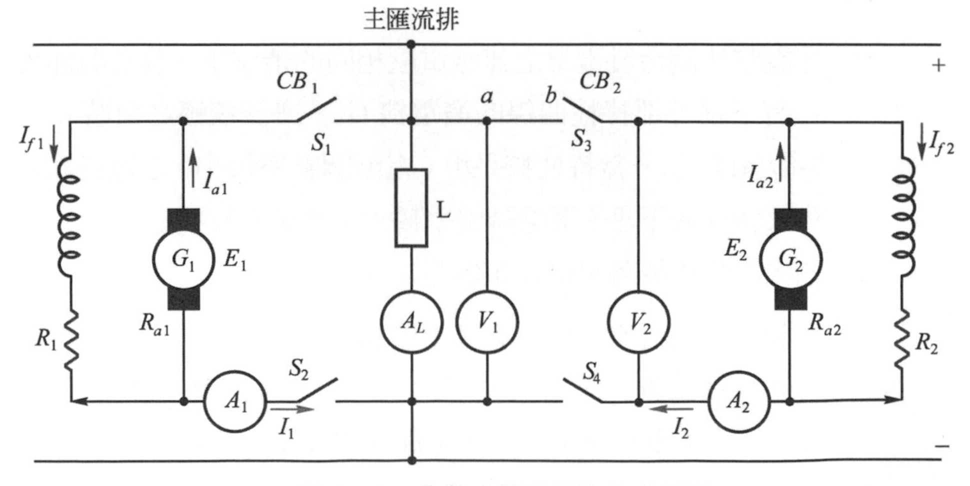

▲ 圖 7-88 分激式發電機的並聯運用

(1) 將 G_2 發電機之磁場調整電阻(場變阻器)置於最大處，開動原動機驅動發電機，使發電機無載下建立電壓。

(2) 調整 G_2 發電機之場變阻器使發電機之電壓略高於系統電壓。

(3) 檢查電壓極性。

(4) 確認電壓極性正確無誤後，將開關 S_4、S_3 閉合，使發電機併入系統。

(5) 將 G_2 發電機之場變阻器調小，同時增加原動機的輸出功率使發電機轉速維持在額定轉速，增加其負擔至由電流表指示出所欲負擔之電流值為止。

如欲將 1 號發電機 G_1 所承擔之負載轉移至 2 號發電機 G_2，使 1 號發電機 G_1 得以暫停運轉時，則必須同時調大 1 號發電機 G_1 之場變阻器 R_1 及調小 2 號發電機 G_2 之場變阻器 R_2，以維持系統電壓於一定值。如此 1 號發電機 G_1 之感應電壓逐漸減小，2 號發電機 G_2 之感應電壓逐漸加大，則負載就可以由 1 號發電機 G_1 轉移到 2 號發電機 G_2。在轉移的過程中，應調整驅動 2 號發電機 G_2 之原動機，使 2 號發電機之輸入功率逐漸增加；同時調整驅動 1 號發電機 G_1 之原動機，使 1 號發電機 G_1 之輸入功率逐漸減少。當發電機 G_1 電流表指示為零時，把開關 S_1、S_2 斷開，使發電機 G_1 切離系統後停機。

例 7-10

將二台 50 kW、250 V 之分激式發電機並聯使用。在無載時將其電壓均調整為 250 V，單獨使用時 1 號發電機滿載端電壓為 242 V，2 號發電機滿載端電壓為 238 V，若總負載電流為 360 A，試求並聯時：

(1) 各機供給之電流為若干？

(2) 各機供給之電功率為若干？(激磁電流及電樞反應之影響忽略不計)

 (1) 兩機之額定電流均為

$$I=\frac{P}{V}=\frac{50\times10^3}{250}=200\text{A}$$

兩機之電樞電阻分別為

$$R_{a1}=\frac{E-V_L}{I}=\frac{250-242}{200}=0.04\ \Omega$$

$$R_{a2}=\frac{E-V_L}{I}=\frac{250-238}{200}=0.06\ \Omega$$

設並聯使用時，兩機之負載電流分別為 I_1 及 I_2，則

$I_1+I_2=360$ A

此時兩發電機之端電壓為

$V_1=E-I_1\times R_{a1}$，$V_2=E-I_2\times R_{a2}$

因兩機並聯 $V_1=V_2$，故

$V_1=E-I_1\times R_{a1}=250-0.04I_1=V_2=E-I_2\times R_{a2}=250-0.06I_2$

由於 $I_1=360-I_2$，帶入上式得

$I_1=216$ A，$I_2=144$ A

(2) 兩機並聯使用，系統之端電壓相等為

$V_1=E-I_1\times R_{a1}=250-0.04I_1=V_2=250-0.06\times144=241.36$ V

1 號發電機機供給之電功率為

$P_1=V_1\times I_1=241.36\times216=52.134$ kW

2 號發電機機供給之電功率為

$P_2=V_2\times I_2=241.36\times144=34.756$ kW

三、複激式發電機之並聯運用

1. 複激式發電機直接並聯的不穩定現象及防止

複激式發電機有串激磁場繞組影響總磁通量，負載電流改變時，感應電勢隨之改變，直接並聯運用時，將發生不穩定現象。具上挺型外部特性曲線之過複激式發電機，根本無法直接並聯運用；因為其中一台若因轉速不穩或其他原因而電壓升高，則其負擔之電流增加，串激磁場繞組磁通隨之增加，造成該機電壓再升高而增加該機負擔之電流；而負擔之電流增加，又造成該機電壓升高，更增加該機負擔之電流，如此循環終將使得負載全部加在該機上。而另一台電流減少的積複激式發電機，因串激場磁通隨著負載電流減少而減弱，電樞應電勢也降低，電流更減少，串激場磁通隨著電流減少而更減弱，如此循環下去，使其輸出電流為零之後，由系統匯流排供電給發電機，使積複激式發電機變成差複激式電動機而驅動其原動機使轉速升高；由此可知積複激式發電機無法直接並聯使用。

過複激式發電機並聯運用產生不穩定現象的關鍵，在於兩串激磁場隨電流大小而彼此消長，造成兩機電壓愈差愈大而無法並聯；因此可利用低電阻導線作為均壓器，將兩串激場繞組並聯，如圖7-89所示，在串激場繞組接近電樞之一端連接起來。若有其中某一電機之電壓略微升高，其串激場電流加大的同時，經低電阻的均壓器另一串激場電流也加大；電流分配不致改變而獲得穩定之並聯運轉。平複激、差複激式發電機並聯時也加裝均壓線使並聯運用穩定。因串激繞組之電阻低，因此均壓器必須是電阻極小的導線。在串激場繞組並聯的情況下，**複激式發電機並聯時各機負擔之大小與串激場的電阻值成反比**。

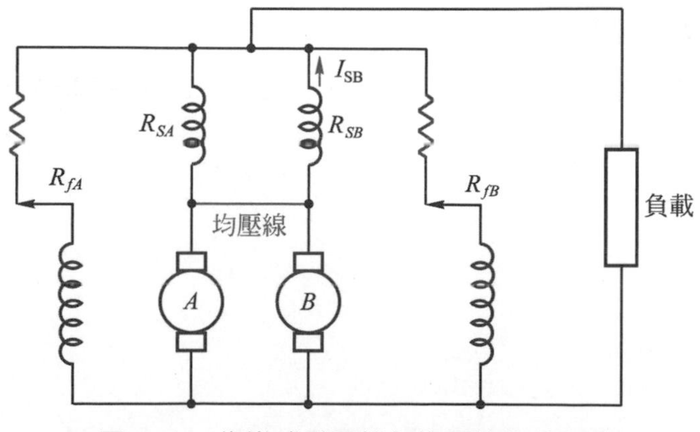

▲ 圖 7-89　複激式發電機加均壓線的並聯運用

2. 複激式發電機並聯運用之條件

複激式發電機並聯時，除了必須滿足並聯電壓相同、極性正確的基本條件外，還必須注意下列事項：

(1) 須為同機型；積複激式不可能與差複激式並聯運用。

(2) 兩電機之串激磁場繞組的接法相同，必須同在外線之正邊或負邊，否則裝均壓器後，電機之電樞將被另一電機的串激繞組所短路。

(3) **必須使用均壓器連接，使串激場繞組並聯**。

(4) 串激磁場應有與電機額定容量成反比之電阻值，即

$$\frac{R_{S1}}{R_{S2}}=\frac{G_2\text{之容量}}{G_1\text{之容量}}=\frac{I_{L2}}{I_{L1}} \tag{7-28}$$

問題與討論

1. 直流發電機按接線方式不同，可分為哪幾種？試繪圖說明之。
2 試述自激式發電機建立電壓之條件。
3. 寫出各種直流發電機之主要用途。
4. 試述複激式發電機並聯運用的條件。
5. 他激式之發電機，滿載電壓為 220 V，負載移去後為 225 V，則發電機之電壓調整率為多少？

7-5 直流發電機之耗損及效率

7-5-1 直流機的耗損

發電機並非百分之百將輸入的動能轉換成電能，有一部分輸入能量轉換成我們不想要的其他能量形式，這些不想要的部分，稱之為損失(loss)或耗損。直流機主要由銅線組成的電路部份與由鐵芯組成的磁路部份，以及使導體與磁場互相作用的機構所組成。在電路部份的耗損稱為電路損 (electrical loss)，簡稱銅損 (copper loss)；在磁路部份所形成的耗損稱為磁路損，簡稱鐵損 (iron loss)。由於機件旋轉所產生的耗損稱為機械損 (mechanical loss)，其他無法精算之耗損稱為雜散負載損 (stray load loss)。

一、銅損

銅損又稱為電阻損，係電流流過線導體，因導體電阻產生熱所造成的能量損失。直流機的銅損有：

1. 電樞繞組的耗損

   電樞繞組具有電阻，當電流通過電樞繞組時，即產生與電樞電流平方成正比的電阻損失。電阻損失以熱能形式消散，其功率計算式為：

   $$P_{CA} = I_a^2 \times R_a \qquad (7\text{-}29)$$

   其中 I_a 為電樞電流，R_a 為電樞電阻。

   電樞繞組的銅損與電樞電流平方成正比。由於電樞電流隨負載而變動，所以電樞繞組損耗為變動損。

2. 分激繞組損失

   分激磁場繞組並聯於直流電源，在定電壓之電機，分激繞組的電阻損失與負載無關為固定損。其值為：

   $$P_{CF} = V \times I_f = \frac{V^2}{R_f} = I_f^2 \times R_f \qquad (7\text{-}30)$$

   其中 I_f 為激磁電流，R_f 為磁場繞組電阻，V 為分激繞組端電壓。

3. 串激繞組、中間極繞組及補償繞組之耗損

由於串激繞組、中間極繞組及補償繞組皆與電樞繞組相串聯，流過電樞電流，因此所產生的銅損與負載平方成正比，為隨著負載大小而改變的變動損。

4. 電刷及電刷接觸耗損 (brush-contact loss)

電刷接觸耗損是電刷本身的電阻及電刷與換向片間的接觸電阻，流過電流時所產生之電阻損失。電刷接觸損耗 $P_B = V_B \times I_B$，其中 V_B 為電刷接觸壓降，一般約為 2 伏特左右，I_B 為通過電刷之電流。

二、鐵損

在電機鐵芯所產生之耗損，稱為鐵芯損耗 (core loss)，簡稱鐵損。鐵損可分為磁滯損耗 (hysteresis loss) 與渦流損耗 (eddy current loss) 二種：

1. 磁滯損耗

由於鐵芯的磁滯特性，當電機運轉時，電樞鐵芯之磁極性不斷改變，磁路中之磁分子互相摩擦所產生之耗損，稱為磁滯損。磁滯損的大小與磁滯迴線內所含之面積成正比。直流機之**磁滯損與轉速成正比，與最大磁通密度的1.6～2次方成正比**。電機之磁滯損耗可用下列經驗公式表示：

$$P_h = K_h \times B_m^{\ n} \times f \times G \text{ (瓦特)} \qquad (7\text{-}31)$$

上式中 P_h ：磁滯損耗(單位為W)

K_h ：磁滯係數，因鐵芯材料而定

B_m ：最大磁通密度(單位為Wb/m^2)

X ：司坦麥茲常數(Steinmetz index)，其值在1.6～2.0之間，如 B_m 在 1 Wb/m^2 以下時，使用1.6計算，在 1 Wb/m^2 以上時，採用 2 計算。

f ：頻率(在直流機為轉速)(單位為Hz)

G ：鐵芯重量(單位為kg)

2. 渦流損耗

渦流損是因電磁感應作用，在鐵芯內產生渦狀電流流動所造成的電阻損。

由於電樞鐵芯也能導電，當電機旋轉時，電樞鐵芯切割磁力線產生之感應電勢，驅動感應電流在鐵芯內流通，成為許多旋渦狀的環流，如圖7-90所示，稱之為渦電流(簡稱渦流)，塊狀鐵芯渦流較大，片狀鐵芯渦流較小。渦流在鐵芯內所引起之損耗，即稱為渦流損。渦流損是因電磁感應作用，在鐵芯內產生渦狀電流流動所造成的電阻損。渦流損失功率的大小與渦流平方成正比，與鐵芯之電阻 R_i 成正比，即 $P_e=I_e^2\times R_i$。而渦流的大小與感應電勢成正比，因此**渦流損失與最大磁通密度、轉速(頻率)及鐵芯厚度三者的平方成正比**。渦流損耗功率大小計算式為：

$$P_e=K_e\times B_m^2\times f^2\times t^2\times G\ (\text{瓦特}) \tag{7-32}$$

上式中 P_e ：渦流損失功率(單位為W)

K_e ：比例常數，視鐵芯材料而定

B_m ：最大磁通密度(單位為Wb/m²)

f ：頻率(單位為Hz)

t ：鐵芯疊片厚度(單位為mm)

G ：鐵芯重量(單位為kg)

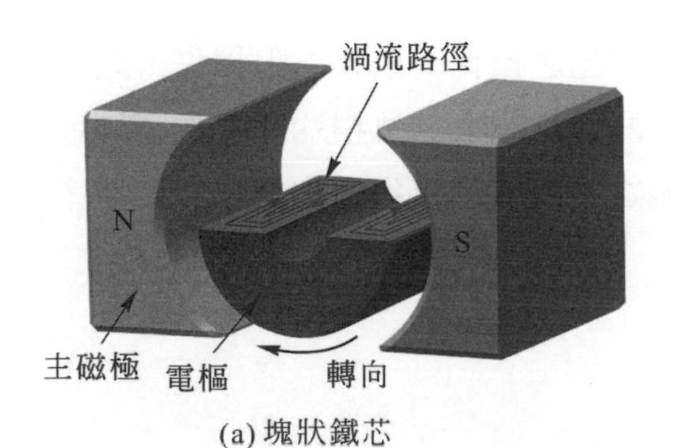

(a) 塊狀鐵芯

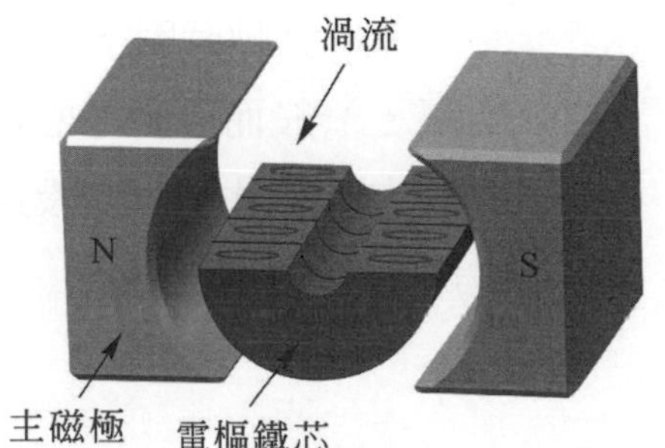

(b) 片狀鐵芯

▲ 圖 7-90　鐵芯中之渦流

電樞鐵芯材料採用矽鋼，加矽不僅可以減小磁滯迴線面積降低磁滯損，同時增加了電阻係數，也可以減小渦流損。為了減少渦流抑制渦流損耗，必須採用經過絕緣處理之矽鋼薄片來疊製鐵芯，使鐵芯導磁而不容易導電。直流機的渦流損主要在電樞鐵芯產生；另外由於電樞槽齒間之磁通密度差異，當電機旋轉時，在磁極極面上形成磁通擾動，也在磁極面上產生渦流，造成渦流損耗；磁極極面上的渦流損失稱為極面損失。為減少極面損失，有些電機之主磁極並不使用整塊鐵芯，而採用矽鋼片來疊製磁極。極面損失比電樞鐵芯之鐵損小，磁極可使用較厚的矽鋼片組成。

若電機在額定電壓下，以固定轉速運轉，則鐵損為固定值。鐵損與機械損失稱為無載旋轉損失。

三、機械損失

電機由於摩擦生熱所造成的機械損失有：

1. 軸承摩擦損失

   電機旋轉時軸承受到摩擦阻力而消耗功率，速率愈高則軸承摩擦損失愈大；適當的潤滑可以減少軸承的摩擦損失。

2. 電刷摩擦損失

   電刷與換向器間的接觸摩擦，在電機旋轉時會消耗功率，其損失值與電刷之摩擦係數、壓力、面積及換向器的圓周速率等因素有關。

3. 風阻損失

   電樞旋轉時因空氣阻力所引起之損耗，稱為風阻損失，簡稱為風損。一般而言若電樞軸上裝設通風扇，其風損約與電樞圓周速率之立方成正比，未裝設通風扇之電機，其風損約與電樞圓周速率平方成正比。

四、雜散損失

除了電路損耗、磁路損耗及機械損耗之外，電機於負載時還有其他難以精算的損失，稱為雜散損失。例如因電樞反應引起磁通畸變所增加的鐵損，集膚效應所增加之銅損，音響、火花的功率損耗等。通常大型直流機雜散負載損失約為額定輸出的百分之一，小型機可忽略不計。

五、固定損失與變動損失

與負載大小無關之損失，稱為固定損失，在固定電壓、固定轉速的電機中，固定損失包括：鐵損、機械損、分激場繞組或外激場繞組的銅損。

隨負載大小而變動的損失，稱為變動損失。變動損失包括：電樞繞組、換向磁極繞組、補償繞組、串激場繞組、電刷與換向器間之接觸電阻等，所造成之銅損及雜散負載損失。

六、耗損對電機的影響

1. 電機的損失使輸出功率減少效率降低

   直流發電機內之功率分佈情形，如圖7-91所示。損失愈多，則輸出愈少，效率愈差。

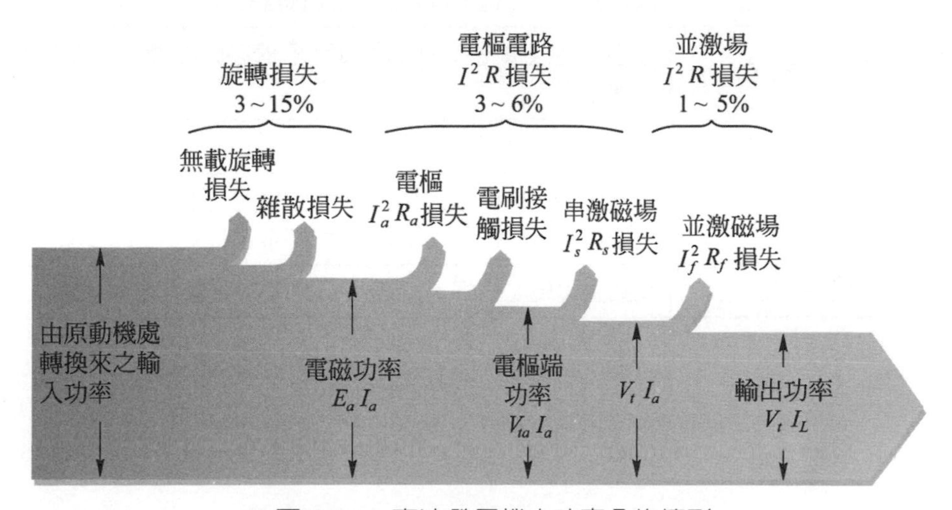

▲ 圖 7-91　直流發電機之功率分佈情形

2. 損失造成溫升，限制電機之額定容量及使用時間

電機運轉時，損失絕大部分轉化為熱能，導致其內部溫度的上升，所以電機必須設置散熱裝置，經過一段時間之後即趨於一定之溫度。如果溫升過高，將加速絕緣材料之劣化。溫升限制電機之額定容量及使用時間。若過載運轉以致損失過大造成溫升超過，將使電機絕緣急劇劣化，甚至燒燬。絕緣材料之絕緣電阻會隨著溫度上升而下降，電機輸出容量亦隨著溫度上升而下降。電機所用之絕緣材料的絕緣等級依據中國國家標準分為Y、A、E、B、F、H、C等七級，如表7-4所示，絕緣等級決定了電機所能使用的最高溫升。絕緣等級的選用視場所及周遭環境而定，一般陸上使用E級，海上船舶使用B級以上的電機。

▼ 表 7-4　絕緣等級

級別	最高容許溫度	所屬絕緣材料
Y	90°C	包括不經浸漬或浸於油中之棉纖維、絲、紙及同類之有機材料。
A	105°C	包括經浸漬或浸於油中之棉纖維、絲、紙及同類之有機材料。
E	120°C	包括琺瑯、各種樹脂及棉、紙積層品。
B	130°C	包括各種無機材料，如雲母及石綿之砌成體，且與其他黏質連合者。
F	155°C	包括雲母、石綿及玻璃纖維。
H	180°C	以雲母、石綿、玻璃纖維或類似無機材料混合矽質樹脂或其他具有同等性質之接著劑而製成。
C	超過 180°C	包括生雲母、石綿、瓷器及石英等耐高溫之無機材料。

7-5-2 效率

一、效率的定義

效率 (efficiency) 為輸出功率與輸入功率之比值，以百分比來表示。即

$$效率\ \eta=\frac{輸出功率\ P_o}{輸入功率\ P_i}\times 100\% \qquad (7\text{-}33)$$

實際計算電機之效率時，有下列三種：

1. 實測效率 (measured efficiency)

　　以適當的儀表實際測量輸出功率及輸入功率而計算之效率稱為實測效率，適用於小型電機。

2. 公定效率 (conventional efficiency)

　　機械功率的測量比電功率的測量困難許多。依據能量不滅定律，輸入功率必等於輸出功率加損耗功率；大型發電機採用較易測量之輸出電功率加損耗功率作為輸入功率來取代機械功率，計算所得之效率稱為公定效率。即發電機的公定效率為：

$$公定效率=\frac{輸出功率}{輸出功率+損失}\times 100\%$$

$$=\eta=\frac{P_o}{P_o+P_{\text{loss}}}\times 100\% \qquad (7\text{-}34)$$

例 7-11

有一部 2 kW 直流發電機，在滿載時總損失為 500 W，則效率為多少？

解 $\eta=\frac{P_o}{P_o+P_{\text{loss}}}\times 100\%=\frac{2000}{2000+500}=80\%$

❯類題 7-11

有一部 2 kW 直流發電機，在滿載時效率為 90%，則總損失為多少？

二、效率與輸出之關係

直流機的運轉效率，隨輸出(負載)功率大小而變；無載時效率為零，隨著輸出(負載)功率增加而效率變大，在滿載附近時效率最高，超載時效率又變小，如圖 7-92 所示。欲使電機發揮最高效率，應儘量避免電機在輕載或超載情況使用。

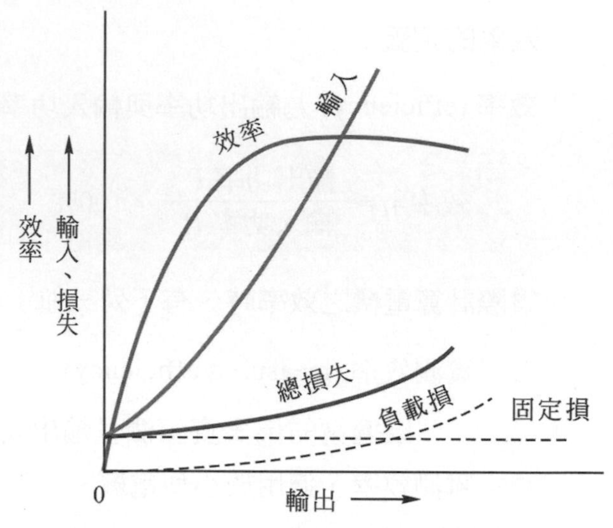

▲ 圖 7-92　發電機之損失及效率與負載之關係

一般而言，直流機之容量愈大，效率愈高。同一容量的電機速度愈快(頻率愈高)體積愈小，因為銅及鐵芯單位體積之損耗大約相同，高速機體積小、損失少，所以效率較高。電壓高電流小者電阻損失較少效率較高，而低電壓大電流的直流機，電阻損失較大，效率較低。直流發電機的效率約在 85% 左右。

問題與討論

1. 試述直流電機損失之種類。
2. 鐵損包括那幾種？如何減輕其損失？
3. 試說明直流機效率之意義。
4. 有台 400 kW、600 V 之直流發電機，若其效率為 90%，試求其輸出電流及運轉時原動機所需之馬力數。
5. 有台 15 kW，120 V 之直流分激式發電機，其磁場電阻為 40 Ω，電樞電阻為 0.08 Ω，鐵損和機械損之總和為 870 W，試求滿載、半載過載 20% 之效率。
6. 有台 50k W 之直流發電機，在滿載時之固定損失與變動損失均為 3 kW，而半載時之變動損失為 1 kW，若此發電機之運轉情況為滿載 5 小時，半載 8 小時，無載 11 小時，求此發電機之全日效率為若干？

本章摘要

1. 發電機的原理是由原動機帶動導體或磁場，使導體切割磁力線而產生感應電勢。

2. 佛來銘右手定則，又稱為“發電機定則”，將右手之大拇指、食指及中指伸直且相互垂直，大拇指表示導體運動方向，食指表示磁場方向，中指即表示應電勢方向。

3. 直流發電機每根導體之感應電勢大小為：

   $e = Blv$

4. 直流發電機電樞繞組係產生交流電勢，須藉換向器之整流作用，而使輸出為直流電。

5. 直流發電機之感應電勢與磁通及轉速成正比：

   $E = \frac{PZ}{60a} \times \phi \times n$ 伏特

   $E = K\phi n$ 伏特

6. 直流機主要構造分為：

   (1) 定子部份：機殼 (場軛)、主磁極、換向磁極、電刷、軸承、托架及基座。

   (2) 轉子部份：電樞鐵芯、電樞繞組、換向器及軸。

7. 中間極又名換向極可改善換向。

8. 磁極繞組的分激磁場繞組：匝多線細，與電樞繞組並聯；串激磁場繞組：匝少線粗，與電樞繞組串聯。

9. 電刷與換向器表面之角度，分為垂直型以及僅適用單一轉向的逆動型與追隨型。

10. 電樞鐵芯以矽鋼片組成，以減少渦流損失。

11. 線槽採斜槽可以減輕磁阻噪音，線槽可分為下列三種：

    (1) 開口槽：中大型慢速機使用。

    (2) 半閉 (開) 口槽：中小型機使用。

    (3) 閉口槽：高速機使用。

12. 換向器與電刷的作用：在發電機中將電樞內之交流電變為直流輸出；在電動機中將直流之電流轉變為交流輸入電樞繞組，使轉動持續。

13. 依電樞線圈端與換向片接法之不同，繞組有三種型式：

    (1) 疊繞組 (又稱為多路並聯繞組)。

    (2) 波形繞組 (又稱為二路串聯繞組)。

    (3) 蛙腿式繞組。

14. 複份繞組係為了得到較高之電流，而將二組以上之電樞繞組，繞製於同一電樞鐵芯上，共用磁場與換向器。

15. 疊繞組之並聯路徑數 $a = P \times m$。

16. 疊繞組需要加裝均壓線，以防止環流造成電刷換向器間電流過大。

17. 波繞組之並聯路徑數 $a = 2 \times m$。

18. 波繞之換向器節距 $Y_c = \dfrac{c \mp m}{\frac{P}{2}}$ (片)。

19. 當槽數與換向器片無法配合時，波繞須要假線圈，使機械平衡，轉動時不致振動。假線圈又名強制線圈、虛設線圈並無電氣功能。

20. 疊繞組適用於低電壓大電流之電機，而波繞組適用於高電壓小電流之電機。

21. 蛙腿式繞組係由單分疊繞組與 $\frac{P}{2}$ 份波形繞組，同時捲繞於同一電樞鐵芯上的電樞繞組，其本身具有均壓作用，不必加均壓線。

22. 電機負載時，因電樞繞組電流之磁效應而產生電樞反應。電樞反應造成直流機：

    (1) 有效磁通減少。

    (2) 磁力線畸斜。

    (3) 換向困難。

23. 電樞反應中包含去磁效應與正交磁效應。

24. 電樞反應使得磁場分佈不均：發電機前極尖減少後極尖增加，中性面順轉向偏。電樞反應對直流發電機的影響為電壓低降，電壓調整率變大，換向不良，磁場分佈不均，造成局部高壓。

25. 電樞反應之對策為：

    (1) 使主磁極易飽和或提高極尖磁路之磁阻。

    (2) 減少電樞反應安匝數。

    (3) 增設補償繞組或中間極。

26. 在換向過程中電流的變化情形有

    (1) 直線換向：電流之變動均勻如圖 (1) 中曲線 a 所示，電流直線變化為理想換向、無火花。

    (2) 正弦波換向：其電流變動如圖 (1) 中曲線 b 所示，在換向時可防止火花之發生。

    (3) 低速換向：又稱欠換向，如圖 (1) 中 d 或 f 曲線所示，電流的變化過份延遲及後端時間急激變化，在後電刷邊產生火花。係電刷移位不足，發電機之線圈未達中性面已被電刷短路，換向電勢 < 電抗電壓所造成之換向。

    (4) 過速換向：簡稱過換向，如圖 (1) 中 c 或 e 曲線所示，電流的變化過快，使電刷趾部產生火花。係電刷移位過度：發電機之線圈已過中性面才被電刷短路，換向電勢 > 電抗電壓所產生。

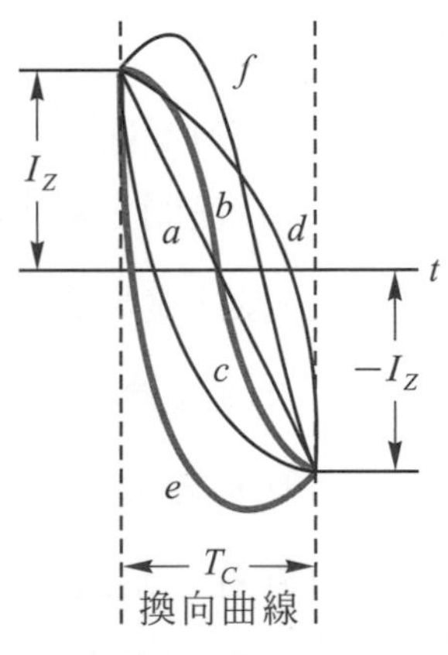

▲ 圖 (1)　換向曲線

27 電阻換向係利用電刷與換向器片之接觸面積改變所形成之電阻限制電流的換向方法。

28. 電壓換向是換向中導體切割中間極或主磁極，產生換向電勢幫助換向的方法。

29. 改善換向的方法

    (1) 移刷法：適用於負載固定的電機，發電機順轉向移至磁中性面略前。

    (2) 設置中間極 (換向極)：發電機主磁極極性與中間極之磁極性順轉向看為 NsSn。

30. 自激式發電機分為分激式、串激式與複激式三類，其中複激式按激磁繞組之磁通方向，又可分為積複激式與差複激式兩種。

31. 積複激式發電機依串激場繞組之效應，又可分為下列三種：

 (1) 過複激式發電機：串激場繞組之升壓作用超過電機本身之壓降者，即滿載電壓高於無載電壓。

 (2) 平複激式發電機：滿載電壓等於無載電壓。

 (3) 欠複激式發電機：滿載電壓低於無載電壓。

32. 無載特性曲線：發電機在額定轉速下，無載時以激磁場電流為橫軸，而電樞之感應電勢為縱軸，測得感應電勢 激磁場電流之關係曲線，又稱為磁化曲線或飽和曲線。

33. 測定無載特性曲線時須採外激式，循一定激磁方向操作，以避免磁滯作用的影響。

34. 外部特性曲線：表示發電機在恆定速率及定值之激磁場電流時，端電壓與負載電流間之關係曲線。

35. 分激式發電機電壓能夠建立的條件：

 (1) 發電機的磁極要有足夠的剩磁。

 (2) 激磁電流須加強剩磁；即發電機的旋轉方向與場繞組的連接，必須正確。

 (3) 在一定速率下，場電阻必須小於臨界場電阻。

 (4) 速率必須大於臨界速率。

36. 當負載增加時，直流發電機端電壓下降之原因：

 (1) 電樞電阻的電壓降所致。

 (2) 電樞反應中之去磁效應，使主磁場減弱，減低了應電勢。

37. 外激、分激、平複激與過複激為恆壓電機，差複激具恆流特性，串激電壓變動大，無載時僅有剩磁電壓。

38. 各種直流發電機外部特性比較，如圖 (2) 所示：

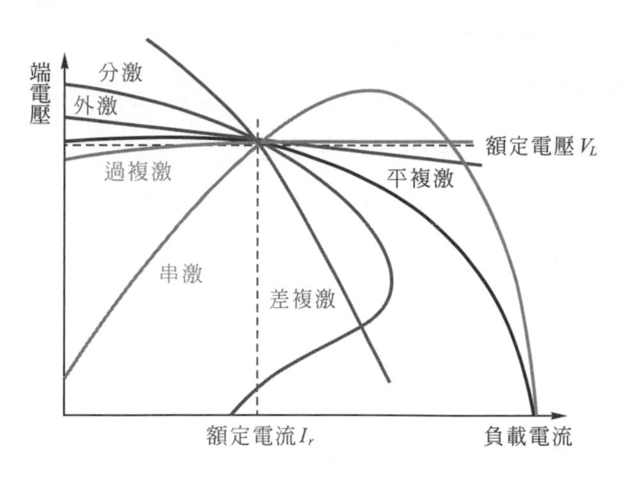

(a) 滿載電壓固定時

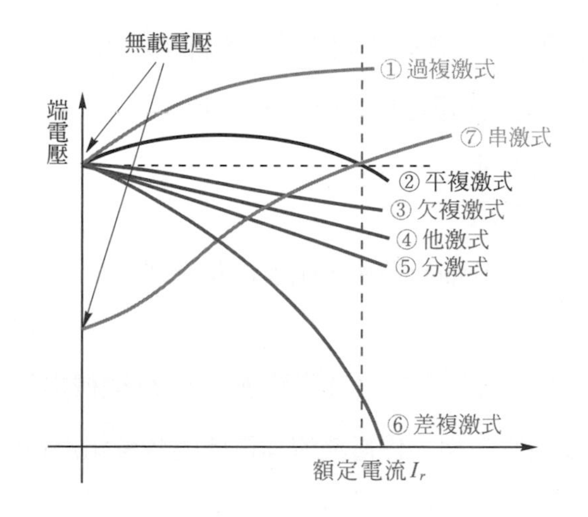

(b) 無載電壓固定時

▲ 圖 (2)　各種直流發電機的負載特性曲線

39. 電壓調整率 $VR\% = \dfrac{E_o - V_{FL}}{V_{FL}} \times 100\%$，愈小表示電壓愈穩定。

40. 直流發電機之電壓調整率由小至大依次為過複激、平複激、欠複激、他激與分激。其中過複激之 VR% 為負值，平複激為零。

41. 分激式發電機並聯運用之條件：

   (1) 各發電機之電壓須相同。

   (2) 電壓的極性要正確。

   (3) 負載分配要適當，負載與容量成正比。

   (4) 發電機應具有相同之外部特性。

42. 複激式發電機並聯運用之條件

   (1) 電壓相同。

   (2) 極性連接正確。

   (3) 各發電機外部特性曲線須一致 (同一型式)。

   (4) 串激場繞組接於同一輸出端。

   (5) 應裝設均壓線，而其電阻必須小於串激繞組之電阻。

   (6) 串激繞組的電阻值須與發電機容量成反比

   $$\frac{R_{S1}}{R_{S2}}=\frac{G_2\text{ 之容量}}{G_1\text{ 之容量}}=\frac{I_{L1}}{I_{L2}}$$

43. 電機之輸入功率恆大於輸出功率，兩者之差額稱為損失，功率損失大多轉換為熱。

44. 電機之損失有：(1) 電路損失、(2) 磁路損失、(3) 機械損失、(4) 雜散損失。

45. 電機之銅損又稱為電阻損，係電流流經電機內各繞組之電阻所造成的損失；銅損大小與電流平方成正比係隨著負載而改變的為變動損失。

46. 鐵損包括：(1) 磁滯損失、(2) 渦流損失。

   其計算公式如下：

   磁滯損失 $P_h=K_h\times B_m{}^X\times f\times G$ (瓦特)

   渦流損失 $P_e=K_e\times B_m{}^2\times f^2\times t^2\times G$ (瓦特)

47. 鐵損之大小不受負載之變動而改變，固定轉速的電機其鐵損為固定值。

48. 機械損失包括：(1) 軸承摩擦損失，(2) 電刷摩擦損失，(3) 風阻損失。

49. 損失使效率降低，電機額定受限。

50. 效率 $\eta = \dfrac{\text{輸出功率 } P_o}{\text{輸入功率 } P_i} \times 100\%$

51. 發電機之公定效率 $\eta = \dfrac{P_o}{P_o + P_{\text{loss}}} \times 100\%$

52. 全日效率：

$$\eta_{\text{all-day}} = \frac{\text{總輸出能量}}{\text{總輸出能量} + \text{固定損} \times 24 + \text{全日變動損之能量}} \times 100\%$$

一、選擇題

基礎題

( ) 1. 直流發電機中，轉速增大 2.5 倍，磁通密度減小為原來的 0.8 倍，則所生之電動勢為原來的　(A)2 倍　(B)0.8 倍　(C)5 倍　(D)2.5 倍。

( ) 2. 有一四極直流發電機電樞導體有 1000 根接成二路並聯的波形繞組，每極磁通為 5×10^{-3} 韋伯，若電樞轉速為 1200 rpm 時，則所產生之感應電勢為　(A)100 V　(B)200 V　(C)250 V　(D)400 V。

( ) 3. 可適用於正、逆轉直流機之電刷是
(A) 逆動型　(B) 垂直型　(C) 追隨型　(D) 皆可。

( ) 4. 設極數為 P，則蛙腿式繞組為
(A) 單重搭疊繞組與 $\frac{P}{2}$ 重波繞組
(B) 單重搭疊繞組與 P 重波繞組
(C) 雙重搭疊繞組與 $2P$ 重波繞組
(D) 雙重搭疊繞組與 P 重波繞組，纏繞於同一電樞鐵芯上之繞法。

( ) 5. 直流發電機中電樞反應之結果，使
(A) 整流軸移動，主磁通增加　(B) 整流軸移動，主磁通減少
(C) 電壓上升　(D) 轉速降低。

( ) 6. 直流機使用中間極的目的是
(A) 增強主磁場　(B) 增強電樞磁場
(C) 改善換向　(D) 減弱電樞磁場。

( ) 7. 直流機中之所謂理想換向是指
(A) 直線換向　(B) 低速換向　(C) 過速換向　(D) 正弦換向。

( ) 8. 線圈之換向電勢小於電抗電壓將形成
(A) 直線換向　(B) 低速換向 (C) 過速換向　(D) 正弦換向。

(　) 9. 下列有一項目不為直流發電機電刷發生火花之可能原因，請選出該項
(A) 負載過多　(B) 負載不及額定容量
(C) 電樞線圈短路　(D) 發電機輸出電壓過高。

(　) 10. 直流機補償繞組所通過之電流
(A) 與電樞電流方向、大小相同
(B) 與電樞電流大小相同、方向相反
(C) 與激磁電流大小、方向相同
(D) 與激磁電流大小相同、方向相反。

(　) 11. 分激(並激)式直流發電機，若磁場中沒有剩磁，則欲使發電機建立電壓，必須
(A) 提高速率　(B) 減小磁場電阻　(C) 磁場線圈反接　(D) 重新激磁。

(　) 12. 過複激式發電機，其端電壓隨負載電流之增加而
(A) 上升　(B) 下降　(C) 無影響　(D) 升降不定。

(　) 13. 有 A、B 兩台直流分激式發電機並聯運轉而供給負載，今欲變更負載分配，由 A 機逐漸轉移於 B 機，但須維持系統之電壓於定值，則：
(A)A、B 兩機之場電阻須同時增大
(B)A、B 兩機之場電阻須同時減少
(C) 同時將 A 機場電阻增加轉速降低，B 機場電阻減少，轉速提高
(D) 同時將 A 機場電阻減少，轉速提高；B 機場電阻增大，轉速降低。

(　) 14. 無載時電壓不能建立電壓的直流發電機是
(A) 分激式　(B) 他激式 (C) 積複激式　(D) 串激式。

(　) 15. 差複激式發電機可應用於
(A) 定電壓配電　(B) 電鍍及熔接
(C) 可變電壓配電　(D) 可變電流配電。

(　) 16. 過複激式發電機之電壓調整率為：
(A) 正值　(B) 零　(C) 負值　(D) 不一定。

(　) 17. 絕緣等級依據中國國家標準分為七個等級，其中 B 等級之最高容許溫度為　(A)105℃　(B)120℃　(C)130℃　(D)155℃。

( ) 18. 有台額定滿載輸出 2 kW 之直流發電機，滿載時效率為 80%，求該機於滿載時，總損失為多少瓦特？
(A)300 W (B)500 W (C)700 W (D)100 W。

進階題

( ) 1. 直流電樞繞組有疊繞與波繞，就單重繞組而言，此兩種繞法之下列敘述哪一項錯誤？
(A) 波繞須有均壓線連接 (B) 疊繞較適於低電壓大電流
(C) 波繞之電流路徑數為 2 (D) 疊繞之電流路徑數等於極數。

( ) 2. 單層單疊繞之四極直流發電機，其電樞上共有 400 根導體，若每根導體之平均電勢為 2 V，所載電流為 20 A，則該發電機之額定電壓及電流分別為：
(A)200 V、40 A (B)200 V、80 A (C)400 V、40 A (D)400 V、80 A。

( ) 3. 在直流發電機中，若電刷移位不足，則發生
(A) 理想換向 (B) 低速換向 (C) 過速換向 (D) 正弦換向。

( ) 4. 下列何者可以得到較好的換向作用？
(A) 較短的換向週期 (B) 較小的電樞繞組電感
(C) 較低的電刷接觸電阻 (D) 較少的換向片數。

( ) 5. 直流分激式發電機的磁場線圈兩端若反接，則發電機
(A) 旋轉方向改變 (B) 電壓方向改變
(C) 電刷處產生火花 (D) 電壓無法建立。

( ) 6. 欲將欠複激式直流發電機，調整為過複激式直流發電機，則下列敘述何者為正確？
(A) 加重負載
(B) 增大分激磁場繞組之場變阻器
(C) 增大串激磁場繞組分流器之電阻器
(D) 降低串激磁場繞組分流器之電阻值。

( ) 7. 有一分激式發電機 20 kW、100 V，其電樞電阻 0.01 Ω，分激場電阻 100 Ω，在供應額定輸出時，電樞所產生之電功率大小為
(A)20504 W (B)20100 W (C)20400 W (D)20500 W。

( ) 8. 直流發電機額定電壓為 220 V，額定電流 100 A，電壓變動率為 3%，則其無載電壓為 (A)222.2 V (B)224.4 V (C)226.6 V (D)228.8 V。

( ) 9. 若某電機在 500 rpm 時之鐵損失為 180 W，而在 750 rpm 時之鐵損失為 300 瓦特 (磁通密度保持不變)，則其在 500 rpm 時之渦流損失為 (A)40 W (B)70 W (C)140 W (D)160 W。

( ) 10. 如上題，其磁滯損失為 (A)40 W (B)70 W (C)140 W (D)160 W。

二、問答及計算題

1. 一個四極發電機轉速為 1500 rpm，每極磁通量為 0.8×10^6 根，則每一導體的感應電勢為多少伏特？
2. 主磁極的激磁繞組有幾種？構造上各有何特徵？主磁極之極性係由哪一繞組的作用方向來決定。
3. 短節距繞組有何優點？
4. 有台四極 36 槽之直流機，繞成雙層繞雙波繞後退式時，求 Y_b、Y_c 及應用之換向器片數，與虛設線圈數。
5. 有四極、50 仟瓦、250 伏特之直流發電機，試計算電樞繞組為下列繞組時，每一並聯路徑之電流值。
   (1) 單分疊繞
   (2) 單分波繞
   (3) 雙分疊繞
   (4) 雙分波繞
   (5) 三分波繞
6. 圖 (1) 乃直流分 (並) 式激發電機，其主磁極極性，電刷極性，以及轉動方向，均如圖中所示，試完成電刷與換向極(中間極)、主磁極間之正確接線。
7. 一輸出為 10 kW 的直流分激式發電機，其額定電壓為 200 V，而電樞電路電阻為 0.1 Ω，分激電路電阻為 100 Ω，則此機之電壓調整率為多少 % ？

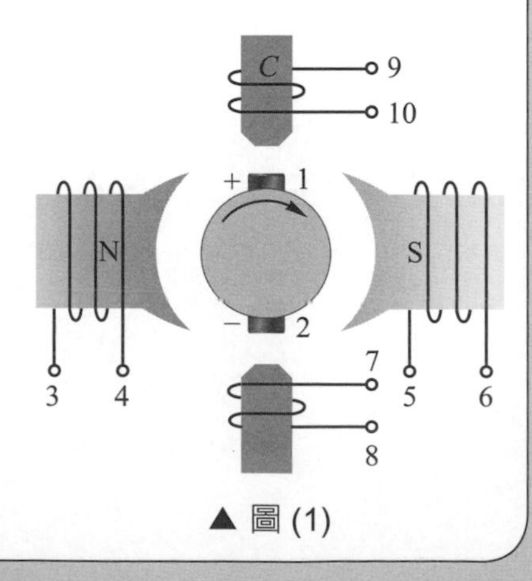

▲ 圖 (1)

8. 串激式發電機，供給 55 只串接弧燈，電流為 5 A，每只為 400 W，其電樞電阻為 10 Ω，磁場電阻為 8 Ω，線路電阻為 6 Ω，則此發電機電樞之應電勢為多少？
9. 有 120 kW 及 150 kW 之過複激式發電機作並聯運用，供給 600 A 之負載，其中 120 kW 發電機之串激場電阻為 0.006 Ω，試求：

   (1) 150 kW 發電機之串激場電阻應為若干歐姆，才能使各機對負載作合理之分配。

   (2) 若兩發電機之端電壓為 250 V，則兩發電機所擔任之負載各為若干？

直流電動機

8-1 直流電動機的原理

單一線圈置於均勻磁場中，當電流通過線圈時，線圈兩邊導體的電流使磁極磁力線改變成為如圖 8-1 所示，磁力線緊縮使得線圈兩邊的導體分別受到向下及向上移動的力量。根據 1-5 節所述的電動機定則，左邊導體受向下的電磁力而右邊導線受向上的電磁力，形成逆時針旋轉的轉矩 (torque)，如圖 8-2(a) 所示。當線圈逆時針轉到如圖 8-2(b) 所示的 90 度位置時，線圈平面與磁場方向垂直，電流無法經換向片進入線圈，並無電磁場產生，線圈不會被主磁極吸住；當線圈導體 AB 越過中性面進入 N 磁極時，電刷所接觸之換向片互換，線圈中之電流反向流動，導體 AB 的電流成為流入方向，依佛來銘左手定則可得導體電流與磁極形成的電磁力，繼續產生逆時針方向的轉矩，使

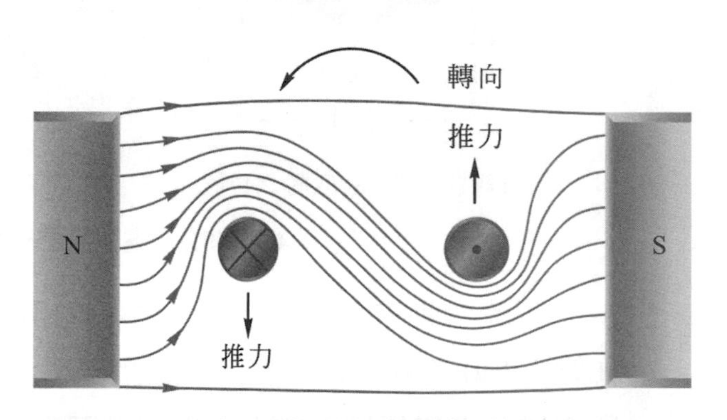

▲ 圖 8-1　直流電動機線圈導體與磁極作用形成之轉矩

線圈轉動，如圖 8-2(c) 所示。當線圈轉至如圖 8-2(d) 所示的 270 度後，導體又通過磁中性面，電刷所接觸之換向片又再互換，使導體內之電流換向，與另一磁性相反的磁極作用，產生同一方向的轉矩，線圈得以持續旋轉。

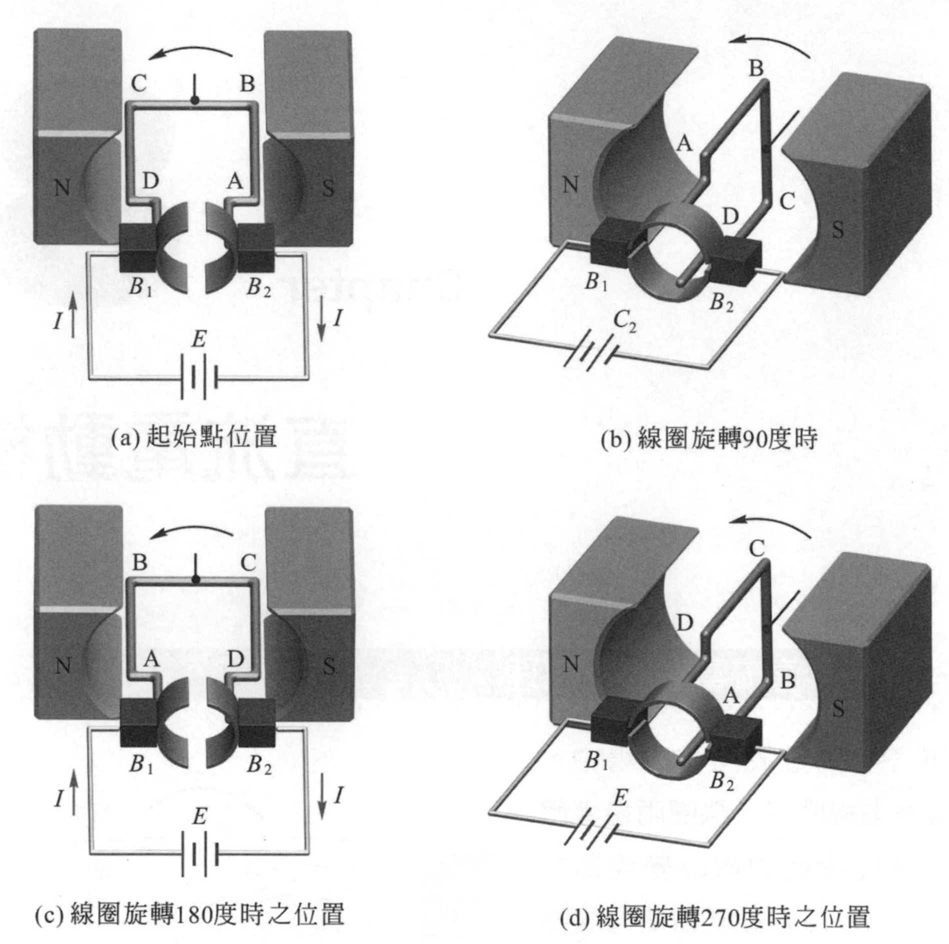

▲ 圖 8-2　電動機單一線圈運轉分析圖

直流電動機之運轉原理，也可以用磁極同性相斥異性相吸的原理說明：如圖 8-2(a) 及圖 8-2(c) 所示，線圈所產生之電磁場，依右螺旋定則是上 S 下 N，與主磁極之磁場同性相斥異性相吸而產生逆時針方向之轉矩。當線圈轉到將要與主磁極吸住時，換向器也轉到電流無法進入線圈的位置，如圖 8-2(b) 及圖 8-2(d) 所示，線圈之電流為零，線圈沒有磁場而不致於吸住不動；當線圈邊轉過中性面後，換向器接觸到另一極性的電刷，使線圈內的電流換向，產生相反磁性的電磁場與定子磁極之磁場又相吸相斥，使線圈繼續旋轉。

由以上的分析得知，當導體位於磁中性面時並無轉矩產生；因此單一線圈須由慣性作用或外力使線圈越過中性面，而且電刷與換向片的大小不可以

在線圈位於中性面 (如圖 8-2(b) 及圖 8-2(d) 所示) 時造成電源短路。實用的直流電動機是採用多個線圈均勻分佈裝置在電樞鐵芯的槽內，雖然在磁中性面換向中的導體沒有產生轉矩，但是其他導體仍然產生轉矩使電動機持續轉動。構造最簡單的實用直流電動機之電樞，如圖 8-3(a) 所示，由三個線圈均勻分佈在電樞鐵芯的三個槽內，經由三片換向片接成電樞繞組，如圖 8-3(b) 所示。其運轉原理，如圖 8-4 所示。依右螺旋定則，電樞產生的磁場是上 S 下 N，與主磁極之水平磁場同性相斥異性相吸，使轉子逆時針方向轉動。

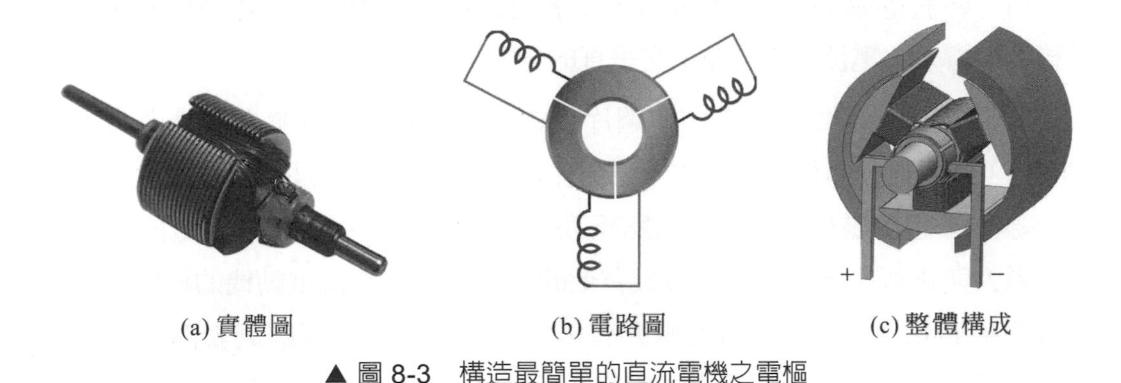

(a) 實體圖　　(b) 電路圖　　(c) 整體構成

▲ 圖 8-3　構造最簡單的直流電機之電樞

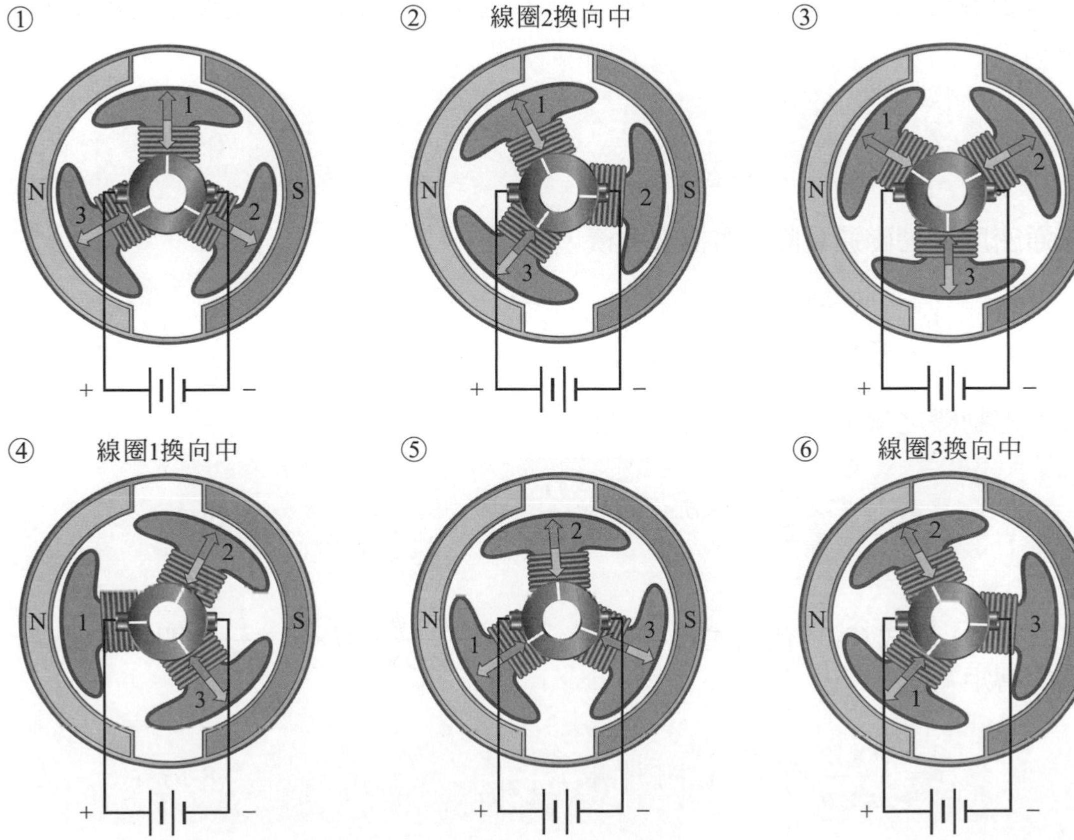

①

② 線圈2換向中

③

④ 線圈1換向中

⑤

⑥ 線圈3換向中

▲ 圖 8-4　電動機運轉分析圖：同磁性相斥異性相吸，電樞逆時針方向旋轉

8-1-1　直流電動機的轉矩

載有電流之導體在均勻磁場中所受電磁力 F 的大小與導體電流 I、磁場磁通密度 B 及二者之作用長度 ℓ 成正比。即

$$F = B \times \ell \times I \times \sin\theta \qquad (8\text{-}1)$$

上式中，電磁力 F 的單位為牛頓，磁通密度 B 的單位為韋伯／平方公尺 (Tesla)，導體電流 I 的單位為安培，二者之作用長度 ℓ 的單位為公尺。$\sin\theta$ 的意義為取導體 (電流) 與磁場正交垂直的分量。

實際電動機的電樞鐵芯由矽鋼片疊成圓柱體狀，與磁極之極掌僅有少許的間隙 (空氣隙) 而使磁阻減少，磁通密度提高，並使磁力線形成放射狀之分佈；線圈導體於磁極內均與磁力線垂直，$\sin\theta = 1$，而獲得最大的電磁力；並且電磁力與電樞半徑垂直，形成最有效的轉矩。假設直流電動機的極數為 P，每極的磁通量為 ϕ 韋伯；導體數共有 Z 根均勻分佈在電樞圓周表面之槽內，接成 a 條電流路徑數，通以電樞電流 I_a 安培；而電樞鐵芯的直徑為 D 公尺；則每根導體所受之電磁力 $F = B \times l \times I_Z$，$I_Z$ 為導體之電流，與電樞電流 I_a 的關係為：

$$I_Z = \frac{I_a}{a} \qquad (8\text{-}2)$$

磁通密度為總磁通量除以電樞表面積，即

$$B = \frac{P \times \phi}{\pi \times D \times l} \qquad (8\text{-}3)$$

直流電動機之轉矩為總電磁力 × 半徑：

$$\tau = Z \times F \times \frac{D}{2} = Z \times B \times l \times I_Z \times \frac{D}{2} \qquad (8\text{-}4)$$

將式 (8-2) 及式 (8-3) 代入式 (8-4)，得 $\tau = Z \times \dfrac{P \times \phi}{\pi \times D \times l} \times l \times \dfrac{Ia}{a} \times \dfrac{D}{2}$，即直流電動機的轉矩為

$$\tau = \frac{P \times Z}{2\pi \times a} \times \phi \times I_a \text{ (牛頓 - 米)} \qquad (8\text{-}5)$$

直流電動機的轉矩與極數 P、每極的磁通量 ϕ、導體數 Z、電樞電流 I_a 成正比；而與電樞繞組的電流路徑數 a 成反比。直流電動機的轉矩單位為牛頓 - 米 (N-m) 或公斤 - 米 (kg-m)，而 1 kg = 9.8 N。

極數 P、導體 Z 及並聯路徑數 a 於電機製作完成就固定不變，故可視為常數 K，所以直流電動機的轉矩

$$\tau = K\times\phi\times I_a \tag{8-6}$$

由上式可知：直流電動機的轉矩與磁通及電樞電流之乘積成正比。

例 8-1

某一四極之直流電動機，電樞繞組總導體數為 360 根，電樞電流為 50 A，若每極之磁通量為 0.04 韋伯，電樞繞組並聯路徑為 4，則該機所產生之電磁轉矩為多少？

解 $\tau = \dfrac{P\times Z}{2\pi\times a}\times\phi\times I_a = \dfrac{4\times 360}{2\pi\times 4}\times 0.04\times 50 = \dfrac{360}{\pi}$ 牛頓 - 米

例 8-2

如圖 8-5 所示，一長度為 l 的一段導線，在一均勻垂直向內磁場 B 中，電阻 R。設軌道無摩擦，無電阻，電池電壓為 V，試求

1. 通電之瞬間導線所受電磁力 F 的大小與方向。
2. 在導線受電磁力以速度 v 運動，導線切割磁之感應電動勢之大小、方向及電流之大小。

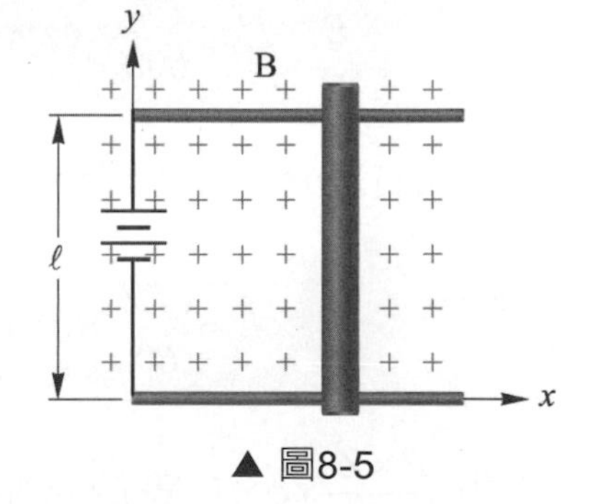

▲ 圖8-5

1. 導線所受電磁力 F 的大小為

$$F = B\times \ell\times I = B\times\ell\times\frac{V}{R} \text{ 牛頓}$$

依據佛來銘左手 (電動機) 定則導線所受電磁力 F 的方向為向右。

2. 導線切割磁場之感應電動勢之大小為

$E = B \times \ell \times v$

依據佛來銘右手 (發電機) 定則導線切割磁場之感應電動勢的方向向上。

電流之大小為 $\frac{(V-E)}{R}$

8-1-2　直流電動機的反電勢與內生機械功率

直流電動機的構造與直流發電機完全相同，當直流電動機運轉時，電樞導體切割主磁場磁通也會產生感應電勢。直流電動機運轉時，電樞感應電勢的方向與外加電壓方向相反，反對電動機電樞電流的流入，所以電動機的感應電勢稱為反電勢 (counter or back electromotive force)。如圖 8-6 所示，依據右手 (發電機) 定則，電動機的感應電勢 (反電勢) 與外加電壓驅動之導體電流方向相反。

直流電動機的反電勢 E_b 大小，與直流發電機感應電勢計算公式相同為：

$$E_b = \frac{PZ}{60a} \times \phi \times n \qquad (8\text{-}7)$$

將等號兩邊同乘電樞電流 I_a 可得功率關係式：

$$E_b \times I_a = \frac{PZ}{60a} \times \phi \times n \times I_a \qquad (8\text{-}8)$$

將等式右邊分子分母同乘 2π，整理如下：

$$E_b \times I_a = \frac{PZ}{60a} \times \phi \times n \times I_a \times \frac{2\pi}{2\pi} = \frac{PZ}{2\pi a} \times I_a \times 2\pi \times \frac{n}{60} \qquad (8\text{-}9)$$

式中 $\frac{P \times Z}{2\pi \times a} \times \phi \times I_a$ 等於轉矩 τ，$\frac{n}{60} = \text{r.p.s}$ 而 $2\pi \times \frac{n}{60} = 2\pi \times \text{r.p.s} = 2\pi f = \omega$；

因此式 (8-9) 改寫為：

$$E_b \times I_a = \tau \times \omega = P_m \qquad (8\text{-}10)$$

由此可得電功率與機械功率之關係：反電勢 E_b 乘以電樞電流 I_a 的電功率，等於轉矩 τ 乘以角速度 ω 的機械功率；所以 $E_b \times I_a$ 為內生機械功率。內生機械功率扣除電動機本身的機械磨擦損失功率，才是電動機的實際輸出機械功率。

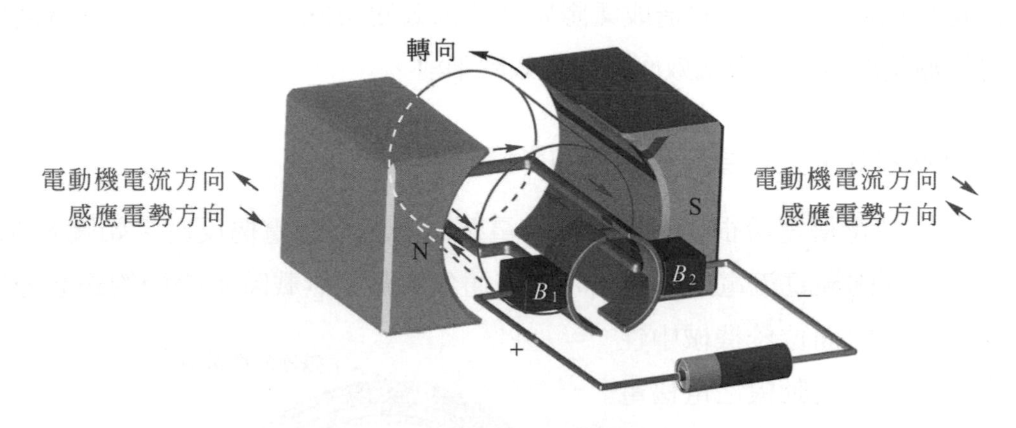

▲ 圖 8-6　反電勢與外加電壓之方向

問題與討論

1. 試述直流電動機動作原理。
2. 何謂反電勢？對電動機有何作用？
3. 某電動機自線路取用 50 A 之電流，產生 60 kgf-m 之轉矩，若磁通密度減至 75%，而電流增至 60 A，則其新轉矩為若干？
4. 某四極直流電動機，電樞表面有 100 根導體，接成 4 路並聯，每極有效磁通量為 0.5 Wb，當電樞電流 10 A 時，其產生之轉矩為若干？
5. 10 HP 的直流電動機，已知滿載時的轉速為 1200 rpm，則其滿載的轉矩為何？

8-2 直流電動機的電樞反應與換向

8-2-1 直流電動機的電樞反應

電機於負載時，電流流過電樞繞組所產生的電樞磁勢對主磁極的作用，稱為電樞反應。電樞反應造成氣隙磁通分佈改變與磁通量改變。直流電電動機的電樞反應可分為交磁效應與去磁效應兩種。

一、交磁效應及其對直流電動機的影響

無載時電樞電流很小，幾乎沒有電樞磁勢而沒有電樞反應。如圖 8-7(a) 所示為一部兩極直流電動機無載時之磁通分佈圖：無載時主磁極的磁通分佈均勻，磁中性面位於機械中性面上。負載時電動機之電樞電流形成的電樞磁場分佈，如圖 8-7(b) 所示，電樞磁勢與主磁極軸 90 度正交故稱為正交磁化效應，簡稱交磁效應。交磁效應係對主磁場橫向作用，所以又稱為橫軸效應。兩極直流電動受電樞磁勢影響後的磁通分佈，如圖 8-8 所示。

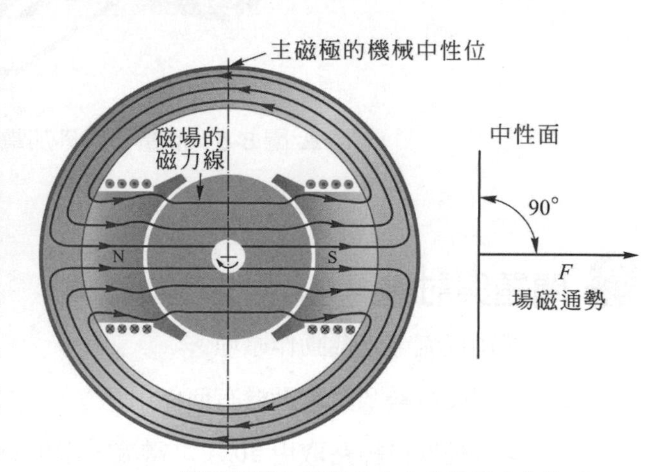

(a) 二極電動機由磁場產生之磁通量分佈情形

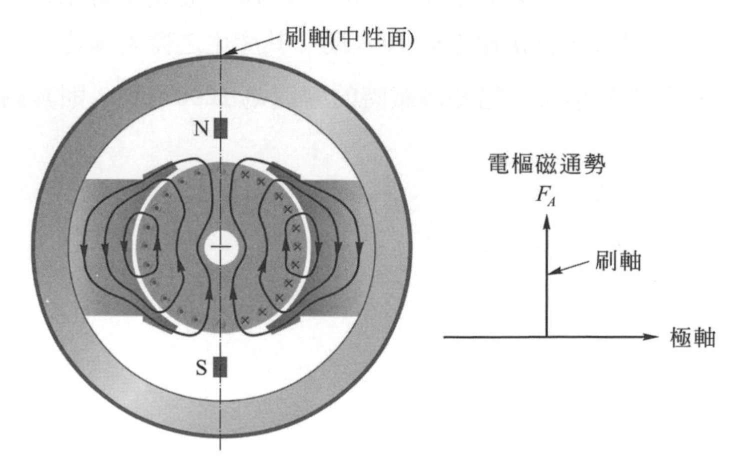

(b) 二極電動機電樞電流產生之磁場分佈情形

▲ 圖 8-7　二極電機之磁場分佈

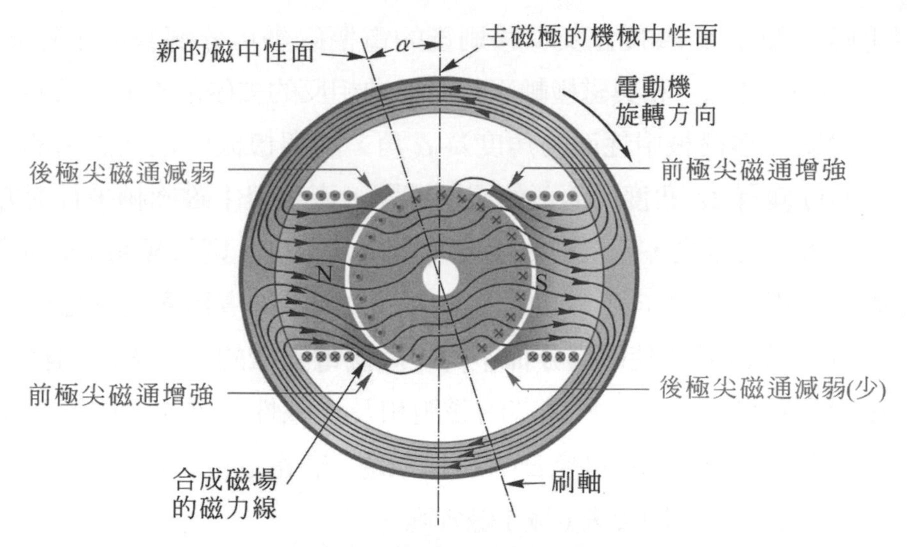

▲ 圖 8-8　電樞反應後之磁場分佈

電樞反應的**交磁效應使得電動機主磁極之磁中性面位置逆旋轉方向偏移**，造成下列不良後果：

1. **主磁通分佈歪斜：電動機主磁極之前極尖磁通增強，後極尖磁通減弱**。
2. **換向不良：**因**磁中性面逆旋轉方向偏移**，若電刷仍在原機械中性面，則部份線圈已過磁中性面而仍未換向，與下一主磁極作用產生反向的制動轉矩，造成同一電樞電流下轉矩減少；為了驅動原來的機械負載，**電動機之電樞電流增加**，使電刷之電流增加，冒火花。

二、去磁效應及其對直流電動機的影響

電樞反應的交磁效應使直流機的磁中性面偏離機械中性面；若直流電動機為改善換向而將電刷移到新的磁中性面，則電樞導體之電流方向與移動電刷之後的電樞磁勢方向，如圖 8-9(a) 所示。移刷後的電樞磁勢與電刷軸一

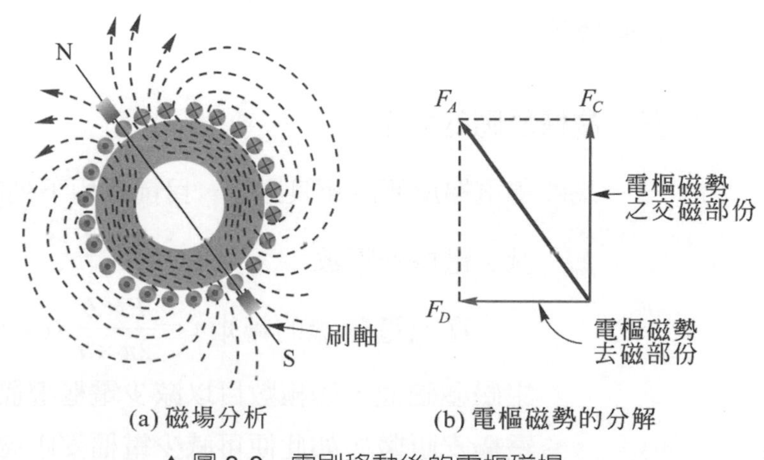

(a) 磁場分析　(b) 電樞磁勢的分解

▲ 圖 8-9　電刷移動後的電樞磁場

致，與主磁極軸並非 90 度正交；移刷後的電樞磁勢可分解為與主磁極軸 90 度正交的交磁磁勢 F_C，和與磁極軸平行而方向相反的去磁磁勢 F_D，如圖 8-9(b) 所示。若電刷移離機械中性面的角度為 α 角，則與機械中性面對稱的另一 α 角範圍，即**每極有 2α 角度所涵蓋的電樞導體，產生與主磁極軸平行而方向相反的去磁磁勢**。換言之，若電刷從中性面移動 α 角度，則每極有 2α 角度範圍內之導體直接產生去磁作用，如圖 8-10 所示；其餘的導體產生交磁作用，如圖 8-11 所示。**交磁效應使磁場分佈不均，直流電動機的主磁極之前極尖增加磁通，後極尖磁通減少**，由於鐵芯的磁飽和及非線性，增加之磁通不及減少的多，形成總磁通量減少的間接去 (減) 磁效應。若電刷沒有移離機械中性面，則僅有因磁飽和造成的間接去 (減) 磁效應。

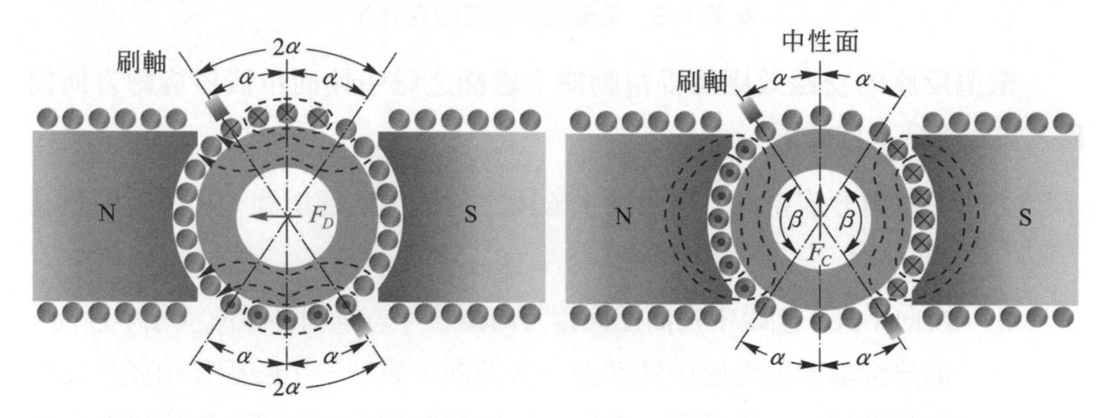

▲ 圖 8-10　產生去磁作用的導體

▲ 圖 8-11　交磁電樞導體

電樞反應之去磁效應使磁通減少，造成電動機之額定轉矩及最大轉矩下降；同一負載轉矩下電樞電流增加，轉速上升而不穩定。受去磁效應的影響，直流電動機輕載時電樞電流增加，轉速上升不安定，重載時電樞電流過大，電動機發熱甚至燒毀。

三、電樞反應的對策

為改善電樞反應的不良影響，目前採用下列的方法：

1. 減少電樞安匝數

直流電動機的轉矩 $\tau = \dfrac{P \times Z}{2\pi \times a} \times \phi \times I_a$ ，設計電動機時可藉增加主磁極磁通、磁極數目以減少電樞導體總數，即增加主磁通、減少電樞安匝數，如此便可減少電樞安匝磁勢、降低電樞反應的影響程度。

2. 增設繞組

(1) 增設補償繞組

在主磁極的極面上開槽，增設補償電樞反應的補償繞組。**補償繞組與電樞繞組接成反向串聯，**所產生之磁通勢在任何負載下，與電樞產生之磁勢大小相等而方向相反，以消除電樞反應。補償繞組是消除電樞反應最佳方法，但補償繞組會使電機體積增大，成本提高，因此只有大型超重載或負載急劇變化的電機才使用。

(2) 設置換向磁極

大部分的直流電動機，使用換向磁極改善換向，消除交磁效應所造成的換向不良。換向磁極係裝設於各主磁極中間之狹長小磁極，所以又稱為中間極。**換向磁極的繞組係採用線徑粗、匝數少之導線繞製而成，而且與電樞繞組串聯，**隨著電樞電流(電樞磁勢)的大小而產生相對應的磁勢，作用在換向中的電樞導體。電動機換向磁極之極性與發電機的中間極之極性不同，如圖8-12所示，電動機之中間極極性順轉向，應遇到異極性的主磁極。由於換向磁極的位置在機械中性面上，因此換向磁極所產生的磁通，一方面可清除交磁效應污染中性面的磁通，一方面切割換向中之線圈，使線圈產生換向電勢，以抵消換向線圈之電抗電壓，幫助換向而獲得無火花的良好換向。

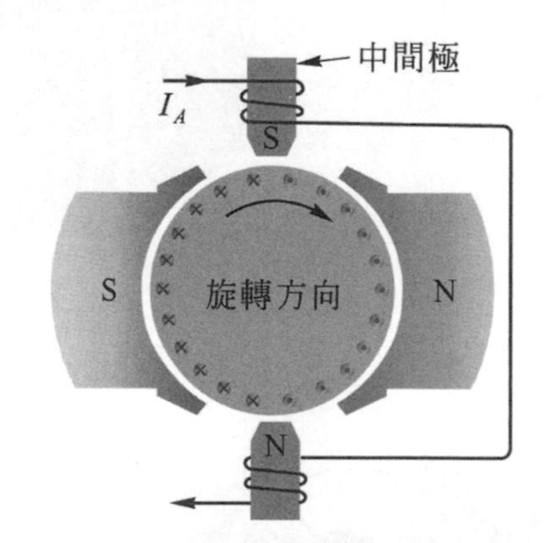

▲ 圖 8-12　電動機之中間極的極性

3. 主磁極的改良

主磁極的改良與直流發電機相同，不外乎使磁極尖部之空氣隙加大，使極尖磁阻增大以單極尖鐵芯交錯疊置組合磁極，使極尖容易飽和，如此磁極中心及磁中性面較不易偏移，以抑制電樞磁勢交磁效應的影響。

8-2-2　直流電動機的換向與改善

在不同磁極性下之導體電流方向必須不同，才能產生同方向的電磁力。如圖 8-13 所示，單匝線圈換向前 + 電刷 B_1 接換向片 C_2，換向後 + 電刷 B_1 改接到另一換向片 C_1，使線圈電流方向改變，繼續產生轉矩，推動電動機轉動。直流電動機運轉時，電樞繞組的線圈邊由一主磁極轉動，經中性面到下一異極性的磁極時，線圈之導體電流方向必須改變，如此才能使得線圈邊產生的電磁力方向不變而持續轉動。因此電刷位置必須正確，配合電樞繞組的線圈邊進入磁中性面時，電刷改接該線圈所接的換向片，改變該線圈導體的電流方向。以疊繞為例，線圈邊開始進入中性面的同時，線圈所接的兩換向片被電刷開始短路，線圈邊位於中性面時，線圈所接的換向片被電刷完全短路，此時該線圈之電流應減少到零；線圈邊一過中性面進入下一個主磁極時，線圈所接的換向片即脫離短路；電刷切離原接觸的換向片而連接到另一換向片，線圈電流方向改變，繼續產生轉矩使電動機持續轉動。

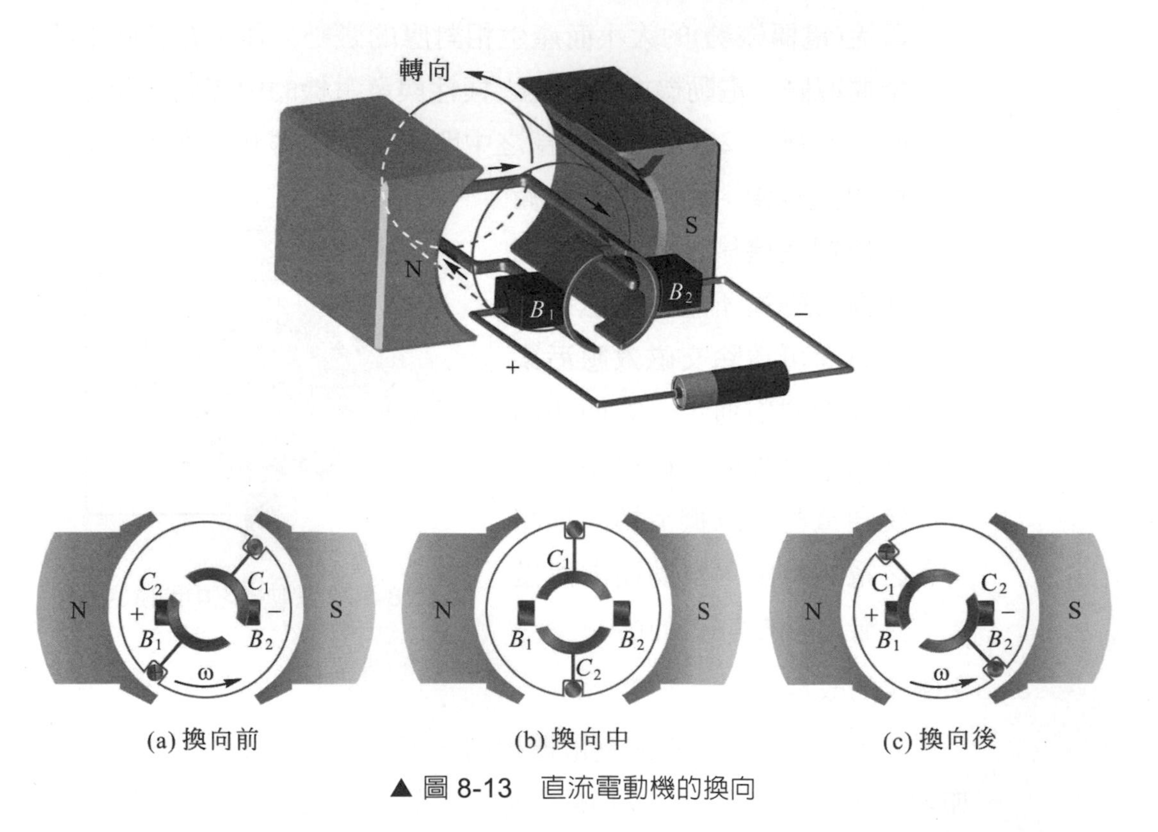

▲ 圖 8-13　直流電動機的換向

換向作用在電動機係將直流電源利用電刷及換向器切換越過中性面的電樞導體電流方向，使之與異極性的主磁極產生方向不變的電磁力，形成同方向的轉矩。

電動機線圈導體之電流必須在線圈一經過磁中性面立即換向，才能繼續產生轉矩。由於電樞反應之交磁效應，使電動機之磁中性面逆轉向偏移，若電刷移位不足位置錯誤，則電動機線圈已過中性面才被電刷短路進行換向，即造成電流換向太慢的低(欠)速換向，如圖 8-14 所示。無中間極的發電機或電動機，採用移刷法改善換向時，若電刷移位不足就會形成換向太慢的欠速換向，換向末期電流急遽變化，電刷後端部分電流密度較大，進而產生火花。

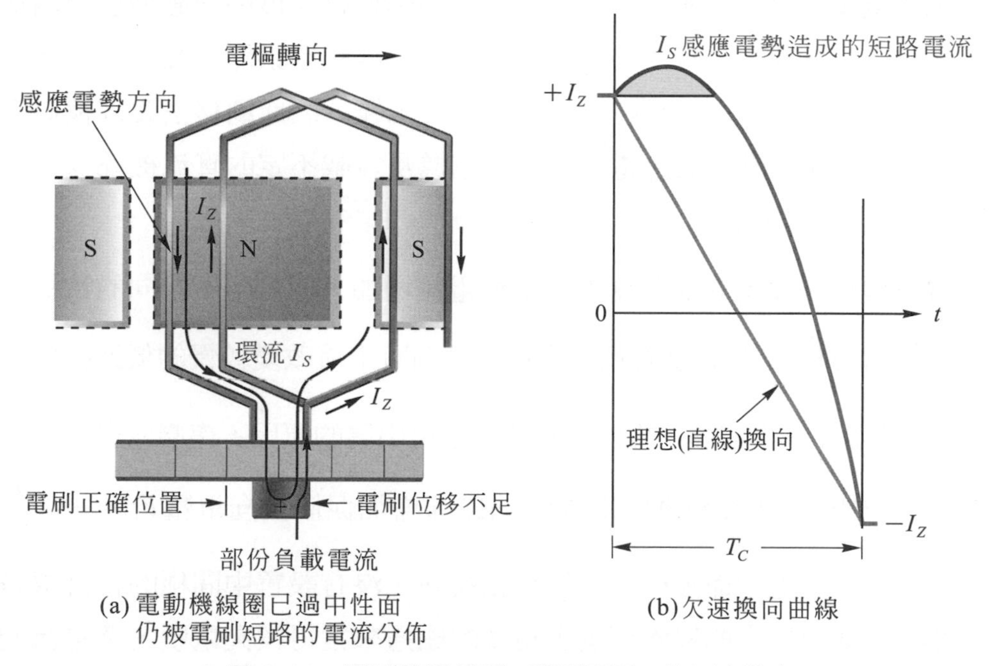

(a) 電動機線圈已過中性面仍被電刷短路的電流分佈

(b) 欠速換向曲線

▲ 圖 8-14　電刷位置錯誤(移刷不足)的欠速換向

因線圈具有電感，在換向時電流變化就會產生反電勢(電抗電壓)阻礙電流之改變，而延遲線圈電流之換向。若**線圈電抗電壓過大，換向時電流改變的比理想換向來得慢，就會形成欠速換向，造成電流集中於電刷之跟部，使電刷後隨部份冒火**。

設置中間極可以改善換向。若以 N、S 代表主磁極的極性，n、s 代表中間極的極性，電動機的主磁極與中間極之極性關係順轉向看為NnSs，如圖 8-12 所示。導體於進入中性面換向時，切割中間極而得一個幫助電流換向的感應電勢，如圖 8-12 在中性面換向中的導體，上方切割 S 相性中間極，下方切割 N 相性中間極，產生上出⊙下進⊕的感應電勢，與換向後的電流方向相同，驅動電流加速變動，以抵消因電抗所造成之電流滯後；在換向週期時間的一半時，使換向中之線圈電流降為零，獲得無火花的正弦換向。無中間極之電動機，可將電刷逆轉向移至超過磁中性面略後；一方面提早換向以彌補電抗所造成之電流滯後，另一方面使導體於換向時切割主磁極之磁力線，而獲得電壓幫助換向。電刷移位正確，可得正弦換向消除因電抗造成之欠速換向；電動機得以最小的電樞電流輕快運轉。但是如果換向電壓大於電抗電壓，或電刷移位過度，電動機之線圈未達換向面已被電刷短路，將形成換向初期電流變化過快的過速換向。

由於電樞反應與負載成正比，磁中性面的偏移角度隨負載增加而增加；直流電動機以移刷法改善換向時，電刷移位角度必須跟隨負載大小而改變，才可獲得良好的換向；但是在實際運用上有困難，因此**刷移法改善換向僅適用於負載固定或變動不大之電機**。大型電機及負載不定的直流機都採用換向磁極來獲得良好的換向。

發電機與電動機在負載增加時電樞電流增加，使得阻礙換向的電抗電壓 $E_b = -L\dfrac{dI}{dt}$ 增加，若無適當對策，會造成換向時電流改變較慢的低速換向；這也就是中間極 (換向磁極) 的線圈必須與電樞串聯的原因，串聯才得以隨著電樞電流的增加，中間極 (換向磁極) 的磁通增加促使換向電壓 $E_C = -N\dfrac{\Delta\phi}{\Delta t}$ 增加，來抵銷電抗電壓而獲得較佳的正弦換向。沒有設置中間極的直流機是靠移動電刷，讓換向中的線圈切割主磁極的磁通來獲得換向電壓，發電機的電刷需順轉向移而電動機的電刷則需逆轉向移，若移刷不足就會造成換向電勢不足、形成換向電壓小於電抗電壓的低速換向。相對的若移刷過度就會造成換向電勢太大，形成換向電壓大於電抗電壓的過速換向。沒有中間極的直流電機移刷改善換向後，若負載加重而電刷沒有移動，則形成移刷不足的欠速換向；負載減輕而電刷沒有移回，則造成移刷過度的過速換向。

問題與討論

1. 電樞反應對直流電動機有何影響？
2. 直流電動機改善換向的方法有哪些？

8-3 直流電動機之分類、特性及運用

8-3-1 直流電動機之分類

直流電動機依磁場的形式可分為永磁式及電磁式。他激式電動機的磁場繞組獨立由另一直流電源來激磁。自激式電動機只有單一電源，依據磁場激磁線圈與電樞電路的接線方式，分為分（並）激電動機、串激電動機及積複激電動機與差複激電動機。分激電動機的磁場激磁線圈與電樞電路並聯，所以又稱為並激電動機。

8-3-2 直流電動機之特性及用途

電動機於應用時，最在乎的是能帶動多大的機械負載轉多快；也就是直流電動機最重要的特性有 (1) 轉矩特性 (torque characteristic) 與 (2) 速率特性 (speed characteristic)。

依據戴維寧定律，直流電動機的等效電路為一個電壓源（反電勢 E_b）與內阻（電樞電阻 R_a）串聯的等效電路，如圖 8-15 所示。直流電動機運轉時，外加電壓、反電勢及電樞電路之壓降之關係，可由克希荷夫電壓定律：電壓升等於所有電壓降求得

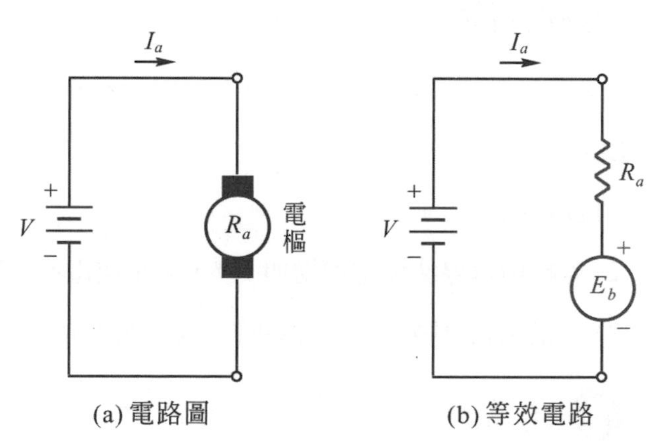

▲ 圖 8-15 直流電動機電樞電路

$$V = I_a \times R_a + E_b \tag{8-11}$$

反電勢等於外加電壓減掉電樞壓降：

$$E_b = V - I_a R_a \tag{8-12}$$

因為直流電動機的反電勢 $E_b = K \times \phi \times n$ 所以直流電動機之轉速：

$$n = \frac{E_b}{K\phi} = \frac{V - I_a R_a}{K\phi} \tag{8-13}$$

直流電動機之轉速與反電勢成正比，而與磁通成反比。影響直流電動機轉速有四個因素：端電壓 V、電樞電阻 R_a、磁通 ϕ 及電樞電流 I_a。其中電樞電流由電動機自行隨著負載調節，無法作為操作的控制因素。

直流電動機加上負載後，其旋轉速率之變化，以速率調整率表示。電動機之**速率調整率爲無載轉速 n_o 與滿載(額定)轉速 n_F 之差值，除以額定轉速所得商之百分比**，即

$$\text{速率調整率} \quad SR\% = \frac{n_o - n_F}{n_F} \times 100\% \qquad (8\text{-}14)$$

速率調整率為轉速變動量的百分率；速率調整率愈小，表示轉速愈穩定。

例 8-3

有台 200 V 之直流分激電動機，其電樞電阻爲 0.05 Ω，運轉時電樞電流爲 40 A，試求：

(1) 反電勢為若干？

(2) 若略增磁場使反電勢增加 1 V，則電樞電流為若干？

(3) 若電樞因過載而停止旋轉時，其電樞電流為若干？

解 (1) 反電勢 $E_b = V - I_a R_a = 200 - 40 \times 0.05 = 198$ (V)

(2) 當反電勢增加 1 V 時，反電勢成為

$E_b = 198 + 1 = 199$ (V)

故電樞電流為

$$I_a = \frac{V - E_b}{R_a} = \frac{200 - 199}{0.05} = 20\text{A}$$

(3) 當電樞停轉時，反電勢為零，故電樞電流為

$$I_a = \frac{V}{R_a} = \frac{200}{0.05} = 4000\ (\text{A})$$

例 8-4

有台 100 V 之分激電動機，其電樞電阻為 0.1 Ω，滿載電樞電流為 50 A，轉速為 1200 rpm，若電樞反應不計，試求：(1) 無載時之速率；(2) 速率調整率為若干？

解 (1) 無載時電樞電流接近於 0

$I_a \fallingdotseq 0$

$\therefore$無載時反電勢 $E_o = V - I_aR_a \fallingdotseq 100$

滿載時反電勢 $E_b = V - I_aR_a = 100 - 50 \times 0.1 = 95$ (V)

由於轉速與反電勢成正比，$\dfrac{n_o}{n} = \dfrac{E_o}{E_b}$

$\therefore n_o = \dfrac{E_o}{E_b} \times n = (100/95) \times 1200 = 1263$ (rpm)

(2) $SR\% \dfrac{n_o - n_F}{n_F} \times 100\% = \dfrac{1263-1200}{1200} \times 100\% = 5.25\%$

一、他 (外) 激式電動機之特性與用途

1. 他激式電動機之轉矩特性

他激式電動機的磁場繞組獨立，由另一直流電源激磁，又名外激式電動機，如圖8-16(a)所示，場磁通可視為定值，$K\phi = K'$。場磁通不變時，**外激式電動機的轉矩與負載電流(電樞電流)成正比**，即 $\tau_{他} = K'I_a$外激式電動機轉矩特性曲線為一直線，如圖8-16(b)所示。

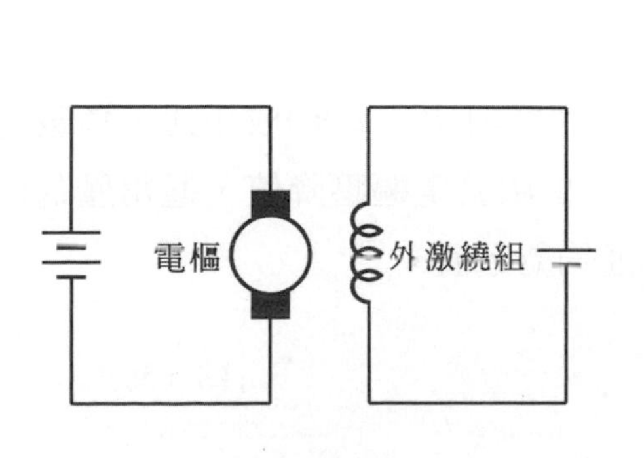

(a) 外激式電動機之接線

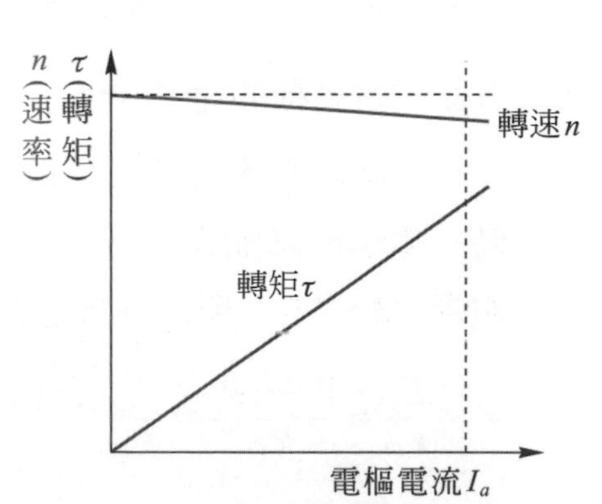

(b) 速率及轉矩特性曲線

▲ 圖 8-16　他 (外) 激式電動機之接線及特性曲線

2. 他(外)激式電動機之速率特性

轉速 $n=\dfrac{V-I_aR_a}{K\phi}$，電源電壓固定時，影響他激式電動機轉速之 V、ϕ、R_a 均為定值。無載時，因電樞壓降 I_aR_a 很小，所以反電勢和外加電壓幾乎相等，轉速與電源端電壓成正比，端電壓固定則他激式電動機無載速率為定值。當負載增加時，雖然電樞壓降增加，但是與端電壓比較其值不大，所以使電機速率稍微降低。**外激式電動機可視爲恆定速率之電動機**，速率特性曲線，如圖8-16(b)所示。

3. 用途：**他(外)激式電動機適用於調速範圍廣且需維持定速及正逆轉的場合**。

小型直流電動機磁場採用永久磁鐵，磁通固定，因此永磁式電動機的特性與固定激磁的他激式電動機相同，廣泛應用於小功率的場合。

二、分激式電動機之特性與用途

1. 分激式電動機的轉矩特性

分激式電動機採用細線多匝的磁場繞組與電樞並聯，如圖8-17(a)所示；當電源電壓固定時，激磁電流 $I_f=\dfrac{V}{R_f}$ 為定值，所以磁通固定不變，**分激電動機之轉矩與電樞電流成正比**，即 $\tau_{分}=K'I_a$。分激式電動機的轉矩特性曲線，如圖8-17(b)所示。負載增加到某一程度時，若電樞反應之去磁效應減弱了主磁極磁通，則轉矩特性曲線將逐漸下垂，如圖8-17(b)中的虛線所示。

2. 分激式電動機的速率特性

分激電動機之磁通為定值，速率與$(V-I_aR_a)$成正比，負載增大時，電樞壓降加大，轉速下降，但由於電樞壓降值，通常僅為外加電壓之2～6%，所以分激之轉速約為定值：

$$n=\frac{E_b}{K\phi}=\frac{V-I_aR_a}{K\phi}\approx\frac{V}{K\phi} \qquad (8\text{-}15)$$

若分激電動機負載增加，導致電樞反應之去磁效應增強，而使主磁通減少，由公式(8-15)知，反電勢減少不多而電樞電流增加許多，形成較大的驅動轉矩，轉速會因負載增大而加快，如圖8-17(b)中的 n′ 虛線所示。

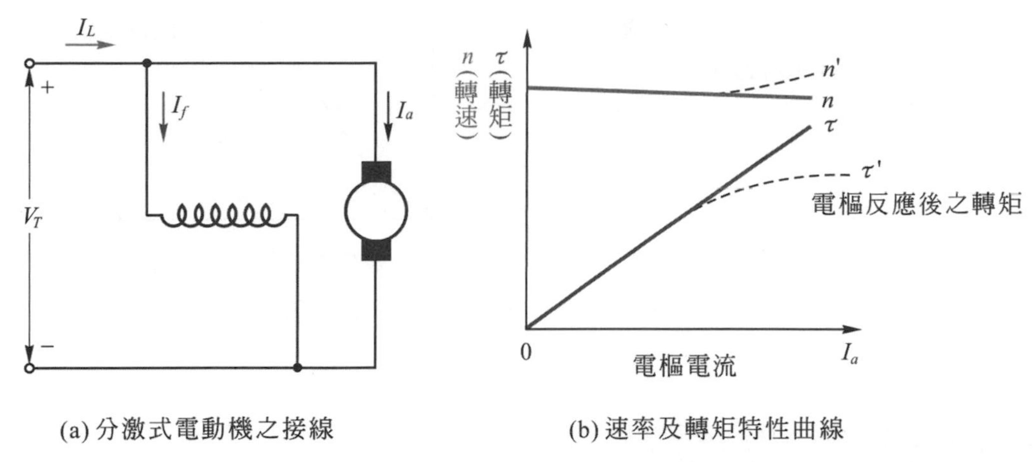

(a) 分激式電動機之接線　　(b) 速率及轉矩特性曲線

▲ 圖 8-17　分激式電動機之接線與特性曲線

分激式電動機可視為磁場繞組電壓與電樞電壓相同的他激式電動機，所以分激式電動機與外激式電動機類似，具有恆定速率之特性。

3. 用途：一般用於印刷機、鼓風機或車床。

三、串激式電動機之特性與用途

1. 串激式電動機之轉矩特性

　　串激式電動機採用粗線少匝的磁場繞組與電樞電路串聯，如圖8-18(a)所示，流過串激磁場繞組與電樞電路的電流相同。**串激式電動機的負載電流即激磁電流也是電樞電流，即$I_L = I_f = I_a$**。當串激式電動機之場磁通尚未飽和前，磁通與電樞(負載)電流成正比，此時電動機轉矩$\tau_{串} = K\phi I_a = K' I_a^2$。**串激式電動機於磁場未飽和時，其轉矩與電樞(負載)電流平方成正比，轉矩特性曲線爲拋物線**。

由於串激式電動機之負載電流即激磁電流，因此負載加大時，場磁通隨負載增加而增加；當重載至場磁通已達飽和不再增加而為定值時，則轉矩僅與電樞電流成正比。**串激式電動機於磁場飽和時，轉矩與負載電流成正比，其特性曲線爲一直線。因此串激式電動機之特性曲線，在輕載時爲一拋物線，負載增大時則漸變成一直線**，如圖8-18(b)所示。

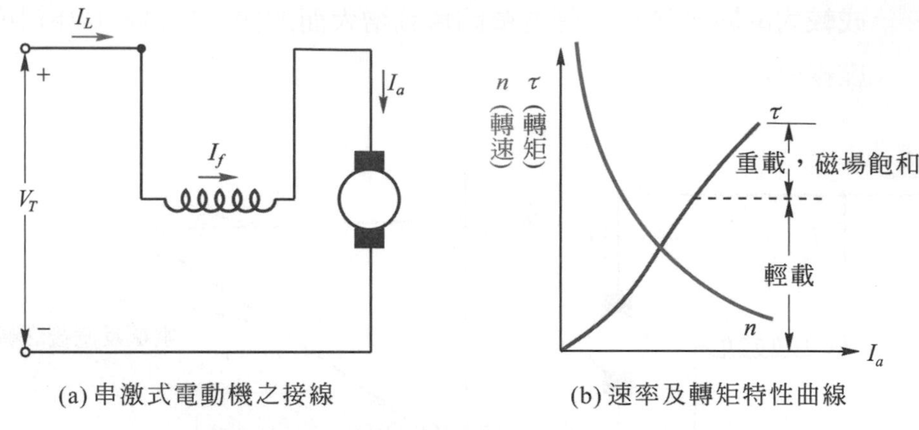

(a) 串激式電動機之接線　　(b) 速率及轉矩特性曲線

▲ 圖 8-18　串激式電動機之接線與特性曲線

例 8-5

串激式直流馬達，其激磁在電流為 20 A，未至飽和狀態，此時轉矩為 100 牛頓 - 米，今電流減至 10 A 仍未失速，則轉矩為若干？

解 串激式電動機於磁場未飽和時，其轉矩與電樞(負載、激磁)電流平方成正比，電流減至 10 A 時，轉矩為 $100\times(\frac{10}{20})^2 = 25$ 牛頓 - 米。

2. 串激式電動機的速率特性

串激式電動機之轉速公式為

$$n = \frac{E_b}{K\phi} = \frac{V - I_a\left(R_a + R_s\right)}{K\phi} \tag{8-16}$$

上式中R_s為串激場繞組之電阻值。

串激式電動機無載時電樞電流小，電樞及場繞組的壓降 $I_a(R_a + R_s)$ 小而場磁通很小，轉速非常高。若**串激式電動機於無載下任其高速運轉，離心力可能使電動機飛脫**(run away)；因此串激式電動機不可在空載下任其運轉。串激式電動機帶動機械負載時，必須以直接連結或齒輪方式為之，切忌使用皮帶傳動，以免皮帶斷裂時，引起高速空轉，造成飛脫之危險。

當串激式電動機之負載加大，電樞電流增加，場磁通變大，串激式電動機之轉速公式(8-16)之分母變大而分子$V-I_a(R_a+R_s)$隨電樞電流增加而減少，因此轉速迅速下降。串激式電動機之串激場磁通大小，隨負載(電樞)電流大小而改變，因此串激式電動機對於少量之負載變化，也會引起很大之速率變動。**串激式電動機於輕載時速率很高，重載時速率下降很多，為變速電動機**。串激式電動機的速率特性曲線，如圖8-18(b)所示。

串激式電動機具有低速時高轉矩，而高速時低轉矩之特性。機械功率為轉矩與速率之乘積，串激式電動機之轉矩×角速度約為定值，$P_m=\tau\times\omega=E_b\times I_a\cong P$；串激式電動機有自電源取定值電功率之特性，可視為恆功電動機。

3. 用途

串激式電動機主要用於需要高啟動轉矩或高轉速的場合，如啟動引擎、起重機、電車、縫紉機、果汁機及吸塵器等。串激式電動機亦可使用於交流，詳情在8-4節介紹。

四、積複激式電動機之特性與用途

1. 積複激式電動機的轉矩特性

積複激式電動機之接線，如圖8-19所示。串激磁場的極性與分激磁場的極性相同。場磁通由分激磁通與串激磁通互助合成，所以積複激式電動機之轉矩

$$\tau_{積}=K(\phi_f+\phi_s)I_a \tag{8-17}$$

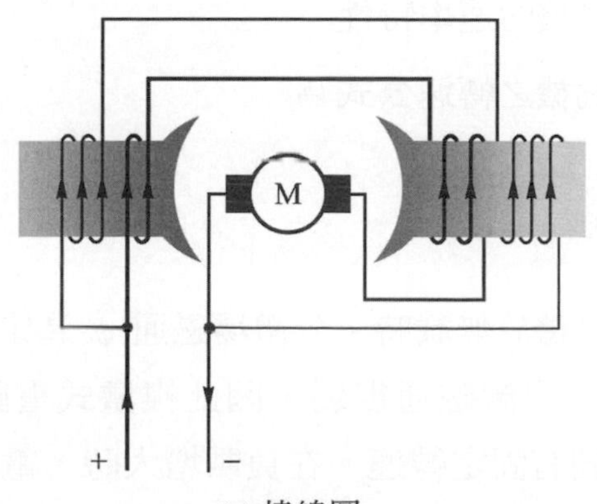

(a) 接線圖

▲ 圖 8-19　積複激式電動機之接線圖

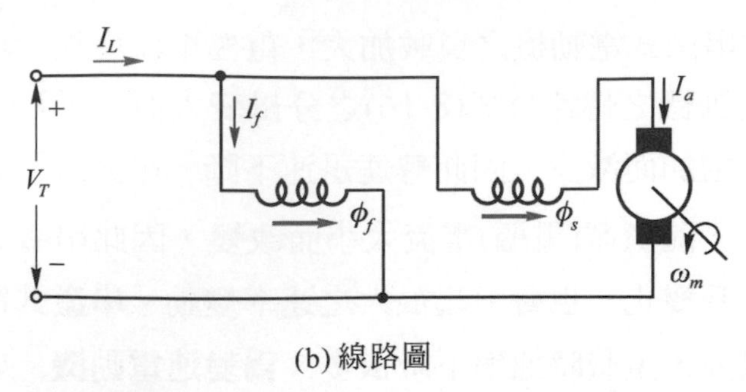

(b) 線路圖

▲ 圖 8-19　積複激式電動機之接線圖 (續)

其中分激場磁通 ϕ_f 為固定，而串激場磁通 ϕ_s 隨負載之加大而增加，因此在負載加重時，積複激式電動機之轉矩較分激式電動機所產生之轉矩大，如圖8-20所示。

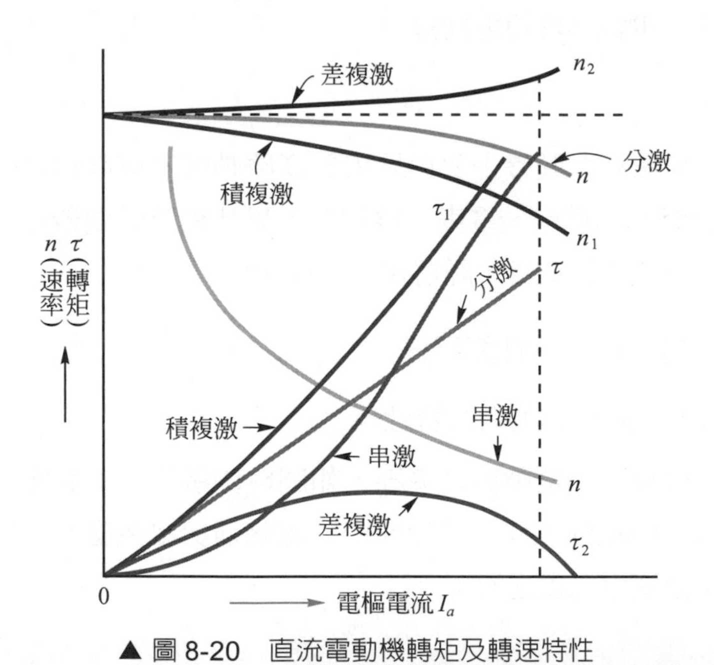

▲ 圖 8-20　直流電動機轉矩及轉速特性

2. 積複激式電動機的速率特性

積複激式電動機之轉速公式為

$$n = \frac{E_b}{K\phi} = \frac{V - I_a R_a - I_s R_s}{K\left(\phi_f + \phi_s\right)} \qquad (8\text{-}18)$$

積複激式電動機於無載時，分激場磁通 ϕ_f 為定值，電樞電流很小，電路壓降少，串激磁通很弱，因此複激式電動機無載速率與分激式電動機相同有固定轉速。在負載增大時，電樞電流與串激場磁通增加，轉速公式的分子減小而分母增加，因此積複激式電動機負載增加時轉速下降許多。積複激式電動機之速率特性曲線，如圖8-20的 n_1 所示。

積複激式電動機可視為並激式電動機與串激式電動機的合體，係兼取並激式電動機的定轉速特性，及串激式電動機的高啟動轉矩雙重優點而成；無載時轉速穩定不致飛脫、重載時有串激磁通增加轉矩。

3. 用途

積複激式電動機兼具有串激高轉矩及分激定速的特性，一般用於突然施以重載的地方，如鑿孔機、沖床及滾壓機。

五、差複激式電動機之特性與用途

1. 差複激式電動機的轉矩特性

差複激的磁通由分激磁通與反向的串激磁通合成，如圖8-21所示，所以差複激式電動機之轉矩

$$\tau_{差} = K(\phi_f - \phi_s)I_a \tag{8-19}$$

負載加重，電樞電流 I_a 加大時，串激場磁通 ϕ_s 亦上升，總磁通減少。在輕載時，串激磁場弱，總磁通減少不多，而電樞電流增加很多，因此轉矩隨負載之增加而增加。當負載加重至電樞電流的增加量小於磁通的減少時，轉矩反而變小，因此差複激式電動機之轉矩隨負載的增加先上升而後下降；直到串激場與分激場磁勢相等，總磁通為零時，轉矩亦為零。若電樞電流太大，例如啟動時，串激場磁通大於分激磁通，使合成磁通反向，轉矩亦隨著反向，電機反轉。如圖8-20中所示為差複激式電動機的轉矩特性曲線。

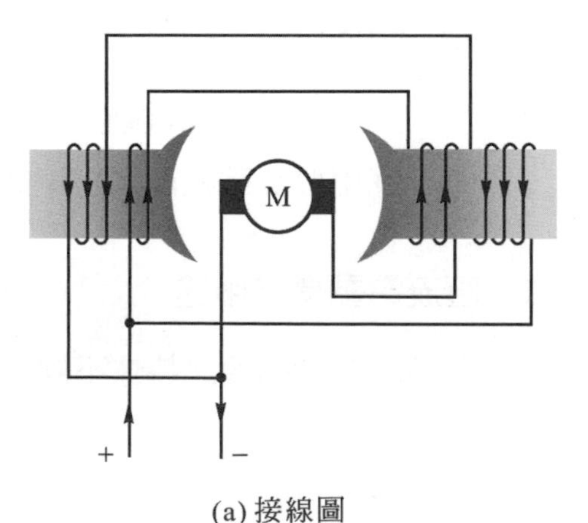

(a) 接線圖

▲ 圖 8-21　差複激式電動機

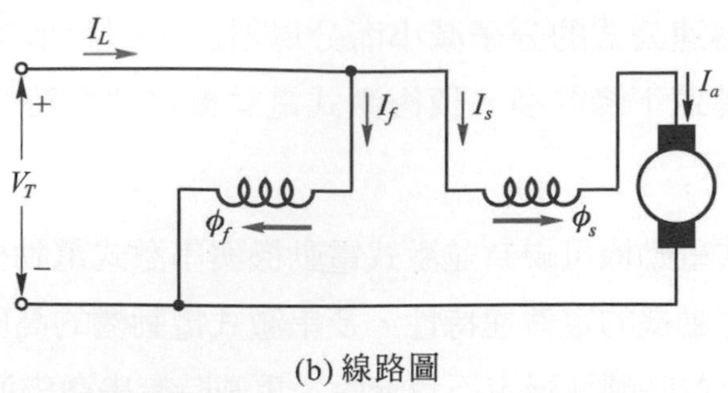

(b) 線路圖

▲ 圖 8-21　差複激式電動機 (續)

2. 差複激式電動機的速率特性

差複激式電動機之轉速公式為

$$n = \frac{E_b}{K\phi} = \frac{V - I_a R_a - I_s R_s}{K\left(\phi_f - \phi_s\right)} \tag{8-20}$$

輕載時，電樞電流 I_a 與串激場磁通 ϕ_s 均很小，轉速 $n \doteqdot \frac{V}{K\phi_f}$ 與分激式電動機相似。差複激式電動機負載加重時，電樞繞組與串激場繞組之壓降增大，反電勢下降；由於反向的串激場磁通增大，總磁通也減少，因此轉速下降不多。若適當控制串激場安匝數，當負載增加時，使磁通的減少與壓降配合，則差複激式電動機之轉速可得一恆定值。若磁通減少量大於反電勢之下降，則轉速隨負載電流的增加反而上升，速度調整率為負值。差複激式電動機之速率特性曲線，如圖8-20中之 n_2 所示。

3. 用途

差複激式電動機因有產生反轉矩的可能，實用上甚少使用，僅應用於負載輕而需定速的紡紗機中。

六、直流電動機之用途

各類直流電動機之特性不同，適用場合隨之不同，如表 8-1 所述。

▼ 表 8-1　直流電動機之用途

名稱	特性	用途	應用例
外激式電動機	(1) 正反轉容易。 (2) 起動轉矩尚佳。 (3) 速率調整範圍寬廣且精確。	(1) 使用於須正反轉及速率控制之負載。 (2) 定轉矩、定馬力輸出之負載。 (3) 電樞電壓控速法之電動機。	(1) 大型軋鋼機。 (2) 升降機。 (3) 捲揚機。
分激式電動機	(1) 具有恆定速率。	(1) 使用於需要中等轉矩、定速率之負載。	(1) 車床。 (2) 鑽床。 (3) 鼓風機。 (4) 印刷機。
	(2) 速率可調。	(2) 使用於需要調節速率或定值轉矩或定值輸出之負載。	(1) 多速鼓風機。
串激式電動機	(1) 起動轉矩大。 (2) 速率隨負載而變化。 (3) 無載或輕載，有脫速之危險。	(1) 使用於需要大起動轉矩，且可調節而變動速率之負載。	(1) 起重機。 (2) 升降機。 (3) 電車。 (4) 電扇。 (5) 真空吸塵器。 (6) 縫紉機。
積複激式電動機	(1) 速率介於定速與變速之間。 (2) 起動轉矩大。 (3) 無載時速率穩定。	(1) 使用於需要大起動轉矩，以及速率恆定之負載。 (2) 用於可能變成輕載之負載。	(1) 起重機。 (2) 升降機。 (3) 工作機械。 (4) 空氣壓縮機。 (5) 滾壓器。 (6) 鑿孔機。
差複激式電動機	(1) 起動轉矩最差。 (2) 負載在一定範圍內變化，尚可保持定速。	轉矩不大須定速之負載。	紡紗機。

8-3-3　直流電動機起動法

一、直流電動機起動時應注意事項

由圖 8-22 所示之直流電動機的等效電路，可得直流電動機運轉時之電樞電流，為

$$I_a = \frac{V - E_b}{R_a} \qquad (8\text{-}21)$$

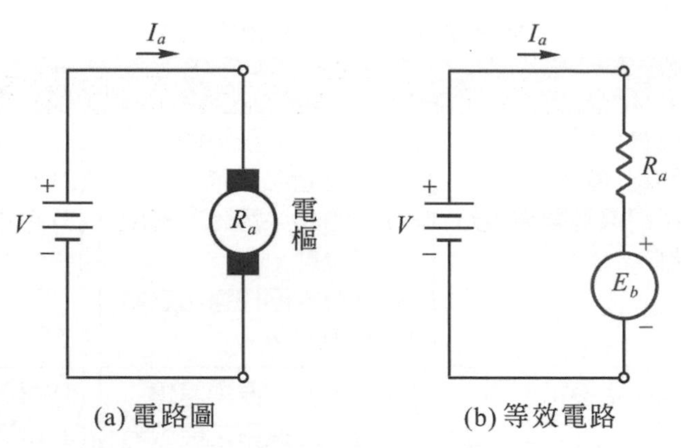

(a) 電路圖　　(b) 等效電路

▲ 圖 8-22　直流電動機電樞的等效電路

反電勢 $E_b = K\phi n$ 與轉速成正比；當電動機啟動瞬間，電樞尚未轉動，轉速為零，反電勢為零。因此起動瞬間電流為：

$$I_s = \frac{V}{R_a} \tag{8-22}$$

上式中電樞電阻 R_a 很小，起動時若將額定電壓加於電樞電路上，則流經電樞之電流相當大。過大的起動電流不僅會損害電樞繞組與換向器，其所產生的電磁力會對電機本身產生應力衝擊，足以使電樞繞組變形而造成損壞。另外過大的起動電流所產生的線路壓降，將造成電壓低落而影響其他電器的正常運作。為了避免起動電流太大，應該降低起動時之電壓，待電動機起動之後，轉速漸增，反電勢逐漸建立，再逐漸加大電壓至額定電壓。但是直流變壓不易，為了限制電樞電流，較方便的方法是利用電阻器與電樞串聯以降低起動電流。電機開始轉動動後，轉速漸增，隨著反電勢增加而電樞電流減小，此時必須將啟動電阻逐段切離或短路，以免電樞電流下降太多，轉矩太小，而造成啟動時間過長或無法達到額定轉速。當起動電流降至額定電流 I_r 時，就應該把部分起動電阻切離，使電流提升至設定的起動電流。**起動電流之大小**視電機大小、負載情況而定，**一般爲額定電流的 1.25～2.5 倍**。如圖 8-23 所示為可逐段短路電阻之接線圖，若啟動電流為額定電流的 A 倍，即 $I_s = A \times I_r$，啟動所需之總電阻

$R_s = \dfrac{V}{I_s} = \dfrac{V}{AI_r}$，需串聯電阻 $R = R_s - R_a = R_1 + R_2 + R_3 \cdots\cdots$。

由於轉子的慣性，轉子轉速不會瞬間突變，切換至下一段之瞬間反電勢不變，設切換前之啟動電阻為 R_x，切換至下一段的電阻為 R_{x+1}，則：

$E_b = V - I_r R_x = V - I_s R_{x+1}$，

$I_s = A \times I_r$，帶入上式得 $R_{x+1} = R_x / A$。

而第一段可短路之電阻

$R_1 = R_s - R_s / A$，

第二段可短路之電阻

$R_2 = (R_s - R_1) - (R_s - R_1) / A$，

第三段可短路之電阻

$R_3 = (R_s - R_1 - R_2) - (R_s - R_1 - R_2) / A$，

依此類推計算各段可短路之電阻。起動電阻的段數視電動機大小而定，大型電機的慣性大啟動時間較長，須要較多段；容量較小之電動機，與電樞串聯之起動電阻段數較少。起動電阻必須是能夠承受起動電流的高功率電阻器。

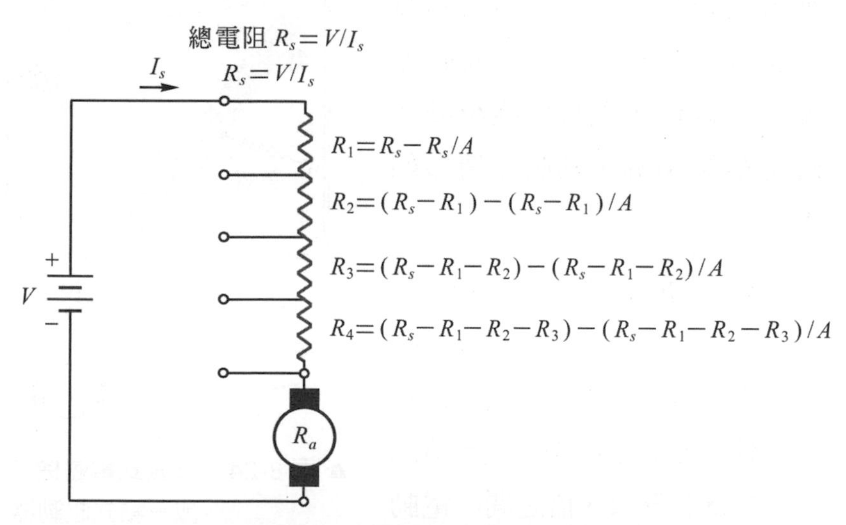

▲ 圖 8-23　電樞與啓動電阻之接線圖

小型直流電動機的電樞繞組線徑較細，有較大之電樞電阻限流，而且轉動慣性小轉速上升快，可快速產生反電勢，短時間內即可將啟動電流降低至正常值，不致於干擾供電線路之電壓，因此小型電動機可直接啟動。一般在 $\frac{1}{3}$ 馬力以下之直流電動機啟動時不需啟動器，$\frac{1}{3}$ HP 以上的直流電動機必須串接起動電阻限流，或降壓啟動電壓以限制啟動電流。

直流電動機起動時，分激場繞組之場變阻器必須置於最小處 (短路)，使直流電動機起動時有最大的磁通來產生最大之起動轉矩。差複激式電動機啟動時，需先行將串激繞組短接，以增大啟動轉矩及防止反向啟動，啟動後再將短接部份解除，使串激磁場激磁。串激式電動機逆轉啟動時，必須加上適當負載，否則有轉速過快而飛脫之虞。

直流電動機之啟動方式，一般可分為人工啟動與磁控啟動兩種。

二、直流電動機之人工起動器

人工起動器又稱為手動起動器，其主要構造為具數個分接頭之分段電阻器以及斷電保護機構。若依起動器之接線點數來區分，手動起動器可分為三點式起動器與四點式起動器。

1. 三點式起動器 (three point starter)

三點式起動器具有L (line)、F (field)、A (armature)三個接線頭，一般用於分激與複激式電動機之起動，如圖8-24所示為分激式電動機以三點式起動器起動之接線，吸持磁鐵線圈與磁場繞組串聯，其動作情形如下：

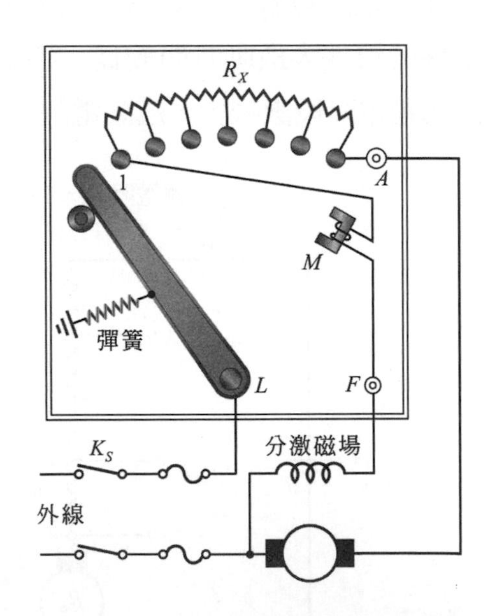

▲ 圖 8-24　分激式電動機之無磁場釋放三點式起動器

(1) 將閘刀開關閉合，起動開關撥至 1 位置，由於起動電阻串接於電樞電路，使電樞起動電流限制於額定電流值之 1.25 倍至 2.5 倍之間，電動機可安全起動，同時吸持線圈激磁。

(2) 每當電樞電流降至額定值，就把起動開關撥至下一位置；直到起動開關到達最後位置，此時吸持磁鐵線圈 (M) 將起動開關吸 (卡) 住，起動電阻完全切離電樞回路，電動機正常運轉。

(3) 若分激場繞組因故開路或斷線時，吸持線圈亦無電流流通，吸持磁鐵失磁釋放，起動開關被彈簧拉回原來位置，切斷電源，電機停止轉動。三點式起動器具有磁場失磁保護的功能，又稱為無磁場釋放起動器 (no-field release starter)。

(4) 運轉中之電機，若電源斷電時，吸持磁鐵磁力消失，起動器復歸；電力恢復時必須重新操作才能起動，達到馬達斷電保護的功能。

(5) 起動完成後，欲以分激場變阻器作轉速控制時，若將變阻器阻值調大，則激磁電流減少，場磁通減少，轉速變快；但是通過吸持線圈之電流也減少，使吸持磁鐵磁力減弱，因此調整分激場變阻器使電動機在高速率運轉時，起動開關可能由於吸持磁鐵磁力不足而跳脫，所以三點式起動器不適用於轉速須大範圍調整之電機。

2. 四點式起動器 (four point starter)

四點式起動器具有 L_1、L_2、A 及 F 四個接線頭，如圖8-25所示為複激式電動機以四點式起動器起動之接線。四點式起動器是將吸持線圈(M)與磁場並聯，吸持線圈磁力大小，不受調整分激場繞組激磁電流的影響，起動後電動機可由場電流控制轉速。四點式起動器限制起動電流的功能與三點式相同，操作過程亦相同。

斷電或電壓不足時，吸持線圈失磁或激磁不足，起動器將復歸切斷電路，達成斷電保護之功能，所以四點式起動器又稱為無電壓釋放起動器(no voltage release starter)。

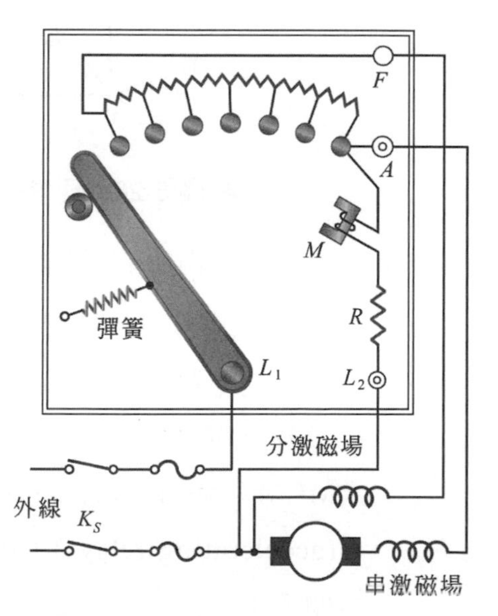

▲ 圖 8-25　複激式電動機之無壓釋放 (四點式) 起動器

三、直流電動機之磁控起動器

直流電動機的起動器須配合著電動機的起動加速，適時把起動電阻器逐段短路或切離電路，使起動電流限制在所設定的值。圖 8-26 所示為理想的起動情形，這種理想情況很難由人工手動達成。若起動電阻器切離太快，則起動電流過大，電動機可能燒毀；若起動電阻器切離太慢，則起動電流不足，起動時間長，電動機過熱。

直流電動機之啟動，可採用磁控起動器，以避免人為誤操作引起之電機故障。磁控起動器之操作，只須按壓“起動”按鈕 (push bottom)，其後之步驟均由起動器自動完成操作，因此又稱為自動起動器 (automatic starter)。依據電驛的動作方式區分，自動起動器可分為三種：反電勢型自動起動器、限流型自動起動器與限時型自動起動器。

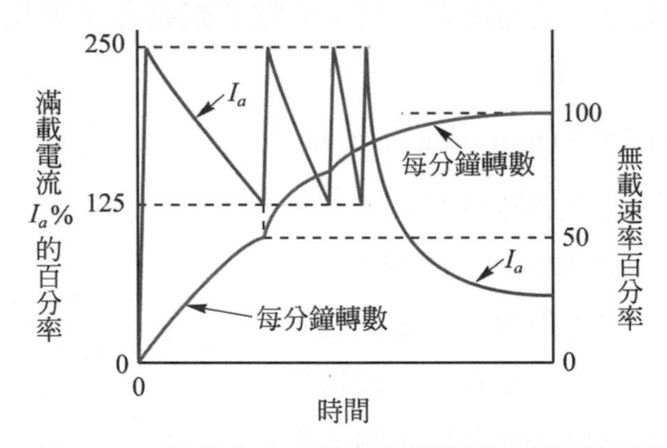

▲ 圖 8-26　理想的直流電動機起動電流與轉速變化

1. 反電勢型自動起動器 (counter emf type automatic starter)

   反電勢型自動起動器，係利用電樞所產生之反電勢使不同始動電壓之電驛動作，將與電樞串聯之啟動電阻逐段短路。如圖8-27所示為反電勢型自動起動器之接線圖，圖中 R_1、R_2、R_3 為起動電阻，MCM、MC1、MC2、MC3為電磁接觸器，Y_1、Y_2、Y_3 為加速用電驛 (accelerating relays)，電驛動作電壓高低為 $Y_1 < Y_2 < Y_3$，其動作情形如下：

   (1) 按 PB/ON，則主電磁接觸器 MCM 的線圈激磁，MCM 的常開 a 接點閉合，電樞起動，此時電樞兩端之分壓很小，無法使加速用電驛 Y_1、Y_2、Y_3 動作。R_1、R_2、R_3 串於電樞電路限制起動電流於安全值。

(2) 電動機轉速漸增，當轉速快至電樞繞組所產生之反電勢足以使電驛 Y_1 動作時，Y_1 的常開 a 接點閉合，使電磁接觸器 MC1 激磁動作而將第一段起動電阻 R_1 短路。

(3) R_1 被短路後，電樞電流增加，轉矩增加，轉速加快，反電勢升高至 Y_2 動作，使電磁接觸器 MC2 激磁動作，MC2 之常開主接點閉合將第二段起動電阻 R_2 短路。

(4) R_2 被短路後，電樞轉速再加快，反電勢繼續升高，直至 Y_3 動作，使 MC3 動作，MC3 之接點閉合將 R_3 短路，此時電樞所串接之起動電阻全部旁路，電樞電壓為額定值，電動機正常運轉。

(5) 按 PB/OFF，則 MCM 失磁復歸，電動機停轉，其他電驛也恢復原狀。

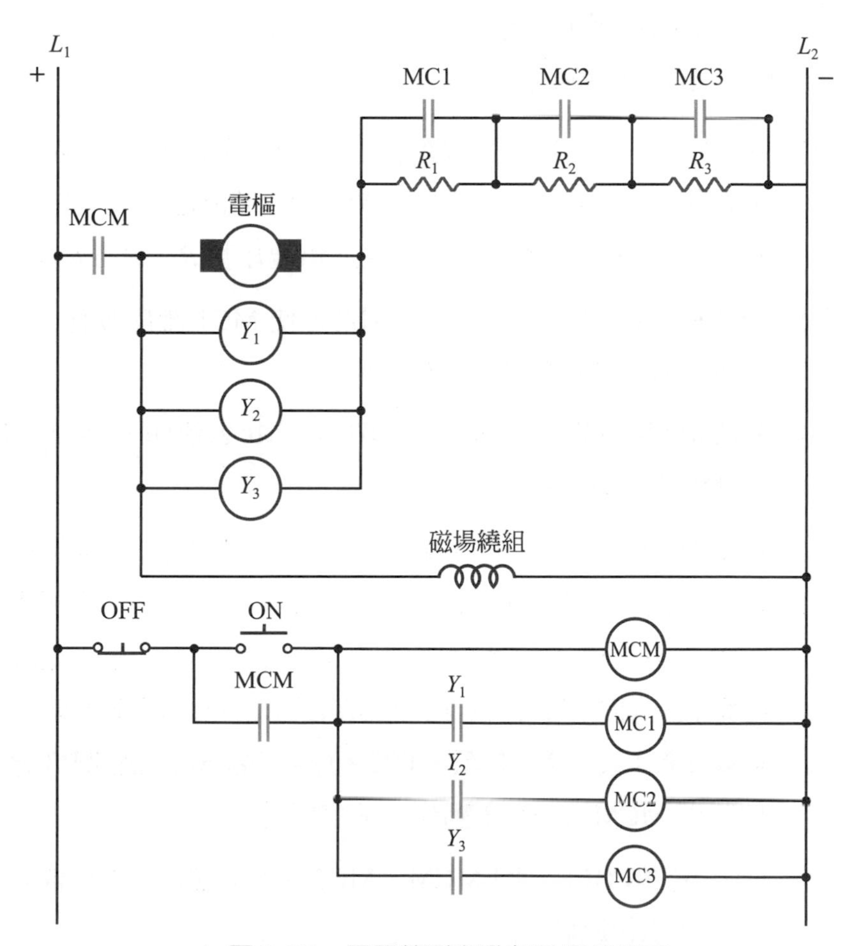

▲ 圖 8-27　反電勢型自動起動器接線圖

2. 限流型自動起動器

限流型自動起動器，係利用電樞起動時的大電流，使限流電驛動作，當電機轉速漸增，電樞起動電流下降，而限流電驛逐次復歸以短路起動電阻，達到起動之目的。限流型自動起動器須有對電流靈敏而且線圈能流過起動電流的專用電驛，屬特別定製，一般並不普遍使用。

3. 限時型自動起動器

限時型自動起動器係利用限時電驛(timer relay)的延時特性，使起動電阻器按時逐次短路，以完成起動運轉之目的。限時型自動起動器適用於起動負載輕，或希望在一定時間內確實完成起動之電動機。限時型起動器的切離起動電阻由時間控制，因此須配合起動電流之變化調整切換時間長短。如圖8-28所示為限時型自動起動器之接線圖，其動作情形如下：

(1) 按 PB/ON，則主電磁接觸器 MCM 的線圈激磁，MCM 的常開 *a* 接點全部閉合，MCM 自保持、TR1 開始計時，但計時未到，故 MC1、MC2、MC3 均未激磁，電樞串接 R_1、R_2、R_3 限流起動。

(2) TR1 計時時間到，TR1 接點閉合，使 MC1 激磁動作，其主接點將 R_1 短路，同時 TR2 開始計時。

(3) TR2 計時時間到，TR2 接點閉合，MC2 動作，將 R_1 短路，同時 TR3 開始計時。

(4) TR3 計時時間到，TR3 接點閉合，MC3 動作且自保持，將 R_3 短路，此時電樞所串接之起動電阻全部被短路，電樞電壓為額定值，電動機正常運轉。同時 MC3 之輔助常開 *a* 接點使 MC3 自保持，而 MC3 之常閉 *b* 接點則切斷 TR1 電源，使 TR1 復歸切斷 MC1 及 TR2 電源，TR2 復歸切斷 MC2 及 TR3 電源，運轉時僅 MCM 及 MC3 動作，節省電力。

① 按 PB/OFF，則 MCM、MC3 失磁復歸，電動機停轉，一切恢復原狀

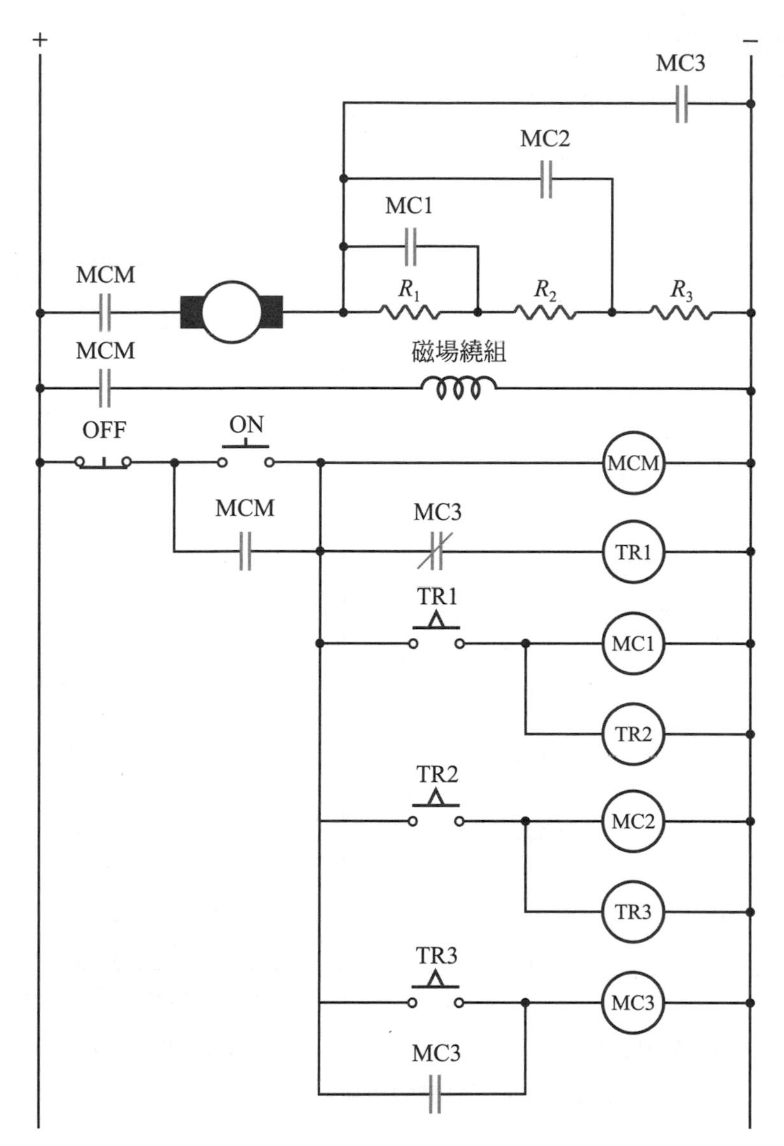

▲ 圖 8-28　限時型自動起動之電路圖

8-3-4　直流電動機之速率控制法

直流電動機之轉速與反電勢成正比，與磁通成反比，即轉速

$$n=\frac{E_b}{K\phi}=\frac{V-I_aR_a}{K\phi}\ \text{(rpm)} \qquad (8\text{-}23)$$

式中，磁通 ϕ、電樞電壓 V 及電樞電阻 R_a 皆為可調整之變量，只要控制這三個變量，即可控制轉速。直流電動機之速率控制方法有下列幾種：

1. 磁場控制法

直流電動機的轉速與磁通成反比，在磁極鐵芯未飽和前，磁通係與激磁電流成正比例關係；因此調整場變阻器，改變激磁電流可以控制轉速。

分激式電動機磁場控制法之接線圖，如圖8-29(a)所示，將場變阻器調大時，激磁電流減小，場磁通隨著減少，轉速加快。若將變阻器逐漸調小，則激磁電流變大，場磁通隨著變大，轉速亦將逐漸緩慢下來，如圖8-29(b)所示。如圖8-30所示為附有磁場調整電阻的四點式起動器，起動完成後可由分激磁場繞阻所串接之電阻分段調速。

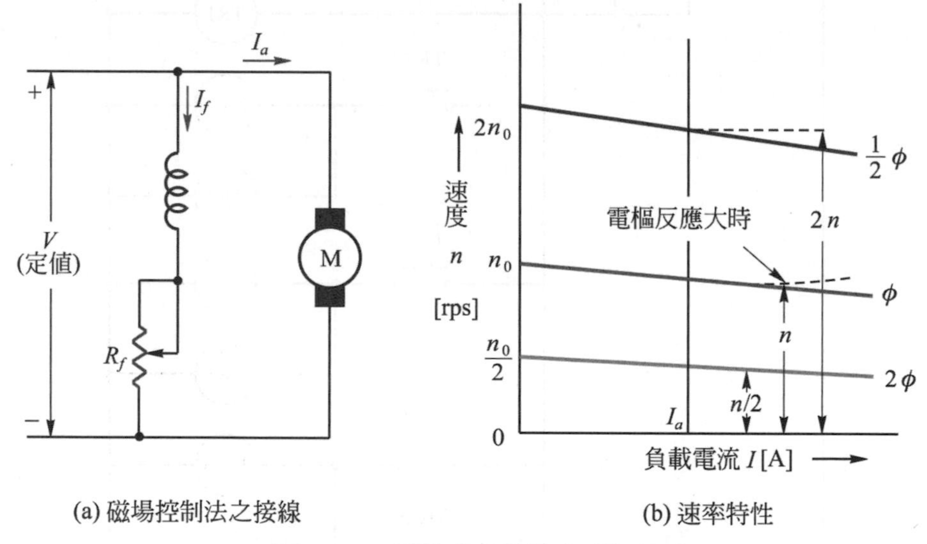

(a) 磁場控制法之接線　　(b) 速率特性

▲ 圖 8-29　分激式電動機之磁場控速

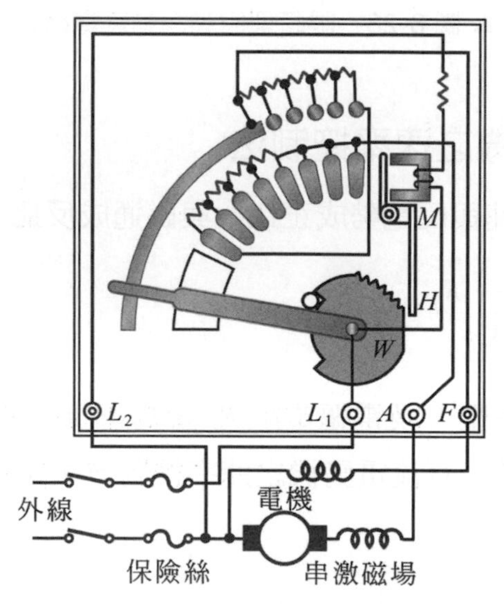

▲ 圖 8-30　附有磁場控速之四點式起動器

磁場控制法是一種**最簡單**、有效、**費用低**且速率調整率極佳的速率控制法。在啟動時，電動機的磁場變阻器置於最小處，因此**磁場控制法之轉速控制只能在啓動後的基準轉速以上做調整，**無法大幅降低轉速；另外受限於磁飽和及磁滯響應較慢。磁場控制法一般用於調高轉速，其調整範圍在額定轉速的1/2～2倍之間。當轉速調整過高時，主磁通減弱太多，電樞反應增強，會造成換向不良、速率不穩定等現象；因此採用磁場控制法調速之電機，應具中間極來改善換向。由於電樞導體的線徑已固定，額定電流有所限制，磁場控制法降低磁通調高轉速、角速度 ω 增加時，電動機的額定轉矩 τ 也因磁通降低而減少；此時$\tau \times \omega$ 約為定值，**磁場控制法是屬於定馬力的控制**。

串激式電動機的磁場控制法可如圖8-31(a)所示，在串激場繞組並聯可變電阻器來調整磁場。分流電阻器電阻大時分流少，串激繞組激磁電流大，磁場強而轉速低；而分流器電阻小時分流多，串激場繞組電流減少，磁通減弱，轉速升高。分流電阻器必須為能承受大電流的高功率可變電阻，價格較昂貴所以並不普遍。一般串激式電動機是採串激場繞組匝數變換的方式來作調速，如圖8-31(b)所示；接在匝數較少的分接頭時，磁通弱，轉速較高。通常串激場繞組只有一、二個分接頭，無法作多段而連續的變速。

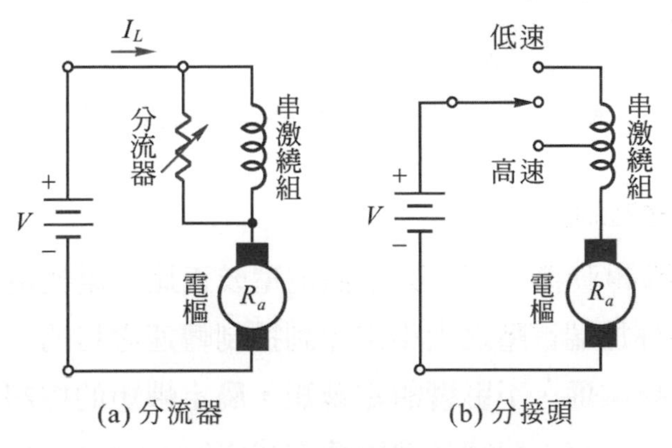

▲ 圖 8-31　串激式電動機之磁場控制法

2. 電樞電阻控制法

電樞電阻控制法在電樞回路串聯一可變電阻來控制轉速。如圖8-32所示為直流電動機電樞電阻控制法之接線圖。當串聯電阻值增大時，電壓降增加，反電勢減少，轉速減慢。使用**電樞電阻控制法僅可將轉速降低**；而且重載時電樞電流大，電壓降較大，轉速降低；輕載時電樞電流小，電壓降小，轉速回升，速率隨負載而改變，**速率調整率差**。由於電樞電流流經控制電阻，功率損失較大，效率減低。控速電阻必須採用能承受電樞電流的高功率電阻器，價格較場控制法之電阻昂貴。一般轎車空調的鼓風機馬達就是採用電樞電阻控制法。

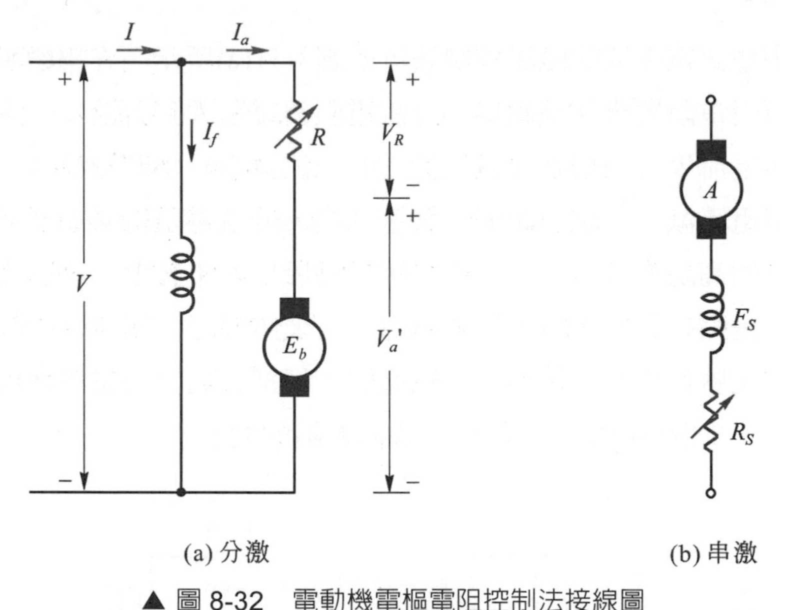

▲ 圖 8-32　電動機電樞電阻控制法接線圖

3. 電樞電壓控制法

直流電動機之轉速與電樞電壓成正比；電樞電壓控制法係以改變電樞外加端電壓之大小來達到控制轉速之目的。**電樞電壓控制法並未改變磁通，不影響額定轉矩，屬定轉矩的控制**。傳統的電樞電壓控制方法有：華德黎翁納德方式(Ward-Leonard system)、依爾基尼(Iigner)控制方式及升壓機方式(booster system)。圖8-33所示為華德黎翁納德速率控制法之接線圖，圖中M-G為電動機發電機組，使用定速型電動機驅動外激式發電機，產生可變之直流電壓，供給電

動機 M_1 作為電樞端電壓，因此只要調整外激發電機之場繞組迴路的電阻值及激磁方向，即可改變電動機之電樞外加電壓的大小及極性來控制電動機之轉速及轉向。

採用華德黎翁納德速率控制法，可獲得正反兩方向，細密而圓滑大範圍之速率控制，並且可以降壓起動無須起動器。但是採用電動機發電機組的華德黎翁納德速率控制法其裝置較複雜、價格較昂貴、佔地面積大及整體效率低，而且具有磨耗部份如換向器、電刷與軸承等，須定期維護保養。最近電力電子發展迅速，電樞電壓控制法大多捨棄昂貴、效率低而佔地大的華德黎翁納德系統，改採工業電子的固態控制方式。於交流電源的場合採用相位控制的方式；於直流電源的場合則採用截波器(chopper)、脈衝寬調變(PWM)等方式，獲得可變的直流電壓來控制直流電動機之轉速。以閘流體、功率半導體為主的固態電樞電壓控制，具有效率高、佔地小、不須保養及可靠度高等優點。

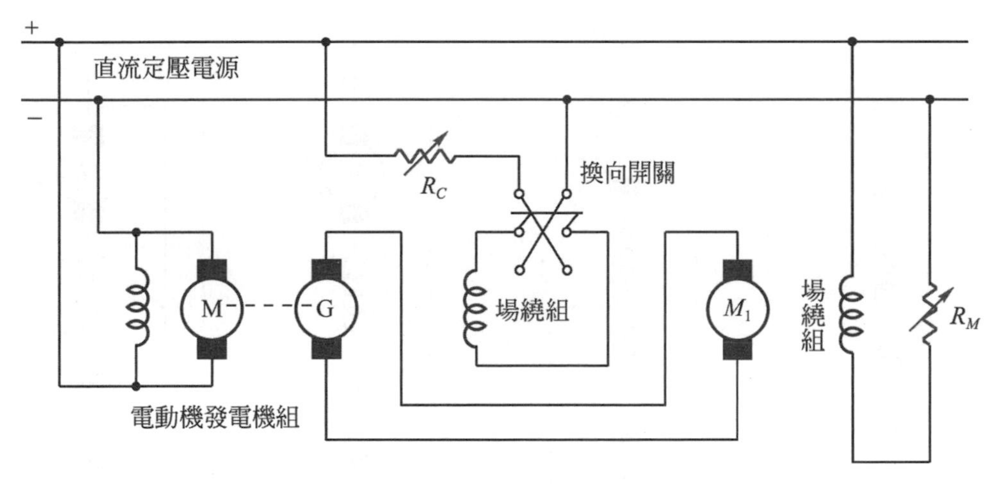

▲ 圖 8-33　華德黎翁納德速率控制法接線圖

4. 串激式電動機串並聯控制法

在二部以上相同規格串激式電動機，以同一速度運轉的場合，例如有軌電車，可將這些電動機有時串聯，有時並聯來達成速率控制的目的。如圖8-34(a)所示，起動電流相同的情況下，由於串激式電動機之轉矩與電樞電流平方成正比，因此二部串聯時各電動機的起動轉矩 $\tau_{串}$ 與並聯時各電動機之轉矩 $\tau_{並}$ 之比為

$$\frac{\tau_{串}}{\tau_{並}} \approx \frac{I_s^2}{\left(\frac{I_s}{2}\right)^2} = 4 \qquad (8\text{-}24)$$

亦即同一幹線電壓，同一起動電流的情況之下，兩部串激式電動機串聯起動時可得約並聯起動時的4倍起動轉矩，適合於電車等需要大起動轉矩的場合。圖8-34中，R_x 是兼用為起動及速率控制的串聯電阻。

起動完成後，若電動機有相同負載轉矩時，電動機電樞電流都相同，磁通相同；如圖8-35所示，串聯時每部電動機的電壓約為 $\frac{V}{2}$；並聯時每部電動機的電壓則為 V，由轉速約與電壓成正比可知，二部串激式電動機並聯結線的速率約為串聯結線的2倍。

r_a - 電樞電阻　　r_s - 磁場繞組電阻
R_x - 啓動電阻　　I_S - 起動電流

▲ 圖 8-34　串並聯控制轉矩之比較

V - 幹線電壓　　I_a - 電樞電流

▲ 圖 8-35　串並聯控制速率之比較

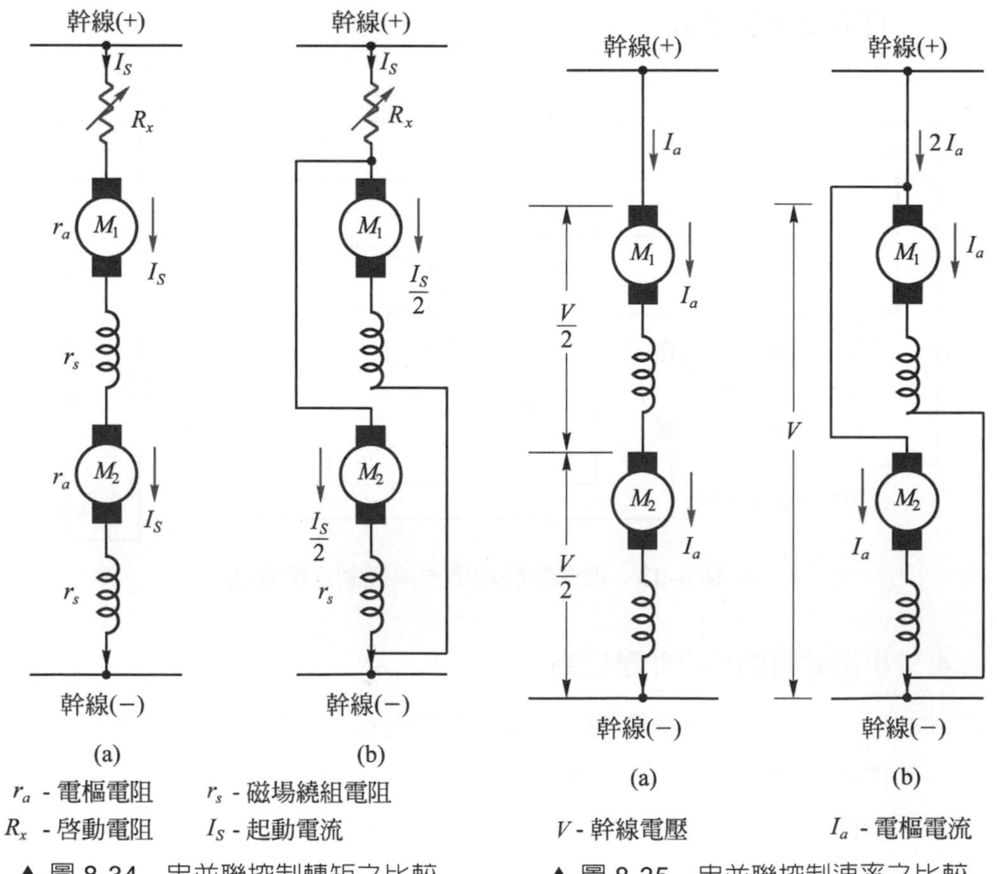

8-3-5　直流電動機之轉向控制及制動

一、直流電動機之轉向控制

根據佛來銘左手定則(電動機定則)，改變磁場方向或改變電流方向即可改變導體所受電磁力的方向。因此只要改變磁場方向或改變電樞電流方向，即可改變直流電動機之轉向。**永磁式、他激式改變電樞電壓極性即可改變電動機之轉向**。分(並)激、串激及複激等自激式電機的磁場線圈與電樞之接線已固定，改變電源電壓極性會同時改變磁場方向及電樞電流方向，因此將**電源之極性反接，自激式直流電動機之轉向維持不變**。欲改變自激式電動機之轉向必須改變磁場線圈與電樞之間的接線。

一般**直流電動機之轉向控制以改變電樞電流方向爲主，**較少改變磁場方向；因為打開磁場線圈反接時，造成磁通量降低至很小值，可能造成電動機轉速過高飛脫及電流過大的危險；而且分激磁場為多匝線圈具有高電感，改變磁場線圈激磁電流方向，容易引起很高的感應電勢，破壞絕緣或使接點產生嚴重的電弧而損壞。複激式電動機涉及磁極之極性與剩磁，採用改變電樞電流方向的轉向控制較為簡單。以人工操作雙極雙投開關(double-pole double throw switch, DPDT)或鼓型開關可控制轉向；磁控轉向則以橋式開關電路如圖 8-36 所示改變電流方向。

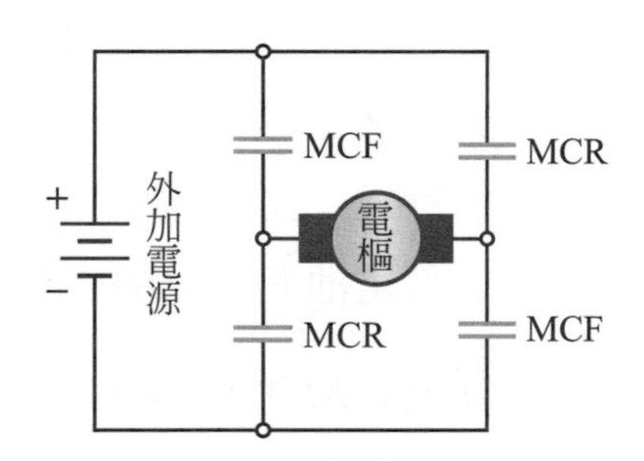

▲ 圖 8-36　橋式開關電路之轉向控制

二、直流電動機之制動

對電動機施以阻礙旋轉之反向轉矩，稱之為制動或剎車。以停止為目的之制動稱為停止制動；以速度限制或速度控制為目的之制動稱為運轉制動。制動方法有機械式制動 (mechanical braking) 法及電氣式制動法兩種。機械式制動是將電動機及負載的轉動能量，經由剎車蹄片 (brake shoe) 及剎車鼓 (brake drum) 或剎車塊 (brake pad) 及剎車碟盤 (brake disc) 之摩擦轉換為熱能予以消耗，進而達到減速或停止的制動方法。

直流電動機之制動除了機械制動外還可以電氣制動。直流電動機之電氣制動有下列方法：

1. 發電制動 (dc.dynamic braking)

 欲停止運轉中之直流電動機，僅切離電樞電源而磁場繼續維持激磁狀態，並將電樞兩端外接可變電阻器。此時電樞繼續旋轉割切磁場，電動機成為發電機輸出電流，將慣性動能轉換為電能消耗在電阻器，並形成與轉向相反的轉矩，產生制動作用。制動轉矩之大小，因磁場強度、電樞兩端外接電阻值以及回轉速度而異。調整外接電阻器值可改變制動力大小，電阻愈小制動力量愈大。

2. 再生制動 (regenerative braking)

 再生制動係將電動機做為發電機，以負載做為原動機驅動之，而將產生之電力回送至電源的方法。再生制動常用於纜車、礦山之捲揚機、吊車，負荷下降時，因重力作用使電動機速度增加，此時配合增加激磁或升壓器(booster)，可使反電勢大於電源電壓而成為充電發電機，將動能變成電能送還電源，並得到制動轉矩限制電動機轉速，提高停止精度。電動車下坡或欲減速時也使用發電制動，向蓄電池充電以增加續航力。

3. 逆轉制動 (plugging)

 逆轉制動又名插塞制動，係以停止制動為目的。要快速停止運轉中的電動機時，先改變接線使電動機電樞電流反向，電動機產生反方向之轉矩，而產生制動力；待電動機停轉同時採用插塞電驛(plugging relay)，立即切斷電源以防逆轉。

 負載慣性及制動頻度對於電動機之溫升有很大之影響必須加以注意。一般情況下永磁式直流電動機不允許在額定電壓下反接逆轉制動，因會造成永磁體退磁；如有必要作這種方式制動時，要加限流電阻，以避免電流過大而造成永磁體退磁。

4. 渦電流制動 (eddy current brake)

 欲制動的轉軸外接渦電流聯結器，轉子渦電流聯結器之電磁鐵固定在定子，經由調整電磁線圈之激磁電流大小來控制圓盤狀鐵芯的渦流大小，進而制動轉矩的強弱。

8-4 交流串激式電動機

一、交流串激式電動機之原理及構造

交流串激式電動機的運轉原理與直流串激式電動機相同。如圖 8-37 所示：直流串激式電動機之電源極性改變時，串激電路中之磁場電流與電樞電流同時反向，依然產生同方向的轉矩，故其旋轉方向不變。但是若將直流串激式電動機加上單相交流電源時，因磁場鐵心為塊狀，產生頗大的渦流損及磁滯損使電動機發熱，效率太差；而且直流繞組使用於交流時，電感抗過大，功率因數太差、電刷與換向器間產生劇烈火花甚至於使電機無法運轉；因此一般直流串激式電動機不能加交流電源運轉。其他自激式如分激式電動機之電源極性改變時，雖然轉向不變，但是磁場繞組與電樞並聯，加交流電源時因電抗不同，磁場繞組與電樞的電流不同時相，無法產生轉矩。因此分激式電動機加交流電無法運轉。

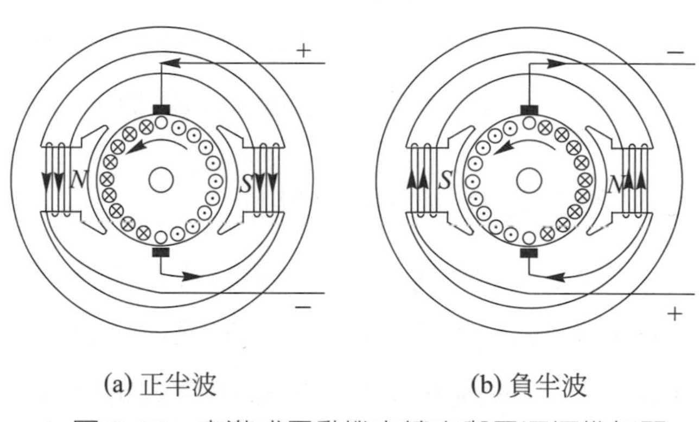

▲ 圖 8-37　串激式電動機之轉向與電源極性無關

交流串激式電動機與直流串激式電動機，在構造上有下列不同：

1. 主磁極及軛鐵，必須採用矽鋼片疊成，以減少鐵損、提高效率，如圖 8-38 所示為使用矽鋼片疊成之主磁極及軛鐵。

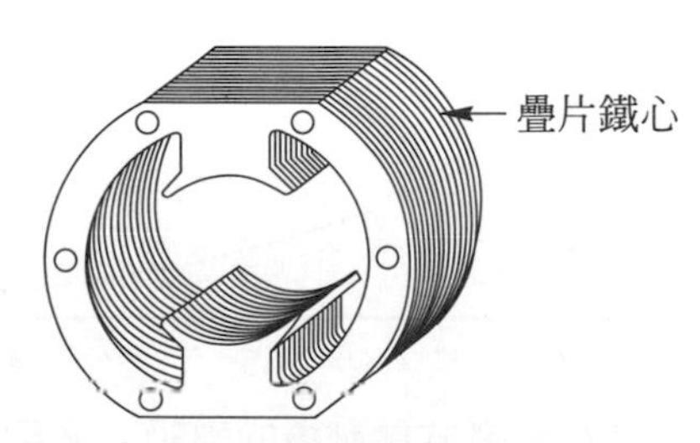

▲ 圖 8-38　使用成層鐵心疊成之主磁極及軛鐵

2. 減少主磁場繞組匝數，使每極之磁通減小，以減低磁場之電抗提高功率因數。增加磁極數，使總磁通量不致減少影響輸出轉矩。

3. 增加電樞繞組匝數，構成較強之電樞磁勢及較弱之主磁場，以保持電動機之輸出額定不變。但增加電樞安匝後，其電樞反應必增大，因此大型機必須在定子加設補償繞組，以抵消電樞反應，提高電動機之功率因數，並改善換向作用。

4. 增加換向片數，增加線圈個數，使換向片間之單一線圈匝數減少、電抗電壓降低，而有助於換向。

   由於換向片數及每片電壓的限制，電樞電壓不宜太高，有些串激式電動機在電樞電路中串聯一變壓器，以降低其電壓，如圖8-39所示為附有串聯變壓器之串激式電動機的接線圖。

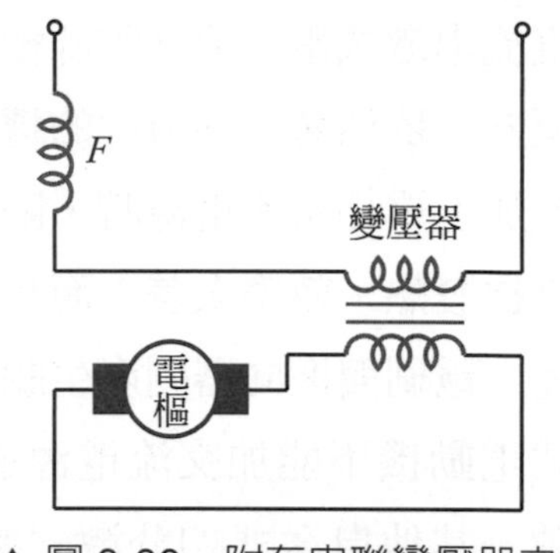

▲ 圖 8-39　附有串聯變壓器之串激式電動機

二、交流串激式電動機之特性

交流串激式電動機之轉矩特性及轉速特性與直流串激式電動機相同；即轉矩與電樞電流平方成正比；無載或輕載時轉速很高，轉速隨負載增加而急劇下降，速率調整率大。單相串激式電動機之轉矩 - 速率特性曲線如圖 8-40 所示。轉矩低時轉速高，轉矩高時轉速低，具有恆功的特性。

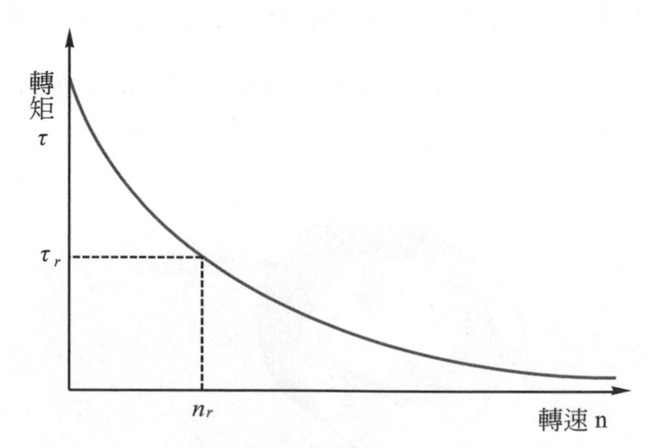

▲ 圖 8-40　單相串激式電動機的轉矩 - 速率特性曲線

交流串激式電動機的功率因數與一般交流電動機不同，輕載時功率因數高，重載時因轉速降低，電樞繞組之反電勢減少而電感抗增加，使功率因數降低。由於交流串激式電動機採用低磁場高電樞電流運轉，電樞反應強烈；因此稍大型者須使用補償繞組。交流串激式電動機之補償繞組接線，可同一般直流機的接法與電樞串聯，如圖 8-41(a) 所示為傳導補償的方式。交流串激式電動機也可以將補償繞組自行短路如圖 8-41(b) 所示，利用電磁感應及愣次定律抵消電樞磁勢。無補償繞組的交流串激式電動機及傳導補償式交流串激式電動機也可以使用於直流電源，所以又稱為通用型電動機 (universal motor)。

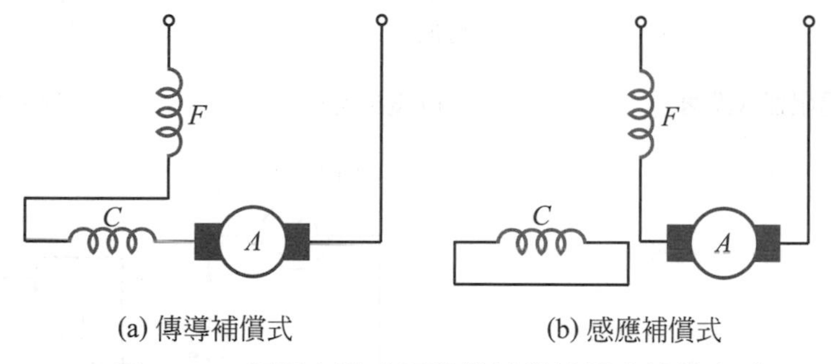

(a) 傳導補償式　　(b) 感應補償式

▲ 圖 8-41　單相串激式電動機補償繞組之接線方式

三、單相串激式電動機之速率及轉向控制

交流串激式電動機之轉速控制可採用：磁場繞組分接頭切換法、電壓控制法及使用調速器的定速度運轉等三種方式。

1. 磁場繞組之分接頭切換法：與直流串激之磁場調速法相同，磁場匝數少時轉速高。串激磁場匝數多時，磁場較強而轉速減慢。
2. 電壓控制法：如圖 8-42 所示，係使用串聯電阻或電抗或變壓器，以改變電樞電壓而得到速率控制；亦可使用無段變速之閘流體電壓調整器控制速率如圖 8-42 的 (e) 圖所示。

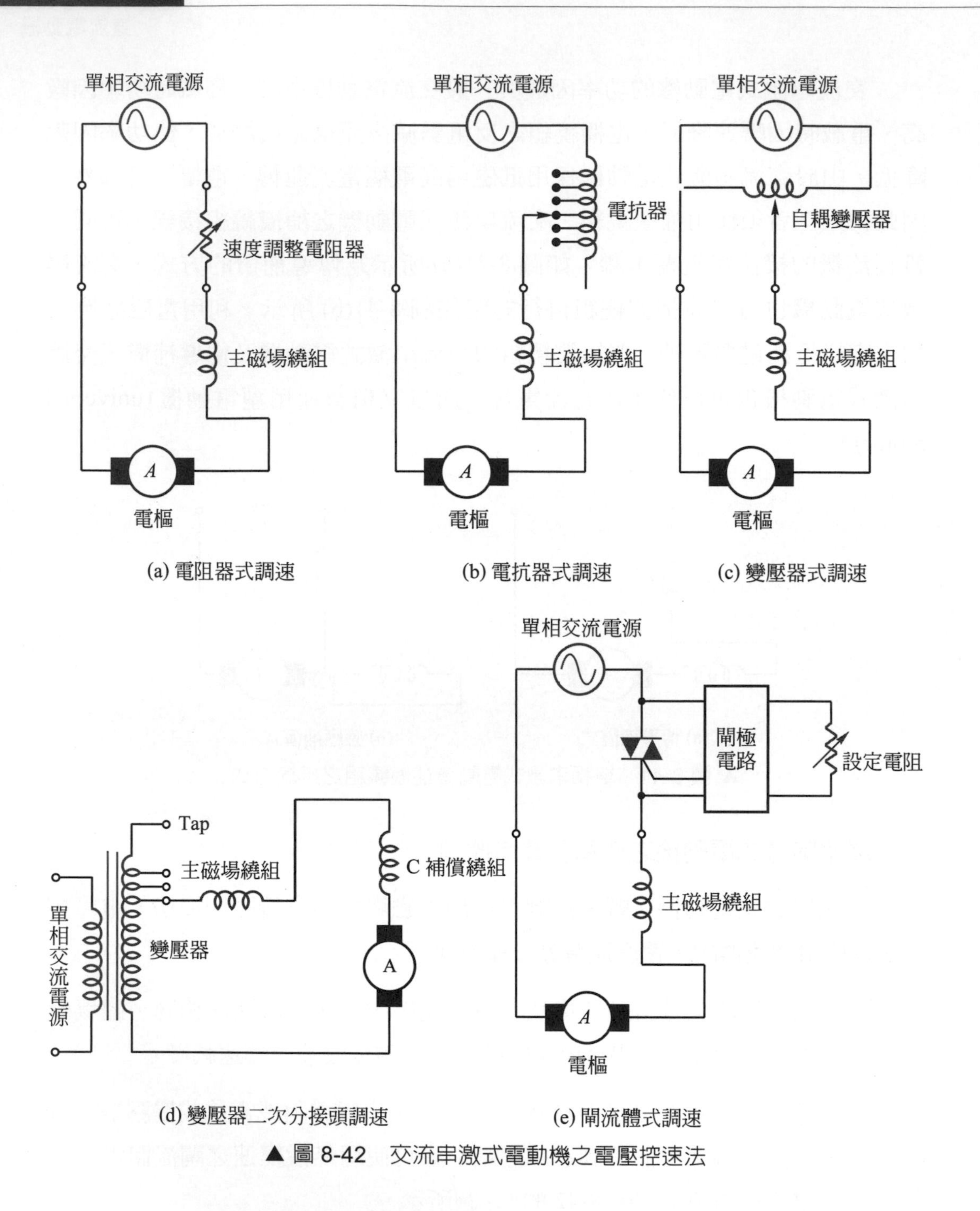

▲ 圖 8-42　交流串激式電動機之電壓控速法

3. 使用調速器之定速度運轉：如圖 8-43 所示，利用離心力動作之調速器裝設於轉軸上，其接點使串聯電阻 ON/OFF 轉換，以保持定速率之運轉，也可以防止無載時速率太高而造成飛脫。

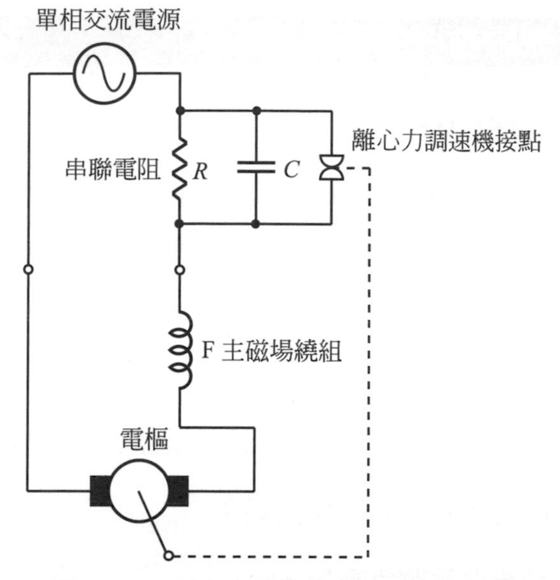

▲ 圖 8-43　定速率運轉之調速串激式電動機

欲改變交流串激式電動機的轉向時，與直流串激式電動機相同，只需調換串激場繞組兩端之接頭即可。

四、交流串激式電動機之用途

交流串激式電動機與單相感應電動機相比，其構造較複雜、價格較昂貴；但是交流串激式電動機具有高起動轉矩、高轉速、不受同步轉速的限制及速率控制容易等優點；適用於需要高轉矩如電動工具或高轉速如果汁機、吸塵器的場合。

問題與討論

1. 直流電動機之重要特性為何？
2. 電動機之轉速是由哪些變量決定？
3. 試繪出串激式、分激式與複激式直流電動機之轉矩 - 電流 ($\tau - I_a$) 特性曲線。
4. 有台 10 HP、220 V 之直流分激式電動機，於滿載時線電流為 40 A，轉速為 1800 rpm，若其電樞電阻為 0.2 Ω，場電阻為 400 Ω，不予考慮電樞反應。試求：(1) 反電勢、(2) 內生機械功率、(3) 無載時之轉速、(4) 速率調整率。

8-5 直流電動機的耗損與效率

8-5-1 直流電動機的耗損

電動機於轉換能量的時候，輸入電能並非百分百轉換成動能輸出，有一部分轉換成不想要的其他能量形式，稱之為損耗或損失。直流電動機的耗損與發電機相同，如下所示：

1. 電流流經電機內各繞組導線之內阻電路之電阻所造成的銅損。
2. 磁路中之電樞鐵芯及磁極鐵芯因磁通之割切或變動所產生之鐵損。
3. 由於機件旋轉所產生的機械損耗。
4. 其他無法精算之雜散負載損。

直流機的耗損請參考 7-5 節。

直流電動機中功率分佈情形，如圖 8-44 所示，損耗使電動機的輸出功率 (馬力) 減少，效率降低。損失大多形成熱能，使電機溫度升高而必須散熱。溫升限制了電機之額定輸出容量及使用時間。在同一負載下，損失愈多的直流電動機，輸入電流愈大，溫升愈高。若溫升超過電機所用之絕緣材料的耐溫等級，將使電機絕緣急劇劣化，甚至燒毀。因此電動機必須加裝過載保護電路，一般用積熱電驛 (thermal relay) 作為電動機之過負載 (over load) 保護，使電動機不致電流過大而導致過熱造成絕緣劣化或燒燬。

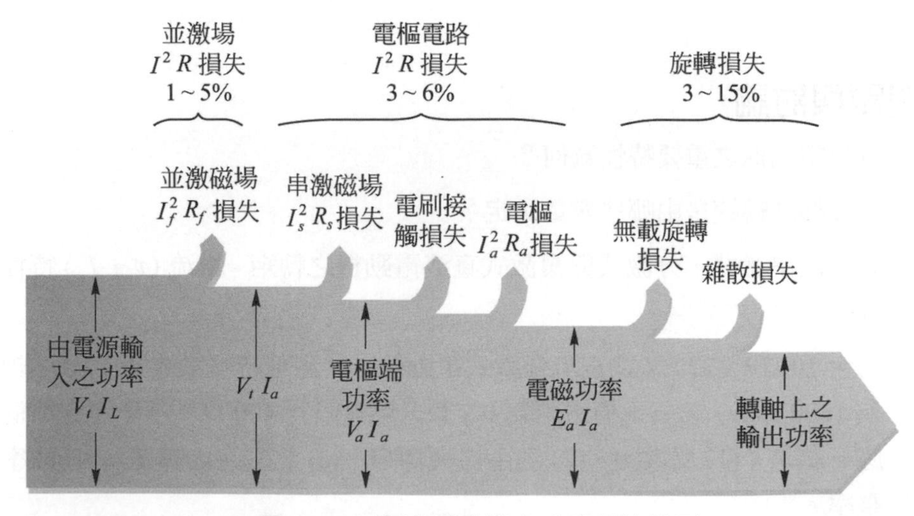

▲ 圖 8-44　直流電動機之功率分佈情形

8-5-2　直流電動機的效率

直流機的效率為輸出功率與輸入功率之比值，以百分比來表示。效率愈高耗損愈小。直流電動機的效率，有下列兩種：

1. 實測效率

   以動力計實際測量電動機輸出功率，同時以電儀錶測量輸入功率而計算所得之效率稱為實測效率，適用於中、小型電動機。

2. 公定效率

   機械功率的測量較電功率測量困難許多，因此大型電動機採用以較容易測量的輸入電功率扣除損耗功率來取代輸出功率，如此計算所得之效率，稱為公定效率。依據能量不滅定律，輸出功率必等於輸入功率扣除損耗功率；電動機的輸出功率等於輸入功率減掉損失，所以電動機之

$$公定效率=\frac{輸入功率-損失}{輸入功率}\times 100\%$$

$$=\eta=\frac{P_i-P_{\text{loss}}}{P_i}\times 100\% \qquad (8\text{-}25)$$

例 8-6

直流分激電動機自 200 V 之電源取用 10 A 之電流，若總損失為 500 W，則效率為多少？

解 $\eta=\frac{P_i-P_{\text{loss}}}{P_i}\times 100\%=\frac{200\times 10-500}{200\times 10}\times 100\%=\frac{1500}{2000}\times 100\%=75\%$

類題 8-6

某 220V 分激電動機，若負載電流 60A 時，總損失爲 2640W，則效率爲若干？

直流電動機的效率，隨負載大小而變，一般說來以滿載運轉時效率最高，無載時效率為零。為使電動機發揮最高效率，選用時應採用適當大小之電動機，儘量避免電動機在輕載或超載情況使用。直流電動機的滿載效率約

在 85% ～ 95% 左右，與其他機械比較，電機機械之效率頗高，例如內燃機引擎的效率大約只有30%左右。同一容量的電機速度愈快(頻率愈高)體積愈小，因為銅及鐵心單位體積之損耗，大約相同，高速機體積小、損失少，所以效率較高。同一額定容量的電機電壓愈高者電流愈小，線路損失少，效率愈高；大電流而低電壓的直流機，電阻損失較大，效率較低。因此直流電動機之容量愈大應選用愈高的額定電壓。

例 8-7

有一部 150 HP，240 V，650 rpm 之分激式直流電動機，其輸出為 124 HP 時，由線路吸收 420 A 的電流，此電動機的參數為：電樞繞組電阻 $R_a = 0.00872\ \Omega$，中間繞組及補償繞組電阻 $R_{i\&C} = 0.0038\ \Omega$，場繞電阻 $R_f = 32\ \Omega$，電刷壓降 $e_b = 2$ V，試求：(1) 銅損；(2) 電氣損失；(3) 旋轉損失；(4) 效率。

解 依題意可繪等效電路圖如下圖所示。

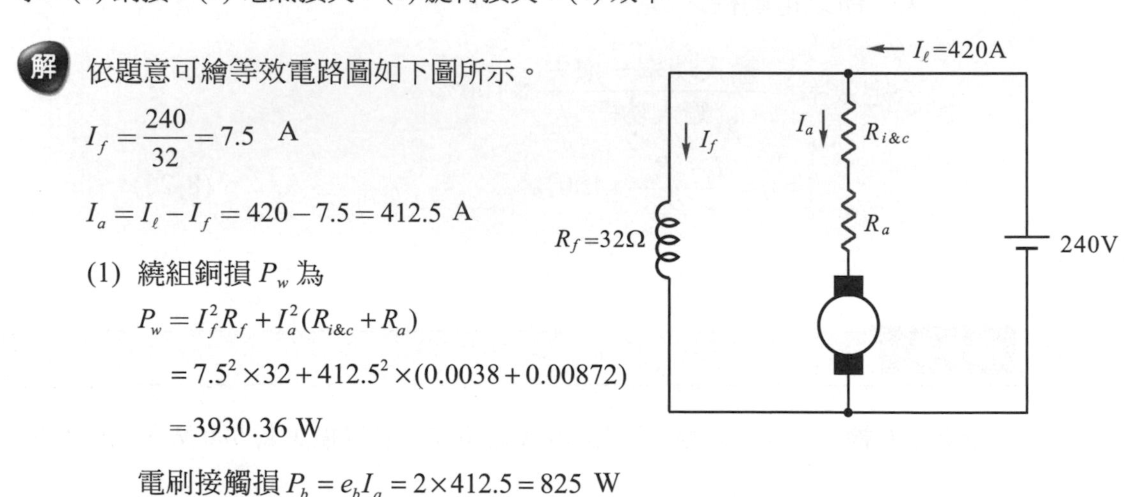

$$I_f = \frac{240}{32} = 7.5 \text{ A}$$

$$I_a = I_\ell - I_f = 420 - 7.5 = 412.5 \text{ A}$$

(1) 繞組銅損 P_w 為

$$P_w = I_f^2 R_f + I_a^2 (R_{i\&c} + R_a)$$
$$= 7.5^2 \times 32 + 412.5^2 \times (0.0038 + 0.00872)$$
$$= 3930.36 \text{ W}$$

電刷接觸損 $P_b = e_b I_a = 2 \times 412.5 = 825$ W

(2) 電氣損失 $P_w + P_b = 3930.36 + 825 = 4755.36$ W

(3) 旋轉損失 Prot 為內生機械功率減掉輸出功率

$$P_{\text{rot}} = E_a I_a - P_o = [V_t - I_1(R_{i\&c} + R_a) - e_b] I_a - P_o$$
$$= [240 - 412.5(0.0038 + 0.00872) - 2] \times 412.5 - 124 \times 746$$
$$= 3540.6 \text{ W}$$

(4) 效率 η 為

$$\eta(\%) = \frac{P_o}{P_{\text{in}}} \times 100\% = \frac{124 \times 746}{240 \times 420} \times 100\% = 91.77\%$$

問題與討論

1. 有台10馬力之直流電動機，在滿載時自直流220 V電源取用40 A之電流，則其效率為若干？
2. 有台電動機自直流220 V電源取用50 A之電流，若其總損失為1800 W，試求其效率。

8-6 無刷馬達 (brushless motor)

傳統直流馬達在轉動時，電刷與換向器滑動接觸，使得兩者都會磨耗，並且產生火花及碳粉、油霧等污垢，使用一段時間電刷必須更換，換向器表面必須定期整圓及作切下處理。無刷馬達使用電子固態電路取代了電刷和換向器，徹底解決了滑動接觸式換向器及電刷須定期維修保養的難題，換向時不易產生高溫之電弧及金屬屑，使得直流馬達有更長的使用壽命，而且具有可以密封、減少摩擦及提高效率等優點。在許多電腦週邊、視聽音響設備、家電以及電動車均已使用無刷馬達，例如 CD 隨身聽、錄音機、錄放影機的絞盤及旋轉磁頭、硬式及軟式磁機、雷射印表機的多角鏡及散熱風扇、洗衣機及空調設備等。

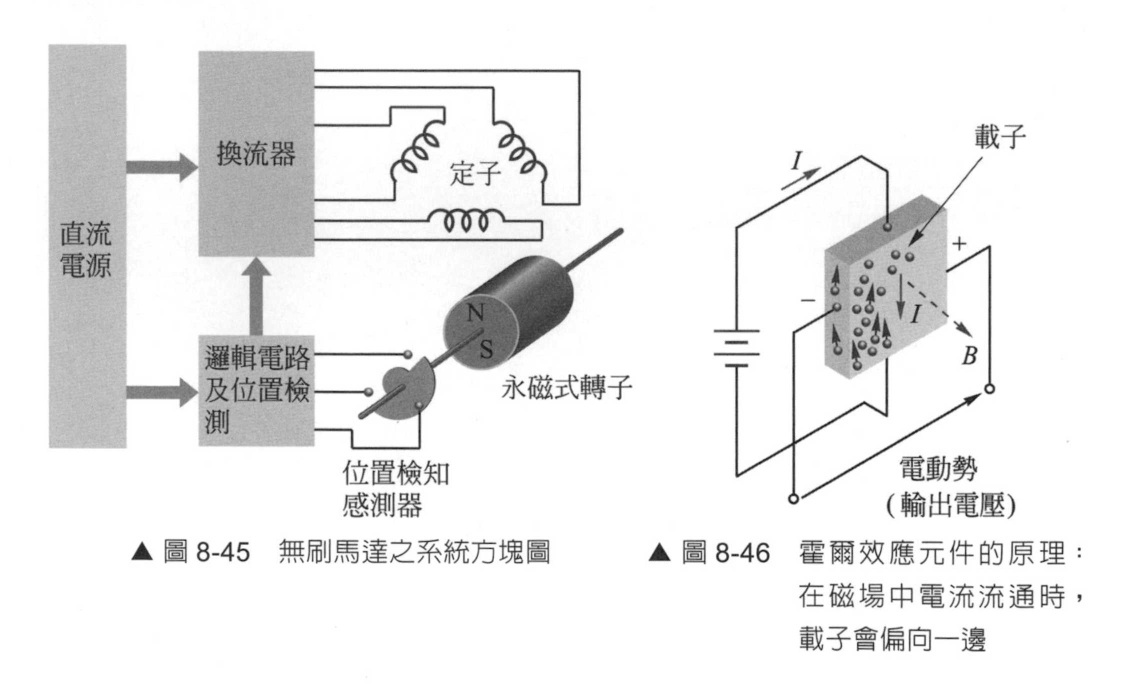

▲ 圖 8-45　無刷馬達之系統方塊圖

▲ 圖 8-46　霍爾效應元件的原理：在磁場中電流流通時，載子會偏向一邊

無刷馬達由於不用機械式電刷換向器，所以在機械結構上採用轉磁式，電樞作為定子而轉子為提供場磁通的磁鐵。圖 8-45 所示為無刷馬達的系統方塊圖，無刷馬達須具有轉子磁場位置的感測器，以回授位置資訊給電子切換電路，適時的將線圈換向，使轉子持續轉動。常用的轉子位置感測器為霍爾效應 (Hall effect) 檢測器及光耦合器兩種。霍爾效應元件的原理，如圖 8-46 所示。根據佛來銘左手定則，半導體內多數之 N 型載子受到射出紙面的磁場

作用會向左偏移而產生左 (−) 右 (+) 的霍爾電壓；磁場方向不同而為射入紙面，霍爾電動勢極性不同成為左 (+) 右 (−)。大部分無刷馬達內採用 2 個或 3 個霍爾元件檢知轉子的磁極性，提供位置訊號驅動電子電路的功率半導體開關元件如 BJT、MOSFET、IGBT 等，將線圈之電流切換，如圖 8-47 所示。

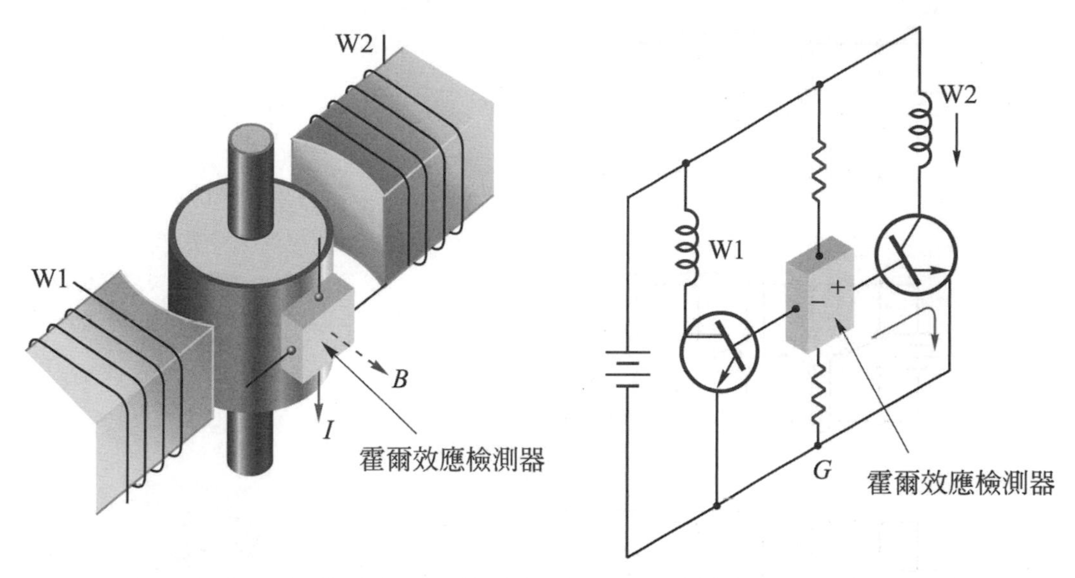

▲ 圖 8-47　具有霍爾元件裝置檢知轉子磁極性由電晶體換向的無刷式直流馬達示意圖

大部分的無刷馬達採用三組繞組以 Y 接或 Δ 接線，採用更多相時需要許多功率半導體元件，控制電路既複雜又昂貴較少使用。圖 8-48 所示為無刷馬達的運轉原理，為方便識別 ON、OFF 作用，半導體固態開關以傳統開關來說明。直流電經三組開關適時的切換線圈之電流所產生的磁場，使永磁式轉子轉動。無刷馬達的運轉，類似三相同步電動機，不同的是旋轉磁場由直流電源經電子電路產生，線圈換向時必須配合轉子的位置。

無刷馬達的構造除了傳統馬達型式外，另有如圖 8-49 所示的外部轉子型馬達 (outer-rotormotor) 具有凸極式定子裝置於內部，環型磁鐵的轉子裝置於外部。在相同的磁力下，外轉子直徑較大，因而轉矩較大。但轉子較難平衡，故不適用於轉速較高的場合；另外定子在內散熱相對較困難。也有配合電子電路裝置之電路板而成為盤式；又名鬆餅 (pancake) 式馬達。如圖 8-50 所示為盤式磁鐵的轉子，而定子繞組採空氣芯直接裝置於印刷電路板。

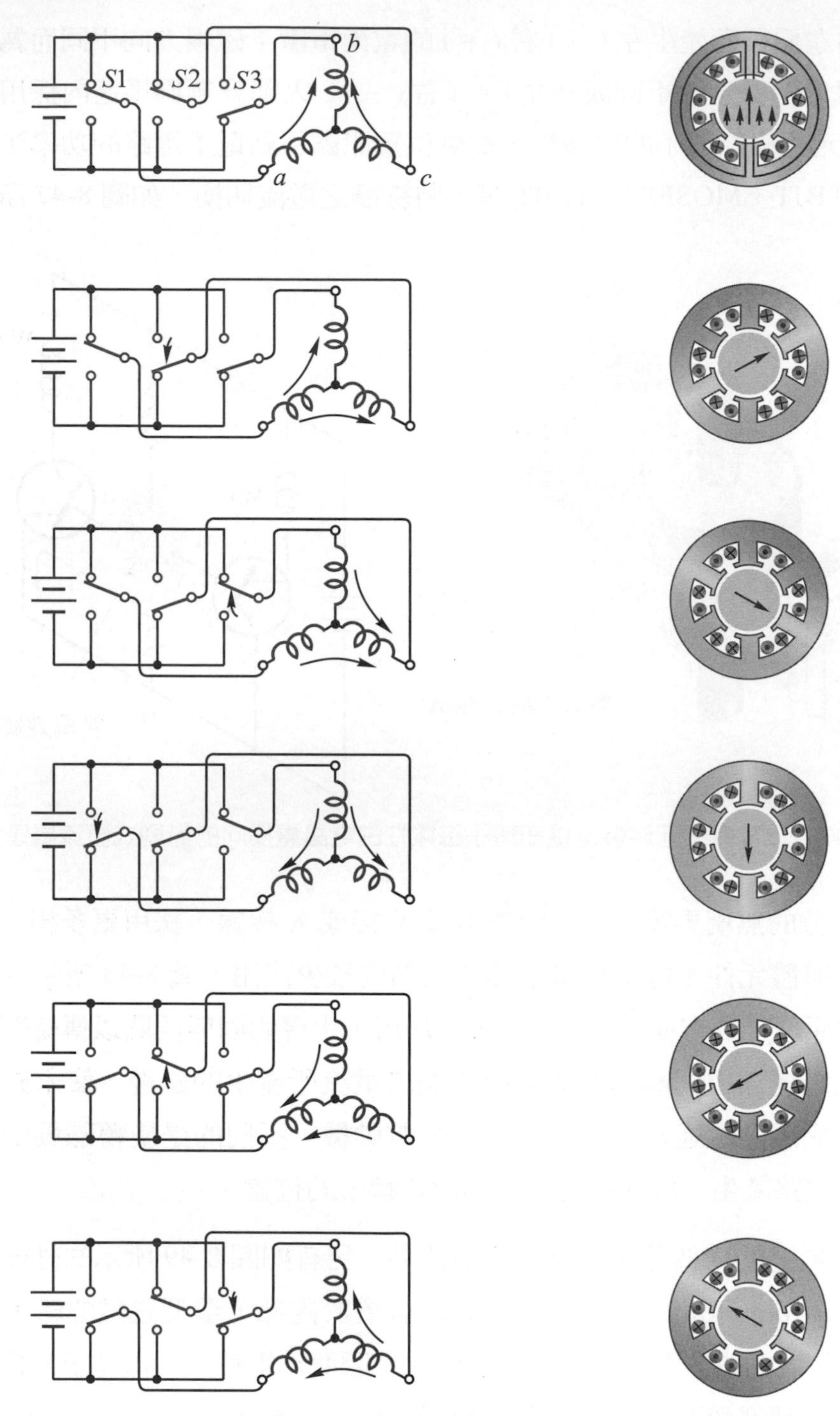

▲ 圖 8-48　無刷馬達的線圈經固態開關換向產生旋轉磁場

(a) 外轉子型無刷馬達的凸極式定子及環型轉子

(b) 外部轉子馬達的電樞線圈

▲ 圖 8-49　外轉子型電動機

▲ 圖 8-50　盤式轉子的無刷電動機

8-6-1　無刷馬達運轉原理

直流電動機的運行是靠轉子磁極與定子磁極之間的吸引或排斥產生扭力。電流流過無刷馬達定子繞組所產生的磁極吸引最近的相反極性之轉子磁體，使轉子旋轉。當轉子被吸引之磁極的磁極中心旋轉到與定子極軸對正時，該定子磁極的線圈電流必須為零而沒有磁性，使轉子磁極不致於與定子吸住。當轉子磁極中心一轉離開定子極軸時，該定子磁極線圈的電流隨即換向，產生與轉子磁極相同的磁性，推斥轉子繼續旋轉。依此對定子每個線圈依次充電激磁、換向，不斷驅動轉子跟隨定子的磁場旋轉而產生轉矩。轉矩大小取決於電流、定子繞組的匝數，永磁體的強度和尺寸，轉子和繞組之間的氣隙以及旋轉臂的長度。

無刷馬達 (Brushless DC Motor, BLDC) 必須檢知轉子永久磁鐵之磁極位置，然後經由驅動電路提供相對應之電樞電流給定子線圈，使定子磁動勢和轉子磁極隨時保持垂直狀態，以獲得最大之轉矩。無刷馬達需偵測轉子磁極位置來確定電子開關元件何時切換電流完成換向。無刷直流馬達轉子磁極檢出工作通常由磁編碼器 (霍爾元件、磁阻元件)、光編碼器、分解器等位置檢出元件來完成。目前最常見的是定子附加霍爾傳感器。三相無刷馬達需要三個霍爾傳感器來檢測轉子的位置；霍爾傳感器的物理位置有 60° 相移和 120° 相移兩種類型。結合這三個霍爾傳感器信號可以確定三相定子線圈的通電順序。無刷馬達的電路架構如圖 8-51 所示，小型無刷馬達和驅動電路整合為一體，使用上非常方便；中大型無刷馬達與驅動器分開包裝；無刷馬達具有線圈接頭和回授訊號接頭。回授訊號接頭提供轉子位置訊息給驅動器，驅動器根據轉子位置訊息及運轉指令 (需求) 等產生驅動控制信號輸出供給無刷馬達線圈運轉。

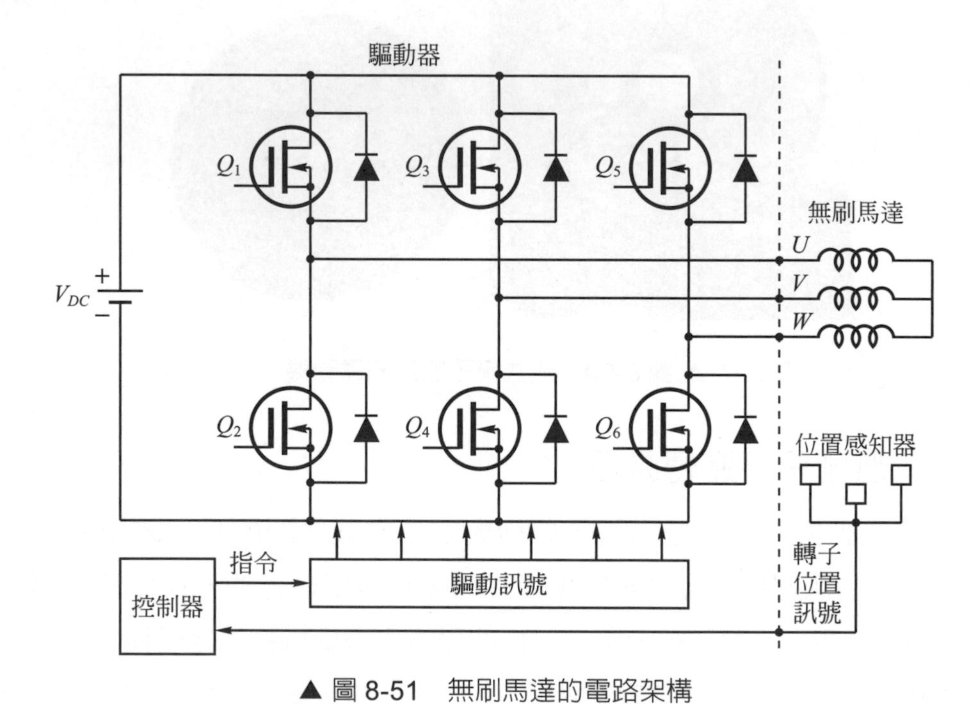

▲ 圖 8-51　無刷馬達的電路架構

8-6-2 無刷直流電機的控制與特性

一、驅動電路的開關配置和 PWM

無刷馬達的定子繞組有單相，兩相和三相三種。單相和三相電動機使用最廣泛。單相電動機具有一組定子繞組，三相電動機具有三個繞組。圖 8-52 所示為單相和三相外轉子無刷馬達的簡化圖，外轉子具有永磁體以形成 2 個磁性極對。

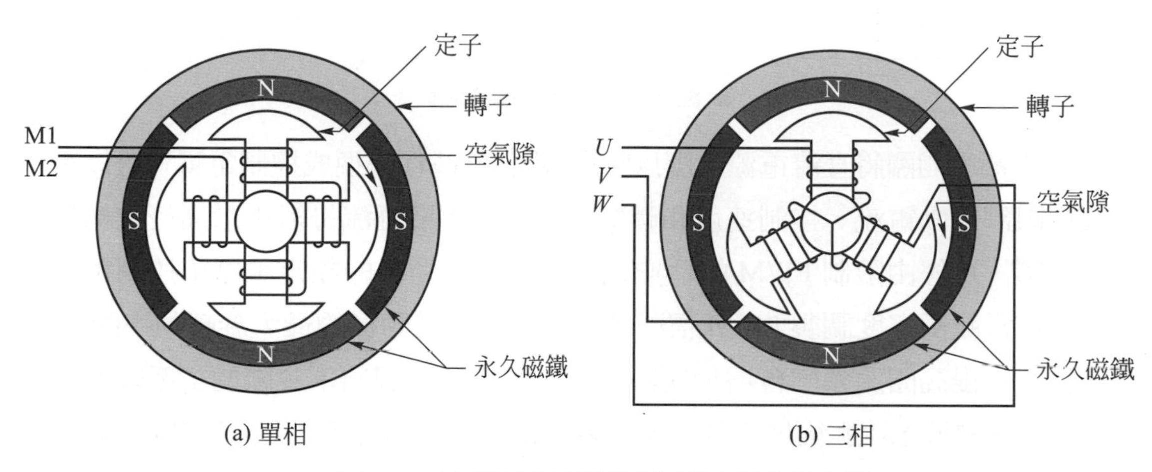

▲ 圖 8-52 單相和三相外轉子無刷馬達的簡化圖

高功率的電子開關元件在單相電動機以 H 橋結構連接如圖 8-53 所示；於三相 BLDC 電動機則採用三相電橋結構，如圖 8-54 所示。高端 (上臂) 開關 *SW*1、*SW*2、*SW*3 負責將電流輸入線圈，而低端 (下臂) 開關 *SW*2、*SW*4、*SW*6 則負責將電流導出線圈。

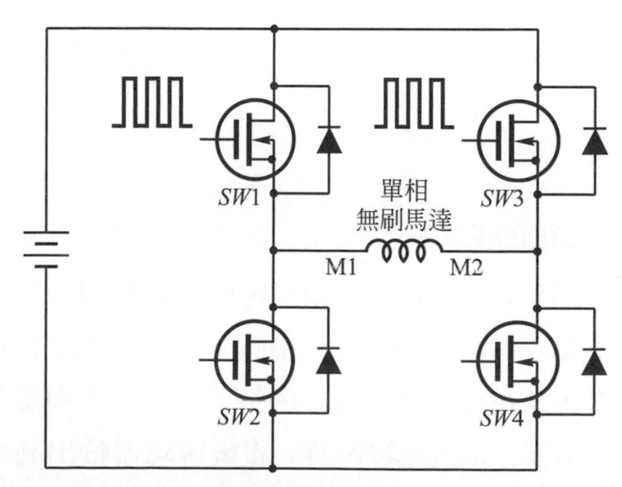

▲ 圖 8-53 單相 BLDC 的電子開關元件 (MOSFET) 以 H 橋結構連接

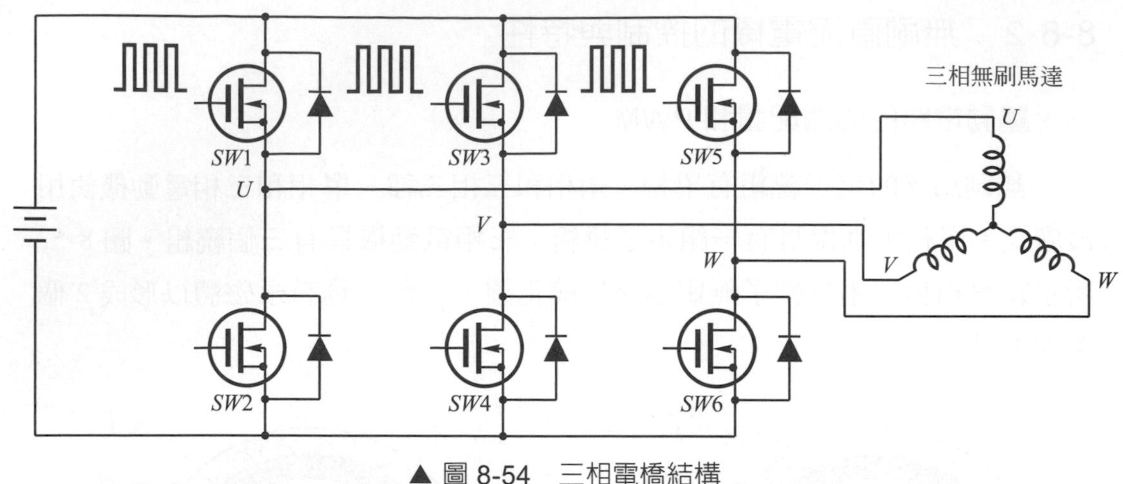

▲ 圖 8-54 三相電橋結構

在高端開關將直流電源電壓以脈寬調製 (PWM) 轉換成控制電壓，可以有效地限制啟動電流，控制速度和轉矩。另外，如果直流母線電壓高於電機額定電壓，可經由限制 PWM 的佔空比得到符合電動機的額定電壓來控制電動機。通常脈衝寬度調製 PWM 信號頻率至少高於電動機的最大旋轉頻率的 10 倍以上。提高開關頻率會增加開關損耗，而降低開關頻率會限制了系統的帶寬，並使紋波電流脈衝增大到可能導致驅動器損壞或當機關閉。PWM 控制的佔空比可分為簡單固定式與正弦式兩種，其差異如表 8-2 所示。

▼ 表 8-2 固定式與正弦式 PWM 控制的差異

固定佔空比控制	正弦控制
簡單的 PWM 產生器	複雜的 PWM 產生器
轉矩脈動	轉矩圓滑
旋轉時有噪音	安靜
簡單的感知器	感知器需要有高解析度

二、電子換向原理

1. 單相無刷馬達的換向

圖8-55所示為內轉子單相無刷馬達簡化圖，為了方便識別以普通單切開關取代電子開關元件繪圖。永磁體轉子位於定子內部；霍爾傳感器嵌入在電機非驅動端的定子中，產生與磁強度成比例的輸出電壓。當轉子的N極經過時，霍爾傳感器輸出高電位1($+V_H$)；而當轉子的S極經過時，霍爾傳感器輸出變為低電位0($-V_H$)。

單相無刷馬達驅動器電路的換向如圖8-55所示，當霍爾傳感器輸出為高電位1($+V_H$)時，SW2及SW3截止、SW1和SW4導通為ON。如圖8-55(a)和(b)。在此階段，電樞電流從M1流到定子繞組M2產生上下N、左右S的定子電磁極，使轉子逆時針旋轉。轉子轉約90°機械度(電機度180°)之後，由於轉子S極接近霍爾傳感器使其輸出電壓反向為低電位0($-V_H$)；從而SW1和SW4截止、SW2及SW3導通，電流反向改從M2到M1，產生如圖8-55(c)和(d)所示上下S左右N的定子電磁極，驅動轉子繼續沿相同方向逆時針旋轉，完成一個電機度360°的電氣循環。轉子轉了180°機械度，又到如圖8-55(a)所示的情況開始繼續下一個電機度360°的電氣循環，使轉子持續旋轉。

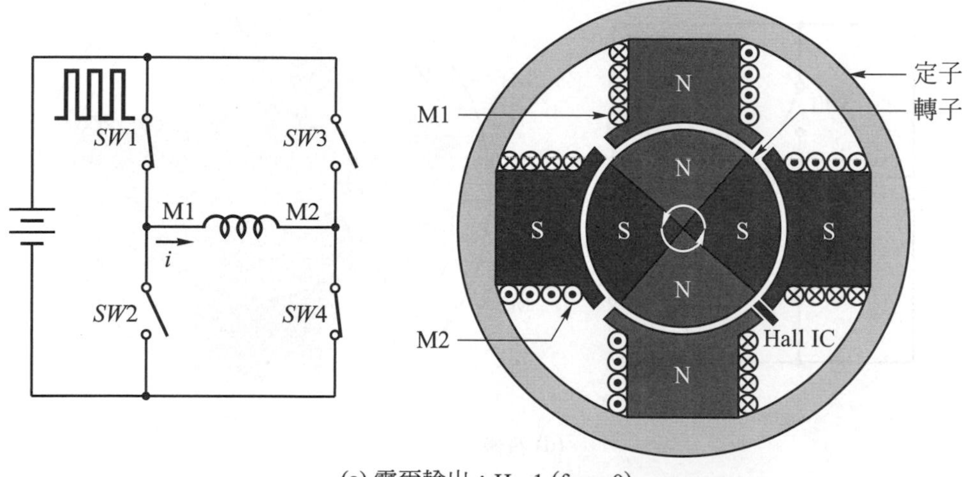

(a) 霍爾輸出：H=1 (from 0)

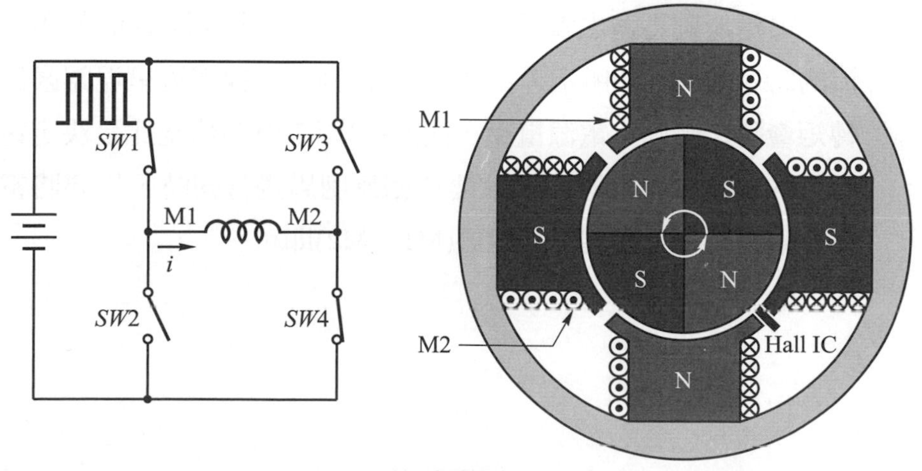

(b) 霍爾輸出：H=1

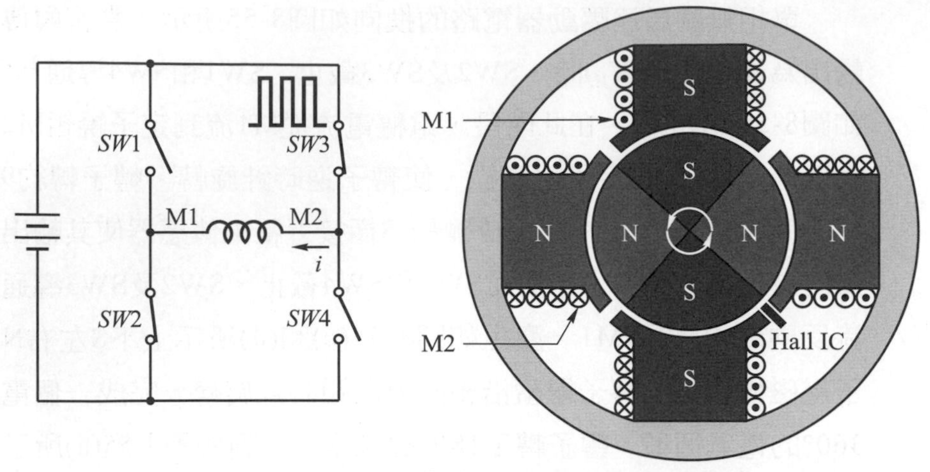

(c) 霍爾輸出：H=0 (from 1)

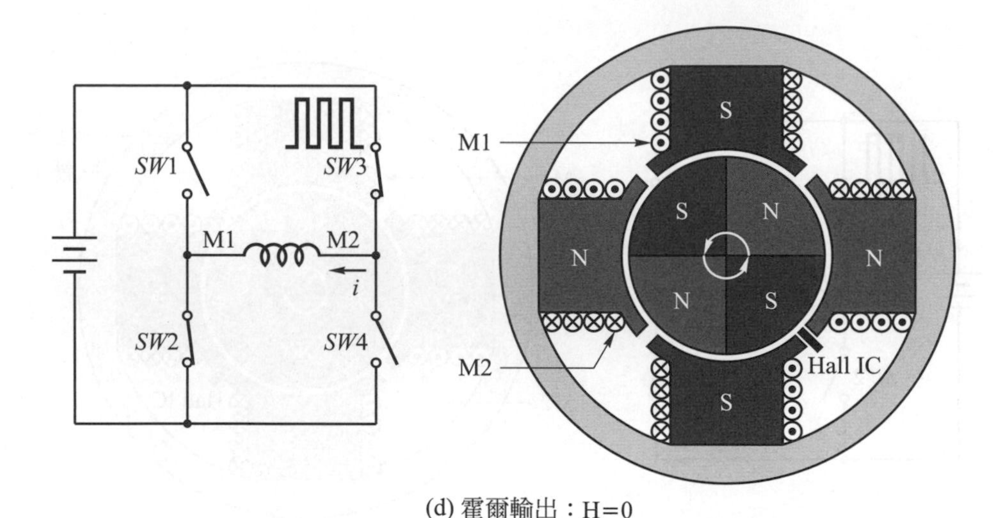

(d) 霍爾輸出：H=0

▲ 圖 8-55　單相無刷馬達驅動器電路的換向

單相無刷馬達之霍爾傳感器信號相對於開關驅動信號和電樞電流的時序如圖8-56所示。由於PWM控制，電樞電流呈現鋸齒波形，轉矩會隨之脈動。電源電壓、開關頻率和PWM佔空比是決定速度和轉矩的三個關鍵參數。欲改變單相無刷馬達轉向時，只要將霍爾傳感器輸出反相或對調線圈線頭(M1、M2)即可。

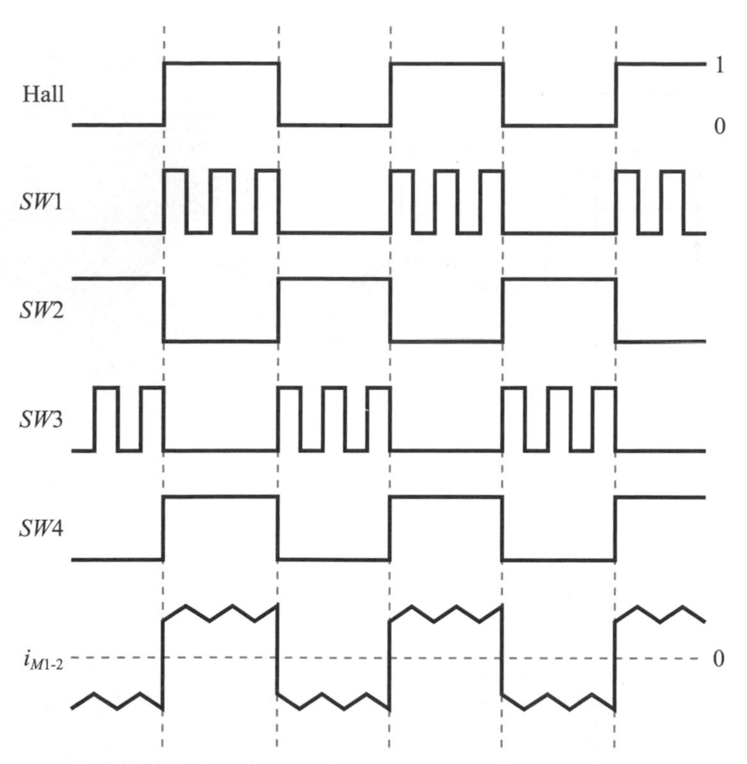

▲ 圖 8-56　單相無刷馬達霍爾傳感器信號相對於開關驅動信號和電樞電流的時序圖

2. 三相無刷馬達的換向

圖8-57所示為三相無刷馬達逆時針旋轉時的順序圖。圖中定子三相繞組呈星形(Y)接線，三個霍爾傳感器Ha、Hb和Hc以120°的間隔安裝在定子靠近轉子的位置上。每旋轉60°電機度就有一個霍爾傳感器改變其輸出狀態，控制電子開關切換；為了方便識別以普通單切開關取代電子開關元件霍爾傳感器在外圈繪圖。在同步運轉時，每60°電機度開關切換一次，相電流更新一次。完成整個電氣週期需要六個步驟。每一步都有一個定子線圈端子接到電源正(+)電壓，另一個線圈端子接到電源負(−)電壓，第三個端子懸空使該相線圈無磁性。依圖8-57(a)、(b)、(c)、(d)、(e)、(f)所示步驟順序驅動轉子繼續沿相同方向逆時針旋轉，完成一個電機度360°的電氣循環。三相無刷馬達逆時針旋轉時，霍爾傳感器訊號與切換開關及電流進出端子對照如表8-3所示，當步驟轉換時只有一次高端開關或低端開關切換。

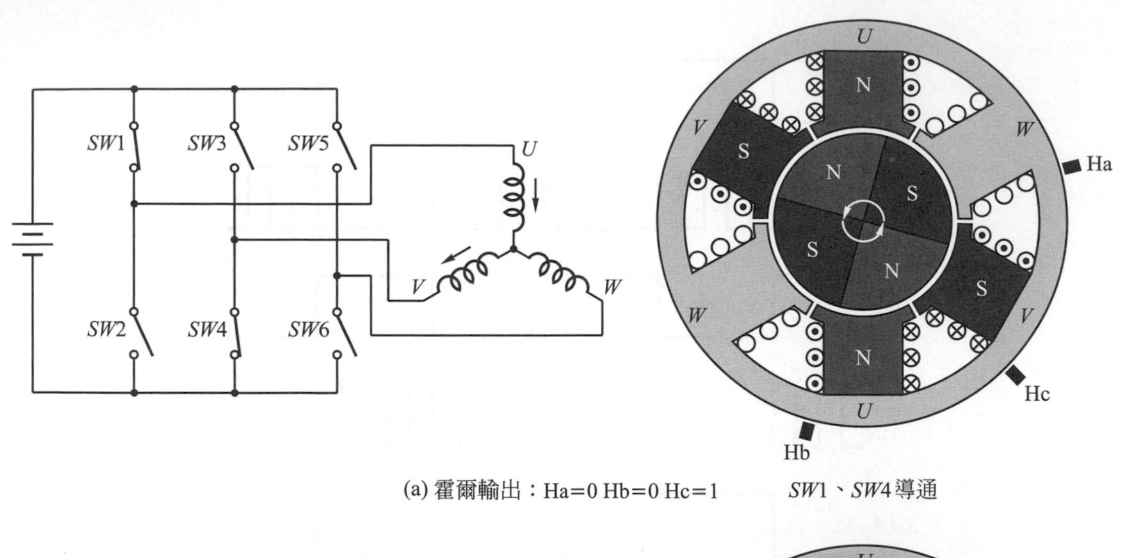

(a) 霍爾輸出：Ha=0 Hb=0 Hc=1　　*SW*1、*SW*4導通

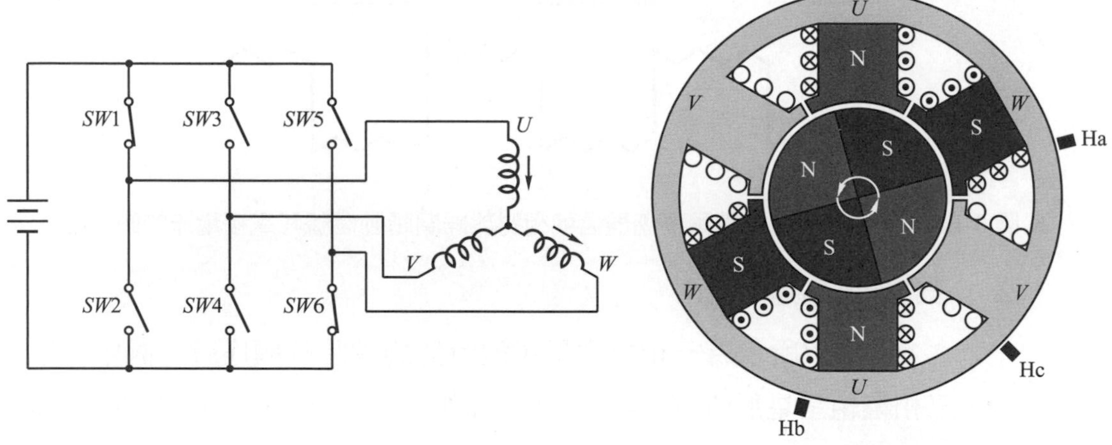

(b) 霍爾輸出：Ha=1 Hb=0 Hc=1　　*SW*1、*SW*6導通

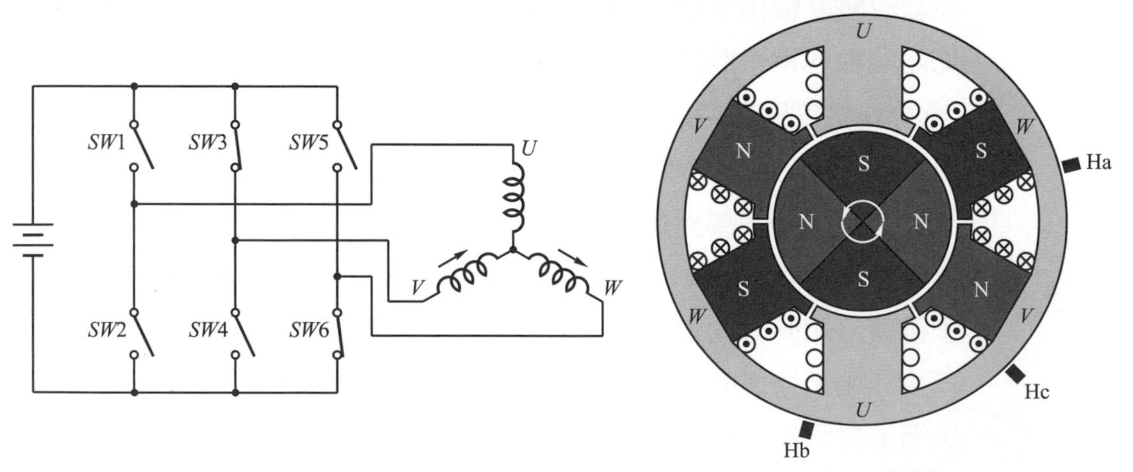

(c) 霍爾輸出：Ha=1 Hb=0 Hc=0　　*SW*3、*SW*6導通

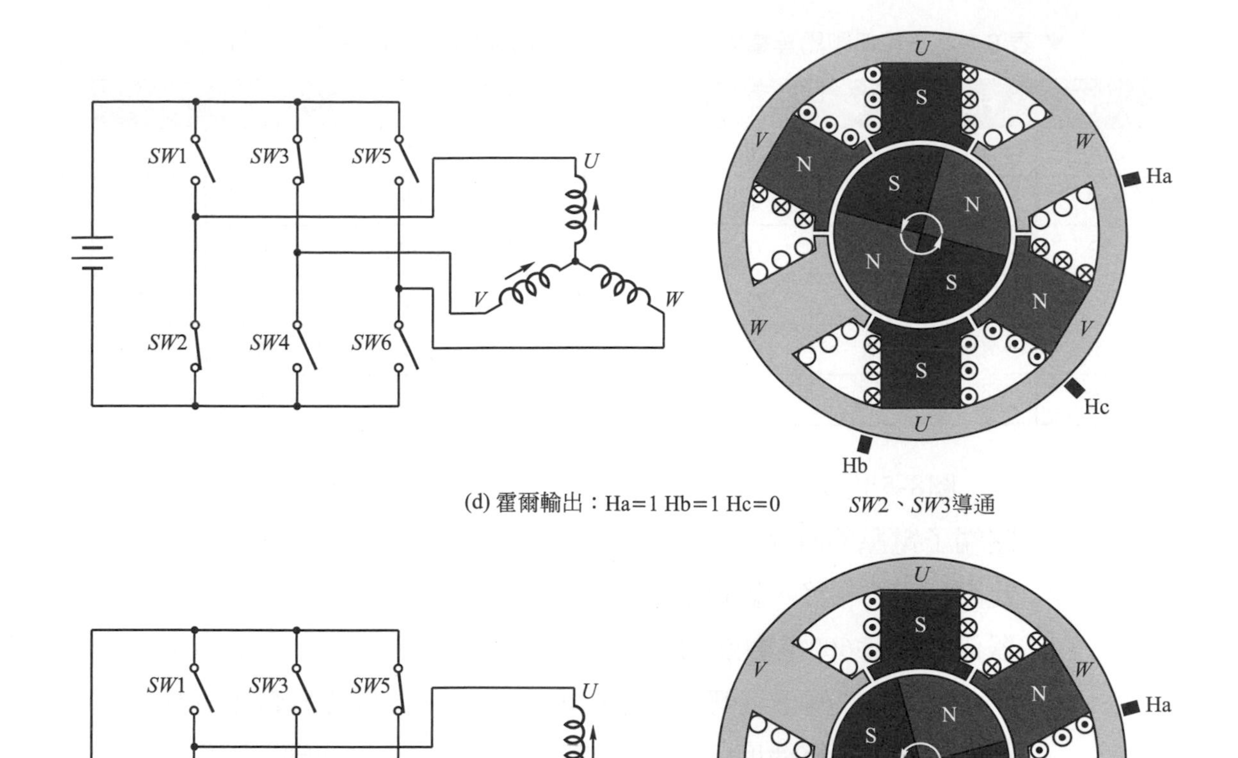

(d) 霍爾輸出：Ha=1 Hb=1 Hc=0　　SW2、SW3導通

(e) 霍爾輸出：Ha=0 Hb=1 Hc=0　　SW2、SW5導通

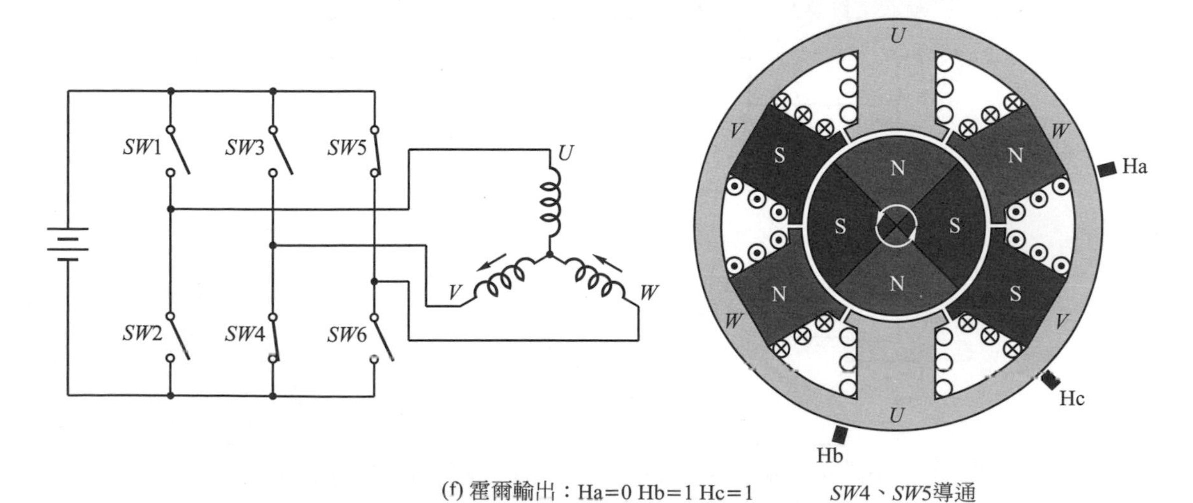

(f) 霍爾輸出：Ha=0 Hb=1 Hc=1　　SW4、SW5導通

▲ 圖 8-57　三相無刷馬達逆時針旋轉時的順序圖

▼ 表 8-3　三相無刷馬達霍爾傳感器訊號與切換開關及電流進出端子對照表

步驟	Ha	Hb	Hc	高端導通開關	低端導通開關	電流進出端子	
1	0	0	1	*SW*1	*SW*4	*U*	*V*
2	1	0	1	*SW*1	*SW*6	*U*	*W*
3	1	0	0	*SW*3	*SW*6	*V*	*W*
4	1	1	0	*SW*3	*SW*2	*V*	*U*
5	0	1	0	*SW*5	*SW*2	*W*	*U*
6	0	1	1	*SW*5	*SW*4	*W*	*V*

圖8-58所示為三相無刷馬達逆時針旋轉時霍爾傳感器信號和線圈端子電壓的時序圖，其中霍爾傳感器信號Ha，Hb和Hc相對於彼此有120°的相移，繞組端子*U*，*V*和*W*的通電或浮接係根據霍爾傳感器信號，每60°電機度切換一次，相電流更新一次。一個電氣周期(六個步驟)使轉子旋轉360°電機度。由於電機度等於轉子磁極對數乘以機械度，電機度= P/2機械度，因此轉軸旋轉一圈所需信號循環周期數等於轉子極對數。圖8-58中轉子磁極兩對所以需要兩個信號循環周期(720°電機度)來完成機械的旋轉一轉(360°機械度)。與一般三相電動機相同，改變相序即可改變轉向。在高端開關以脈寬調製(PWM)控制，可以限制啟動電流，控制速度和轉矩。

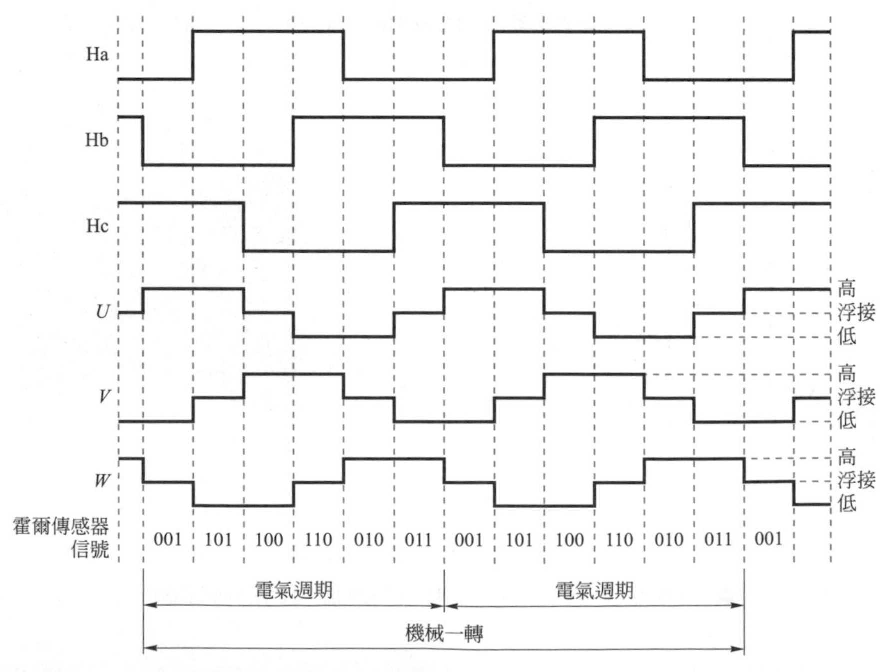

▲ 圖 8-58　三相無刷馬達逆時針旋轉時霍爾傳感器信號和線圈端子電壓的時序圖

3. 無傳感器無刷馬達的換向

電動機定子線圈被轉子磁極旋轉切割所感應之電勢稱為反電勢(back Electromotive Force BEMF)。依據法拉第楞次定律，不同磁極性切割定子線圈感應不同電極性之反電勢，若N極感應出正(+)極性則S磁極感應出負(−)極性之反電勢。因為感應電勢與磁通變動量成正比，當轉子磁極旋轉至與定子極軸對正時，定子線圈所包圍之磁通為最大而不再變動，所以此時的感應電勢為零。經由反電動勢由正轉負的零交越點(zero-crossing)或由負轉正的零交越點，可以獲得轉子磁極位置之訊號，若為三相星(Y)型接線須注意線電壓的相位與相電壓相差30度電機度。將反電動勢的零交越點再以微控制器(Microcontroller MCU)補償線圈的延遲，即可提供精確的換向資訊。省略位置傳感器，改為監視定子線圈之反電勢作為換向資訊的無傳感器無刷馬達，簡稱無感無刷馬達，其方塊圖如圖8-59所示。無傳感器的無刷馬達可簡化電機結構、降低成本並可以密封包裝而應用在多塵或油膩的環境。由於反電勢BEMF與旋轉速度成正比，無傳感器的無刷馬達需要一個最低速度以獲得足夠的反電勢提供換向資訊。因此，在啟動及極低的速度下，需要其他檢測器例如反電勢放大器或開環路起動來控制電動機以避免或減小頓挫感。

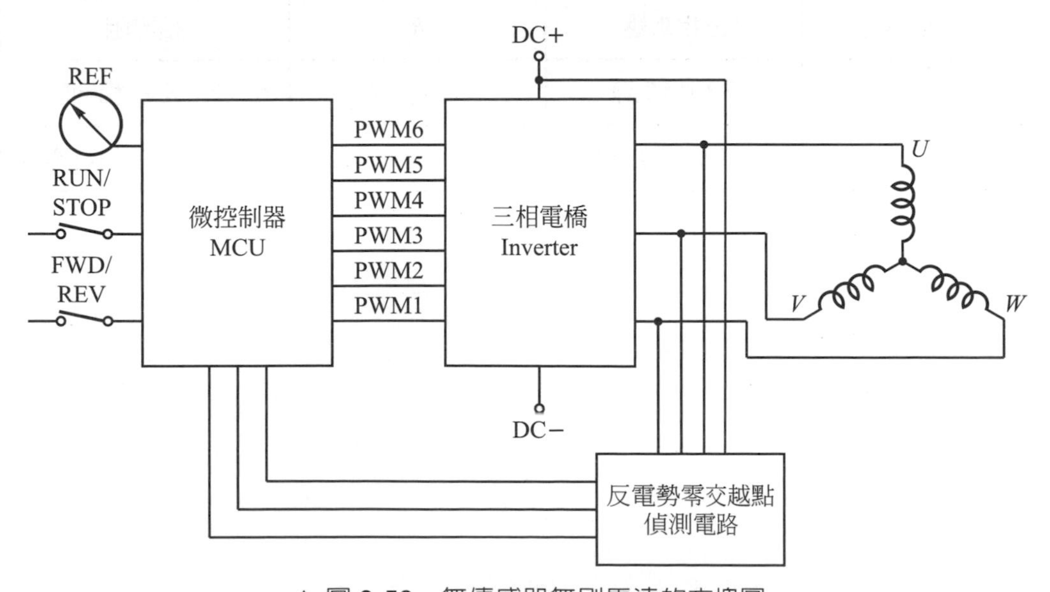

▲ 圖 8-59 無傳感器無刷馬達的方塊圖

三、無刷馬達的特性

1. 無刷馬達的數學模型

無刷馬達定子繞組一相份的等效電路如圖8-60所示。

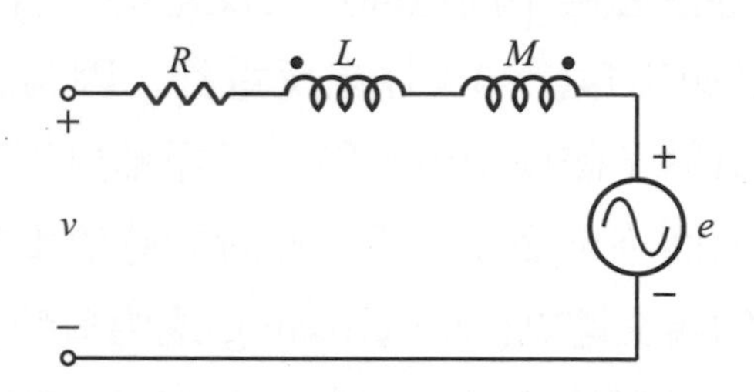

▲ 圖 8-60　無刷馬達本體一相份的等效電路

依據柯西赫夫電壓定律KVL：電壓昇等於所有電壓降之和，可得無刷馬達的電壓關係式：

$$\begin{bmatrix} v_U \\ v_V \\ v_W \end{bmatrix} = \begin{bmatrix} R & 0 & 0 \\ 0 & R & 0 \\ 0 & 0 & R \end{bmatrix} \begin{bmatrix} i_U \\ i_V \\ i_W \end{bmatrix} + \frac{d}{dt} \begin{bmatrix} L_U & L_{VU} & L_{WU} \\ L_{VU} & L_V & L_{VW} \\ L_{WU} & L_{WV} & L_W \end{bmatrix} \begin{bmatrix} i_U \\ i_V \\ i_W \end{bmatrix} + \begin{bmatrix} e_U \\ e_V \\ e_W \end{bmatrix} \qquad (8\text{-}26)$$

其中

v_U、v_V、v_W	三相電壓	R	相電阻
i_U、i_V、i_W	三相相電流	L_U、L_V、L_W	U、V、W 三相自感量
e_U、e_V、e_W	三相反電動勢	L_{UV}、L_{VW}、L_{UW}	U、V、W 三相互感量

一般無刷馬達三相繞組的自感量相同 $L_U=L_V=L_W=L$，三相互感量亦相同。$L_{UV}=L_{VW}=L_{WU}=M$。三相平衡時三相電流和為零 $i_U+i_V+i_W=0$，上式可改寫成：

$$\begin{bmatrix} v_U \\ v_V \\ v_W \end{bmatrix} = \begin{bmatrix} R & 0 & 0 \\ 0 & R & 0 \\ 0 & 0 & R \end{bmatrix} \begin{bmatrix} i_U \\ i_V \\ i_W \end{bmatrix} + \frac{d}{dt} \begin{bmatrix} L & M & M \\ M & L & M \\ M & M & L \end{bmatrix} \begin{bmatrix} i_U \\ i_V \\ i_W \end{bmatrix} + \begin{bmatrix} e_U \\ e_V \\ e_W \end{bmatrix} \quad (8\text{-}27)$$

整理得三相無刷馬達的電壓方程式

$$\begin{bmatrix} v_U \\ v_V \\ v_W \end{bmatrix} = \begin{bmatrix} R & 0 & 0 \\ 0 & R & 0 \\ 0 & 0 & R \end{bmatrix} \begin{bmatrix} i_U \\ i_V \\ i_W \end{bmatrix} + \frac{d}{dt} \begin{bmatrix} L-M & 0 & 0 \\ 0 & L-M & 0 \\ 0 & 0 & L-M \end{bmatrix} \begin{bmatrix} i_U \\ i_V \\ i_W \end{bmatrix} + \begin{bmatrix} e_U \\ e_V \\ e_W \end{bmatrix} \quad (8\text{-}28)$$

推導得三相無刷馬達的電流方程式

$$\frac{d}{dt}\begin{bmatrix} i_U \\ i_V \\ i_W \end{bmatrix} = \begin{bmatrix} \frac{1}{L-M} & 0 & 0 \\ 0 & \frac{1}{L-M} & 0 \\ 0 & 0 & \frac{1}{L-M} \end{bmatrix} \cdot \left[\begin{bmatrix} v_U \\ v_V \\ v_W \end{bmatrix} - \begin{bmatrix} R & 0 & 0 \\ 0 & R & 0 \\ 0 & 0 & R \end{bmatrix} \begin{bmatrix} i_U \\ i_V \\ i_W \end{bmatrix} - \begin{bmatrix} e_U \\ e_V \\ e_W \end{bmatrix} \right] \quad (8\text{-}29)$$

內生電磁轉矩為反電勢乘上電樞電流除以角速度

$$T_e = \frac{(e_U i_U + e_V i_V + e_W i_W)}{\omega_r} \quad (8\text{-}30)$$

2. 無刷馬達的轉矩 - 速度特性

典型的無刷馬達之轉矩-速度特性如圖8-61所示。

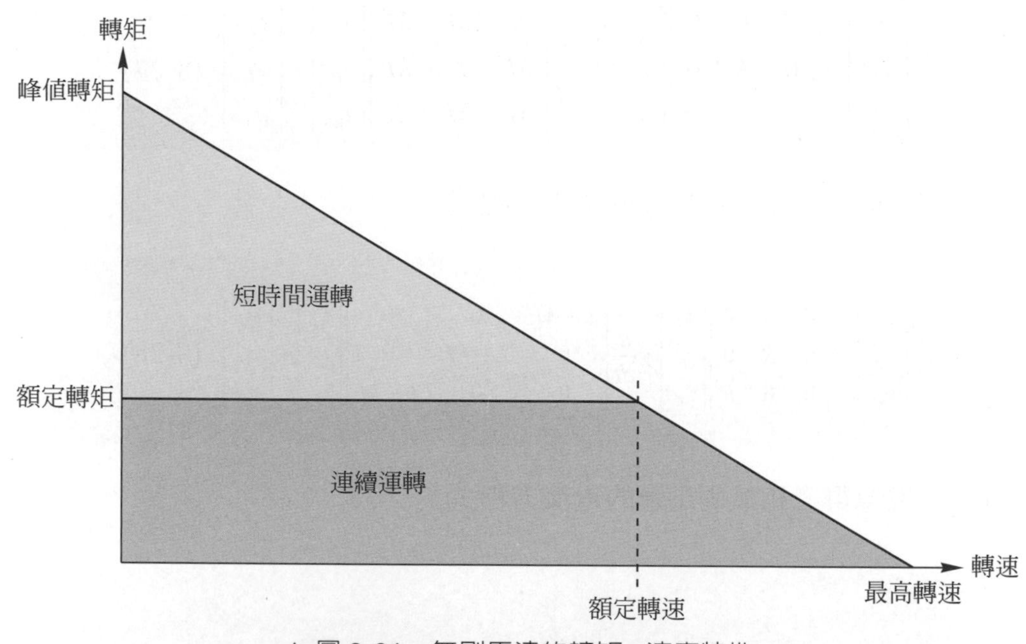

▲ 圖 8-61　無刷馬達的轉矩 - 速度特性

無刷馬達的轉矩在額定速度範圍內均能達到額定值。連續運轉時可以提供恆定的額定轉矩。間歇(短時間)運轉的情況時在額定轉速下可提供高於額定值的轉矩，超過額定轉速轉矩即開始下降。最大速度最高可達額定轉速的數倍，實際可應用的最高轉速受限於輸出轉矩。無刷馬達在低速下的使用轉矩並未受限，適用於需要寬廣範圍調速、低速至高速保持一定轉矩的用途。最低轉速以下的轉矩，受限於驅動頻率太低而不穩定，如圖8-62所示的實用例子:輸出額定功率60W的無刷馬達，轉速範圍在100～4000rpm；欲得更低轉速就須使用減速機構。不斷啟動和停止以及頻繁正反轉的應用場合，必須採用較大的額定規格。競速模型車及空拍機使用的無刷馬達有代表每伏特之轉速的KV值供使用者配合電池電壓及所需的轉速選用。例如標示2000KV的馬達其轉速每伏特增加2000轉/分鐘，使用6個鎳氫電池7.2V的電源時，轉速為2000×7.2=14400rpm。

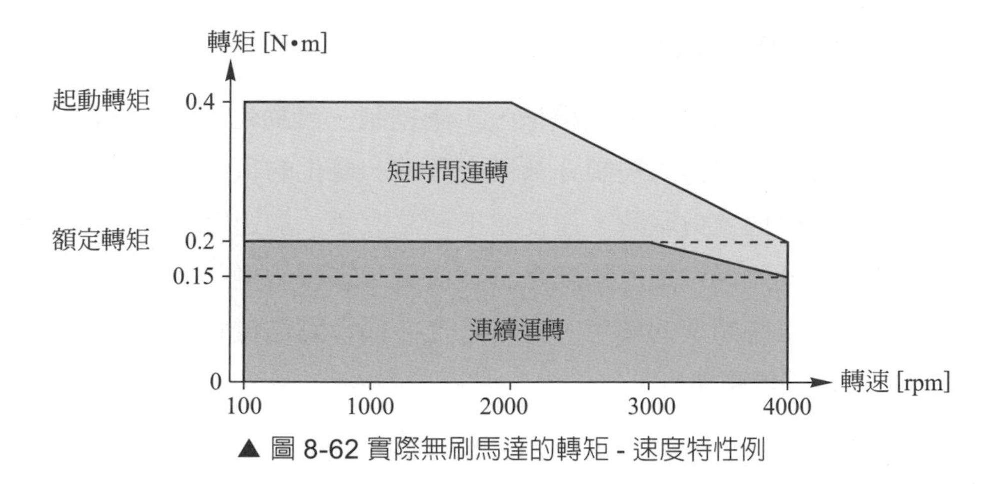

▲ 圖 8-62 實際無刷馬達的轉矩 - 速度特性例

3. 無刷馬達與傳統有刷馬達比較

無刷馬達使用電子固態電路取代機械磨擦的電刷和換向器，有下列優點：不會產生碳粉及金屬屑。因此維修費低，可靠度高，壽命長，體積小，製造容易，可密封，噪音小。保留直流馬達可急遽加速、轉速與外加電壓成正比、轉矩與電樞電流成正比的特點；並且有更快的動態響應、更高的速度範圍及更好的速度與轉矩特性和更高的效率。換向時無火花、電弧，所以電氣雜訊少，不易產生電波干擾。缺點是需要驅動電路，成本較高。

4. 無刷馬達與變頻器控制的感應電動機比較

變頻器控制感應電動機為開回路控制，並沒有將馬達運轉狀況回授給驅動器。當負載變動時，實際速度並不會追隨指令，造成速度因負載而變動達−3～−15%的速率調整率，多軸時速度不易同步。由於三相感應馬達啟動電流大、低速區間與高速區間的轉矩差異極大，因此難以同時啟動及達到目標的速度與轉矩。三相感應馬達對於持續以相同速度運轉的用途足以勝任，但若是想要以低速至高速各種速度區間做多段變速運轉的用途就不太適用。

速度控制為無刷馬達的主要功能，可以實現速率調整率± 0.2%的高精度速度控制。與變頻器控制的三相馬達相比，無刷馬達體積小，低啟動電流即可輕鬆啟動；且在寬廣的速度範圍(1：50)均具有高轉矩，適用低速至高速各種速度區間做多段調速運轉的場合。此外，無刷馬達轉子採用永久磁鐵沒有感應電動機轉子的二次損失，消耗電力約減少23%，節能效果佳、效率高。

四、無刷馬達的典型應用領域

無刷馬達應用在家電、精密機械、工業控制、自動化、汽車、航空等各個領域。應用時無刷馬達的控制分為恆定負載、變化的負載和定位應用三種主要類型。應用於恆定負載時，速度並不經常改變，加速度和減速率不會動態變化，可調速度比保持速度精度在設定值更為重要，例如風扇、鼓風機和水泵的控制。在這些類型的應用，負載是直接耦合到電機軸，只需要低成本控制器，主要是開環路運行。

應用於負載變化的情況時，無刷馬達轉速在範圍內變化，可能需要高速控制精度和良好的動態響應。家用電器中洗衣機、乾燥機和冰箱、空調壓縮機就是很好的例子。汽車的燃油泵控制、電子轉向控制、引擎控制和電動汽車控制也是這種應用例子。在航空航天中，有許多應用，例如空拍機、無人機，機翼控制，機械手臂等。這些應用可能使用速度反饋設備，並且可能以半閉環或閉迴路運行。這些應用程序使用比例、積分、微分 (P.I.D) 高級控制法，因此使控制器複雜化而價格高。

大多數工業和自動化的應用類型屬於**定位應用**，會使用簡單的皮帶、機械齒輪或同步皮帶等動力傳輸驅動機構。例如程序控制、機械控制、傳送帶控制等。在這些應用中，動態速度和轉矩的響應很重要，也可能經常會改變旋轉方向。一個典型的周期會有加速、定速和減速及定位階段。在這些階段中，電動機的負載會變化而導致控制器復雜化。這些系統大多為閉迴路運行的伺服系統；可能有轉矩控制迴路、速度控制迴路和位置控制迴路三個控制迴路個別或同時運行。除了測量電動機的實際速度外，在某些情況下，會使用光學編碼器 (Optical encoder) 或解角器 (resolver) 等位置感測器獲得相對位置及絕對位置。

8-7 伺服電動機 (servo motor)

控制機械位移、轉速、角度的閉環路控制系統，稱為伺服系統。在電氣伺服系統中隨著輸入信號操作機械負載的驅動馬達，稱為伺服電動機。伺服電動機須具有下列特性，以便達成伺服機構內頻繁的起動、變速、停止及反向等操作要求：

1. 起動轉矩大。
2. 轉子慣性小。
3. 能正反轉。
4. 摩擦小，死帶小，在很小的電壓下就能運轉。

電動機特性若符合上述要求，能夠急轉急停不致超越目標值，就可以作為伺服電動機。伺服馬達之分類，如圖 8-63 所示。

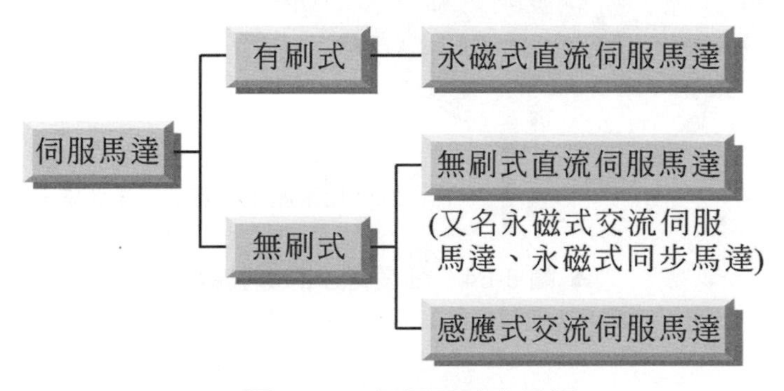

▲ 圖 8-63　伺服馬達之分類

近年來由於無刷式伺服馬達 (brushless servo motor) 製造與控制技術的急速發展，已逐漸取代了傳統式的有電刷的直流伺服馬達 (dc servo motor)。無刷式伺服馬達主要可分為兩大類 (1) 無刷式直流伺服馬達 (brushless dc servo motor)，一般亦稱之為永磁式同步馬達 (PM synchronous motor) 或永磁式交流伺服馬達 (PM ac servo motor)，(2) 感應式交流伺服馬達 (induction ac servo motor)。

8-7-1　直流伺服電動機

直流伺服電動機的構造與直流他激式或永磁式電動機大致相同，為了適合伺服系統操作特性的要求，伺服電動機之轉軸的機械強度較強，以應付較大的機械應力。伺服電動機採用低慣性的轉子，以便能夠急轉急停，縮短反應的延遲時間。例如有些直流伺服馬達常採用細長的轉子，轉子的直徑與換向器同樣大小，如圖 8-64 所示；有些採用無電樞鐵心的圓板式電樞，電樞繞組為印刷電路板式，如圖 8-65 所示。直流伺服電動機大多採用斜槽或無槽的平滑式電樞鐵心，使轉矩均勻減少脈動現象。直流伺服電動機換向器與電刷的摩擦極小，以減小電壓由零增至某值以上電動機才開始轉動的膠著現象，以縮小加電壓而不動作的死帶。

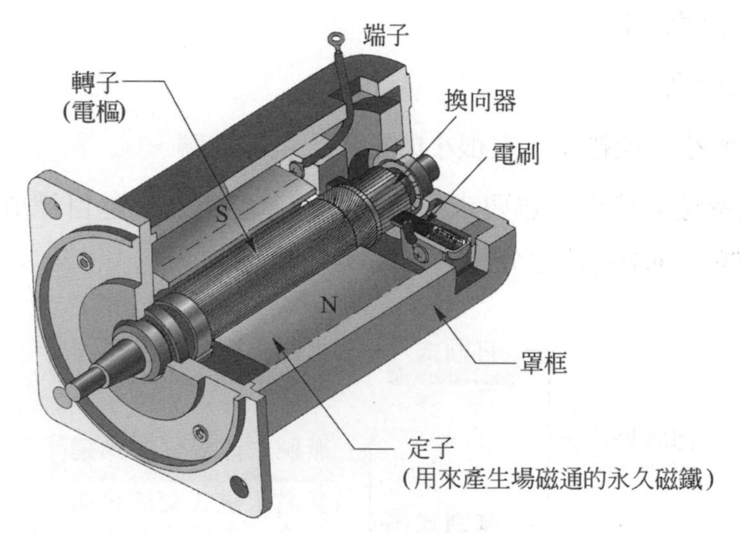

▲ 圖 8-64　細長轉子的電動機

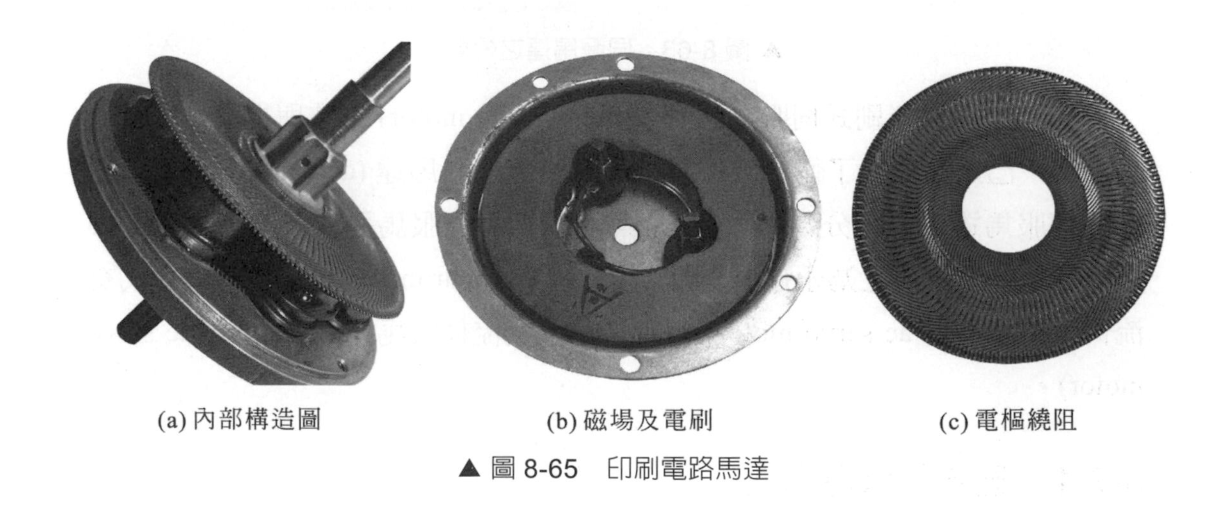

(a) 內部構造圖　　(b) 磁場及電刷　　(c) 電樞繞阻

▲ 圖 8-65　印刷電路馬達

直流伺服電動機必須由伺服放大器驅動，才能達成伺服控制之目的。直流伺服電動機，依其控制方式，可分為：

1. 電樞控制式直流伺服馬達

電樞控制方式由伺服放大器供給電樞電壓和電流，而磁場大小固定。依磁場之形式可分為如圖8-66(a)所示的他激式，及如圖8-66(b)所示的永久磁鐵式。小型伺服系統大多採用永磁式伺服電動機。電樞控制式具有起動轉矩大，響應快，電樞在回授系統內具有再生制動的特性，制動速度快，控制特性的線性良好等優點，是直流伺服馬達的基本控制型式。但是伺服放大器的功率必須不小於電動機的功率。

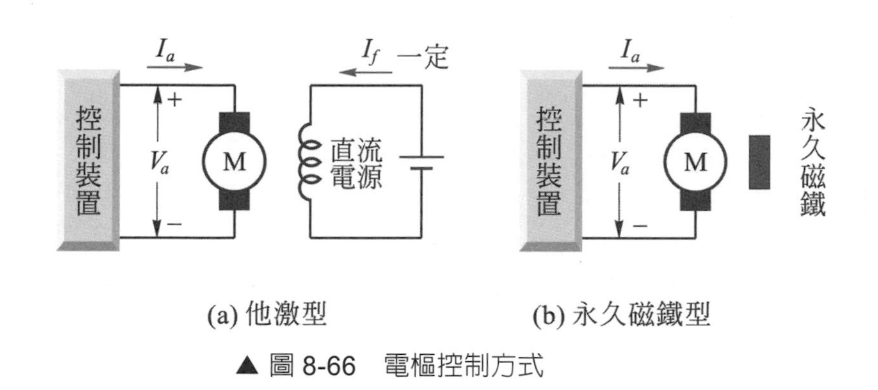

(a) 他激型　　(b) 永久磁鐵型

▲ 圖 8-66　電樞控制方式

2. 磁場控制式直流伺服馬達

如圖8-67(a)所示，電樞電流一定，而由伺服放大器控制磁場的激磁。圖8-67(b)所示為具兩組磁場線圈之直流伺服電動機，適合推挽放大式之伺服放大器或作正反轉之控制。因磁場激磁電流較小，磁場控制式可以使用小容量的控制放大器，但電樞一直有電流流通，銅損大而效率低。由於磁場線圈電感大及磁芯磁滯作用的影響，以及無電樞控制方式的再生制動，因此磁場控制式的響應較差。

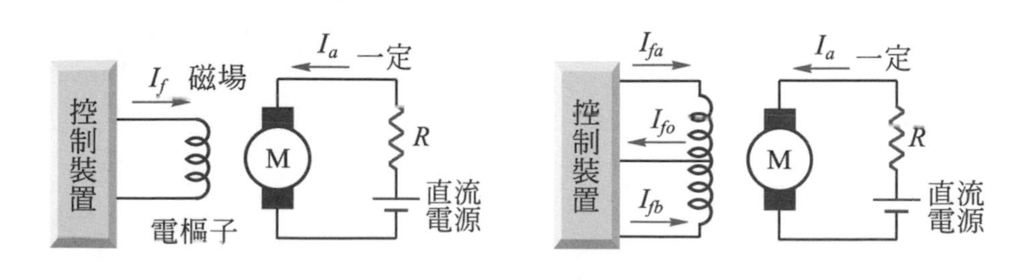

(a) 單一磁場型　　(b) 分激磁場型

▲ 圖 8-67　磁場控制式

 問題與討論

1. 試述無刷馬達的優點。
2. 試述伺服馬達之特性。
3. DC 伺服馬達的控制方式有那些？各有何特點。

1. 佛來銘左手定則，又稱“電動機定則”。係將左手之拇指、食指、中指伸直且相互垂直，若中指所指為導體電流方向，食指所指為磁場方向，則拇指所指為導體運動方向。
2. 載有電流之導體在均勻磁場中，所受電磁力之大小
   $F = B \times 1 \times I \times \sin\theta$ 牛頓
3. 直流電動機的轉矩和電樞電流成正比，和場磁通亦成正比，即
   $\tau = K\phi I_a$
   $\tau = \dfrac{P \times Z}{2\pi \times a} \times \phi \times I_a$
4. 直流電動機運轉時，電樞導線切割磁場產生的感應電勢反抗電源電壓對電樞輸入電流，又稱為**反電勢**。
5. 直流電動機內生機械功率，等於電樞之反電勢 E_b 乘以電樞電流 I_a，也等於內生轉矩 τ 乘以角速度 ω。即
   $P_m = E_b \times I_a = \tau \times \omega$
6. 電動機反電勢之功用為限制電樞電流與產生機械功率。
7. 直流電動機與直流發電機構造完全相同。
8. 電樞反應交磁效應使得磁場分佈不均，直流電動機主磁極的前極尖磁通增加，後極尖磁通減少，磁中性面逆轉向偏移，換向不良。
9. 電樞反應去磁效應使得主磁場總有效磁通減少；造成直流電動機輸出轉矩降低，電樞電流增加，轉速上升而不穩定。
10. 若電刷移離機械中性面 α 角，則每極有 2α 角度所涵蓋的電樞導體，產生去磁磁勢，其餘的導體產生交磁作用。
11. 直流電動機電樞反應之對策與發電機相同。為減少電樞反應安匝數、增設補償繞組或中間極、使主磁極尖易飽和或提高極尖磁路之磁阻。
12. 改善換向的方法有設置中間極 (換向極) 及移刷法。
13. 電動機移刷法改善換向時應逆轉向移至磁中性面略後，僅適用於負載固定的電機。
14. 電動機中主磁極與中間極之磁極性關係，順轉向看為 NnSs。

15. 直流電動機最重要的特性有速率特性與轉矩特性。直流電動機的特性曲線：
    (1) 轉矩特性曲線：表示輸出轉矩與負載電流的關係
    (2) 轉速特性曲線：表示輸出轉速與負載電流的關係
16. 電動機在運轉時電樞繞組也會切割磁力線感應電勢，但其方向和外加電壓相反，故稱為反電勢。產生之反電勢為 $E_b = K\phi n = V - I_a R_a$
17. 直流電動機之轉速為 $n = \frac{E_b}{K\phi} = \frac{V - I_a R_a}{K\phi}$
18. 直流電動機在定值外加電壓之下運轉時，其速率調整率為

    $$SR\% = \frac{n_o - n_F}{n_F} \times 100\%$$

19. 外激式電動機之速率特性約為恆定，而轉矩係與負載電流成正比。
20. 分激式電動機具有恆定速率與可調速率之特性，其轉矩與電樞電流成正比。
21. 串激式電動機之轉速隨負載變化很大，在輕載或無載時，因場磁通很小，轉速非常高，有飛脫之危險；重載時轉速迅速降低。
22. 串激式電動機在鐵芯未達飽和時，轉矩與負載電流之平方成正比。當鐵芯達飽和時，而轉矩與負載電流成正比。
23. 積複激式電動機，其起動轉矩較佳以及空載定速的特性，一般使用在需要起動轉矩較大、負載突變的場合。
24. 直流電動機起動瞬間，反電勢為零，必須降壓啟動或在電樞電路串聯起動電阻器，以降低起動電流。
25. 磁控起動器又稱為自動起動器，分為：(1) 反電勢型自動起動器；(2) 限流型自動起動器；(3) 限時型自動起動器等三種。
26. 直流電動機之速率控制方法有下列三種：(1) 磁場控制法；(2) 電樞電阻控制法；(3) 樞電壓控制法。
27. 磁場控制法屬於定馬力的控制，只能在基準轉速以上做調整並會影響額定轉矩。
28. 電樞電阻控制法僅可將轉速降低，速率調整率差，效率差。

29. 電樞電壓控制法屬定轉矩的控制，可獲得正反兩轉向，圓滑大範圍之速率控制，並且可以降壓起動無須起動器。
30. 二部直流串激式電動機使用於電車時，可用串並控制法。同一起動電流時，串聯轉矩為並聯的 4 倍；同負載轉矩時並聯時轉速為串聯時轉速的 2 倍。
31. 只要改變磁場方向或改變電樞電流方向，即可改變直流電動機之轉向，一般直流電動機之轉向控制，以改變電樞電流方向為主。
32. 永磁式、他激式改變電源電壓極性即可改變電動機之轉向。
33. 電源極性反接，自激式直流電動機之轉向維持不變。
34. 直流電動機之電氣制動有 (1) 發電制動；(2) 再生制動；(3) 逆轉制動；(4) 渦電流制動。
35. 直流電動機的耗損與發電機相同。損失之類別為：(1) 電路損失；(2) 磁路損失；(3) 機械損失；(4) 雜散負載損失。
36. 電動機之公定效率：

$$\eta = \frac{P_i - P_{\text{loss}}}{P_i} \times 100\%$$

37. 無刷馬達使用電子電路取代電刷和換向器，大多為三相轉磁式。
38. 直流伺服電動機的控制方式可分為：電樞控制式、磁場控制式。
39. 伺服電動機應用於伺服系統中，隨著輸入信號驅動機械負載。
40. 伺服電動機的特性要求為起動轉矩大、慣性小、能正反轉，無膠著現象。

一、選擇題

基礎題

( ) 1. 佛來銘左手定則又稱為
(A) 電動機定則　(B) 發電機定則　(C) 右手定則　(D) 螺線管定則。

( ) 2. 某電動機內，磁極所產生之磁通密度為 0.5 特斯拉，電樞導體有效長度為 40 cm，通 20 A 電流，則施於每導體之力為
(A)2 牛頓　(B)4 牛頓　(C)6 牛頓　(D)8 牛頓。

( ) 3. 在圖 (1) 中，導體所受之電磁力及感應電勢之電壓升方向各為
(A) 向右，向下　(B) 向左，向下　(C) 向右，向上　(D) 向左，向上。

( ) 4. 如圖 (2) 所示，以一 50 公分長之導體置於磁通密度為 0.2 韋伯 / 平方公尺之均勻磁場中，當此導體通以 20 A 電流時，導體在 0.4 秒內移動 4 公尺。則加於該 50 公分導體之電功率為
(A)5 W　(B)10 W　(C)15 W　(D)20 W。

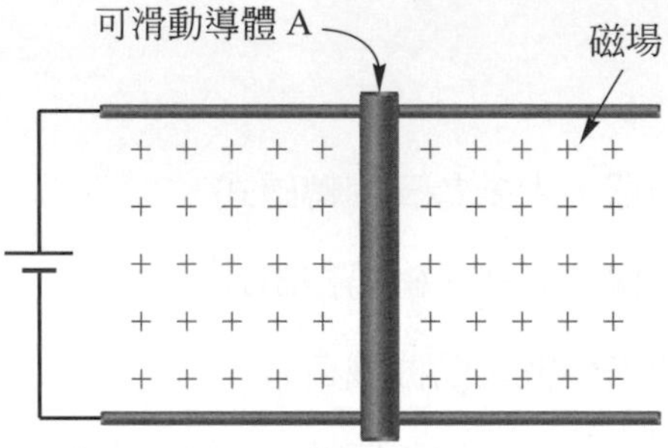

▲ 圖 (1)

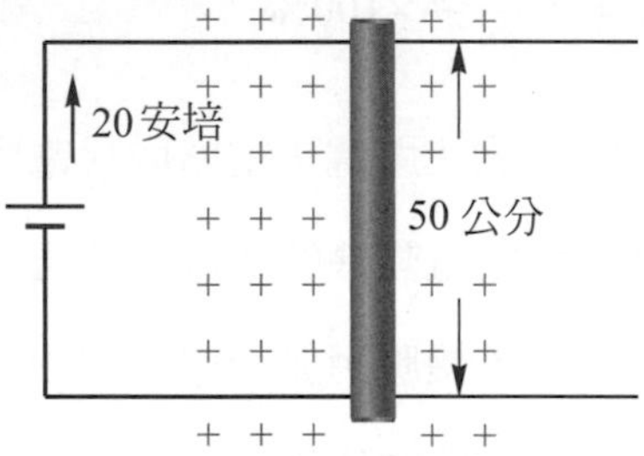

▲ 圖 (2)

( ) 5. 迴轉力矩簡稱為轉矩，要獲得最大轉矩時，力 F 與半徑 r 的夾角應為
(A)0°　(B)45°　(C)90°　(D)180°。

( ) 6. 電動機轉矩大小與何者成反比
(A) 磁極數　(B) 電樞面上之導體數
(C) 每極之磁通量數　(D) 電樞之電流路徑。

( ) 7. 直流電動機需裝設換向磁極以改善換向，該換向磁極之極性
(A) 沿旋轉方向遇同極性之主磁極
(B) 沿旋轉方向遇異極性之主磁極
(C) 沿旋轉反方向遇異極性之主磁極
(D) 與主磁極之極性無關。

( ) 8. 直流電動機中電樞反應之結果，使
(A) 整流軸移動，主磁通增加 (B) 轉矩降低轉速降低
(C) 轉矩增加轉速降低 (D) 轉矩降低轉速增加。

( ) 9. 直流電動機之速率與何者成正比
(A) 磁通量 (B) 電樞電流 (C) 反電勢 (D) 極數。

( ) 10. 直流電動機之轉速與磁通
(A) 成正比 (B) 成反比 (C) 平方成正比 (D) 無關。

( ) 11. 分激式電動機是一種 (A) 定速和調速的電動機 (B) 變速的電動機
(C) 多速和變速的電動機 (D) 以上皆非。

( ) 12. 串激式電動機之轉矩特性為
(A) 一直線 (B) 一拋物線
(C) 起初為直線，後來成為拋物線 (D) 起初為拋物線，後來漸成直線。

( ) 13. 某直流串激式電動機，在磁路未達飽和範圍內，將電樞電流由 40 A 降低為 20 A，則其產生的轉矩變為原來
(A)2 倍 (B)4 倍 (C)$\frac{1}{2}$倍 (D)$\frac{1}{4}$倍。

( ) 14. 直流電動機之起動轉矩最大者為
(A) 分激 (B) 串激 (C) 積複激 (D) 差複激 電動機。

( ) 15. 速度調整率最大的直流電動機為
(A) 分激式 (B) 串激式 (C) 差複激式 (D) 積複激式。

( ) 16. 串激式電動機不能於無負載運用，與負載間之連結，切忌用皮帶傳動，其主要原因為
(A) 轉速太慢 (B) 轉矩太小
(C) 轉速快至危險程度 (D) 無起動轉矩。

( ) 17. 直流串激式電動機在運轉中，若電源極性對調，則
(A) 電動機繼續原方向運轉 (B) 電動機逆轉
(C) 電動機停轉 (D) 以上皆非。

( ) 18. 下列哪一種電動機之轉速特性為上挺形？
(A) 串激式 (B) 分激式 (C) 積複激式 (D) 差複激式。

(　) 19. 直流電動機速率控制法中，調整率較劣的是
(A) 電壓控制法　(B) 磁場控制法
(C) 電樞電阻控制法　(D) 串並聯控制法。

(　) 20. 下列有關以電樞電阻控速法調整直流電動機轉速之敘述，何者錯誤？
(A) 增大電樞串聯電阻可能使反電勢減少
(B) 亦可兼作起動控制
(C) 增大電樞串聯電阻可能使轉速降低
(D) 其優點為電樞電路之功率損失極小。

(　) 21. 某分激式電動機由控制磁場大小來控制轉速，則當磁場減弱時
(A) 速度下降且輸出轉矩下降　(B) 速度上升且輸出轉矩下降
(C) 速度下降且輸出轉矩上升　(D) 速度上升且輸出轉矩上升。

(　) 22. 串激式電動機是一種
(A) 變速電動機　(B) 調速電動機　(C) 定速電動機　(D) 以上皆非。

(　) 23. 直流分激式電動機之起動電阻是與
(A) 電樞串聯　(B) 電樞並聯　(C) 場繞組串聯　(D) 場繞組並聯。

(　) 24. 當起動直流分激式電動機時，應先將場變阻器調置於
(A) 電阻值最小處　(B) 電阻值最大處
(C) 任意電阻值處　(D) 中央位置。

(　) 25. 某分激式電動機自 220 V 電源取用 60 A 電流，若其總損失為 2640 W，則其效率為　(A)80%　(B)85%　(C)75%　(D)70%。

進階題

(　) 1. 有關直流電動機之敘述，下列何者錯誤？
(A) 轉速加倍時，反電動勢加倍
(B) 磁通加倍時，反電動勢加倍
(C) 電流加倍時，若端電壓一定，則反電動勢必上升
(D) 直流電動機的維護較感應電動機困難。

(　) 2. 某一電動機之電樞電流為 60 A，產生 120 N-m 之轉矩，若磁場強度降低為原來之 80%，則電樞電流要增加到多少安培才能產生 160 N-m 之新轉矩？　(A)90 A　(B)100 A　(C)110 A　(D)120 A。

( ) 3. 有一四極直流電動機，電樞有導體 1000 根，接成 4 路並聯，每極磁通有 5×10^5 線，電樞電流為 157 安培時，轉速為 1200 rpm，則下列何者為正確？
(A) 反電勢為 200 V (B) 電動機轉矩為 125 N-m
(C) 轉矩為 125 kgf-m (D) 內生機械功率為 157 kW。

( ) 4. 加適當交流電壓至直流串激式電動機，則該機
(A) 不能轉動
(B) 須藉外力協助方能轉動
(C) 可轉動，但方向和加直流電源時方向相反
(D) 可轉動，其轉動方向與所加交、直流電源無關。

( ) 5. 50 HP，200 V，200 A 之直流電動機，其滿載效率為
(A)73% (B)83% (C)93.25% (D)95%。

二、問答題

1. 在正常運轉中之分激式電動機，若磁場電路突然斷線，則會有何種情況產生？
2. 直流電動機起動時，何以起動電流甚大？
3. 試比較人工起動器中之三點式起動器與四點式起動器之異同。
4. 直流電動機之速率控制方法有哪些？
5. 有台直流電動機，其額定輸出為 10 HP，電壓為 240 V，電流為 45 A，電樞電阻為 0.5 Ω，若起動電流限制為滿載電流之 150%，則起動電阻器之總電阻值為若干？
6. 有台 120 V 之直流電動機，其電樞電阻為 0.2 Ω，在正常激磁時，電樞電流為 30 A，轉速為 1200 rpm，試求：
(1) 當負載加大，致使電樞電流增至 35 A 時，其轉速為若干？
(2) 當負載減少，致使電樞電流降至 20 A 時，其轉速為若干？
7. 直流電動機之制動方法有哪些？

Chapter 9 電動車馬達

以電池供電給電動機作為動力，用變流器取代原有變速箱的電池電動車 (Battery Electric Vehicle，簡稱 BEV) 又稱電瓶車、純電動車，統稱電動車。其型式有：多功能休閒電動車 (E-UTV)、輕型電動車 (LEV/NEV)、電動機車 (E-Scooter)、城市電動車 (City EV)、電動汽車 (Standard EV)、電動巴士 (E-Bus) 等。

電動車牽引馬達 (Traction Motor) 又稱為動力馬達簡稱電動車馬達，係指搭載於純電動車、油電混合車 (HEV) 及插電式油電混合車 (PHEV)，負責產生車輛行進用的驅動力及制動時能源再生的電動機。

9-1 電動車馬達之特性

電動車的「動力系統」主要由牽引馬達與馬達控制器 (Motor Controller) 所組成。而車輛性能的優劣表現，基本上取決於牽引馬達之特性。電動車牽引馬達之特性要求如下：

1. 低速高轉矩、高速定功率

電動車牽引馬達的轉速-轉矩/功率曲線圖如圖9-1所示。以額定轉速為界，分為轉速低於額定轉速以下的定轉矩區與轉速高於額定轉速以上的定功率區。在低速運轉的定轉矩區時，須要求具有大輸出轉(扭)矩，以滿足車輛加速及起動的要求。低轉速時電動機的扭力穩定，沒有內燃機引擎在轉速低時扭力低的缺點；在定功率區域時，則須要求具有較高的速度輸出特性及較寬廣的轉速範圍，使電動車在平坦的路面上能夠高速行駛。電動車型針對不同性能，對牽引馬達之輸出特性要求也不同，若降低額定轉速，雖可適度增加定功率區的範圍，但相對也縮小定轉矩的轉速範圍，進而影響車輛加速時間及加速距離之加速特性。

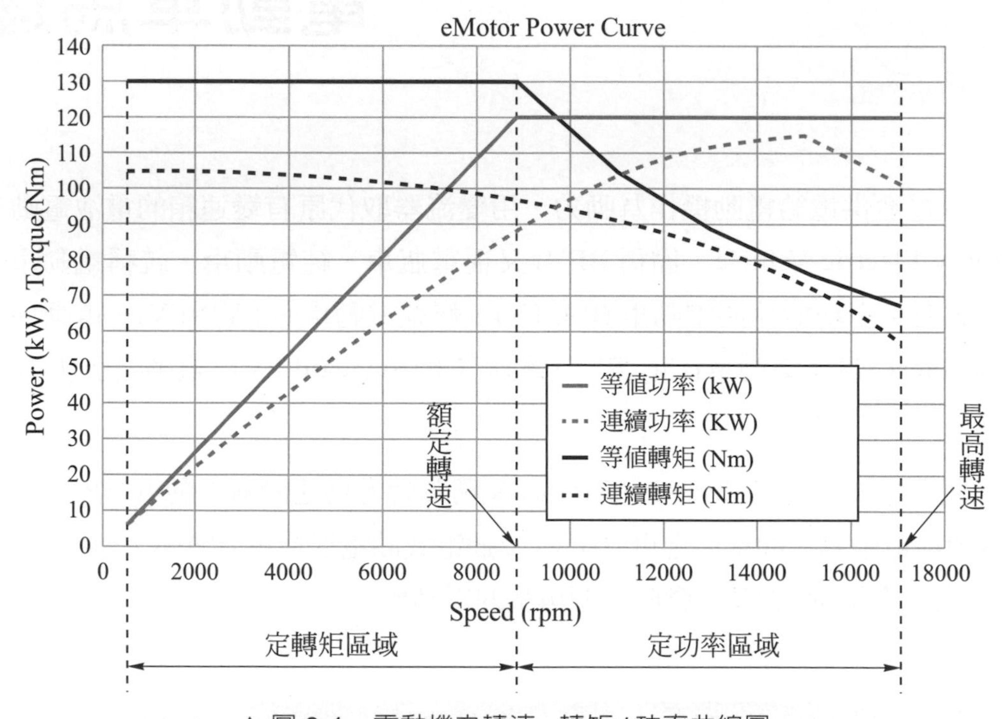

▲ 圖 9-1　電動機之轉速 - 轉矩 / 功率曲線圖

2. 高轉換效率

內燃機的效率隨轉速改變很大，如圖9-2(a)所示，小轎車通常在引擎轉速2000～3000rpm時效率最高，但也僅接近35%。電動機的效率-轉速曲線如圖9-2(b)所示，可以發現在寬廣的轉速範圍效率都有80%以上，比內燃機高出許多，因此電動車可不需使用變速箱，不像燃油車需配置多段變速的變速箱才能應付行駛需求。效率愈高，愈有利於增加車輛的續駛里程。牽引馬達在某個轉速及轉矩範圍時，效率會最佳，設計時應盡量使車輛常用範圍靠近此段區域，以利動力馬達發揮最好的效能。現今電動車在減速及煞車時，牽引馬達能成為發電機，藉由再生制動將能量回收至電池，大大增加了動力系統的能量利用率。

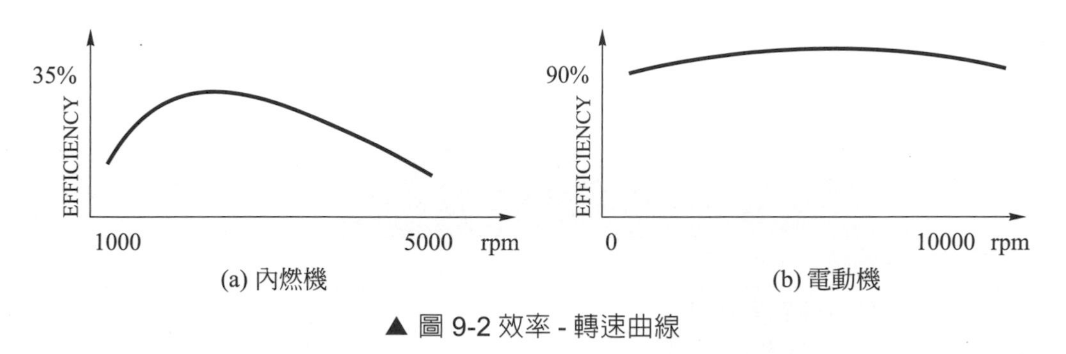

▲ 圖 9-2 效率 - 轉速曲線

3. 功率重量比高、體積小

　　電動機的體積會影響搭載性；重量、效率則會影響耗電量。重量輕、效率高才能節約電能並增加續航力，因此電動車牽引馬達須要求小型、輕量、高效率。

4. 具備正 / 反轉切換、能夠頻繁啟動停止、瞬間動力大、運轉平順安靜等特點。

5. 結構要能耐震、防塵、防潮、高耐久性，以應付惡劣道路環境的考驗。如圖 9-3 所示的電動車馬達整合驅動電路完全密封，僅留下電源、控制線的橘色電氣接頭、冷卻水管黑色接頭及動力輸出軸。

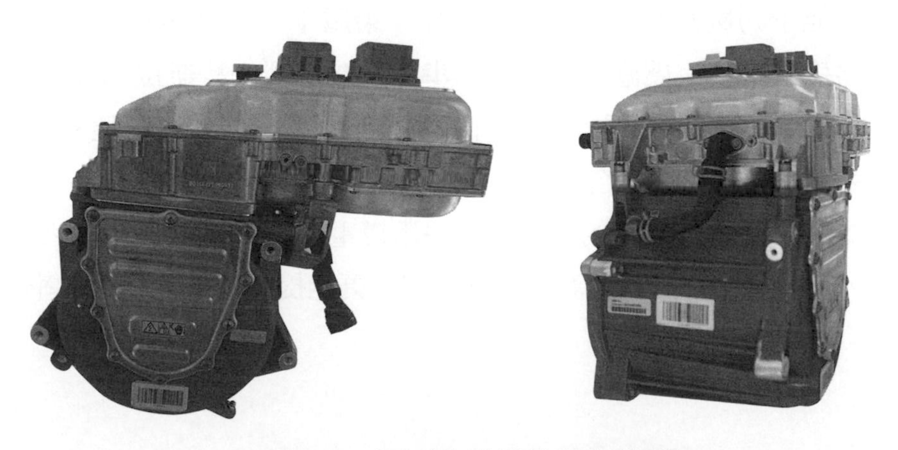

▲ 圖 9-3　完全密封的電動車牽引馬達

9-2 電動車馬達的種類

傳統直流電動機中以串激式電動機最適合驅動電動車，因其轉矩大且轉速高，常應用於早期的車輛。但由於傳統直流電動機必須定期更換電刷及維修換向器，加上近來 DC/AC 變流器 (inverter) 發展迅速，為了簡化保養，電動車馬達逐漸捨棄傳統直流電動機，改採以電力電子電路驅動的無刷馬達、感應電動機或同步電動機。電動車馬達的特性比較如表 9-1 所示。

▼ 表 9-1　電動車馬達的特性比較

要求項目	內容	永久磁鐵式無刷馬達	交流感應電動機	傳統直流電動機
功率重量比	體積小、重量輕	◎	○	△
高輸出功率	低速時高轉矩(扭力)、高速時定功率、寬廣的速度範圍額定出力	◎	○	△
高轉速	10k rpm 以上	○	○	△
高效率	能源成本	◎ 效率 90 ～ 92%	△ 效率 79 ～ 85%	△ 效率 80 ～ 87%
長壽命	免維護、免更換電刷	◎	◎	
低成本	與控制裝置的總計	△	◎	

註：◎最佳、○好、△尚可

電動車可分為電動機車、乘用車、公共運輸三大區塊。其中，公共運輸又可再細分為大型巴士、中型巴士、小型巴士、物流車、微型麵包車等。在永久磁鐵性能不夠優良及價格昂貴的時期，乘用車、公共運輸等大功率的電動車牽引馬達採用交流感應電動機或同步電動機，例如特斯拉 (Tesla) 電動車 Model S 及 Model X 車款的動力馬達即採用感應電動機。一般鼠籠式感應電動機的轉子多為製程省時且適合大量生產的鋁鑄型，但因鋁的電阻大、損失大、熱傳導性差。特斯拉電動車的牽引馬達採用導電率高出 40% 的銅鑄型轉子，溫度較低，不僅可縮小體積及減化散熱系統，更能提高馬達的輸出效率。

直流電動機的轉矩與磁通及電樞電流成正比 ($\tau = K\phi I_a$)，磁通密度增加可以降低鐵芯用量；磁通量增加可以減少電樞電流，用銅量也能跟著減少，並使總重量及體積減少。以相同功率及扭力的電動機而言，以磁鐵 (石) 取代傳統繞線式激磁場的永磁式馬達 (Permanent Magnet Motors, PM 馬達)，若使用高能量密度 (BH) 之硬磁材料，可以達到更小型、更輕量的要求。且因 PM 馬達轉子無銅損與鐵損，故能獲得更高的效率。

傳統永磁式馬達使用鐵氧體磁鐵 (Ferrite Magnet) 製作永久磁鐵，近年來傾向使用稀土磁鐵 (Rare-earth Magnet)，縱使此種磁鐵較為昂貴，但由於具有更大的磁通量密度可產生更大的磁通量，因此轉子尺寸雖變小卻也能達到指定轉矩。採用釹鐵硼磁鐵 (NdFeB Magnet) 的永磁式馬達，體積小具有高功率及高轉矩 (扭力) 特性，高效率運轉的轉速範圍寬廣，十分適合驅動電動車輛，使電動車輛擁有較遠的續航力。

隨著微控器 (mcu)、驅動電路及軟體的進步，永磁式同步馬達 (Permanent Magnet Synchronous Motors, PMSM 馬達) 在體積、重量、效率等方面都比其他的馬達更為優異，最適合作為電動車牽引馬達。目前 PM 馬達體積可做到感應馬達約 75% 的大小，效率方面卻比感應馬達更高。2017 年，特斯拉電動車 Model 3 車款的動力馬達便捨棄感應電動機改採永磁式馬達。

9-3 直流無刷 BLDC 馬達結構

直流無刷馬達是將傳統直流電動機 (如圖 9-4(a) 所示) 的永久磁鐵改裝在轉子上，而電樞線圈放置於定子，如圖 9-4(b) 所示成為旋轉磁場式電動機。由於直流無刷馬達的轉子不使用線圈，故不需使用碳刷供給轉子電流。永久磁鐵的轉子不僅無銅損與鐵損，效率更高；並且比傳統旋轉電樞式轉子不僅慣性小，容易機械平衡，機構強韌耐離心力可高速旋轉。

直流無刷馬達採用電子換向電路取代傳統換向器與電刷，電樞線圈的電流由電子電路控制換向，免除換向器與電刷的磨擦損耗、電弧火花、高噪音等缺點及所延伸出的須定期保養、更換的困擾，且電磁干擾 (EMI) 低，電樞線圈安裝在定子也較易散熱，提高了馬達壽命及可靠度。電力電子發展的突飛猛進，驅動控制電路的成本也逐漸降低，促使無刷馬達不僅在電動車，其他如家電設備 (洗衣機、冰箱、風扇)、空調系統、工業設備與軍事設備等也能廣泛應用。

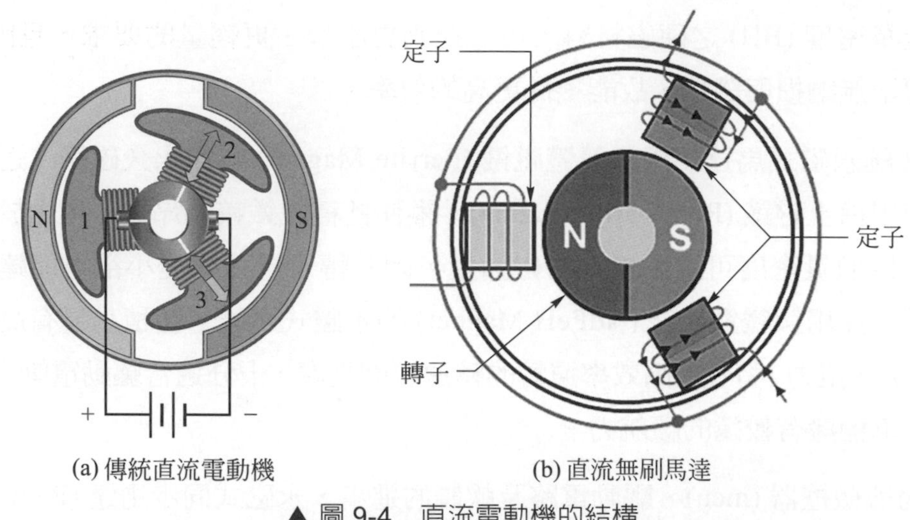

(a) 傳統直流電動機　　(b) 直流無刷馬達

▲ 圖 9-4　直流電動機的結構

9-4 三相直流無刷馬達的驅動與控制

實際上較大的三相直流無刷馬達會使用更多組線圈來分成三組繞組，在此簡化為如圖 9-4(b) 所示之三相間隔 120° 的線圈來說明。定子上的三組線圈，每組線圈頭尾兩條導線會有六條線圈的引出電線，將其中三條尾端導線在內部連接，另外三條導線則從馬達本體拉出，形成出口線，如同三相線圈的 Y(星型) 接線。從三條出口線適當地輸入電流就能使永磁式轉子轉動，如圖 9-4(b) 所示的定子激磁電流所產生的磁場與永久磁鐵同性相斥、異性相吸，使轉子產生順時針方向旋轉的轉矩。

三組繞組線圈的線頭分別標示為 U、V 及 W。若 U 接電源正極 W 接電源負極，電流從 U 端進入從 W 端流出，經過 U 相及 W 相線圈，則定子線圈產生的磁通依右螺旋定則為如圖 9-5(a) 所示的箭頭方向；U 相與 W 相磁場的合成磁通為如圖 9-5(b) 中寬箭頭所示。此合成磁通量將驅使轉子旋轉，直到轉子永久磁鐵的 S 極和 N 極與定子合成磁通箭頭對齊，使 N 極最接近箭頭尖端。

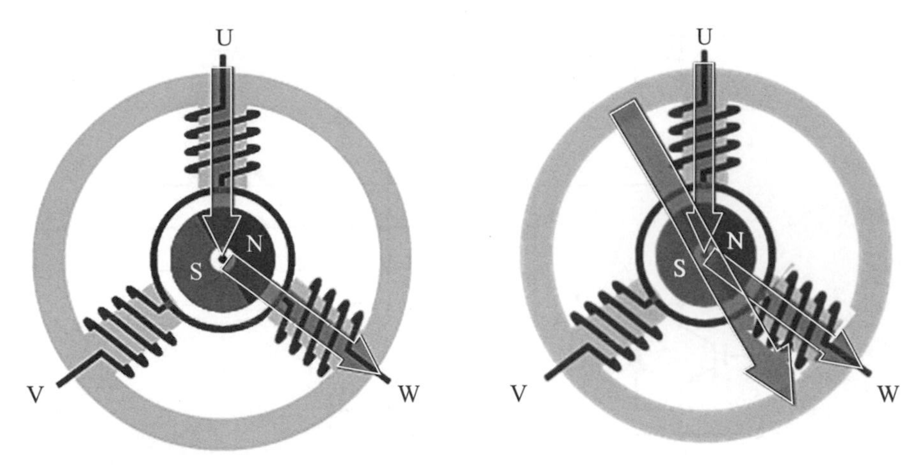

(a) *U*相與 *W*相的磁場　　(b) *U*相與 *W*相的合成磁場

▲ 圖 9-5　*U* 相及 *W* 相產生的磁通量 (寬箭頭表示合成磁通)

若 *U* 接電源正極電壓而 *V* 接電源負極，電流從 *U* 端進入從 *V* 端流出，經過 *U* 相及 *V* 相線圈，則定子線圈所產生的磁通如圖 9-6 所示。

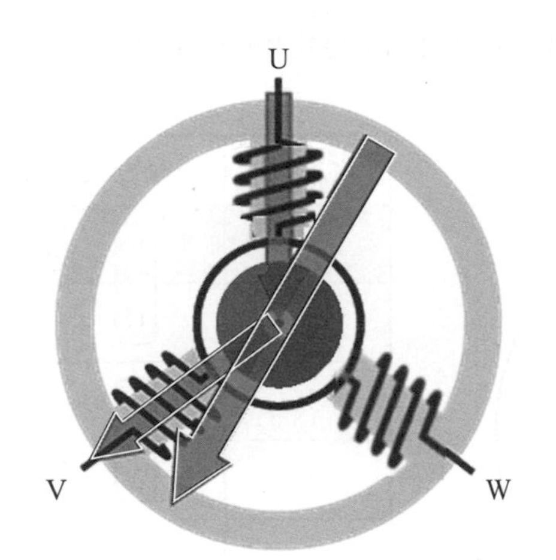

▲ 圖 9-6　*U* 相接正、*V* 接負所產生的磁通量 (寬箭頭表示合成磁通)

欲使直流無刷馬達旋轉，需要控制電流進入線圈的方向及時機。藉由圖 9-7 所示之三臂橋式功率電子開關元件 (IGBT)，適時、持續地切換定子三相線圈的電流產生旋轉磁場，不斷推斥與吸引永久磁鐵產生轉矩，便可使轉子維持旋轉。驅動電流通過定子繞組線圈其控制方式目前有六步方波，向量控制 (vector control)，磁場控制、弦波控制、直接扭力控制、電壓控制 6 種。

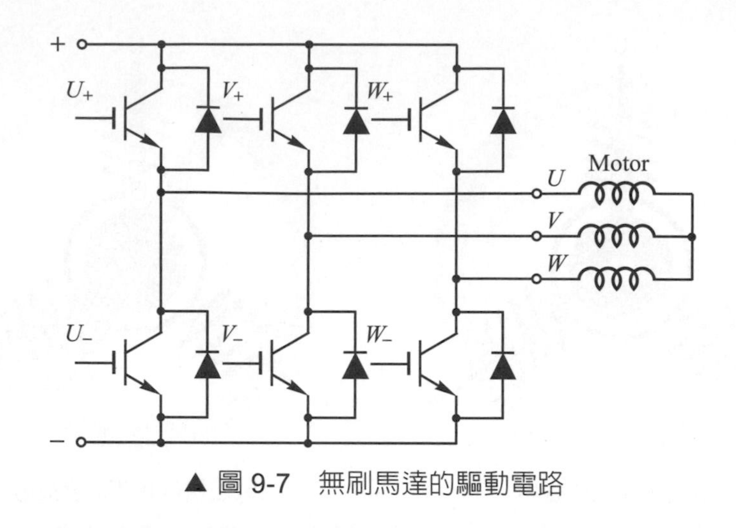

▲ 圖 9-7　無刷馬達的驅動電路

9-4-1　六步方波控制

六步方波的通電相位與磁通量關係如圖 9-8 所示，共有的 6 種驅動相位模式。若從模式 1、模式 2 依序切換至模式 6，可使轉子以順時針 (逆相序 U、W、V) 旋轉一圈，並藉由控制相位變化的速度便能控制轉子轉速。

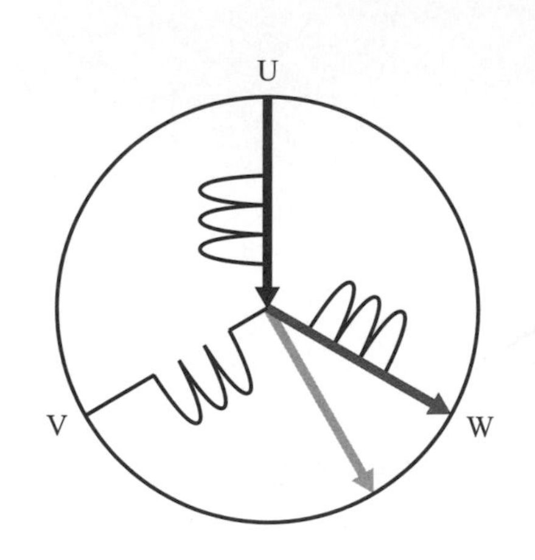

Energizing Mode	Energized Phase	Resultant Flux
1	U → W	↘
2	U → V	↙
3	W → V	←
4	W → U	↖
5	V → U	↗
6	V → W	→

▲ 圖 9-8　六步方波控制的通電相位與磁通量關係

六步方波控制只需控制兩相線圈線頭所加的電壓，由三個互隔 120° 電機度的霍爾感測器 (Hall sensor) 偵測轉子的磁極位置，以提供切換電壓的時機。轉子 N 極通過霍爾感測器時會產生高電壓訊號，S 極通過霍爾感測器時會產生低電壓訊號，一組霍爾感測器即可判定對線圈通電的時間點。感測器 H_1 和 H_2 會判定線圈 U 相的切換。當 H_1 偵測到磁鐵 N 極時，線圈 U 相就會通以正電壓；H_2 偵測到磁鐵 N 極時，線圈 U 相會切換至開路；當 H_1 偵測到磁鐵 S

極時，線圈 U 相會切換到負電壓；最後，當 H_2 偵測到磁鐵 S 極時，線圈 U 相會再次切換回開路。同樣地，感測器 H_2 和 H_3 會判定線圈 V 相的通電切換，而 H_1 和 H_3 也會判定線圈 W 相的通電切換。六步方波控制正相序逆時針旋轉的時序如圖 9-9 所示。線圈所加的電壓為類似三相交流電的方波，方波導通相位佔 120° 電機度，又稱為 120 度方波控制。

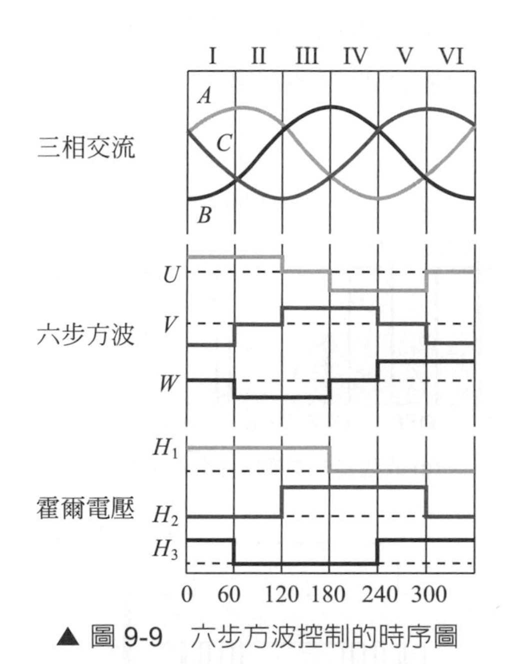

▲ 圖 9-9　六步方波控制的時序圖

六步方波控制只有六個合成磁通量方向驅動轉子，每次切換模式會使定子合成磁通移 (跳) 動 60° 電機度，驅動轉子旋轉 60° 電機度。此驅動方式在低轉速時會產生類似步進馬達的轉矩脈動及抖動，轉子會有相對應的振動與機械噪音。

9-4-2　正弦控制

在 3-1-3 中感應電動機的磁場向量分析得知：將三個互隔 120° 電機度的線圈，通以三相電流激磁，即可產生旋轉磁場。因此可以使用變頻器對直流無刷馬達的定子繞組，進行正弦波型電流控制，進而產生圓滑的旋轉磁場來驅動轉子平順旋轉。使用變頻器電路還可調整進入各線圈的電壓、控制電流的大小、進行扭力控制。

調整電壓的典型方式為透過脈衝寬度調變 (Pulse Width Modulation, PWM)，藉由延長或縮短脈衝導通 (ON) 時間來改變電壓。導通時間與導通 (ON) ＋斷開 (OFF) 切換週期的比率稱為責任週期 (duty cycie)、佔空因數 (duty factor) 或導通比。增加責任週期與提高電壓有同樣的效果，減少責任週期則與降低電壓有同樣的效果。藉由圖 9-10 所示的 PWM 控制進入 *U*、*V* 及 *W* 的電流，可在各線圈產生不同大小並類似正弦波形的磁通量變動，能更準確地使定子繞組合成磁通成為圓滑的旋轉磁場。

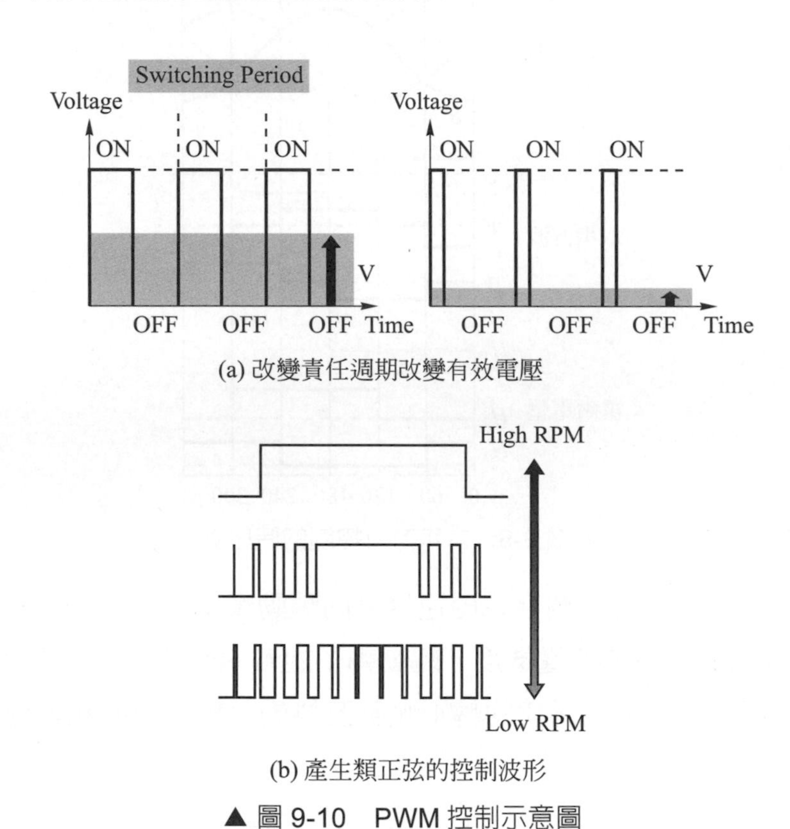

(a) 改變責任週期改變有效電壓

(b) 產生類正弦的控制波形

▲ 圖 9-10　PWM 控制示意圖

正弦控制必須準確提供不同的電流量至三個互隔 120° 相位的線圈控制磁通量，以實現圓滑平順的旋轉磁場，顯得相當複雜。向量控制 (Vector Control) 亦稱為磁場導向控制 (field-oriented control, FOC)，利用計算轉換座標空間，將三相交流值視為 *d* 軸 (direct) 電流與 *q* 軸 (quadrature) 電流兩相直流值處理來降低此複雜性；*d*(直)軸電流為激磁電流分量而 *q*(交)軸電流是轉矩(扭力)電流分量。類似他激式直流馬達的磁場電流 I_f 與電樞電流 I_a。

向量控制可以藉由改變 *q* 分量電流產生與負載相對應的轉矩(扭力)，實現高效率操作，幾乎不浪費電流。若單獨調整三相的電流則難以達到此效果。

實現向量控制需要密集的數學運算，包括轉換座標及所需三角函數的快速求解能力。控制這些馬達的微控制器 MCU 通常包含 FPU(浮點運算單元)，提供強大與即時的運算能力。但向量控制法僅適用於能提供高解析度轉子位置及轉速資訊供計算之情況。

使用變頻器電路控制定子使永磁式馬達如同步電動機一樣運轉者，稱為永磁式同步馬達 (PMSM)；永磁同步馬達的輸入電壓為交流電也稱為交流無刷馬達 BLAC。轉子鐵芯有凸齒兼具磁阻轉矩者，稱為永磁輔助磁阻馬達 (PM assistant Synchronous Reluctance Motors, PMASynRM)。

9-5 電動車馬達的構造

電動車的動力系統其實就是轉速伺服系統。電動車馬達如同伺服馬達，主要由定子、轉子及位置感測器組成。電動車馬達的構造如圖 9-11 所示。電動車所使用的感應馬達的構造與一般鼠籠式電動機的構造相似，內容請參閱 3-2-1，但電動車使用之鼠籠式感應馬達的轉子為銅鑄特殊鼠籠式繞組，以符合高效率、低損失、低溫升的要求。

直流無刷馬達的構造與感應馬達不同，轉子為與定子磁場同步旋轉的永久磁鐵，屬於同步機。

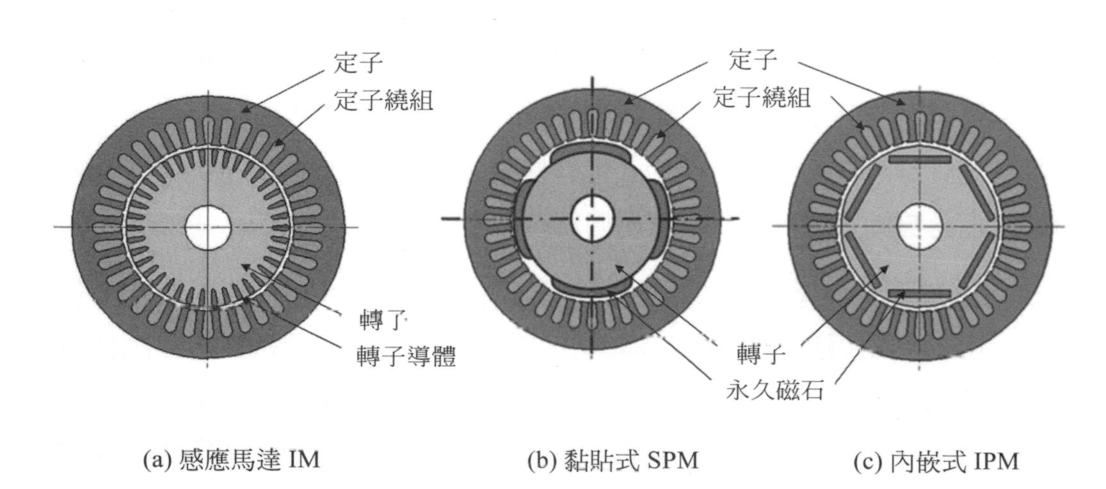

▲ 圖 9-11　電動車馬達的構造

9-5-1　電動車馬達之定子

馬達的定子係由矽鋼片鐵芯及繞組組成，電動車馬達也大都採用三相繞組，兩相及四相馬達使用於小功率的場合，如助力車、電動自行車。應用於電動車的 PM 馬達有兩種定子型態：

1. 凸極式 (Salient pole)：如圖 9-12 所示為三相定子 24 槽凸極式線圈，電樞繞組為全節距、集中繞組的定子結構，相與相間之磁偶合較小。轉子 16 極永磁式同步馬達 (IPMSM)。

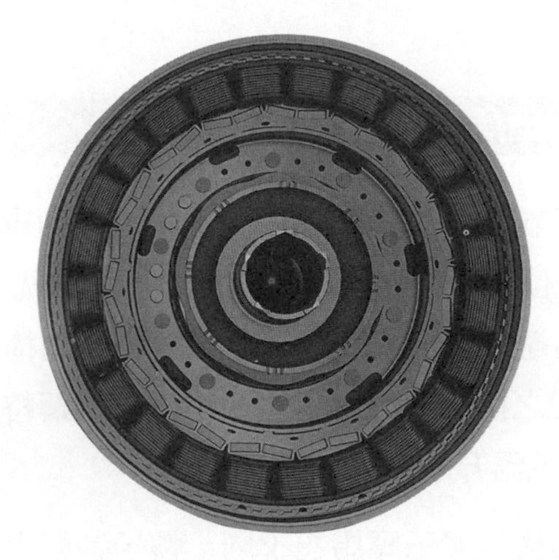

▲ 圖 9-12　三相凸極式線圈轉子 16 極永磁式同步馬達 (IPMSM)

2. 槽式 (Slotted)：與交流感應電動機的定子類似，電樞繞組採用分佈式繞組 或同心繞線圈。

直流無刷馬達 (BLDC) 的定子大都採用凸極式，磁路呈梯形波分佈。直流無刷馬達的定子磁場是步進式旋轉磁場，適合使用六步方波控制。永磁式同步馬達 (PMSM) 的定子有凸極式也有槽式；槽式與感應電動機的定子相同，但為了配合自動入線機操作常採用同心繞線圈。

永磁式同步馬達定子每極的磁路呈正弦波分佈，產生的磁場為均勻旋轉磁場。由於無刷馬達的線圈以高頻切換電流驅動，為了減緩集膚效應使導體有效面積減少的負面影響，永磁式同步馬達定子線圈採用多股細線並繞，如圖 9-13 所示。多股細線並繞的線圈柔軟，有利於自動入線機將線圈放入線槽，使馬達線圈繞製得以自動化大量生產來提高良率。

▲ 圖 9-13　多股細線並繞的定子線圈

9-5-2　電動車馬達之轉子

直流無刷馬達和永磁同步馬達的轉子都是由永久磁鐵搭配 N/S 極對所組成。磁極對越多，就會增加扭力並消除轉矩脈動漣波，使來自馬達的動力更平順，但相對使成本提高且最大速度降低。PM 馬達的轉子都是由永久磁鐵組成，其差異主要在磁通的分布及反電動勢的波形，直流無刷馬達 (BLDC) 的反電動勢 (back EMF) 為接近方波的梯形波，而永磁同步馬達 (PMSM) 的反電動勢為弦波。電動車 PM 馬達依轉子的構造可分為：

1. 表面黏貼式永磁馬達 (Surface Mounted Permanent Magnet Motor, SPM)

   表面黏貼式永磁馬達的轉子採用瓦形磁鐵黏貼於轉子表面，如圖9-14(a)所示；在設計和製造上較為簡單；但是在高速運轉時，磁石可能會因高離心力而脫落，因此表面型馬達較常被使用在3000rpm以下的低、中速運轉範圍；應用於較低轉的電動助力車、電動代步車、電動機車。有些表面黏貼式永磁馬達為了防止磁石飛脫而使用不銹鋼管包覆，但是這樣會造成轉子產生鐵損，降低效率。

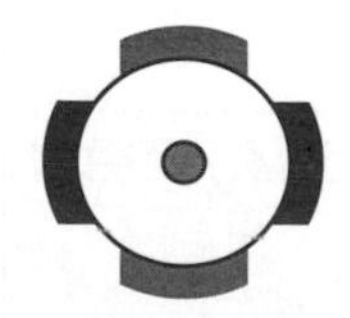

(a) 表面黏貼永磁馬達
SPM

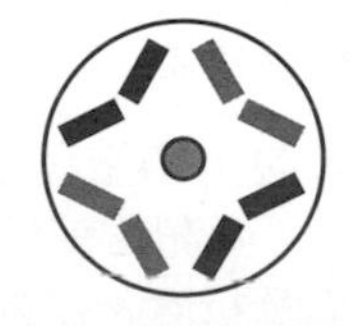

(b) 內嵌式永磁馬達
IPM

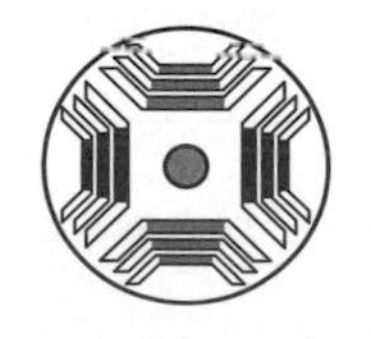

(c) 永磁補助磁阻馬達
PMASynRM

▲ 圖 9-14 永磁式電動車 (PM 馬達) 轉子的構造

2. 內嵌式永磁馬達 (Interior Permanent Magnet Synchronous Motors, IPM)

內嵌式永磁馬達的磁鐵是放置於轉子內部，如圖9-11(c)、圖9-14(b)所示；轉子機械結構較表面型堅實強韌，可以防止離心力造成磁鐵飛脫，使用於較高轉速之內轉子無刷電動機。內嵌式轉子藉由磁鐵形狀以及安裝上的變化可以產生較高轉矩，常用於電動助力車、電動機車、電動汽車、電動巴士等。電動車採用高速馬達配備固定傳動比的齒輪減速器，可獲得較高的功率密度，使啟動扭力增大、爬坡力較外轉子直驅式高。

3. 永磁輔助磁阻馬達 (P M assistant Synchronous Reluctance Motors, PMASynRM)

永磁輔助磁阻馬達轉子結構其轉子鐵芯與永久磁鐵形狀與配置，使轉子也具有凸極的磁阻效應，如圖9-14(c)所示；不僅產生磁場轉矩也產生磁阻轉矩，可獲得高效率的運轉。

9-5-3 位置感測器

欲控制直流無刷馬達旋轉，必須與轉子 (磁鐵) 位置協調電流進入線圈的方向及時機，使定子線圈的磁場和轉子 (磁鐵) 之間，始終存在推斥及吸引作用而產生轉矩。因此無刷馬達要帶有感測器或使用無感測器 (Sensorless) 技術偵測轉子磁極的位置。常用的位置感測器類型如表 9-2 所示。不同的控制方法使用不同的感測器類型。霍爾元件最適合採用六步 (120 度) 方波控制的馬達，採用向量控制時需要更高精度的感測器，例如解角器 (resolvers) 及光學編碼器。

▼ 表 9-2　位置感測器類型及特性

感測器類型	典型應用	特性
霍爾元件	120° 方波控制	每 60° 取得一次訊號。 相對便宜。耐熱性不佳。
光學編碼器	正弦波控制、向量控制	分為：增量型 (偵測距離與原點的位移) 及絕對型 (偵測當前位置) 兩類。 高解析度。灰塵耐受性不佳。
解角器	正弦波控制、向量控制	高解析度。堅固。可用於嚴苛的環境。

雖然使用感測器控制馬達具有明顯優勢，但亦有其缺點。例如霍爾元件為磁感知元件，只能在有限的溫度範圍內正常運作，對溫度、雜訊敏感。有些感測器對灰塵的耐受度非常低，需要定期維護。使用感測器及其伴隨電路不僅增加製造成本，高精度感測器也很昂貴。不需使用位置感測器的無感測器直流無刷馬達，直接測量電機反電動勢便可知轉子的位置，是降低零件及維護成本的一種方式。

9-5-4　冷卻系統

馬達運轉時會產生熱能，靠著冷卻系統散熱以確保馬達不會因過熱而劣化或損毀。電動車牽引馬達的體積縮小且又在高功率運轉情況下，會達到更高的發熱密度，若風冷式散熱能力不足，就須採用高效率的水冷系統。如圖 9-15 所示為電動車馬達的剖開照片，定子周圍充滿冷卻液；藉由冷卻液在水流道中循環帶走熱能，再經由散熱器的鰭片配合車體空氣流道，和外界的空氣進行熱能交換，以維持馬達的溫度不致過高。馬達控制器的功率模組 (IGBT moduie) 也需冷卻，為減輕重量提高功率重量比，常會將馬達與驅動電路整合一起冷卻。有些電動車把動力系統的動力馬達、控制器及差速器三合一，以提高功率重量比，簡化冷卻系統來縮小體積進而增加車輛的可利用空間。

▲ 圖 9-15　電動車驅動馬達的剖開照片

9-6　輪轂電機

離合器、變速箱、傳動軸、差速器對於傳統燃油車輛來說，都是不可或缺的傳動機構，而這些機件不僅重量重、使車輛的結構複雜外，尚存在故障率及需定期維護保養的問題。相比電動機的扭力大又穩定，在 2 萬轉內都能有效提供扭力，控制也比內燃機容易，可無須變速箱就直接驅動車輪，或只需單速減速機構增強扭力推動車輛。因此純電動車的行駛較暢順、震動及噪聲較小，毋需像一般汽車要經常換檔才能確保有足夠的動力及車速。

電動車的傳動方式如同傳統車輛經過差速器傳動到車輪，最新的作法是在每個驅動輪都由獨立的電動機推動，可以各別調整速度以保持良好的循跡性能，不但免去離合器、變速器、差速器等機械，而且減少了傳動系統的能量損耗，也減輕了車身重量，增加了車箱可利用空間，更省去了部份機械維護工作，增加可靠性節省維護費用。

9-6-1 輪轂電機的特點

將電動機置於車輪內的輪轂電機驅動系統其最大特點便是將動力、傳動和制動裝置都整合到輪轂內，除了結構精簡可獲得更好的空間利用率外，同時傳動效率也會提高。採用輪轂電機驅動的車輛由於每個車輪都是單獨驅動的，因此可實現多種複雜的驅動方式，無論是前驅、後驅、四驅、全時多驅都能容易實現。

輪轂電機驅動不需要差速器，即可通過左右車輪的不同轉速實現類似履帶式車輛的差動轉向，大大減小車輛的轉彎半徑，甚至可以實現兩側車輪反轉來達到原地轉向的目的。對於一些特種車輛如車輪數量多的「蜈蚣車」行駛，輪轂電機也是非常好的解決方式。

將電動機置於車輪內的輪轂電機動力系統，最主要優點便是將車輛的傳動機械簡化，缺點是避震器簧下質量和輪轂的轉動慣量增大，對車輛的操控有所影響，車輛避震效果也較差。輪轂電機在行駛過程中所產生的跳動會直接衝擊馬達構造並影響其壽命。另外，在密封方面需要較高要求，散熱也比較困難，還要避免電動機的熱量傳給輪胎，在設計上需要為輪轂電機單獨考慮散熱問題。

9-6-2 輪轂電機的種類

輪轂式電動機根據電機的轉子型式主要分成內轉子式和外轉子式兩種結構型式：

1. 外轉子式輪轂式電動機

   採用低速無刷電動機，扭力大，轉速低。電機的最高轉速在1000～1500 rpm，無減速裝置和傳動齒輪，車輪的轉速與電機相同，如圖9-16所示。由於無刷、無齒輪、結構簡單，因此運行中幾乎沒有噪聲，也沒有電刷的機械磨損，免維護而壽命長，電能轉換為動能的效率較高。

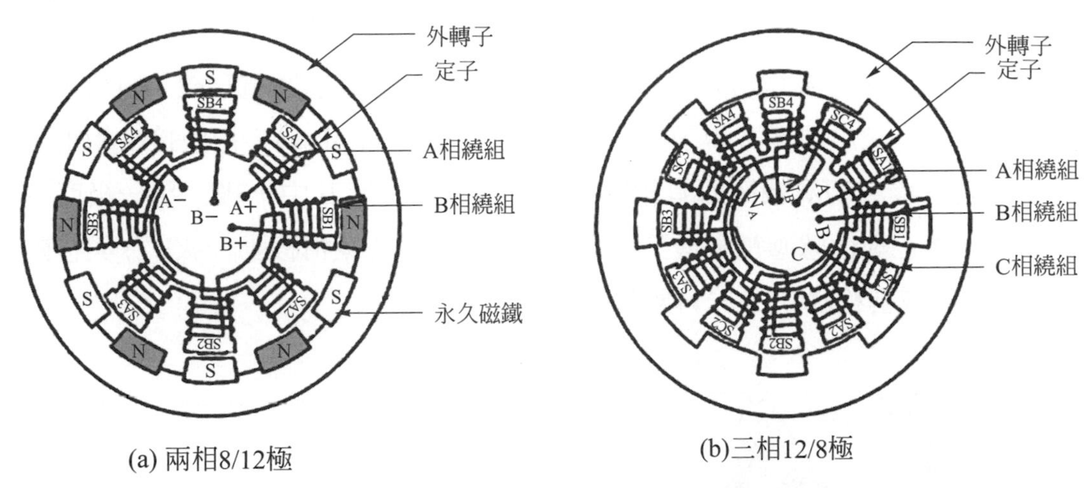

(a) 兩相8/12極

(b)三相12/8極

▲ 圖 9-16　外轉子式無刷電動機

2. 內轉子式輪轂式電動機

　　內轉子式輪轂電機的扭力小，轉速快，故一般會配備固定傳動比的齒輪減速機構，使其在功率密度方面比低速外轉子式更高。

9-7 線性電動機 (linear motor)

　　一般馬達都是旋轉動作，須藉助如齒條齒輪、螺桿等傳動機構來獲得直線的運動。線性電動機是利用電磁效應，直接產生直線方向的驅動力，不須藉助機械傳動機構的非旋轉馬達。線性電動機應用範圍如電動門、輸送帶、布簾移動、電腦週邊裝置、NC 工作母機的床台進退、磁浮火車等。

　　線性電動機可視為將迴轉型式的馬達，切斷展開成直線狀的電動機，依傳統電機的觀點，可分為：

1. 線性感應馬達 (linear induction motor, LIM)，係將感應馬達切開拉伸而形成。

2. 線性同步馬達 (linear synchronous motor, LSM)，係將同步馬達切開製成直線狀之馬達。

3. 直流線性馬達 (dc linear motor, DCLM)。

4. 線性步進馬達 (linear pulse motor, LPM) 或 (linear step motor)。

5. 線性磁阻馬達 (linear reluctance motor, LRM)。

6. 線性往復運動馬達 (linear oscillating motor, LOM)。

將傳統之感應馬達切開，拉伸成直線狀，即成線性感應電動機，如圖 9-17 所示。此時二次之鼠籠式轉子稱為反作用板 (reaction plate)，初級接多相電流產生移動磁場，初次級間即有相對運動之推力，固定其中一級，另一級產生移動。結構上線性感應電動機又可分為移動電樞式 (或稱移動一次式) 與移動作用板式 (或稱移動二次式) 兩種。

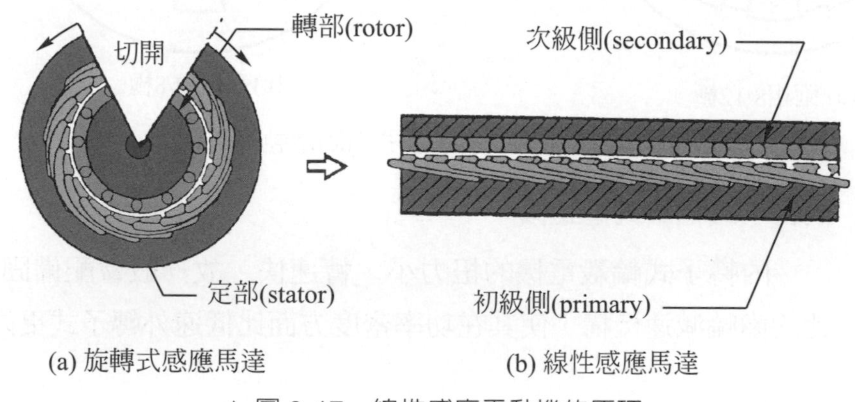

▲ 圖 9-17　線性感應電動機的原理

線性感應馬達以初、次級的長度比較，可分為長次級與短次級。初級若只在反作用板的一側，稱為單側式；若反作用板的兩側均有電樞繞組，則稱為雙側式。如圖 9-18 為單側長次級式，圖 9-19 為雙側長次級式。

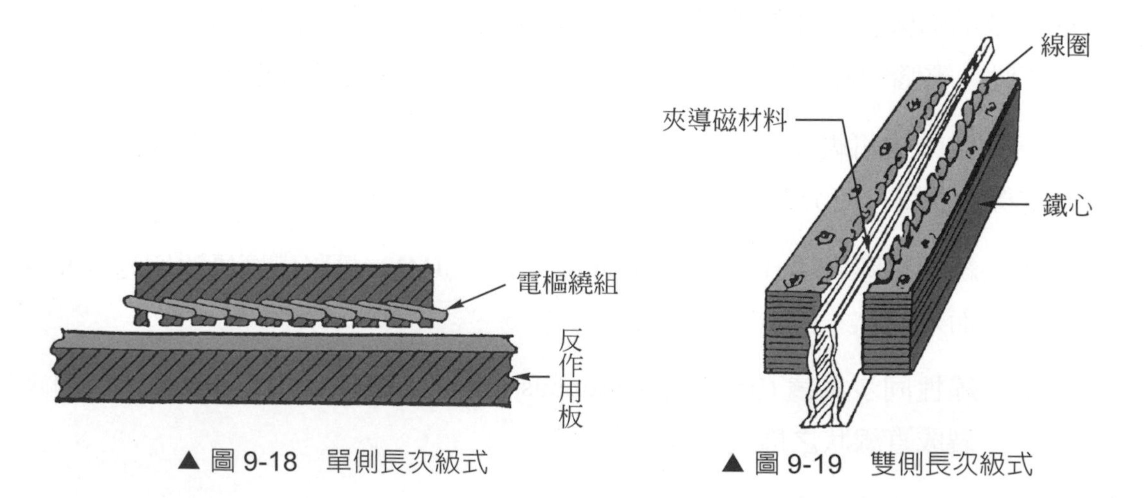

▲ 圖 9-18　單側長次級式

▲ 圖 9-19　雙側長次級式

圓筒式管狀直線電動機，如圖 9-20 所示，由於環形繞組可以 360° 的磁力線垂直切割，定子磁通可得到最高效率的利用。圖 9-21 為三相無刷無鐵心線性電動機。

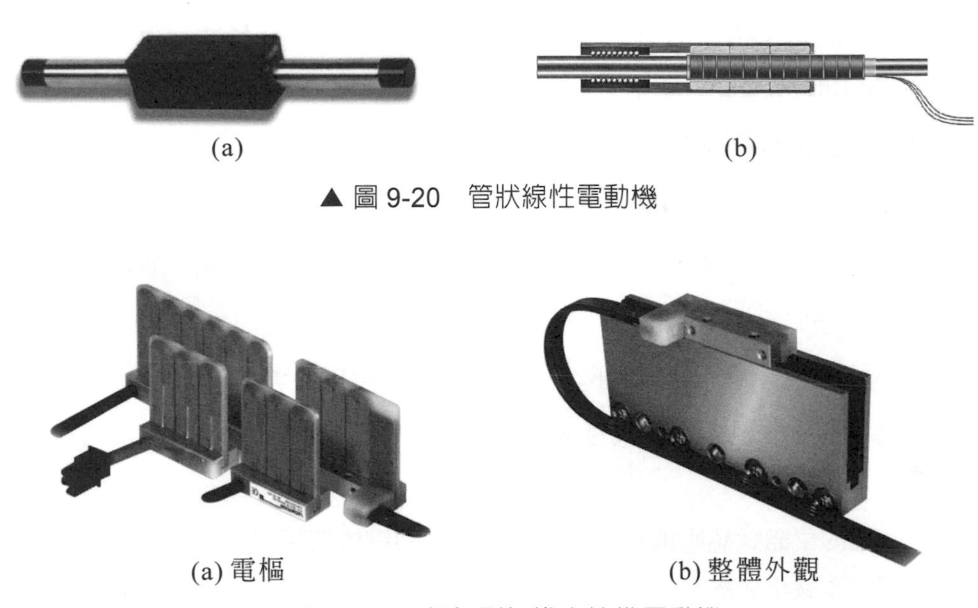

(a) (b)

▲ 圖 9-20 管狀線性電動機

(a) 電樞 (b) 整體外觀

▲ 圖9-21 三相無刷無鐵心線性電動機

旋轉磁場在感應機及同步機內是每一週期移動兩個極距，因此線性感應電動機及線性同步機的同步速率為

$$V_s = 2Y_p f \,(\text{m/s}) \qquad (9\text{-}1)$$

式中 Y_p 為極距單位為米 (m)，f 為電源頻率，由式 (9-1) 可知線性電動機的同步速率與極數無關，且一次側的極數可以不必為偶數。只要加大極矩，在一定頻率下，其同步速率可達所想要之值，因此目前極力研究應用於高速運輸工具。

1. 電動車牽引馬達之特性要求：

 (1) 低速高轉矩、高速定功率：在低速運轉的定轉矩區域時，須具有大的輸出扭矩，以滿足車輛加速及起動的要求。在定功率區域時，則要求具有較高速度輸出特性及具有較寬廣之轉速範圍，以滿足電動車在平坦的路面上能夠高速行駛。

 (2) 在寬廣的轉速範圍都能有高效率。

 (3) 功率重量比高、體積小。

 (4) 具備正反轉切換功能、能夠頻繁啟動停止、瞬間動力大、運轉平順安靜等特點。

 (5) 結構要能耐震、防塵、防潮、高耐久性以應付惡劣道路環境的考驗。

2. 電動車馬達的種類有傳統直流電動機、無刷馬達、感應電動機及同步電動機。

3. 電動車的鼠籠式感應電動機採用導電率高的銅鑄型轉子，溫度較低，可以縮小體積及減化散熱系統，提高馬達效率。

4. 高磁通量密度的鐵芯可以降低電動機鐵芯用量、減少電流、用銅量減少、總重量及體積減少。

5. 採用釹鐵硼磁鐵 (NdFeB Magnet) 的永磁式同步馬達 (PMSM 馬達)，體積小具有高功率及高轉矩 (扭力) 特性，寬廣的高效率運轉轉速範圍，十分適合驅動電動車輛，使電動車輛擁有較遠的續航力。

6. 直流無刷 (BLDC) 馬達為旋轉磁場式電動機。永久磁鐵的轉子沒有銅損與鐵損，效率較高、慣性小、容易機械平衡、耐高速旋轉。

7. 直流無刷馬達採用電子換向電路，取代傳統換向器與電刷，免除了換向器與電刷的磨擦損耗、電弧火花、高噪音、須定期保養更換等缺點，且電磁干擾 (EMI) 低，電樞線圈位於定子較易散熱，提高馬達壽命與可靠度。

8. 直流無刷馬達旋轉，需要適時、持續地切換定子三相線圈的電流產生旋轉磁場，不斷推斥與吸引永久磁鐵產生轉矩，使轉子維持旋轉。

9. 電流通過定子繞組線圈的控制方式目前有六步方波、向量控制、磁場控制、弦波控制、直接扭力控制、電壓控制 6 種。

10. 六步方波共有 6 種磁通驅動相位模式，又稱為 120° 方波控制。切換模式的相序決定轉向，控制相位變化的速度即可控制轉子轉速。
11. 六步方波控制每次切換模式就驅動轉子旋轉 60° 電機度，在低轉速時會產生轉矩脈動及抖動，轉子會有相對應的振動與機械噪音。
12. 直流 BLDC 馬達的定子為凸極式，磁路分佈及反電勢呈梯形波；磁場是步進式旋轉磁場，適合使用六步方波控制。
13. 同步馬達（PMSM 馬達）的定子與三相感應電動機的類似，常採用同心繞組，磁路分佈及反電勢呈正弦波，產生的磁場為均勻旋轉磁場。
14. 電動車 PM 馬達轉子的構造可分為：使用在 3000rpm 以下低、中速運轉範圍的表面黏貼式永磁馬達 SPM、可使用於較高轉的內嵌式永磁馬達 (IPM) 以及有永久磁鐵也有凸極能產生磁場轉矩和磁阻轉矩的永磁輔助磁阻馬達 (PMASynRM)。
15. 霍爾元件最適合採用六步 (120°) 方波控制的馬達。向量控制時需要高精度的感測器，例如解角器 (resolvers) 及光學編碼器。
16. 電動車把動力系統的馬達、控制器及差速器三合一，可以提高功率重量比、簡化冷卻系統、縮小體積增加車輛的可利用空間。
17. 將動力馬達、傳動和制動裝置都整合到輪轂內，除了結構精簡可獲得更好的空間利用率外，同時傳動效率也會提高。
18. 電動機置於車輪內的輪轂電機動力系統不需要差速器，可實現多種複雜的驅動方式。
19. 輪轂電機驅動的優點是將車輛的傳動機械簡化。缺點是避震器簧下質量和輪轂的轉動慣量增大，車輛避震效果較差。行駛中的震動、汙水及灰塵直接衝擊馬達，散熱不易會影響其壽命。
20. 輪轂式電動機的轉子型式分成內轉子式和外轉子式兩種結構型式；外轉子式採用低速無刷電動機，扭力大，速度低。無刷、無齒、結構簡單，免維護而壽命長；重量輕、體積小為其優點。內轉子式採用高速無刷電動機配備固定傳動比的減速機構，在功率密度方面比低速外轉子式高。

一、選擇題

( ) 1. 永磁直流無刷馬達機械結構採用
(A) 旋轉電樞式 (B) 旋轉磁場式 (C) 雙旋轉式 (D) 印刷電路板式

( ) 2. 無刷馬達的換向開關不可使用
(A)BJT (B)MOSFET (C)IGBT (D)RELAY

( ) 3. 下列有關線性感應電動機之敘述何者為錯誤？
(A) 其同步速率與極數無關，故一次側之極數可以不必為偶數
(B) 欲得大同步速率只要將極距縮小即可
(C) 其一、二次側之間隙較大，故須有大的磁化電流，功率因數低
(D) 具端部效應，致推力下降，電阻損增加，效率降低。

( ) 4. 線性感應電動機之一、二次側間隙比旋轉類者
(A) 大 (B) 小 (C) 相同 (D) 單側式較大，雙側式較小。

二、問答題

1. 電動車牽引馬達有哪幾種？
2. 電動車牽引馬達之特性要求為何？
3. 電動車的鼠籠式感應電動機與一般鼠籠式感應電動機有何不同？
4. 試說明直流無刷 BLDC 馬達的結構。
5. 請描述直流無刷 BLDC 馬達的運轉原理。
6. 請描述直流無刷 BLDC 馬達較傳統直流電動機的優點。
7. 永久磁鐵的轉子的優點有哪些？
8. 請描述六步方波控制的特點。
9. 直流 BLDC 馬達同步馬達 (PMSM) 馬達有何不同？
10. 輪轂電機動力系統的優點有哪些？
11. 輪轂電機動力系統的缺點有哪些？
12. 試說明輪轂電機的種類及特點。
13. 試說明輪轂式電動機的轉子型式。
14. 試述線性電動機的種類。

國家圖書館出版品預行編目資料

電機機械 / 鮑格成編著. -- 二版. -- 新北市 :
全華圖書股份有限公司, 2022.02
面 ; 公分
ISBN 978-626-328-084-7(平裝)

1. CST : 電機工程

448.2 111001886

電機機械(第二版)

作者 / 鮑格成
校閱 / 陳宏良、吳欽
發行人 / 陳本源
執行編輯 / 張峻銘
出版者 / 全華圖書股份有限公司
郵政帳號 / 0100836-1 號
印刷者 / 宏懋打字印刷股份有限公司
圖書編號 / 0641901
二版二刷 / 2023 年 3 月
定價 / 新台幣 580 元
ISBN / 978-626-328-084-7(平裝)
全華圖書 / www.chwa.com.tw
全華網路書店 Open Tech / www.opentech.com.tw
若您對本書有任何問題，歡迎來信指導 book@chwa.com.tw

臺北總公司(北區營業處)
地址：23671 新北市土城區忠義路 21 號
電話：(02) 2262-5666
傳真：(02) 6637-3695、6637-3696

南區營業處
地址：80769 高雄市三民區應安街 12 號
電話：(07) 381-1377
傳真：(07) 862-5562

中區營業處
地址：40256 臺中市南區樹義一巷 26 號
電話：(04) 2261-8485
傳真：(04) 3600-9806(高中職)
(04) 3601-8600(大專)

（請由此線剪下）

讀者回函卡

掃 QRcode 線上填寫 ▶▶▶

姓名：________ 生日：西元____年____月____日 性別：□男 □女

電話：（ ）________ 手機：________

e-mail：（必填）________

註：數字零，請用 Φ 表示，數字 1 與英文 L 請另註明並書寫端正，謝謝。

通訊處：□□□□□________

學歷：□高中・職 □專科 □大學 □碩士 □博士

職業：□工程師 □教師 □學生 □軍・公 □其他

學校／公司：________ 科系／部門：________

・需求書類：

□ A. 電子 □ B. 電機 □ C. 資訊 □ D. 機械 □ E. 汽車 □ F. 工管 □ G. 土木 □ H. 化工 □ I. 設計

□ J. 商管 □ K. 日文 □ L. 美容 □ M. 休閒 □ N. 餐飲 □ O. 其他

・本次購買圖書為：________ 書號：________

・您對本書的評價：

封面設計：□非常滿意 □滿意 □尚可 □需改善，請說明________

內容表達：□非常滿意 □滿意 □尚可 □需改善，請說明________

版面編排：□非常滿意 □滿意 □尚可 □需改善，請說明________

印刷品質：□非常滿意 □滿意 □尚可 □需改善，請說明________

書籍定價：□非常滿意 □滿意 □尚可 □需改善，請說明________

整體評價：請說明________

・您在何處購買本書？

□書局 □網路書店 □書展 □團購 □其他________

・您購買本書的原因？（可複選）

□個人需要 □公司採購 □親友推薦 □老師指定用書 □其他________

・您希望全華以何種方式提供出版訊息及特惠活動？

□電子報 □ DM □廣告（媒體名稱________）

・您是否上過全華網路書店？（www.opentech.com.tw）

□是 □否 您的建議________

・您希望全華出版哪方面書籍？________

・您希望全華加強哪些服務？________

感謝您提供寶貴意見，全華將秉持服務的熱忱，出版更多好書，以饗讀者。

填寫日期： / /

2020.09 修訂

親愛的讀者：

感謝您對全華圖書的支持與愛護，雖然我們很慎重的處理每一本書，但恐仍有疏漏之處，若您發現本書有任何錯誤，請填寫於勘誤表內寄回，我們將於再版時修正，您的批評與指教是我們進步的原動力，謝謝！

全華圖書 敬上

勘誤表

書號		書名		作者	
頁數	行數	錯誤或不當之詞句		建議修改之詞句	

我有話要說：（其它之批評與建議，如封面、編排、內容、印刷品質等・・・）